Principle and Application of Sulfide Control Technology
in Oilfield Ground System

油田地面系统硫化物的
生态调控技术原理及其应用研究

魏 利　马士平　李殿杰　蔡永春　等著

化学工业出版社
·北京·

本书共分9章，内容包括绪论、试验材料与方法、硫酸盐还原菌的特性及危害、硫化物生态抑制调控机理及其调控策略研究、葡萄花油田地面系统水质特性及对现有工艺的影响、葡萄花油田地面系统硫酸盐还原菌的种类及分布特征、油田硫化物的提取方法及其组成分析、硫化物收集池中硫化物氧化剂及其应用效果研究以及硫化物生态抑制剂现场调控应用研究。

本书理论与工程应用有效结合，具有较强的先进性和学术性，可供从事油田微生物、生物腐蚀控制、环境生物技术的研究人员、工程技术人员和管理人员参考，也可供高等学校环境科学与工程及相关专业师生参阅。

图书在版编目（CIP）数据

油田地面系统硫化物的生态调控技术原理及其应用研究/魏利等著. —北京：化学工业出版社，2018.10
ISBN 978-7-122-32771-0

Ⅰ.①油…　Ⅱ.①魏…　Ⅲ.①油田-地面网-硫化物
Ⅳ.①TE39②O613.51

中国版本图书馆 CIP 数据核字（2018）第 174581 号

责任编辑：刘兴春　刘　婧　　　　　　　　文字编辑：汲永臻
责任校对：王素芹　　　　　　　　　　　　装帧设计：韩　飞

出版发行：化学工业出版社（北京市东城区青年湖南街 13 号　邮政编码 100011）
印　　装：三河市航远印刷有限公司
787mm×1092mm　1/16　印张 27½　彩插 12　字数 697 千字　2018 年 11 月北京第 1 版第 1 次印刷

购书咨询：010-64518888　　售后服务：010-64518899
网　　址：http://www.cip.com.cn
凡购买本书，如有缺损质量问题，本社销售中心负责调换。

定　　价：168.00 元　　　　　　　　　　　　　　　　版权所有　违者必究

2016 年随着"水十条"和"土十条"的出台，国家对环保空前地重视；同时随着环保法的深入实施，我国许多油田企业环保问题突出，很多生产项目、在建工程由于环保不达标，被勒令整顿和停产，油田企业必须重视和面对这一问题，寻找新的技术和方法解决环保问题。

油田硫化物对于油田的安全生产、油田地面污水处理系统以及生产设备的腐蚀造成了严重的危害。然而多年来，虽然有了一些研究，但还没有真正系统性的研究。很多研究处于初级阶段，许多的科学问题还没有得到解决。

魏利博士等科研工作者，创新性地提出了硫化物生态调控的策略，通过改变硫酸盐还原菌的代谢过程，改变其代谢底物，从而使其失去进行硫酸盐还原产生硫化物的"活性"，使硫酸盐还原菌由有害菌变成有益菌。生态调控是以往生物抑制策略的延续和改进，强调整体效能、系统健康和持续控制。作者提出 SRB 菌活性的生态调控方法，改变了以往单纯追求以杀灭 SRB 数量为目的的传统思维模式，转变了以抑制 SRB 菌活性为目的的研究思路，是油田系统控制 SRB 菌危害观念的变革和方法的创新。生态调控的方式主要包括改变代谢底物的比例、调控系统中微生物菌群的比例以及微生物的种类。针对硫化物的相关理论和基础性研究，有利于填补油田硫化物研究领域的空白。

习近平总书记提出了"一带一路"的伟大创举，"一带一路"所倡导的共商、共建、共享的发展理念和互联互通的发展模式，使世界向构建人类命运共同体迈进了一大步。科技的创新发展是原动力。李克强总理提出了"大众创业、万众创新"的号召，核心是创新，创新的一个重要的内容是技术，技术的终极目标要真正地解决生产的实际问题，光靠引进国外的技术是不可行的，只有根据本土的特点研发出接地气的、独立自主的知识产权技术才是解决环保问题的核心和关键，也是最可靠的途径。

由哈尔滨工业大学环境学院的魏利博士、大庆油田采油七厂马士平总工程师、李殿杰所长、蔡永春工程师等共同著的《油田地面系统硫化物的生态调控技术原理及其应用研究》一书，在国际上首次提出了由硫酸盐还原菌滋生产生的硫化物的生态调控理论，并进行了现场的应用，填补了国内在油田污水处理以及防腐领域的图书空白，将对广大环保科研工作者从事的科学研究和工程实践具有针对性的指导意义。

作者多年来一直从事油田微生物研究，尤其是油田硫酸盐还原菌的研究，积累了丰富的研究经验；硫酸盐还原菌代谢过程中产生的硫化物，对污水处理、生物腐蚀产生了严重的危害。作者多年来在生产和科研一线，在开展硫化物处理方面获取实践经验，经过多年的自主研发，系统地描述了油田的硫酸盐还原菌的特性、硫化物的组成及其分布以及硫化物的生态调控机理，研发出了新型的硫化物生态抑制剂，并现场进行了工业化的推广和应用。该研究真正意义上实现了"产学研"的结合，从科研到工程应用的转化。另外，本书在内容上充分体现了理论联系实际的思想，结合油田硫化物造成的危害，在解决实际工程问题、指导工程实践中的应用，体现了该新兴技术对于人类社会实际生产的应用价值及意义，在内容上也充分体现了学以致用的原则。

　　总之，本书在遵循全面落实科学发展观的基础上，独立自主研发的新型的硫化物生态调控技术与我国经济、环境、社会健康及可持续发展密切相关的硫酸盐还原菌治理、硫化物控制以及生物腐蚀的高新技术，将极大地满足从事环境保护、环境微生物学、环境工程等领域的教学、科研、工程技术人员对此类技术的需求。

2018 年 1 月

我国由于油田环境保护方面起步较晚，随着我国史上最严厉的环保法的实施，《水污染防治行动计划》（简称"水十条"）和《土壤污染防治行动计划》（简称"土十条"）出台，油田环保的压力是空前的。

油田硫化物对油田安全的生产、油田地面污水处理系统以及生产设备都造成了严重的危害。油田硫化物的处理措施众多，每种方法都有其自身的优缺点和适用范围。

《油田地面系统硫化物的生态调控技术原理及其应用研究》一书，在国内首次集中阐述油田硫化物的组成分布、硫化物的生态调控机制及工艺在环境保护与新能源开发等方面的应用实例，以硫化物为研究对象，旨在利用各种工艺技术实现硫化物的消减以及硫酸盐还原菌的数量控制，同时实现污水处理的低成本运营。

全书共分为9章：第1章绪论，分析和综述了油田硫化物去除的必要性，并对有关硫化物的组成、分布、生物利用、转化及防治，以及硫循环污水处理等的应用进行了展望；第2章试验材料与方法，介绍了硫化物的分析检测方法，涉及的生态调控检测主要指标的检测方法；第3章硫酸盐还原菌的特性及危害，详细地分析总结了硫酸盐还原菌的分类、呼吸作用、电子传递、溶质运输和细胞能量、生态学特性、生物腐蚀等研究现状以及进展；第4章硫化物生态抑制调控机理及其调控策略研究，介绍了油田常用的杀菌剂、生物腐蚀控制方法、硫化物生态调控的相关理论，以及作者新提出的"反硝化细菌底物选择作用"理论；第5章葡萄花油田地面系统水质特性及对现有工艺的影响，主要介绍了葡萄花油田的地面污水处理系统的水质特性、硫化物含量以及水质对现有工艺的影响；第6章葡萄花油田地面系统硫酸盐还原菌的种类及分布特征，主要介绍了采用微生物高通量测序技术，对油田地面系统中不同的工艺段、油藏的微生物群落解析，分析硫酸盐还原菌种类组成以及分布规律；第7章油田硫化物的提取方法及其组成分析，主要介绍油田硫化物的提取方法，油田硫化物的组成成分的研究；第8章硫化物收集池中硫化物氧化剂及其应用效果研究，主要介绍硫化物氧化剂的组成，高含油硫化物收集池硫化物的现场去除效果研究；第9章硫化物生态抑制剂现场调控应用研究，介绍了新型的硫化物生态抑制剂组成，在大庆油田采油七厂的生态调控现场研究，以及实际工程应用情况。

总之，本书系统地介绍了油田硫化物的组成，开发了一种新型的硫化物生态抑制剂，深入地解析了硫化物生态抑制调控机理，并开展了硫化物生态调控现场工业化的应用研究，开创了国内关于硫化物生态调控的新技术，有助于增进读者对该新兴技术的理解与认识。

本书由魏利、马士平、李殿杰和蔡永春等著，参加本书编写的人员如下：第1章由魏利、宗继东、付艳玲、孟思明著；第2章由马士平、于红方、赵恩芳著；第3章由李殿杰、邓海平、陈思媛著；第4章由蔡永春、梁东虎、付燕来、韩国勇著；第5章由王峰、李继友、陈向武、刘忠宇著；第6章由刘国宇、马西平、郝书岳、张润泽、王峰著；第7章由李殿杰、王亚鹏、杨春、王超著；第8章由李殿杰、邓辉、白冰、魏喜志著；第9章由李春颖、胡蓓、魏东著。全书最后由魏利、马士平、李殿杰和蔡永春统稿、定稿。

本书的编写一直得到哈尔滨工业大学任南琪副校长的关怀，任南琪院士在百忙之中为本书欣然作序，在此全体著者表示衷心的感谢！

大庆油田采油七厂万贵春厂长、大庆油田设计院陈忠喜副总工程师、北京大学环境科学与工程学院倪晋仁院士等对本书的编写给予了鼎力支持与帮助，在此对支持和关心本书编写的领导、专家和同事表示衷心的感谢。

本书的现场试验在大庆油田采油七厂葡三联合站的帮助和支持下完成，书稿的撰写和出版得到了大庆油田采油七厂的鼎力帮助，著者深表谢忱！同时本书得到了广州市创新领军人才专项资金、城市水资源与水环境国家重点实验室开放研究基金（2017TS06）、国家创新团队项目（No. 51121062）的资助。

本书在撰写过程中参考了相关领域的教材、专著以及国内外生产实践相关资料，在此对这些著作的作者表示感谢。

由于本书是首次探索性的研究工作的著作，且著者水平有限，疏漏和不妥之处在所难免，敬请广大读者批评指正。

著者
2018 年 5 月

→ 目录

第1章 绪论

第 2 章　试验材料与方法

第3章　硫酸盐还原菌的特性及危害

第4章 硫化物生态抑制调控机理及其调控策略研究

第 5 章 葡萄花油田地面系统水质特性及对现有工艺的影响

第6章 葡萄花油田地面系统硫酸盐还原菌的种类及分布特征

第7章　油田硫化物的提取方法及其组成分析

第8章　硫化物收集池中硫化物氧化剂及其应用效果研究

第9章 硫化物生态抑制剂现场调控应用研究

参考文献

第1章 | 绪 论

自然界中的含硫化合物很多，其中能直接或间接对地下水产生污染的物质主要是硫酸和硫酸盐等。煤、石油、石油产品等燃料中都含有不同数量的硫，其含量大致为1%～3%。炼厂加工的原油中含大量的含氮含硫化合物，在炼厂原油加工过程中，这些化合物会通过反应生成氨气和H_2S进入到产品中，产品经水洗或者冷凝脱水后产生含硫含氨废水，即含硫污水[1]。在燃烧过程中90%左右的硫变成了二氧化硫，随烟气排放到大气中。据统计，世界各地每年排入大气的二氧化硫达1.5亿吨。排到大气中的二氧化硫约有一半转变成硫酸和硫酸盐。它是以硫酸雾的气溶胶形式在空气中飘荡或寄存于云雾中，遇到降雨的天气，硫酸被冲洗下来降落地面，当其pH值低于5.6时，就变成含有硫酸的酸雨。这种酸性雨渗入地下，硫化物也就污染了地下水。我国目前有90%的城市河湖受到严重污染[2]。富含酸性硫化物的成土母质，经氧化后产生硫酸而使土壤强烈酸化，形成酸性硫酸盐土[3]。硫酸还是很多工业的重要原料，在工业、农业及科学研究上的用途很广泛。但是，硫酸和它的生产废水，以及硫酸使用后的废液排入到环境中，能对河流、湖泊、土壤和地下水造成污染。

有研究表明，地球上气态化合物的总数有200万种，其中约有1万种为主要的恶臭物质[4]。恶臭气体包括由NH_3和H_2S组成的无机气体和一些有机气体。恶臭物质的组成成分复杂，分布面广。恶臭物质按照其组成成分可分为以下几种：a.含硫化合物，具有臭蛋刺激性气味、烂洋葱味、大蒜味，如硫化氢、硫醚类、硫醇类等；b.含氮化合物，具有尿素刺激味、烂鱼味，如氨、胺类、吲哚等；c.含氧有机物，具有刺激性气味，如有机酸、醇、酮、酯等；d.烃类化合物，具有电石臭味，如芳香烃、烷烃、烯烃等；e.卤素及其衍生物，具有刺激性气味，如卤代氢、氯气等[5]。

1.1 硫化物的种类

硫化物指的是水溶性无机硫化物和酸溶性金属硫化物，包括溶解性的H_2S、HS^-、S^{2-}和存在于悬浮物中的可溶性硫化物以及酸溶性金属硫化物[6]。在无机化学中，硫化物指电正性较强的金属或非金属与硫形成的一类化合物。大多数金属硫化物都可看作氢硫酸的盐。由于氢硫酸是二元弱酸，因此硫化物可分为酸式盐、正盐和多硫化物三类。有机化学中，硫化物指含有二价硫的有机化合物。根据具体情况的不同，有机硫化物可包括硫醚、硫酚/硫醇、硫醛、硫代羧酸和二硫化物等。

1.2 有机硫化物

1.2.1 有机硫化物的成因

对于有机硫化物的成因,一般认为,其是由地质中元素 S 与沥青、原油及天然气轻烃反应产生的[7]。硫化物一般作为某些化学反应和蛋白质自然分解过程的产物以及某些天然物的成分和杂质,经常存在于多种生产过程中以及自然界中[8]。如采矿和有色金属冶炼、煤的低温焦化、含硫石油开采、提炼橡胶、制革、染料、制糖等工业中都有硫化氢的产生。研究表明,当排水沟废水的 pH 值为 7~8 时,只要有很少量的硫化钠存在就有可能在排水沟的上部空气中产生对人有害的硫化氢[9]。我国卫生标准规定:空气中的硫化氢含量为 0.01mL/L[10]。石油中发现的硫化物已超过 250 种[11]。硫在原油中存在的主要形式为硫化氢、元素硫等无机硫化物以及硫醇、硫醚、二硫化物、噻吩等有机硫化物[12]。

1.2.2 有机硫化物的检测和去除

环境水中的挥发性有机硫化物(VSCs)具有种类多、极性强、易氧化的特点。其中一些硫化物具有特殊气味,属于国内重点检测的恶臭气体,如二硫化碳(CS_2)、二甲基硫(DMS)和二甲基二硫醚(DMDS)等。一些 VSCs 在进入大气对流层后被氧化为 SO_2,形成硫酸盐,对区域酸沉降和全球硫循环有较大影响。目前已经有许多研究者对有机硫化物的检测以及去除进行了研究[13-17]。

1.3 硫化物的形成

海洋是地球上硫的主要储存场所,硫在海洋中主要以溶解态的硫酸盐和沉积矿物的形式存在[18,19],硫酸盐是地球氧化层最稳定的硫形态,岩石的风化和溶出是硫酸盐的主要来源。在海洋沉积物的早期成岩过程中,有机质是碳循环的重要组成部分。有机质在最终被埋藏以前,会依次被发酵、脱氮、被硫酸盐还原以及被产甲烷菌矿化。一旦有机质在海底沉积,氧被迅速耗尽,硫酸盐被硫酸盐还原细菌作为电子接受体被还原成低价态硫化合物,并伴随着硫化物(包括铁硫化物和其他重金属硫化物)和有机硫的形成。研究表明,水中硫酸盐的高温还原、细菌等作用产生的硫化氢是回注水硫化物的主要来源[20]。

随着工业的发展,如在味精、制药、印染以及传统工艺生产钛白粉等生产过程中,所产生的工业废水都含有大量的硫酸根。硫酸根自身对环境毒害作用不大,但是 SO_4^{2-} 还原产物 H_2S、HS^-、S^{2-}、金属硫化物等对环境污染严重[21]。城市污水处理厂在污水收集、运输、处理以及浓缩污泥的处理过程中都有恶臭气体产生。其中,H_2S 和 NH_3 是臭味的主要组成成分[22-24]。

微生物通过两种代谢途径产生还原性硫:异化还原和同化还原。硫酸盐的异化还原过程是硫酸根离子被微生物还原成 H_2S 的过程。研究表明,硫酸盐在缺氧环境及硫酸盐还原菌的作用下,可被有机物还原为硫化物。同化还原过程中,被微生物摄取的氧化态硫以还原态结合到有机质中[25,26]。当有机体死亡后，硫则随着含硫氨基酸的降解进入环境中。同化还原降解产生的硫化物在有氧环境中可被各种微生物作用再次氧化为硫酸盐。

宫俊峰等[27]研究了稠油热采过程中硫化氢的产生规律，分析了不同形态硫化物对稠油热采产生硫化氢的贡献。结果表明，硫醇硫和硫醚硫对硫化氢的产生有贡献，而噻吩硫无贡献。

刘阳等[28]利用高压釜反应装置，在高温高压含水条件下对吐哈原油与硫酸盐热化学反应体系进行了模拟实验研究。研究发现，随着反应温度的升高，气体 H_2S 的含量逐渐增加。丁康乐等[29]利用高压釜在高温高压含水条件下对正戊烷-硫酸镁反应体系进行了热模拟实验研究。结果表明，硫酸盐热化学还原反应（TSR）在 $425 \sim 525℃$ 可以进行。随着温度升高，硫酸镁氧化烃类作用增大，TSR 体系中无机硫向有机硫转化的总体趋势加深，且主要向热稳定性高的噻吩硫转化。

净化厂生产废水含有多种有机物和 H_2S，具有高危险性，水中需要被氧化的还原性物质的量高（即化学需氧量 COD 值高）[30]。在污水处理系统中，控制硫化物的产生和排放对于解决由于硫化物而产生的腐蚀和恶臭问题是至关紧要的。J. N. Cees、Buisman 等[31]认为氧浓度较低时，硫化物的产量会下降。在工业中，通常提高碱度来控制 H_2S 的释放。研究表明，提高系统 pH 值不仅能减少 H_2S 从液相扩散到气相，也可以控制硫化物的产生[32]。图 1-1 为 pH 控制硫化物装置。

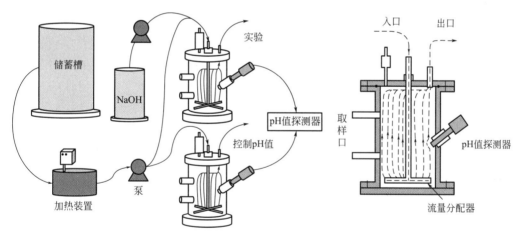

图 1-1　pH 控制硫化物装置

一般通过加入腐蚀性药剂在短时间内提高系统 pH 值至 10 以上，从而控制硫化物的形成。Oriol Gutierrez 等[33]利用这种方法，使得系统 pH 值在 $10 \sim 12.5$ 的范围内，并维持 $0.5 \sim 6h$，使系统中的硫化物产率降低了 $70\% \sim 90\%$，其实验装置如图 1-2 所示。

引起油气管道内外腐蚀的因素包括输送介质的水、H_2S、CO_2、溶解氧、无机盐的含量、输送介质的流动和冲刷、输送的压力和介质温度、土壤的含盐量、含水量和温度等[34-37]。这些因素造成油气管道存在多种腐蚀现象，如均匀腐蚀、点蚀、应力作用下的局部腐蚀（应力腐蚀开裂、氢损伤、磨损腐蚀）等[38,39]。Joseph 等[40]检测了管道早期腐蚀的情况，探究了 H_2S 浓度、气相温度以及湿度的影响。结果表明，相对于 H_2S，CO_2 对于管道表面 pH 值的降低作用更明显。此外，单质硫是 H_2S 主要的氧化产物，而且 H_2S 浓度、

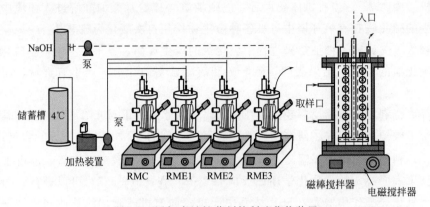

图 1-2　添加腐蚀性药剂控制硫化物装置

pH 刺激试验中的反应器装置；RMC 是控制反应器，RME1～RME3 是 3 个实验反应器

反应温度、相关湿度越高，氧化产物单质硫的浓度越高。通常管道腐蚀控制的方法是采用阴极保护系统[41-44]、管道外防腐层联合保护[45]、综合腐蚀控制系统[46] 等。有研究表明[47]，阴极保护技术和杂散电流防治技术能有效减缓管线腐蚀速率。有文献[48] 表明，硫化物能够抑制硝化菌的活性，从而对硝化作用也有抑制作用。在管道硫化物的控制方面，添加化学药剂（如氢氧化钠、氢氧化镁、硝酸盐等）主要适用于水量较小的污水管道处理系统。而对于水量较大的污水处理系统，通常使用铁盐来控制硫化物的产生[49]。在实际应用中，这种方法忽略了污水流动动力学和硫化物的产生，Ramon Ganigué 等[50] 采用一种在线控制的方法，在 pH 值测定和污水缓冲能力的基础上，控制化学药物的最佳计量。同时考虑了由于发酵过程导致的无水酸化造成的影响。该方法以更少的药物消耗实现了更佳的硫化物控制。Sun Xiaoyan 等[51] 建立了一种快速的、非入侵性的数学方法监测硫化物腐蚀。其主要利用腐蚀各阶段 H_2S 的摄取率间接表明硫化物的腐蚀情况。这种方法显示出很好的再现性。近几年，间歇式向废水中添加含有过氧化氢的游离亚硝酸的方法[52,53] 逐渐发展起来。这种方法成本效益较好、处理效率高并能持续保持高效控制硫化物。Oriol Gutierrez 等[54] 研究了通过添加铁盐而去除管道系统中的硫化物和磷的去除情况。通过模拟分析研究，若将污水处理厂的 $FeCl_3$ 移动到污水管道上游，可以在去除硫化物的同时达到除磷的效果。这项工作表明了污水处理厂和管道系统综合管理的重要性。

1.4　参与硫化物形成的细菌

自然界的硫循环是地球化学循环的重要组成部分，各个环节都有微生物参与，其中硫氧化菌起着重要作用[55]。大量研究表明，硫化物的氧化以微生物氧化为主[56]，硫氧化菌分布广泛，能够从无机硫化合物的氧化中获得能量。自然界中能氧化硫化物的微生物主要有丝状硫细菌、光合硫细菌和无色硫细菌三大类[57]。其中，丝状硫细菌能在有氧环境中把水中的 H_2S 氧化成为单质硫，但是生成的硫单质沉淀在细胞体内，给分离提纯带来困难，应用较少；光合硫细菌种类较多，厌氧好氧均有，多数光合硫细菌都是体外排硫的。但是由于反应时需要光照，对反应器材质要求较高，且去除硫化物时产生生物污泥量较多，造成实际应用困难；无色硫细菌种类繁多，对环境条件的要求也有差异，最普遍的是硫杆菌属，能将硫化物氧化成单质硫或硫酸盐。大多数无色硫细菌都在 pH 中性、中温条件下生活。常见的无色硫细菌有氧化硫硫杆菌、排硫硫杆菌、脱氮硫杆菌等[58]。多数无色硫细菌都是体外排硫的，而且与光合硫细菌相比，产生的生物污泥量要少得多[59]。

具有还原脱硫作用的微生物主要是硫酸盐还原菌（SRB）[60]，它在无氧或极少量氧的情况下，能以有机物作为电子供体、硫酸盐作为末端电子受体进行生长代谢。SRB 在厌氧环境中具有多种功能，参与自然界中多种反应，能有效降低硫酸盐浓度，使水体净化；还能利用还原产生的硫化物去除废水中的重金属，使废水去毒等。SRB 在消耗有机物还原硫酸盐等的过程中，产生的硫化物中含有较多恶臭的、具有高氧需求、高毒性的 H_2S，对大多生物体有严重的毒害作用，极大地破坏生态平衡及人类健康[61]。因此对 H_2S 等硫化物进行微生物氧化、变成单质硫是生物脱硫的必需过程，即硫氧化细菌[62] 的转化作用。具有硫氧化作用的细菌以绿硫细菌和紫硫细菌为典型代表，这些光合硫细菌是厌氧的专性光能自养菌，能够利用 CO_2 为碳源，以 H_2S 作为光合作用的供氢体，可把下层水中生成的 H_2S 氧化成硫。魏利等[63] 提出反硝化抑制硫酸盐还原菌活性的设想。通过向油田地面系统中投加硝酸盐等抑制物质，刺激本源微生物，特别是反硝化细菌的生长，利用生物竞争淘汰的方法，提高反硝化细菌的生态位，降低硫酸盐还原菌的生态位，使硫酸盐还原菌失去原有的硫酸盐还原功能，不再进行硫酸盐还原反应，从而达到减少硫化物的目的。

硫化物矿床与海底热液活动有着密不可分的关系[64,65]。海底热液活动作为正发生的成矿作用，成为我们研究现代海底硫化物矿床的天然实验室。热液环境中的微生物可能在金属氧化物、硫化物、硫酸盐和单质硫等矿物的沉淀中发挥了重要的作用[66]。例如，在一些热液环境中，铁氧化物的形成与杆状和丝状铁氧化细菌的新陈代谢活动紧密联系，铁氧化菌能氧化周围环境中的 Fe^{2+}，驱动铁氧化物成矿过程的发生。同样，硫还原菌和硫氧化菌亦可通过新陈代谢活动促发 SO_4^{2-} 的还原和 S^{2-} 的氧化，导致硫化物矿物和单质硫矿物的沉淀[67,68]。在养殖环境中，硫化物的形成需要以下条件：含有充足有机物质（主要为硫酸盐），厌氧环境，硫酸盐还原菌参与[69]。调查发现，当溶氧量超过 0.16mg/L 时硫酸盐还原菌作用便停止[70]。

1.5 硫化物的组成分布

海底区域蕴藏着丰富的矿产资源，如 Mn、Cu、Co、Ni 等[71]。通常认为只有在海洋沉积物中才有显著含量的酸可挥发性硫化物（AVS）存在，因为海水中的硫酸盐浓度为 28mmol/L，淡水中的典型值仅为 0.12mmol/L。然而，由于沉积有机物在海洋及淡水中都大量存在，其中的硫酸盐含量都足以产生显著的 AVS，故淡水中的 AVS 也不容忽视[72]。研究表明，AVS 的最高值反而出现在湖泊、江河及其他的淡水沉积物中。沉积物中的硫化物主要包括溶解性的硫化物、铁及其他一些金属离子与 S^{2-} 生成的各种沉淀物、有机硫化物和 H_2S（溶液）[73]。无论是在海洋还是淡水沉积物中，AVS 的含量都呈现出夏季较高、冬季较低的趋势[74,75]。并且，AVS 含量随沉积物深度的不同而不同，在沉积物表层 20cm 的范围内，AVS 随着深度的增加而升高，之后开始降低[76-78]。AVS 的形成与有机物含量和沉积物孔隙度有关，较低沉积物的孔隙度和有机质含量较高的环境会利于 AVS 的生成[79,80]。

1.5.1 硫化物的空间分布

硫化物的空间分布呈现由近岸到远海逐渐降低的趋势[80]，与叶绿素的分布存在显著相关性[81]，说明浮游生物量是影响生源有机硫化物分布的重要因素。此外，硫化物的分布受到温度的影响。沉积物中的硫化物含量普遍表现出春夏高、秋冬低的趋势[82,83]。而张际标等[84] 对湛江东海岛潮间带表层沉积物中酸可挥发性硫化物（AVS）含量及其分布进行了研究。研究表明，大多数站位 AVS 含量冬季高于夏季；其主要原因在于夏季潮间带的沉积物受太阳光的影响比冬季显著，表层沉积物 AVS 易被氧化。

1.5.2 硫化物在特定物质及过程中的分布

一些学者对 MTBE 中硫化物的组成进行了研究[85-87]。表明了 MTBE 中的硫化物全部来自精制液化气，并且硫含量是精制液化气的 5~10 倍。经分析，MTBE 中除硫醇、硫醚和二硫化物等常见的硫化物外还有甲基叔丁基硫醚和乙基叔丁基硫醚等新生硫化物。这些新生硫化物是 C_4 组分中的硫醇与异丁烯反应生成的。

马托等[88] 在不同的 pH 值和温度下，对硫化物在厌氧污泥中的分布特征进行了研究。结果表明，pH 值增大，污泥活性增加并与 H_2S 释放量有明显对应趋势，pH>8 液相中游离的 H_2S 逐渐减少；温度升高，有利于污泥吸附的硫化物向液相中转移，而且 H_2S 溢出量迅速增大。

鄢小琳、杨淑清等[89-92] 利用 $PdCl_2$ 配位色谱法分离俄罗斯减压馏分油、直馏汽油中的硫化物，结果表明，减压馏分油中含有烷基环状硫醚、烷基苯并噻吩、烷基二苯并噻吩和烷基萘苯并噻吩等类硫化物；直馏汽油中含有四氢噻吩和四氢噻喃类硫化物，并检出了 $C_6 \sim C_{10}$ 的环硫醚系列。

朱根权、魏慧峰等[93-95] 对催化裂化过程中硫化物的分布规律进行了研究。认为原料中硫化物的种类是影响该过程中硫分布的最主要原因。非噻吩硫主要进入气体产物中，而噻吩硫主要发生侧链断裂进入液体产物中或聚合进入焦炭中；渣油高温裂解硫化物中以硫化氢、噻吩及烷基取代噻吩、苯并噻吩及其烷基取代类和二苯并噻吩及其烷基取代类为主；催化裂化液态烃中含有硫化氢、羰基硫、$C_1 \sim C_3$ 硫醇、二甲基二硫醚、甲基乙基二硫醚、二乙基二硫醚、二甲基三硫醚、二甲基四硫醚等硫化物。

1.6 硫化物的分析检测方法

硫化物是表示水体质量的重要参数之一[96]。在近十年水中硫化物的测定过程中，其测定机理大多数属于间接法，利用 S^{2-} 是弱碱，易和弱酸或中强酸形成难溶金属硫化物而间接测定[97]。硫化物测定常采用的方法有碘量法[98-100]、亚甲基蓝分光光度法[101,102]、直接显色分光光度法等，这些方法检测一般需要数小时或更长时间。与传统的光谱光度测量法相比，寻找一种能精确分析出单个样品中所有可溶性硫化物种类并实现完全自动化的方法越来越重要。因此，能够同步测量废水样品中多种可溶性硫化物的离子色谱法[103]逐渐发展起来了。

1.6.1　色谱法

汽油中的硫主要以活性的硫醇和非活性的二硫化物、硫醚、噻吩与苯并噻吩（BTP）及其衍生物的形式存在。这些硫化物是深度脱硫的主要对象，而建立方便快捷的硫化物的定量方法对于脱硫过程尤为重要。

测定方法广泛应用的是各种联用技术。其中流动注射分析（flow injection analysis，FIA）因具有设备简单、操作方便等优势而得到广泛联用，如 FIA-化学发光法、FIA-荧光光度法、FIA-AAS、FIA-光度法和 FIA-电化学法等。另外色谱技术也是一种效果理想的前分离手段，如离子色谱-电化学法、反相色谱-光度法等。

温胜敏[104]采用 Nutech8900 预浓缩仪和气相色谱联用，同步测定环境空气中微量挥发性有机硫化物（甲硫醇、甲硫酸和二甲二硫）。测定精密度（$n=6$）均在 20% 以内；检出限分别为甲硫醇 $1.44 \times 10^{-4}\,\mathrm{mg/m^3}$、甲硫酸 $4.80 \times 10^{-5}\,\mathrm{mg/m^3}$ 和二甲二硫 $3.70 \times 10^{-5}\,\mathrm{mg/m^3}$。

何俊辉等[105]利用气相色谱配置的硫化学发光检测器（SCD）对终馏程 253～690℃ 的催化裂化油浆进行硫化物类型分析。研究表明，催化裂化油浆中硫化物类型主要有二苯并噻吩类和萘并噻吩类硫化物，其中萘并噻吩类是主要的硫化物类型。

凌凤香等[91]采用气相色谱-原子发射光谱（GC-AED）联用技术对柴油中硫化物进行了定性定量研究。从柴油样品中定性出 33 类硫化物，经加氢脱硫处理后，样品中硫平均脱除率可达 94.0%。其中噻吩或苯并噻吩的脱除率为 100%。噻吩类脱除率视取代基的大小、个数和取代位置的不同而不同。

张凤菊等[106]利用气相色谱-质谱联用法测定环境空气中 7 种痕量有机硫化物。通过条件优化，使得甲硫醇、乙硫醇、甲硫醚、二硫化碳、噻吩、乙硫醚和二甲二硫醚 7 种有机硫化物在 21.47～336.43μg/m^3 范围内线性良好。这 7 种有机硫化物的方法检出限为 0.004～0.036μg/m^3。

孟启等[107]采用选择性反应结合气相色谱对汽油硫化物进行了分析。通过 3 个分别针对硫醇、硫醚和含 α-H 噻吩的官能团选择性反应，结合连有脉冲火焰光度检测器[108]的毛细管气相色谱对汽油中各类硫化物进行区分，实现了汽油中不同类型有机硫化物的快速分析。

杨永坛等[109-112]采用气相色谱-硫化学发光检测器（GC-SCD）建立了催化裂化汽油以及液化气中硫化物的分析检测方法。该方法对催化裂化汽油中噻吩、正丁硫醚、2-甲基噻吩、3-甲基噻吩、2,4-二甲基噻吩等主要硫化物的浓度测定值的相对标准偏差均小于 5.0%。在液化气中，除了乙硫醇和二甲基二硫醚这两种不稳定硫化物的测定结果有较大的波动以外，其余组分中硫质量浓度测定结果的相对标准偏差小于等于 7.2%。

魏新明等[113]利用毛细管色谱柱及脉冲火焰光度检测器对中石化济南分公司生产的液化气中的硫化物进行了鉴定，共检测出 9 种硫化物，并查明了最终进入聚丙烯装置的精丙烯中残留的硫化物的形态及含量。该方法具有操作简便、灵敏度高等优点，适于炼厂液化气及其他气体中微量硫化物的分析鉴定。

林麒等[114] 建立了稳定性同位素内标-吹扫捕集-气相色谱-质谱联用法（GC-MS）分析多种水体中的硫化物。该方法检测乙硫醇、二甲基硫和二甲基二硫在 0.6～21.3μg/L 范围内线性良好。ET、DMS 和 DMDS 的检出限分别为 0.088μg/L、0.13μg/L 和0.10μg/L。

金贵善等[115] 使用元素分析仪（EA)-稳定同位素质谱仪（IRMS）系统进行测定硫化物中硫同位素的实验，系统测量准确度为 0.015%、精密度 0.012%，可以满足快速、高效测定硫同位素的要求。

孙海燕等[116,117] 利用火焰光度检测器（FPD）分析汽油中的硫化物乙醇硫、噻吩和二苯并噻吩，并分别建立了检测信号和硫化物浓度的模型，拟合度都在 0.995 以上。实验结果表明，该模型可以满足定量分析的需要，相对误差都小于 1.5%，FDP 的稳定性较好。

1.6.2 光谱法

陈小霞[118] 利用气相分子吸收光谱法测定水体中的硫化物。结果表明，该方法检测灵敏度高、具有较好的精密度和加标回收率，检出限为 0.004mg/L。该方法测定水中硫化物所用试剂种类少，取样量少，样品无需前处理，可直接进样分析，样品分析时间短，能够在短时间内实现样品的自动批量处理，提高了工作效率。

1.6.3 电极电位滴定法

刘永健[119] 根据电位滴定原理，采用硫离子选择电极法测定油田水中可溶性硫化物。该方法测定硫化物的相对标准偏差小于 5.0%，加标回收率为 93.3%～106.7%，与经典方法碘量法进行准确度试验，相对偏差小于 5.0%，方法检测下限为 0.30mg/L，其精密度、准确度及检测限均达到油田系统硫化物检测标准。

冯晓敏[120] 建立了油田采出水中可溶性硫化物的快速检测方法并优化了测定条件，测定时 pH 值在 12.0 以上，搅拌速度为中速，利用电极电位滴定法测定溶液中可溶性无机硫化物，其在等电点前后电位突跃明显，采用二阶微商方式确定反应终点。

王旭等[121] 采用硫离子选择电极电位滴定法测定产酸脱硫反应器中的硫化物。该方法测定结果不受挥发酸及无机阴离子的影响。测定方法操作简便、快速、灵敏度高、测定浓度范围宽，检测下限为 0.26mg/L。

1.6.4 其他方法

程思海等[122] 建立了使用元素分析仪直接固体进样测定海洋沉积物中硫化物的方法——差减法：称取两份样品，一份直接测定总硫，另一份在 500℃灼 3h 除去硫化物后测定剩余的硫，两个结果的差值为硫化物中硫的含量。与常规测定方法相比，此方法具有称样量少、操作简便、准确可靠等优点，检出限为 0.018%，精密度（SD, $n=12$）为 2.50%～5.48%，回收率为 97.7%～99.3%。

王晓辉等[123] 将氧化硫硫杆菌制成夹层式微生物膜，将极谱型氧电极的内腔注满电解液，在黄金阴极表面覆盖聚四氟乙烯薄膜，再将夹层膜紧贴在聚四氟乙烯膜上，用电极帽压紧，制成硫化物微生物传感器。该传感器对 S^{2-} 的测定线性范围为 $0.03\sim3.00mg/L$，测定一个样品需 $2\sim3min$。

朱金安等[124]　改进了用于水中硫化物测定的酸化-吹取-吸收预处理方法。采用标样直接显色制作的标准曲线进行定量，当水样中 S^{2-} 的质量浓度为 $0.077\sim0.445mg/L$ 时，加标回收率为 $96.1\%\sim100\%$，此方法的变异系数为 $2.30\%\sim5.54\%$。其硫化物的回收率显著高于文献报道的同类装置。

张克强[125]　利用管式电凝聚反应装置处理含硫化物废水并研究了其过程和特性。结果表明：废水中的 pH 值、硫化物的浓度、电解时间和电流密度、电解质等因素均影响废水中硫化物的去除效果。当 pH 值在 $6\sim9$、电流密度为 $0.42A/dm^3$、电解时间为 $30min$ 时，废水中硫化物去除率达到 90% 以上，其反应装置如图 1-3 所示。

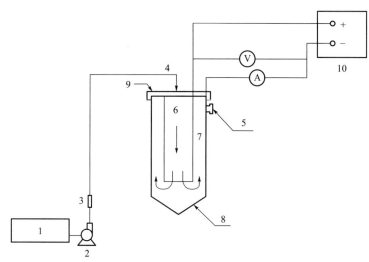

图 1-3　管式电凝聚反应装置处理流程示意

1—配水箱；2—泵；3—流量计；4—进水口；5—出水口；6—阳极；
7—阴极；8—渣斗；9—浮渣；10—直流稳压电源

该方法采用管式电凝聚处理含硫化物废水，能有效去除废水中的硫化物。探讨管式电凝聚的作用机理，为管式电凝聚的开发利用提供了技术参数。

黎莉等[126]　利用间隔流动注射法，采用 San＋＋分析仪在线蒸馏测定水中硫化物。该方法分析速度快，检出限低，精密度和准确度高，硫化物样品浓度在 $0\sim2.0mg/L$ 与峰高有良好的线性关系（$r=0.9997$），方法检出限为 $0.003mg/L$。

Aijie Wang 等[127]　建立了一种新型 ANN 方法预测了 EGSB[128,129]-DSR 生物反应器稳定状态下亚硝酸盐脱氮和完整的脱氮除硫情况。结果表明，在水力停留时间小于 7h 的情况下，硫化物的浓度严重影响反应器的运行。

D. K. Villa-Gomez 等[130]　利用硫离子选择电极计算整体衍生物比例参数，从而来评估硫化物的含量。实验是使用 LabVIEW 虚拟仪器软件在逆流化床生物反应器中进行测定。结果表明，在逐渐增加化学需氧量浓度时，能检测到高的硫化物增量。不管有机负荷率以何种方式降低，选择电极反应都显示出由于硫化物积累或底物利用而导致的随时间变化的行为，其检测装置如图 1-4 所示。

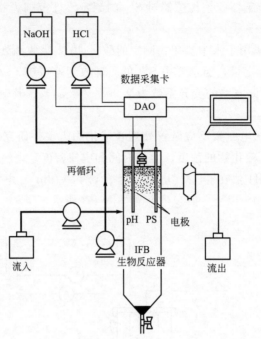

图 1-4　硫离子选择电极法评估硫化物含量装置

1.7　硫化物的转化机制

国内外对于脱硫机制的研究，也有了不少成果。Mabel Mora 等[131] 利用呼吸运动计量和滴定技术从厌氧滴滤反应器中实现了硫化物氧化和脱氮生物量的获得。该方法获得的生物量稳定在 (0.328±0.045)gVSS/gS 的范围内。证明了呼吸运动计量法和滴定分析可以有效地用于研究厌氧脱硫机制和动力学。

Yuko Kida 等[132] 研究了硫分解过程中超临界水的作用。结果表明，通过自由基反应，碳-硫键断裂形成硫醛，在这过程中加入水而形成双键的疏基醇，疏基醇进一步直接或者通过水催化的六元环过渡态分解成乙醛和 H_2S。乙醛通过自由基反应，迅速分解成 CO 和戊烷。

硫化物的生物转化通常是通过微生物来完成的。通过分离鉴定或悬浮、附着生长培养等手段，发现能降解气相硫化物的主要是化能自养型和甲基营养型的微生物。它们能将硫化物定量地氧化为 SO_4^{2-} 和 CO_2[133]。较早的时候已经肯定，H_2S 被硫化细菌氧化的路径，是通过 S^0、$S_2O_3^{2-}$、$S_4O_6^{2-}$ 和 SO_4^{2-} 的过程。

自 1891 年 Garrett 从埋藏在地下的钢材的腐蚀产物中第一次分离出 SRB 以来，SRB 引起的腐蚀越来越受到人们的重视[134]。在油田硫化物处理中，油田地面系统应用的反硝化技术是利用油藏和油田地面设施内原生细菌来抑制 SRB 和去除 H_2S 及硫化物的方法[135]。其原理是通过投加合适养料和电子受体来刺激油藏和油田地面设施内原生硝酸盐还原菌，使硝酸盐还原菌的数量迅速增加，将系统内占优势的电子受体由硫酸盐转变为硝酸盐和亚硝酸盐，从而抑制 SRB 的活性，并将已生成的 H_2S 和 FeS 氧化成 S 或 SO_4^{2-}。

在污水处理厂中，通常用亚硝酸来实现污泥减量[136]。在硫化物控制上，加入亚硝酸盐也可以作为长期控制硫化物的方法[137,138]。亚硝酸盐不仅仅是 NO 的氧化产物，而且可以在体内有效地转化为亚硝基硫醇。在医学上，亚硝酸盐可以作为硫化物中毒的有效的补救措施[139]。Guangming Jiang 等[140] 研究表明，连续 5d 每天持续加入 0.26mg N/L 的亚硝酸盐可以减少 80％以上的硫化物平均产量，其反应装置如图 1-5 所示。

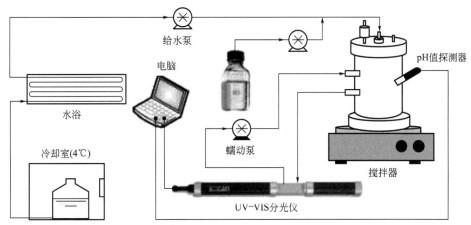

图 1-5　实验规模的管道反应器和在线控制系统

其机制为：亚硝酸盐可以刺激生物膜中的硫化物生物转化。在缺氧和厌氧条件下的硫化物转化途径可以看作两各连续的步骤。首先是硫化物氧化成 S^0，S^0 再转化成 SO_4^{2-}。第二个氧化过程在第一步结束后随即发生，其氧化速率是第一步骤的 15％。

J. Mohanakrishnan 等[141] 建立了实验室管道反应器，研究了亚硝酸盐对硫化物控制的影响。反应器装置如图 1-6 所示。

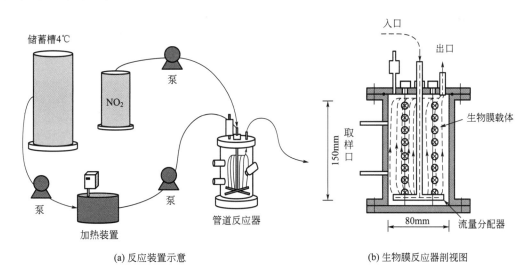

(a) 反应装置示意　　　　　　　　(b) 生物膜反应器剖视图

图 1-6　实验室管道反应器装置

经实验研究，一旦去除亚硝酸盐之后，硫酸盐还原便会终止，恢复到去除亚硝酸盐之前的状态则大概需要 2.5 个月。因此，在硫化物去除过程中，间歇地添加亚硝酸盐是一种有效的硫化物提高转化速率的方法。

1.8 硫化物的生物去除

目前通常采用的硫化物生物去除的方法是直接的气提[142]、化学沉淀[143]和氧化等物理化学的方法。但这些方法的能耗较高、需要较多的化学药品及沉淀物处理，因而成本较高。直接气提产生大量含 H_2S 的空气，这些被污染的空气也应当再处理。化学沉淀产生的污泥也必须处理。用于除硫化物的氧化工艺包括曝气（有催化剂或没有催化剂）、氯化、臭氧、高锰酸钾或过氧化氢处理。在所有这些氧化处理中可能产生硫、连二硫酸盐和硫酸盐等末端产物。也有研究者利用载体生物除臭系统[144]处理含硫化合物，该方法具有低运行费用、低维修率、高处理效率等优点。近年来，利用微生物除硫的技术正在不断发展，生物除硫技术可以将脱硫和单质硫的回收合为一体，将含硫废液变废为宝，安全、低成本，被看成是一项很有前途的技术[145-147]。

含硫化合物是许多生活或生产恶臭源的主要致臭成分，其中出现概率最大的是：硫化氢、甲硫醇、二甲基硫醚、二甲基二硫醚和二硫化碳。恶臭的生物处理，是以微生物对恶臭物质的代谢为基础的处理技术，与物化处理技术相比，具有经济上的优势。在生物处理方法中，生物土壤法去除效率最高（90%以上），其次为生物滴滤[148]法，对 VOS 的去除效率高于 80%，而等离子体技术仅为 50% 左右[149]。经研究表明，利用微波及硫酸改性后，硅藻土对水中硫化物的吸附能力显著增强[150]。

在自然界中存在的多种微生物都对硫化物的去除起到重要作用。一些脱硫菌能以硫酸盐、硫代硫酸盐、亚硫酸盐、单质硫为硫源生长[151,152]，这些菌株处理高浓度的硫化物效果明显；一些能够减少污染水体中硫化氢的发生量[153]，从而降低硫化物浓度。为了更好、更有效地去除硫化物，对脱硫菌进行驯化是一种常用的方法。王帆等[154]在有臭味的污泥中，经选择性培养基培养驯化高效降解 S^{2-} 的脱硫菌。在温度 30℃、pH 值为 2～3、摇床转速 180r/min 的条件下，分别对此脱硫菌的生长曲线、降解能力以及对液态 S^{2-} 的降解规律进行试验。结果表明，驯化后的脱硫菌不仅对硫化物有很强的耐受能力，而且有较好的降解能力。

曹媛等[155,156]利用微生物烟气脱硫工艺实现硫化物生物氧化与单质硫的回收。在有效容积为 45L 的内循环生物流化床内，以含硫化物的厌氧段出水作为进水，利用无色硫细菌氧化硫化物为单质硫。有机物和 S^{2-} 脱除率可达 78% 和 90% 以上，最大 S^0 产率为 75% 左右。

黄兵[157]通过对城市污水处理厂氧化沟采集的菌种进行诱导驯化，培养出对含硫废水有较好降解性能的脱硫菌，并对脱硫菌进行了测序分析鉴定。开发出活性炭吸附-海藻酸钙包埋-己二胺交联的复合固定化制备技术，进行了固定床反应器的设计以及最佳工艺条件确定。在间歇喷淋 pH=3～4 的循环液中，操作温度 20℃，气体停留时间 8s，固定床反应器净化 SO_2 气体的效率大于 96%，最大生化去除量达 6kg/(m³·h)，这一数值明显高于生物膜填料塔和游离菌的生化去除量。该固定床反应器可应用于处理浓度为 2000mg/m³ 的实际燃煤烟气，反应器运行稳定，净化效率接近。这说明用固定床反应器净化低浓度烟气是可行的。

张克强等[158]采用升流式填料塔对含硫化物废水进行处理研究。此装置中，接种的菌群为排硫硫杆菌。pH 值和温度分别为 7.0±0.1 和 30℃±2℃，结果表明，在升流式生物填料塔内，废水中的硫化物去除率能达到 95％以上。应用模拟方程，对于不同的进水浓度，都能找到一个最佳的运行工况。

左剑恶等[159] 以硫酸盐还原相出水作为进水，采用升流式好氧生物膜反应器，在 18～22℃条件下，利用好氧无色硫细菌去除水中硫化物。试验表明，当硫化物容积负荷达到 12kg/(m³·d)，水力停留时间为 22min，pH 值为 7～8，溶解氧浓度为 5.0～5.5mg/L 时，硫化物的去除率可达 90％以上，被去除的硫化物几乎全部转化为单质硫，同时有机物的去除率约为 10％。

现有的大部分废水或废气总去除硫化物的过程都需要持续地能量输入。电化学方法[160,161] 可以在去除硫化物的同时产生能源。废弃生物质对于微生物在胞外产生电流是一种既廉价而又相当丰富的电子资源。微生物电化学技术快速发展为污水处理和化工生产提供了新的技术[162]。在硫化物的生物去除方面，微生物燃料电池[163] 可以通过硫酸盐还原菌将硫酸盐还原，再通过硫氧化细菌产生单质硫。Duu-Jong Lee 等[164] 通过微生物燃料电池，以硫酸盐还原菌和硫氧化细菌作为阳极生物薄膜，处理含硫废水。在这个过程中，过量的硫离子被硫酸盐还原菌转化成硫化物，形成的硫化物进一步被硫氧化细菌不可逆地转化成单质硫，形成的电子转移到阳极，细胞间的硫化物转化决定了微生物燃料电池的电子通量。同时少量游离的硫离子减少了极化阻力，促进了微生物燃料电池的作用。

在生物燃料电池中，硫化物的氧化速率并不会由于有机电子供体（乙酸盐）的存在而被减弱。在氧化过程中，乙酸盐的浓度始终保持不变。通常利用生物电化学技术处理硫化物过程中，往往会导致阳极富集了元素硫的沉积物。经研究表明[165]，微生物比阳极和硫酸盐更优先利用电沉积硫作为电子受体，从而产生硫化物。Rabaey K、Dutta P 等[166] 利用生物燃料电池，去除硫化物的同时产生能源并取得了较好的效果。

如图 1-7 所示，研究表明在阳极沉积的元素硫经过 3 个月的运行，会限制燃料电池的正

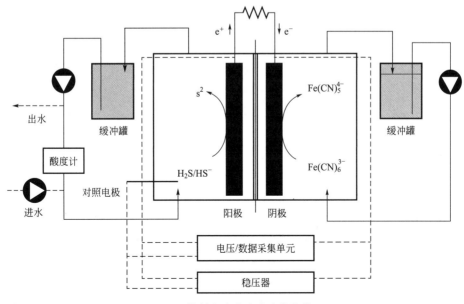

图 1-7　燃料电池法去除硫化物装置

常运行。因此，定期去除电极积累的元素硫对于系统正常运行是非常有必要的。

Xijun Xu 等[167] 建立了一种新型生物处理废水技术，即利用异氧联合反硝化脱硫过程，同时去除硫化物、硝酸盐和乙酸盐。研究表明，以 NO_3^- 作为电子受体的 S^{2-} 的氧化速率是以 NO_2^- 作为电子受体的 S^{2-} 氧化速率的 2 倍。此外，调整水力停留时间是使异氧联合反硝化脱硫反应器能够承受高浓度 S^{2-} 负荷的有效方法。

S. Potivichayanon 等[168] 利用固定化膜生物洗涤器实现了硫化氢的去除。在运行过程中，pH 值会降低但仍然高于 6.4。由于硫化氢氧化成硫酸盐，系统除硫效率提高的同时，硫酸盐的产量和溶解氧也在增加。

水本身是电解质，在管道内表面属性有差异的部位形成电极，从而形成电化学腐蚀。电化学腐蚀是城市供水管道腐蚀的主要机理。供水过程中的溶解氧、CO_2、硫酸盐、氯化物、残留消毒剂也对管道的腐蚀有一定的影响。张清等[169,170] 研究表明，CO_2 溶于水生成弱酸 H_2CO_3，同一 pH 值下，其腐蚀强度大于强酸。CO_2 含量增加会加快腐蚀反应速率，使腐蚀速率提高。

陈墨等在研究中提到[171]，CO_2 分压也是影响 CO_2 腐蚀的重要因素之一。此外，学者们研究发现[172-174]，在 CO_2/H_2S 共存体系中，CO_2 和 H_2S 的腐蚀过程存在明显的竞争协同效应。这是由于随着 CO_2 含量的增加，致使腐蚀形态明显。

自来水中的 Cl^- 会破坏钝化膜，并且作为腐蚀的催化剂，诱导 Fe^{2+} 水解，进而腐蚀管道，通过实验得出 Cl^- 腐蚀浓度范围为 0.2～0.6mg/L。微生物[175] 亦是给水管道腐蚀影响因素之一，自养需氧型铁细菌（IRB）和异养厌氧型硫酸盐还原菌（SRB）是最主要的腐蚀菌种。有学者[176] 研究了水流速度对腐蚀的影响，水流速度与氧气到金属表面的速度成正比，同时水流冲刷金属表面的腐蚀产物，加快金属的腐蚀速率，进而加快管道的腐蚀。当然，水体的 pH 值也是影响管道腐蚀的因素之一。

污水管气相中的硫化氢气体会在管道表面扩散为一层薄薄的液膜，管道表面上的化能自养菌就把硫化氢氧化为硫酸，从而造成管道腐蚀[177]。Henriette Stokbro Jensen 等[178] 研究了造成管道腐蚀的硫酸盐氧化菌的生长。在间歇式反应器中，H_2S 和氧气的利用率表明了细菌生长指数。单质硫是 H_2S 氧化的产物，H_2S 消耗完以后则会导致单质硫的氧化，最终产生硫酸盐。管道腐蚀控制技术分为钢管道腐蚀控制技术和非金属材料控制管道腐蚀技术[179]。氢诱导开裂（HIC）和硫化氢应力开裂（SSC）是酸性介质管道输送中比较突出的问题[180,181]。管道中硫化氢的控制通常通过曝气充氧的方式[182-184]，Oriol Gutierrez 等[185] 建立实验室系统模拟实验，研究了氧气的充入对于厌氧管道中生物膜活性的影响，反应器如图 1-8 所示。

如图 1-8 所示，研究结果表明，在废水处理系统的入水口喷射氧气可以减少65%的硫化物排放。氧气虽然是有效的硫化物生化氧化剂，但并不能终止硫化物的生成。氧气能够刺激下游生物膜上硫酸盐还原菌的生长，增强硫酸盐还原菌活性，从而提高硫化物转化效率。研究表明，金属硫化物的形成对硫酸盐还原菌具有抑制作用，因此，为了维持反应系统硫酸盐还原效率[186]，一旦金属硫化物形成，就应该将其去除。

在油田中，无论是稀油油田还是稠油油田的原油、天然气中都存在 H_2S，在原油的开采及输送过程中析出，这对环境和人身安全造成严重危害[187]。荷兰一家公司将 H_2S 和污

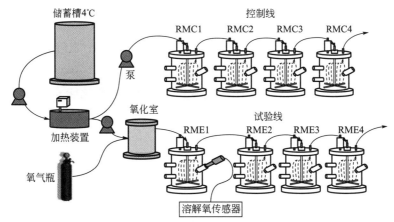

图 1-8　氧气对厌氧管道生物膜活性影响装置

水的处理相结合，设计了一套反硝化除硫工艺，如图 1-9 所示[188]。

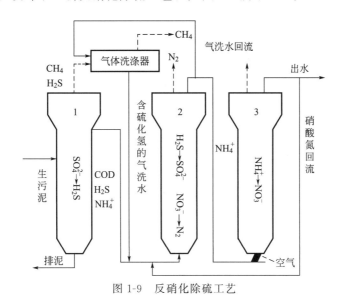

图 1-9　反硝化除硫工艺

生污泥进入消化系统（1 号反应器），消化后的尾气经气体洗涤器，将 H_2S 气体吸收进水相，实现 H_2S 与 CH_4 的有效分离；溶于气洗水的 H_2S 与消化上清液、来自于 3 号反应器的 NO_3^- 回流液汇合，进行反硝化除硫；2 号反应器的出水中含有高浓度 NH_4^+，进入 3 号反应器中实现硝化，硝化液再回流到 2 号反应器中进行反硝化。整个工艺流程突出了"以废治废"的特征，既实现了高浓度含氮污水的有效处理，又能够去除具有恶臭的有毒气体 H_2S，同时得到较纯的 CH_4。

高文亮[189] 采用生物滴滤塔反应器去除 H_2S 气体。研究了循环液 pH 值、SO_4^{2-} 浓度、进气负荷、气体停留时间等工艺参数与处理效率之间的相互关系，以及试验过程中填料层压降、喷淋液 COD 的变化情况。结果表明，该系统在循环液 pH 值为 0.5～2.5 时，脱硫微生物发挥最佳处理效率，H_2S 去除率可以达到 99% 以上。利用复合除臭填料及优势脱硫菌种处理 H_2S 气体，在保证去除率的前提下可使气体停留时间明显降低。

吕溪[190]通过稀释分离法从城市污水处理厂曝气池污泥中分离筛选出一株可降解含高浓度 H_2S 恶臭气体的革兰氏阴性菌。利用生物滴滤塔，以有机循环液为营养补充液，进气 H_2S 浓度为 $50\sim700mg/m^3$，气体停留时间 $\geqslant23.55s$，循环液 pH 值为6，气液比为 $60\sim40$，温度为 $25\sim35℃$，在此条件下，H_2S 净化效率大于 92%。

葛洁[191]利用了生物滴滤塔净化 H_2S 气体。筛选出了有机化能异养菌黄单孢杆菌和有机化能营养芽孢杆菌的混合菌种为优势菌群，以改性后的陶粒为填料，获得了较高的 H_2S 去除能力。

1.9 硫化物的生物利用

生物修复技术应用广泛的是原位修复。微生物法效果的好坏直接取决于微生物的生长环境及其活性的大小，生长环境受很多运行参数的影响，如温度、湿度、填料的种类、孔隙率、比表面积、pH 值等。生物修复法主要是通过去除水体中的硫化氢来达到去除沉积物中硫化物的目的[192]。

聂晓雪等[193]以硫为电子供体通过其自主研发的生物循环流化床进行自养反硝化从而去除 NO_3^--N。结果表明，在有一定量的有机碳源的情况下，TN 去除率会有所提高，但随着有机碳源量的减少，TN 去除率逐渐降低，至完全没有有机碳源时，脱氮硫杆菌开始逐渐生长；低 $\rho(DO)$ 更适宜脱氮硫杆菌的生长。去除的 NO_3^--N 与生成的 SO_4^{2-} 质量比为 $1:7.7$。

杨永哲等[194]采用序批式活性污泥反应器，在厌氧/好氧运行条件下，研究了硫循环过程对聚磷菌功能的影响。在厌氧条件下，硫酸盐还原过程和聚磷菌的释磷过程可以同时发生；硫酸盐还原菌（SRB）与 PAOs 之间对低分子碳源表现为竞争关系，使 PAOs 的释磷效果降低、聚-β-羟基丁酸（pHB）合成减少，从而降低了好氧段的聚磷能力。试验结果还指出，硫循环过程控制不当会引起活性污泥丝状膨胀。

张静[195]以模拟含硫化物废水（包括硫化物和葡萄糖、玉米秸秆）作为电子供体，利用微生物燃料电池去除硫化物和有机物。研究结果表明，硫化物（100mg/L）和葡萄糖（800mg COD/L）共基质的微生物燃料电池中，硫化物和 COD 的去除率分别达到 88.7% 和 81.8%，秸秆滤液和硫化物共基质的燃料电池中，硫化物和 COD 的去除率分别为 64.9% 和 57.3%。

白志辉等[196]从硫铁矿的酸性土壤中分离、筛选出氧化硫硫杆菌，将其固定化制成微生物传感器，用于样品中微量硫化物的测定。研究表明：该传感器响应 S^{2-} 浓度线性范围为 $0.06\sim1.50mg/L$；响应时间为 $3\sim6min$；灵敏度高，稳定性强。

1.10 硫化物的生物转化

硫化物的去除通常不是直接将硫化物去除，而是将硫化物进行转化，使得硫酸盐、硫化氢等转化成无害的单质硫，也是将低价硫转化成高价硫的过程。崔旸等[197]利用双室微生物燃料电池（MFC），阳极室接种硫氧化菌，阴极室以甲基橙作为电子受体，同时进行还原性硫化物生物氧化偶联偶氮染料降解。利用微生物降低电池的阳极电势，从而增加了其还原性硫化物向其他高价态硫的转化。

王庭[198] 利用气升式反应器接种无色硫细菌，对硫化物生物氧化过程进行了研究。初步脱硫结果表明，该菌可较好地降解硫化物。反应器中，pH 值上升会使硫酸根生成率增加，pH 值在 7.85～8.5，反应器运行效果较好；随着进水硫化物浓度的提高，硫化物的去除率随着 HRT 的减小而下降，控制 HRT 在 2.0～3.0h 比较合适。不同容积负荷下，控制 ORP 在−380～−340mV 均可得到单质硫的最大生成率。

闫旭[199] 利用从酸性土壤筛选出的一株具有硫化物氧化能力的化能自养细菌（那不勒斯硫杆菌）通过在升流式好氧反应器中接种该菌株，研究了反应器中硫化物生物转化为单质硫的特性。在进水硫化物浓度为 350mg/L、水力停留时间为 3h 的条件下，通过调节反应器曝气量控制系统 ORP 保持在−370mV，能够维持 95% 以上的硫化物去除率和 85% 以上的单质硫回收率。

冯守帅等[200] 采用一株典型脱硫菌 T. tepidarius JNU-2，氧化硫化物生成单质硫。在实验过程中进行了条件优化。结果表明，在最佳碳氮源、$MgSO_4$、$FeSO_4$ 和能源底物条件分别为 CO_2、NH_4Cl 0.5g/L，$MgSO_4$ 0.5g/L、$FeSO_4$ 0.1g/L 和 $Na_2S_2O_3$ 15.0g/L 时，氧化 $Na_2S_2O_3$ 生成单质硫过程的最大生物量可达 4.8×10^6 cells/mL，单质硫产量提升至 1.14g/L。

1.11 硫化物对重金属的去除以及转化

微生物与矿物的相互作用是地球表层重要的地质作用类型[201]。在金属硫化物矿山环境中，废弃矿石中含有大量的 Cu、Pb、Zn、As 等重金属元素，是地球上最丰富的硫化物矿石，许多金属都来自这些矿石[202]。其氧化分解可导致重金属元素的释放和酸性排水的形成，造成严重的环境问题。

污水管道系统中，硫化物引发的沉积物腐蚀是世界各地水厂普遍存在的问题[203-205]。重金属的生物有效性与其间隙水中溶解态浓度直接相关，而这一浓度受控于重金属与沉积物固相的吸附与结合。沉积物中的有机物、铁锰水合氧化物及酸挥发性硫化物等是主要的重金属结合相[206,207]。土壤的硫循环对重金属有效性的影响集中在硫黄的氧化和硫代硫酸钠转化为亚硫酸钠两个过程[208]。人工湿地[209] 基质对重金属的容滞过程包括重金属和矿物及基质中的腐殖酸阳离子交换，有机物络合和沉淀为氧化物、碳酸盐及硫化物。在基质中的厌氧环境下，微生物将硫酸盐转化为 S^{2-}，从而使得金属沉淀为硫化物。

经调查，喀斯特地区内表层沉积物 SEM 与 AVS 比值的变化范围为 0.007～0.033，平均值为 0.018[210]。重金属为亲硫元素，在还原条件下能与硫形成难溶性金属硫化物[211,212]。无论是何种类型的沉积物，AVS 的存在都将提高沉积物对重金属的吸附容量，从而降低水中重金属的浓度[213-215]。硫化物对重金属 Zn、Cu 和 Cd 等具有较好的稳定化效果[216]。有研究发现，在 Fe^{2+} 的催化作用下，硫化物可在中性条件下迅速地将 Cr^{6+} 还原为 Cr^{3+} 并生成 $Cr(OH)_3$ 沉淀，而 Fe^{2+} 被转化成 $Fe(OH)_3$ 沉淀。

底泥中的有机质对重金属也具有很强的络合能力，重金属可以不同形式进入或吸附在有机质颗粒上，与有机质络合生成复杂的络合态金属[217]。这两种结合形态的金属均较稳定，绝大多数被固定在底泥中，不易释放。沉积物既可以容纳河口环境中的重金属，也可能向河口环境中释放重金属[218]。水溶液中的重金属可以不断地与沉积物结合，结合后的重金属很难再释放出来。酸挥发性硫化物的存在可以增加沉积物的吸附容量，但酸挥发性硫化物经过酸化被除去后，沉积物中的结合重金属元素就会释放出来[219,220]。因此，在受污染的底泥中，重金属的污染与有机质、硫化物的积累具有一定的相关关系[221]。在近河口区底层，AVS 形成的制约因素是活性铁的可获得性，而活性重金属的分布受到 AVS 的控制并主要以金属硫化物或硫化物吸附态的形式存在，在离河口稍远的海域，沉积物中 AVS 形成的控制因素是有机质的供给和环境氧化还原状态的变化，活性重金属主要以铁氧化物结合态存在[222,223]。

研究发现：a. 硫化物矿物表面在氧逸度较高的情况下其氧化产物很复杂，主要是其金属元素的高价态氧化物、氢氧化物和硫酸盐等[224]；b. 就一般常见硫化物而言，相对比较稳定的是黄铁矿[225]；c. 在含铁的各种常见硫化物中，除黄铁矿表面的铁相对稳定外，毒砂表面的铁也相对较稳定，而闪锌矿表面的类质同象铁却容易被氧化而发生变化[226]。硫化物的氧化速率顺序为：方铅矿＞闪锌矿＞磁黄铁矿＞黄铜矿＞黄铁矿[227]。在金属硫化物矿物的形成过程中，细菌扮演着很重要的角色。趋磁细菌、硫酸盐还原微生物、铁还原微生物均广泛参与了硫的生物地球化学循环，并直接或间接影响了生物成因硫化物矿物的形成[228,229]。苏贵珍等[230]利用透析膜将细菌和黄铜矿隔离，模拟对比了黄铜矿氧化亚铁硫杆菌不接触和直接接触时的溶解行为。实验发现在两种模式下，氧化亚铁硫杆菌均不同程度提高了黄铜矿的溶解速率；直接接触模式比非接触模式对黄铜矿氧化分解的促进作用更显著。

由于重金属离子与硫离子有很强的亲和力，能生成溶解度较小的硫化物。因此，用硫化物除去废水中溶解性的重金属离子是一种有效的处理方法[231-233]。何绪文等[231]采用硫化物沉淀法处理含铅废水。结果表明，在最佳操作条件下，Pb^{2+} 的平均去除率为 99.60%，反应出水中 Pb^{2+} 平均浓度为 0.13mg/L。废水中 Pb^{2+} 和 Zn^{2+} 的去除为氢氧化物和硫化物沉淀共同作用的结果[234]。研究表明，增加投样量、减小试样粒径、升高初始 pH 值、降低含 Pb（Ⅱ）废水体积，均有利于降低溶液中溶解 Pb（Ⅱ）的浓度[235]。雷鸣等[236]在运用 MINTEQA2 模型对模拟重金属废水和 EDTA 萃取液中重金属离子形态进行分析的基础上，选用 Na_2S 沉淀法处理含 EDTA 的重金属废水。结果表明：在 c（EDTA）为 0 的条件下 Cd^{2+}、Cu^{2+} 和 Pb^{2+} 的去除率达到 100%，Zn^{2+} 的去除率仅为 57.0%。工程实例进一步表明，Na_2S 能够有效去除含 EDTA 重金属萃取液中的重金属离子，而完全去除 Zn^{2+} 则需要高浓度的 Na_2S。

由于硫离子在与重金属反应过程中表现出极大的反应活性，而且生成的金属硫化物具有在较广的 pH 值范围内溶解性极低的优点，因此对重金属具有良好的去除效果。郑广宁等[237]利用中性硫化物沉淀法处理含镍、铬废水。试验结果表明，单独投加 $FeSO_4$ 进行处理时，对总铬有一定的去除效果，对总镍的去除效果则很差，其中，当 $FeSO_4$ 投加量为 22.8mg/L，上清液总铬浓度约 0.279mg/L，去除率约 90.98%；总镍浓度约 83.64mg/L，去除率约 36.92%。

张翔[238]成功合成了一种新型硫化物重金属捕集剂（SpHM），用于处理含 Zn^{2+}、Cr^{6+}、Ni^{2+}、Pb^{2+} 的单个离子模拟废水，均取得了很好的效果。贾建业等[239]采用高表面活性的硫化物作为吸附剂，以重金属污染大户——电镀厂的酸性废水作为处理对象，研制了一种低成本、高效益、以废治废、简便易行的重金属污染物处理技术：硫化物矿物→鼓气搅动→CaO 调 pH 值。废水经该方法处理后，完全可以达到国家规定的排放标准。

硫化物的最初氧化产物为单质 S，然后逐渐形成胶体态 S，胶体态 S 对硫化物参与的氧化还原反应有明显的催化作用[240,241]。原油中的硫化物除硫醇和硫化氢含有活泼氢外，其他均不含活泼氢，如元素硫、硫醚、二硫醚、四氢噻吩以及其他噻吩类硫化物等，均属于无活泼氢的硫化物。含有活泼氢的硫化物在高温下对金属的腐蚀服从催化反应机理，无活泼氢的硫化物在高温下对金属的腐蚀服从自由基机理。如 FeS 悬浮物在 pH 值为 5.0、7.0 和 8.0 时与铬酸盐反应，FeS 可以把 Cr^{6+} 还原成 Cr^{3+}[242]。不同类型硫化物腐蚀性存在很大的差异，硫化物的腐蚀性由强到弱的顺序为：元素硫→二硫化物→硫化氢→硫醇→硫醚→四氢噻吩→噻吩类硫化物[243]。此外，温度和硫化氢分压对硫化沉淀反应速率影响很大，硫化沉淀反应在高温、高硫化氢分压下反应较快[244]。

在污水管道处理系统中，Fe^{3+} 通常被用于沉淀硫化物从而达到腐蚀和臭味的控制。除了硫化物沉淀，Fe^{3+} 还会抑制硫酸盐还原。Cherosky 等[245] 利用海绵铁去除沼气中的 H_2S。结果表明，颗粒粒径和水分含量都会对 H_2S 的去除产生影响。此外，Lishan Zhang 等[246] 研究发现，铁离子的添加量可以改变硫酸盐还原的最终产物，使得最终产物中硫化物的含量大大减少，其反应装置如图 1-10 所示。

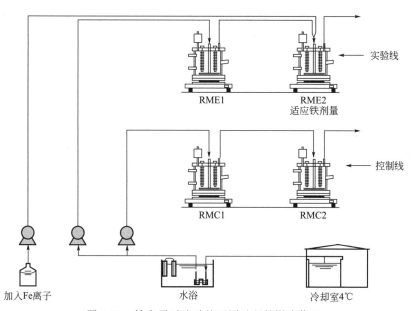

图 1-10 铁离子对硫酸盐还原过程的影响装置

陈勃伟等[247] 研究了氧化亚铁硫杆菌对金属硫化物矿物生物浸出过程中 Fe^{3+} 的作用，Fe^{3+} 及其沉淀使细菌在固体矿物颗粒表面的吸附量减少，降低了吸附细菌的活性，会影响细菌的直接氧化浸出作用。

张祥南[248] 以沈阳市北部污水处理厂浓缩污泥为研究对象，以单质 S 作为基质培养以氧化硫硫杆菌为主的混合硫杆菌进行生物淋滤法，降低或去除污泥中的重金属；得到 Ni、Zn、Pb、Cu、Cd、Mn 6 种重金属的去除率分别为 81.98%、88.20%、39.17%、83.35%、19.64%、82.01%。

1.12 硫化物去除和转化的其他方法

1.12.1 化学方法

化学法脱硫可以分为碱吸收、化学吸附、化学氧化以及高温热氧化等几种方法。但是化学法脱硫运行费用很高，因此影响了化学法脱硫技术的推广[249]。

（1）氧化脱硫法

次氯酸钠在碱性条件下可氧化硫化物。产生的二甲二硫仍是恶臭物质，而且不溶于水，必须将溶液酸化使次氯酸盐变成中性次氯酸分子，或者采取加热等手段促使放出新生态氯才能将二甲二硫彻底氧化成无臭物质[250]。该法处理彻底、效果良好，而且次氯酸钠溶液易于制备、价格低廉，可降低费用。

张红星[251]开发了一种集成氧化脱硫的新方法。通过集成异丙醇氧化生成原位 H_2O_2 和 H_2O_2 氧化脱硫，在催化剂的作用下，对含硫模型油进行氧化脱硫。该集成过程能有效脱除模型油中的 BT 和 DBT，在相对温和的条件下反应 6h，硫转化率可达到 96% 以上；但对 3-甲基噻吩（3-methylthiophene，3-MT）的脱除效果相对较差，90℃ 反应 6h，硫转化率仅为 43.3%。此外，同样条件下，有异丙醇参与的集成反应硫转化率可达 98.9%，远大于不加异丙醇时的 5.1%，说明集成脱硫的效果明显优于传统的氧气氧化脱硫方法。脱硫后燃油中的硫氧化产物可通过简单的过滤-萃取方法除去，燃油中的异丙醇可水洗脱除。

（2）脱硫剂法

活性炭被广泛用作催化剂载体和气相或液相吸附剂。张金昌等[252]采用等体积法制备非贵金属活性炭脱硫剂，研究了活性炭载体预处理工艺和不同非贵金属含量脱硫剂的脱硫性能。结果表明：活性炭载体在适当条件下用水蒸气预处理，其脱硫性能明显优于活性炭未处理制备的脱硫剂。随着非贵金属含量的增加，脱硫剂的硫容增加，当非贵金属质量分数增加 5.0% 时，再增加活性组分含量，脱硫剂的硫容提高不明显。孙波等[253]以活性炭负载磷钨杂多酸（HPW）为催化剂，H_2O_2 为氧化剂，对含二苯并噻吩（DBT）模拟柴油进行催化氧化脱硫研究。研究表明，活性炭负载磷钨杂多酸对模拟柴油脱硫具有较好的催化活性。

汤效平等[254]研制了一种用于液相法脱除液化石油气中有机硫化物的脱硫剂，并就制备条件对脱硫性能的影响，以及吸附工艺条件和再生性能进行了考察。结果表明：活性组分的理想质量分数为 5%；制备工艺稳定，工艺放大可行；吸附脱硫的最佳温度为 20~60℃；压力对脱硫剂的穿透硫容影响不大，这种脱硫剂具有良好的再生性能。

（3）萃取法

在乙烯工业中，石脑油是重要的原料之一，特别是在中国，石脑油占裂解原料的比例大于 50%，其性质不仅影响乙烯装置的运行操作和相关装置的安全，更影响乙烯和其他副产品的质量[255]。郑宇凡等[256]利用石脑油采用静态萃取法脱除碱液中的二硫化物。研究表明，碱液中二甲基二硫醚含量为 0.25%~1.00% 时，石脑油为萃取剂可将二硫化物萃取完全；适宜的萃取条件为：V（石脑油）：V（碱液）$=1:1$、NaOH 含量为 7%~15%、萃取 1次；萃余物中二甲基二硫醚含量可降至 11.23×10^{-6} 以下。

1.12.2　物理方法

硫化物的吸附大致可分为三个阶段。第一阶段是被吸附物质——硫化物转移到活性炭表面上（外扩散过程）。在这个过程中，活性炭表面产生的力不会单独作用，它们和流体分子产生的引力相结合，构成一种吸附亲和力，因此硫化物首先被亲和力"牵引"到活性炭表面。第二阶段是真正的吸附过程。活性炭的原子和分子是靠内聚力结合在一起的，内聚力包括比较强的价键力和弱的范德华力。在这个阶段中，活性炭粒子的吸引力不会在表面上突然终止，而是向外延伸，从而"捕获"到被吸附的物质——硫化物。第三阶段是硫化物在活性炭内部的转移过程（内扩散过程）。由于活性炭中的孔隙大而多，而且具有很多毛细管结构，因此硫化物通过孔隙进入活性炭粒子内部，打破了原来的引力平衡，并产生一种新的引力，将硫化物"拉到"活性炭粒子内部，建立新的力平衡，从而达到吸附的目的。

刘华明等[257]利用活性炭吸附法去除硫化物并讨论了吸附法去除硫化物的可能机理，研究表明该方法去除率超过 90%。

1.12.3　联用技术

精确而可靠地预测管道系统中硫化物的产生有利于管道系统的管理。由于硫化氢的产生而导致的污水处理管道腐蚀是污水处理管道系统所面临的主要问题。其腐蚀机理是：含 H_2S 的油气田在开采过程中，由于 H_2S 极易溶解于水中，一旦 H_2S 遇水会迅速电离出氢离子，从而产生腐蚀性，对管道产生腐蚀作用[258]。在水中的电解和氢离子对阳极铁的反应如下式[259]：a. $H_2S \longrightarrow H^+ + HS^-$；b. $HS^- \longrightarrow H^+ + S^{2-}$；c. 阳极反应：$Fe - 2e \longrightarrow Fe^{2+}$；d. 阴极反应：$2H^+ + 2e \longrightarrow H_2$；e. 阳极反应产物：$Fe^{2+} + S^{2-} \longrightarrow FeS$。

H_2S 电化学腐蚀产生的氢原子在向钢材内部扩散的过程中，遇到裂缝，孔隙，晶格层间错断，夹杂或其他缺陷时，氢原子结合成为分子氢，而分子氢的体积是原子氢体积的 20 倍，这就造成极大的压力。致使低强度钢或软钢发生氢鼓泡。渗入钢材的氢会使强度或硬度较高的钢材晶格变形，致使材料韧性变差，甚至钢材内部出现裂纹，钢材变脆，此即为氢脆。目前已有研究表明[260]，存在缺陷的钢铁捕捉氢的能力会大大增强，造成氢气压增高，从而导致氢损伤。

此外，H_2S 是弱酸，在溶液中解离产生 S^{2-}，溶液中 S^{2-} 与 Fe^{2-} 反应生成各种形式的硫化铁，造成腐蚀[261-264]。通常的方法是定期的添加化学药剂（杀菌剂）以提高系统 pH 值，杀死硝酸盐还原菌来缓解这种现象[265,266]。Rozendal 等[267]研发了一种原地电化学腐蚀剂，通过每 4h 转变电极极性而减少由于电压增加而导致的膜污染。该研究提供了一种无试剂的方法来消除废水中的硫化物，具有很好的应用前景。

硫化物的电化学氧化[268]是去除废水中硫化物的很有前景的技术。王玉婷[269]研究了电化学技术在去除石油废水中硫化物的可行性。该氧化反应的主要产物是元素硫。元素硫作为固体沉积从而使得反应失效。因此需要一种以硫化物为载体电极的再生技术来实现硫化物的电化学氧化。Paritam K. Dutta 等[270,271]证明了在低能量输入的情况下，对碳纤维电击上的沉积硫进行原地还原反应，可产生硫化物，从而通过在阳极硫化物氧化和阴极元素硫的产生上实现废水中硫化物的去除和元素硫的回收。

刘秀玲[272] 用电化学方法研究了碱性溶液中硫化物在 Pt 电极上的氧化过程。结果表明，硫离子在 $-600\sim800\text{mV}$ 的电位范围内存在两个氧化过程：在 -400mV 电位时，硫离子首先氧化为单质硫及多硫化物，沉积在电极表面；在 250mV 电位处，单质硫进一步氧化为硫酸根离子而进入溶液。

孙连阁[273] 利用化学催化氧化和光化学氧化相结合的方法处理乙烯裂解废碱液中所含的高浓度硫化物和有机物。结果表明，硫化物的转化率随反应温度的升高、曝气量的增加、Mn^{2+} 初始浓度的升高、反应时间的延长而增大；而且当反应温度为 $50℃$，曝气量为 $0.6\text{m}^3/\text{h}$，Mn^{2+} 初始浓度为 15mg/L，反应时间为 90min 时硫化物转化率达到 95.3%。

王云等[274] 将噻吩、苯并噻吩、二苯并噻吩和 4,6-二甲基二苯并噻吩（DMDBT）以正丁烷为溶剂，配成模拟燃料，采用中孔分子筛 Ti-HMS 为催化剂，以 H_2O_2 为氧化剂，对氧化脱除噻吩类硫化物进行了研究。研究表明，在 Ti-HMS 上硫化物的脱除率顺序为 DBT>BT>DMDBT>Th。

张铜祥[275] 对 H_2O_2 和 ClO_2、$NaClO$ 三种氧化剂进行除硫研究。结果表明，ClO_2 为 20mg/L，PAC 为 100mg/L 时，除硫率能达到 93%，比另外两种药剂达到同样处理效果时的使用量更少，若将 $NaClO$ 与 PAC 药剂联合使用，投加浓度分别为 50mg/L 和 60mg/L，除硫率达到 95%。

1.12.4 处理工艺对脱硫的影响

冯琳等[276] 研究了人工湿地水处理中各参数对二甲基硫（DMS）及二甲基二硫醚（DMDS）等挥发性烷基硫化物去除的影响。研究表明，当湿地系统水力负荷为 $12\sim86\text{cm/d}$ 时，人工湿地系统对 DMS 及 DMDS 的去除率分别为 86% 及 95%。经分析，水力负荷对 DMS 的浓度有显著影响；温度对 DMS 及 DMDS 的浓度均有显著影响；床体长宽比、填料粒径大小及水位对 DMS 及 DMDS 的浓度影响较小。梁平等[277] 将二段式处理工艺与水质改性技术脱硫工艺进行比较，研究表明，利用水质改性技术进行脱硫远远优于传统的"二段式"工艺流程。

1.13 FNA 技术在管道腐蚀中的控制

管道输送流体具有成本低、安全等优点，是应用最为广泛的流体输送方式。但由于管道大都埋于地下，会受到输送介质、土壤、地下水以及杂散电流的腐蚀[278]，腐蚀会导致管壁变薄，甚至穿孔泄漏，最终使管道失效，这不仅造成了巨大的经济损失和资源浪费，同时，泄漏物还会造成环境污染。据统计，全世界每年因腐蚀损失掉大约为 $10\%\sim20\%$ 的金属，造成的经济损失超过 1.8 万亿美元[279]。

马斌等[280] 以去除有机物的实际污水为研究对象，考察了游离亚硝酸盐（FNA）处理污泥实现城市污水部分短程硝化的可行性。研究表明，FNA 处理完活性污泥后，亚硝酸盐氧化菌（NOB）的亚硝酸盐氧化速率下降程度大于氨氧化菌（AOB）的氨氧化速率，且在 $0\sim0.75\text{mg HNO}_2^-\text{N/L}$ 范围内，随着 FNA 浓度的增加抑制作用增强。接种实际污水厂活性污泥后，系统亚硝酸盐（NO_2^-）积累率仅为 1%，即为全程硝化。在控制污泥龄约为 15d 的条件下，采用 FNA 处理污泥可使系统亚硝酸盐积累率增加至 90% 以上。水力停留时间调至 2.5h 时，实现了部分短程硝化，且出水 NO_2^--N/NH_4^+-N 平均值为 1.24，可满足厌氧氨氧化脱氮反应的要求。因此采用 FNA 处理污泥，结合水力停留时间和污泥龄控制可实现城市污水部分短程硝化。此外，研究表明[281]，缺氧条件下高浓度的 FNA 对硫酸盐还原菌具有很好的抑菌效应。

1.14　生物硫循环去除硫化物的方法

近年来，随着水资源短缺的问题日益突出，城市污水再生回用已经成为北方地区新建或改扩建电厂的普遍选择。在污水脱硫循环系统中，脱硫系统主要包括的设备有洗涤塔、硫离子生化反应设备、再生分离设备[282]。在洗涤塔中添加氢氧化钠溶液，与污水中的硫离子发生置换反应生成硫氢化钠与水。然后进入到硫离子生化反应设备，在该设备中发生的主要是将产生的硫氢化钠与氧气发生反应，产生单质硫和原物质氢氧化钠。在该反应中主要断绝与外界空气之间的循环，在与空气接触后，产生硫单质和原物质氢氧化钠，再通过厌氧生物降解单质硫。没有安全沉降的单质硫通过再生分离设备将产生的硫单质分离出来。

硫的生物循环包括下面几个部分[283]：a. 在厌氧环境条件和硫酸盐还原细菌的作用下，硫酸盐被还原为硫化物，这个过程称为异化还原过程；b. 硫化物在好氧硫杆菌的作用下被氧化为单质硫和硫酸盐，这个过程称为生物氧化过程；c. 硫酸盐在细菌的作用下被转化为有机硫，这个过程被称为硫的同化还原过程。

还原过程就是氧化态的硫被还原的微生物学过程，即氧化态的硫在厌氧条件下利用硫酸盐还原细菌（SRB）的作用被还原为 H_2S；氧化过程就是指还原态的硫化合物（H_2S）在硫杆菌的作用下，通过很好地控制氧化还原电位（ORP）和溶解氧浓度（DO）被氧化为单质硫（S^0）的过程。在这一过程中也不排除由于过度氧化还原态的硫化合物直接被氧化为硫酸盐反应的发生。

以去除废水中高浓度硫酸盐为主要目的，如荷兰 Enlmen 的 Akoz Nobel 合成纤维厂高浓度硫酸废水的处理，其设计处理能力为 $40m^3/h$，废水的硫酸盐浓度为 2g/L。其中 75% 的硫酸盐被有效地转化为单质硫[284]。

污水管道中硫循环可分为 3 个阶段[285]：a. 污水中硫化物的产生和扩散；b. H_2S 由液相到气相的逸散；c. 管壁上 H_2S 的氧化。其中阶段 a 是引起 H_2S 问题的源头；阶段 b 会造成恶臭和中毒问题；阶段 c 则是引起管道腐蚀的主要原因，目前管道污水中硫化物常见的控制方法[286] 见表 1-1。

表 1-1　管道污水中硫化物常见控制方法

投加药剂	主要控制原理	优点	缺点
通入空气、纯氧	化学/生物氧化，抑制 SRB 活性	成本较低，可降低部分污水 BOD	O_2 溶解度较低，通入纯氧有安全隐患
H_2O_2	化学氧化	无有害产物，产生 O_2	不稳定易分解；投加量大、成本高
Cl_2/NaClO	化学氧化	氧化性较强	可氧化多种物质，针对性差、效率低

投加药剂	主要控制原理	优点	缺点
高锰酸钾	化学氧化	氧化性较强	成本很高,实用性差
硝酸盐	生物氧化,抑制 SRB 活性	可有效遏制硫酸盐还原	过量投加会增加后续污水厂的脱氮负荷
铁盐	化学沉淀	可长效控制且有絮凝作用	不能控制其他恶臭,对低浓度 S^{2-} 效果差
$NaOH/Ca(OH)_2$	提高 pH 值,抑制 SRB 活性	水中多以 HS^- 存在,降低 H_2S(aq)含量	污水 pH 值升高,污水生物处理前需进行预处理

张跃林等[287] 通过科学合理的处理工艺,对城市污水进行深度处理后回用于电厂循环水补水及脱硫系统补水。"曝气生物滤池—混凝澄清—砂滤—消毒"的主体工艺有很强的针对性,技术成熟可靠,处理效果好,运行稳定,完全满足电厂生产要求,不但解决了城市污水资源化利用问题,同时为电力行业提供了更加安全可靠的水资源。

杨春平等[288] 采用沉灰、沉渣中和、微滤三池毗连的废水处理方法及板式微孔过滤新技术,实现燃煤锅炉除尘脱硫废水封闭循环利用,其循环流程如图 1-11 所示。

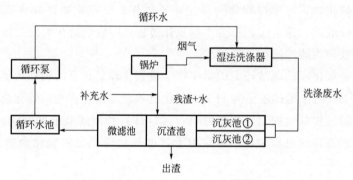

图 1-11　锅炉除尘脱硫废水处理与循环利用系统工艺流程示意

人工湿地中硫的存在价态主要有:H_2S 中的负二价,S^0 中的零价,$S_2O_3^{2-}$ 中 S 的正二价,以及 SO_4^{4-} 中的正六价[289]。不同种类的硫可以在各种微生物的异化反应中作为电子供体或电子受体。人工湿地的进水如厌氧废水中的硫通常以硫酸盐的形式在具备氧化条件时存在,或者以硫化物的形式在具备还原条件时存在。其他中间价态的硫化合物也存在于人工湿地,如硫代硫酸盐、多硫酸盐、亚硫酸盐、硫单质和有机硫,但含量一般不高。硫酸盐无毒,但是过高浓度的硫酸盐会打破硫循环平衡,导致硫污染[290]。虽然人工湿地中硫污染并未受到重视,但它可能会恶化[291] 乃至对湿地生态系统的结构和功能构成威胁[292,293]。

人工湿地的生物和非生物硫转化主要包括物理化学过程(如矿物的沉淀和溶解)和生物催化氧化还原反应(如同化和异化硫酸盐还原、氧化/还原以及还原态硫化合物的歧化反应)。人工湿地中影响硫循环的最重要的生物反应之一是异化硫酸盐还原菌(SRB)的催化反应,它能利用传输有机基质电子得到的能量将硫酸盐转化成硫化物。在缺氧区产生的硫化物输送到好氧区,然后通过非生物过程,或者通过硫氧化细菌催化反应被重新氧化成单质硫和硫酸盐。湿地植物的根部产氧,可以促进该过程[294]。缺氧的人工湿地中,硫化物可与重金属形成难溶的金属硫化物(如 FeS),进而被固定在土壤基质中。人工湿地里的单质硫

(S^0) 经常作为硫化物再氧化的中间产物。它首先储存在湿地土壤基质中，然后根据环境的氧化还原条件和各种细菌催化反应之间的相互作用，或者被氧化为硫酸盐，或者发生歧化反应生成硫酸盐和硫化物。在氧化还原反应易发生的地方，比如有通风作用和潮汐运行的人工湿地中，或者是可用有机碳较少的环境，比如处理酸性矿山排水和地下水中，硫酸盐的异化还原作用较为有限。在这些情况下，硫酸盐浓度主要通过非生物矿物沉淀（如 $CaSO_4$）或植物和微生物同化成为有机硫而得到降低。

1.15 生物脱硫的利用和控制

目前，国内外对生物脱硫的研究成果大多集中在好氧或缺氧生物处理硫化物的方面[295]。例如 THIOPAQ 生物技术[296]、烟气生物脱硫工艺[297]、左剑恶的接触氧化法[159]以及好氧气提反应器[298] 等均为好氧技术。

王艳峰等发明了一种脱硫除尘设备[299]。该设备包括脱硫除尘模块、废液处理模块和脱水模块，此外根据该设备还提供了一种脱硫除尘方法。该发明具有投资小、脱硫除尘效率高、建设周期短等优点。

高硫酸盐废水厌氧生物处理过程中，硫酸盐还原菌将硫酸盐最终转化为硫化氢等硫化物，这些硫化物尤其是硫化氢回流时给厌氧反应过程带来很大的毒害作用，因此硫化物的去除势在必行。目前的脱硫工艺多数是在好氧或兼养条件下进行，而厌氧反应器的产甲烷菌是严格厌氧的菌种，则厌氧条件下的脱硫工艺具有很大的应用前景。

厌氧生物脱硫的相关报道较少，目前集中报道的主要就是脱氮硫杆菌。脱氮硫杆菌为革兰氏阴性菌，是硫杆菌属（*Thiobacillu S*）中较为特殊的一个，它能在胞外聚集单质硫，在厌氧条件下以硝酸盐作为电子受体进行生长[300]。

Schonheit 等[301] 利用脱氮硫杆菌进行试验，结果表明：该细菌能以废水中的 NO_3^- 作为电子受体，将硫化物氧化为单质硫，NO_3^- 则被还原为氮气；反应器对废水中硫化物、乙酸和 NO_3^- 的去除效果都较好，负荷分别达到：硫化物 $2\sim3kg/(m^3 \cdot d)$，乙酸 $4\sim6kg/(m^3 \cdot d)$，NO_3^- $5kg/(m^3 \cdot d)$；氧化生成的单质硫被进一步氧化为 SO_4^{2-} 的情况很少发生。试验中还发现，在缺少 NO_3^- 时细菌能利用单质硫作为电子受体，并将其还原为硫化物。

P. F. Henshaw[302] 采用脱氮硫杆菌对 CSTR 反应器进行接种，采用人工配水调节进水中 S^{2-}、NO_3^-、SO_4^{2-}、NH_4^+ 的浓度对 SO_4^{2-}/H_2S、NO_3^-/H_2S、OH^-/H_2S 以及生物量/H_2S 等参数进行探讨，研究表明，脱氮硫杆菌对 H_2S 具有很高的去除率。

国内近年也进行了相关方面的研究。李巍等[303] 采用兼养同步脱硫反硝化工艺，以硝酸盐和亚硝酸盐作为电子受体，处理含有硫化物的模拟废水。研究表明，进水硫化物浓度为 $2000mg/L$ 时，其去除率可达 99.9%。同时，引入的电子受体硝酸盐和亚硝酸盐的去除率分别为 83.0% 和 94.5%。王爱杰等[304] 依据脱氮硫杆菌在厌氧（或兼性厌氧）条件下具有脱硫反硝化的生理特性，采用分离筛选的脱氮硫杆菌，通过间歇试验考察了同步脱氮脱硫技术的关键因素。试验结果证明了同步脱氮脱硫技术的可行性，提出硫氮比（S^{2-}：NO_3^-）和硫化物浓度是同步脱氮脱硫技术的主要因素，两者分别控制在 5:3 和低于 $300mg/L$ 的水平可以获得较好的脱硫和反硝化效果，在此条件下单质硫转化率最高达 94%。

马艳玲等[305]以海藻酸钙包埋脱氮硫杆菌制成的固定化微生物颗粒填充生物固定床，用以净化 H_2S 废气。研究表明，当 pH 值在 6.0~7.5 范围，进气口 H_2S 质量浓度为 3×10^{-5} mg/L 且流速在 35L/h 时，脱除率高达 95% 以上，且主要产物为元素硫（80% 以上）。

国内外对厌氧条件下硫化物的生物控制技术研究处于初级阶段，主要集中在对脱氮硫杆菌的研究上。在管道腐蚀方面，目前国内外研究基本上倾向于以 CO_2/H_2S 分压比为切入点研究两者共存时的腐蚀行为[306,307]，但是两者共存体系下的腐蚀机理尚不明确，今后可从这个角度系统地研究腐蚀作用机理，建立 CO_2/H_2S 共存下的腐蚀理论模型。

张光华等[308]研究了在含饱和 CO_2 的 H_2S 溶液中硫脲基烷基咪唑啉类缓蚀剂对碳钢的缓蚀效果，发现该类缓蚀剂通过抑制阳极反应降低金属腐蚀电流密度，当缓蚀剂含量达到 200mg/L 时，缓蚀效率出现了最大值。

1.16 生物硫循环在污水处理中的应用

由于海水入侵，海水的利用（如海水冲刷，冷却）、工业生产带来的含硫污水的处理已经成为一个热门话题。因为大约 2/3 的世界人口居住在海岸线 150km 以内。在过去的研究中，生产了大量的利用硫酸盐还原菌修复工业含硫盐的管道和含硫地面水的生物工程系统。大部分此类研究仅仅利用硫酸盐还原菌或集中于微生物学而忽视了工程应用。本节综述了现有的硫酸盐生物处理技术和新型含硫污水处理方法，将硫素循环与碳、氢、磷循环结合在一起，这样，一种新型硫化物处理方法便发展起来了，从而达到同时去除硫酸盐和废水中其他污染物（如碳、氢、磷、金属）的目的。为了更深入地理解硫去除生物技术，本节概述了所有可能的硫酸盐还原电子供体，包括电子供体的速率、优点和缺点，综述了硫酸盐还原菌以及它们在生物反应器运行过程中的参数（如 pH 值、温度、盐度等）并阐明了最佳硫化物转化生物技术。本节不仅综述了现有的硫化物转化生物技术，也提供了硫化物生物技术发展新方向。

1.16.1 硫的生物转化网络

在自然环境中，硫主要以还原态黄铁矿和氧化态石膏存在于沉积物中，海水中硫酸盐离子可能来自于火山中的二氧化硫和硫化氢。在许多沿海地区，海水入侵已经成为一个严重的问题，因为硫酸盐影响自然和人类生产，污染地下水资源，影响农业生产。

IPCC 预测，到 2100 年，全球变暖将会导致海平面上升 110~880mm，这种上升的趋势将会严重增加海水入侵并加大沿海地区的缺水现象，全球有 40% 的人口居住在这些沿海地区，并有 1/3 的淡水消耗。因此研究一种具有成本效益的、有效的治理海水污染的地下水纯化技术是非常有必要的。

另一方面，海水也可以提供各种可选择的水资源，如海水淡化、冷却水、海水冲厕。在沿海地区，相比于海水淡化，通过海水冲厕的淡水重置的方法显示出更大的经济效益。比如，中国香港已经运用海水冲厕长达 50 年，每天提供 750000m^3 的海水用于 80% 的居民家中，这种利用方式占据城市水利用总量的 20%。这种大规模的海水冲厕利用导致管道盐含量增加，其中包含平均 550mg 的硫酸盐和 5000mg 的氯化物。工业生产（如纸浆生产、发酵、药物生产、食物生产、制革、酒精和矿物生产）不仅会产生含盐废水，各种由硫酸盐负载的废水也会产生。相对而言，矿产和冶金工业往往产生最多的含有高浓度硫酸盐和溶解金属的废水。酸性矿废水排放已经成为世界上最严重的水和土壤污染源头。空气也是较大的硫化物排出的来源。空气中二氧化硫的排放 90% 来自于含硫化石燃料。尽管在工业化国家中，湿法烟气脱硫已经成功地应用于空气硫污染的治理中，但是该方法产生的副产物（如硫酸钙，含有氯化物、重金属、溶解颗粒的合成废水）在发展中国家仍然是一个亟待解决的问题。

这些问题的根源来自于复杂的相关硫化物转化，因为硫在一般环境条件下具有多相的性质，而且具有广泛的氧化还原价态（−2～+6）。在微生物参与的生物硫化物转化技术中，有 3 个典型的反应：a.硫的同化；b.脱硫作用/有机硫的异化作用；c.硫化物的氧化还原反应，在这个过程中，大分子有机硫被转化分解成简单的无机硫，如硫酸盐、硫醚、硫代硫酸盐等。许多微生物能够吸收无机硫作为营养合成重要的有机硫化物，如半胱氨酸。另一方面，光氧硫细菌在固定二氧化碳时，以无机硫化物（如硫醚、单质硫、硫代硫酸盐）作为电子供体。这类细菌包括紫硫和绿硫细菌，它们的反应机制也得到了很好的研究。由于对这类菌新陈代谢不完备的研究以及有限的环境生物修复应用，对于光硫细菌的研究主要集中于微生物学而不是生物过程的开发。相反，SRB 在过去许多废物处理、生物修复中发挥了很重要的作用。

如图 1-12 所示，生物硫转化处理技术主要在以下 4 个方面发展：a.控制硫化物的形成；b.硫化氢的挥发；c.硫化物的化学氧化和生物氧化；d.金属硫化物的沉淀。这些过程大部分将简单的生物过程（硫酸盐还原）与化学过程（硫化物化学氧化）相结合，作为后处理去除有毒硫化物或者回收单质硫。这些过程经常用于金属沉淀而不是控制或去

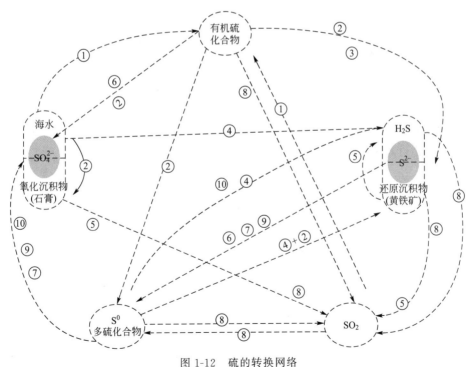

图 1-12 硫的转换网络

① 同化过程；② 矿化过程；③ 脱硫作用；④ 异化硫酸盐还原；⑤ 火山、风化和温泉作用；⑥ O_2/NO_3^- 存在时的生物氧化；⑦ 光合细菌的厌氧氧化；⑧ 工业生产方法；⑨ 化能自养氧化；⑩ 硫歧化作用

除其他污染物。

总的来说，由于相似的生物化学性质，硫循环是和自然界中碳循环、氮循环、磷循环相联系在一起的。为了促进更深入地硫转化技术研究以及开发最佳技术，更深入地理解相关过程中的硫化物转化以及微生物联合作用的作用机理是非常有必要的。这促使我们要对生物硫转化反应、硫酸盐还原生物机制、污水处理技术应用中相关生物过程以及主要参数要有综合的认识。

1.16.2 不同电子供体和受体作用下的生物硫转化

根据微生物生长类型（自养、异养），不同的碳源和电子供体对硫酸盐还原菌的新陈代谢造成影响。

许多 SRB 以氢作为有效的能源（电子供体），以硫酸盐作为电子受体进行生长繁殖。当氢气和二氧化碳作为基质一同被利用时，在常温和嗜热生物反应器中可以在 10d 内获得高的硫酸盐还原率。研究人员研究了 H_2、CO_2 和 CO 混合气体在流化床反应器中降低费用的可能和最佳量，Parshina 等成功分离出一种特殊的 CO 转化菌种，利用此菌种试验，使得在纯化 CO 时，硫酸盐还原率达到 SO_4^{2-} 2.4g/(L·d)。但是，综合气体的利用具有双重约束，例如 CO 含量少；CO 含量在 2%～70% 时的毒性对 SRB 有抑制作用[309]。

甲烷也可以被等摩尔的硫酸盐氧化分别产生碳酸盐和硫化物。海洋天然气水合物或者超盐性的渗透沉积物容易发生甲烷的厌氧氧化并产生硫化物。在 SRB 培养中可以观察到，甲烷依赖硫酸盐特定的还原率，单位质量的干细胞每天产生 1.4～41.3g 的甲烷。Nauhaus 等[310] 研究了硫酸盐还原的最佳温度，在 0.1MPa 的甲烷条件下为 4～16℃。甲烷压力能够促进硫酸盐还原率（如增加甲烷压力至 1.1MPa 会导致 4～5 倍的硫化物产量），但是 AOM 的机制还不是很清楚。Hoehler 等[311] 推测 AOM 是古生菌和 SRB 的联合作用，前者产生的胞外中间产物被后者利用。但是，这种中间产物的类型仍然未知。

1.16.3 异养 SRB 利用有机物作为电子供体，乙酰辅酶 A 或 TCA 循环提供碳源进行新陈代谢

许多来自厌氧发酵或水解的中间代谢产物都可以被 SRB 利用，如氨基酸、糖类、长链脂肪酸、芳香族化合物、乳酸、丁酸盐、丙酸和乙酸。据统计，异养硫酸盐还原占据了海洋沉积物有机碳矿化反应的 50% 以上。SRB 的异养生长过程中，包括了 4 种生物硫转化（见表 1-2）：a.酸化中间产物的完全氧化产生二氧化碳；b.酸化中间体的不完全氧化产生乙酸盐；c.中间产物被产氢产乙酸细菌降解；d.SRB 在丙酸盐和乙醇存在时进行发酵。缺少乙酰辅酶 A 氧化机制，有机底物转化成 CO_2 还是乙酸盐取决于菌种和反应完全程度。同时，含硫化合物转化成硫醚和一小部分硫代硫酸盐，硫代硫酸盐可以进一步转化成硫醚作为最终产物。自养细菌和异养细菌的相互作用可用于提高脱氮效率，其中异养代谢产生的 CO_2 可以作为自养细菌的碳源。但是至今尚未发现自养和异养的 SRB 之间明显的协同作用。这可能是因为异养 SRB 含有操纵因子，能够抑制自养生长所需的酶的产生。

表 1-2　生物硫酸盐还原中不同电子供体的硫酸盐还原速率、水力停留时间和优缺点

电子供体	水力停留时间 /h	硫酸盐还原速率 /[g SO$_4^{2-}$/(L·d)]	优缺点
H$_2$/CO	4～18	0.4～1.9	优点：费用低，大部分的 SRB 可以利用 H$_2$ 作为能源，出水没有有机残留，供应充足。 缺点：CO 对 SRB 有毒性，氢离子传质限制了还原速率，引起与其他的微生物产生竞争（产甲烷菌）
H$_2$/CO$_2$	4～12	4.5～30	优点：SRB 对氢的利用优于产甲烷菌、出水没有有机残留。 缺点：引起与其他的微生物产生竞争（产甲烷菌、同型产乙酸菌），甲烷的产生降低了 H$_2$ 的利用率、氢的安全要求
合成气体（H$_2$＋CO$_2$＋CO）	4.5	9.6～14	优点：费用低，跟之前的研究相比，SRB 对 CO 具有更强的耐受性。 缺点：实用性受限制
甲烷	100.8	0.4×10^{-3}～0.24	优点：储备充足。 缺点：生物量生长速率低
甲醇	3～10	0.4～20.5	优点：相对较低的费用、反应器设计简单、SRB 在高温下（55～70℃）的活性优于产甲烷菌。 缺点：中温时产甲烷菌占主导地位，只有少量的 SRB 菌株可以利用甲醇
乙醇	9.6～120	0.45～21	优点：试剂费用低、容易被 SRB 利用。 缺点：产生的生物量低、不完全氧化产生的乙酸盐会导致出水中 COD 浓度高
甲酸盐	9.5～29	≤29	优点：甲酸盐利用过程中产生的乙酸盐少，能利用 H$_2$ 生长的大部分 SRB 也可以甲酸盐作为唯一能源生长，对于氢气来说是一个安全的选择。 缺点：产甲烷菌在 65～75℃ 活性优于 SRB
乙酸盐	2～21	≤65	缺点：产甲烷菌对乙酸盐的利用优于 SRB，只有少量 SRB 能氧化乙酸盐；浓度超过 15mmol/L 时，乙酸盐抑制硫酸盐还原，产生的生物量少
乳酸盐	12～120	0.36～5.76	优点：SRB 能够耐受较大范围的乳酸盐浓度、产生大量的碱、减轻硫化物毒性，是 SRB 更可取的碳源。 缺点：费用高
葡萄糖/乙酸盐	1～24	0.9～2.2	缺点：低 pH 值下导致发酵
蔗糖/蛋白胨	3.6～48	0.6～12.4	优点：硫化物不会抑制蔗糖酸化，对于 SRB 是较合适的碳源和能源。 缺点：导致出水中乙酸盐积累
糖浆	2～9.5	1.2～7.22	优点：便宜且大量可用，酸化产物很容易被 SRB 利用。 缺点：糖浆中部分复杂有机物很难被分解，从而导致出水中 COD 高、不可生物降解的化合物积累，不利于 SRB 生长、挥发性脂肪酸积累
果糖	—	—	缺点：只有少量 SRB 可以利用果糖
苯/苯酸盐	264	0.038	优点：可被完全氧化成 CO$_2$。 缺点：降解时间长，一些 SRB 种类不能利用苯或苯酸盐
藻细胞胞外产物/藻类	12	0.003～0.0058	优点：廉价碳源、易被 SRB 利用、易获得。 缺点：不能被直接利用，需要发酵细菌共同作用

电子供体	水力停留时间/h	硫酸盐还原速率/[g SO$_4^{2-}$/(L·d)]	优缺点
干酪乳清	192	0.34	优点:廉价碳源、对细菌没有负面影响。 缺点:可能导致出水 COD 高
西瓜皮	240～480	0.15～0.24	优点:费用低。 缺点:不容易获得、可能导致出水 COD 高
植物材料			费用高
法拉里斯-野青茅	10～16	2.2～3.3	优点:适用于生物修复应用程序
木屑、树叶和家禽粪肥的混合物	—	0.01	缺点:可能导致出水 COD 高
蘑菇、木屑、锯屑和稻草混合物	72	0.33～0.57	—
原下水污泥	14～23.5	2.4	优点:费用低。 缺点:一些有机材料不能被直接利用,可能导致出水 COD 高
动物性杂肥	216	40.3	优点:费用低、有效的可生物降解底物。 缺点:不容易获得

表 1-2 概述了硫酸盐还原率、水力停留时间和生物硫反应中不同电子供体的优缺点。结果显示,电子供体对硫酸盐还原率有很大的影响,水力停留时间的范围在 1～480h。当提供有机肥、甲酸盐、乙酸盐时,可以去除高异养硫酸盐。这些电子供体的优缺点是可变的,其变化取决于特定的反应需求。

废水处理的硫酸盐反应过程中,SRB 与产甲烷菌之间的竞争,影响 SRB 产量的因素是两个常见的问题。在过量的硫酸盐浓度下,根据它们产生氢、甲酸盐、乙酸盐、丙酸盐、丁酸盐、酒精和蔗糖的动力学性质,SRB 比产甲烷菌更有效。在甲醇利用率上,在 65℃ 时,SRB 要高于产甲烷菌。但是 SRB 在三甲胺、蛋氨酸等化合物的利用上不如产甲烷菌。

以前的研究证明了不同废物的混合物特别是包含了可生物降解的(如动物性肥料、混合肥料、污泥)与难降解的纤维材料(如锯末、木屑)比简单的废物更能促进 SRB 的降解能力,这表明了为了降低运输成本,在碳缺乏的硫酸盐废水中,硫的生物转化过程非常需要可利用的有机碳源。正如表 1-2 所列,各种有机废水可以作为电子供体,如食物/海鲜工业生产过程,动物性肥料、城市污泥、糖浆、堆肥可提供复杂的有机质,而农业废水,草芦、锯末、木屑、稻草、树叶都是高纤维有机质。

1.16.4 关键微生物

SRB 是硫酸盐还原过程中的主要微生物。SRB 活性在 1895 年由 Beijerinck 最先发现。他发现沉积物中的厌氧呼吸作用能够使硫酸盐被还原成硫醚,用于鉴定和列举无所不在的硫酸盐还原菌的各种方法逐渐发展起来了。列举方法可以分为 2 种:a. 直接检测方法;b. 培养法。培养法是较老的技术之一,这种方法忽略了微生物的多样性。直接检测法是最近发展起来的分子技术。例如,16S rRNA 法,包括 PCR 技术、FISH、DGGE、T-RELP、基因芯片和焦磷酸测序。经过一个世纪的研究，120 个种、40 个属包括 3 种细菌门和 1 种古菌门被报道出来。这 40 个属根据生理和生态性质被重新分成了 2 种类型，完全有机氧化剂和不完全有机氧化剂。表 1-3 更新了所有可行的电子供体和形态。

表 1-3　主要硫酸盐还原菌属和可行的电子供体

氧化的有机电子供体属	细胞形态	电子受体
不完全有机氧化剂		
Desulfovibrio（脱硫弧菌属）	弧形	$SO_3^{2-}/S_2O_3^{2-}$/延胡索酸盐/Fe（Ⅲ）/MnO_2/NO_2^-/NO_3^-/O_2
Desulfomicrobium（脱硫微菌属）	椭圆形至棒形	$SO_3^{2-}/S_2O_3^{2-}$/延胡索酸盐/NO_3^-/DMSO
Desulfohalobium（脱硫盐菌属）	棒形	$SO_3^{2-}/S_2O_3^{2-}/S^0$
Desulfonatronum（脱硫弯曲杆菌属）	弧形	$SO_3^{2-}/S_2O_3^{2-}$
Desulfobotulus（脱硫杆菌属）	弧形	SO_3^{2-}
Desulfocella（脱硫孢菌属）	弧形	—
Desulfofaba（脱硫豆菌属）	弧形	$SO_3^{2-}/S_2O_3^{2-}$
Desulforegula	棒形	脱硫绿胺霉素
Desulfobulbus（脱硫球茎菌属）	柠檬/洋葱	$SO_3^{2-}/S_2O_3^{2-}$/Fe(Ⅲ)/NO_2^-/NO_3^-/O_2/石墨
Desulfocapsa（脱硫盒菌属）	棒形	$SO_3^{2-}/S_2O_3^{2-}/S^0$
Desulfofustis（脱硫棒菌属）	棒形	SO_3^{2-}/S^0
Desulforhopalus	棒形	$SO_3^{2-}/S_2O_3^{2-}/NO_3^-$
Desulfotalea	棒形	$SO_3^{2-}/S_2O_3^{2-}/S^0$/Fe(Ⅲ)-柠檬酸盐
Thermodesulfobacterium（热脱硫杆菌属）	棒形	$SO_3^{2-}/S_2O_3^{2-}$
Thermodesulfovibrio（热脱硫弧菌属）	曲杆	$SO_3^{2-}/S_2O_3^{2-}$//Fe(Ⅲ)/砷酸盐
Desulfosporosinus	直/弯曲的杆	$SO_3^{2-}/S_2O_3^{2-}/S^0$/Fe(Ⅲ)
Desulfotomaculum（脱硫肠状菌属）	弧形	$SO_3^{2-}/S_2O_3^{2-}/S^0$
Desulfomonile（脱硫念珠菌属）	棒形	3-氯苯甲酸/延胡索酸/$SO_3^{2-}/S_2O_3^{2-}/S^0/NO_3^-$
完全有机氧化剂		
Desulfothermus	杆弯曲	SO_3^{2-}
Desulfobacter（脱硫菌属）	杆，椭圆形	$SO_3^{2-}/S_2O_3^{2-}$
Desulfobacterium（脱硫杆菌属）	椭圆形	$SO_3^{2-}/S_2O_3^{2-}$/延胡索酸
Desulfobacula	椭圆形的，弯曲的	$SO_3^{2-}/S_2O_3^{2-}$
Desulfococcus（脱硫球菌属）	球形	$SO_3^{2-}/S_2O_3^{2-}$

氧化的有机电子供体属	细胞形态	电子受体
完全有机氧化剂		
Desulfofrigus	棒形	$SO_3^{2-}/S_2O_3^{2-}//Fe(Ⅲ)/$柠檬酸盐
Desulfonema（脱硫线菌属）	长丝状	$SO_3^{2-}/S_2O_3^{2-}/NO_3^-$
Desulfosarcina（脱硫八叠球菌属）	不规则	$SO_3^{2-}/S_2O_3^{2-}/S^0$
Desulfospira（脱硫螺菌属）	弯曲状	$SO_3^{2-}/S_2O_3^{2-}/S^0$
Desulfotignum	棒,弯曲状	$SO_3^{2-}/S_2O_3^{2-}/CO_2$
Desulfatibacillum	棒形	$SO_3^{2-}/S_2O_3^{2-}$
Desulfarculus	弧形	$SO_3^{2-}/S_2O_3^{2-}$
Desulforhabdus（杆状脱硫菌属）	棒,椭球体	$SO_3^{2-}/S_2O_3^{2-}$
Desulfovirga	棒形	$SO_3^{2-}/S_2O_3^{2-}/S^0$
Desulfobacca（脱硫浆菌属）	椭圆形,棒	$SO_3^{2-}/S_2O_3^{2-}$
Desulfospira（脱硫螺菌属）	弯曲状	$SO_3^{2-}/S_2O_3^{2-}/S^0$
Desulfacinum	椭圆形	$SO_3^{2-}/S_2O_3^{2-}/S^0$
Desulfonauticus（脱硫球茎菌属）	杆状	$SO_3^{2-}/S_2O_3^{2-}/S^0$
Desulfonatronovibrio（脱硫盐酸碱杆菌属）	弧形	$SO_3^{2-}/S_2O_3^{2-}/S^0/O_2$
Thermodesulforhabdus（热硫还原杆菌属）	棒形	SO_3^{2-}
Thermodesulfobium（热脱硫菌属）	棒形	$S_2O_3^{2-}/NO_3^-/NO_2^-$
Archaeoglobus（古生球菌属）	不规则	$SO_3^{2-}/S_2O_3^{2-}$

大部分 SRB 有杆状、弧状和弯曲状。在这 40 个属中，16 个属属于不完全有机氧化剂，22 个属是完全有机氧化剂，剩下的 2 属脱硫肠状菌属和脱硫念珠菌属无法精确地分类到完全或不完全有机氧化剂中。硫酸盐、亚硫酸盐、硫代硫酸盐和单质硫对于 SRB 是常见的电子受体。硝酸盐、亚硝酸盐、铁离子以及其他的化合物（如延胡索酸盐，DMSO）也可以作为一些 SRB 的电子受体。

在传统的厌氧生物反应器中，SRB 生物量要么被抑制要么被激活以适应特定的环境。更深入的试验研究了从厌氧污水处理过程中抑制 SRB 活性同时避免或减轻污泥臭气和腐蚀的问题。SRB 生物量主要用于被硫酸盐、重金属、难溶有机物（苯、甲苯、二甲苯）污染的工业废水。对于城市污水处理，硫酸盐还原、自养反硝化和硝化集成工艺（SANI）过程是生物废水处理中，硫化物转化的初始过程。它的价值不仅局限于处理海水入侵和厕所冲刷导致的含盐污泥，而且改进后的方法适用于内陆水处理，着眼于扩大污水生物处理的硫化物转化的应用，增强 SRB 的活性；硫酸盐还原生物反应器中的 SRB 鉴定如表 1-4 所列。

表 1-4　各种硫酸盐负载的废水处理生物反应器中主导 SRB 的鉴定

SRB 种/属	基质	温度
Desulfovibrio spp.（脱磷弧菌属）	乳酸盐	35℃
Desulfovibrio spp.（脱硫弧菌属）	乙醇/干草和松木屑/玉米秸秆和松木屑	−13～36℃
Desulfovibrio desulfuricans（脱硫弧菌属）	乳酸盐	22℃
Desulfovibrio desulfuricans（脱硫弧菌属）	乙醇	30℃
Desulfovibrio（脱硫弧菌属）	邻苯二甲酸酯和乳酸	37℃
Desulfovibrio（脱硫弧菌属）	糖浆	22℃
Desulfobulbus propionicus（硫酸盐还原菌）	丙酸盐	37℃
Desulfobulbus rhabdoformis（脱硫叶菌属）	乙醇/丁醇	25～35℃/37℃
Desulfobulbus rhabdoformis（脱硫叶菌属）	异丙醇/乙酸盐	
Desulfosarcina variabilis（可变脱硫八叠球菌）	纸浆和纤维生产废水	35℃
Desulfobulbus propionicus（硫酸盐还原菌）	乳酸盐	35℃
Desulfomicrobium（脱硫微菌）	乙醇/乙酸盐	环境温度
Desulfonema（脱硫线菌属）	乙酸盐	35℃
Desulforhopalus	含盐城市污水	环境温度
Desulfomicrobium（脱硫微菌）	亚硫酸盐＋葡萄糖＋乙酸盐	5～30℃
Desulfobulbus（脱硫叶菌属）	葡萄糖＋乙酸盐	22℃

除了全面的应用程序，温度是随着周围环境变化而变化的，大多数生物反应器的运行温度是在 22～25℃。脱硫弧菌属、脱硫叶菌属、脱硫微菌属和脱硫杆菌属是这些硫酸盐还原生物反应器中最常见的 SRB 菌属。脱硫弧菌属、脱硫叶菌属、脱硫微菌属是不完全有机氧化剂，脱硫杆菌属是仅有的占据主导地位的完全有机氧化剂。

到目前为止，有机质和 SRB 菌属的明确关系尚未明确。对于单独的生物反应器，由表 1-5 可知，SRB 的种类会被运行参数如 HRT、污泥截留时间、温度、pH 值、盐度等所直接或间接影响。除了这些物化参数，微生物代谢途径也对生物多样性产生重要影响。通常，不完全氧化剂比完全氧化剂对有机质如厌氧消化的中间产物的利用率更高。因此，不完全有机氧化剂在微生物代谢途径中占据主导地位。在 Rodriguez 的竞争模型中，SRB 生长过程完全或不完全有机氧化剂生长动力学参数列举在表 1-5 中。两组试验的最大生长率很接近，并且处于相同的数量级，但是，不完全有机氧化剂由于较低的莫诺半速率常数而呈现出更好的生长状态。因此，SRB 的代谢途径是影响 SRB 竞争和种群多样性的重要因素。

表 1-5　发展模式中 SRB 完全/不完全有机氧化中的生长动力学参数

参数	注　释	评价
$\mu_{maxSRBc}$	SRB 完全氧化生长速率最大值/d	2.5×10^{-2}
$\mu_{maxSRBi}$	SRB 不完全氧化生长速率最大值/d	1.9×10^{-2}
K_{SRBc-C}	利用有机物完全氧化 SRB 莫诺半速率常数/(g/L)	6.1×10^{-1}
K_{SRBc-S}	利用硫酸盐完全氧化 SRB 莫诺半速率常数/(g/L)	5.1×10^{-1}
K_{SRBi-C}	利用有机物不完全氧化 SRB 莫诺半速率常数/(g/L)	2.6×10^{-3}
K_{SRBi-S}	利用硫酸盐不完全氧化 SRB 莫诺半速率常数/(g/L)	9.1×10^{-3}

在硫酸盐还原反应过程中，不完全氧化代谢产生的乙酸是需要解决的问题，因为它可能导致有机物排放不达标。在电子供体受限制的条件下，SRB 主要进行乳酸氧化。当硫酸盐不足时，产乙酸菌和产甲烷菌占据主导地位。因此，需要更多的反应阶段。完全有机氧化 SRB 菌属理论上更适用于实际应用。然而，对于这种 SRB 菌属的选择和发展的研究是缺乏的。在硫化物生物技术去除的发展中，研究 SRB 的种内竞争和种群丰富度是很必要的。

1.16.5　硫化物转化生物技术

SRB 在温度 0～100℃、盐度 0 到饱和、pH 值 3～9.8 的范围内均可生长。在有氧环境中也可以发现 SRB，尽管它们进行厌氧代谢。这些性质为以 SRB 为基础的或者相关的处理技术提供了方便。在这些技术中的硫酸盐厌氧还原反应是所有硫化物废水处理的关键步骤。通过硫酸盐还原降解有机物产生的硫化物可以作为自养反硝化脱氮或者重金属沉淀的电子供体。更多情况下，硫化物被氧化成单质硫而回收，单质硫可以作为硫酸生产的原材料，也可以作为金属污染土壤的生物浸出底物。但是单质硫生产过程中带来的腐蚀、管道堵塞等问题仍需解决。

如表 1-6 所列，概述了过去十年里工业和城市废水处理中主要的硫化物生物转化技术的发展情况。相关过程的原理在附加信息中体现。到目前为止，大部分的硫化物生物转化技术用于工业领域，有 2 个最重要的原因：a. 在许多工业生产中，硫酸是世界上最大的工业化学品之一，它的使用和用量都很广泛；b. 矿冶和含硫矿物的应用都导致硫酸盐废水的产生。这些工业中废水处理过程的原理在国内的废水处理中都有所应用。例如，通过化学药品控制管道硫化物、电化学氧化、硫化物生物降解等在许多废水处理过程中都有所探索。硫化物降解过程可以和尿源分离、脱氮、管道排放相联系起来，将管道作为生物反应器控制硫化物臭气和在下游处理厂中减少碳的需求。

表 1-6　主要的硫化物生物转化技术以及应用目标、操作条件和优缺点

过程	应用目标	操作条件	S 转化效率 & SLR	优缺点
被动处理法 渗透反应 墙/渗滤床	AMD，AMD 污染物	pH 值：3～6 T：环境温度	$SO_4^{2-} \longrightarrow HS^-$ 30%～50%	优点：低投资、低运行费用。 缺点：要求较大的空间、无法回收金属、需要额外碳源

过程	应用目标	操作条件	S 转化效率 &SLR	优缺点
THIOTEQ™	AMD,重金属污染的地下水、金属矿物、金属工业废水	(1)硫酸盐还原 pH:中性 T:环境温度 CS/ED:乙酸乙醇/氢 HRT:N/A 反应器:气流提升 (2)金属回收 pH:0~10 T:0~80℃ DMC:50~5000	典型硫化物产生 100~20000kg/d	优点:可分别回收铜、镍等金属;原位硫酸盐还原可降低费用并且能避免 NaHS/H₂S 运输过程中的安全问题;出水中金属浓度低。 缺点:需要额外碳源和电子供体;废水中的硫酸盐无法去除
生物烟气脱硫	选择常规的物理化学方法去除烟气中的 SO₂	pH:7.5 T:54~70℃ CS:甲醇 HRT:3~4h 反应器 UASB	$SO_3^{2-}\rightarrow HS^-$(100%) $SO_4^{2-}\rightarrow HS^-$(50%) $HS^-\rightarrow S^0$(95%) SLR:3.7~11.2	优点:烟气中的金属如镍和钒可通过沉淀回收;可回收单质硫。 缺点:需要额外碳源;生物烟气脱硫出水 pH 值在 8.5~9,温度在 35~55℃
两相厌氧消化过程	包含硫酸盐和高浓度有机物的废水(如:糖浆、海鲜、食用油、淀粉、纸浆等工业废水)	pH:4~7 T:常温至高温(55℃) COD/SO_4^{2-}:9~3.5 HRT:6~10h 反应器:UASB	$SO_4^{2-}\rightarrow H_2S$(一般在充足的碳源和有机负荷,pH 和温度时可获得100%的效率) SLR:0.13~0.33	优点:在产甲烷反应之前去除硫化物;可收集甲烷;将 SRB 和产甲烷菌分开减少竞争;减少 H₂S 对产甲烷菌的抑制作用。 缺点:酸化过程可能导致出水 pH 低;脱出 H₂S 产生臭气和能源消耗;需要持续的 H₂S 处理
硫化物反硝化去除过程(DSR)	被硫化物/硫酸盐、亚硝酸盐/硝酸盐污染的废气或废水如冶炼厂、石油、石化工业废水;厌氧反应器出水的后处理	pH:7.3~8.3 T:20~30℃ HRT:10.7~48h CS:乙酸盐反应器:CSTR/EGSB	$HS^-\rightarrow S^0$(>95%) $HS^-\rightarrow SO_4^{2-}$(N/A) SLR:0.5~6.0	优点:同时除硫(如单质硫、硫化物、硫代硫酸盐)、亚硝酸盐/硝酸盐和碳;回收单质硫。 缺点:硫酸盐产量高,硝酸盐去除率低;消耗碱

最近的 5 年中,两个新系统和第三种具有潜在意义的废水处理系统发展起来了。这两个发展起来的系统都是利用硫化物生物转化过程,根据城市管道处理而设计的。包括:a.硫酸盐还原,自养反硝化和脱氮过程;b.伴随着生物除磷过程的脱氮硫循环。第三种系统是基于厌氧流化床反应器。

如图 1-13 所示,这三种系统将会在下文进行详细描述。SANI 是处理含硫酸盐污水的系统,它来源于香港海水厕所冲刷城市规模的应用。SANI 过程利用 S 作为电子载体,从而去除污染物。

SANI 包括三种生物反应器。首先是 SRB 还原硫酸为硫化物时,有机碳被氧化成二氧化碳。这个过程伴随着 pH 值的增加。在反应器中,硫化物被完全解离成 S^{2-},从而毒性降低。第二个反应,硝酸盐被还原成亚硝酸盐,硫化物通过自养反硝化,氧化成硫酸盐。最后,在好氧反应器中,废水中的氨气通过自养反硝化被氧化成硝酸盐。由于这三个过程均产生较少的污泥,和传统的城市废水处理技术相比,SANI 可以减少 90% 的污泥产量、35% 的

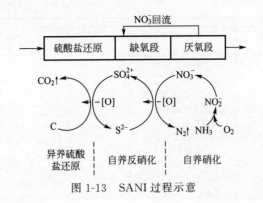

图 1-13　SANI 过程示意

能量消耗和 36% 的温室气体排放。

　　尽管 SANI 过程最初是处理香港含盐污水发展而来的，但它可以很方便地应用于硫酸盐、海水或者含硫酸盐的工业废水。比如，结合烟气脱硫技术，可以提供综合处理主流废水的方法。但是，SANI 系统在应用上有一些限制。正如上文提到的，获得可利用的硫资源是很重要的。更重要的是，由于低能量还原反应以及低速生长的生物量导致反应器无法快速启动，这仍然需要进一步研究。此外，通过利用颗粒污泥结合厌氧和缺氧单元或缺氧和好氧单元来提高 SANI 的性能是可行的。

　　第二种最近发展起来的系统是一种连续间歇运行过程系统。它将生物磷酸盐去除整合到 SANI 过程中。Wu 等[312] 提出利用含盐城市污水观测磷吸收和排放的机制如下：在厌氧相中，碳积累和硫酸盐还原与磷的释放同时进行；随后随着 PHA 的增加，磷的吸收与硫酸盐增加同时进行。DS-EPBR 过程的限制因素是需要微氧条件下 48h 长时间循环。尽管利用硝酸盐脱氮取代磷吸收相的氧化使循环时间缩短到 12h，在实际应用中效率的提高也是有必要考虑的。硫化物相关的磷吸收与磷释放的微生物机制至今尚未完全明确。除了 SANI 和 DS-EPBR（见图 1-14）过程，一个硫酸盐还原全程自养脱氮过程也在许多研究中被报道。它的反应过程是通过控制处理系统和海洋沉积物而发现的。单独的批量测试和富集试验也证实了这一过程。Liu 等[313] 在硫化物去除反应器中发现了 *Candidatus* 的富集现象，而 Cai 等[314] 通过稀释和连续培养报道了芽孢杆菌（*Benzoevorans*）的集中。但是，现有的知识还不能解释微生物可以在这个反应器中的表现以及它们的代谢机制。由于在硫酸盐还原全程自养脱氮过程中缺乏亚硝酸型消化，可以发现传统的 ANAMMOX 过程实现了能量和 N_2O 的排放减少，该过程需要更深入的研究。

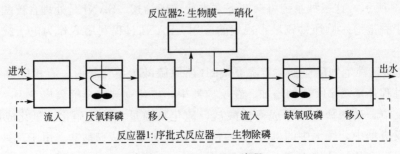

图 1-14　DS-EPBR 流程

1.16.6　SRB 的生物技术应用

硫酸在许多工业中应用后会导致废水中产生硫酸盐。硫酸盐还原也因此产生。如在厌氧处理酸工业废水时，硫酸盐还原会导致较低的甲烷产量。此外，硫化物是有毒，有臭味，有腐蚀性的。通过改变产甲烷生物反应器的流态来避免硫化物的方法并不可行。此外，在石油化工领域中，硫酸盐还原会导致硫化氢腐蚀和人员安全问题。为了避免硫化氢的产生，运用硝酸盐进行硝酸盐还原来氧化硫化氢并通过亚硝酸盐或高氧化还原电位抑制硫酸盐还原。

硫酸盐还原可在生物技术中有效利用。如利用不同的金属硫酸盐和硫化物的化学特性，去除地下水和废水中的重金属。金属硫酸盐的溶解度较高，但相对应的金属硫化物的溶解度较低。因此通过硫酸盐还原，金属硫化物可以沉淀析出，再溶解以及再利用。这种方法已经应用到矿业工业的地表水和生产用水金属的固定。在湖泊沉积物中，有机废水也经常被用于固定重金属。明确的基质如乳酸盐、乙醇、甲醇、氢气经常作为硫酸盐还原过程的电子供体。基于 THIOPAQ 系统，硫酸盐还原和氧化硫化物的过程可以去除重金属，过程如图 1-15 所示。

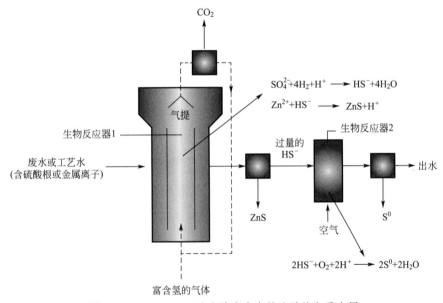

图 1-15　THIOPAQ 法去除废水中的硫酸盐和重金属

在生物反应器 1 中，硫酸盐还原菌以氢作为电子供体将硫酸盐还原成硫化物，然后硫化物被用于沉淀重金属。在生物反应器 2 中，过量的硫化物被硫氧化细菌转化成单质硫。沉淀的金属硫化物和单质硫可以再利用。

这个过程用于处理含锌硫酸盐废水。硫酸盐还原发生在 $500m^3$ 的硫酸盐还原气提反应器中。混合气体是硫酸盐还原的电子供体。进入反应器的气提 76% 是氢气，20% 是二氧化碳，3% 是氮气，还有 1% 是一氧化碳。硫酸盐还原产生的硫化锌沉淀被收集并在焙烤过程中再利用。超过 95% 的干重污泥是硫化锌。其中的微生物群落主要是非自养的 SRB，属于脱硫弧菌属和脱硫微菌属，也包括少量的产甲烷菌和产酸菌。占主导地位的 SRB 需要乙酸盐作为碳源，当反应器中乙酸盐或其他有机碳源缺少时这些硫酸盐还原菌便利用产酸菌产生的有机酸。

其他对于 SRB 的生物技术应用是对废水和废气中含硫化合物的去除和再利用。在缺氧条件下，硫氧化细菌主要产生单质硫。利用这种特性可以去除硫化氢。结合厌氧步骤，去除废水和废气中的氧化态硫化物是有可能的。氧化态硫化物被还原，然后产生单质硫。例如 FGD。石灰或石灰岩湿法洗涤是 Bio-FGD 常用的方法，Bio-FGD 是常用的利用硫循环转化的方法。

首先，二氧化硫在碱性溶液中被转化成硫化物。

$$SO_2 + OH^- \longrightarrow HSO_3^- \tag{1-1}$$

烟气中氧气的存在不可避免地导致了部分亚硫酸盐转化成硫酸盐。

$$HSO_3^- + 0.5O_2 \longrightarrow SO_4^{2-} + H^+ \tag{1-2}$$

$$HSO_3^- + 6[H] \longrightarrow HS^- + 3H_2O \tag{1-3}$$

$$HSO_4^{2-} + 8[H] \longrightarrow HS^- + 3H_2O + OH^- \tag{1-4}$$

在厌氧生物反应器中，亚硫酸盐和硫酸盐被 SRB 还原成硫化物。

$$HS^- + 0.5O_2 \longrightarrow S^0 \downarrow + OH^- \tag{1-5}$$

在微氧反应器中，部分硫化物被自养硫氧化细菌氧化成单质硫。

在硫化物氧化过程中，碱度增加，碱度只可以通过排流而减少。因此，Bio-FGD 要求较低的进水石灰和石灰岩。Bio-FGD 的应用在实验室中得到证实。在我国，全规模的 Bio-FGD 已经建立起来了，它以柠檬酸废物流作为亚硫酸盐和硫酸盐的电子供体。柠檬酸盐并不是常见的 SRB 电子供体。实验室研究表明，柠檬酸不是 SRB 还原反应的直接电子供体，而是通过发酵转化为乙酸盐和甲酸盐，乙酸盐和甲酸盐是作为硫酸盐还原的直接电子供体。硫酸盐还原中乙酸盐的利用需要生物反应器长期运行。运行中的几个不同的硫酸盐还原反应的污泥样品中包括大量降解乙酸盐的 SRB。

1.16.7 影响硫酸盐还原生物过程效率的因素

在工程设计和运行方面，增强和优化生物反应器的功能是主要目标。除了之前讨论过的底物和微生物群体，其他因素也会影响生物反应器运行。比如，在 SANI 生物除磷过程中，尽管已经确定了与硫相关的磷吸收和释放，这个过程会被长的运行时间所限制。在以上的这些因素中，大部分 SRB 浓度、环境酸度、低生长率都会限制硫酸盐还原反应系统的应用。通过添加石灰提高 pH 值或利用侧流 SRB 反应器避免 SRB 与酸性污水直接接触是低 pH 值废水处理常用的方法。除了实验室规模的硫化物处理系统利用甘油、乙酸和氢作为能源，可在 pH 值为 3～4 的范围内运行，实际工程中，低 pH 值下，SRB 反应器很少能够运行。对于低 pH 值下试验规模、底物限制、温度和接种污泥的影响资料仍然缺乏。SRB 生物反应器中的系统培养，在低 pH 值下生物反应器的运行仍然需要做大量研究。

颗粒污泥为厌氧微生物的低生长率提供了解决方法。厌氧颗粒污泥培养过程如 UASB，EGSB 比絮凝污泥提供了更有效的微生物滞留时间。因此，固定化 SRB 颗粒污泥可以提高 SRB 系统的效率，因为它提供了更高的微生物浓度，减少了反应容积，增加了 pH 值、温度等波动情况下的反应恢复力。AMD 的处理尤其是含盐污水的处理中，已经利用 SRB 主导的产甲烷颗粒污泥增强硫酸盐还原活力。Omil 等[315] 首先利用 SRB 富集培养基产生 SRB 颗粒污泥，最近 SRB 颗粒污泥也被用作厌氧消化的接种污泥。然而，SRB 颗粒污泥的扩大培养仍需要更深入地研究。

　　过去几十年中的研究得到了普遍的结论，尽管在实验室中可通过钼酸盐、过渡元素、抗生素对 SRB 进行选择性抑制，却没有实际的方法可以阻止硫酸盐还原。相反，增强和工程化 SRB 实现单质硫的生物转化的应用可以为现代工业废水和城市废水处理技术节能。比如，通过海水冲刷厕所或者高硫酸盐废水在废水处理厂进行海水淡化，将硫源添加到城市污水系统中。最近，SANI、DS-EBPR 和硫酸盐还原全程自养脱氮过程将 S 生物转化系统应用于同时脱除废水处理中的碳、营养物质而获得最少的生物污泥产量和温室气体排放，利用碳循环转化处理技术是没有这些优点的。

第 2 章 | 试验材料与方法

2.1 硫化物测定方法

油田水系统中的硫化物按溶解性分为可溶性硫化物和难溶性硫化物。可溶性硫化物以 H_2S、HS^- 和 S^{2-} 形式溶解在水中,难溶性硫化物为金属硫化物。在油田水系统中,难溶性硫化物主要为硫化亚铁,以细小颗粒形式悬浮或沉淀于系统中。

硫化物造成的设备腐蚀主要是由可溶性硫化物引起的,可溶性硫化物与管壁的铁形成腐蚀产物——难溶性金属硫化物。难溶性金属硫化物,使采出水系统中悬浮固体含量增加,导致滤料污染、油水分离困难、电脱水器运行不稳定,给油田生产造成较大的影响。因此,迅速测定油田水中硫化物、特别是可溶性硫化物,对于及时了解地面水系统中硫化物腐蚀危害程度、监控硫酸盐还原菌活性状态以及采取合适的控制措施极其必要的。

2.1.1 碘量法

碘量法是按照《油气田水分析方法》(SY/T 5523—2016)中的方法进行硫化物的测定。

(1) 方法原理

硫化物在酸性条件下,与过量的碘作用,剩余的碘用硫代硫酸钠溶液滴定。由硫代硫酸钠溶液所消耗的量,间接求出硫化物的含量。

消除还原性或氧化性物质的干扰测定。水中悬浮物或浑浊度高时,对测定可溶态硫化物有干扰。遇此情况应进行适当处理。此方法的适用范围:适用于含硫化物在 1mg/L 以上的水和废水的测定。

(2) 仪器及试剂

① 250mL 碘量瓶;

② 中速定量滤纸或玻璃纤维滤膜;

③ 25mL 或 50mL 滴定管(棕色);

④ 1mol/L 乙酸锌溶液:溶解 220g 二水合乙酸锌于水中,用水稀释至 1000mL;

⑤ 1% 的淀粉指示液;

⑥ 浓硫酸;

⑦ 0.05mol/L 硫代硫酸钠标准溶液:称取 12.4g 五水合硫代硫酸钠溶于水中,稀释至 1000mL,加入 0.2g 无水碳酸钠,保存于棕色瓶中。

标定：向 250mL 碘量瓶内，加入 1g 碘化钾及 50mL 水，加入重铬酸钾标准溶液（[1/6K$_2$Cr$_2$O$_7$]＝0.05mol/L）10mL，加入硫酸 5mL，密塞混匀。置暗处静置 5min，用待标定的硫代硫酸钠标准溶液滴定至溶液呈淡黄色时，加入 1mL 淀粉指示液，继续滴定至蓝色刚好消失，记录标准液用量（同时做空白滴定）。

（3）测定方法

将硫化锌沉淀连同滤纸转入 250mL 碘量瓶中，用玻璃棒搅碎，加 50mL 水及 10.00mL 碘标准溶液，5mL 硫酸溶液，密塞混匀。暗处放置 5min，用硫代硫酸钠标准溶液滴定至溶液呈淡黄色时，加入 1mL 淀粉指示液，继续滴定至蓝色刚好消失，记录用量。同时做空白试验。水样若经酸化吹气预处理，则可在盛有吸收液的原碘量瓶中，同上加入试剂进行测定。

2.1.2　比色法（亚甲蓝比色法）

亚甲蓝比色法是根据《水质硫化物测定亚甲基蓝分光光度法》（GB/T 16489—1996）中的方法进行测定的。

（1）方法原理

在含高铁离子的酸性溶液中，硫离子与对氨基二甲苯胺作用，生成亚甲蓝，颜色深度与水中硫离子浓度成正比。

（2）干扰及消除

亚硫酸盐、硫代硫酸盐超过 10mg/L 时，将影响测定。必要时，增加硫酸铁铵用量，则其允许量可达 40mg/L。亚硝酸盐达 0.5mg/L 时，产生干扰。其他氧化剂或还原剂亦可影响显色反应。亚铁氰化物可生成蓝色，产生正干扰。

（3）方法的适用范围

本法最低检出浓度为 0.02mg/L(S^{2-})，测定上限为 0.8mg/L。当采用酸化—吹气预处理法时，可进一步降低检出浓度。酌情减少取样量，测定浓度可高达 4mg/L。

（4）仪器及试剂
① 分光光度计，10mm 比色皿。
② 50mL 比色管。
③ 无二氧化碳水：将蒸馏水煮沸 15min 后，加盖冷却至室温。所有实验用水均为无二氧化碳水。
④ 硫酸铁铵溶液：取 25g 十二水合硫酸高铁铵溶解于含有 5mL 硫酸的水中，稀释至 200mL。
⑤ 0.2%（质量/体积）对氨基二甲基苯胺溶液：称取 2g 对氨基二甲基苯胺盐酸盐溶于 700mL 水中，缓缓加入 200mL 硫酸，冷却后，用水稀释至 1000mL。
⑥ 浓硫酸。
⑦ 0.1mol/L 硫代硫酸钠标准溶液：称取 24.8g 五水合硫代硫酸钠，溶于无二氧化碳水中，转移至 1000mL 棕色容量瓶内，稀释至标线，摇匀。按 2.1.1 碘量法试剂⑦进行标定。
⑧ 2mol/L 乙酸锌溶液。

⑨ 0.05mol/L$\left(\frac{1}{2}I_2\right)$碘标准溶液：准确称取 6.400g 碘于 250mL 烧杯中，加入 20g 碘化钾，加适量水溶解后，转移至 1000mL 棕色容量瓶中，用水稀释至标线，摇匀。

⑩ 1%淀粉指示液。

⑪ 硫化钠标准贮备液：取一定量结晶硫化钠（$Na_2S \cdot 9H_2O$）置布氏漏斗中，用水淋洗除去表面杂质，用干滤纸吸去水分后，称取 7.5g 溶于少量水中，转移至 1000mL 棕色容量瓶中，用水稀释至标线，摇匀备测。

标定：在 250mL 碘量瓶中，加入 10mL 的 1mol/L 乙酸锌溶液，10mL 待标定的硫化钠溶液及 0.1mol/L 的碘标准溶液 20mL，用水稀释至 60mL，加入（1+5）硫酸 5mL，密塞摇匀。在暗处放置 5min，用 0.1mol/L 硫代硫酸钠标准溶液，滴定至溶液呈淡黄色时，加入 1mL 淀粉指示液，继续滴定至蓝色刚好消失为止，记录标准液用量。同时以 10mL 水代替硫化钠溶液，做空白试验。

按下式计算 1mL 硫化钠溶液中含硫的毫克数：

$$硫化物（mg/mL）=\frac{(V_0-V_1)C \times 16.03}{10.00}$$

式中　V_1——滴定硫化钠溶液时，硫代硫酸钠标准溶液用量，mL；

$\quad\quad V_0$——空白滴定时，硫代硫酸钠标准溶液用量，mL；

$\quad\quad C$——硫代硫酸钠标准溶液浓度，mol/L；

16.03——$\frac{1}{2}S^{2-}$的摩尔质量，g/mol。

⑫ 硫化钠标准使用液的配制

溶液 A：吸取一定量刚标定过的硫化钠贮存溶液，用水稀释成 1.00mL 含 5.0μg 硫化物（S^{2-}）的标准使用液，临用时现配。

溶液 B：吸取一定量刚标定过的硫化钠溶液，移入已盛有 2mL 乙酸锌-乙酸钠溶液和 800mL 水的 1000mL 棕色容量瓶中，加水至标线，充分混匀，使成均匀的含硫（S^{2-}）浓度为 5.0μg/mL 的硫化锌混悬液。该溶液在 20℃条件下保存，可稳定 1～2 周，每次取用时应充分振摇混匀。

以上两种使用液可根据需要选择使用。

（5）测定方法

① 校准曲线的绘制。分别取 0、0.50mL、1.00mL、2.00mL、3.00mL、4.00mL、5.00mL 的硫化钠标准使用溶液 A 或溶液 B 置于 50mL 比色管中，加水至 40mL，加对氨基二甲基苯胺溶液 5mL，密塞。颠倒一次，加硫酸铁铵溶液 1mL，立即密塞，充分摇匀。10min 后，用水稀释至标线，混匀。用 10mm 比色皿，以水为参比，在 665nm 处测量吸光度，并做空白校正。

② 水样测定。将预处理后的吸收液或硫化物沉淀转移至 50mL 比色管或在原吸收管中，加水至 40mL。以下操作同校准曲线绘制，并以水代替试样，按相同操作步骤，进行空白试验，以此对试样做空白校正。

2.1.3 可溶性硫化物快速检测方法——电极法

2.1.3.1 硫化物检测方法研究现状

目前硫化物的分析方法有比色法、滴定法、微库仑法及荧光法等。大庆油田常采用的方法有碘量法、直接显色分光光度法、深色石油产品的管式炉法和非水相硫化物测定——亚甲蓝分光光度法。上述分析方法的操作时间一般需要数小时或更长时间，有的测定方法需要加酸后用氮气吹脱处理，测定结果不能区分出溶解性和难溶性硫化物，因而不能反映油田水系统中溶解性硫化物的危害信息。即使能测定出溶解性硫化物，但方法比较麻烦，有的是间接测出溶解性硫化物，不适合现场应用。

采用硫离子选择电极法测定油田水中可溶性硫化物，该法在污水分析领域多有应用。硫离子选择电极有较高的准确性和选择性，检测限能够达到检测油田水中硫化物含量标准要求，测定时水样不需要复杂的前处理，也不受水样颜色和浊度的影响。该法操作简便，所需分析时间短，样品可在十几分钟内分析完成，特别适合于水中硫化物现场检测。

建立起一套可溶性硫化物快速检测方法，并开发出配套分析设备，可满足油田生产中对可溶性硫化物分析测试的要求。

大庆油田地面系统中硫化物含量处于较高水平，老区油田硫化物含量一般为 $0\sim30\mathrm{mg/L}$，外围油田可高达 $100\mathrm{mg/L}$ 左右。地面系统中硫化物的一部分来源于地下采出液，另一部分来源于地面系统中硫酸盐还原菌还原水中的硫酸根。油田水系统中的硫化物按溶解性分为可溶性硫化物和难溶性硫化物，可溶性硫化物以 H_2S、HS^- 和 S^{2-} 形式存在于水溶液中，难溶性硫化物为金属硫化物。

在油田水系统中，水的 pH 值一般为 $7.7\sim8.1$，在此 pH 值条件下水中可溶性硫化物主要以 HS^- 形式存在，HS^- 与管壁的铁形成难溶性硫化物，引起腐蚀。腐蚀产物——难溶性硫化物主要为硫化亚铁，以细小颗粒形式悬浮或沉淀于系统中，使采出水中悬浮固体含量增加，导致滤料污染、油水分离困难等，给油田生产造成严重危害。及时测定油田水中可溶性硫化物含量是了解硫化物腐蚀危害趋势的前提。大庆油田硫化物测定常采用的方法有碘量法、直接显色分光光度法、深色石油产品的管式炉法和非水相硫化物测定——亚甲蓝分光光度法。由于油田水的颜色与共存离子的干扰，采用直接显色法不适合；而采用分光光度法与碘量法时，样品必须进行复杂的前处理，操作过程烦琐，若直接测定则因严重干扰而无法准确测定；深色石油产品的管式炉法和非水相硫化物测定——亚甲蓝分光光度法以石油产品和非水相硫化物为测定对象，不适合水中可溶性硫化物的测定。上述分析方法的操作时间一般需要数小时或更长时间，有的测定方法需要加酸后用氮气吹脱处理，测定结果不能区分出溶解性和难溶性硫化物，因而不能反映油田水系统中溶解性硫化物的腐蚀危害信息。

2.1.3.2 硫化物检测方法比较分析

在硫化物分析检测方法方面，目前主要有碘量法、光度法、电化学分析法和色谱分析法。碘量法适用于硫化物含量大于 $1\mathrm{mg/L}$ 的样品，方法基于硫化物与 $Zn(Ac)_2$ 反应生成 ZnS 沉淀，该沉淀在酸溶解后与过量的碘标液反应，剩余的碘用 $Na_2S_2O_3$ 标液滴定从而间接求出硫化物的含量。该方法虽然准确度高，但操作烦琐，且其中的 $Na_2S_2O_3$ 标液的稳定性也很差，保存时间短。

光度分析法包括紫外-可见分光光度法、发光分析法、原子吸收光谱法。紫外-可见分光光度法是硫化物测定中应用最广泛的方法之一，硫化物在紫外区有其特征吸收。利用硫化物在紫外光区的特征吸收示差紫外光度法测定水样中的硫化物，周桂云采用主次波长光度法测定了水样中的硫化物，建立了不受环境因素影响的微量组分的计算模型，此方法比常规光度法提高了分析的灵敏度，加标回收率为 90%～108%，RSD<5%。光度法测定硫化物的经典方法是亚甲蓝分光光度法，方法基于在 Fe^{3+} 催化作用下，S^{2-} 与对氨基二甲基苯胺反应生成亚甲蓝染料于 665nm 处测定其吸光度。除用对氨基二甲基苯胺作显色剂以外，近年来也有用对氨基-L-基苯胺作显色剂的报道，也有 $CHCl_3$ 萃取亚甲蓝分光光度法、$Zn(OH)_2$-ZnS 共沉淀亚甲蓝分光光度法、聚乙烯醇磷酸铵吸收亚甲蓝分光光度法。在亚甲蓝分光光度法测定硫化物中，传统的催化剂是采用可溶性 $Fe(III)$，近年来有不少分析工作者的研究表明也可以用 KCr_2O_4 作催化剂。

发光分析法（包括荧光法、化学发光法和生物发光法）具有选择性好、灵敏度高等优点、特别是化学发光法和生物发光法，由于不需要外来光源，有效避免了瑞利散射和拉曼散射等噪声，因而光电倍增管在高压下工作时具有比荧光更高的信噪比，且仪器简单易得，分析速度快；但许多物质不能直接发光，目前的发光体系尚不多，且对环境因素（如温度、酸度、溶解氧等）极为敏感，因而应用不及紫外-可见分光光度法。

原子吸收光谱法。环境样品中的无机硫化物还可以采用间接原子吸收光谱法测定，一般都是基于在硫化物中加入一定量的重金属盐与 S^{2-} 反应生成难溶性硫化物沉淀，过滤后通过用原子吸收光谱法测定滤液中的重金属离子，或酸溶硫化物沉淀后测定与原无机硫化物结合的那部分重金属离子，从而间接求出原无机硫化物的含量。基于在 pH 值为 4～6 的酸度条件下，以 SDBS 作吸附剂，在硫化物中加入 Cd^{2+}，与 S^{2-} 反应形成 CdS 沉淀后用泡沫浮选法将其他物质分离同时富集硫化物，消泡后用稀 HNO_3 溶解所形成的 CdS 沉淀，用原子吸收法测定 Cd^{2+}，从而间接求出硫化物的含量；方法检测限为 5.0mg/L，加标回收率 94.1%～95.8%。原子吸收光谱法的前处理过程中容易引起硫化物氧化，造成检测结果很大的误差。如果采取防氧化过滤措施，则操作复杂，且容易受共存的硫酸根和碳酸根离子影响，所以不适用于较高含量硫酸根和碳酸根离子水样的测定。

电化学分析法具有仪器简单、操作简便、灵敏度高等特点。在电化学分析中，普通电极的重现性不是很好，随着各种各样的化学修饰电极、传感器的出现，电极的重现性问题得到了一定的改善，在环境分析中有着重要的应用。示波极谱滴定法测定废水中的硫化物，大多数常见阴阳离子不干扰，该方法不受水样中的色度、悬浮物质的干扰。环境样品中的无机可溶性硫化物还可以用电位滴定、库仑滴定等方法测定。微库仑法灵敏度较高，但干扰因素复杂，再现性较差，仪器较贵。

综上分析，在硫化物分析检测方面存在以下问题：一是硫化物标准溶液稳定性差，标定的时间很短，经常需要进行比较烦琐的硫化物标准溶液标定；二是多数分析方法要求对水样进行酸蒸（或吹脱）预处理，前处理过程也比较烦琐，从预处理过程来看，得到的硫化物应为水中可溶的或酸性可溶的无机硫化物总和。间接原子吸收光谱法测定可溶性硫化物时，前处理过程较复杂且不适用于较高含量硫酸根和碳酸根离子水样。

所以，建立简便、快速的硫化物分析方法以及研制出配套仪器是硫化物检测方面的发展趋势，对于迅速反映油田水中硫化物腐蚀危害程度以及采取合适的防腐措施确保油田安全生产有非常重要的价值。

2.1.3.3　可溶性硫化物测定方法分析原理

用硫离子选择电极作指示电极，双桥饱和甘汞电极为参比电极，用标准铅离子溶液滴定硫离子，以伏特计测定电位变化指示反应终点。

$$Pb^{2+} + S^{2-} \longrightarrow PbS\downarrow$$

硫化铅的溶度积 $[Pb^{2+}][S^{2-}] = 8.0 \times 10^{-28}$。等当点时，硫离子浓度为 $10 \sim 14mol/L$，若在等当点前 $[S^{2-}] = 10 \sim 6mol/L$，则等当点时 $[S^{2-}]$ 浓度变化 8 个数量级。根据能斯特方程得出：

$$E = E_0 + 29lg\alpha_{S^{2-}} \tag{2-1}$$

式中　E——电极电位，mV；

　　E_0——标准电极电位，mV；

　　$\alpha_{S^{2-}}$——硫离子活度。

由上式可计算出，硫离子浓度变化 8 个数量级时，电位变化 232mV，在终点时电位变化有突跃。确定出终点时铅标准溶液的用量，即可求出样品中硫离子的含量。从分析原理来判断，该法检测的是可溶性无机硫化物。

用配制的已知浓度的标准铅离子溶液滴定硫离子溶液，在滴定过程中记下标准铅离子溶液量和溶液电位值，反应过程中电位与标准铅离子溶液体积的变化关系如图 2-1(a) 所示，图 2-1(b) 是根据图 2-1(a) 计算得到的二次微商曲线。

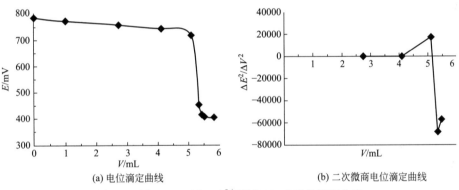

(a) 电位滴定曲线　　　　　(b) 二次微商电位滴定曲线

图 2-1　用 0.01mol/L Pb^{2+} 滴定 Na_2S 时的滴定曲线

如图 2-1(a) 所示，等当点前后有 200mV 以上的电位突跃。图 2-1(b) 中曲线与 v 轴的交点即为反应终点。

溶液中硫离子含量（mg/L）计算如下：

$$\rho_{S^{2-}}/(mg/L) = (MV \times 32.06 \times 1000)/V_s \tag{2-2}$$

式中　M——标准铅离子溶液浓度，mol/L；

　　V——根据二次微商 [图 2-1(b)] 确定出的终点时标准铅离子溶液体积，mL；

　　V_s——样品体积，mL。

2.1.3.4　硫化物分析仪器构成

（1）硫化物测定电极性能与制备

常用的硫离子电极为晶体膜电极与涂丝电极，参比电极有饱和甘汞电极、锑 pH 电极、铱 pH 电极。测试以上电极的电化学性能，比较其响应电位的平稳性、灵敏度和抗氧化性。选择具有电位稳定性好、灵敏度高、抗腐蚀、抗氧化、使用寿命长的电极，并将选择电极与参比电极复合，制作出硫化物复合电极，提高硫化物测定的稳定性和灵敏度。

（2）仪器组成

仪器主机硬件由操作及显示部分、自动加液部分、搅拌部分和检测部分共 4 个单元构成，自动加液部分最小加液体积可达到 0.01mL。

（3）仪器操作软件开发

主要通过参数设置，控制分析加液速度、标液加入量、搅拌速度与时间，将响应电位变化通过数据显示器呈现出来，找出等电点，判断出滴定终点。将滴定部分、搅拌部分、电位分析、数据处理有机联结成一个整体，实现测定自动完成。油田硫化物测定仪器提高硫化物测定的准确度，减少了人为因素带来的误差，使硫化物测定的工作量大大降低，单个样品测定时间小于 15min。

2.1.3.5　硫化物快速测定方法操作条件优化

（1）标准滴定液选择

在硫化物快速测定试验时，用铅标准溶液作为滴定剂，其中标准溶液可选择硝酸铅或乙酸铅，所以需要进行两种标准滴定液对照实验，以确定出适合的标准溶液。配制 0.01mol/L 的硝酸铅和 0.01mol/L 的乙酸铅标准溶液，分别对同一浓度硫化物进行快速测定。对比进行了 6 个硫离子浓度水平实验，硫离子浓度范围从最高 140mg/L 左右到最低 5mg/L 左右，对比结果见表 2-1。

表 2-1　两种标准滴定液对分析结果的影响情况比较

序号	硫离子浓度水平/(mg/L)	不同标准滴定液时的测定值/(mg/L)		相对偏差/%
		0.01mol/L 硝酸铅	0.01mol/L 乙酸铅	
1	140	135.77	136.74	0.7
2	100	98.81	98.99	0.1
3	50	51.74	51.94	0.4
4	30	28.21	29.17	3.3
5	10	11.70	12.02	2.7
6	5	5.29	6.09	13.3

由表 2-1 可见，在硫离子浓度水平在 10mg/L 以上时，使用硝酸铅标准滴定液的分析结果与使用乙酸铅标准滴定液的测定结果平均值的相对偏差均小于 4%。在硫离子浓度水平在 5mg/L 左右时，使用两种标准滴定液时测定结果的相对偏差达到 13.3%，但绝对偏差小于 1.0mg/L。乙酸铅滴定结果一般高于硝酸铅，但两种滴定试剂滴定结果偏差很小，因此两种标准滴定试剂都可以用于硫化物分析测定中。但在配制乙酸铅时，溶液成微浑浊状态，配制时需加入几滴乙酸，使溶液保持清澈透明状态。

（2）测定 pH 值的选择

硫离子在水溶液中容易水解，溶液的 pH 值影响硫化物在水中的形态，为使溶液中硫离子滴定完全，需要控制滴定的最低 pH 值。取配制的硫化物标准溶液 25.0mL 于 50mL 烧杯中，用 1% 稀盐酸溶液或 1% 氢氧化钠溶液调节溶液的 pH 值，测定溶液中硫化物含量，记录滴定剂用量，考察 pH 值对测定的影响，并确定测定出的最佳 pH 值，pH 值对测定结果的影响见图 2-2。

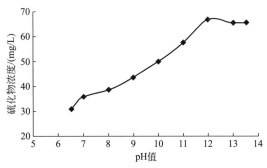

图 2-2　pH 值对硫离子测定的影响曲线

如图 2-2 可示，溶液 pH 值对测定结果影响极大，特别是溶液 pH 值在 10 以下时，影响极其显著。当溶液 pH 值大于 12 时，测定结果趋于稳定，所以确定选择 pH＝12 为硫化物快速测定时的最低 pH 值。溶液 pH 值对测定影响的原因在于，当溶液 pH 值较低时，溶液中硫化物以二价硫离子形态存在的比例减少，影响滴定产物硫化铅的生成，使分析结果偏低。通过实验确定，对于大庆油田地面采出水，50mL 水样加 5.0mL 的 5.0％氢氧化钠溶液可使 pH 值保持在 12.0 以上，满足快速测定对溶液 pH 值的要求。

（3）搅拌速度的选择

采用磁力搅拌的方式使滴定剂在溶液中迅速扩散混合，磁力搅拌速度影响滴定剂扩散速度，也影响硫离子与铅离子生成沉淀反应平衡时间，最终影响电极信号稳定时间和响应时间。搅拌速度过慢，会延长反应平衡时间，增长信号稳定和相应时间，使分析时间增加。所以，分析时必须选择合适的搅拌速度。常用的磁力搅拌器一般为无级变速连续可调，转速范围为 100～1800r/min。本项目根据实验情况，选择 3 个范围搅拌速度进行实验。速度范围 1 为搅拌速度 300r/min 左右，速度范围 2 为搅拌速度 800r/min 左右，速度范围 3 为搅拌速度 1500r/min 左右，为表述方便，将以上 3 个速度范围分别称为低速、中速和快速搅拌。

取 25.0mL 配制的硫化物样品于 50mL 烧杯中，加入 5mL 的 5％氢氧化钠溶液，放入电极，选择搅拌速度，信号稳定后记录信号数据，加入一滴标准滴定液后立即用秒表计时，信号稳定后停止计时，记录信号数值和信号稳定时间。再重复以上滴定和计时操作，直到到达反应终点时完成。搅拌速度对信号稳定时间的影响如表 2-2 所列。

表 2-2　搅拌速度对信号稳定时间的影响

搅拌速度/(r/min)	300 左右	800 左右	1500 左右
到达测定终点用时/s	125	85	67
分析结果/(mg/L)	56.43	55.14	55.14

由表 2-2 可见，低速搅拌时达到滴定终点的时间最长为 125s，中速搅拌时达到终点的时间为 85s，高速搅拌时达到终点的时间为 67s，搅拌速度越快，到达滴定终点的时间越短。三种搅拌速度对水样中硫离子的测定结果影响较小，相对偏差小于 3.0％。在滴定过程中发现，搅拌速度过快时，会加速空气中氧气进入溶液的速度，容易引起空气中氧对硫化物的氧化，对于低浓度硫化物测定的影响尤其明显。所以，综合考虑，本实验选择中速搅拌。硫离子选择电极电位滴定方法测定的是溶液中可溶性无机硫化物，在等电点前后电位突跃明显，

可采用二阶微商方式确定反应终点，滴定液确定为硝酸铅标准溶液，测定时溶液 pH 值应在 12.0 以上，搅拌速度为中速（800r/min 左右），单个样品可在 15min 内分析完成。

2.1.3.6 快速检测方法的精密度准确度及在实际样品检测中的应用

精密度是指多次重复测定同一浓度的样品时各测定值之间彼此相符合的程度。精密度是表示测量的再现性，好的精密度是保证获得良好准确度的前提条件。一般说来，测量精密度不好，就不可能有良好的准确度，只有获得较好的精密度后，进行准确度判断才有意义。精密度通常用相对标准偏差来表示。

平行取 7 份配制的硫化物标准样品各 50mL，加入 5mL 5% 的氢氧化钠溶液，对每份标准样品进行快速检测，根据实验结果计算出精密度。分别进行了 3 个硫化物浓度水平的精密度实验，实验结果列于表 2-3 中。

表 2-3   快速测定方法精密度实验结果

硫离子浓度水平		水平 1(50mg/L)		水平 2(10mg/L)		水平 3(3mg/L)	
		测定值	平均值	测定值	平均值	测定值	平均值
实验序号	1	48.03	47.91	9.62	9.71	2.69	2.56
	2	47.77		9.75		2.69	
	3	47.97		9.75		2.56	
	4	47.71		9.62		2.44	
	5	48.15		9.75		2.56	
	6	47.83		9.87		2.56	
	7	47.90		9.62		2.44	
相对标准偏差/%		0.3		1.0		4.1	

由表 2-3 可知，3 个浓度水平下数据，可溶性硫化物快速测定方法的精密度较好，相对标准偏差在 0.3%～4.1%。快速测定方法的准确度通过与经典的碘量法对比来获得，即分别采用这两种方法对同一个硫化物样品进行测量。为了得到科学严谨的对比结果，制备出纯度高、无其他干扰成分的硫离子标准溶液至关重要。如果标准硫离子溶液中含有亚硫酸根离子，将影响碘量法的测定结果，产生正误差，使碘量法测定结果偏高；如果标准硫离子溶液中含有一定量溶解氧，经过一段时间后，硫离子会被部分氧化，使测量结果偏低，产生负误差，若硫化物氧化不完全，会使快速测定法的结果低于碘量法的结果。

实验采用氮气预吹脱制备无氧水和无氧氢氧化钠吸收溶液方法制备标准硫离子溶液，在操作及取样过程中注意用氮气保护，最大限度地防止空气中氧的干扰。共进行了 5 个硫离子浓度水平准确度实验，硫离子浓度范围从最高 150mg/L 左右到最低 2mg/L 左右。在 3mg/L 的较低硫离子浓度水平时，碘量法与快速测定法结果的平均值绝对偏差为 0.34mg/L，相对偏差为 13.5%。可以看出，在低浓度水平时，碘量法测定结果波动幅度较大，相对标准偏差达 22.4%，快速法的重复性较好，相对标准偏差达为 4.7%。与碘量法相比，快速检测法具有更好的重复性，在较高硫离子浓度水平（硫离子含量大于 10mg/L）时，快速法与碘量法测定结果相对偏差小于 8.0%；在低硫离子浓度水平（硫离子含量 3mg/L 以下）时，快速法与碘量法测定结果相对偏差为 13.5%，但绝对偏差小于 0.5mg/L。快速法和碘量法测定水中硫化物的特点比较见表 2-4。

表 2-4 测定水中硫化物的快速法和碘量法的特点比较

	比较内容	快速检测方法	碘量法
1	检测对象	可溶性无机硫化物	可溶的及难溶的硫化物总量
2	检测结果与硫化物危害趋势的关系	直接反映油田水中硫化物危害趋势	间接反映油田水中硫化物危害趋势
3	抗干扰能力	抗干扰能力强,亚硫酸根、还原性物质无影响	抗干扰能力不强,亚硫酸根、还原性物质的影响严重,需要前处理去除干扰
4	操作过程简易情况	只需加碱调整溶液 pH 值,操作简单	需要经过氮气吹脱、碱吸收、氧化剂氧化、硫代硫酸钠溶液标定及滴定,操作过程较烦琐
5	分析时间	少于 15min	直接滴定需要 40min;若进行前处理需要 2h
6	人员工作强度	极低	较大
7	人员培训时间	2h 学会操作	—
8	设备投入	需要专门测定设备,费用较高	需要氮气吹脱、碱吸收和滴定装置,费用较少
9	所需化学药品	种类较少,配制容易	种类较多,配制较烦琐,有的需要标定
10	操作人员影响	受操作人员的影响小	受操作人员的影响较大

硫化物快速测定法的主要特点在于检测的是水中可溶性无机硫化物,检测结果能够直接反映油田水中硫化物潜在危害趋势。同时,快速测定法操作简便、抗水质干扰能力较强、样品分析时间较短,快速测定法需要专门检测设备,需要一定的设备投入。对于较多数量样品进行可溶性硫化物测定时,采用快速检测法具有明显优势。

碘量法的主要特点在于,检测对象为可溶的及难溶的无机硫化物总量,检测结果反映的是油田水中硫化物已经产生和潜在危害程度的加合。碘量法是环境水体中硫化物检测的经典方法,特别适合于天然水体和某些污水中硫化物的分析检测,但对于油田水水质特殊性(水质成分复杂、高矿化度等)和环境特殊性(在金属管道中或金属容器罐中),油田水中含有一定量的难溶无机硫化物,所以,碘量法检测的只能是硫化物总量,同时,油田水质中某些成分对碘量法会产生较严重干扰。由于方法本身的要求,相对而言,碘量法操作较为烦琐,样品分析用时较长,操作人员劳动强度较大,但碘量法所需设备简单,设备投入较低。

2.2 Zeta 电位测定

(1) 仪器

电位仪:JS94H。

(2) 测定步骤

① 打开稳压电源,按顺序依次打开电位仪电源、计算机电源;

② 双击计算机上的 "BIC pals zeta potential analyzer" 软件，启动后点击 "parameters" 按钮；

③ 在弹出的对话框中填写 "sample id" "operater id" "note" 并且对相关参数进行设定；

④ 将待测样品放入样品池中，将电极安装在样品池中，将样品池放入仪器中，连接仪器和电极；

⑤ 点击 "start" 按钮，进行样品测试；

⑥ 样品测试完成后对电极进行清洗，电极清洗干净备用。

2.3 含油量的检测方法

含油量测定按《碎屑岩油藏注水水质推荐指标及分析方法》（SY/T 5329—94）中含油量的测定方法进行测定（紫外分光光度法）。油田含聚污水中的油质可以被石油醚、汽油等有机溶剂提取，提取后的溶液深浅度与含油量呈线性关系。

（1）仪器及试剂

① 分光光度计（紫外-可见光波段）。

② 天平：感量为 0.1mg。

③ 无水氯化钙及无水硫酸钠。

④ 汽油或石油醚。

⑤ 刻度移液管：1 mL 和 5 mL。

⑥ 比色管：50mL。

⑦ 盐酸溶液（1+1）。

⑧ 分液漏斗：250mL 和 500mL。

⑨ 玻璃细口瓶：100mL 和 500mL。

⑩ 量筒：100mL、250mL 和 1000mL。

（2）测定步骤

① 将水样移入分液漏斗中，加盐酸溶液（1+1）2.5～5.0mL，然后用 50mL 汽油萃取水样 2 次，每次都将萃取样瓶中的汽油倒入分液漏斗中振摇 1～2min。

② 将 50mL 比色管中收集的 2 次萃取液，用汽油稀释到刻度，盖紧瓶塞然后摇匀，同时测量被萃取后水样体积（减去加盐酸体积），若萃取液混浊，应加入无水硫酸钠（或无水氯化钙），脱水后再进行比色测定。

③ 用萃取剂（汽油）作空白样，其光密度值采用在分光光度计测、在标准曲线上查出含油量。

2.4 粒径中值和粒径分布的测定

2.4.1 粒径中值的测定

粒径中值测定按《碎屑岩油藏注水水质推荐指标及分析方法》（SY/T 5329—94）中粒

径中值的测定方法进行测定（激光衍射法）。

（1）仪器及试剂

① 库尔特颗粒计数器。

② 过滤器及孔径为 $0.2\sim0.45\mu m$ 的滤膜或超级过滤器。

③ 烧杯：1000mL。

④ 量筒：1000mL。

⑤ 氯化钠；分析纯。

⑥ 标准颗粒：校正仪器用的标准颗粒可采用直径为 $2.09\mu m$、$8.70\mu m$、$13.7\mu m$、$19.1\mu m$ 和 $39.4\mu m$ 的 LATEX 标准颗粒或直径相近的其他标准颗粒。

（2）测定步骤

① 取水样 $150\sim200mL$ 直接放到样品架上。

② 将取样方式开关指向压力计，同时选择进样体积开关使之指向需要的体积。

③ 按照仪器操作规程进行操作。

④ 打印内容。内容包括：每个通道的颗粒数与颗粒体积百分数；水样中的颗粒总数目；取样时间；各通道（颗粒直径范围）的累计颗粒数目与累计体积百分数。

2.4.2　粒径分布的测定

粒径分布测定按《碎屑岩油藏注水水质推荐指标及分析方法》（SY/T 5329—94）中粒径分布的测定方法进行测定。

（1）仪器

① 颗粒粒度分析仪；

② 微型计算机；

③ 样品杯；

④ 纯净水；

⑤ 0.9%的电解液。

（2）实验步骤

① 接通电源，打开稳压电源、粒度仪电源、微机电源。

② 打开样品室门，将样品杯中的纯净水换上 0.9%的电解液。

③ 双击 "Multisizer TM3" 图标点 "OK" 进入 "READY" 测量画面。

④ 仪器自动进行温度补偿。

⑤ 单击 "Changel1" 编辑样品信息：文件名称、样品名称、检测人、检测时间。

⑥ 单击 "Changel2" 在 "ControlMode" 中输入进样时间、进样体积、计数方式等。

⑦ 单击 "Apreture"（选择小孔管）、"Threshold"（噪声及检测下限）、"Current" 和 "Gain"（电流和放大倍数）等观察以上条件是否合适。

⑧ 输入文件路径建立文件夹。

⑨ 单击 "Preview" 浏览，观察小孔管的进样情况，一切正常后在样品杯中加入水样。

⑩ 样品加入量控制在浓度<10%，点击 "Stare" 开始进行检测。

⑪ 检测完毕后打印图谱及数据，将样品杯中的水样倒掉洗涮干净。

⑫ 样品杯中装入纯净水放在样品台上，使小孔管浸在样品杯中。

⑬ 关好仪器门，退出检测画面，关闭仪器开关、电脑开关、稳压电源开关。

⑭ 清理桌面打扫卫生。

2.5 矿化度的测定方法

矿化度的测定根据《油气田水分析方法》（SY/T 5523—2006）中测定方法进行测定。

2.5.1 氯离子含量的测定（硝酸银沉淀滴定法）

（1）原理

在 pH 值为 6.0～8.5 的介质中，硝酸银离子与氯离子反应生成白色沉淀。过量的银离子与铬酸钾指示剂生成砖红色铬酸银沉淀，根据硝酸银离子的消耗量计算氯离子含量。其反应方程式如下：

$$Ag^+ + Cl^- \longrightarrow AgCl\downarrow（白色）$$
$$2Ag^+ + CrO_4^{2-} \longrightarrow Ag_2CrO_4\downarrow（砖红色）$$

（2）试剂及仪器

硝酸溶液：$\varphi_{HNO_3} = 50\%$；碳酸钠溶液：$\omega_{Na_2CO_3} = 0.05\%$；铬酸钾指示剂；硝酸银标准溶液；酸式滴定管；大肚移液管；三角瓶；慢速定量滤纸和 pH 试纸。

（3）试样制备

无色、透明、含盐度高的油气田水样，经适当稀释（稀释后的试样，氯离子的含量应控制在 500～3000mg/L）即可测定。如水样中含有硫化氢，则在水样中加数滴硝酸溶液（$\varphi_{HNO_3} = 50\%$）煮沸除去硫化氢；如水样浑浊，则用滤纸过滤，去掉机械杂质，记作滤液 A，保留滤液 A 用于氯离子的测定。

（4）测定方法

用大肚移液管取定体积油气田水样或经处理后的试样或滤液 A（试料中氯离子含量应为 10～40mL）于三角瓶中，加水至总体积为 50～60mL，用硝酸溶液（$\varphi_{HNO_3} = 50\%$）或碳酸钠溶液（$\omega_{Na_2CO_3} = 0.05\%$），调节试样 pH 值至 6.0～8.5，加 1mL 铬酸钾指示剂。用硝酸银标准溶液滴至生成淡砖红色悬浮物为终点。用同样的方法做空白实验。

（5）计算

氯离子含量的计算见式

$$C_{Cl^-}/(mmol/L) = C_{硝}(V_{1硝} - V_{0硝}) \times 1000/V$$
$$\rho_{Cl^-}/(mg/L) = C_{硝}(V_{1硝} - V_{0硝}) \times 35.45 \times 1000/V$$

式中　$C_{硝}$——硝酸银标准溶液的浓度，mol/L；

　　　$V_{1硝}$——硝酸银标准溶液的消耗量，mL；

　　　$V_{0硝}$——空白试验时，硝酸银标准溶液的消耗量，mL；

　　　V——试料的体积（原水水样），mL。

2.5.2 碳酸根、碳酸氢根、氢氧根离子含量的测定

（1）原理

用盐酸标准溶液滴定水样，依次用酚酞和甲基橙溶液为指示剂，用两次滴定所消耗盐酸标准溶液的体积，计算碳酸根、碳酸氢根和氢氧根离子的含量，反应方程式如下：

$$OH^- + H^+ \longrightarrow H_2O（酚酞指示剂）$$

$$CO_3^{2-} + H^+ \longrightarrow HCO_3^-（酚酞指示剂）$$

$$HCO_3^- + H^+ \longrightarrow CO_2\uparrow + H_2O（甲基橙指示剂）$$

（2）试剂及仪器

盐酸标准溶液、酚酞指示剂、甲基橙指示剂、大肚移液管、三角瓶、酸式滴定管。

（3）测定方法

用大肚移液管取 50～100mL 刚开瓶塞的水样于三角瓶中，加 2～3 滴酚酞指示剂。若水样出现红色，则用盐酸标准溶液滴至红色刚消失，所消耗的盐酸标准溶液的体积（mL），记作 $V_{1盐}$。再加 3～4 滴甲基橙指示剂，水样呈黄色，则继续用盐酸标准溶液滴至溶液由黄色突变为橙红色，所消耗的盐酸标准溶液的体积（mL），记作 $V_{2盐}$。若加酚酞指示剂后水样呈无色，则继续加甲基橙指示剂至水样呈黄色，用盐酸标准溶液滴定至橙红色为终点。

（4）计算

表 2-5 碳酸根、碳酸氢根和氢氧根离子的含量关系

盐酸消耗	碳酸氢根	碳酸根	氢氧根
$V_{1盐}=0$	$V_{2盐}$	0	0
$V_{1盐}<V_{2盐}$	$V_{2盐}-V_{1盐}$	$V_{1盐}$	0
$V_{1盐}=V_{2盐}$	0	$V_{1盐}$	0
$V_{1盐}>V_{2盐}$	0	$V_{2盐}$	$V_{1盐}-V_{2盐}$
$V_{2盐}=0$	0	0	$V_{1盐}$

见表 2-5，当 $V_{1盐}=0$ 时，表明仅有碳酸氢根离子，其含量计算见式(2-3)、式(2-4)：

$$c_{HCO_3^-}/(mmol/L)=\frac{c_盐+V_{2盐}}{V}\times10^3 \tag{2-3}$$

$$\rho_{HCO_3^-}/(mg/L)=\frac{c_盐 V_{2盐}\times61.02}{V}\times10^3 \tag{2-4}$$

当 $V_{1盐}<V_{2盐}$ 时，表明有碳酸氢根和碳酸根离子，无氢氧根离子。碳酸根和碳酸氢根离子含量的计算见式(2-5)和式(2-6)：

$$c_{HCO_3^-}/(mmol/L)=\frac{c_盐(V_{2盐}-V_{1盐})}{V}\times10^3 \tag{2-5}$$

$$\rho_{HCO_3^-}/(mg/L)=\frac{c_盐(V_{2盐}-V_{1盐})\times61.02}{V}\times10^3 \tag{2-6}$$

$$c_{CO_3^{2-}}/(mmol/L)=\frac{c_盐 V_{1盐}}{V}\times10^3 \tag{2-7}$$

$$\rho_{CO_3^{2-}}/(mg/L) = \frac{c_{盐}\ V_{1盐} \times 60.01}{V} \times 10^3 \qquad (2-8)$$

当 $V_{1盐} = V_{2盐}$ 时，表明仅有碳酸根离子，用式(2-7)、式(2-8) 计算其含量。当 $V_{1盐} > V_{2盐}$ 时，表明有碳酸根和氢氧根离子，无碳酸氢根离子，其含量计算见式(2-9)~式(2-12)：

$$c_{CO_3^{2-}}/(mmol/L) = \frac{c_{盐}\ V_{2盐}}{V} \times 10^3 \qquad (2-9)$$

$$\rho_{CO_3^{2-}}/(mg/L) = \frac{c_{盐}\ V_{2盐} \times 60.01}{V} \times 10^3 \qquad (2-10)$$

$$c_{OH^-}/(mmol/L) = \frac{c_{盐}(V_{1盐} - V_{2盐})}{V} \times 10^3 \qquad (2-11)$$

$$\rho_{OH^-}/(mg/L) = \frac{c_{盐}(V_{1盐} - V_{2盐}) \times 17.01}{V} \times 10^3 \qquad (2-12)$$

当 $V_{2盐} = 0$ 时，表明仅有氢氧根离子，其含量计算见式(2-13)、式(2-14)：

$$c_{OH^-}/(mmol/L) = \frac{c_{盐}\ V_{1盐}}{V} \times 10^3 \qquad (2-13)$$

$$\rho_{OH^-}/(mg/L) = \frac{c_{盐}\ V_{1盐} \times 17.01}{V} \times 10^3 \qquad (2-14)$$

式中　　　　　$c_{盐}$——盐酸标准溶液的浓度，mol/L；

$V_{1盐}$——加酚酞指试剂时，盐酸标准溶液的耗量，mL；

$V_{2盐}$——加甲基橙指示剂时，盐酸标准溶液的耗量，mL；

V——试料的体积（原水水样），mL；

61.02、60.01 和 17.01——与 1.00mL 盐酸标准溶液（$c_{HCl} = 1.000mol/L$）完全反应所需要的碳酸氢根、碳酸根和氢氧根离子的质量，mg。

2.5.3　硫酸根离子含量的测定（铬酸钡分光光度法）

（1）方法原理

在酸性溶液中，铬酸钡与硫酸盐生成硫酸钡沉淀，并释放出铬酸根离子。溶液中和后，多余的铬酸钡及生成的硫酸钡仍是沉淀状态，经过滤除去沉淀。在碱性条件下，铬酸根离子呈现黄色，测定其吸光度可知硫酸盐的含量。

（2）干扰及消除

水样中碳酸根也与钡离子形成沉淀。在加入铬酸钡之前，将样品酸化并加热以除去碳酸盐。

（3）仪器

比色管：50mL、锥形瓶：250mL、加热及过滤装置、分光光度计。

（4）试剂

① 铬酸钡悬浊液：称取 19.448g 铬酸钾（K_2CrO_4）与 24.448g 氯化钡（$BaCl_2 \cdot 2H_2O$），分别溶于 1L 蒸馏水中，加热至沸腾。将两溶液倒入同一个 3L 烧杯内，此时生成黄色铬酸钡沉淀。待沉淀下降后，倒出上层清液，然后每次用约 1L 蒸馏水洗涤沉淀，共需

洗涤 5 次左右。最后加蒸馏水至 1L，使成悬浊液，每次使用前混匀。每 5mL 铬酸钡悬浊液可以沉淀约 48g 硫酸根（SO_4^{2-}）；

② 氨水；

③ 2.5mol/L 盐酸溶液；

④ 硫酸盐标准溶液：称取 1.47868g 优级纯无水硫酸钠（Na_2SO_4）或 1.81418g 无水硫酸钾（K_2SO_4），溶于少量水，置于 100mL 容量瓶中，稀释至标线。此溶液 1.00mL 含 1.00mg 硫酸根（SO_4^{2-}）。

（5）步骤

① 分取 50mL 水样，置于 150mL 锥形瓶中。

② 另取 150mL 锥形瓶 7 个，分别加入 0.025mL、1.00mL、2.00mL、4.00mL、6.00mL、8.00mL 及 10.00mL 硫酸根标准溶液，加蒸馏水至 50mL。

③ 向水样及标准溶液中各加 1mL 的 2.5mol/L 盐酸溶液，加热煮沸 5min 左右。取下后再各加 2.5mL 铬酸钡悬浊液，再煮沸 5min 左右。

④ 取下锥形瓶，稍冷后，向各瓶逐滴加入氨水至呈柠檬黄色，再多加 2 滴。

⑤ 待溶液冷却后，用慢速定性滤纸过滤，滤液收集于 50mL 比色管内（如滤液浑浊，应重复过滤至透明）。用蒸馏水洗涤锥形瓶及滤纸 3 次，滤液收集于比色管中，用蒸馏水稀释至标线。

⑥ 在 420nm 波长，用 10mm 比色皿测量吸光度，绘制校准曲线。

⑦ 计算硫酸根

$$\rho_{SO_4^{2-}}/(mg/L) = m/V$$

式中　　m——由校准曲线上查得 SO_4^{2-} 的量，μg；

　　　　V——取水样的体积，mL。

2.5.4　钙、镁、钡、锶离子测定（络合滴定法）

（1）原理

镁、钙、锶、钡离子在 pH 值为 10 的缓冲溶液中，以铬黑 T 为指示剂，用 EDTA 标准溶液滴定测得总量。在 pH 值为 3～4 的介质中，用硫酸钠作沉淀剂，除去水样中钡、锶离子。除去钡、锶离子的试样，分别在 pH 值为 10 的缓冲溶液中以铬黑 T 为指示剂，用 EDTA 标准溶液滴定，测得镁、钙离子合量；在 pH 值为 12 的介质中以钙试剂为指示剂，用 EDTA 标准溶液滴定，测得钙离子含量。铁离子有干扰，当试料中铁离子含量大于 1mg 时，需除去铁离子。其反应式如下：

$$Y^{4-} + M^{2-} \xrightarrow{pH \text{值为} 10} MY^{2-}$$

$$Y^{4-} + Ca^{2+} \xrightarrow{pH \text{值为} 12} CaY^{2-}$$

$$Ba^{2+}(Sr^{2+}) + SO_4^{2-} \xrightarrow{pH \text{值为} 3\sim4} BaSO_4(SrSO_4)\downarrow$$

$$Mg^{2+} + 2OH^- \longrightarrow Mg(OH)_2\downarrow$$

$$Fe^{3+} \xrightarrow{pH \text{值为} 9，煮沸} Fe(OH)_3\downarrow$$

（2）试剂及仪器

铬黑 T 指示剂、硫酸钠溶液、EDTA 标准溶液、三乙醇胺、氨性缓冲液、硫酸钠溶液、氢氧化钠溶液（4%）、烧杯、电炉、容量瓶 250mL、大肚移液管、慢速定量滤纸

（3）测定方法

① 用大肚移液管取一定体积 V 过滤后的水样于三角瓶中，加入 2mL 三乙醇胺，加 10mL 氨性缓冲液，加 3~4 滴铬黑 T 指示剂，用 EDTA 标准溶液缓慢滴定，使溶液由葡萄红色变至纯蓝色为终点。EDTA 消耗量记为 V_1。

② 用大肚移液管取与步骤①中同体积水样于烧杯中，加水至总体积为 120mL。置烧杯于电炉上，加热至微沸；搅拌下滴加 10mL 硫酸钠溶液，煮沸 3~5min，在 60℃下静置 4h。将溶液和沉淀一并移入 250mL 容量瓶中，定容、摇匀。放置数分钟后，在滤纸上过滤，记作滤液 D；用大肚移液管取定体积滤液 D 于三角瓶中，按上步测定，EDTA 消耗量记为 V_2。

③ 用大肚移液管取与步骤②中同体积的滤液 D 于三角瓶中，加水至总体积为 80mL。加 10mL 氢氧化钠溶液（4%），加 3mg 钙指示剂，用 EDTA 标准溶液滴定至纯蓝色为终点，EDTA 消耗量记为 V_3。

（4）计算

$$Ba^{2+}+Sr^{2+}/(mmol/L)=c_标 \times (V_1-V_2) \times 1000 \times 68.7/V$$
$$Mg^{2+}/(mmol/L)=(V_2-V_3) \times c_标 \times 1000/V \times 12.16$$
$$Ca^{2+}/(mmol/L)=c_标 \times V_3 \times 1000/V \times 20.04$$

式中　V_1——滴定钙镁钡锶离子时消耗 EDTA 的用量；

　　　V_2——滴定钙镁离子时消耗 EDTA 的用量；

　　　V_3——测定钙离子时消耗 EDTA 的用量；

　　　$c_标$——EDTA 标准溶的浓度，mmol/L；

　　　V——取样体积，mL。

2.5.5　pH 值的测定（玻璃电极法）

（1）方法原理

以玻璃电极为指示电极，饱和甘汞电极为参比电极组成电池。在 25℃理想条件下，氢离子活度变化 10 倍，使电动势偏移 59.16mV，根据电动势的变化测量出 pH 值。许多 pH 计上有温度补偿装置，用以校正温度对电极的影响，用于常规水样监测可准确和再现至 0.1pH 单位，较精密的仪器可准确到 0.01pH 单位。为了提高测定的准确度，校准仪器时选用的标准缓冲溶液的 pH 位应与水样的 pH 值接近。

（2）仪器
① 各种型号的 pH 计或离子活度计；
② 玻璃电极；
③ 甘汞电极或银-氯化银电极；
④ 磁力搅拌器；
⑤ 50mL 聚乙烯或聚四氟乙烯烧杯。

注：国产玻璃电极与饱和甘汞电极建立的零电位 pH 值有两种规格，选择时应注意与 pH 计配套。

（3）试剂

用于校准仪器的标准缓冲溶液，称取试剂溶于 25℃ 水中，在容量瓶内定容至 1000mL。水的电导率应低于 2μS/cm，临用前煮沸数分钟，赶除二氧化碳，冷却。取 50mL 冷却的水，加 1 滴饱和氯化钾溶液，测量 pH 值，如 pH 值在 6～7 即可用于配制各种标准缓冲溶液。

（4）步骤

① 按照仪器使用说明书准备。

② 将水样与标准溶液调到同一温度，记录测定温度，把仪器温度补偿旋钮调至该温度处。选用与水样 pH 值相差不超过 2 个 pH 单位的标准溶液校准仪器。从第一个标准溶液中取出两个电极，彻底冲洗，并用滤纸边缘轻轻吸干。再浸入第二个标准溶液中，其 pH 值约与前一个相差 3 个 pH 单位。如测定值与第二个标准溶液 pH 值之差大于 0.1pH 值时，就要检查仪器、电极或标准溶液是否有问题。当两者均无异常情况时方可测定水样。

③ 水样测定：先用蒸馏水仔细冲洗两个电极，再用水样冲洗，然后将电极浸入水样中，小心搅拌或摇动使其均匀，待读数稳定后记录 pH 值。

2.6 COD 的测定方法

COD 的测定按《油气田水分析方法》（SY/T 5523—2016）中测定方法进行测定（重铬酸钾法）。

（1）测定原理

在水样中加入已知量的重铬酸钾溶液，并在强酸介质下以银盐作催化剂，经沸腾回流后，以试亚铁灵为指示剂，用硫酸亚铁铵滴定水样中未被还原的重铬酸钾，有的硫酸亚铁铵的量换算成消耗氧的质量浓度。在酸性重铬酸钾条件下，芳烃及吡啶难以被氧化，其氧化率较低。在硫酸银的催化作用下，直链脂肪族化合物可有效地被氧化。

（2）仪器及试剂

① 硫酸银（Ag_2SO_4），化学纯。

② 硫酸汞（$HgSO_4$），化学纯。

③ 硫酸（H_2SO_4），$\rho = 1.84g/mL$。

④ 硫酸银-硫酸试剂：向 1L 硫酸中加入 10g 硫酸银，放置 1～2d 使之溶解，并混匀，使用前小心摇动。

⑤ 重铬酸钾标准溶液，浓度为 $C_{1/6K_2Cr_2O_7} = 0.250mol/L$ 的重铬酸钾标准溶液：将 12.258g 在 105℃ 干燥 2h 后的重铬酸钾溶于水中，稀释至 1000mL。浓度为 $C_{1/6K_2Cr_2O_7} = 0.0250mol/L$ 的重铬酸钾标准溶液：将浓度为 $C_{1/6K_2Cr_2O_7} = 0.250mol/L$ 的重铬酸钾标准溶液稀释 10 倍而成。

⑥ 硫酸亚铁铵标准滴定溶液，浓度为 $C_{(NH_4)_2Fe(SO_4)_2 \cdot 6H_2O} \approx 0.10mol/L$ 的硫酸亚铁铵

标准滴定溶液：溶解 39g 硫酸亚铁铵 $[(NH_4)_2Fe(SO_4)_2 \cdot 6H_2O]$ 于水中，加入 20mL 硫酸，待其溶液冷却后稀释至 1000mL。

⑦ 邻苯二甲酸氢钾标准溶液，$C_{KCr_6H_5O_4} = 2.0824mmol/L$：称取 105℃时干燥 2h 的邻苯二甲酸氢钾（$HOOCC_6H_4COOK$）0.4251g 溶于水，并稀释至 1000mL，混匀。以重铬酸钾为氧化剂，将邻苯二甲酸氢钾完全氧化的 COD 值为 1.176g 氧/g（指 1g 邻苯二甲酸氢钾耗氧 1.176g），故该标准溶液的理论 COD 值为 500mg/L。

⑧ 1,10-菲绕啉（1,10-phenathroline monohy drate）指示剂溶液：溶解 0.7g 七水合硫酸亚铁（$FeSO_4 \cdot 7H_2O$）于 50mL 的水中，加入 1.5g 1,10-菲绕啉，搅动至溶解，加水稀释至 100mL。

⑨ 回流装置：带有 24 号标准磨口的 250mL 锥形瓶的全玻璃回流装置。

⑩ 加热装置（YHCOD-100 型 COD 自动消解回流仪）。

⑪ 25mL 或 50mL 酸式滴定管。

（3）COD 的测定步骤

① 取 20.00mL 混合均匀的水样（或适量水样稀释至 20mL）置于 250mL 磨口的回流锥形瓶中，准确加入 10.00mL 重铬酸钾标准溶液及数颗小玻璃珠或沸石，连接磨口回流冷凝管，从冷凝管上口慢慢地加入 30mL 硫酸-硫酸银溶液，轻轻摇动锥形瓶，使溶液摇匀，加热回流 2h（自开始沸腾时计时）。对于化学需氧量高的废水样，可先取上述操作所需体积 1/10 的废水样和试剂于 15mm×150mm 硬质玻璃试管中，摇匀，加热后观察是否成绿色。如溶液显绿色，再适当减少废水取样量，直至溶液不再变色为止，从而确定废水样分析时应取用的体积。稀释时，所取废水样量不得少于 5mL。如果化学需氧量很高，则废水样应多次稀释。废水中氯离子含量超过 30mg/L 时，应先把 0.4g 硫酸汞加入回流锥形瓶中，再加 20mL 废水（或适量废水稀释至 20.00mL），摇匀。

② 冷却后，用 90mL 水冲洗冷凝管壁，取下锥形瓶。溶液总体积不得少于 140mL，否则因酸度太大，滴定终点不明显。

③ 溶液再度冷却后，加 3 滴试亚铁灵指示液，用硫酸亚铁铵标准溶液滴定，溶液的颜色由黄色经蓝绿色至红褐色即为终点，记录硫酸亚铁铵标准溶液的用量。

④ 测定水样的同时，取 20mL 重蒸馏水，按同样操作做空白实验。记录滴定空白时硫酸亚铁铵标准溶液的用量。

2.7　BOD 的测定方法

BOD 的测定按《油气田水分析方法》（SY/T 5523—2016）中测定方法进行测定（稀释与接种法）。

（1）方法原理

生化需氧量是指在规定条件下，微生物分解存在水中的某些可氧化物质、特别是有机物所进行的生物化学过程中消耗溶解氧的量。此生物氧化全过程进行的时间很长，如在 20℃ 培养时，完成此过程需 100 多天。目前国内外普遍规定于（20±1）℃培养 5d，分别测定样品培养前后的溶解氧，二者之差即为 BOD_5 值，以氧的毫克每升（mg/L）表示。

（2）仪器及试剂

① 恒温培养箱（20℃±1℃）。

② 5~20L 细口玻璃瓶。

③ 1000~2000mL 量筒。

④ 玻璃搅棒：棒的长度应比所用量筒高度长 200mm。在棒的底端固定一个直径比量筒底小、并带有几个小孔的硬橡胶板。

⑤ 溶解氧瓶：250~300mL，带有磨口玻璃塞并具有供水封用的钟形口。

⑥ 虹吸管，供分取水样和添加稀释水用。

⑦ 磷酸盐缓冲溶液：将 8.5g 磷酸二氢钾（KH_2PO_4）、21.75g 磷酸氢二钾（K_2HPO_4）、33.4g 七水合磷酸氢二钠（$Na_2HPO_4 \cdot 7H_2O$）和 1.7g 氯化铵（NH_4Cl）溶于水中，稀释至 1000mL，此溶液的 pH 值应为 7.2。

⑧ 硫酸镁溶液：将 22.5g 七水合硫酸镁（$MgSO_4 \cdot 7H_2O$）溶于水中，稀释至 1000mL。

⑨ 氯化钙溶液：将 27.5g 无水氯化钙溶于水中，稀释至 1000mL。

⑩ 氯化铁溶液：将 0.25g 六水合氯化铁（$FeCl_3 \cdot 6H_2O$）溶于水中，稀释至 1000mL。

⑪ 盐酸溶液（0.5mol/L）：将 40mL 盐酸（$\rho = 1.18g/mL$）溶于水中，稀释至 1000mL。

⑫ 氢氧化钠溶液（0.5mol/L）：将 20g 氢氧化钠溶于水中，稀释至 1000mL。

⑬ 亚硫酸钠溶液（$1/2Na_2SO_3 = 0.025mol/L$）：将 1.575g 亚硫酸钠溶于水中，稀释至 1000mL。此溶液不稳定，需每天配制。

⑭ 葡萄糖-谷氨酸标准溶液：将葡萄糖（$C_6H_{12}O_6$）和谷氨酸（$HOOC—CH_2—CH_2—CHNH_2—COOH$）在 103℃ 干燥 1h 后，各称取 150mg 溶于水中，移入 1000mL 容量瓶内并稀释至标线，混合均匀。此标准溶液临用前配制。

⑮ 稀释水：在 5~20L 玻璃瓶内装入一定量的水，控制水温在 20℃ 左右。然后用无油空气压缩机或薄膜泵，将吸入的空气先后经活性炭吸附管及水洗涤管后，导入稀释水内曝气 2~8h，使稀释水中的溶解氧接近于饱和。停止曝气亦可导入适量纯氧。瓶口盖以两层经洗涤晾干的纱布，置于 20℃ 培养箱中放置数小时，使水中溶解氧含量达 8mg/L 左右。临用前每升水中加入氯化钙溶液、氯化铁溶液、硫酸镁溶液、磷酸缓冲溶液各 1mL，并混合均匀。稀释水的 pH 值应为 7.2，其 BOD_5 应小于 0.2mg/L。

（3）BOD 的测定步骤

① 水样的预处理

a. 水样的 pH 值超出 6.5~7.5 范围时，可用盐酸或氢氧化钠稀溶液调节 pH 值近于 7，但用量不要超过水样体积的 0.5%。若水样的酸度或碱度很高，可改用高浓度的碱或酸进行中和。

b. 水样中含有铜、铅、锌、镉、铬、砷、氰等有毒物质时，可使用经驯化的微生物接种液的稀释水进行稀释，或提高稀释倍数以减少毒物的浓度。

c. 含有少量游离氯的水样，一般放置 1~2h，游离氯即可消失。对于游离氯在短时间不能消散的水样，可加入亚硫酸钠溶液除去。

② 不经稀释水样的测定。溶解氧含量较高、有机物含量较少的地面水，可不经稀释，而直接用虹吸法。将约20℃的混匀水样转移入两个溶解氧瓶内，转移过程中应注意不使其产生气泡。以同样的操作使两个溶解氧瓶充满水样后溢出少许，加塞。瓶内不应有气泡。其中一瓶随即测定溶解氧，另一瓶的瓶口进行水封后，放入培养箱中，在（20±1）℃温度下培养5d。在培养过程中注意添加封口水。从开始放入培养箱算起，经过5昼夜后弃去封口水，测定剩余的溶解氧。

③ 需经稀释水样的测定。按照选定的稀释比例，用虹吸法沿筒壁先引入部分稀释水（或接种稀释水）于1000mL量筒中，加入需要量的均匀水样，再引入稀释水（或接种稀释水）至800mL，用带胶版的玻璃棒小心上下搅匀。搅拌时勿使搅棒的胶版漏出水面，防止产生气泡。按不经稀释水样的测定相同操作步骤，进行装瓶、测定当天溶解氧和培养5d后的溶解氧。另取两个溶解氧瓶，用虹吸法装满稀释水（或接种稀释水）作为空白试验，测定5d前后的溶解氧。

2.8 重金属离子的测定方法

重金属离子的测定按照《原子吸收光谱法测定油气田水中金属元素》（SY/T 5982—1994）中的方法进行测定的。

（1）原子吸收原理

原子吸收光谱分析是以分散成原子蒸气状态的物质具有吸收同一物质的相同特征辐射性质为基础进行分析的。金属盐溶液在火焰中受热离解，金属元素变成基态原子。当同类金属的元素灯所发出的特征光经过火焰时，基态原子吸收光量子后变成激发态。对光的吸收量正比于处于基态的原子数，即正比于金属离子的浓度，这是原子吸收法的定量分析依据。

（2）火焰发射原理

基态原子吸收火焰热能后，最外层价电子跃迁到高能态，即处于不稳定的激发态，激发态原子在很短时间内辐射出元素特有的光谱而回到基态，其辐射光线强度正比于激发态的原子数，即正比于金属元素的浓度，这是火焰发射法定量分析的依据。

（3）试剂和材料

a. 盐酸溶液，2.5%；b. 硝酸溶液，5.0%；c. 硝酸镧溶液，5%；d. 氯化铵溶液，20%；e. 氯化钠溶液，钠离子含量5×10^4mg/L；f. 氯化钾溶液，钾离子含量5×10^4mg/L；g. 硝酸铝溶液，铝离子含量3×10^4mg/L；h. 氯化镧溶液，镧离子含量4×10^4mg/L；i. 硝酸钙溶液，钙离子含量3.5×10^4mg/L。

标准溶液的配制，标准储备液1000×10^4mg/L配制方法见表2-6。

表2-6　标准储备液的配置方法

储备液名称	基准物	配制方法
Cu	Cu	称取干燥的金属铜1.0000g,溶于40mL硝酸溶液,加热微沸除尽氧化氮,移入1L容量瓶,定容、摇匀
Fe	Fe_2O_3	称取在105~110℃烘至恒重的三氧化二铁1.4297g,溶于10mL王水,移入1L容量瓶,定容、摇匀

储备液名称	基准物	配制方法
Ni	Ni	称取干燥的金属镍 1.0000g,溶于 40mL 硝酸溶液,加热微沸除尽氧化氮,移入 1L 容量瓶,定容、摇匀
Cd	Cd	称取干燥的金属镉 1.0000g,溶于 40mL 硝酸溶液,加热微沸除尽氧化氮,移入 1L 容量瓶,定容、摇匀
Zn	Zn	称取干燥的金属锌 1.0000g,溶于 40mL 硝酸溶液,加热微沸除尽氧化氮,移入 1L 容量瓶,定容、摇匀
Pb	Pb	称取干燥的金属铅 3.0000g,溶于 40mL 硝酸溶液,加热微沸除尽氧化氮,移入 1L 容量瓶,定容、摇匀
Mn	Mn	称取干燥的金属锰 1.0000g,溶于 40mL 硝酸溶液,加热微沸除尽氧化氮,移入 1L 容量瓶,定容、摇匀
Co	Co	称取干燥的金属钴 1.0000g,溶于 40mL 硝酸溶液,加热至冒白烟,移入 1L 容量瓶,定容、摇匀
Cr	$K_2Cr_2O_7$	称取在 105～110℃烘至恒重的重铬酸钾 2.8288g,加水溶解,移入 1L 容量瓶,定容、摇匀

标准工作液,20mg/L,将各离子标准储备液逐次稀释 50 倍;

重金属离子标准工作液,100mg/L,将各重金属离子标准储备液稀释 10 倍。

（4）材料与仪器

a. 容量瓶：25mL、50mL、100mL、500mL 和 1000mL A 级；

b. 大肚移液管：1mL、5mL、10mL、25mL 和 50mL A 级；

c. 钢瓶乙炔气：G.R；

d. 原子吸收光谱仪,带计算机或记录仪；

e. 铜、铁、镍、镉、锌、铅、铬、锰、钴空心阴极灯。

（5）适用范围

适用于油气田水中含量大于 10mg/L 的重金属离子测定。它们 1% 吸收的特征浓度分别为：铜离子 0.025mg/L、铁离子 0.04g/L、镍离子 0.046mg/L、镉离子 0.03mg/L、锌离子 0.01mg/L、铅离子 0.12mg/L、铬离子 0.07mg/L、锰离子 0.025mg/L、钴离子 0.01mg/L。

（6）标准曲线绘制

吸取各种重金属离子的标准工作液分别置于 100mL 容量瓶中,分别加 10mL 硝酸溶液,于锌标准工作液中再加硝酸镧溶液 4mL,于铬标准工作液中再加氯化铵溶液 10mL,然后定容、摇匀。配成铜、铁、镍、镉、锌、铅、锰、钴、铬等九种金属离子混合标准系列溶液。此标准系列溶液中硝酸浓度为 0.5%,各金属离子浓度：铜、镍、铬、铁、钴、锰离子分别为：0.0、1.0mg/L、2.0mg/L、3.0mg/L、4.0mg/L 和 5.0mg/L,镉离子：0.0、0.25mg/L、0.5mg/L、1.0mg/L、1.5mg/L 和 2.0mg/L,锌离子：0.0、0.1mg/L、0.2mg/L、0.3mg/L、0.4mg/L 和 0.5mg/L,铅离子：0.0、2.0mg/L、4.0mg/L、6.0mg/L、8.0mg/L 和 10.0mg/L。

（7）样品测定

吸取一定体积经过滤后水样于50mL容量瓶中，加5mL硝酸溶液。于测定锌的水样中再加2mL硝酸镧溶液，于测定铬的水样中再加5mL氯化铵溶液，然后定容、摇匀。稀释后水样总矿化度应小于50g/L。与标准系列溶液同时测定、记录吸光度。在标准曲线上即可求出被测金属离子的含量。

（8）计算

$$M = AD$$

式中　M——被测金属元素离子含量，mg/L

　　　　A——从标准曲线上查得的各金属元素离子含量，mg/L；

　　　　D——水样稀释倍数。

2.9 碱度测定方法

碱度的测定按《油气田水分析方法》（SY/T 5523—2016）中测定方法进行测定（HCl滴定法）。

（1）原理

水样用标准酸溶液滴定至规定的pH值。其终点可由加入的酸碱指示剂在该pH值时颜色的变化来判断。当滴定至酚酞指示剂由红色变为无色时，溶液pH值约为8.3。根据此时酸的用量可计算得出P碱度。当滴定至甲基橙指示剂由橘黄色变为橘红色时，溶液pH值4.4～4.5，根据此时酸的用量可计算得出M碱度。

（2）干扰及消除

水样浑浊、有色均干扰测定，可用电位滴定法（即用pH计检测）测定。

（3）试剂

① 浓盐酸，$\rho = 1.19$g/L。

② 酚酞（1%）：0.5g酚酞溶于50mL乙醇中加水至100mL。

③ 甲基橙（0.1%）：0.05g甲基橙溶于100mL水中。

④ 溴甲酚绿-甲基红：3份0.1%溴甲酚绿乙醇溶液与1份0.2%甲基红乙醇溶液混合。

⑤ 盐酸标准溶液约0.01mol/L盐酸的配制：取0.9mL浓盐酸注入水中摇匀于1000mL容量瓶中定容。

标定：称取0.004g（也可以称更多配制成溶液后使用，如取0.4g加水溶解后，倒入500mL容量瓶中加水至刻度线，使用时取5mL，加水45mL）左右在250℃下灼烧4h的无水碳酸钠，称重至0.0001g，溶于50mL水中，加9滴溴甲酚绿-甲基红混合指示剂，用配好的盐酸溶液滴定至溶液由绿色变为暗红色，煮沸2min，冷却后继续滴定溶液至暗红色，记下盐酸溶液的用量V_3，同时做空白实验（取50mL蒸馏水于250mL锥形瓶中，加9滴溴甲酚绿-甲基红混合指示剂，用配好的盐酸溶液滴定至溶液由绿色变为暗红色，煮沸2min，冷却后继续滴定溶液至暗红色），记下盐酸溶液的用量V_4。

计算：

$$C_{HCl} = m/(V_3 - V_4) \times 0.05299$$

式中　C_{HCl}——盐酸标准溶液的浓度，mol/L；

　　　　m——基准无水碳酸钠的质量，g；

　　　　V_3——盐酸溶液的用量，mL；

　　　　V_4——空白试验中盐酸溶液的用量，mL。

0.05299 与 1.00mL 盐酸标准溶液（$C_{HCl} = 1.00$mol/L）相当的克数，表示无水碳酸钠的质量。

（4）步骤

① 移取 10.5mL 水样置于 250mL 锥形瓶中。

② 向试液中滴加 3 滴酚酞指示剂，若试液呈红色，则用约 0.01mol/L 的盐酸标准溶液滴定至试液红色退去成无色，则此时消耗的 HCL 的量为 V_1。

③ 向试液中滴加 3 滴甲基橙指示剂，此时试液应显示为黄色，继续用约 0.01mol/L 的盐酸标准溶液滴定至溶液从橘黄色刚好转为橘红色，即为滴定终点，此时消耗的 HCl 的量为 V_2（注：$V_2 = V_1$ | 第二次滴定的盐酸标准溶液消耗的毫升数）。

④ 分析结果表述：

$$P \text{ 碱度}/(\text{mg/L}) = C_{HCl} \times V_1 \times M_{CaCO_3}/2 \times 1000/V \text{ 水样}$$

$$M \text{ 碱度（总碱度）}/(\text{mg/L}) = C_{HCl} \times V_2 \times M_{CaCO_3}/2 \times 1000/V \text{ 水样}$$

式中　C_{HCl}——盐酸标准溶液的浓度，mol/L；

　　　　V_1——第一次盐酸标准溶液的用量，mL；

　　　　V_2——第一次＋第二次盐酸标准溶液的用量，mL；

　　$M_{CaCO_3}/2$——50.05g/mol。

2.10　静止浮升法油水分离测试

（1）测试原理

含油污水中油珠的上浮规律遵循斯托克斯（Stokes）公式，油珠上浮速度 u 可以通过斯托克斯（Stokes）公式求定，静止浮升法油水分离测试就是根据油珠的上浮规律测定含油污水含油量与沉降分离时间的关系。

斯托克斯公式，见式(2-15)：

$$u = \frac{g(\rho_w - \rho_0)d_0^2}{18\mu} \tag{2-15}$$

式中　u——某一粒径油珠上升速度，m/s；

　　　　g——重力加速度 9.81，m/s^2；

　　　ρ_w——污水密度，kg/m^3；

　　　ρ_0——原油密度，kg/m^3；

　　　d_0——油珠粒径，m；

　　　μ——污水动力黏度，mPa·s。

（2）测试方法

采用 20L 取样桶，取要测试的处理前含油污水，加入 20mL 破乳剂，充分振荡混合均匀，用量杯量取 500mL 含油污水 n 组分别置于 n 个分液漏斗中，把分液漏斗同时放入油珠粒径分布测试仪中，温度设置在 45℃，取样时间设置为 0.5h、1h、2h、4h、8h、12h、16h、20h、24h（也可以根据需要设置不同的时间），根据取样时间提示，用取样瓶取分液漏斗底部水样 100mL，按《碎屑岩油藏注水水质推荐指标及分析方法》（SY/T 5329—94）中含油量的测定方法测定含油量。根据分析结果绘制残余含油量与沉降分离时间的关系曲线，即可得到含油污水沉降分离规律。

2.11 采出液类型测定

① 在 1000mL 烧杯中装入一定量的冷水。

② 在联合站或转油站来液汇管取采出液约 800mL 装入容量为 1000mL 烧杯中，立刻将大约 15~20mL 采出液倒入盛冷水的烧杯中，观察采出液样品在水中分散状况。

③ 取采出液约 800mL 装入容量为 1000mL 分液漏斗中，静止 5~10min，分离出的下部游离水和上部乳化油分别取大约 15~20mL 倒入盛冷水的烧杯中，观察样品在水中分散状况。

④ 样品如果在冷水中分散则为 O/W（水包油）型，否则为 W/O（油包水）型。

2.12 采出液含水构成及沉降试验方法

采出液的含水构成分析试验步骤为：a. 在联合站或转油站来液汇管取一定量的采出液样品装入 500mL 具刻度取样瓶中；b. 将取样瓶放入温度为 45℃ 恒温水浴中静置 5~10min；c. 抽出样品中全部游离水，记录数值；d. 将样品中乳化油摇匀，测定乳化油含水率；e. 采出液的综合含水率为乳化油含水量和游离水量之和占样品总量的百分比。

采出液沉降试验步骤为：a. 在联合站或中转站来液汇管处取采出液约 2500mL 装入 3000mL 取样瓶中，盖好瓶盖；b. 将取样瓶放入温度为 45℃ 的恒温水浴中静置沉降，并开始计时；c. 抽取不同时间的乳化油样品，测试乳化油含水率；d. 抽取不同时间含油污水样品，测试污水含油量。

2.13 采出液破乳脱水试验方法

原油破乳剂破乳脱水效果试验的步骤为：a. 将现场使用的原油破乳剂配制成浓度为 1%（质量分数）的溶液，溶剂为无水乙醇；b. 在 500mL 具刻度脱水瓶中加入适量的浓度为 1% 的破乳剂溶液，在联合站来液汇管处取采出液（该采出液未加入破乳剂）400mL 装入上述已经加入破乳剂溶液的 500mL 具刻度配方瓶中，手工振荡 150 次；c. 将脱水瓶放入温度为 45℃ 的恒温水浴中静置沉降，并开始计时；d. 读取 5min、15min 和 30min 时脱出的污水量，记录污水颜色、油水界面情况；e. 30min 时分别从油层和水层取样，测定乳化油含水率、污水含油量。

2.14　模拟聚合物驱原油乳状液稳定性试验方法

2.14.1　模拟聚合物驱原油乳状液的配制方法

聚合物驱采出液与水驱采出液不同，其组成和特性随着注采周期的不同而不同，就是同一注聚合物区块、不同井的采出液组成和性质也不同，因此，很难利用现场实际的采出液来系统地研究采出液性质随着聚合物浓度及其他因素变化而变化的规律，因此利用室内配制的模拟介质为研究对象。

模拟原油乳状液样品的综合含水率为 80% 和 90%，聚合物浓度为 0、100mg/kg、200mg/kg、300mg/kg、400mg/kg 和 600mg/kg。

模拟原油乳状液配制步骤如下：a. 在容量为 500mL 的配方瓶中依次加入总量为 400mL 的样品，其中一部分为含有一定聚合物浓度的水样，另一部分为油样，然后将配方瓶放入温度为 45℃ 的水浴中恒温 30min；b. 将配方瓶从水浴中取出，放到均化仪上乳化 2min（转速为 20000r/min）。

2.14.2　原油乳状液稳定性评价方法

① 在原油乳状液中加入 2g 浓度为 1% 的原油破乳剂溶液（按总液量计的加药量为 50mg/kg）；

② 将配方瓶手振 100 次后放回到水浴中恒温并立即开始计时；

③ 记录 5min、10min、20min、30min、40min 和 60min 时脱出的水相体积。原油乳状液的稳定性以脱水率表示，脱水率的计算公式如下：

$$脱水率 = \frac{脱出的水量}{总重量} \times 100\%$$

2.14.3　不同类型原油破乳剂对原油乳状液稳定性影响试验方法

① 在配制的原油乳状液中分别加入不同的浓度为 1% 的原油破乳剂溶液 2g 到配方瓶中（按总液量计的加药量为 50mg/kg）；

② 将配方瓶手振 100 次后放回到水浴中恒温并立即开始计时；

③ 记录 5min、10min、20min、30min、40min、60min 时脱出的水相体积。原油乳状液的稳定性以脱水率表示，脱水率的计算公式如下：

$$脱水率 = \frac{脱出的水量}{总重量} \times 100\%$$

2.15　不同类型破乳剂对原油乳状液稳定性影响检测方法

2.15.1　Zeta 电位测定

（1）Zeta 电位测定原理

Zeta 电位是指滑动面对溶液深部的电势，见图 2-3。

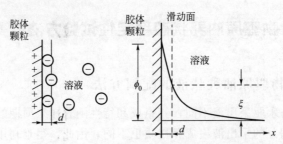

图 2-3 Zeta 电位的 Stern 双电层结构

Zeta 电位分析仪测定含油污、水体系 Zeta 电位，该仪器是基于光散射原理，测定溶液中带电微粒在两相反电极间运动时的迁移率，然后根据 Smoluchowski 方程：$\mu = \varepsilon \xi / \eta$（$\mu$ 为电泳迁移率，ε 为溶液的介电常数，η 为液体的黏度）计算出 Zeta 电位值。

Zeta 电位表征的是溶液中存在的微粒的带电情况，Zeta 电位越大，表明微粒表面电荷越多，反之越小。表面电荷越多，微粒间的斥力越大，就越不容易聚集或形成沉淀，微粒也就相对稳定地存在于溶液中。反之表面电荷越少，微粒间斥力就越小，微粒间容易聚集或形成沉淀而与溶液相分离。

（2）试验介质制备方法

按表 2-7 中模拟采出水样配方配制的水样的电导率超出 Zeta 电位测定仪的测定范围，因此 Zeta 电位测定中使用的水样为根据大庆油田聚合物驱油注入水水质数据配制的低矿化度人工水样。

表 2-7　大庆油田聚合物驱油注入水配方

成分	含量（质量分数）/%
Na_2SO_4	0.0050
NaCl	0.0030
$CaCl_2$	0.0036
$MgCl_2 \cdot 6H_2O$	0.0050
$NaHCO_3$	0.0744

试验介质为室内配制的含油污水，含油量为 1000mg/L。

具体步骤如下：a. 在容量为 500mL 的配方瓶中加入含有一定聚合物浓度的水样 200g、油样 200g，放入温度为 45℃ 的水浴中恒温 60min；b. 将广口瓶中的油样和水样用均化仪乳化；c. 在容量为 500mL 的配方瓶中加入制备的乳状液 0.4g，含有一定聚合物浓度的水样 400g，用均化仪乳化，制备含油量为 1000mg/L 的含油污水；d. 将制备的含油污水在室温下静置沉降 2h 后用注射器从配方瓶底部抽取水样，测定油珠的 Zeta 电位。

（3）Zeta 电位测定方法

① 先打开主机后面的电源开关，再打开显示器和打印机，使仪器预热 15min。

② 将已准备好的待测样品超声处理 1~2min，使待测溶液具有良好的分散性。

③ 用待测溶液冲洗样品池 1~2 次，然后倒入大约 1.5mL 测试溶液。

④ 用去离子水冲洗电极，再在清水中超声几秒钟，然后用待测溶液冲洗。

⑤ 将电极缓慢插入样品池中，擦净样品池外部的溢出液，将样品池放入样品室中。

⑥ 将电极接头定位于样品池电极夹的右端，使样品池、溶液和电极与样品室达到热平衡。

⑦ 在运行参数菜单中输入样品名称、操作者名称，设定各项试验参数。

⑧ 按测量键进行测量。

2.15.2　油水界面膜强度测定方法

（1）油水界面膜强度测定原理

测定原理是基于对油水界面形成近似双分子膜，给膜逐渐加微弱电压，直至使膜完全击穿时的电压即为膜抗击穿电压 V。再根据给出的膜电容值 C，计算出破点能 E，$E=CV_2$，E 即为膜强度的定量表征值。

（2）油水界面膜强度测定方法

① 配制水相、油相溶液：本试验中水相为含聚合物含油污水；油相是 50% 原油石油醚溶液。

② 启动计算机即分析仪系统，并预热 10min。

③ 在成膜室两侧倒入水相溶液，中间是一小通道（即成膜室）上涂膜。

④ 对油水界面作 I-t（电流-时间）曲线，当电流从无穷大变为接近于零并做振幅很小的正弦运动时，说明膜涂成。

⑤ 对膜施加电压进行扫描，观察 C-V（循环伏安）曲线至接近击穿电压时，电流将迅猛增至完全导通。记录膜击穿电压和膜电容值。

⑥ 根据 $E=CV_2$ 计算膜强度值。

2.15.3　油水平衡界面张力测定方法

油样和水样的制备步骤为：a.在容量为 500mL 的配方瓶中配制 280g 模拟采出水样，加入 120g 油样后将配方瓶放入温度设定为 45℃ 的水浴中恒温 180h 使油水达到相平衡；b.将配方瓶从水浴中取出，将上层的油相倒入玻璃瓶中封存，然后将配方瓶放入温度设定为 10℃ 的水浴中快速降温，待配方瓶中残留的油相凝固后将瓶内的水相倒入玻璃瓶中封存；c.油水平衡界面张力测试温度取 45℃；d.油样和水样在测试杯中需要静置 30min 才能开始测试。

2.15.4　油水界面剪切流变性测定方法

如图 2-4 所示，测量部件主要包括驱动线圈、De Noüy 环、悬挂吊架和位移传感器。油水界面剪切流变性测试中，试验介质为油水平衡界面张力测试中制备的油样和水样。测试步骤为：a.将界面流变仪测试台的温度设定为 45℃，将盛有油样和水样的配方瓶放入温度为 45℃ 的水浴中恒温 30min；b.将测试环挂到界面流变仪上；c.向样品杯中加入一定量水样后将其放到界面流变仪的测试台上；d.升高测试台使测试环浸入水样后再降低测试台的高度，使测试环刚好位于水样与空气的界面上；e.将一定量油样均匀地加到样品杯中的水面上，60min 后测定油水界面的剪切流变性。因聚合物对采出液水相流变性影响较大，油水界面剪切流变性测试中的聚合物浓度为 20mg/kg。

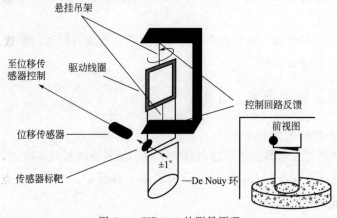

图 2-4　CIR-100 的测量原理

2.16　悬浮固体富集、分离提纯方法

① 将 10L 过滤罐反冲洗水（采集起泵 3min 内）加入到下口瓶中，加入一定量汽油，充分搅拌混匀后，静沉，萃取 24h。

② 容器中的液体分为三层：下层水，中层悬浮物，上层汽油。倒弃汽油层，分离水层和悬浮物层。

③ 用离心机离心富集水层悬浮物，离心机的转速为 10000r/min，离心 10min，将离心管底部的悬浮物转移到烧杯中。

④ 将萃取得到的悬浮物层转移到分液漏斗中（悬浮物容易沾到玻璃壁上，可用少量去离子水洗下），将离心得到的悬浮物也转移到分液漏斗中，然后加入 60℃ 的汽油萃取悬浮物中的原油多次，直到汽油层无色为止。

⑤ 将悬浮物层转移到烧杯中，加入适量去离子水，用 0.45μm 的膜过滤，收集悬浮物质至烧杯中，并放入 60℃ 干燥箱中干燥至恒重。

⑥ 将得到的悬浮物放入干燥器中保存。

2.17　悬浮固体含量测定

悬浮固体含量测定按《碎屑岩油藏注水水质推荐指标及分析方法》（SY/T 5329—94）中悬浮固体含量的测定方法进行测定（滤膜称重法）。

采用滤膜过滤法，首先将孔径 0.45μm 微孔滤膜用蒸馏水浸泡 30min，并用蒸馏水洗 3～4 次，90℃ 烘干恒重。将预测污水装入放有滤膜的悬浮固体测定仪中，压力保持在 0.1～0.15MPa 下，记录流出体积，取出滤膜并烘干，按图 2-5 所示用汽油或石油醚清洗滤膜直到滤膜无色为止，然后取下再烘干滤膜，用蒸馏水洗滤膜至水中无氯离子。最后取下滤膜 90℃ 烘干并恒重。悬浮固体含量为滤膜截留量与滤过水样体积的比值。

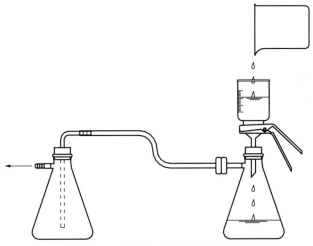

图 2-5　抽真空滤洗装置示意图

2.18　腐生菌、铁细菌、硫酸还原菌测定

腐生菌、铁细菌、硫酸还原菌测定采用的标准是《大庆油田油藏水驱注水水质指标及分析方法》（Q/SY DQ0605—2006）。其分析步骤如下：a.将测试瓶排成一组，并依次编上序号，若测铁细菌时，应先用无菌注射器分别向其测试瓶中加入 0.3～0.5mL 指示剂。b.将细菌测试瓶排成一组，并依次编上序号。c.用无菌注射器取 1mL 水样注入 1 号瓶内，充分振荡。d.用另一支无菌注射器从 1 号瓶内取 1mL 水样注入 2 号瓶内，充分振荡。e.再更换一支无菌注射器从 2 号瓶中取 1.0mL 水样注入 3 号瓶中，充分振荡。f.依次类推一直稀释到最后一瓶为止。根据细菌含量决定稀释瓶数，一般稀释到 7 号瓶。g.把上述测试瓶放入恒温培养箱中（培养温度控制在现场水温的 15℃内），7d 后读数。

SRB 瓶中液体变黑或有黑色沉淀，即表示有硫酸盐还原菌。TGB 瓶中液体由红变黄或混浊即表示有腐生菌。铁细菌测试瓶出现棕红色沉淀即表示有铁细菌。菌量计量依据《碎屑岩油藏注水水质推荐指标及分析方法》（SY/T 5329—94）要求记数。

2.19　硫酸根的检测方法

硫酸根的监测是根据《油气田水分析方法》（SY/T 5523—2016）中的方法进行测定的。

（1）方法原理

在酸性溶液中，铬酸钡与硫酸盐生成硫酸钡沉淀，并释放出铬酸根离子。溶液中和后多余的铬酸钡及生成的硫酸钡仍是沉淀状态，经过滤除去沉淀。在碱性条件下，铬酸根离子呈现黄色，测定其吸光度可知硫酸盐的含量。

（2）干扰及消除

水样中碳酸根也与钡离子形成沉淀。在加入铬酸钡之前，将样品酸化并加热以除去碳酸盐。

（3）仪器

比色管：50mL、锥形瓶：250mL、加热及过滤装置、分光光度计。

（4）试剂

① 铬酸钡悬浊液：称取 19.448g 铬酸钾（K_2CrO_4）与 24.448g 氯化钡（$BaCl_2 \cdot 2H_2O$），分别溶于 1L 蒸馏水中，加热至沸腾。将两溶液倾入同一个 3L 烧杯内，此时生成黄色铬酸钡沉淀。待沉淀下降后，倒出上层清液，然后每次用约 1L 蒸馏水洗涤沉淀，共需洗涤 5 次左右。最后加蒸馏水至 1L，使成悬浊液，每次使用前混匀。每 5mL 铬酸钡悬浊液可以沉淀约 48g 硫酸根（SO_4^{2-}）。

② 氨水。

③ 2.5mol/L 盐酸溶液。

④ 硫酸盐标准溶液：称取 1.47868g 优级纯无水硫酸钠（Na_2SO_4）或 1.81418g 无水硫酸钾（K_2SO_4），溶于少量水，置 100mL 容量瓶中，稀释至标线。此溶液 1.00mL 含 1.00mg 硫酸根（SO_4^{2-}）。

（5）步骤

① 分取 50mL 水样，置于 150mL 锥形瓶中。

② 另取 150mL 锥形瓶 8 个，分别加入 0.025mL、1.00mL、2.00mL、4.00mL、6.00mL、8.00mL 及 10.00mL 硫酸根标准溶液，加蒸馏水至 50mL。

③ 向水样及标准溶液中各加 1mL 2.5mol/L 盐酸溶液，加热煮沸 5min 左右。取下后再各加 2.5mL 铬酸钡悬浊液，再煮沸 5min 左右。

④ 取下锥形瓶，稍冷后，向各瓶逐滴加入氨水至呈柠檬黄色，再多加 2 滴。

⑤ 待溶液冷却后，用慢速定性滤纸过滤，滤液收集于 50mL 比色管内（如滤液浑浊，应重复过滤至透明）。用蒸馏水洗涤锥形瓶及滤纸 3 次，滤液收集于比色管中，用蒸馏水稀释至标线。

⑥ 在 420nm 波长，用 10mm 比色皿测量吸光度，绘制校准曲线。

⑦ 计算：

$$\rho_{SO_4^{2-}}/(mg/L) = m/V$$

式中　　m——由校准曲线上查得 SO_4^{2-} 的量，μg；

　　　　V——取水样的体积，mL。

2.20　硝酸根的检测方法

硝酸根的测定是按照 GB 7480—87 标准中规定的方法进行测定的（酚二磺酸光度法）。本方法的最低检出浓度为 0.02mg/L；测定上限为 2.0mg/L。水中含氯化物、亚硝酸盐、铵盐、有机物和碳酸盐时，可产生干扰。含此类物质时，应做适当的预处理。

（1）实验原理

硝酸盐在无水情况下与酚二磺酸反应，生成硝基二磺酸酚，在碱性溶液中生成黄色化合物，进行定量测定。

（2）仪器及试剂

① 分光光度计。

② 瓷蒸发皿：75～100mL。

③ 酚二磺酸：称取 25g 苯酚（C_6H_5OH）置于 500mL 锥形瓶中，加 150mL 浓硫酸使之溶解，再加 75mL 发烟硫酸（含 13% SO_3），充分混合。瓶口插一小漏斗，小心置瓶于沸水浴中加热 2h，得淡棕色稠液，贮于棕色瓶中，密塞保存。

硝酸盐标准贮备液：称取 0.7218g 经 105～110℃ 干燥 2h 的优级纯硝酸钾（KNO_3）溶于水，移入 1000mL 容量瓶中，稀释至标线，加 2mL 三氯甲烷作保存剂，混匀，至少可稳定 6 个月。该标准贮备液每毫升含 0.100mg 硝酸盐氮。

硝酸盐标准使用液：吸取 50.0mL 硝酸盐标准贮备液置蒸发皿中，加 0.1mol/L 氢氧化钠溶液调至 pH＝8，在水浴上蒸发至干。加 2mL 酚二磺酸，用玻璃棒研磨蒸发皿内壁，使残渣与试剂充分接触，放置片刻，重复研磨一次，放置 10min，加入少量水，移入 500mL 容量瓶中，稀释至标线，混匀。贮于棕色瓶中，此溶液至少稳定 6 个月。该标准使用液每毫升含 0.010mg 硝酸盐氮。

硫酸银溶液：称取 4.397g 硫酸银（Ag_2SO_4）溶于水，移至 1000mL 容量瓶中，用水稀释至标线。1.00mL 溶液可去除 1.00mg 氯离子。

氢氧化铝悬浮液：溶解 125g 硫酸铝钾或硫酸铝铵于 1000mL 水中，加热至 60℃，在不断搅拌下，徐徐加入 55mL 浓氨水，放置约 1h 后，移入 1000mL 量筒内，用水反复洗涤沉淀，最后至洗涤液中不含亚硝酸盐为止。澄清后，把上清液尽量全部倒出，只留稠的悬浮物，最后加入 100mL 水，使用前应振荡均匀。

高锰酸钾溶液：称取 3.16g 高锰酸钾溶于水，稀释至 1L。

（3）实验步骤

① 校准曲线的绘制　在一组 50mL 比色管中，用分度吸管分别加入硝酸盐氮标准使用液 0、0.10mL、0.30mL、0.50mL、0.70mL、1.00mL、5.00mL、7.00mL、10.0mL（含硝酸盐氮 0、0.001mg、0.003mg、0.005mg、0.007mg、0.010mg、0.030mg、0.050mg、0.070mg、0.100mg），加水至约 40mL，加 3mL 氨水使呈碱性，稀释至标线，混匀。在波长 410nm 处，以水为参比，以 10mm 0.001～0.01mg 比色皿测量吸光度。

由测得的吸光度值减去零浓度管的吸光度值，分别绘制不同比色皿光程长的吸光度对硝酸盐氮含量（mg）的标准曲线。

② 水样的测定

a.水样混浊和带色时，可取 100mL 水样于具塞比色管中，加入 2mL 氢氧化铝悬浮液，密塞振摇，静置数分钟后，过滤，弃去 20mL 初滤液。

b.氯离子的去除：取 100mL 水样移入具塞比色管中，根据已测定的氯离子含量，加入相当量的硫酸银溶液，充分混合。在暗处放置 0.5h，使氯化银沉淀凝聚，然后用慢速滤纸过滤，弃去 20mL 初滤液。

c.亚硝酸盐的干扰：当亚硝酸盐氮含量超过 0.2mg/L 时，可取 100mL 水加 1mL 0.5mol/L 硫酸，混匀后，滴加高锰酸钾溶液至淡红色保持 15min 不退为止，使亚硝酸盐氧化为硝酸盐，最后从硝酸盐氮测定结果中减去亚硝酸盐氮量。

d. 测定：取 50.0mL 经预处理的水样于蒸发皿中，用 pH 试纸检查，必要时用 0.5mol/L 硫酸或 0.1mol/L 氢氧化钠溶液调至约 pH＝8，置水浴上蒸发至干。加 1.0mL 酚二磺酸，用玻璃棒研磨，使试剂与蒸发皿内残渣充分接触，静置片刻，再研磨一次，放置 10min，加入约 10mL 水。

在搅拌下加入 3～4mL 氨水，使溶液呈现最深的颜色。如有沉淀，则过滤。将溶液移入 50mL 比色管中，稀释至标线，混匀。于 410nm 处，选用 10mm 或 30mm 比色皿，以水为参比，测量吸光度。

空白试验，以水代替水样，按相同的步骤进行全程序空白测定。

计算：

$$\rho_{硝酸盐氮}/(mg/L)=m/V\times1000$$

式中　m——从校准曲线上查得的硝酸盐氮量，mg；

　　　V——分取水样体积，mL。

经去除氯离子的水样，按下式计算：

$$\rho_{硝酸盐氮}/(mg/L)=m/V\times1000\times(V_1+V_2)/V_1$$

式中　V_1——水样体积量，mL；

　　　V_2——硫酸银溶液加入量，mL。

2.21 亚硝酸根的检测方法

亚硝酸根的测定是按照 GB 7493—87 标准中的规定进行测定的 N-(1-萘基)-乙二胺光度法。本实验方法的最低检出浓度为 0.003mg/L；测定上限为 0.20mg/L 亚硝酸盐氮。氯胺、氯、硫代硫酸盐、聚磷酸钠和高铁离子有明显干扰。水样呈碱性（pH≥11）时，可加酚酞溶液为指示剂，滴加磷酸溶液至红色消失。水样有颜色或悬浮物，可加氢氧化铝悬浮液并过滤。

（1）实验原理

在磷酸介质中，pH 值为 1.8±0.3 时，亚硝酸盐与对氨基苯磺酰胺反应，生成重氮盐，再与 N-(1-萘基)-乙二胺偶联生成红色染料。在 540nm 波长处有最大吸收。

（2）仪器及试剂

① 分光光度计。

② 无亚硝酸盐的水：于蒸馏水中加入少许高锰酸钾晶体，使呈红色，再加氢氧化钡（或氢氧化钙），使呈碱性。置于全玻璃蒸馏器中蒸馏，弃去 50mL 初馏液，收集中间约 70% 不含锰的馏出液。亦可于每升蒸馏水中加 1mL 浓硫酸和 0.2mL 硫酸锰溶液（每 100mL 水中含 36.4g $MnSO_4 \cdot H_2O$），加入 1～3mL 0.04% 高锰酸钾溶液至呈红色，重蒸馏。

③ 磷酸 $\rho=1.70g/mL$。

④ 显色剂：于 500mL 烧杯中，加入 250mL 水和 50mL 磷酸，加入 20.0g 对氨基苯磺酰胺，再将 1.00g N-(1-萘基)-乙二胺二盐酸盐（$C_{10}H_7NHC_2H_4NH_2 \cdot 2HCl$）溶于上述溶液中，转移至 500mL 容量瓶中，用水稀释至标线，混匀。此溶液贮于棕色瓶中，保存于

2～5℃，至少可稳定 1 个月。

⑤ 亚硝酸盐氮标准贮备液：称取 1.232g 亚硝酸盐钠（NaNO$_2$）溶于 150mL 水中，转移至 1000mL 容量瓶中，用水稀释至标线。每毫升含约 0.25mg 亚硝酸盐氮。本溶液贮于棕色瓶中，加入 1mL 三氯甲烷，保存在 2～5℃，至少可稳定 1 个月。

贮备液的标定如下：在 300mL 具塞锥形瓶中，加入 50.00mL 的 0.050mol/L 的高锰酸钾标准溶液，5mL 浓硫酸，用 50mL 无分度吸管，使下端插入高锰酸钾溶液面下，加入 50.00mL 亚硝酸钠标准贮备液，轻轻摇匀。置于水浴上加热至 70～80℃，按每次 10.00mL 的量加入足够的草酸钠标准液，使红色褪去，记录草酸钠标准液用量（V_2）。然后用高锰酸钾标准溶液滴定过量的草酸钠至溶液呈微红色，记录高锰酸钾标准溶液总用量（V_1）。

再以 50mL 水代替亚硝酸盐氮标准贮备液，如上操作，用草酸钠标准溶液标定高锰酸钾溶液的浓度（C_1）。按下式计算高锰酸钾标准溶液浓度：

$$C_1 = 0.0500V_4/V_3$$

按下式计算亚硝酸盐氮标准贮备液的浓度：

$$\rho_{亚硝酸盐氮} = (V_1C_1 - 0.0500V_2) \times 7.00 \times 1000/50.00$$
$$= 140V_1C_1 - 7.00V_2$$

式中　C_1——经标定的高锰酸钾标准溶液的浓度，mol/L；

　　　V_1——滴定亚硝酸盐氮标准贮备液时，加入高锰酸钾标准溶液总量，mL；

　　　V_2——滴定亚硝酸盐氮标准贮备液时，加入草酸钠标准溶液量，mL；

　　　V_3——滴定水时，加入高锰酸钾标准溶液总量，mL；

　　　V_4——滴定空白时，加入草酸钠标准溶液量，mL；

　　　7.00——亚硝酸盐氮（1/2N）的摩尔质量，g/mol；

　　　50.00——亚硝酸盐标准贮备液取用量，mL；

　　　0.0500——草酸钠标准溶液浓度（1/2Na$_2$C$_2$O$_4$），mol/L。

⑥ 亚硝酸盐氮标准中间液：分取 50.00mL 亚硝酸盐氮标准贮备液（使含 12.5mg 亚硝酸盐氮），置于 250mL 容量瓶中，用水稀释至标线。此溶液每毫升含 50.0μg 亚硝酸盐氮。中间液贮于棕色瓶中，保存在 2～5℃，可稳定 1 周。

亚硝酸盐氮标准使用液：取 10.00mL 亚硝酸盐标准中间液，置于 500mL 容量瓶中，用水稀释至标线。每毫升含 1.00μg 亚硝酸盐氮。此溶液使用时，当天配制。氢氧化铝悬浮液：溶解 125g 硫酸铝钾或硫酸铝铵于 1000mL 水中，加热至 60℃，在不断搅拌下，徐徐加入 55mL 浓氨水，放置约 1h 后，移入 1000mL 量筒内，用水反复洗涤沉淀，最后至洗涤液中不含亚硝酸盐为止。澄清后，把上清液尽量全部倒出，只留稠的悬浮物，最后加入 100mL 水，使用前应振荡均匀。

高锰酸钾标准溶液（1/5KMnO$_4$）＝0.050mol/L：溶解 1.6g 高锰酸钾于 1200mL 水中，煮沸 0.5～1h，使体积减少到 1000mL 左右，放置过夜。用 G-3 号玻璃砂芯滤器过滤后，滤液贮存于棕色瓶中避光保存，按上述方法标定。

草酸钠标准溶液（1/2 Na$_2$C$_2$O$_4$）＝0.0500mg/L：溶解经 105℃烘干 2h 的优级纯无水草酸钠 3.350g 于 750mL 水中，移入 1000mL 容量瓶中，稀释至标线。

（3）实验步骤

① 标准曲线的绘制　在一组 6 支 50mL 比色管中，分别加入 0、1.00mL、3.00mL、

5.00mL、7.00mL 和 10.00mL 亚硝酸盐氮标准使用液，用水稀释至标线。加入 1.0mL 显色剂，密塞，混匀。静置 20min 后，在 2h 以内，于波长 540nm 处，用 10mm 的比色皿，以水为参比，测量吸光度。

从测得的吸光度，减去零浓度空白管的吸光度后，获得校正吸光度，绘制氮含量（μg）对校正吸光度的校准曲线。

② 水样的测定　当水样 pH≥11 时，可加入 1 滴酚酞指示液，边搅拌边逐滴加入（1+9）磷酸溶液至红色刚消失。

水样如有颜色和悬浮物，可向每 100mL 水中加入 2mL 氢氧化铝悬浮液，搅拌、静置、过滤，弃去 25mL 初滤液。

分取经预处理的水样于 50mL 比色管中（如含量较高，则分取适量，用水稀释至标线），加 1.0mL 显色剂，然后按校准曲线绘制的相同步骤操作，测量吸光度。经空白校正后，从校准曲线上查找亚硝酸盐氮量。

③ 空白试验　用水代替水样，按相同步骤进行测定。

④ 计算

$$\rho_{亚硝酸盐氮}/(mg/L)=m/V$$

式中　m——由水样测得的校正吸光度，从校准曲线上查的相应的亚硝酸盐氮的含量，μg；
　　　　V——水样的体积，mL。

2.22　微生物分子生物学高通量测序的方法

2.22.1　DNA 提取

推荐使用 PowerSoil DNA 和 PureLink® Genomic DNA 两款 DNA 试剂盒，用于提取环境样品的菌基因组 DNA。使用纳米微滴®1000 分光光度法测定提取物的质量和数量并存储在 −20℃直到使用。100μL 的 PCR 反应混合物中包含 5U 的 PFU Turbo DNA 聚合酶，1X 的 PFU 反应缓冲液，0.2mmol/L 的三磷酸脱氧核糖核苷酸，0.1μmol/L 的每个编码的引物和 20ng 基因组 DNA 模板。PCR 扩增的体系如下：94℃预热 5min，94℃变性 30s，53℃复性 30s，72℃延伸 90s，循环 30 次，最后 72℃延伸 10min。使用 TaKaRa 琼脂糖凝胶 DNA 纯化试剂盒来凝胶纯化扩增元，并通过纳米微滴使其量化。

2.22.2　常用的测序引物

高通量测序选择的引物是针对细菌和古细菌的 16S rRNA 基因设置的特性的区间进行设置的正反方向的引物，真菌是针对 ITS 间隔区序列。常用的测序引物如表 2-8 所列。

表 2-8　高通量常用的测序引物

类型	引物名称	测序端	测序端引物序列	非测序端	非测序端引物序列
细菌	27F_533R	533R	TTACCGCGGCTGCTGGCAC	27F	AGAGTTTGATCCTGGCTCAG
古细菌	Arch344F_Arch915R	Arch344F	ACGGGGYGCAGCAGGCGCGA	Arch915R	GTGCTCCCCCGCCAATTCCT

类型	引物名称	测序端	测序端引物序列	非测序端	非测序端引物序列
真菌	ITS1_ITS4	ITS1	TCCGTAGGTGAACCTGCGG	ITS4	TCCTCCGCTTATT-GATATGC
细菌	0817F_1196R	1196R	TCTGGACCTGGTGAGTTTCC	0817F	TTAGCATGGAATAA-TRRAATAGGA
氨氧化细菌	amoA-1F_amoA-2R	amoA-1F	GGGGTTTCTACTGGTGGT	amoA-2R	CCCCTCGGGAAA-GCCTTCTTC
氨氧化细菌	amoA-F_amoA-R	amoA-F	STAATGGTCTGGCTTAGACG	amoA-R	GCGGCCATCCATCTGTATGT
细菌	27F_338R	27F	AGAGTTTGATCCTGGCTCAG	338R	TGCTGCCTCCCGTAGGAGT
细菌	515F_907R	515F	GTGCCAGCMGCCGCGG	907R	CCGTCAATTCMTTTRAGTTT
细菌	338F_806R	338F	ACTCCTACGGGAGGCAGCA	806R	GGACTACHVGGG-TWTCTAAT
古细菌	Arch344F_Arch915R	Arch344F	ACGGGGYGCAGCAGGCGCGA	Arch915R	GTGCTCCCCGCCAATTCCT
真菌	ITS1F_ITS2	ITS1F	CTTGGTCATTTAGAGGAAGTAA	ITS2	GCTGCGTTCTTCATCGATGC
反硝化细菌	nifH-F_nifH-R	nifH-F	AAAGGYGGWATCGGY-AARTCCACCAC	nifH-R	TTGTTSGCSGCRTAC-ATSGCCATCAT
细菌	27F_1492R	27F	AGAGTTTGATCCTGGCTCAG	1492R	GGTTACCTTGTTACGACTT

引物的选择要根据测序的设备以及试验目的而确定。

2.22.3　生物信息学基础分析

2.22.3.1　OUT 分布统计

（1）OTU 聚类

OTU（operational taxonomic units）是在系统发生学或群体遗传学研究中，为了便于进行分析，人为给某一个分类单元（品系、属、种分组等）设置的同一标志。要了解一个样品测序结果中的菌种、菌属等数目信息，就需要对序列进行归类操作（cluster）。通过归类操作，将序列按照彼此的相似性分归为许多小组，一个小组就是一个 OTU。可根据不同的相似度水平，对所有序列进行 OTU 划分，通常在 97％的相似水平下的 OTU 进行生物信息统计分析。

（2）软件平台

Usearch（vsesion 7.1 http：//drive5.com/uparse/）。

（3）分析方法

对优化序列提取非重复序列，便于降低分析中间过程冗余计算量（http://drive5.com/usearch/manual/dereplication.htmL）、去除没有重复的单序列（http://drive5.com/usearch/manual/singletons.htmL），按照 97％相似性对非重复序列（不含单序列）进行 OTU 聚类，在聚类过程中去除嵌合体，得到 OTU 的代表序列。将所有优化序列 map 至 OTU 代表序列，选出与 OTU 代表序列相似性在 97％以上的序列，生成 OTU 表格。

2.22.3.2 稀释性曲线

（1）分析方法

稀释性曲线是从样本中随机抽取一定数量的个体，统计这些个体所代表的物种数目，并以个体数与物种数来构建曲线。它可以用来比较测序数据量不同的样本中物种的丰富度，也可以用来说明样本的测序数据量是否合理。采用对序列进行随机抽样的方法，以抽到的序列数与它们所能代表 OTU 的数目构建 rarefaction curve，当曲线趋向平坦时，说明测序数据量合理，更多的数据量只会产生少量新的 OTU，反之则表明继续测序还可能产生较多新的 OTU。因此，通过作稀释性曲线，可得出样品的测序深度情况。

（2）软件

使用 97％相似度的 OTU，利用 mothur 做 rarefaction 分析，利用 R 语言工具制作曲线图。

2.22.3.3 多样性指数

（1）分析方法

群落生态学中研究微生物多样性，通过单样品的多样性分析（alpha 多样性）可以反映微生物群落的丰度和多样性，包括一系列统计学分析指数估计环境群落的物种丰度和多样性。

（2）计算菌群丰度（community richness）的指数

Chao：the chao1 estimator（http：//www.mothur.org/wiki/Chao）；Ace：the ace estimator（http：//www.mothur.org/wiki/Ace）。

（3）计算菌群多样性（community diversity）的指数

Shannon：the shannon index（http：//www.mothur.org/wiki/Shannon）；Simpson：the simpson index（http：//www.mothur.org/wiki/Simpson）。

（4）测序深度指数

Coverage：the good's coverage（http：//www.mothur.org/wiki/Coverage）。

（5）各指数算法

Chao：用 chao1 算法估计样品中所含 OTU 数目的指数，chao1 在生态学中常用来估计物种总数，由 Chao（1984）最早提出。

Ace：用来估计群落中 OTU 数目的指数，由 Chao 提出，是生态学中估计物种总数的常用指数之一，与 chao 1 的算法不同。

Simpson：用来估算样品中微生物多样性指数之一，由 Edward Hugh Simpson（1949）提出，在生态学中常用来定量描述一个区域的生物多样性。Simpson 指数值越大，说明群落多样性越低。

Shannon：用来估算样品中微生物多样性指数之一。它与 Simpson 多样性指数常用于反映 alpha 多样性指数。Shannon 值越大，说明群落多样性越高。

Coverage：指各样本文库的覆盖率，其数值越高，则样本中序列被测出的概率越高，而没有被测出的概率越低。该指数反映本次测序结果是否代表了样本中微生物的真实情况。

（6）分析软件：

指数分析（mothur version v. 1. 30. 1 http：//www. mothur. org/wiki/Schloss＿SOP♯Alpha＿Diversity），用于指数评估的 OTU 相似水平 97％（0. 97）。

2. 22. 3. 4　分类学分析

（1）分析方法

为了得到每个 OTU 对应的物种分类信息，采用 RDP classifier 贝叶斯算法对 97％相似水平的 OTU 代表序列进行分类学分析，并在各个水平（domain、kingdom、phylum、class、order、family、genus、species）统计每个样品的群落组成。

（2）数据库选择

16s rDNA 细菌和古菌核糖体数据库（没有指定的情况下默认使用 silva 数据库）：Silva（Release123 http：//www. arb-silva. de）；

RDP（Release 11. 3 http：//rdp. cme. msu. edu/）；

Greengene（Release 13. 5 http：//greengenes. secondgenome. com/）。

ITS 真菌：Unite（Release 7. 0 http：//unite. ut. ee/index. php）的真菌数据库。

功能基因：FGR、RDP 整理来源于 GeneBank（Release 7. 3 http：//fungene. cme. msu. edu/）的功能基因数据库。

（3）软件及算法

Qiime 平台（http：//qiime. org/scripts/assign＿taxonomy. htmL）；RDP Classifier（http://sourceforge. net/projects/rdp-classifier/），置信度阈值为 0. 7。

2. 22. 3. 5　Shannon-Wiener 曲线

（1）分析方法

Shannon-Wiener 是反映样本中微生物多样性的指数，利用各样本的测序量在不同测序深度时的微生物多样性指数构建曲线，以此反映各样本在不同测序数量时的微生物多样性。当曲线趋向平坦时，说明测序数据量足够大，可以反映样本中绝大多数的微生物信息。

（2）软件

使用 97％相似度的 OTU，利用 mothur 计算不同随机抽样下的 Shannon 值，利用 R 语言工具制作曲线图。

2.22.4 生物信息学高级分析

2.22.4.1 Rank-Abundance 曲线

（1）分析方法

Rank-Abundance 曲线是分析多样性的一种方式。构建方法是统计单一样本中每一个 OTU 所含的序列数，将 OTUs 按丰度（所含有的序列条数）由大到小等级排序，再以 OTU 等级为横坐标，以每个 OTU 中所含的序列数（也可用 OTU 中序列数的相对百分含量）为纵坐标作图。

Rank-Abundance 曲线可用来解释多样性的两个方面，即物种丰度和物种均匀度。在水平方向，物种的丰度由曲线的宽度来反映，物种的丰度越高，曲线在横轴上的范围越大；曲线的形状（平滑程度）反映了样本中物种的均度，曲线越平缓，物种分布越均匀。

（2）软件

R 语言工具统计和作图。

2.22.4.2 OTU 分布 Venn 图

（1）分析方法

Venn 图可用于统计多个样本中所共有和独有的 OTU 数目，可以比较直观地表现环境样本的 OTU 数目组成相似性及重叠情况。通常情况下，分析时选用相似水平为 97% 的 OTU 样本表。

（2）软件

R 语言工具统计和作图。

2.22.4.3 热图

（1）分析方法

heatmap 可以用颜色变化来反映二维矩阵或表格中的数据信息，它可以直观地将数据值的大小以定义的颜色深浅表示出来。常根据需要将数据进行物种或样本间丰度相似性聚类，将聚类后数据表示在 heatmap 图上，可将高丰度和低丰度的物种分块聚集，通过颜色梯度及相似程度来反映多个样本在各分类水平上群落组成的相似性和差异性。结果可有彩虹色和黑红色两种选择。

（2）软件及算法

R 语言 vegan 包，vegdist 和 hclust 进行距离计算和聚类分析；距离算法：Bray-Curtis；聚类方法：complete。图中颜色梯度可自定为两种或两种以上颜色渐变色。样本间和物种间聚类树枝可自定是否画出。

2.22.4.4 群落结构组分图

（1）分析方法

根据分类学分析结果，可以得知一个或多个样本在各分类水平上的分类学比对情况，在结果中，包含了 2 个信息：

① 样本中含有何种微生物；

② 样本中各微生物的序列数，即各微生物的相对丰度。

因此，可以使用统计学的分析方法，观测样本在不同分类水平上的群落结构。将多个样本的群落结构分析放在一起对比时还可以观测其变化情况。根据研究对象是单个或多个样本，结果可能会以不同方式展示。通常使用较直观的饼图或柱状图等形式呈现。群落结构的分析可在任一分类水平进行。

（2）软件

基于 tax_summary_a 文件夹中的数据表，利用 R 语言工具作图或在 Excel 中编辑作图。

2.22.4.5　系统发生进化树

（1）分析方法

在分子进化研究中，系统发生的推断能够揭示出有关生物进化过程的顺序，了解生物进化历史和机制，可以通过某一分类水平上序列间碱基的差异构建进化树。

（2）软件

Fast Tree（version 2.1.3 http：//www.microbesonline.org/fasttree/），通过选择 OTU 或某一水平上分类信息对应的序列，根据最大似然法（approximately-maximum-likelihood phylogenetic trees）构建进化树，使用 R 语言作图绘制进化树，结果可以用列图或者圈图的形式呈现。

第 3 章 | 硫酸盐还原菌的特性及危害

硫酸盐还原菌（sulfate reducting bacteria，SRB）是厌氧微生物，以硫酸盐作为电子受体，对有机物化合物进行降解。它们在厌氧环境中普遍存在，在硫循环和碳循环中起着重要作用。SRB 在海洋石油等工业中会带来严重的问题，因为该菌产生的硫化物具有强还原性、腐蚀性和毒性。SRB 菌是把"双刃剑"，SRB 对于从废水中去除硫酸盐、重金属等具有有利作用，即使在油藏系统中对于微生物驱油也有一定的帮助。尽管 SRB 的研究已经有一个世纪之久，随着新分子生物学和基因组技术的发展，我们开始获得更详细的 SRB 菌的系统分类、生态特性及其环境的危害和利用方法[316]。

3.1 硫酸盐还原菌的生态学

3.1.1 自然生境中的硫酸盐还原作用

硫是地球上最丰富的元素之一。它主要以 FeS_2 和 $CaSO_4$ 的形式存在于岩石中，以硫酸盐的形式存在于海水中（见图 3-1）。硫循环是比较复杂的，因为硫有较广泛的氧化状态，从 -2 价（完全还原）到 $+6$ 价（完全氧化），并且可以被化学转化，也可以被生物转化。此外，硫循环还和其他循环密切相关，如碳循环和氮循环。微生物在硫转化过程中起到重要作用。硫酸盐作为营养物质被吸收，然后被合并到含硫氨基酸和酶中去。氧化和还原反应对新陈代谢能量的产生也是很重要的。例如，通过硫细菌氧化硫化物，通过硫酸盐还原菌进行异化硫酸盐还原。因为许多细菌和古细菌能以硫酸盐作为最终电子受体，所以一些学者运用硫酸盐还原原核生物或者硫酸盐还原微生物这种术语。

SRB 是厌氧菌，广泛存在于厌氧环境中，它们可以以硫酸盐作为电子受体，降解有机物，产生硫化物。随后，硫化物在好氧条件下被化能自养硫化细菌氧化或在厌氧条件下被光能自养硫化细菌氧化。据估计，硫酸盐还原在海洋沉积物的有机碳的矿化过程中占 50%。这表明了硫酸盐还原菌的重要性，以及 SRB 被深入研究的原因[317]。

异化硫酸盐还原作用或产甲烷作用是厌氧环境中最主要的末端降解过程。产甲烷作用在贫硫生境（如淡水环境）中占优势，而硫酸盐还原作用则在海洋或其他硫酸盐丰富的盐碱生境中占主导。在淡水环境中，硫酸盐浓度通常较低，处于 $10\sim200nmol/L$ 的范围内。而在海水中，硫酸盐的浓度平均为 $28mmol/L$。

SRB 广泛分布于厌氧环境和水生环境。我们很容易通过硫化铁沉淀引起的水体变黑和

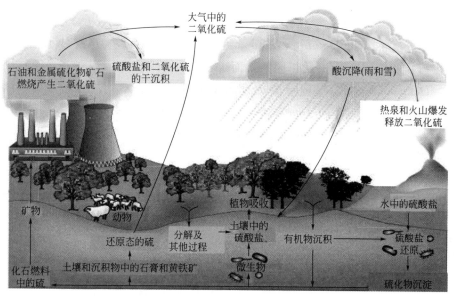

图 3-1　自然界中的"大"硫循环

H_2S 的气味而知道有较高代谢活性的 SRB 存在，如图 3-2 所示，是在 CO_2 和 H_2 共存的有光条件下、能同化乙酸盐的一种乙酸盐氧化硫还原菌和光合绿硫细菌互生培养物中的"小"硫循环。海洋、海湾、盐泽沉积物、盐湖、超盐咸湖和咸塘是 SRB 永久而典型的生境，因为那里有较高的硫酸盐含量。据报道，活跃的硫酸盐还原作用也发生于非盐环境，如淡水沉积物中、土壤中。在受污染的环境，如厌氧净化厂，腐败的食物中酸乳清和污水处理厂均检测到 SRB 的存在。人们还从稻田、瘤胃成分中、白蚁的肠道中、人类和动物的粪便中和油田水中检测到 SRB 的存在。

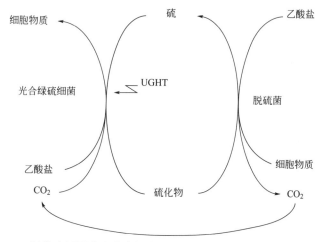

图 3-2　氧化硫还原菌和光合绿硫细菌互生培养物中的"小"硫循环

（1）革兰氏阴性中温 SRB

中温革兰氏阴性不产芽孢类型的 SRB 在自然界中广泛存在。它们包括 5 个属，能不完全氧化有机物产生乙酸，它们是 *Desulfovibrio*（见表 3-1）、*Desulfobotulus*、*Desulfobul-*

bus、*Desulfohalobiumk*、*Desulfomiriobium*（见表 3-2）；还有 7 个属能完全氧化硫酸盐为 CO_2，它们是 *Desulfoarculus*、*Desulfobacter*、*Desulfobacterium*、*Desulfococcus*、*Desulfomonile*、*Desulfonema*、*Desulfosarcina*（见表 3-3）。*Desulfobulbas* 和 *Desulfovibrio* 两种菌的量在海洋和淡水环境中是相同的，而 *Desulfobacter*、*Desulfobacterium*、*Desulfohalobium*、*Desulfonema* 和 *Desulfobtulus* 几个种属却主要是嗜盐或微嗜盐的，*Desulfoareulus*、*Desulfobotulus*、*Desulfomicrobium* 和 *Desulfomonile* 种属则基本上是从淡水环境中分离出来的。据发现 *Desulfobacter*、*Desulfobulbus*、*Desulfomicrobium* 和 *Desulfovibrio* 等种属均有固定分子氮的能力。

表 3-1　*Desulfovibrio* 属硫酸盐还原菌的一些典型特征

种	菌种来源	生境	培养基	固氮
D. africanus	NCIB 8401	井水	乳酸盐	+
D. alcoholovorans	DSM 5433	中式发酵罐	甘油	NR
D. carbinolicus	DSM 3852	净化厂	甲醇	NR
D. desulfuricans	DSM 642	土壤	乳酸盐	+
D. fructosoborans	DSM 3604	江河口沉积物	果糖	NR
D. furfuralis	DSM 2590	纸浆和纸废物	糠醛	NR
D. giganteus	DSM 4123	含盐沉积物	甘油	—
D. gigas	NCIB 9332	池塘水	乳酸盐	+
D. halopilus	DSM 5663	深海细菌团	乳酸盐	NR
D. longus	DSM 6739	油井	乳酸盐	NR
D. piger	ATCC29098	人类排泄物	乳酸盐	NR
D. salexigens	NCIB 8403	"Sling mud"	乳酸盐	+
D. simplex	DSM 4141	酸性乳清消化器	乳酸盐	NR
D. sulfodismutans	DSM 3696	淡水污泥	歧化硫代硫酸盐	NR
D. termitidis	DSM 5308	白蚁后肠	葡萄糖	NR
D. vulgaris	NCIB 8303	土壤	乳酸盐	+

注：NR 表示未报道。

表 3-2　对有机混合物具有不完全氧化作用的嗜温硫酸盐还原菌的一些典型特征

（不包括 *Desulfobibrio* 属）

种	菌种来源	生境	培养基	固氮
Dbu. elongatus	DSM 2908	嗜温菌消化器	丙酸盐	+
Dbu. marinus	DSM 2058	海水污泥	丙酸盐	+
Dbu. propionicus	DSM 2032	淡水污泥	丙酸盐	+
Dbu. apsheronum	AUCCM 1105	石油沉积物	乳酸盐	NR
Dbu. baculatum	AUCCM 1378	锰矿石	乳酸盐	+
Dbu. sapovorans	DSM 2055	淡水污泥	丁酸盐	NR
Dbu. retbaense	DSM 5692	盐湖(hyper-saline) 沉积物	乳酸盐	NR

注：NR 表示未报道。

表 3-3　对有机混合物具有完全氧化作用产生二氧化碳的嗜温硫酸盐还原菌的一些典型特征

种	菌种来源	生境	培养基
Dba. curbatus	DSM 3379	海水泥浆	乙酸盐
Dba. hydrogenophilus	DSM 3380	海水泥浆	乙酸盐
Dba. latus	DSM 3381	海水泥浆	乙酸盐
Dba. postgatei	DSM 2034	含盐水	乙酸盐
Dbt. anilini	DSM 4660	海水沉积物	苯胺
Dbt. autotrophicum	DSM 3382	海水泥浆	琥珀酸盐
Dbt. catecholicum	DSM 3382	缺氧污泥（淤泥）	儿茶酚
Dbt. indolicum	DSM 3383	海水泥浆	吲哚
Dbt. macestii	AUCCM B-1598	含硫泉水	乙醇
Dbt. niacini	DSM 2650	海水沉积物	烟碱
Dbt. phenolicum	DSM 3384	海水泥浆	苯酚
Dbt. bacuolatum	DSM 3385	海水泥浆	琥珀酸盐
Dc. biacutus	DSM 5651	厌氧消化器污泥	丙酮
Dc. multiborans	DSM 2059	污水消化器	乙酸苯酯
Ds. variabilis	DSM 2060	海水泥浆	乙酸苯酯
Da. baarsii	DSM 2075	淡水泥浆	硬脂酸盐
Dm. tiedjei	ATCC 49306	污水淤泥	安息香酸盐
Dn. limicola	DSM 2076	海水黑色泥浆	琥珀酸盐
Dn. magnum	DSM 2077	海水黑色泥浆	安息香酸盐

（2）革兰氏阳性形成芽孢的 SRB

革兰氏阳性形成芽孢的 SRB 菌属（*Desulfotomaculum*）包括几个具有完全和不完全氧化能力的菌种（表 3-4）。大多数 *Desulfotomaculum* 种是从淡水环境以及相对盐度较低的生境中分离到的。*Desulfotomaculum* 属包括 5 个能形成芽孢的中等嗜热种，且在环境温度 50～65℃时产生异化硫酸盐还原作用。

表 3-4　*Desulfotomaculum* 属产孢子硫酸盐还原菌的一些典型特征

种	菌种来源	生境	氧化	最适温度/℃
Dtm. acetoxidans	DSM 771	污泥、动物粪便	[①]C	36
Dtm. antarcticum	[②]IAM 64	南极泥土	I	20～30
Dtm. geothermicum	DSM 3669	地热地下水	C	54
Dtm. guttoideum	DSM 4024	淡水泥浆	I	31
Dtm. kuznetsovii	AUCCM 17	矿物温泉水	C	60～65
Dtm. nigrigicans	DSM 574	土壤	I	55
Dtm. orientis	NCIB 8382	土壤	I	30～37
Dtm. ruminis	ATCC 23193	绵羊瘤胃	I	37
Dtm. sapomandens	DSM 3223	有氧土壤	C	38
Dtm. thermoace-toxidans	Strain CAMZ	嗜热的生物反应器	C	55～60
Dtm. thermoben-zoicum	DSM 6193	嗜热的生物反应器	C	62

① 完全氧化有机物产二氧化碳。

② 日本东京大学应用微生物学院。

注：I 为不完全氧化有机物以醋酸盐作为终产物。

（3）革兰氏阴性嗜热真核 SRB

Thermodesulfobacterium 属包括 2 个种，它们为营养受限型，代谢上不完全氧化而且在系统发育学角度上区别于其他真细菌属。*Thermodesulfobacterium* 种是从盐水中分离到的，然而它却未表现出典型的耐盐性。在自然生境中，*Thermodesulfobacterium* 菌属可能利用地热反应或者热发酵过程中产生的分子氢生长。

（4）革兰氏阴性嗜热硫酸盐还原古细菌

Archaeoglobus 属的硫酸盐还原古细菌只能在厌氧海底热液中找到，它的生长需要盐分和高温。该属可以代表甲烷菌和硫代谢古细菌之间缺失的部分。

3.1.2　环境因素对 SRB 生长的影响

在自然生境中，微生物对生物学因子和生理生化因子改变的适应能力决定其生长和活性。

（1）pH 值、温度和盐度的影响

SRB 在超过其相对限度的 pH 值范围（pH 值为 1.0～7.8）为微碱性条件下会生长得更好，而其 pH 值的耐受范围可达 5.5～9.0。工厂中水的碱度和酸度已经作为一种途径来抑制 SRB 的还原作用。然而，已经发现异化硫酸盐还原作用可以在高酸性环境中（pH 值为 2.5～4.5）、酸矿排水中、淡水湿地的泥煤中进行。从酸矿水混合培养基上分离到的 *Desulfovibrio* 和 *Desulfotomaculum* 种不能在 pH 值低于 5.5 的条件下还原硫酸盐。因此可以假定 SRB 在酸性条件下存活需要更高或者更适宜 pH 值的微生态位。

同化硫酸盐还原作用的季节性变化。温度是影响厌氧盐泽沉积物中硫酸盐还原作用的主要环境参数。然而，在海洋沉淀中，SRB 种群没有生理上的反应和适应性以对付环境温度的季节性改变。在海洋沉积物中，异化硫酸盐还原作用的温度依赖性是多样的、非随机性的，随着活性速率的降低显示出更强的温度依赖性。专性喜寒的 SRB 目前还未分离到。中温 SRB 最好生长在 28～38℃ 条件下，其上限温度为 45℃ 左右。大多数嗜热 SRB 是从地热环境和油田中分离到的，它们的温度反映了发现它们的生境状况。嗜热真核 SRB 菌的 *Desulfotomaculum* 属和 *Thermodesulfobacterium* 属的最佳生长温度范围为 54～70℃，最大生长温度范围为 56～85℃。硫酸盐还原古细菌 *Archaeoglobus* 属的最佳生长温度为 83℃，最高温度为 92℃。

由于 SRB 的代谢范围较广，故在矿化海底沉积有机物的过程中起着重要作用。在很多超盐生态系统中（如盐度 24％ 的大盐湖）都发现了微生物的硫酸盐还原作用，在死海和盐田也有同样的发现。然而，到目前为止分离到的绝大多数喜盐 SRB 为海生的或微嗜盐性微生物（最佳盐度范围 1％～4％ NaCl）。它们分属于 *Desulfovibrio*、*Desulfobacterium*、*Desulfobacter*、*Desulfonema*、*Archaeoglobus*、*Ds. variabilis* 和 *Dtm. geothermicum* 属的不同种（表 3-5）。到目前只分离到 2 个中等喜盐的 SRB 属：*D. halophilus* 和 *Dh. retbaense*，是从 Sinai 的 Solar 湖的细菌团中分离到的，生长于盐度范围为 3％～18％ NaCl 的条件下，最佳生长条件是 6％～7％NaCl 的环境。后者是从 Senegal 的一个粉红色超盐湖（Retba lake）中分离到的，生长在含 NaCl 浓度按近 24％ 的介质中，其最佳盐度环境为 10％ 的 NaCl。

表 3-5　硫酸盐还原菌轻度嗜盐种和中度嗜盐种的盐度范围与最适盐度

硫酸盐还原菌	盐度范围/% NaCl	最适盐度/% NaCl
轻度嗜盐种		
D. salexigens	0.5～12	2～5
D. giganteus	0.2～5	2～2.5
D. desulfuricans subsp. aestuarii	0.5～6	2.5
Desulfobacterium 种	①NR	2
Desulfobacter 种	NR	0.7～2
Desulfonema 种	NR	1.5～3
Ds. variabilis	NR	1.5
Dtm. geothermicum	0.2～5	2.5～3.5
Archaeoglobus 种	0.9～3.6	1.5～1.8
中度嗜盐种		
D. halophilus	3～18	6～7
Dh. retbaense	3～24	10

（2）需氧的硫酸盐还原作用

一个世纪以前，人们认为异化 SRB 是专性厌氧微生物且只能利用严格的厌氧技术来实现对代谢谱较宽的不同的 SRB 的分离。然而，近期的研究表明 SRB 能够在有分子氧存在的情况下存活甚至占优势。研究证明，SRB 暴露于分子氧中数小时甚至几天都会有活性。 *D. desulfuricans* 和 *Dbt. autotrophicum* 属可在微弱的氧条件下生长。据报道磺弧菌属存在着抵抗分子氧的保护性酸，如超氧化物歧化酶、NaOH 氧化酶和过氧化氢酶。最近从 *D. gigas* 属的溶解性萃取液中提纯并特性分析了一种终端氧化还原酶，它是一种氧化蛋白，是一种氧化还原酶，含 FAD 的蛋白质，能伴随着 NaOH 的氧化结合还原态的氧形成 H_2O。

从某个环境中能分离到 SRB 也表明它存在着一定的氧耐受范围。近期几项研究均表明在细菌团的有氧区发生的异化硫酸盐还原作用速率较高，在沉积物和渠水的有氧/缺氧交界的附近或者内部也有此现象。在海洋沉积物的有氧层的，SRB 的最高浓度可达 $2\times10^6 cm^3$。

薄片状微生物的沉积物生态系统或者细菌团可能是我们所知的最古老最普遍的生物群落。这些生态系统是由垂直分层的光营养、化学营养和异养微生物群落组成的。细菌团在很多环境中（包括海水和淡水）都有，但在超盐和海水生境中存活的最好。多数情况下，光合生物尤其是蓝细菌是构建底层的生物，其有色的迭片结构肉眼可见，主要是因为最上层绿色的蓝细菌层和中层红色的紫硫细菌层所致。其下层变黑是由于 SRB 产生的硫化物形成了硫化亚铁。有较高分子氧压力存在时，超盐海水细菌团的异化硫酸盐还原作用的发生速率较快。在 5mm 的海水细菌团中可发现大量的 SRB（1.1×10^8 个/cm^3 沉积物）、缺氧光营养微生物和化学自养细菌，这样异化硫酸盐还原作用可以在有氧的条件下进行。在细菌团的有氧区能发生相当可观的硫酸盐还原作用，当将细菌团暴露于光照下，其生物膜 1.2mm 的部位硫酸盐还原的速率会增加。

3.1.3　在有机物厌氧消化过程中 SRB 的生态学

在全球硫循环的同化-异化作用和氧化还原过程中，微生物起着重要作用；在生物学的硫循环中，异化作用还原硫化合物又是关键的一步。这种异化还原作用主要归功于硫还原细菌和硫酸盐还原菌，它通过厌氧氧化磷酸化反应，以硫元素、亚硫酸盐或硫酸盐作最终电子受体。这些细菌产生大量的硫化物，通过光能营养型微生物和化能营养型微生物对这些硫化物的氧化作用又可以产生能量。

在过去的 15 年中，人们对 SRB 的分类法和生理学研究发生了重大改变，已经较成功地掌握了 15 个属的 SRB 的特征。

在有氧的生态系统中，异养菌可将有机物完全矿化只产生 CO_2。而有机物的厌氧降解却是个更为复杂的过程，它需要不同微生物群之间的相互作用。在食物链中，每个微生物群都行使一定功能，一个生物群代谢的最终产物成为另一类微生物的底物直到完全被氧化。

如图 3-3 所示，在厌氧环境中参与有机物分解的细菌可分为四个不同类群。第一类为发酵微生物，能水解高分子量的聚合物（蛋白质、多聚糖、脂类、核酸）并发酵它们各自的单体（如氨基酸、糖、挥发酸、核苷酸等），产生氢、CO_2、乙酸、其他有机酸和乙醇。乙酸、H_2 和 CO_2 能被产甲烷菌直接利用。第二类生物群由产乙酸菌组成，它能分解有机酸和乙醇为乙酸、H_2 和 CO_2。由于热动力学原因，上述转化和能量的偶合只能在有另一种细菌存在时进行，例如：产甲烷菌的存在消耗了分子氢，因此使氢浓度较低。第三类生物是产甲烷菌，它能利用上述反应过程的终产物（CO_2、H_2、乙酸、甲酸盐）产生甲烷。第四类为 SRB，它与产甲烷菌和产乙酸菌竞争适宜的底物。产甲烷作用和硫酸盐还原作用是厌氧矿化的两个最终过程，两者谁占优势关键看适宜的底物。

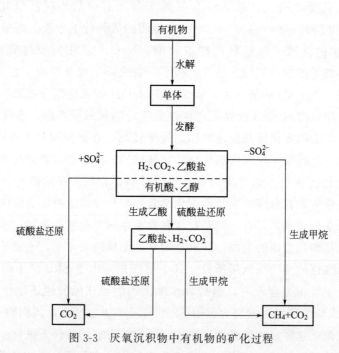

图 3-3　厌氧沉积物中有机物的矿化过程

3.1.4　生物学的硫循环

无机硫酸盐还原为有机或无机硫化物，进而硫化物氧化回到硫酸盐的过程称为生物学硫循环（见图 3-4）。

生物学硫循环由同化部分和异化部分组成。同化部分包括硫酸盐、硫化物的同化，也包括通过分解和排泄作用从无生命和生命形式的有机物中释放硫。硫酸盐的同化还原作用是通

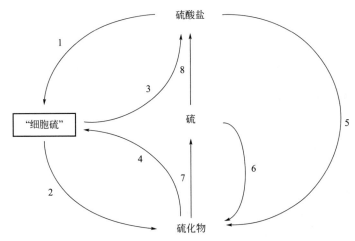

图 3-4　生物学的硫循环（"细胞硫"包括细菌、真菌、动物和植物中的硫）

1—通过细菌、植物和真菌的硫酸盐同化还原作用；2—死亡及细菌和真菌的分解作用；

3—动物的硫酸盐排泄物；4—细菌和一些植物的硫化物同化作用；5—硫酸盐

异化还原作用；6—单质硫的异化还原作用；7—化能和

光能的硫化物氧化；8—化能和光能的硫氧化

过合成含硫的氨基酸（半胱氨酸、胱氨酸、蛋氨酸）和含硫的生长因子（生物素、硫胺、类脂酸）为细菌、真菌、藻类和植物等提供所需要的还原态含硫化合物。动物排泄的硫以硫酸盐的形式存在，然而通过真菌和细菌的死亡和分解作用，大部分硫在生物体内会以硫化物的形式又返回到循环中。硫循环的异化部分包括像化能营养和光能营养的硫化物氧化过程和硫氧化过程，以及微生物的硫酸盐还原和硫还原等还原过程。

3.1.4.1　硫的绝色氧环境（sulfuretum）

硫的绝色氧环境是一个系统，部分或全部生物学的硫循环能在其中发生，硫的绝色氧环境这一术语是用以描述在生物学的硫循环中，SRB 和硫化物氧化微生物共同作用的生态群落。在硫的绝色氧环境中生物学循环的异化部分是由"小"硫循环（只在硫元素和硫化物之间的硫循环）和"大"硫循环（在硫酸盐和硫化物之间的硫循环）组成。探测到"小循环"主要发生于海洋沉淀物中靠近氧化还原渐变群（光能自养绿硫杆菌和能还原单质硫的 *Desulfuromonas* 属的厌氧合营共生群落）的地方，那里有充足的硫元素。"大"硫循环对于环境中硫平衡的作用十分重要，因为它连接着硫的绝色氧环境的有氧区和下部的缺氧区。在硫的绝色氧环境中有许多不同的微生物群参与硫代谢，包括硫酸盐还原菌、硫还原菌、化能营养型硫氧化菌、需氧和缺氧的光能营养细菌。生物硫循环不仅局限于海洋沉淀物的范围，在含硫温泉中、蓝细菌富集区、盐泽沉积物中、沼泽中、泥炭中、火山和其他有机物与硫酸盐共存的缺氧环境中均存在。

3.1.4.2　参与硫循环的微生物

在生物硫循环中，不同微生物参与循环的步骤不同。根据它们利用无机硫化合物作电子供体和受体的方式可将其分为 5 个不同的代谢类型。

（1）异化硫酸盐还原作用

异化 SRB 由 14 种真核细菌属组成：D.（*Desulfovbrio*）；Da.（*Desulfoarculus*）；Dba.

（*Desulfobacter*）；Dbt.（*Desulfobacterium*）；Dbo.（*Desulfobotulus*）；Dbu.（*Desulfobul-bus*）；Dc.（*Desulfococcus*）；Dh.（*Desulfohalobium*）；Dsm.（*Desulfomicrobium*）；Dm.（*Desulfomonile*）；Dn.（*Desulfonema*）；Ds.（*Desulfosarcina*）；Dtm.（*Desulfotomaculum*）和 T.（*Thermodesulfo bacterium*）。还有 1 个古细菌属，即 A.（*Archaeoglobus*）。

（2）异化单质硫还原作用

几个真核细菌和古细菌属能以呼吸代谢的形式异化还原硫元素为 H_2S，从而获取能量得以生长。还原硫的真细菌有以下几个属：*Desulfuromonas*、*Compylobacter*、*Desulfurella*、*Sulfurospirillu*、*Thermotoga*、*Wolinella succinogenes*，还有 *Desulfovibrio* 属和 *Desulfomicroboium* 属的某些嗜硫硫酸盐还原菌。异化硫还原代谢也能在黑暗条件下通过光能营养的绿硫菌和紫硫菌来进行。古细菌中的硫还原菌属于产甲烷菌和极端嗜热菌（嗜热球菌、*Thermoplasmales* 和 *Thermoproteales*）。

（3）硫化合物的光能营养厌氧氧化

某些深蓝细菌和绝大多数光能营养真核细菌，如紫硫菌（*Families Chromatiaceae*、*Rhodospirillaceae*、*Ectothiorhodospiraceae*）和绿硫菌（*Families Chloroflexaceae*、*Chlorobiaceae*）利用还原态的硫化合物（如硫化物、单质硫、硫代硫酸盐）作电子供体来进行缺氧状态下的光合作用。

（4）化能营养的好氧硫氧化作用

生长在有氧条件下并能氧化还原态的无硫化合物为硫酸盐的微生物包括无机化能营养异养菌（硫杆菌属的 *Perometabolis* 种和假单胞菌属的某些种），专性无机化能营养菌（*Thiomicrospira* 属和 *Thiobacillus* 属的某些种），兼性无机化能营养菌（*Sulfolobus* 属、*Thiobacillus* 属的某些种和 *Paracoccus* 属的 *denitrificans* 种），异氧菌（*Beggiatoa* 属和假单胞菌属的某些种），还有一些形态学上较典型的硫细菌（卵硫细菌属、硫丝菌属、硫螺菌属、*Macromonas* 属和 *Achromatium* 属）。

（5）化学营养的厌氧硫氧化作用

除光能营养细菌外，只有少数微生物种（如 *Thiomicrospira* 属的 *Denitrifications* 种和硫杆菌属的脱氮硫杆菌种）能以硝酸盐作最终电子受体，厌氧氧化还原态无机硫化合物为硫酸盐。

3.1.5　与光营养生物的合营生长

据报道，SRB 或者硫还原菌和光合微生物之间存在着特殊的关系，它们被称为合营群体。硫的合营生活循环在有光营养紫硫细菌存在时难以发生，因为这类细菌在细胞内贮存硫元素，使硫难以被异养生物获得。在研究含硫丰富的荒盐湖的硫沉积物时首次提出了 SRB（去磺弧菌种）和光营养绿硫细菌（*Chlorbobium* 种）的混合培养。这种合营的生活关系由微型硫循环组成。据报道，关于合营生活的一个有趣的例子是所谓的 *Chlorpesudomnas ethylica*，是仅能以有机物（乙醇、乙酸）为底物，而不能以亚硫酸盐为底物的光营养绿硫菌。实际上，"*Chlorpseudomonas ethylica*" 是一个含有异养微生物的绿硫菌互营群体。依赖于"*Choropseadomonas ethylica*" 培养基的资源，我们可以分离到硫或者硫酸盐近似异养菌

"*Chsulfaromonas ethylica* 菌种 2K"，它是绿菌 *Prosthecochloris aesturaii* 和 SRB-*Desulfurmonas acetoxidans* 的混合培养物。光营养绿硫菌同化有机物（如乙酸）只有当 CO_2 和无机电子供体存在时才能发生，因此，它依赖于 "*Desulfuromonas acetoxidans*" 产生的 H_2S。同样，在消耗有机物的前提下绿硫菌释放的单质硫很快被 SRB 还原为硫化物，这些有机化合物会被氧化为 CO_2。在这样一种合营生活关系中，硫在两种类型的微生物之间起着携带电子的催化剂的作用。

"*Chloropseudomonas ethylica* 菌种 N_2" 包含绿硫菌 "*Chlorobium limicola*" 和 SRB 菌株 9974（目前将其归类为 *Dsm* 菌 *Dsm*1743）。*D. desulfuricans Essex* 6（以乙醇为底物，乙醇被不完全氧化为乙酸）和 *Chlorobium Limicola* 合营生活，下列方程是其理想的反应过程。

① *Desulfovibrio*　$34CH_3CH_2OH + 17SO_4^{2-} \longrightarrow 34CH_3COO^- + 17H_2S + 34H_2O$

② *Chlorobium*　$17H_2S + 34CH_3COO^- + 28CO_2 + 16H_2O \xrightarrow{光} 24C_4H_7O_3 + 17SO_4^{2-}$

③ 净反应　$34CH_3CH_2OH + 28CO_2 \xrightarrow{光} 24C_4H_7O_3 + 18H_2O$

3.1.6　与产甲烷菌和产乙酸菌的相互作用

在厌氧环境中具有较低的氧化还原电位，SRB 与其他的厌氧菌竞争共同的基质，包括发酵菌群、产乙酸菌、产甲烷菌等。硫酸盐的存在在这种竞争中起到重要作用。硫酸盐还原环境中有机质的降解不同于产甲烷环境中有机质的降解。跟硫酸盐还原菌相比，产甲烷菌利用较少的基质进行生长。从数量上分析，氢、二氧化碳、乙酸盐是产甲烷菌生长最重要的基质组分。到目前为止，没有报道过产甲烷菌可以以有机酸作为基质生长，而硫酸盐还原菌可以以有机酸为基质生长。因此，这些微生物降解有机物产生的产物可以作为产甲烷细菌的基质。这些转化过程可以通过产乙酸菌和产甲烷菌的互养菌群进行。

在过量的硫酸盐存在条件下，硫酸盐还原菌与产甲烷菌竞争氢和乙酸盐。由于较高的亲密度和较低的辨别阈，利用氢的产甲烷菌很容易被利用氢的 SRB 通过竞争淘汰。但是，许多 SRB 需要乙酸盐作为碳源。利用乙酸盐的硫酸盐还原细菌同样也能将利用乙酸盐的产甲烷菌淘汰。但这种竞争对于氢却不是很明确。在产甲烷厌氧反应器中加入硫酸盐，需要几年的时间才能将反应器中乙酸营养型产甲烷菌淘汰。成为主导的硫酸盐还原菌是 *Desulfobacca acetoxidans*，该菌以乙酸盐专性营养，比 *Methanosaeta* spp. 菌在生长动力学上略占优势。降解丙酸盐和丁酸盐的硫酸盐还原菌比互养的丙酸盐和丁酸盐降解的产甲烷菌以及硫酸盐还原菌群生长快。

从生态的角度看，当有机物的完全氧化过程中可获得的硫酸盐不足时，研究硫酸盐还原细菌与产甲烷菌群的互相作用是有利的，在这些情况下，SRB 将会相互竞争有限的硫酸盐。目前对于硫酸盐还原细菌竞争硫酸盐的研究比较少。*Desulfovibrio* spp. 与硫酸盐具有较高的亲密度。这表明，在硫酸盐受限情况下，硫酸盐还原细菌利用氢、乳酸盐和乙醇作为生长基质。这可能是因为在硫酸盐受限的情况下，互养菌群降解有机酸，利用氢的产甲烷菌被硫酸盐还原细菌取代。

SRB 和产甲烷菌（MPB）在生态学和生理学上存在很多相似，主要表现为它们只存在于广泛多样的厌氧生态系统中（如沉积物中），它们均能利用乙酸和分子氢作电子供体。

SRB 与 MPB 之间普遍存在着 3 种关系：a. 通过利用单独的电子供体而共存；b. 为争夺相同电子供体而发生竞争；c. 一个菌种提供给另一个菌种所需的电子供体而发生合作。当共处于同一微生态系统中时，若 SRB 与 MPB 利用不同的电子供体则二者可以共存。非竞争性底物，如甲胺和甲醇则被 MPB 利用，即使是在高含硫酸盐的沉积物中亦如此。

（1）合作：种间氢转移

种间氢转移可以理解为在混合培养或者共培养时，在维持较低的氢分压的情况下，分子 H_2 可以从产 H_2 生物转移给利用 H_2 的生物（*Desulfovibrio* 种不能发酵乳酸和乙醇，但当它与摄 H_2 产甲烷微生物共培养时，在没有硫酸盐的情况下，可以靠乳酸和乙醇等物质生长，在这样的合营关系中，SRB 充当了产 H_2 产乙酸菌）。首次证明合营种间氢转移关系是由于发现了奥氏产甲烷菌（*Methanobacillus Omelianskii*）是两个不同菌种的共生体，这两个菌种分别为：非产甲烷（它能氧化乙醇产生 H_2 和乙酸）和 *Methanobacterium bryantii*（通常称为 MOH，能还原介质中的碳酸氢钠和 S 菌株产生的 H_2）。在厌氧微生物生态系统中，有机物发酵时发生种间氢转移的过程氢化酶起着核心的作用。

（2）竞争

对沉积物进行抑制性研究表明，SRB 和 MPB 在争夺共同的生长底物（乙醇和 H_2）时，前者能在竞争中取胜。这主要归功于 SRB 对 H_2 以及乙酸有较高的亲和力。主要的竞争结果为：在海水或变黑的沉积物中（富含硫酸盐）进行的厌氧矿化的最终过程中，异化硫酸盐还原作用占优势；而在淡水环境中（硫酸盐较低），则产甲烷作用占主导。在人类大肠中也发生 SRB 与 MPB 之间竞争 H_2 的作用。

硫循环是主要的生物化学循环，异化 SRB 在其中起着复杂的作用。因为它们的经济影响和在自然界中的广泛存在，目前已成为科学研究的热点。SRB 在系统发生学上具有多样性，不同于其他有着共同生理生态特性的微生物类群。

3.2 SRB 的特征和活性

3.2.1 细菌的多样性

SRB 是一类独特的原核生理群组，是一群有独特生理特性的原核生物，因为它们的呼吸作用能以硫酸盐作为最终电子受体。SRB 与其他细菌有明显的相似之处，所不同的是它的代谢方式是以硫酸盐为底物。这表明 SRB 在地球上分布很广泛，它能通过多种相互作用发挥诸多潜力，显示了在自然界中的重要地位。

多年来，人们一直认为 SRB 的种属较少且只能利用乳酸或者丙酮酸盐生长。目前，显而易见的是 SRB 在利用多种化合物作电子供体方面有相当惊人的能力和多样性，列出的 SRB 赖以生长的底物接近 100 种。缺少硫酸盐时，某些 SRB 菌株可以通过歧化作用以一种碳化合物作电子供体和受体。多种 *Desulfovibrio* 菌株的生长依靠丙酮酸盐、胆碱、苹果酸盐、甘油和二羟基丙酮。研究表明，一些菌种能够通过亚硫酸盐或硫代硫酸盐的歧化反应而生长，反应的机理是"硫"既作电子供体又作电子受体。然而硫酸盐还原只是与这些细菌相关的起始的无机反应，显然 SRB 还与其环境中的多种化学物质相互作用。

3.2.2　生物化学活性

（1）代谢产物

原则上，SRB 的末端产物分别为 H_2S 和 CO_2，比例是 1∶2，而在培养基中则会因为乳酸的分解代谢而导致乙酸积累。由于乳酸的分解代谢而导致乙酸积累的培养基中，理论上 SRB 的末端产物分别为 H_2S 和 CO_2，比例是 1∶2。在一些特殊条件下，这些 SRB 也可能产生一些其他的代谢产物。在整个生长阶段 *D. vulgaris* NCIB 8303 均产生 H_2，平均产 H_2 量为总产气量的 10％～15％，而 *D. gigas* 产生 H_2 都是在完成最大生长速率之后，但 *D. africanus* 在生长的任何阶段都不产生 H_2。产 H_2 突然增多，在产 H_2 过程中有两种不同的氢化酶参与。H_2 的产生可能源于偶磷的分解反应。当生长在丙酮酸盐歧化的条件下时，海水和淡水中的 SRB 菌珠能产生微量的甲烷。最近，有人发现 *D. desulfuricans* 代谢甲基汞时可产生甲烷，*Desulfobulbus propionicus* 可以产生丙酸盐，*Desulfovibrio* 的三个菌株可以氧化苯甲醛为安息香酸盐衍生物。以氰化物抑制乙酰辅酶 CoA 氧化，*Desulfobacterium anilini* 细胞可以分解由苯胺或者 4-氨基安息香酸盐产生安息香酸盐。尽管在目前的产量水平上这些物质可能不是很重要，但将来分子生物学的发展会证明其价值。

D. desulfuricans 产生的一种新的代谢物是 3-甲基-1,2,3,4-四羟基丁烷-1,3-环磷酸氢盐。*Desulfotomaculum nigrificans* 的其中一种代谢终产物为生育酚。据报道 *D. gigas* 体内可产生聚磷酸盐颗粒，*D. sapovorans* 可产生 β-羟基丁酸盐颗粒。当 *D. Sapovorans desulfuricans* 生长于硒酸盐或者亚硒酸盐介质中时，*Desulfovibrio* 的菌株可以产生多聚葡萄糖化合物。*D. desulfuricans* 能产生含己糖的胞外多聚物，这和在此之前报道的同一菌种胞外产生富含甘露糖的物质是类似的。

（2）硫化合物

在一些生物反应中应用 SRB 细菌来代谢硫酸盐，如酸矿排水中的硫酸盐可被 SRB 还原。在木质素磺酸盐中硫酸盐可用作电子受体并支持 *D. desulfuricans* 的生长。木质素被 SRB 菌代谢后，其多酚骨架和官能团受到影响，另外，*D. desulfuricans* 使木质素磺酸盐中的硫含量提高了 2 倍。经过细菌处理，牛皮纸木质素和木质素磺酸盐金属偶合能力显著提高。

由 *D. desulfuricans* 的脱硫作用来利用烟道气体中的 SO_2 具有一定的可行性和经济前景。*Desulfotomaculum orientis* 能靠 H_2、CO_2 和 SO_2 生长产生 H_2S，而 *D. desulfuricans* 能利用矿物质和预处理过的污水将 SO_2 转化为 H_2S。如从污水污泥中制取硫化物和利用石膏生产天然硫的工程。当自然硫供给日益枯竭的时候，这种包含元素硫产物的工艺将十分重要。

（3）生物产生的金属硫化物

SRB 产生的 H_2S 和重金属阳离子之间的化学反应能产生重金属硫化物。间歇培养 *Desulfovibrio* 产生的 H_2S 在生物体内与重金属阳离子起反应可生成硫化铅（方铅矿）、硫化锌矿、硫化锑（辉锑矿）、硫化铋（辉铋矿）、硫化钴和硫化镍。硫化汞（朱砂）和硫化铜（靛铜矿）是在连续培养 *D. desulfuricans* 时产生的。SRB 已被认为与黄铁矿的一个前体——水单硫铁矿的形成有关；在特定的情况下还与磁性硫化铁的形成有关。

由于这些金属硫化物的溶解度范围是 $10^{-4} \sim 10^{-6}\,\mathrm{g}/100\mathrm{mL}$，故从溶液中去除有毒重金属也是一个解毒的过程。在利用湿地系统（沼泽）对含有毒性重金属的水进行生物修复的方法中，SRB 产生 H_2S 能使溶解性金属阳离子发生沉淀。据报道，湿地和池塘去除了 Colorado 酸矿排水中的毒性金属，还去除了新墨西哥州某铀矿和密苏里州某铅矿排水中的毒性金属。

废水中重金属的去除也已在小试反应器中进行了研究。安装在荷兰 Budel-Dorplein 的 Budelco 炼锌厂内的反应器能去除地下水中的重金属。可以将工业废水中重金属硫化物产生的污泥先与飞灰、石膏或者沥青混合而将其固定，然后再在金属炼制过程中将金属和硫再回收。通过生物途径产生的金属硫化物可获得某些金属，但为了在经济上更可行，新系统的设计必须能够将这些金属矿石从环境中去除。

（4）H_2S 的还原反应

H_2S 是强还原剂，可与含氧阴离子发生化学反应。新西兰的 Otago 港接纳皮革厂的废水，其中 SRB 产生的 H_2S 还原 Cr^{6+} 为 Cr^{3+}。另外，亚硒酸盐可以与 H_2S 反应生成单质硒。由于 Cr^{3+} 和 Se^0 的毒性比其高氧化态时弱，故被 H_2S 还原是解毒过程。由于 SRB 和产甲烷菌组成的培养对甲基汞的分解作用，在厌氧条件下，二甲基汞硫化物可自发地转化为黑辰砂，并释放出二甲基汞和甲烷。在利用生物途径产生的 H_2S 对水下沉积物中的金属进行生物解毒时应格外小心，因为 H_2S 的水平有可能超标。

（5）油和沥青砂（oil and tar sands）

研究将 SRB 注入油井已被用来提高油的产量。由于表面活性物质对油从含油的砂层分离出来有十分重要的作用，因此二次采油中评估 *D. desulfuricans* 分泌出"黏蛋白"的活性是十分重要的。*D. desulfuricans* 胞外分泌多聚糖可被刺激形成生物膜。一些有争议的报道说 SRB 参与油的形成。*D. desulfuricans* 菌株 2198 能产生碳链长度为 $14 \sim 25$ 的脂肪族烃。同时也有证据表明 SRB 有助于沥青和沉积物的形成。

3.3　硫酸盐还原菌的分类学研究

3.3.1　硫酸盐还原菌分类的研究意义

近年来，关于微生物对硫酸盐异化还原作用的研究，在基础理论和应用领域均有显著的增加。对这一类功能明确的微生物，人们已经充分认识到它们具有更强的演变、遗传和代谢的能力，而远非以前所理解的那样简单。现在人们知道，硫酸盐还原细菌（SRB）能够直接或间接地参与各种基质的降解，包括饱和的烃类化合物及一系列芳香族和人造的异生化合物的降解。

能被这些微生物利用的电子受体的范围已扩大到包括铁离子、氯代芳烃及氧气等。在含微生物的沉积物团中，伴随着需氧的光合作用，也检测到了高速率的硫酸盐还原作用；而且，硫酸盐的还原作用还能够扩展到水底沉积物的有氧区域。这些类似报道已经改变了我们传统认为 SRB 是专性厌氧微生物的认识。事实上，我们也许正处在某种观念的转变过程中，逐渐认识到 SRB 更趋向于微需氧微生物而不是专性厌氧的。我们对 SRB 认识的基本改变是同分类学分不开的。在微生物分类学中，分子比较分类法的普遍运用极大地改变了我们认识和研究 SRB 的方法。SRB 的分类一开始是以比较 16S rRNA 的序列进行的，而现在这种方法却成了 SRB 鉴定的工具。时至今日，硫酸盐还原微生物学的复兴是与 SRB 分类学的长足进步分不开的。

在对 SRB 的最近的研究中，最引人注目的是以分子系统发育研究（主要根据 16S rRNA 的序列比较）为基础，来鉴定微生物以前未被认识的代谢能力的方法。在典型的 SRB 或最初未确认是 SRB 的微生物中，许多激动人心的新的代谢类型都是通过系统发育学研究得来的。例如，SRB 既能还原铁离子又能还原铀离子的认识便是将 *Geobacter metallireducens*（以前鉴定为 GS-15，一种专性厌氧的能以 Fe^{3+} 作为末端电子受体的微生物）的系统学位置重新定位至 SRB 中的直接结果。因此，只有互斥种群的特定组合才能还原硫酸盐和铁离子的观点应予以重新评价。能够以氯代芳烃作为最终电子受体的菌株为 SRB 的结论，最初是通过基于 16S rRNA 序列比较分析系统发育研究得到的。同理，认为猪肠炎的病原体与脱硫弧菌属（*Desulfovibrio*）有关的推论也是通过 16S rRNA 的序列比较分析得出的。

由于人们持续地分离具有特殊代谢能力的新菌株，使这一类群的微生物的数量大大增加。由于这种多样性在系统发育学的框架内，因此系统发育学也逐步向环境中生物多样性的、更深入的、系统的探索理论发展。DNA 探针专门以 16S rRNA 基因为目标，已经用于环境中微生物的直接计数。它们的生境范围现在已被扩展到地下浅层蓄水层系统及更深的地层以下。随着最近分离到各种在还原硫酸盐的同时分别能完全矿化甲苯、苯酚、邻苯二酚、苯甲酸盐、对甲酚及间甲酚、苯甲醇和香子兰酸盐、苯甲酸盐和 4-羟基苯甲酸盐和 3-氨基苯甲酸盐的 SRB，它们在生物修复中的应用潜力受到很大的关注。在实际工作中，这类具有厌氧转化能力的微生物的多样性还没有研究。

因此，对它们进行一下全面地分类是非常有必要的，这将有助于我们对 SRB 多样性的认识，并且这也是生物修复过程中，对自然种群进行合理操作的基础。

总结的目的是将 SRB 的分类学和系统发生学的历史上及现代的认识呈现给大家。人们在过去对 SRB 的认识是我们现在分子生物学研究的一个前奏，通过对细菌的生理属性界定为我们提供了 SRB 的基本概貌。进而，发展中的分子系统发育学又将具有相似基本生理特征的自然分类群框在一起，为选育 DNA 探针奠定了基础，这些探针可以对环境中微生物的多样性及 SRB 的生态进行直接的研究。而对 SRB 的生态学进行研究具有更大的挑战性。虽然我们对 SRB 的遗传多样性进行了大量的研究，然而想对 SRB 的多样性有一个完全的认识还必须从与演化有关的生态学入手。

3.3.2　传统分类

SRB 系统分类的早期阶段，是 20 世纪前 60 多年中分类学家们所面临困惑的阶段。这一阶段从对螺旋脱硫菌（*Spirillum desulfuricans*）的描述开始，直到脱硫弧菌属（*Desulfovibrio*）、脱硫肠状菌属（*Desulfotomaculum*）的建立及脱硫弧菌属的再次修正为止。由于人们对微生物的形态和表型特征的系统发育意义知之甚少，同时也缺乏确定化学分类性质和遗传性质的技术，导致在微生物的命名过程中，更多依赖于分类学家主观臆断而不是对微生物特性的客观评定。

在这两个硫酸盐还原菌属的系统学研究中存在的主要问题，一是所有成员革兰氏染色菌是否均为阴性；再者就是关于菌株的转化力的研究。第一个喜温的 SRB 鉴定为 *Vibrio thermo desulfuricans*。分离到这种微生物，并将它与 *Vibrio desulfuions* 进行了比较分析，而 *V. desulfuions* 能够氧化乳酸和乙醇。采用培养温度逐渐升高的方法，使 *V. desulfuricans* 在高达 55℃ 时仍可生长。在以 *V. thermo desulfuricans* 为研究对象时，也观察到了相反的现象，该菌株是 *V. desulfuricans* 中适合不同温度的菌株之一。该研究者还描述了一株单鞭毛的、短而无芽孢的硫酸盐还原弧菌逐渐成功地转变为嗜热的、周生鞭毛的、有芽孢且巨大的、略弯曲的杆菌的过程，为此他建议将菌株 *V. desulfuricans* 命名为 *Sporovibrio desulfuricans*。直到以 *D. desulfuricans* 为模式种的脱硫弧菌属的建立为止，同一株菌曾依次被划分到属 *Spirillum*、*Microspira*、*Vibrio* 和 *Sporovibrio*。一株革兰氏阴性的（虽然一开始鉴定为革兰氏阳性）、嗜热的、还原硫酸盐的、产生芽孢的细菌 *Clostridium nigrivans* 同 *Sporovibrio desulfuricans* 具有较大的相似性，接下来这两株菌又同不产芽孢的嗜温的 *Desulfovibrio desulfuricans* 进行了比较研究。结果表明，能形成芽孢的嗜热的硫酸盐还原菌不是 *D. desulfuricans* 的温度诱导突变体。免疫学测试、形态生理生化及缺少色素等特征表明，*C. nigrificans* 与 *Sporovibrio desulfuricans* 完全相同而与 *Desulfovibrio desulfuricans* 区别明显。同时，*C. nigrificans* 具有优于 *Sporovibrio desulfuricans* 的许多特征，且不属于脱硫弧菌属。

目前没有嗜温菌能在 50℃ 以上的温度中生长。根据能否形成芽孢的特征，*C. nigrificans*，*Desulfovibrio orientis* 及一株从绵羊瘤胃中分离到的细菌不仅与 *Desulfovibrio*（如不产芽孢有细胞色素 C 和脱硫绿胺霉素的菌种）不同，而且与革兰氏阳性的梭菌（clostridia）也不同。这三种菌均是革兰氏染色阴性、香肠状的微生物。脱硫肠状菌属 *Desulfotomaculum* 因此而建立起来。包括致黑脱硫肠状菌（*Dm. nigrificans*）、东方脱硫肠状菌（*Dm. orientis*）和瘤胃脱硫肠状菌（*Dm. ruminis*）。

硫酸盐的还原作用并不仅限于这两个属的微生物，在其他属微生物中这也是产能的一种方式。在有些情况下，有的属只包含个别硫酸盐还原菌，除此之外没有其他的 SRB，如螺旋状菌属（*Spirillum*）、假单胞菌属（*Pseudomonas*）和弧杆菌属（*Campylobacter*）。而在另外一些情况下，专指一些硫酸盐还原菌种的新属被确定出来，如嗜热脱硫肠状菌属（*Thermo desulfotobacterium*）和古球菌属（*Archaea Archaeoglobus*）。下面简要概括了几种主要 SRB 菌属建立的历史。种定义的基本信息来自基本形态、化学分类及遗传特征和主要电子供体。我们没有详细论述脱硫弧菌属及相关属微生物的生长温度、细胞大小及酯类构成等具体问题，对于电子供体、碳源及用于富集脱硫弧菌属、脱硫肠状菌属及其他 SRB 的培养基，在本文中也未讨论。除了脱硫弧菌属及相关属分类菌种的细胞壁脂肪酸和甲基奈醌类的组成研究较为详细之外，细菌的化学分类特征的研究依然是较为零碎的。

3.3.3　嗜温革兰氏阴性 SRB

脱硫弧菌属包含 5 个无芽孢、极性鞭毛、嗜温的革兰氏阴性硫酸盐还原菌种。例如，菌株 *Norway* 4，虽然它不产生脱硫绿啶，但仍作为脱硫脱硫弧菌（*D. desulfuricans*）的一个菌株 [现在菌株 *Norway* 4 已被归为 *Desulfomicrobium*（*Dmi*）*baculatus* 的菌株之一]。相反，菌株 *Hildenborough* 由于与 *D. desulfuricans* 模式菌株的生长需求不同，因此没有归入 *D. desulfuricans*，而被归入了 *D. vulgaris* 属。现在此菌株却成了普通脱硫弧亚种

（*D. vulgaris subsp. vulgaris*）的模式菌株。脱硫弧菌属和脱硫肠状菌属在系统发育过程中并不相邻的事实源于对 DNA/rRNA 相似性的研究，结果表明脱硫弧菌属各种同脱硫肠状菌属各种的关系就如同它们与弧菌属（*Vibrio*）、大肠埃希氏菌属（*Escherichia*）和螺旋菌属（*Spirillum*）的关系一样远。

不像脱硫肠状菌属中各菌在形态和代谢方面均较一致，革兰氏阴性的异化型 SRB 所利用的可以氧化的基质的变化范围较广，且在形态上也表现出更大的多样性。因此，SRB 被认可的细菌名单和确认名单的数量稳步地从 1965 年的 5 种上升到 1984 年的 9 种，再到 1994 年的 15 种。到目前为止，证明通过细菌的遗传物质进行分类的有行性分析仍较少。早期通过 rRNA 基因的顺反子相似性分析表明，普通脱弧菌（*D. vulgaris* Hildenborough）的模板 rRNA 同脱硫弧菌（*D. desulfuricans* VC NCIB9476）（即前的 *Vibrio cholinicus*）的 rDNA 高度相似，而与需盐脱硫弧菌（*D. salexigens*）和非洲脱硫弧菌（*D. africanus*）的 rDNA 比较所得的值要明显高于同外族微生物的 rDNA 比较所得的值。DNA 相似性研究使人们认识到，*D. baculatus* 和 *D. thermophilus* 同该属中其他各菌无相关性，所以后来这两种菌又分别被命名为 *Desulfomicrobium baculatus* 和 *Thermo desulfomicrobium mobile*。此外，脱硫弧菌属中各菌的 G＋C（DNA 基本成分）摩尔分数在 49%～65%，这表明本属各菌要么是在系统发生上不同源，要么是即使在系统发育上同源，其水平也是很低的。

在脱硫弧菌属的分类中，测试的各种特性过少是导致分类不够完美的原因。而且在许多实验中，表型是不稳定的，如形态的改变、运动性的丧失、菌丝体（lophotrichous）或双鞭毛细胞的存在等，另外培养行为也多有改变。特别对于脱硫弧菌属，形态特征并不能给分类提供较好的指导，因为细胞在长期培养中呈现出多形性，且细胞的形状还会随着培养条件的改变而变化。甚至通过脱硫绿胶霉素（desulfoviridin）测试，开始时这一测试用于将脱硫弧菌属（阳性）从脱硫肠状菌属（阴性）中区分出来，而现在已知脱硫弧菌属中的某些成员这一测试也是阴性的，如杆状的脱硫脱硫弧菌（*D. desulfuricans*）菌株 *Norway*、*D. baculatus*、*D. sapovorans* 和 *D. baarsii* 等。同样像下面所要述及的那样，这些微生物也不再认为是脱硫弧菌属中的细菌了。

综合一些关键特征分离有别于脱硫弧菌属的微生物，从而导致了不形成芽孢的异化型 SRB 属数量的增长，从 1965 年的 1 个属到 1994 年的 10 个属。近年来也发表了脱硫弧菌属及相关属各菌的特征及用于分类的大量关键特征，包括细菌大小、生长温度、生境、硫酸盐还原的电子供体等。许多分类学问题是在分类的过程中提出来的，而不是根据《细菌确认名录》（Approved lists of Bacterial Names），因为该名录从那以后还没被确认过。虽然从分类学和系统发育学角度来看，这些新的分类是合法的，但自从 1980 年以来，这些分类的正规描述均无正式的发表过，或者根据分类规则列在《系统细菌学国际杂志》的有效的描述分类中。因此，到目前为止，下面的分类在分类法上还是没有地位的，仍需加上双引号。

① 属"*Desulfoarculus*"和种"*Desulfoarculus baarsii*"。这个种依然属于脱硫弧菌属，即 *D. baarsi*。

② 属"*Desulfobotulus*"和种"*Desulfobotulus sapovorans*"。这个种依然属于脱硫弧菌属，即 *D. sapovorans*。

③ 种"*Desulfobacterium niacin*"和种"*Desulfobacterium vacuolatum*"。

④ 种"*Desulfobulbus marinus*"是一株海洋分离菌株的建议名。

⑤ 种"*Desulfovibrio piger*"。这个种依仍是"*Desulfomonas*"中的成员，即 *Desulfomonas pigra*。

⑥ 种"*Desulfovibrio alcoholovorans*"和种"*Desulfovibrio carbionolicas*"。

3.3.4 嗜热革兰氏阴性 SRB

嗜热脱硫杆菌属（*Thermo desulfobacterium*）包括两个种，即 *T. commune* 和 *T. mobilis*。模式种 *T. commune* 最先发现的是一种生活于美国黄石国家公园的热浆和藻丛中的革兰氏阴性细菌，它比较小（$0.3\mu m \times 0.9\mu m$），极嗜热，不具运动性，也不形成芽孢。

这种微生物的最高生长温度（T_{max}）是 85℃，是迄今为止所见的生长温度最高的细菌之一，与之相比，另外的嗜热细菌是 *Thermotoga* 属（T_{max} 为 90℃）和 *Aquifex pyrophilus*（T_{max} 为 95℃）。还有一个显著特点是，它的 G＋C 摩尔分数只有 34％，且在没有硫酸盐的乳酸盐和丙酮酸盐的培养基上不生长，含有细胞色素 C_3。这种 SRB 不含脱硫绿胶霉素（desulfovirdin）、脱硫玉红啶（desulforubidin）和 582 型的重亚硫酸盐还原酶（bisulfite reductase），取而代之的是一种至今未知异化型的重亚硫酸盐还原酶，即 desulfofuscidin。真细菌界（bacteria）的细菌主要是（并非完全是）通过与酯相连的脂肪酸来界定的，与之相比，*T. commune* 却含有与醚相连的脂，主要是磷脂。而同古细菌界（Archaea）与醚相连的成分相比，*T. commune* 的确是带有一个具近端甲基分支的脂肪链（前异庚烷癸酯）。极度嗜热的、杆状菌种 *D. thermophilus* 缺乏脱硫绿胶霉素，且 G＋C 含量要比脱硫弧菌属低得多。由于 *D. thermophilus* 同另外两株脱硫弧菌的 DNA 相似性很低。根据细菌命名法的国际编码，虽然细菌的名称从 *Thermophilus* 到 *Mobile* 的改变是不合法的，但这个种已作为嗜热脱硫杆菌属的唯一种生效了。然而，根据 *T. mobilis*（*D. thermophilus*）和 *T. commune* 之间在生长温度、形态、无芽孢、异戊二烯类组成（MK-7）及脂肪酸（主要分为同型或异型脂肪酸）组成的相似性，这种人为的改变似乎是合理的。且来自于 *T. mobilis*（实验中为 *D. thermophilus*）和 *T. commune* 的重亚硫酸盐还原酶也具有一些同源性；但由于缺少在系统发育上更加广泛的微生物菌群，使这一发现的重要意义被大大地限制了。

3.3.5 革兰氏阳性 SRB

脱硫肠状菌属最开始只描述了 3 个种，在这之后的 25 年中，另外 3 种嗜温菌的加入使这一数量有所增加，分别是 *Dm. acetoxidans*、*Dm. antarcticum* 和 *Dm. guttoideum*。其中后 2 种菌同最早描述的 3 种菌一样都不能完全氧化有机底物，都是周生鞭毛，而 *Dm. acetoxidans* 能够完全氧化有机物，偏端单生鞭毛，它的 DNA 的 G＋C 摩尔分数含量特别低，只有 38％。现在，11 种合法描述的菌也包括嗜热的代表种，这些种主要是根据代谢属性和对生长因子的需要来界定的。还有一个种即 *Dm. thermoacetooxidans* 还未得到广泛的承认。

电子显微镜研究中一个最意外的发现是：脱硫肠状菌属的菌株通过革兰氏染色是阴性的，但从超微结构上看却有一个革兰氏阳性的细胞壁。这一发现也被接下来的系统发育分析进一步证实了。

革兰氏阳性 SRB 中所有的种都是通过是否有芽孢而进行界定的，且芽孢的形状（球形到椭圆）和位置（中心、近端、末端）也因菌而异。至于硫酸还原过程中的电子供体，对于脱硫肠状菌属来说是多种多样的。一些细菌是自养的，还有一些通过发酵葡萄糖和其他有机质生长。另外某些种通过同型产乙酸作用，即通过将包括 H_2 和 CO_2 等的基质转化为乙酸的过程获得能量。这种发现从系统发育学角度来看特别有趣，因为这也许表明：这些种更接近于同型产乙酸的梭菌而不是脱硫肠状菌属的其他种。在脱硫肠状菌属中还从未发现脱硫绿胶霉素（一种亚硫酸盐还原酶），却发现了亚硫酸盐还原酶 p582。除了细胞色素 B 之外，也检测到了细胞色素 C。磷脂类型与脱硫弧菌属及相关种属相差不大，饱和的、不分支的、偶数碳原子的（16：0、18：0）和同型、异型分支的（16：1、18：1）脂肪酸占优势。2 个嗜热菌，致黑脱硫肠状菌（Dm. nigrificans）和 Dm. australicum，含有大量的不饱和、分支的（i-15：0、i-17：0）脂肪酸，在后者中可占到总脂肪酸的 87%。这些化合物的大量出现是细菌适应高热生境的产物，同样在其他嗜热菌，例如 Thermi 和一些梭菌中也发现了大量此类的脂肪酸。

3.3.6　硫酸盐还原古菌

从厌氧的海底热水区域中分离出来的 Archaeoglobus（A.）fulgidus 和 A. profundus，是至今描述的仅有的两株异化型的硫酸盐还原古菌，曾对种 A. fulgidus 的生理学、生物化学及系统发育学进行过细致的研究。根据初始的系统发育分析，这个种一开始曾被认为是代谢硫的和产甲烷的古菌之间的"链接菌"。这两个种的细胞呈规则至不规则的球状，需要至少 1% 的盐才可生长，并极度嗜热（最高生长温度为 90℃）。在 420nm 处，它们均发出相似的蓝绿荧光，以硫酸盐、亚硫酸盐及硫代硫酸盐作为电子受体，而单质硫则可抑制它们的生长。ATP 硫酸化酶和腺苷酰硫酸盐、亚硫酸氢盐还原酶活性在 A. fulgidus 中均有存在，乳酸经过一个特殊的途径氧化，此途径通常仅存在于产甲烷菌中。此外，这两种古菌的细胞壁均缺少肽聚糖，但含有脂肪族 C_{40} 四醚和 C_{20} 二醚脂。A. fulgidus 可产生少量甲烷，并有辅因子甲基呋喃和四氢甲烷蝶呤，而 A. profundus 不能产生甲烷，这些辅因子也未见报道。A. fulgidus 和 A. profundus 之间更大的不同是 DNA 的碱基组成（分别是 46% 和 41%）和营养类型（分别是兼性化学能无机自养型和严格化能无机异养型）。

3.3.7　嗜温革兰氏阴性 SRB 的系统发育学研究

截至目前，被分离和描述的 SRB 绝大多数为革兰氏阴性的。16S rRNA 的序列比较分析，已经将这些菌株分别定位到了两个相关性不大的系统发生株系中。一个株系包括嗜热菌，如嗜热脱硫肠状菌等，另外一个株系包括嗜温菌。在每一个株系中表现出了大量的系统发育多样性。

通过 16S rRNA 序列比较分析，已经将嗜温革兰氏阴性的 SRB 放到了 Proteobacteria 中的 δ-亚族中。δ-亚族包括 Myxobactoric（黏细菌）、Bdellovibrio（蛭弧菌）的 SRB，最近又扩大到了属 Pelobacter。序列比较分析也将能还原铁的细菌 Geobacter metallireducens 放在 δ-亚族中。

在进行 SRB 内部系统发育关系的初始分析中，应用的是 16S rRNA 编目的方法。结果出现了很大的系统分歧，这表明 SRB 的属间营养类型差异很大。致黑脱硫肠状菌（D. desulfuricans）和巨大脱硫肠状菌（D. gigas）所在的分支恰恰是从包含其他革兰氏阴性的 SRB 菌属中分离出来的，这些革兰氏阴性的 SRB 菌属分别是脱硫杆菌属（Desul-

fobacter)、脱硫八叠球菌属（*Desulfosarcina*）、脱硫丝菌属（*Desulfonema*）、脱硫球菌属（*Desulfococcus*）和脱硫叶状菌属（*Desulfobulbus*）。由于这 5 个属中仅脱硫八叠球菌属（*Desulfosarcina*）和脱硫丝菌属（*Desulfonema*）有较近的亲缘关系，所以各属表现出了差异性。

利用反转录酶的测序技术的发展促成了完整的 16S rRNA 序列的运用，这使更快更精确的系统发育研究成为可能。因此，随后这些近乎完全的序列的比较，进一步确定了革兰氏阴性嗜温菌的系统关系。总体而言，这些类群同基于生理生化特征分类的结果具有很好的吻合性。

通过对 SRB 的系统发生关系研究，人们提出要在革兰氏阴性嗜温菌中建立两个科的建议，即脱硫弧菌科（Desulfovibrionaceae）和脱硫杆菌科（Desulfobacteriaceae）。

（1）脱硫弧菌科

近乎完全的 16S rRNA 序列比较分析表明脱硫弧菌属在系统发生上是一个复杂多样的类群，正如前述编目分析的那样，这一类群微生物同其他革兰氏阴性嗜温菌完全不同。脱硫弧菌属（*Desulfovibrio*）中有两个种 *D.sapovorans* 和 *D.baarsii* 的序列恰好落在主要脱硫弧菌属群以外；所以后来将其分别重新命名为"*Desulfoarculus baarsii*"和"*Desulfobotulus sapovorans*"。脱硫弧菌属的多样性已引起了更为广泛的研究。

将脱硫弧菌属中菌株同其他属的序列比较表明，在脱硫弧菌属中至少存在 5 个分支，这些分支之间的关系和 SRB 属间关系一样远。脱硫弧菌科之间的关系在属级水平分支的识别，代表菌株有：

① *D.salexigens* 和 *D.desulfuricans* strain（菌株）EI Aghelia Z；

② *D.africanus*；

③ *D.desulfuricans* ATCC 2774，*Desulfuromonas pigra* 和 *D.vulgaris* Hildenborough；

④ *D.gigas*；

⑤ *Desulfomicrobium baculatus* 和 *D.desulfuricans* strain（菌株）Narway 4。

根据 16S rRNA 的序列相似性和基因组 DNA 之间的同源性建立起来的相关系数，也支持脱硫弧菌属中种的差异其实处于属级水平的解释。脱硫弧菌属中种的系统发生多样性是同其他已认识的细菌科（如 *Rhizobiaceae*、*Enterobacteriaceae* 和 *Vibrionaceae*）的系统发生多样性相一致的。另外，区别脱硫弧菌属中各种与其他属 SRB 的 16SrRNA 核苷酸指标也确定下来了。所有这些研究认识到了该属中菌的多样性，又认识到了该类群是单系统起源的，因此，提出了"脱硫弧菌科"的建议。

由于又获得了一些生理信息，现存的脱硫弧菌属也许会像以前建立脱硫肠状菌属一样，被分成许多属。可惜的是，许多情况下用来说明系统发育的、各族的、可以确定的、极好的化学分类特征标记很少，即使有也不是所有种的共同特征。MK-6 型的异戊二烯类醌、细胞色素 C$_3$ 和脱硫绿胶霉素的存在是脱硫弧菌属的共同特性。G＋C 摩尔分数的范围从 48％（*D.Simplex*、*D.salexigens*）到 67％（*D.Termitidis*），而且根据在 *Desulfovibrio* 进化树分支点上 *D.salexigens* 的位置，这个参数也许极有可能不会排除本属中低 G＋C 含量的成员。毫不奇怪，根据脂肪酸绘制的框架，同根据 16S rRNA 序列绘制的系统发育图并不匹配。例如脱硫微菌属的菌株特征为含有细胞色素 B 和细胞色素 C 而缺少脱硫绿胶霉素，当与脱硫弧菌属中的菌 *D.africanus*、*D.helophilus* 和 *D.salexigens* 进行聚类分析时，就像系统发育分析一样并不是落在脱硫弧菌属的外侧。

（2）脱硫杆菌科

类似于脱硫弧菌属各种间系统发生关系的多样性，人们也在考虑将革兰氏阴性嗜温的其他属 SRB 组成一个分离的科。根据 16S rRNA 的测序，重新定义了"脱硫杆菌科"。

脱硫杆菌属各个种组成一个亲缘关系很近的类群，其菌株间具有 95％ 的序列相似性。*Desulfobacterium antotrophicum* 与 *Desulfobacterium niacini* 和 *Desulfobacterium vacuolatum* 也具有至少 95％ 的序列相似性，这也支持将后两种菌分配到该属中的假定。而这种分类学位置的改变是难以根据表型特征来进行的，除非根据具有 7 个异戊二烯单元的甲基萘醌类来进行。这两个属是从一个最近共同祖先演化而来的，16S rRNA 序列有 90％ 相似性。

脱硫叶状菌属（*Desulfobulbus*）的两个 SRB，*Desulfobulbus propionicus* 和 *Desulfobulbus marinas*，虽然表型相似，但在系统发生上要比属 *Desulfobacter* 或属 *Desulfobacterium* 具有更大的多样性。脱硫叶状菌属中的模式种 16S rRNA 序列之间具有 92％ 相似性，而同其他类群的相似性不会大于 86％。

在能够氧化高级碳链脂肪酸的 SRB 中，*Desulfococcus multivorans* 和 *Desulfosarcina variabilis* 16S rRNA 序列具有 92％ 的相似性，"*Desulfoarculus sapovorans*"与该类群较相关，同 *Desulfococcus multivorans* 具有 90％ 的序列相似性。

Desulfomonile tiedjei 最初鉴定为菌株 DCB-1，是一种非同寻常的 SRB，具有对 3-氯苯甲酸酯进行还原脱氯的能力。最初的 16S rRNA 序列比较显示，该菌与硫还原菌和一部分的 SRB 不同，研究表明与之亲缘关系最近的是 SRB。*Desulfomonile tiedjei* 同 *Desulfoarculus baarsii* 相关性较大，两菌 16S rRNA 的序列相似性为 88％。

对于菌株 *Desulfonema limicola* 的更为精确的系统发生位置有待于 16S rDNA 全序列的测定。通过对该菌与 *Desulfosarcina variabilis* 16S rRNA 编目的研究，得到的 S_{AB} 的值为 0.53，基本上同 88％ 的序列相似性一致。此值表明这个种的分支点在 *Desulfosarcina*/*Desulfococcus* 的分岔点的下面，并且足够低，这进一步支持了属 *Desulfonema* 提出的合理性。

3.3.8　嗜热革兰氏阴性菌的系统发育学研究

有一段时间的研究表明，嗜热 SRB 和嗜温 SRB 是远相关的。已经完成了 *T.commune* 同一嗜热新菌株 YP87 的 16S rRNA 序列比较分析；YP87 是从黄石公园的温泉中分离得到的。比较的结果表明，革兰氏阴性的 SRB 起源于真细菌界的早期。在构建系统发育树的过程中，利用了碱基转换距离。嗜热菌的核糖体 rRNA 中的 G＋C 含量为 60％～66％，通常要比嗜温菌（约 55％）高。

以简约法或进化距离法进行分析时，高 G＋C 含量的序列更趋向于聚在一起。然而，rRNA 序列中的嘌呤（或嘧啶）的含量相当稳定至近似第一位，所以根据碱基转换距离进行系统发育研究不如测 G＋C 含量敏感。革兰氏阴性的嗜热 SRB 分支，同以下分支区别明显：

① 同 *Proteo-bacteria* 紧密相关的革兰氏阴性的嗜温；

② 革兰氏阳性菌；

③ 超嗜热古细菌-古球菌属（*Archaeoglobus*）。

$T. commune$ 和菌株 YP87（在 YP87 之间在 G+C 含量稍有不同，其他的 YP87 菌株曾被认为是嗜热脱硫杆菌）尽管生理方面有大量的相似性，但二者之间的碱基转换距离却表现出系统发生的极大多样性。这一现象类似于某些脱硫弧菌，生理相似却具有系统发生多样性。因此，认为菌株 YP87 是一个新属的种，建议命名为黄石嗜热脱硫弧菌（$Thermodesulfovibrio\ yellowstonii$）。

$T. commune$ 和 $T. yellowstonii$ 的分支点处于细菌界早期，这进一步支持了细菌界嗜热起源的学说。如前所述，其他大多数更早期的细菌分支，$Themotogales$ 和 $Coprothermobacter\ proteolyticus$ 完全由嗜热种群组成。

3.3.9　革兰氏阳性 SRB 的系统发育学研究

采用 16S rRNA 编目的方法，致黑脱硫肠状菌（$Dm. nigrificans$）和 $Dm. acetoxidans$ 同革兰氏阳性的梭菌属/芽孢杆菌属亚门组成一群，它们的 DNA G+C 含量均低于 55%。虽然这两种菌聚为一族，但二者仅表现为远相关，只有约 86% 的序列相似性。这种低的相关度又得到了二者在基因组和表型方面巨大差异的支持。一开始曾鉴定的同脱硫肠状菌属亲缘关系最近的是梭菌属中的某些嗜热种。另一对细菌，即东方脱硫肠状菌和瘤胃脱硫肠状菌的发育学关系，也应用了 16S rRNA 的近乎全序列进行了研究，这些序列是通过反转录酶方法测得的。这二者的发育学关系甚至更远（相似性 83%），几乎不能十分清晰地划到同一个属中。这好像有些奇怪，因为在基因组和表型方面它们要比致黑脱硫肠状菌和 $Dm. acetoxidans$ 之间的相似性要大得多。通过对 $Dm. australicum$ 的序列数据（这一序列是对 16S rDNA 的 PCR 产物进行直接测序而得到的）进行分析表明，它和瘤胃脱硫肠状菌（$Dm. ruminis$）和东方脱硫肠状菌（$Dm. orientis$）聚为一族，但内部的结点非常小，以至于无法确定每株菌起源的先后顺序。梭菌属及相关属的分析表明，在本亚门中更高级阶元的顺序无法确定。进化树的拓扑学结构随着参考种、序列的长度和位置的不同而不同，在一定范围内依赖于嗜温和嗜热菌株的 DNA 的碱基组成差异。

随着近来对 8 个菌种的分析，脱硫肠状菌属（$Desulfotomaculum$）的悬而未决的系统发育框架和其在梭菌属中的位置日趋明了。应用梭菌属的不同种作为参考种，这项研究显示出 4 个类群，包括东方脱硫肠状菌（$Dm. orientis$）、$Dm. acetoxidans$、$Dm. australicum$ 和其他脱硫肠状菌。而其他的拓扑学结构可通过对比不同序列区和忽略 $Dm. niger$ 和 $Dm. thermobenzoicum$ 中的部分序列获得。系统发育树是根据 16S rRNA 中的 500bp（1bp=1 碱基对）核苷及特定参考种而构建的，这一参考种能够将脱硫肠菌属聚在一起。几对特异的、试验性的分类结果是：$Dm. thermobenzoicum$ 和 $Dm. australicum$；$Dm. geothermicum$ 和 $Dm. sapomandens$；$Dm. nigrificans$ 和 $Dm. ruminis$。

其中后两种菌株（即 $Dm. nigrificans$ 和 $Dm. ruminis$）之间的分类关系还得到了表型特征的支持，而另外两对的关系在表型上却不太明显。我们已经知道通过 16S rRNA 编目分析，脱硫肠状菌属最近的亲缘关系是某些嗜热梭菌。需要通过 16S rDNA 的全序列进行校正或者采用更可靠的方法再加以分析。除了某些嗜热的梭菌属之外，还要注意 $Dm. australicum$，因为在它 16S rRNA 基因中含有多达 3 个的大插入片段（>120bp），这些片段不被转录成为成熟的 rRNA。这一个特征在其他原核生物的 rDNA 中未曾发现。

3.3.10　硫酸盐还原古菌的分类学关系

随着 *Archaeoglobus fulgidus* strain 菌株 VC-16 的分离，古细菌界中又增加了一个新的表型。此细菌同现有的三种主要的古细菌类型不能相符，主要表现在它不产甲烷、极度嗜盐或极度嗜热，但它确实还原硫酸盐。它是人们唯一认识的用这种化合物作为电子受体的古细菌。

A. fulgidus 也能够产生少量甲烷，这一发现使这种细菌成了更古老的嗜热 SRB 和产甲烷古菌之间的"迷失的链接"（missing link）。为鉴定进化树拓扑结构的稳定性，分别采用了进化距离法、最大简约法及其他策略对分支图进行评价，均能够将该菌的 16S rRNA 置于两个分支之间，这两个分支分别是由 *Thermococcus celer*（*Euryarchaeota* 中的成员）和 *Methanococcus* 种界定的。有趣的是，对一个与 VC-16 高度相关的菌株，即菌株 Z，进行 16S rRNA 编目的结果是将这个分离种作为一个早期分支放在产甲烷菌的进化树中。它们的 rRNA 和 rDNA 也许比嗜温菌要有一个更高的 G+C 含量。为了消除由于碱基组成而造成的假象，又采用了碱基置换分析，结果表明 *A. fulgidus* 菌株 VC-16 的分支点发生了改变。从古菌树的广古菌门侧的近底端移走，而放置于包含有 *Methanomicrobiales*（甲烷微菌）和极度嗜盐微生物的系统发育群中。为何编目法比序列比较法能根据更多序列信息提供更准确的系统发育信息呢？这可通过产生 16S rRNA 编目的方法来解释：由于很多富含 G 的位置被 RNase T1 切除而导致了组成的偏差。

现今，人们认为古球菌（*Archaeoglobus*）的成员是从产甲烷的原种进化而来的。是不是还原硫的酶系在这些类群中是一种原始属性，这一系统是不是因基因横向转移而获得，这些问题需进一步探究，只有在对定向进化同源基因进行序列比较之后才能确定。通过对 *A. fulgidus* 的腺苷酰硫酸盐 APS 还原酶结构的研究，表明它存在 [4Fe-4S] 簇，这同巨大脱硫弧菌（*Desulfovibrio gigas*）的相应酶非常相似。

3.3.11　除 16S rDNA 以外的遗传标记分析

SRB 的特殊的代谢过程激起了微生物生理学家、生物化学家和遗传学家相当大的兴趣。大多数研究主要局限于脱硫弧菌属。为了确定它们的分布、化学组成、基因的主要结构、蛋白质的氨基酸组成等，该属中的一些菌被研究的较为详细。然而这些研究极少源于系统分类学和系统发育学的观点（虽然 ATP 硫酸化酶，亚硫酸盐还原酶和 APS 还原酶的泳动性也被作为诊断值）。更早的研究主要集中在提供关于基因组成和功能及它们的产物的信息。而且，这些研究大多数局限于要么确定特定基因的分布，如 nifH 基因和一个被鉴定为编码一氧化碳脱氢酶的暂定基因；要么局限于对某些种的遗传学分析，如基因组大小、RNase P RNA、*D. desulfuricans* 琥珀酸盐脱氢酶基因（*Desulfobulbus elongates*）、protoporphyrinogen 氧化酶基因（*D. gigas*）、乳清酸核苷-5′-磷酸（盐）脱羧酶基因、化学受体 A 基因、rubredoxin [红素氧还蛋白（*D. vulgaris*、菌株 Miyazaki 和 *Hildenborough*）]、亚硫酸盐还原酶基因（*D. vulgaris Hildenborough*）、脱硫还原酶基因（*D. vulgaris Hildenborough*，*D. gigas*）和黄素氧化还原蛋白基因（*D. gigas*、*D. vulgaris*、*D. salexigens*）。只有巨大脱硫弧菌（*D. gigas*）、普通脱硫弧菌（*D. vulgaris*、菌株 *Hildenborough* 和 *Miyagawa*）和脱硫脱硫弧菌（*D. desulfuricans*）研究的最为详细，但这些数据目前并不能提供足够的信息，用于揭开演化的历史。下面是能够确定脱硫弧菌属遗传关系的生化或遗传数据，而不是来自于 16S rDNA 或 DNA 的分析。

3.3.12　新的分类方法及技术

不同的技术已经应用到 SRB 多样性和活性的研究。最古老的方法是培养，但这种方法有限制，大自然中只有少量的微生物可以被培养出来（<1%），其他可以确定环境样品中 SRB 存在的技术有磷脂脂肪酸分析。这个技术已经可以检测 SRB 群体，但是在分类学中的分辨率还是有限的。在自然和工程生态系统中大部分的 SRB 多样性信息可以通过 marker 基因获得。最常用的是 16S rRNA。

基于 16S rRNA 序列比较分析，已知的 SRB 可以被分为 7 大家族，5 种细菌和 2 种古生菌。大部分硫酸盐还原细菌属于变形菌，然后是梭状芽孢杆菌的革兰氏阳性 SRB。硝化螺旋门、热脱硫杆菌门、热脱硫菌科仅包含了嗜热脱硫菌。在古生菌中，SRB 属于古生球菌属、热分枝菌属。

不同 SRB 的 16S rRNA 片段扩增运用不同的引物。一种更有力的检测 SRB 的方法是运用编码硫酸盐还原过程中酶的功能基因，如 *dsrAB* 编码异化硫化物还原酶，*apr-BA* 编码异化 5′ 磷酸化的硫酸盐还原酶。变性梯度凝胶电泳扩增 16S rRNA，*dsr* 和 *aprA* 片段被用于决定生境中 SRB 的丰富度。最近，DNA 微阵列，SRP 芯片可用于检测自然样品中的 SRB，如酸性沼泽土壤。但是，这些方法存在缺点，它们对于 SRB 细胞的信息提供很少。

定量实时 PCR 是高灵敏度的可以检测 SRB 含量的方法。此外，这种技术还可以研究功能基因的表达。另一种可以检测 SRB 的技术是 FISH，这种方法可以使得 SRB 的空间分布可视化，运用不同的探针便可以检测到不同的 SRB 的 rRNA。Mussmann 运用 CARD-FISH 研究了潮湿沼泽样品中 SRB 的垂直分布。他们发现高于 11% 的细胞是 SRB，而且，脱硫叠球菌属和 *Desulfobulbaceae* 在污泥表层占据主导地位。

通过在基质中应用放射性标签，可以使特殊种群的活性可视化。Ito 和其工作者运用 MAR-FISH 检测了不同的电子受体下，生物膜污泥中 SRB 的丰富度和基质吸收模式。他们发现脱硫叶菌属在生物膜中占主导地位，尤其是在以硫酸盐为电子受体吸收丙酸盐中的碳和乙酸盐中的氢，而脱硫弧菌属在氢和硫酸盐存在的条件下，吸收碳酸氢盐中的碳占优势。

SIP 可以取代放射性同位素来检测活性种群的组成。通过对河流污泥磷脂脂肪酸分析，Boschker 发现，基质主要是被脱硫肠状菌属的革兰氏阳性菌吸收，而不是被脱硫杆菌属的革兰氏阴性菌吸收。Webster 比较了 DNA 的 SIP 和磷酸脂肪酸鉴别进行硫酸盐还原的污泥中的活性种群。他们发现，利用乙酸盐的脱硫杆菌属吸收乙酸盐中的碳。但这个结果不能被磷酸脂肪酸分析具体化。

其他的研究 SRB 活性的方式是运用微电极进行硫化物测定以及运用放射性同位素示踪硫酸盐来测定硫酸盐还原率。最近也有用基因表达研究来检测自然样品中 SRB 的活性。Wawer 研究了镍铁氢基因的表达，推测了共存的脱硫弧菌属的生态位变化。Dar 研究了 *dsrB* 基因的表达，推测所有 SRB 的活性。但这些方法都有它们的优点和缺点。为了获得自然生境中 SRB 多样性和活性的综合理解，应该运用传统的分子生物学方法研究。

3.3.13　铁氧化还原蛋白

脱硫弧菌属有一至几种类型的铁氧化还原蛋白（Fd Ⅰ、Fd Ⅱ、Fd Ⅲ），每个单体主要是根据分类子量、亚基结构、Fe-S 簇来进行区别的。序列比较表明，普通脱硫弧菌 *Miyazaki* 的 Fd Ⅱ 和脱硫脱硫弧菌 *Norway* 的 Fd Ⅰ、非洲脱硫弧菌的 Fd Ⅰ 和巨大脱硫弧菌的 Fd 均具有同源性。人们还发现普通脱硫弧菌 *Miyazaki* 的 Fd Ⅰ 除了和脱硫脱硫弧菌 *Norway* 的 Fd Ⅱ 具有同源性（76%）之外，还同非洲脱硫弧菌 *Benghazi* 的 Fd Ⅲ 具有显著的相似性（84%）。为确定铁氧化还原蛋白的系统发育学关系，人们对 3 个脱硫弧菌的包含 4 种类型铁氧化还原蛋白的共 31 个原核类型的铁氧化还原蛋白进行了比较。最大简约系统发育树分析表明，脱硫弧菌是细菌科中最古老的类群。另一方面，嗜热菌（*Thermus*）作为原始世系的一个分支（根据比较 16S rRNA 序列而知），是和芽孢杆菌属、分枝杆菌属的其他好氧菌及 *Proteobacteria* 属的菌种紧密相关的。至少有 2 个铁氧化还原蛋白基因的复制促使形成了共生同源基因。其中 1 个在脱硫弧菌菌株 *Norway* 中发现。这个种中的 Ⅰ 型铁氧化还原蛋白与非洲脱硫弧菌和巨大脱硫弧中的铁氧化还原蛋白聚为一类，而 Ⅱ 型铁氧化还原蛋白后来又分支出去了。非常有趣但无法解释的是，在脱硫弧菌铁氧化还原蛋白的放射分支中 *Methanosarcina barkeri* 的铁氧化还原蛋白的起源问题。另外的非常有意义的偏差在 16S rDNA 和铁氧化还原蛋白基因序列分支图中也是很明显的，这可能部分归咎于根据铁氧化还原蛋白序列比较得到的分支图，其下面 3/4 的分类分支顺序缺乏可信度。尽管如此，这 3 个脱硫弧菌仍聚集在一起，分支之间的较大距离与 16S rDNA 数据显示这 3 个种是远相关的结果是一致的。

3.3.14　细胞色素 C

异化性的 SRB 含有不同的细胞色素。脱硫弧菌属的主要细胞色素是细胞色素 C_3，一种具有极低的氧化还原能力的小四聚体细胞色素。到目前为止，只在本属中发现。其他的细胞色素类型也在脱硫弧菌中出现，如 C533，这表明在严格厌氧的 SRB 中细胞色素体系是很复杂的。脱硫肠状菌属和其他 SRB 的细胞色素体系研究较少。尽管对脱硫弧菌的细胞色素进行了比较彻底地遗传研究，而真正对一般基因或其产物的一级结构进行全面的系统发育学比较的却仅限于少数的几个菌株，包括脱硫脱硫弧菌菌株 *Berre-Eau* 和 G200，普通脱硫弧菌菌株 *Hildenborough* 和 *Norway*。细胞色素 C_3 的系统发育分析并不能提供太多的信息，也许是由于这些序列的比较是非同源分子的对比造成的。

3.3.15　氢化酶

脱硫弧菌包括 3 种类型的氢化酶（hyd rogenase），主要区别在于它们的亚基和金属的组成、氨基酸序列、基因结构及催化、免疫属性等。氢化酶系统的复杂性、它们是否在所有种中普遍存在及这些蛋白是否是平行同源进化基因或定向进化同源基因等未解决的问题，限制了氢化酶作为进化标记的使用。到目前为止，所有研究过的种均包含一个 ［NiFe］氢化酶，这个酶中除了含有 Ni 之外还有两个（4Fe-4S）中心和一个（3Fe-XS）簇。不管是周腔氢化酶还是附膜氢化酶均曾被研究过。通过对几种脱硫弧菌进行杂交的方法，发现了编码周腔 ［NiFe］氢化酶基因的保留序列。氨基酸序列比较表明，普通脱硫弧菌菌株 *Miyazaki F* 的周腔 ［NiFe］氢化酶基因的两个亚基同巨大脱硫弧菌的 ［NiFe］氢化酶的两个亚基具有

80％的同源性，然而 *D. fructosovorans* 的周腔［NiFe］氢化酶的基因同巨大脱硫弧菌仅具65％的同源性。在 *Dmi. baculatus*、巨大脱硫弧菌的含 Ni 氢化酶大亚基及 *Rhodobacter capsulatus* 的含 Ni 氢化酶的大亚基中，甚至在 *Methanobacterium formicicum* 和 *M. thermoautotrophicum* 的 F420 氢化酶的 α-亚基的氨基端均发现了保守框。不是在所有的脱硫弧菌种中都存在［Fe］和［NiFe-Se］氢化酶。然而在巨大脱硫弧菌的［NiFe］氢化酶和 *Dmi. baculatus* 的［NiFe-Se］氢化酶之间却有很大的序列同源性，*Dmi. baculatus* 的周腔［NiFe］氢化酶同普通脱硫弧菌的周腔［Fe］氢化酶没有同源性。但是，普通脱硫弧菌（*Hildenborough*）中的周腔［Fe］氢化酶却同 *Clostridium pasteurianum* 中的氢化酶Ⅰ具有某些共同属性（长度、半胱氨酸的位置及序列），尤其是分子的羧基端。近来从可动噬热脱硫肠状杆菌中分离出一种可溶的［NiFe］氢化酶，并描述了它的特征，但却未与其他 SRB 进行比较研究。

3.3.16　在生态物圈中 SRB 的起源和进化

根据地球化学数据推测，首先出现的生物来源的氧气（假定是通过光合作用产生的），是通过氧化丰富的可溶性铁 Fe（Ⅱ）消耗的。铁离子的氧化起到了将光合作用的氧化末端产物（氧气）转化为不溶性的氢氧化铁和铁氧化物的作用。因为大多数铁离子的氧化形式是不溶的，所以氧化态铁在沉淀中积累起来。这表明，和当前的生物圈相比，太古代时期的生物圈恰恰是颠倒的：氧化层态沉淀在下，还原性大气在上。在太古代时期的沉淀中进行铁离子呼吸的那些微生物的活动是和测得的那个时期的同位素分馏记录一致的。

SRB 作为还原铁离子的现代菌群，是下层及近表层的沉淀（如湖、海体系中）中的重要菌群。所以一个极重要的问题就是硫酸盐呼吸和铁离子呼吸微生物之间的进化关系的问题。根据上面所提及的假设，即在早期的地球上，在出现丰富的硫氧化物之前，已经出现了大量的 Fe(Ⅲ)，因此认为铁离子呼吸要早于硫酸盐呼吸。如果真是这样的话，就可以通过研究这些选择性电子接受菌在微生物的系统发育关系中反映出来。也就是说，如果营铁离子呼吸的生物出现早于营硫酸盐呼吸生物的话，它们就会包含（在系统发育的深度和分布上）能进行硫酸盐还原的微生物。这或许就能够解释为什么以硫酸盐为电子受体的微生物其系统分布如此狭窄。硫酸盐还原微生物系统发育分布的狭隘性是和它们在厌氧呼吸体系进化过程中出现的较晚相一致的。

在许多超嗜温的古细菌中，硫也是一种主要的末端电子受体，这代表了一种更为古老的呼吸形式。以硫作为末端电子受体的微生物使用过程广泛分布在古细菌界和真细菌界，包括某些 SRB。因此，如果不同电子受体在地质出现的顺序是与它们开始作为呼吸受体的顺序相一致的话，那么有可能的演化顺序是：从硫到 Fe(Ⅲ)；再到硫酸盐/亚硫酸盐。这种演化顺序也可以通过当代的微生物或其酶系统的发育关系而反映出来。这些关系仅到现在才通过比较序列分析得以探明。尤其令人感兴趣的是，参与铁离子或硫酸盐/亚硫酸盐还原的酶系统的关系及重叠性。

3.3.17　未培养新发现的 SRB

近来通过放射示踪或比较 16S rRNA 序列直接对环境中的微生物进行研究，表明在 SRB 中仍有较大的多样性。

（1）Greigite 磁小体

从含有硫化物的、微咸海水的生境中收集的有磁趋向性细菌，含有亚铁磁硫复铁矿（Fe_3S_4）和无磁性黄铁矿（FeS_2）。近来一项通过对富集培养物中的细菌进行 16S rRNA 序列比较表明，它们的近亲是 *Desulfosarcina variabilis*。然而，因为这些微生物还没有得到纯培养，所以还不知道它们是否在以异化性硫酸盐还原作用生长。根据 wächtershauser 提出的原始代谢方式，生物黄铁矿（FeS_2）的形成研究激起了人们的兴趣。在表层代谢学家的理论中，早期的生命形式利用的能量是从 FeS_2 黄铁矿形成中获得的。

（2）超嗜温/热硫酸还原细菌

SRB 能够在温度大于 100℃ 的生境中生长的结论，是近来在加利福尼亚湾的 Guaymas 盆地结构扩展中心，通过放射性示踪研究而获得的。这些研究阐明了在温度达 106℃ 时硫酸盐的还原作用，表明了目前描述的超嗜温/热 SRB 的存在。

3.4　硫酸盐还原菌的呼吸作用

3.4.1　硫酸盐的激活及其还原成亚硫酸氢盐

（1）腺苷酰硫酸盐的形成

在微生物界，异养型的硫酸盐还原菌具有独特的利用无机硫酸盐作为最终电子受体的能力。硫酸盐还原菌的呼吸过程是在厌氧条件下进行的，以获得高能化合物用于其生长繁殖过程中的生物合成反应。为维持这种生活方式，硫酸盐还原菌需要消耗数量较大的硫酸盐，因此硫酸盐还原菌的生长造成大量硫化氢在其附近释放的严重后果。因为硫酸盐还原菌生长过程中能够产生有害后果，微生物学家一直致力于这类微生物的生理学、生物化学和生态学方面的研究，以期了解在自然界如何控制它们。

因为我们所掌握的关于硫酸盐还原过程的知识，大多来自于对属 *Desulfovibrio* 和 *Desulfotomaculum* 种属中各菌种的研究，探寻了近一个世纪。

硫酸盐还原菌通过氧化各种有机化合物、引导氧化作用产生的电子流向硫酸盐还原系统来还原硫酸盐。硫酸盐还原菌可利用的有机化合物非常丰富，从简单的脂肪酸到复杂的芳香族碳氢化合物均可利用。硫酸盐还原的起始反应是激活阶段，在该阶段 ATP 和硫酸盐形成腺苷酰硫酸盐（APS）和焦磷酸盐（PP），其反应式如下：

$$ATP + SO_4^{2-} \longrightarrow APS + PP$$

这个反应由 ATP 硫酸化酶催化（EC 2.7.7.4；ATP：硫酸盐腺苷酰转移酶），ATP 硫酸化酶是由 Lipmann 及其合作者在其从事硫酸盐活化作用的开创性研究中从酵母细胞中提纯的。这种酶也曾从 SRB、*Desulfovibrio vulgaris* 和 *Desulfotomaculum*（*Dt.*）*nigrificans* 的提取物中提纯得到，发现这种酶的许多特性与酵母菌 ATP 硫酸化酶相类似。尽管该反应的平衡指向 APT 和硫酸盐的方向 $k_{eq} = 10^{-8}$，但是由于无机的焦磷酸盐酶（EC 3.6.6.1；焦磷酸盐磷酸水解酶）使 PP 不可逆地水解生成 2Pi，该反应却被推向 APS 形成的方向。*Dt. nigrificans*，一种嗜热的产芽孢硫酸盐还原菌，具有弱焦磷酸盐酶活性，并且假定对于该菌，使得焦磷酸盐酶在推动上述反应向着 APS 形成方向进行时不起重要作用。

（2）APS 还原成 AMP 和亚硫酸氢盐

APS 盐还原生成 AMP 和亚硫氢盐的过程，由 APS 还原酶作催化剂，这种酶的每个分子中含有一个黄素腺嘌呤二核苷酸（FAD），12 个非血红素铁和 12 个酸性不稳定的硫化物，这个单体分子重 220000。APS 还原机理被假定发生在一个亚硫酸盐加成到 FAD 异咯嗪环的 N-5 位置的过程中。在该反应机制中，APS 把它的亚硫酸盐组转移到 APS 还原酶的一个被还原的 FAD 的 1/2，随之亚硫酸盐加成产物解离成亚硫酸盐和氧化态 APS 还原酶，这个过程表示如下：

$$E-FAD+电子载体(red) \Longrightarrow E-FADH_2+电子载体(OX) \tag{3-1}$$

$$E-FADH_2+APS \Longrightarrow E-FADH_2(SO_3)+AMP \tag{3-2}$$

$$E-FADH_2(SO_3) \Longrightarrow E-FAD+SO_3^{2-} \tag{3-3}$$

D. Vulgaris 中的 APS 还原酶也能还原 APS 中鸟苷（GPS）、胞苷（CPS）、尿苷（UPS）同类物生成在它们各自的单一磷酸盐和亚硫酸盐。发现 AMP 能够抑制 APS 还原，而 ATP、ADP、GMP、CMP 和 UMP 则对 APS 还原无影响。

3.4.2　亚硫酸氢盐还原的影响

由 APS 还原形成的亚硫酸氢盐随之还原成终产物、硫化物，所还原的方式至今未能明确。从传统观点来看，这个还原过程被认为是由一个"亚硫酸盐还原酶系统"引起的；然而，最新证明，亚硫酸氢酸被两种可能反应机理中的一种还原成硫化物。一种假设是亚硫酸盐直接六电子还原，形成硫化物，没有任何其他中间产物形成。另一种假设先指出这个过程有两种中间产物生成：连三硫酸盐和硫代硫酸盐，其最后反应是硫代硫化物还原形成硫化物和亚硫酸氢盐。

（1）还原反应混合物中连三硫酸盐和硫代硫化物的发现

从 *D. vulgaris*（*Miyazaki*）提取物中分离出两种组分，这两种组分能够还原亚硫酸盐为硫化物，依次通过连三硫酸盐、硫代硫酸盐。一种组分将亚硫酸盐还原为连三硫酸盐和硫代硫酸盐，另一种组分则将这两种化合物再还原为硫化物。异养化亚硫酸盐还原过程为：

$$3SO_2^{2-} \Longrightarrow S_3O_6^{2-} \Longrightarrow \begin{matrix} S_2O_3^{2-} \\ +SO_3^{2-} \end{matrix} \Longrightarrow S^{2-}+SO_3^{2-} \tag{3-4}$$

从 *D. vulgaris* 8303 中分离出两种组分，这两种组分能使亚硫酸盐生成硫代硫酸盐。这个过程被命名为"硫代硫酸盐形成体系"。该体系中一种组分为脱硫绿胶霉素，另一组分被命名为组分Ⅱ。尽管每种组分的作用尚未可知，但在氢气中这些组分同亚硫酸盐、氢化酶、甲基 viologen 放在一起，结果生成硫代硫酸盐。在 *Desulfovibrio* 属中存在连三硫酸盐途径。这些提取物中通过"硫代硫酸盐形成体系"发生上述作用的离子种类为亚硫酸氨氢盐而非亚硫酸盐。这是通过对最适 pH 值、吸收光谱以及提取物浓度的研究得出。

连三硫酸盐途径涉及亚硫酸盐循环的过程，即亚硫酸盐在连三硫酸盐还原成硫代硫酸盐、硫代硫酸盐还原成硫化物过程中被释放。用 [35]S-磺酸盐-1 标定的硫代硫酸盐培养 *D. vulgaris* 的提取物时发现了该机制。用这样培养的混合物的样品被分离，并以不同的时间间隔进行分析，结果显示双标定的硫代硫酸盐随着培养时间地增长而形成。

（2）亚硫酸氢盐还原酶

从 *D. vulgaris*（*Hildenborough*）提取物中分离出吸收 630nm、585nm 和 411nm 波长

光的绿色素。该色素被描述为一种酸性卟啉蛋白，当在波长为 365nm 紫外线下暴露时，能在碱性条件下分解生成一种红色荧光发色团。这种色素被称为脱硫绿胶霉素。这种在紫外线下荧光发红的特性建议为 *Desulfovibrio* 属菌种的一种诊断反应。*Desulfovibrio* 属除一种突变体 D. 肪硫弧菌 *Desulfovibrio desulfuricans Norway* 4 外的所有种均含有脱硫绿胶霉素。氧化还原对其未产生任何光谱的变化，并且不与一氧化碳、氰化物或叠氮化钠发生任何反应。每一个研究者从 *Desulfovibrio* 属某些种（除 *Norway* 菌株外）中分离其提取物的时候，都可能观察到这种在某一硫酸铵浓度下就会沉降或被离子交换柱吸收的鲜绿色素，但没人能够得知脱硫绿胶霉素在这些生物中的作用。

绿色素难以捉摸的作用，这种蛋白在亚硫酸氢盐还原成连三硫酸盐过程中起催化作用。研究者把该色素命名为亚硫酸氢盐还原酶（BR）用以区别将亚硫酸盐还原成硫化物中的同化亚硫酸盐还原酶。随后由其他研究者进行的工作指出脱硫绿胶霉素中含有一种四氢卟啉辅基，与同化亚硫酸盐还原酶相同。这种色素的分子量在 180000～226800 之间，这依赖于分离出色素的 *Desulfovibrio* 属的种。脱硫绿胶霉素的聚丙烯酰胺凝胶电泳显示出两个接近的移动谱带，这两个谱带后来被命名为主要谱带和次要谱带。利用凝胶电泳把主、次两谱带分离开来并检测每种组分还原亚硫酸盐的能力。在次要谱带中，被氧化的 MVH 与形成硫化物的比例为 6：1；而在主谱带中，被还原的亚硫酸盐比硫化物为 12：1；对此尚未有任何解释。

两种类型的脱硫绿胶霉素，基本上在 MVH 连接的亚硫酸盐还原中没有什么差异，两谱带均形成连三硫酸盐、硫代硫酸盐及硫化物，且彼此的比例系数相似。吸收光谱、分子量、亚基组成、不稳定硫和铁合量、氨基酸组成以及圆二色性谱对这两谱带来源实质上均相同。脱硫绿胶霉素的两种谱带在上述性质方面的相似性表明，不管这两种形式存在何种差异，相对来说都很微小的。对离子交换树脂等电点和电泳淌度相似性中的差异使研究者想到这两种形式可能是电荷异构体或者差异是由于蛋白质结构的构象差异所致。

D. *vulgaris Hildenborough* 和 *Miyazaki*、D. *gigas* 及 D. *africanus* 中的脱硫绿胶霉素的亚基构造被确知为 $\alpha_2\beta_2$ 型。α 亚基的分子量在 50～61000，β 亚基的分子量在 39～42000。最近从 D. *vulgaris Hildenborough* 的脱硫绿胶霉素中发现第三个亚基。第三亚基 γ，11000 多肽，在分离程序、天然电泳、凝胶过滤和等电子聚焦过程中未能从天然脱硫绿胶霉素的复合体中分离出来。这三种亚基的抗体已具备，且被发现是专门针对各自的抗原而形成的。没有发现交叉反应能够表明 γ 亚基不是 α 亚基或 β 亚基的蛋白水解部分。既然 γ 亚基的抗体与 D. *vulgaris oxamicus Monticello*、D. *gigas* 和 D. *desulfuricans* 27774 中的脱硫绿胶霉素能够发生作用，脱硫绿胶霉素类中的所有亚硫酸氢盐还原酶均含有亚基 $\alpha_2\beta_2\gamma_2$ 复合物。

一氧化碳结合色素（P582）能催化亚硫酸盐还原成硫化物的反应。P582 把亚硫酸盐直接还原成硫化物的过程中在某种意义上起着与亚硫酸盐还原酶相类似的作用。P582 还原亚硫酸氢盐形成的主要产物为连三硫酸盐，而硫代硫酸盐和硫化物生成较少。在 Dt. *nigrificans* 中，P582 的作用在某种程度上类似于脱硫绿胶霉素在 D. *vulgaris* 中的作用。另一种蛋白质是在还原亚硫酸氢盐形成连三硫酸盐和硫化物的过程中发现的，它是一种红色素。该红色素是脱硫玉红啶，它从 D. *desulfuricans*（*Norway*）的提取物中分离出来。上述三种色素脱硫绿胶霉素、P582、脱硫玉红啶在各自对应的 D. *vulgaris*、

Dt. nigrificans 和 D. 脱硫弧菌 *D. desulfuricans Norway*4 中都好像是亚硫酸氢盐还原酶。第四种亚硫酸氢盐还原酶是从不产芽孢嗜热硫酸盐还原菌中分离出来的，这种细菌是 *Thermodesulfobacterium commune*。这种名为 *desulfofuscidin* 的亚硫酸氢盐还原酶，同样形成连三硫酸盐，为亚硫酸氢盐还原的主要产物，硫代硫酸盐和硫化物所生成的量相对较少。

3.4.3 连三硫酸盐途径

亚硫酸氢盐还原酶活性产物的研究尚未达到令所有研究者均表示首肯的程度。发现脱硫绿胶霉素可催化亚硫酸氢盐还原反应，并使其生成唯一产物连三硫酸盐。亚硫酸氢盐还原酶催化作用的研究表明除连三硫酸盐之外，还有硫代硫酸盐和硫化物的生成。连三硫酸盐还原为硫代硫酸盐或硫代硫酸盐还原为硫化物的过程不是由亚硫酸氢盐还原酶引起的，表明这三种化合物为亚硫酸氢盐还原的产物（见表 3-6 和表 3-7）。三种产物中每种生成的数量则依赖于试验的条件。许多研究者利用氢化酶-MV 进行了试验，该试验中包括上述两种物质及亚硫酸氢盐和 BR，在氢气中进行，如下式所示：

$$H_2 + MV(氧化态) + H_2ase \Longleftrightarrow MV(还原态) + 2H^+ \tag{3-5}$$

$$MV(还原态) + nHSO_3^- + BR \Longleftrightarrow S_3O_6^{2-} + S_2O_3^{2-} + S^{2-} \tag{3-6}$$

如果氢化酶或 MV 浓度相对较高，而亚硫酸氢盐浓度较低，一般将导致较低的连三硫酸盐和较高的硫化物产量水平，而在相反的条件下，所产生物质的量呈相反趋势。利用 *D. vulgaris* 的丙酮酸盐和丙酮酸磷酸裂解系统取代氢和氢化酶作为亚硫酸氢酸还原的电子供体。

表 3-6 亚硫酸氢盐还原酶（P582）[1] 还原亚硫酸氢盐过程中实验条件对产物构成的影响

pH 值	P582/mg	微摩尔数				
		甲基 viologen	HSO_3^-	$S_3O_6^{2-}$	$S_2O_3^{2-}$	S^{2-}
6.0	0.4	1.0	10	2.09	0.9	0.35
7.0	0.4	1.0	10	0.9	0.13	0.33
8.0	0.4	1.0	10	0.04	0.09	0.15
6.0	0.5	1.0	2	0.8	0.13	0.33
6.0	0.5	5.0	2	0.5	0.13	0.64
6.0	0.5	1.0	10	2.8	0.35	0.53

① 运用标准测压技术。氢化酶，1mg；磷酸钾缓冲液；总体积，1.2mL；温度，37℃；时间，60min；气相，H_2。

表 3-7 亚硫酸氢盐还原酶（P582）[1] 还原亚硫酸氢盐过程中时间对产物构成的影响

产物	微摩尔数			
	30min	60min	90min	120min
$S_3O_6^{2-}$	0.75	1.62	2.12	3.42
$S_2O_3^{2-}$	0.38	0.75	1.13	1.31
S^{2-}	0.13	0.30	0.56	0.58

① 运用标准测压技术。亚硫酸氢盐还原酶，0.65mg；微摩尔数：甲基 viologen，1.0；磷酸钾缓冲液，pH 7.0，100；HSO_3^-，20；氢化酶，1mg。温度，37℃。

在这样的试验条件下，形成了连三硫酸盐、硫代硫酸盐和硫化物。所形成产物的具体情况与丙酮酸盐和亚硫酸氢盐的浓度有关（图 3-5）。这些结果与氢化酶试验得到的结果相似。其结论是低浓度的亚硫酸氢盐在强还原系统中将形成更多的硫化物，而高浓度的亚硫酸氢盐在弱还原条件下将导致连三硫酸盐和硫代硫酸盐的积累以及少量硫化物的生成。亚硫酸氢盐的还原酶的活性部位包括相邻的 A、B 和 C。

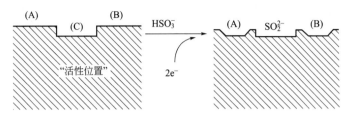

图 3-5　重亚硫酸盐还原酶活性位置模型

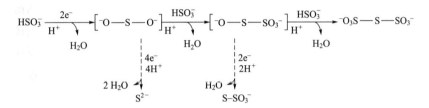

图 3-6　亚硫酸氢盐还原过程中产物形成的预想机理

由于催化作用，部位 C 在部位 A 和部位 B 形成适当的催化外形之前就被结合了。一个亚硫酸氢盐离子与部位 C 相结合，则该亚硫酸氢盐离子全被两个电子还原形成次硫酸盐（图 3-6）。如果又有一个亚硫酸氢盐离子存在，它将占有部位 A 形成二硫中间体。如果有第三个亚硫酸氢盐离子存在，它将与部位 B 结合，与二硫中间体反应形成连三硫酸盐。如果电子浓度（压力）高，次硫酸盐离子可能还原为硫化物，或者二硫中间体可能还原形成硫代硫酸盐。如果还原压力相对较低，连三硫酸盐将是起始产物。随着反应的进行和亚硫酸氢盐浓度的降低形成一个临界点。部位 B 未被占有，使得二硫中间体可以被还原形成硫代硫酸盐。当亚硫酸氢盐减少到部位 A 和部位 B 不被占有的程度，次硫酸盐被还原成硫化物。所提及的亚硫酸氢盐还原成硫代硫酸盐和连三硫酸盐的途径见图 3-7。

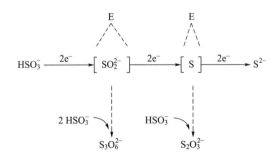

图 3-7　亚硫酸氢盐还原的预想路径

如图 3-7 所示，一个稍有不同的亚硫酸盐还原生成硫化物的模式，其中包括连三硫酸盐和硫代硫酸盐的形成。假想亚硫酸盐被还原生成一个中间体 X（SO_2^{2-}），该中间体与二个亚硫酸盐结合形成连三硫酸盐，或被还原形成另一中间体 Y（S^0）。这个中间体接着可与一个亚硫酸盐分子结合形成硫代硫酸盐或被还原为硫化物。根据该模式，如果连三硫酸盐形成，它将被还原成硫代硫酸盐，然后依次被还原成硫化物。

硫化物一旦形成，在 pH＝6.0 的条件下即会与亚硫酸氢盐反应形成硫代硫酸盐，这种的可能性不大。把碳酸镉加到反应混合物中，来捕捉每一个形成的硫化物，发现其不影响连三硫酸盐和硫代硫酸盐的形成，也不影响亚硫酸氢盐还原研究过程氢的利用。

（1）连三硫酸盐还原酶

连三硫酸盐被一种分离纯化蛋白质还原成硫代硫酸盐。通过聚丙烯酰胺凝胶电泳的判断，Fe Ⅱ 部分被进一步分离成同质，这种分离产生的其中一部分导致了从亚硫酸氢盐和连三硫酸盐生成硫代硫酸盐的转变。这种被定义为 TF 的酶需要亚硫酸氢盐和连三硫酸盐的同时存在。通过 ^{35}S 示踪原子的研究，该反应机理可被阐明。亚硫酸氢盐离子与连三硫酸盐分子中的内部硫烷原子反应，形成硫代硫酸盐并释放亚硫酸氢盐离子式的两个磺酸基，该反应需要一个还原步骤，而且该步骤被假定与硫代硫酸盐的形成同时进行。从连三硫酸盐释放的亚硫酸氢盐分子，作为序列反应中自由态的亚硫酸氢盐重新循环参与随后的反应。尽管这种酶并非一种特征明显的连三硫酸盐还原酶，但它是最先被分离出来的，能使连三硫酸盐还原形成硫代硫酸盐的纯化酶。

$$HS^*O_3^- + O_3S—S^*—SO_3^{2-} + 2e^- \rightleftharpoons S^*—S^*O_3^{2-} + HSO_3^- + SO_3^{2-} \tag{3-7}$$

硫代硫酸盐的纯化酶未能在 *Desulfovibrio gigas* 中发现，这种酶在 *Desulfovibrio* 的种中并非都有分布。从 *D. vulgaris* 提取物中分离出另一种连三硫酸盐还原体系，该体系包括亚硫酸氢盐还原酶和另一被命名为 TR-1 的组分。该活性也被称作依赖于亚硫酸氢盐还原酶的连三硫酸盐还原酶。TR-1 也曾从 *Dt. nigrificans* 提取物中分离出来，它与 P582 作用形成连三硫酸盐还原酶体系。由于 *Dt. nigrifcans* 提取的 TR-1 能在还原连三硫酸盐的过程中利用脱硫绿胶霉素，这意味着，*D. vulgaris* 和 *Dt. nigrificans* 中的 TR-1 和亚硫酸氢盐还原酶互相间可以进行内部转化。其中亚硫酸氢盐还原酶是由 *D. valgal* 和脱硫弧菌中分离出来的。从 *D. desulfuricans* 的菌株 *Essex* 6 的整个细胞中，发现了一例典型的连三硫酸盐还原酶活性。该活性所进行的试验是把亚硫酸氢盐和硫代硫酸盐与含铁氰化物的整个细胞或细胞提取物进行培养。在铁氰化物还原的同时，形成了连三硫酸盐。该试验反应原理与 APS 还原酶开发的试验原理相同。

（2）硫代硫酸盐还原酶

根据连三硫酸盐途径，亚硫酸氢盐还原生成硫化物的最终步骤中涉及酶，硫代硫酸盐是还原酶。通过 *D. vulgaris* 的细胞提取物研究硫代硫酸盐的还原过程发现，硫代硫化物还原分为两个步骤：第一步迅速发生，与在该步骤中硫烷硫原子还原成硫化物一致，接下来即是第二步，这一步骤是亚硫酸盐缓慢还原成硫化物的反应。从还原硫代硫酸盐的反应混合物中分离到了亚硫酸盐，表明硫代硫酸盐的还原通过如下顺序进行：

$$S—SO_3^{2-} \overset{2e^-}{\rightleftharpoons} S^{2-} + SO_3^{2-} \tag{3-8}$$

通过对 *Dt.* 脱硫弧菌（*Dt. nigrificans*）和 *D. vulgaris* 的部分纯化的硫代硫酸盐还原酶的研究证实，亚硫酸盐是硫代硫酸盐还原酶活动的最终产物之一。通过内部和外部标定的 ^{35}S-硫代硫酸盐还原表明外层标定的硫烷硫被还原成硫化物，而内部磺酸硫原子仍以亚硫酸盐状态存在。如果硫代硫酸盐被细胞提取物或整个细胞还原，那么两个硫原子将以大致相等的速率被还原为硫化物。其原因在于硫代硫酸盐还原过程中一旦形成亚硫酸盐，存在于细胞提取物或整个细胞中的亚硫酸盐还原酶便迅速将其还原。

硫代硫酸盐还原酶从 $D.vulgaris$ 8303 和 $Dt.$ 脱硫弧菌（$Dt.nigrificans$）中被分离提纯。这种酶能把硫代硫酸盐还原成硫化物和亚硫酸盐，并且在任何情况下，都可以利用 MV 作为电子供体。细胞色素 C_3 作为氢化酶和由 $D.vulgaris$ $Miyazaki$ F 和 $D.gigas$ 中所提取的这种酶之间的电子载体参与反应。该酶的抑制剂为巯基试剂。亚硫酸盐对硫代硫酸盐还原酶的活性产生抑制，铁离子能够激发 $D.gigas$ 中此酶的活性。由 $Dt.$ 脱硫弧菌 $Dt.nigrificans$ 分离的硫代硫酸盐还原酶含有 FAD，作为辅酶；这部分的去除将导致酶的活性丧失。核黄素和 FMN 在该情况下不能替代 FAD。

（3）细胞提取物和整个细胞的亚硫酸氢盐的还原作用

通过细胞提取物和整个细胞将亚硫酸氢盐还原成硫化物的所有反应进行研究发现了一些有关该反应进程的可能的内部机理。由 $Dt.$ 脱硫弧菌（$Dt.nigrificans$）得到的细胞提取物能很快将亚硫酸氢盐还原成硫化物。当三硫堇化物（连三硫酸盐）加到该系统以后，没有硫化物生成，并且反应混合物中有硫代硫化物（硫代硫酸盐积累）。只有硫代硫酸盐存在时，其被细胞提取物迅速还原成硫化物，但如果连三硫酸盐与硫代硫化物同时存在，没有硫化物生成。通过这些研究，得出的结论是连三硫酸盐在该试验采用的浓度下，是硫代硫酸盐还原酶的抑制剂。进一步研究发现：a.连三硫酸盐能够抑制亚硫酸氢盐还原成硫化物，并引起硫代硫酸盐的积累；b.硫代硫酸盐还原成硫化物的过程受连三硫酸盐抑制；c.连三硫酸盐不抑制 P582 活性，亚硫酸氢盐被还原为连三硫酸盐（在连三硫酸盐之前）；d.连三硫酸盐本身可通过细胞提取物还原成硫代硫酸盐。连三硫酸盐对亚硫酸盐和硫代硫酸盐形成硫化物的抑制作用在 $D.desulfuricans$ 的洗出细胞中同样发生。而且高浓度的连三硫酸盐抑制硫酸盐、亚硫酸盐和硫代硫酸盐还原成硫化物。如果电子供体体系（甲酸）浓度增加，该抑制作用减弱。

如果硫化物真正是亚硫酸氢盐还原酶催化反应的产物，那么我们将期望，提纯的亚硫酸氢盐还原酶，在硫化物形成过程中将比其原始提取物（它被从中提纯）有显著的更高的专一活性。当我们把提纯的 P582 与 $Dt.$ 脱硫弧菌（$Dt.nigrificans$）原始提取物相比较时发现实际并非如此，这种提取物能比提纯的酶更快更彻底地将亚硫酸氢盐还原成硫化物。在这种情况下，很可能有一种同化亚硫酸氢盐还原酶存在于该提取物中，这影响了硫化物形成的速率和程度。

（4）亚硫酸氢盐还原过程中膜的作用

在亚硫酸氢盐还原过程中引入膜，我们发现细胞提取物在还原亚硫酸氢盐生成硫化物的过程中未形成任何可分离的中间体，如连三硫酸盐或硫代硫酸盐。当其中颗粒部分以高速离心方式被去除后，可溶性部分可还原亚硫酸氢盐、依次经过连三硫酸盐和硫代硫酸盐生成硫化物。把这些颗粒性的部分膜加到可溶部分中又恢复先前的活性，即硫化物形成过程中没有任何中间体。研究者指出膜形成了一种基质，如图 3-8 所示，在该基质中，亚硫酸氢盐和连三硫酸盐和硫代硫酸盐还原酶进行着亚硫酸氢盐还原过程。亚硫酸盐或硫代硫酸盐的还原过程对细胞破损很敏感，从而得出结论：膜相关的步骤在还原过程中存在。

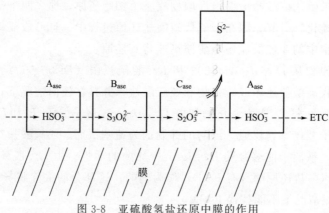

图 3-8　亚硫酸氢盐还原中膜的作用

3.4.4　直接六电子还原机理

几个研究者公布了有关数据，该数据反对在异化亚硫酸氢盐还原过程中连三硫酸盐和硫代硫酸盐形成的论点。通过采用^{35}S标定的底物同位素研究，通过$D.$脱硫弧菌来确定$D. desulfuricans$中休眠细胞和生长细胞代谢过程中所标记同位素的去向，他们发现硫代硫酸盐的硫烷和磺酸盐基团均能被还原生成大致相同比率的硫化物。假设硫代硫酸盐是亚硫酸氢盐还原过程中的中间体，那么硫烷基应该比磺酸盐基团以更快的速度被还原。而且，如果硫代硫酸盐是一中间体，"这意味着细胞内外的硫代硫酸盐没有任何交换"。一个对利用^{35}SO$_4$和未标定的硫代硫酸盐的$D. desulfuricans$休眠细胞进行的试验表明，完整的细胞将^{35}S并入胞外的硫代硫酸盐中。90%以上的结合^{35}S存在于磺酸盐基团中，这意味着磺酸盐基团和亚硫酸盐或某些中间体之间以相同的氧化状态进行着交换。理论上，如果硫酸盐以硫代硫酸盐为中间体被还原，分布于硫烷和磺酸盐原子之间的放射率应是相同的。因为硫代硫酸盐由连三硫酸盐还原产生，他们得出的结论是连三硫酸盐和硫代硫酸盐并非亚硫酸氢盐还原过程的中间体。在聚丙烯酰胺凝胶中的脱硫绿胶霉素的作用下还原亚硫酸盐生成硫化物。他们认为硫化物"至少是脱硫绿胶霉素还原亚硫酸盐生成的部分终产物。"他们提出在亚硫酸氢盐还原为硫化物的过程中，连三硫酸盐和硫代硫酸盐不是中间体。用^{35}S-硫酸盐在厌氧条件下培养$D.$脱硫弧菌（$D. desulfuricans$）的洗出细胞后，除了硫化物，未发现任何放射性的产物。也有相反的研究结果发现当氢分子或甲酸被用作电子供体时，$D.$脱硫弧菌（$D. desulfuricans$）的非能化状态细胞能够使亚硫酸盐形成硫代硫酸盐和连三硫酸盐。当这些细胞在一个有硫酸盐和氢的恒化器中生长时，将产生大约5μmol的硫代硫酸盐。当$Desulfovibrio$、$Desulfobulbus$、$Desulfococcus$、$Desulfobacter$和$Desulfobacterium$属的某些种在亚硫酸盐和适量的H$_2$中被培养时，它们的洗出细胞能形成硫代硫酸盐或者连三硫酸盐。他们同时观察到，在一个具有有限电子供体H$_2$的恒化器内生长时，$D.$脱硫弧菌（$D. desulfuricans$）的生长培养能生成大约400μmol/L的硫代硫酸盐和40μmol/L连三硫酸盐。化合物的形成并非是连三硫酸盐途径在这些菌体中进行的证据。这些化合物被认为是亚硫酸盐还原过程的副产品，而不一定是亚硫酸盐还原为硫化物过程的必需中间体。没有阐明这些副产品是否是硫化物以外的最终产物，指出硫代硫酸盐和连三硫酸盐是作为亚硫酸盐还原的生理产物而形成的。硫代硫酸盐在生长媒介中的积累就被另一小组研究过。SRB生长菌株能产生硫代硫酸盐，硫代硫酸盐在生长的开始阶段在培养基中积累。

（1）质子传递的研究

亚硫酸氢盐离子存在的情况下，$D. vulgaris$ 中发生质子透过生物膜的传递。其他化合物，例如偏亚硫酸氢盐和连二亚硫酸盐同样引起质子传递，但这被解释成是由于在这些溶液中存在亚硫酸氢盐所致。连三硫酸盐、硫代硫酸盐和硫酸盐并未引起 pH 值变化，这意味着，在这些硫的种类中不存在质子传递。

另一研究中，亚硫酸盐在氢气还原的过程中发生快速的质子生成现象。在该研究中，当利用连三硫酸盐或硫代硫酸盐作为电子受体时，没有质子生成。Peck 实验室的另一研究表明，电化学上还原态的脱硫玉红咛可被亚硫酸盐氧化，每微摩的酶可产生 $0.8\mu mol/L$ 的硫化物，这表明存在着六电子还原。以上研究积累的结果引导研究者提出这样一个假设：亚硫酸氢盐并非通过三连三硫酸盐途径被还原成硫化物，而是通过直接的六电子还原机理被还原，并且还原过程未形成任何可分离的中间产物。

用硫化物电极和 pH 测定通过 $D. desulfuricans\ Essex\,6$ 的洗出细胞研究质子传递。在利用电子受体，如硫酸盐、亚硫酸盐和硫代硫酸盐时，发现质子的传递伴随着硫化物还原。在几个实验中，质子传递过程并非有任何硫化物形成，特别是用硫代硫酸盐作为电子受体。羧基氰化物 m-氯苯腙（CCCP），一种解偶合试剂处理后，能把亚硫酸氢盐还原成硫化物，并有连三硫酸盐和硫代硫酸盐在反应混合物中积累。若非能化细胞不能激活硫酸盐，它就不能替代亚硫酸氢盐。硫代硫酸盐可由生长在一个有过量硫酸盐和氢分子的恒化器中的细胞形成。他们同时观察到在有氢条件下连三硫酸盐还原产生氢过程中存在质子传递。他们在以前的研究中曾发现，1.5 ± 0.6 的 H^+/H_2 比率小于利用亚硫酸盐协作为电子受体的过程。然而这些研究者把连三硫酸盐的还原与一被呼吸作用驱动的质子传递过程相连。从他们的研究中可看出，他们的结论是他们所得到的所有数据均与亚硫酸氢盐还原中的连三硫酸盐途径的存在相一致。

（2）Siroheme 和四氢卟啉

亚硫酸氢盐还原酶类似于同化亚硫酸盐还原酶通过一直接六电子途径来还原亚硫酸氢盐的可能性被一光谱研究进一步证实，该光谱研究是针对 $Escherichia$（大肠杆菌）中的亚硫酸盐还原酶以及来自 $D. vulgaris$ 和 $Dt.$ 脱硫弧菌（$Dt. nigrificans$）中的亚硫酸氢盐还原酶的发色团而进行。$E. coli$ 中的同化 NADPH-亚硫酸盐还原酶含有一种辅基，该辅基的特征是一具有八个羧基支链的铁四氢卟啉。$Dt.$ 脱硫弧菌（$Dt. nigrificans$）的亚硫酸氢盐还原酶（P582）的辅基具有与 $E. coli$ 中酶相同的光谱性质。$D. gigas$ 中的亚硫酸氢盐还原酶（脱硫绿胶霉素）能够产生一发色团。该色团组所显示的光谱和荧光光谱与 $E. coli$ 亚硫酸盐还原酶和 $Dt.$ 脱硫弧菌（$Dt. nigrificans$ P582）中的去矿质亚铁血红素四氢卟啉几乎一样。当把铁离子插入 $D. gigas$ 脱硫绿胶霉素发色团的甲酯中去，其吸收光谱的性质与相同条件下 $E. coli$ 和 $Dt.$ 脱硫弧菌（$Dt. nigrificans$）中的酶相似。它们得出的结论是同化和异化还原酶均含有一种普通的四氢卟啉辅基。这类四氢卟啉的俗名为 "sirotetrahydrochlorin"。因为 $E. coli$ 和 $Dt.$ 脱硫弧菌（$Dt. nigrificans$）的酶与铁离子相螯合，它们被命名为 "Siroheme"。同化亚硫酸盐还原酶和异化亚硫酸氢盐还原酶发色团结构上的相关，受亚硫酸氢盐还原为硫化物直接还原途径的支持。

（3）可能的中间体-连二亚硫酸盐

另一化合物连二亚硫酸盐在亚硫酸氢盐还原过程中被认为可能是一中间体。这些研究者用脱硫绿胶霉素中的 Sirohydrochlorin 发色团还原亚硫酸盐和连二亚硫酸盐使其生成硫化物。用含量与 SO_2^{2-} 相当的活性中间体与亚硫酸氢盐反应以形成连三硫酸盐。连二亚硫酸盐的还原被认为是显著的，因为 SO_2^- 基与连二亚硫酸盐是大致平衡的。SO_2^- 基可能是亚硫酸氢盐还原过程中的一中间体。聚丙烯酰胺凝胶上对 *D. gigas* 和 *Dt.* 脱硫弧菌（*Dt. nigrificans*）进行电泳实验。他们进行了几种还原酶活性的谱带试验，发现连二亚硫酸盐很快被与亚硫酸盐还原酶相应的带还原为硫化物。对该现象没有任何解释。亚硫酸氢盐与偏亚硫酸氢盐相平衡，并被还原成连二亚硫酸盐，连二亚硫酸盐是偏亚硫酸氢盐和硫代硫酸盐的中间产物。那时，他又指出偏亚硫酸氢盐或亚硫酸氢盐离子可能是被 *Desulfovibrio* 用于还原生成硫化物的真正物质。

在对亚硫酸氢盐还原过程的研究中，还原态 MV 在无任何酶存在的条件下被亚硫酸氢盐氧化。他们对无酶反应进行研究得出 MV，加亚硫酸氢盐生成连二亚硫酸盐和 MV，反应式如下：

$$2MV \cdot + 2HSO_3^- \Longleftrightarrow 2MV + 2SO_2^- \cdot \tag{3-9}$$

$$2SO_2^- \cdot \Longleftrightarrow S_2O_4^{2-} \tag{3-10}$$

当 MV 和亚硫酸氢盐与氢化酶在氢环境中进行培养时，也形成连二亚硫酸盐。利用氢化酶、细胞色素 C_3 和亚硫酸盐使亚硫酸盐还原酶系进行重新形成的研究中观察到过与上述同样的现象。细胞色素 C_3 以与 MV 形成连二亚硫酸盐同样的方式和亚硫酸盐进行反应。既然连二亚硫酸盐和次硫酸盐离子能够形成硫代硫酸盐及其他可能的化合物，而且如果该无酶反应出现在含有亚硫酸氢盐还原酶的反应混合物中，它应作为工作者从可能是无酶反应所得结果对亚硫酸氢盐还原过程进行研究的一个说明。应该注意得到，细胞色素 C_3 存在的情况下，在其反应混合物中未发现硫代硫酸盐、连三硫酸盐和连四硫酸盐。

（4）是否含有同化亚硫酸氢盐还原酶

连三硫酸盐途径加以介绍以及亚硫酸氢盐还原成连三硫酸盐过程中脱硫绿胶霉素酶的本质的有关阐述，亚硫酸氢盐还原为硫化物这种机制的争论就在进行。研究人员讨论亚硫酸氢盐还原酶（脱硫绿胶霉素、P582、脱硫玉红啶、*desulfofuscidin*）活性的真正产物是连三硫酸盐还是硫化物。到目前为止，没有一个令人信服的实验能够毫不含糊地确定亚硫酸氢盐还原成硫化物的真正途径，使其令所有研究者都满意。有一点不能忽视，即存在亚硫酸氢盐在 SRB 中还原过程的其他可能性。异化硫酸盐还原成硫化物的过程对于 SRB 获取维持其生存的能量来说是必要的，尽管有些能量是通过底物水平磷酸化反应而获得的，ATP 合成的主要能源可能是来源于亚硫酸氢盐还原成硫化物的过程中存在的氧化磷酸化过程。由于与磷酸盐酯化相匹配的电子转移部位尚未明了，所以该主要过程机理不可获知。

关于亚硫酸氢盐还原生成硫化物，所采取的途径的争论已延续二十多年。其争论中心是亚硫酸氢盐还原酶。该酶还原亚硫酸氢盐并形成唯一产物连三硫酸盐。其他研究人员认为除连三硫酸盐外，还有硫代硫酸盐和硫化物生成。产物形成模式的变化依赖于实验条件。亚硫酸氢盐还原是连三硫酸盐途径还是直接六电子还原途径依赖于对他们数据的解释。的确，亚硫酸氢盐还原酶的实验条件是重要的。尽管如此，因为 *vitro* 酶反应过程中所分离出来的物质可能不能反映有机体内存在的实际条件，所以亚硫酸盐还原过程发生时在 *vivo* 中到底存在哪些条件尚不确定。人们还关心研究者以同一现象所获得的矛盾结果。

不同实验所获得的不同结果说明了研究者观察同一现象是在不同实验条件下进行的。尽管不同实验室得到的差异结果相对来讲是少数的，但它们确实存在。其中一些数据和分析可能反映了不同的研究人员在亚硫酸氢盐还原方面是坚持连三硫酸盐途径还是坚持直接还原途径。在所有情况下，可以说数据是正确的，而解释分析却是有争议的。

到目前为止，亚硫酸氢盐还原成硫化物的途径，尚不能通过生化法确定。可能另一种途径通过遗传分析，可以补充目前所获得的关于亚硫酸氢盐还原的知识。如果分离出（或人工诱导生成）一种 SRB 的突变体，该突变体缺乏一种酶如连三硫酸盐还原酶或硫代硫酸盐还原酶，那么亚硫酸氢盐的还原途径可被明确。曾有一微生物基因学家说：通过遗传分析，任何代谢途径最终都能被确定。如果所述正确的话，那么运用基因途径来解决亚硫酸氢盐还原机制可能会是富有成效的。

3.5　电子供体/受体的新陈代谢及电子传递蛋白的特征

3.5.1　电子供体新陈代谢

直到 19 世纪 80 年代，一直认为硫酸盐还原在碳循环中起到较小的作用。脱硫弧菌属和脱硫肠状菌属就是在这个时期被认识到。它们利用氢和大量的有机化合物如乙醇、甲酸盐、乳酸盐、丙酮酸盐、苹果酸盐和琥珀酸盐进行生长。SRB 将碳化合物非完全转化成醋酸盐。经研究，尤其是在海洋沉积物中，SRB 在厌氧碳循环中起到主要作用。Widdel 分离出能以短链脂肪酸、长链脂肪酸和芳香化合物进行生长繁殖的硫酸盐还原细菌。最近，进行硫酸盐还原的细菌可分为两类：一类是不完全降解有机物产生乙酸盐的；另一类是完全降解有机物产生二氧化碳的。通常完全降解有机物的菌属也可以以乙酸盐作为生长基质，并且有两种氧化乙酸盐的途径：一种是通过柠檬酸循环；另一种是通过乙酰基—COA 循环。过去 25 年中已经研究了多种硫酸盐还原细菌，它们能够在不同的基质中生长，包括糖类、氨基酸、一碳化合物（甲醇、一氧化碳、甲硫醇）。SRB 也可以通过硫代硫酸盐、亚硫酸盐和硫的歧化作用进行生长而产生硫酸盐和硫化物。此外，SRB 也可以降解苯酸盐、苯酚、芳香族化合物。最近也有研究表明，SRB 也可以利用长链烷烃、烯烃和短链烷烃进行生长。因此，SRB 在自然环境中，依赖其他微生物降解聚合物基质，然后发酵后，产生可被 SRB 利用的基质产物。

Reeburgh 在 1976 年提出，甲烷的厌氧氧化可以与硫酸盐还原相偶合，随后进行了更多的依赖硫酸盐还原的甲烷氧化微生物学研究。有明确的证据表明，这个过程是由古生菌互养的菌群进行，是与产甲烷作用相反的过程，而古生菌的具体地位尚未清楚。最初认为氢是中间产物之一，但后来经研究排除了氢、甲酸盐、甲醇和乙酸盐作为中间产物。也有学者提出甲基硫化物可以作为中间产物。在系统学上，古生菌更接近于甲烷八叠球菌属，硫酸盐还原菌更接近脱硫叠球菌属。但是尚未有从甲烷氧化沉积物中富集 SRB 的报道。

硫转化过程：硫酸盐还原菌在硫循环中起到重要作用。如图 3-9 所示，在有机物降解中硫酸盐作为最终电子受体，产生硫化氢。然后硫化物可以被无机化能营养的硫氧化细菌氧化或在厌氧条件下被光能营养的硫细菌氧化产生单质硫和硫酸盐。其他的转化途径通过一些专

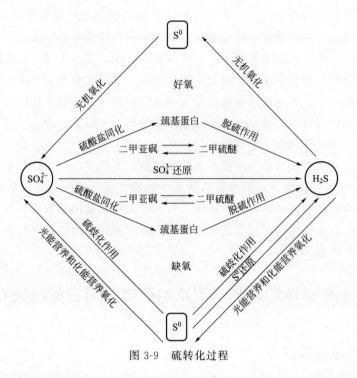

图 3-9　硫转化过程

性微生物进行硫还原作用和硫歧化作用。有机硫化物如二甲亚砜和二甲硫醚在一些微生物的作用下可以相互转化。

3.5.2　电子受体代谢途径

硫酸盐还原菌利用硫酸盐作为最终电子受体进行生长。但是，从化学角度，硫酸盐对于微生物是不利的电子受体。硫酸盐-硫化物的氧化还原电位是$-516mV$，不允许胞内电子介质氧化还原蛋白或 NADH 进行还原反应。因此，在还原反应之前，硫酸盐被激活，产生 APS 和磷酸盐，磷酸盐被焦磷酸化酶水解产生 2-磷酸盐。APS-硫化物和 APM 的氧化还原电对的电位之和是$-60mV$，允许含有铁氧化还原蛋白的 APS 和 NADH 的还原反应进行。APS 还原产生的 AMP 被 ATP 激化酶转化成两分子的 ADP。因此，硫酸盐的活化需要消耗两分子的 ATP。亚硫酸盐进一步还原为硫化物。此时氧化还原电子对的电位是$-116mV$，但是其转化方式尚未明确。通过连三硫酸盐和硫代硫酸盐的途径允许三个二电子步骤，但一个六电子还原步骤也无法被排除。由于许多 SRB 能够在以氢、硫酸盐作为单一能源的基质中生长，硫酸盐还原会导致电子传递磷酸化作用。为了弥补硫酸盐激活所消耗的 ATP，超过两分子的 ATP 需要通过电子传输磷酸化作用而合成。通过比较以氢和硫酸盐或氢和硫代硫酸盐为基质，脱硫弧菌属的生长量，可以推测出消耗一分子 ATP 得到的硫酸盐净产量。考虑到硫酸盐消耗的能量，净产量应该是消耗一分子 ATP 还原硫酸盐量的 1/3 或 1/4。当脱硫弧菌属以乳酸盐作为基质生长，基质水平磷酸化作用依然存在。经检测，SRB 在含有乳酸盐和硫酸盐基质中生长时，可以形成氢。在这个模型中，乳酸盐首先转化成乙酸盐、二氧化碳和氢，氢扩散到胞外作为硫酸盐还原的电子供体。这个模型是有争议的，但至今没有被反驳或论否。氢的形成反映了 ATP 的高消耗并运输硫酸盐通过细胞质膜，以及激活硫酸盐产生 APS。饥饿阶段后，胞内的 ATP 水平很低，不依赖硫酸盐的乳酸盐降解过程可能是一种产生 ATP 的方式，从而开始硫酸盐代谢。

尽管是以它们能够以硫酸盐作为最终电子受体的能力进行命名的，许多硫酸盐还原菌还能以许多其他的电子受体进行生长，在缺少无机电子受体的情况下，能够发酵基质。因此，环境中出现很多硫酸盐还原菌并不一定反映的是环境中硫酸盐还原过程。硫酸盐还原菌可以减少硫化合物（硫代硫酸盐、亚硫酸盐和硫）转化成硫化物，也可以减少硝酸盐、亚硝酸盐转化成氨。其他可以为 SRB 提供电子受体的化合物包括铁离子、铀离子、高锝酸盐、砷离子。但并非所有的还原过程都和菌体生长相联系。

微生物也可以将有机化合物作为最终电子受体进行生长，许多 SRB 将延胡索酸盐作为电子受体生长。一些海洋 SRB 利用二甲亚砜作为电子受体。此外，磺酸盐也可以作为 SRB 的电子受体。有学者从矿化三氯苯甲酸的产甲烷种群中分离出脱硫念珠菌。在这个种群中，脱硫念珠菌在单氯苯甲酸转化成苯酸盐的过程中生长，并通过苯酸盐降解菌产氢。有趣的是，该菌在被分离出来以后，仅仅是作为 SRB 被鉴定出来。

如图 3-10 所示，大分子物质如蛋白质、多糖、脂肪被水解细菌水解，然后单体物质——氨基酸、糖、脂肪酸被发酵细菌通过发酵产生发酵产物乙酸盐、丙酸盐、丁酸盐、乳酸盐和氢。在硫酸盐存在的情况下［图 3-10（a）］，硫酸盐还原菌消耗这些发酵产物。在硫酸盐不存在的情况下［图 3-10（b）］，氢和乙酸盐被产甲烷细菌利用。

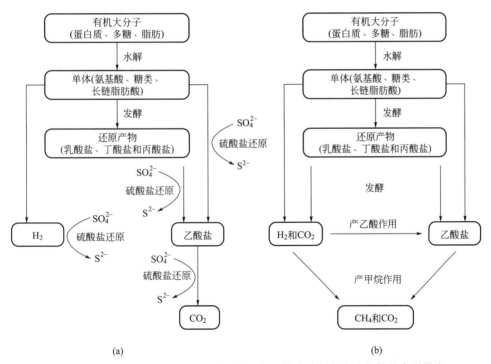

(a)　　　　　　　　　　　　　　　　　　(b)

图 3-10　微生物在含有和缺少硫酸盐的厌氧环境中降解复杂有机物的序列模式

在淡水环境中，含有较少量的硫酸盐，SRB 在发酵和有机物的厌氧氧化过程中发挥重要作用。许多脱硫弧菌属、脱硫微菌属通过发酵丙酮酸盐产生乙酸盐、二氧化碳和氢而生长。当氢被产甲烷细菌消耗，它们也能氧化乳酸盐和乙醇产生乙酸盐。此外，在处理乳清的产甲烷反应器中，硫酸盐还原菌是起到主导作用的产乙酸菌。

互营杆菌属是特殊的硫酸盐还原菌。它们可以以丙酸盐和硫酸盐进行生长，但是作为细菌分离。通过与利用氢的产甲烷菌互营，将丙酸盐转化成乙酸盐、二氧化碳和氢。互营杆菌属 *wolinii* 可以通过与脱硫弧菌属共同培养获得。*S. wolinii* 是一种硫酸盐还原细菌，它可以在利用氢的硫酸盐还原细菌的存在下，抑制硫酸盐还原并作为产酸菌生长。我们可以推测，这是 SRB 中再常见不过的现象。对于 Odom 和 Peck 提出的氢循环模型可能的解释是，在与 SRB 混合培养互养降解发生时，一种硫酸盐还原细菌氧化乳酸盐，其他的则利用氢进行硫酸盐还原。脱硫叶菌属以丙酸盐和硫酸盐作为基质生长，但不像互营杆菌属，它们不能在与产甲烷菌共培养时氧化丙酸盐产生乙酸盐。但在缺少硫酸盐时，它们可以发酵乳酸盐和乙醇产生乙酸盐和丙酸盐。

SRB 的发酵和产乙酸的生长过程不仅解释了为什么它们能在缺少硫酸盐的厌氧环境中生长，也解释了为什么沉积物中硫酸盐增加可以带来即刻的硫酸盐还原。

3.5.3　电子传递链重建

硫酸盐还原菌（SRB）的呼吸末端产物是 H_2S，这使得 SRB 成为通过形成硫化氢与金属相互作用的主要微生物菌种之一。因此，大部分能够和活的生物反应的金属都能在这类细菌中找到，但铜除外，可能因为 Cu^+/Cu^{2+} 复合物的氧化还原电势太高以至不适合参与任何生物体内的生理反应，这对 SRB 也一样。

几种从 SRB 分离出的电子传递蛋白被用作模型和工具来置换和取代金属，因为这些电子传递蛋白的含量相对丰富、分子量小、稳定，易于提纯。各种困难阻碍着 SRB 中电子传递和能量保存问题的解决：不同种类微生物的差异性（在一种微生物大量存在的一些蛋白，在其他种类中不存在）；一些种类的蛋白在一种微生物中是独立存在的，而在另外种类微生物中却以一复合体结构存在（如发现在 *D. gigas* 中的 *desulforedoxin* 是 *D. vulgaris* 中 *desulfoferrodoxin* 的一部分）；一定的电子载体对电子受体或电子供体缺少专一性。聚多血红素的细胞色素 C_3 是一很好的例子：在 *Desulforomonas acetoxidans*（这种微生物没有氢化酶）中被发现的细胞色素 C_7，一个与细胞色素 C_3 密切相关的三聚体血红素血红蛋白，很容易地被细胞色素 C_3 还原。也存在其他的结论，如有少量 O_2 存在下，通过由黄素生成 O_2 存在非专一的还原作用。一个典型的反面例子就是在光照下，黄素氧还蛋白还原成半醌，这种还原作用是由微量自由 FMN 引起的。任何时候，只要怀疑有少量的 O_2 被测出，氧化还原蛋白的任一氧化还原作用都可在 SOD 存在下被检测。

3.5.4　用可溶的和/或增溶的蛋白进行蛋白定位与重建

我们将集中讨论 *D. gigas*，因为近期的工作已得到从能量底物到最终电子受体之间的完整电子传递链的 *in vitro* 重建，得知从醛到产生 H_2 需要 11 个独立分开的氧化还原中心；问题是它们真正的生理过程有多少接近呢，*D. gigas* 的优势在于它的结构比其他的菌株简单，仅有一个氢化酶，而 *D. vulgaris* 中有三个氢化酶和一个 Fd，而在 *D. desulfuricans* 有两个 Fd（见 3.1.3 部分）。

到目前为止，Odom 和 Peck 提出的氢循环假说是唯一能解释 SRB 中能量保存的模型，而且与实验数据最吻合。这个模型中存在两种氢化酶，或者同一种氢化酶位于细胞的不同部位。

近年来，几个关于电子传递链的报道与这种模型相符合。因此，两套完整的电子传递蛋白的发现可解释 *D. gigas* 中能量保存问题。所有的蛋白除一种缺乏确认的膜上的细胞色素 C 外，都是可溶的，而且它们的假定位置与实验数据相吻合，只有一个特例：含〔NiFe〕的氢化酶的位置还有待于确认。实验中可以在细胞周质碎片（通过用缓冲液清洗所有细胞得到）和细胞质碎片（可以在 French 压力器中打碎清洗后的细胞，利用高速离心去掉细胞膜获得）里观测到 *D. gigas* 氢化酶的活性。

氢化酶的双位置性与其他发现同一蛋白存在于不同细胞部位的结果也是符合的，在准备过程中出现大且明显的"膨胀周质区"表明细胞已被破坏，理由是在另一篇关于 *D. gigas* 中 APS 还原酶和亚硫酸盐还原酶位置研究的文章中这种"膨胀周质区"不明显。如果所有的氢化酶分子在细胞周质中确实是生理性存在的，在这样一个体系中，电子传递链Ⅰ保持不变；相反，电子传递链Ⅱ需要一个额外的跨膜的电子载体如 *D. gigas* 中的 MK 6。尽管醌和多血红素细胞色素 C 之间的这种反应还没得到证实。

膜的准备：在 French 压力容器内打碎细胞，然后将得到的提取物超速离心后得到膜，Peck（1966）用这种方法证明在 *D. gigas* 中氧化磷酸化的存在。在这些实验中，可溶性蛋白对于 ATP 形成和从分子氢还原亚硫酸盐过程的偶联是必要的。可在同样的实验条件下，通过多聚葡萄糖底物水平磷酸化形成的 ATP 来解释应用化学解偶联剂得到的这个非同一般的结论。

ATP 在 H_2 到延胡索酸盐（fumarate）还原过程中的形成可在 *D. gigas* 观察到。在这个反应中不需要可溶性蛋白；延胡索酸盐还原酶、细胞色素 B 和甲基萘醌类（menaquinone）存在于这个电子传递链。

3.5.5　原生质球、膜制品、加入或不加入可溶性蛋白

原生质球（spheroplasts）的应用对最初详细描述氢循环假说或氢化酶在 *D. multispirans* 中的定位做出很大的贡献。奇怪的是，还没有关于原生质球结构和它在 *Desulfovibrio* 菌种中与可溶性蛋白关系的报道。

然而，还不能很好地解释在这些样品中"可溶性"氢化酶的存在性，除非酶陷入倒置的囊状物或反应活性来自于一种未知的附于膜上的氢化酶。正如原生质球，对"膜"制品进行系统的研究，原生质球包括好的电子显微图片都是非常必要的。

3.5.6　蛋白与蛋白之间的相互作用：计算机建模

X-结晶学在建立一些 *Desulfovibrio* 的氧化还原蛋白结构方面取得了重要的进展：建立了 a. *D. vulgaris* 黄素氧化还原蛋白结构，黄素蛋白中第一个被认识的结构；b. 四聚体血红素细胞色素 C_3 的结构；c. 第一个含具有氧化还原活性的二硫化物桥的铁氧化还原蛋白的结构；d. *D. vulgaris*、*D. desulfuricans* 和 *D. gigas* 中的红素氧化还原蛋白的结构。

正如已经提到过的，在建立用于纠正细胞色素 C_3 的 X-射线数据的三维结构上运用[1]NMR，无疑将会有重要的意义。

然而，由于 *Desulfovibrio* 中电子传递链的复杂性，这些已取得的成就还相当的有限。因此，即使模型并不与生理实验数据完全符合，也得用这些有限的数据解释蛋白-蛋白电子传递机制的特征。存在于细胞色素 C_3 和其他小型的电子载体之间的几种假想复合体已被研

究：a. *Dm. baculatum Norwy*4 中的 Fd I；给出该复合体的一个结合系数（binding constant）为 6×10^6 L/mol，用 NMR 和交叉连接方法研究了它们之间的相互作用；b. *D. vulgaris* 中的黄素氧化还原蛋白，其接合系数为 1×10^3 L/mol；c. *D. vulgaris* 中的红素氧化蛋白，其和与细胞色素 C_3 的接合系数是 1×10^4 L/mol。

在所有的情况下，都用 1∶1 化学计量法（stoichiometry）解释在蛋白-蛋白滴定（titration）过程中出现的 NMR 化学位移图。*D. vulgaris*（Miyazaki F）中的关于细胞色素 C_3 和 Fd I 之间相互作用的 NMR 数据，更倾向于认为 1 分子的 Fd 与 2 个细胞色素 C_3 连接，结合系数为 1×10^8 L/mol。近期的另外一个研究也表明了 *D. salexigens* 的黄素氧化还原蛋白和三个四聚体血红素细胞色素 C_3 之间的相互关系是 1∶2 的化学计量单位。

化学计量法反映了如下的事实，四聚血红素细胞色素 C_3（似乎任何情况下都含一个信号肽，在实验中发现其位于周质空间）和黄素氧化还原蛋白或铁氧化还原蛋白（都是细胞质蛋白）之间不能发生生理性相互作用，而它真正的合作伙伴是另外一个位于细胞质中与其类似的细胞色素 C。这种假说是有一些实验证据的，因为在 *D. gigas* 中连接醛氧化和氢生成的氧化还原链，可用黄素氧还蛋白和四聚血红素细胞色素 C_3 或八聚血红素细胞色素 C_3（被认为是细胞质蛋白）得到重建。当然，黄素氧还蛋白和八聚血红素细胞色素 C_3 之间的相互作用模式可以是 1∶1 的关系。因为后者血红素的数目是这个周质蛋白中血红素的 2 倍。这样一个模型的确需要有更多结构方面的信息；现在对 *D. gigas* 中的八聚血红素细胞色素 C_3 的 X-衍射结晶学研究正在进行当中。

3.6 溶质运输和细胞能量

3.6.1 异化型硫酸盐还原的热力学

探讨硫酸盐还原菌中主要的能量问题，将遵循硫酸盐还原菌中一个硫酸盐分子代谢的途径，即从它被硫酸盐还原细菌吸收到以 H_2S 的形式释放出来。主要涉及以氢气为典型的电子供体，将讨论硫酸盐还原的每一个步骤，在最后一部分，我们将谈到硫酸盐还原细菌中与能量储存有关的其他途径，比如：有机化合物的发酵，歧化反应，无机硫化物的氧化，以及对硝酸盐和分子氧这些选择性电子受体的利用。近期发现了许多此类途径，而且是硫酸盐还原菌所特有的。它们说明了硫酸盐还原菌能量代谢的灵活性，并将为硫酸盐还原过程中能量储存的阐明提供有力的工具。

异化型硫酸盐还原菌含有的可利用能量很少。热力学限定了硫酸盐还原过程中能量储存的上限。如 H_2（$E_0' = -420$ mV）这样一个有效的电子供体被氧化，在中性 pH 标准条件下，总反应的自由能变化是 -155 kJ/mol［公式(3-11)］，比 O_2 作为电子受体时自由能变化低 6 倍［公式(3-12)］。

$$4H_2 + SO_4^{2-} + 1.5H^+ \longrightarrow 0.5HS^- + 0.5H_2S + 4H_2O \quad \Delta G^\ominus = -155 \text{kJ/mol} \qquad (3-11)$$

$$4H_2 + 2O_2 \longrightarrow 4H_2O \quad \Delta G^\ominus = -949 \text{kJ/mol} \qquad (3-12)$$

在生长的细胞中 ATP 的合成大约需要 -70 kJ/mol。每个硫酸盐还原过程至多只能储存不超过 2 个 ATP 的能量。因为热力学并不考虑传递过程和生化途径，所以产生的 ATP 甚至会更少。如果其中包括一些关键步骤的话，增加的那部分自由能可能也不用于能量储存。

的确，硫酸盐活化所需的 ATP，同化型硫酸盐还原所需的能量以及（长期）一种已知仅被不完全氧化成为乙酸盐的底物的限制性光谱，这些结果都支持这样一个观点：硫酸盐还原和能量储存根本就不相偶联。尽管氧化磷酸化已被证实，但这种能产芽孢的硫酸盐还原菌仍被认为是一种发酵菌，这种菌可作为发酵过程中产生的过量电子的电子"储备库"。

但是，细胞能在含 H_2 和硫酸盐的无机营养下生长，这已经证明硫酸盐还原是一个能完成净能量储存的真正的呼吸过程。H_2 在一个没有底物水平磷酸化的步骤中被氧化，因此以 H_2 作为唯一的电子供体时，在电子受体还原过程中细胞的生长必定偶联着化学渗透的能量储存。

(1) 硫酸盐、硫化物和亚硫酸盐的一些相关特性

硫酸盐还原过程中存在几个有氧呼吸中没有涉及的问题。其中一些问题可以通过比较反应式(3-11) 和式(3-12) 很容易地就推断出来。

而在只有可透膜的化合物、气体和水参与的第二个反应中，硫酸盐还原时还存在离子的消耗和产生。硫酸盐还带两个与膜电位相排斥的负电荷，如在膜内部的过量的负电荷，这证明硫酸盐运输中存在着问题。

有氧呼吸的终产物是水，而硫酸盐还原产物则是 H_2S，H_2S 不仅具有恶臭的气味而且有毒，当浓度超过 5mmol/L 时甚至对 SRB 也产生毒害作用。

此外，由于从硫磺酸到 H_2S 形成存在质子消耗，因此硫酸盐还原趋向于改变 pH 值。硫化氢是一种弱酸，在 pH 为中性时仅部分解离。本文中硫化物这一词是指硫化氢（H_2S）和亚硫化物（HS^-）。由于 H_2S 的第一解离常数（pK_1）大约是 7.0，在 SRB 有活性的 pH 值范围内 H_2S 和 HS^- 都可以存在。H_2S 的第二解离常数（pK_2）大约为 17～19。这意味着硫离子（S^{2-}）的碱性比 OH^- 更强。因此，游离的 S^{2-} 不能存在水溶液中，因为即使在强碱性溶液中，一个硫离子也会立即将水去质子化形成 OH^- 和 HS^-。

而硫酸盐和硫代硫酸盐被认为是几乎能完全解离的，亚硫酸（H_2SO_3）的第二解离常数是 6.9。这意味着在 pH 为中性时，亚硫酸盐以数量大致相等的 HSO_3^- 和 SO_3^{2-} 形式出现。

(2) 标量和矢量的过程

细胞能量的最小单位不是 ATP 而是单一的质子，其他离子或一个电子，它们通过与化学渗透相关的过程被跨膜运输。每产生 1 个 ATP 需运输 3 个质子，这之间的转换系数是假设的，在 SRB 中还没有得到验证。对其他如钠离子这样的离子，其转换系数取决于相关运输机制。此外，底物的吸收和终产物的释放都涉及能量的问题。因此运输的过程和细胞能量是紧密相关的。通常，标量过程和矢量过程是有差异的。标量的变化是化合物的净量发生变化的过程，例如硫酸盐还原为硫化物［公式(3-11)］的碱化作用就是一个标量过程。这种变化在无区室的系统（如细胞、囊泡）和一个细菌培养基中都能以化学角度去分析，因为内部细胞量只占培养量中很小的百分比。在测定标量的 pH 值变化时，必须考虑培养基 pH 值和代谢化合物的解离常数。写成以下公式更容易理解和改正。

$$4H_2 + SO_4^{2-} \longrightarrow S^{2-} + 4H_2O \quad \Delta G^\ominus = -118 \text{kJ/mol} \tag{3-13}$$

或者

$$4H_2 + SO_4^{2-} + H^+ \longrightarrow HS^- + 4H_2O \quad \Delta G^\ominus = -152 \text{kJ/mol} \tag{3-14}$$

但是这个公式不能准确地描述在中性培养基中标量质子的消失。硫化物（和亚硫酸盐）和不同数量的质子组成的混合形式也导致了自由能变化上的轻微差异。

尽管在文献中经常被谈到，必需指出的是标量过程不能储存能量。如果把酸加入细胞的悬浮液中，产生的标量酸化作用不能被细胞用于 ATP 的储存。由于标量的变化只影响细胞膜的一侧，因此只有极少的质子能进入细胞。膜电位的变化能平衡跨膜 ΔpH 的变化。同理，由硫酸盐还原引起的净标量的碱化作用，只要 pH 应力不太强就不会减少能量的产生。因此一些文献中出现"标量质子运输"这一术语是毫无意义的。

因为与矢量过程偶联的化学渗透能是必需的，所以它与细胞质膜两侧的浓度变化相偶联。当一个质子（或其他离子）从细胞内侧被跨膜运输时，检测到的 H^+ 总量是不变的。但是，只有这种矢量的运输才能产生一个力（由跨膜电子的和化学的浓度差组成），它推动质子重新回到细胞中。

质子的运动可与一个化学反应（如电子受体的还原或 ATP 合成）相偶联；这可划分为一级运输系统。另外，质子可与另一种化合物同向或反向转运。这种情况称为二级运输系统，其驱动力取决于两种化合物的浓度差（主动运输和被动运输这两个术语不适于区分一级和二级运输系统）。如果运输能产生跨膜电荷的净转移，它是产电运输。在这种情况下，必须考虑膜电位，而在电中性运输系统中则不需要考虑。

（3）与硫酸盐还原相偶联的质子效应的初步研究

根据公式(3-11)，硫酸盐还原过程中标量和矢量的质子运动都可以通过 pH 电极监测到。在有 H_2 而没有 KCl 缓冲的情况下向细胞悬液中加入硫酸盐进行培养，那么将首先发生碱化。在硫化物形成之前质子的迅速消失，表明了与硫酸盐同向转运中发生矢量的质子吸收。然后，与 H_2S 释放相对应的酸化作用阶段补偿了暂时的碱化作用，细胞外侧 H_2S 根据公式(3-15) 部分解离：

$$H_2S \longrightarrow 0.5H_2S + 0.5HS^- + 0.5H^+ \qquad \Delta G^\ominus = 3kJ/mol \qquad (3-15)$$

最终的结果是根据公式(3-11)，每分子硫酸盐还原后有 $1.5H^+$ 的标量消失。细菌产生细胞质膜的质子移动力即硫酸盐还原过程。但有时能观察到一个凸出处，它是质子运输（或周质氢化酶中 H^+ 的释放造成的），但几乎不能做定量分析。硫酸盐的运输和 ATP 的合成迅速吸收了转移的质子（或周质氢化酶释放的质子）。硫酸盐的活化消耗 ATP，因而 ATP 的合成对于 SRB 更为重要。在这种条件下 pH 测量的另一个困难是只要细胞存在膜电位，就只能看到电中性质子的移出。因此，要研究每一个不同的步骤必须设置特定的实验条件。

3.6.2 硫酸盐运输

（1）硫酸盐运输的不同可行机制

硫酸盐必须被只存在于细胞质中的 ATP 活化。因此，硫酸盐同化和异化还原作用的前提条件是硫酸盐被吸收到细胞里。同化型硫酸盐还原能力和许多植物、真菌和细菌相同。一级运输系统通常完成同化型硫酸盐的吸收。在肠细菌和蓝细菌中，周质的硫酸盐结合蛋白参与硫酸盐的吸收，并且吸收的动力是 ATP 的水解。该系统是单向的以防止细胞内硫酸盐的损失。

在异化型 SRB 中，硫酸盐吸收所需的 ATP 的水解将耗掉硫酸盐还原过程产生的约 1/2

的自由能。因此，吸收硫酸盐更适合机制的出现不足为怪。

与磷酸转移酶系统对糖的吸收相比较，基团转移将是一种可行的运输机制。运输的溶质在吸收过程中被化学修饰转变成另一种形式后进一步被代谢，但并不穿透细胞质膜。与糖代谢相似，硫酸盐分子必须被 ATP 活化（虽然与腺嘌呤基团而不是磷酸基团结合）。但是，在运输过程中未发现硫酸盐的腺苷酰化作用，可能也不会发生，因为 ATP 硫酸化酶反应虽然消耗 ATP，但它是强烈吸能的，且不适于促使硫酸盐积累。

相反，在 SRB 中发现了二级硫酸盐运输系统。预先存在的质子或钠离子梯度促使硫酸盐的积累。硫酸盐还原菌对硫酸盐有很强的亲和力。生长细胞或硫酸盐还原细胞的悬浮液的 K_m 或 K_S 值在 $5\sim200\mu mol/L$。

（2）通过质子的同向转运实现硫酸盐的积累

要详细研究硫酸盐运输，必须防止硫酸盐还原和 H_2S 的立即释放。为此细胞悬液要在 $0℃$ 下预冷或完全暴露在空气中。在这些条件下，碱化作用和硫化物的形成才能分开。通过与等摩尔 HCl 的校准脉冲相比较，可以计算出每加入一个硫酸盐消失的两个质子的量。

利用放射性标记的硫酸盐证明质子的吸收伴随着硫酸盐的积累，加入的硫酸盐（$1.25\mu mol/L$）超过 90% 被细胞吸收。胞外剩余的浓度大约为 $0.1\mu mol/L$，而胞内浓度大约是 $0.5mmol/L$。因此，细胞能积累硫酸盐超过 1000 倍。

（3）海生硫酸盐还原菌依赖钠的硫酸盐积累

淡水中通常有低浓度的硫酸盐和沉降物，SRB 的主要栖息地在水表面下几毫米处典型的少硫酸盐区。因此，淡水种需要有对低硫酸盐浓度的适应和硫酸盐积累的能力。但是，大多数生存在高硫酸盐浓度环境的海生种也有能表达高浓度积累硫酸盐的运输系统。然而，淡水种和海生种的运输机制存在很大差异。在海生种中硫酸盐吸收过程中对 pH 值影响非常小。相反，硫酸盐积累依赖于钠离子，锂离子可部分代替钠离子。

（4）稳态硫酸盐积累的计算

积累的（标记的）硫酸盐能被过量的（非标记的）硫酸盐迅速地从细胞中洗去，这说明在硫酸盐吸收过程中没有不可逆的步骤。硫酸盐并没有通过进一步的化学反应立即从平衡中退出，而且运输是可逆的。可逆性是应用能描述跨细胞质膜稳态梯度的化学渗透方程式的前提。通常，通过与一个阳离子的同向运送而获得的阴离子稳态积累可被描述为下述公式：

$$\lg c_i/c_o = -(m+n) \quad \Delta\Psi/z + n\lg(x_o/x_i) \tag{3-16}$$

式中，c_i、c_o 为细胞内和细胞外的阴离子浓度；m 为阴离子的电荷；n 为同向运送的阳离子电荷；$\Delta\Psi$ 为膜电位，mV；$z=2.3RT/F\approx60mV$（$30℃$）；x_i、x_o 分别为细胞内和细胞外同向运送的阳离子浓度。

硫酸盐与两个质子同向运送的积累和膜电位无关。这是电中性的同向转运（没有净电荷的转移，$m+n=0$）。其中唯一的驱动力是 ΔpH。为计算 1000 倍硫酸盐积累所需的质子梯度，公式(3-16) 可被简化为：

$$\lg c_i/c_o = 2\Delta pH \tag{3-17}$$

1000 倍稳态积累所需 pH 梯度为 1.5（$\lg1000=3$），比任何已知的嗜中性细菌中的 pH 梯度都高。

进一步的研究表明，高浓度硫酸盐积累与膜电位有关。已知硫酸盐积累对影响膜电位

（缬氨霉素＋K^+，TCS）和 pH 梯度（莫能霉素＋Na^+，尼日霉素＋K^+）的抑制剂敏感。显然，高浓度的硫酸盐积累依赖于 ΔpH 和 $\Delta \Psi$，且是产电的，而 pH 电极只能检测到电中性质子的运动。

（5）质子电势和硫酸盐积累的相关性

在确定了 ΔpH 和 $\Delta \Psi$ 之后，就可以对同向运送的质子数进行定量计算。

用两种不同的方法对 SRB 中跨膜 pH 梯度进行研究，^{13}P-NMR 和透膜弱酸的分布。这两种研究方法得出的相似结论：外部为中性 pH 时，细胞维持 ΔpH 为 0.5 单位（内部是碱性的）；外部基质 pH 值为 5.9 时，ΔpH 上升 1.2 个单位。在碱性 pH（pH 值大于 7.7）时，*Desulfovibrio desulfuricans* 中不存在 pH 梯度。透膜放射性标记探针的应用（^{14}C-苯甲酸酯）测定出了 10 株淡水菌株的 ΔpH 值在 0.25～0.8。

由于缺乏与之专一性结合的探针，膜电位的确定难度更大一些。在 10 株淡水菌株中只有 4 株的研究结果是可靠的，获得的 ΔpH 在 -80～$-140mV$。这些菌株的质子电势在 -80～$-140mV$（Kreke and Cypionka，1992）。假设硫酸盐的积累和质子移动力相平衡，即使观察到最高的积累因子也可以通过每个硫酸盐中的 3 个质子的理想配比（stoichiometry）来解释。

（6）与钠离子同向转运的硫酸盐的理想配比

详细地研究了海生菌株（*Desulfococcus multivorans* 和 *Desulfococcus Salexigens*），硫酸盐的积累对影响跨膜钠离子梯度的抑制剂敏感（莫能霉素、氨氯吡嗪脒 ETH157）。在淡水菌株中，硫酸盐积累最大条件下发现了 3 个阳离子和硫酸盐同向转运的理想配比。

当然，海生硫酸盐还原菌能适应高浓度钠的海水（大约 450mmol/L Na^+），它们中的大多数生长都需要 Na^+。然而，除了淡水种中的 Na^+/质子反向转运，以前还未有过关于钠离子对 SRB 的特殊作用的叙述。*Desulfococcus Salexigens* 是唯一在这方面被研究过的海生硫酸盐还原菌，它的能量代谢是以一级质子泵而不是以钠离子为基础的。钠离子驱动的硫酸盐运输对海生菌将是有利的，因为钠离子梯度是持续的，并代表了一种能量形式。但是，这样的一种积累机制同时要求一个极好的平衡调节能力，否则细胞将被这两种离子浸入涨破和去能化，这种情况会发生在高浓度环境中。

（7）硫酸盐运输的调节

目前为止讨论所涉及的是实验中细菌生长受仅在微摩尔浓度时添加的硫酸盐限制的特性。但在这种条件下，并非总能产生高浓度的积累。相反，发现至少有两种不同的硫酸盐运输机制，运输的调节是在基因和活性的水平进行的。已经观察到这一现象：向非代谢性的 *Desulfovibrio* 的细胞悬液中加入的高浓度硫酸盐并没有被细胞内的水分稀释。该细胞表现出对硫酸盐的不可透过性。*Desulfovibrio* 细胞在还原过程中放射性同位素示踪的硫酸盐的积累。显然，对于硫酸盐这样如此重要的分子，对其运输过程进行严格的调控是不足为奇的。

在长期的限制硫酸盐的条件下，在恒化器内培养的细胞中观测到最高浓度的硫酸盐积累。而在硫酸盐过量的条件下生长的细胞，对硫酸盐的积累很少超过 100 倍。显然细胞中不止拥有一个硫酸盐运输系统。高度积累的运输系统只在硫酸盐受限时表达，而低积累系统却是本质性存在的。

除了基因水平的调节（通过硫酸盐的限制消除对高积累运输系统的抑制），还存在另一种活性水平的快速调节机制。如果表达有高积累运输系统的细胞暴露在不断增加的硫酸盐浓度下，积累会相应地降低。细胞并不像所表明的那样，通过恒定的 ATP 水平和质子电势在较大的硫酸盐浓度范围内，利用硫酸盐的吸收去能（deenergized）。

稳态硫酸盐的积累和质子动力的相关性降低了其理想配比。当外部硫酸盐浓度大于 $100\mu mol/L$ 时计算出的理想配比甚至降低到 2 以下。这将意味着产电的运输伴随着与膜电位相反的负电荷的净吸收，从而得出结论：在那些情况下，质子势能达到平衡之前，一种调节机制阻止了硫酸盐的运输。这一结论和上面讨论的硫酸盐的不可透过性是一致的。

（8）硫代硫酸盐和其他硫酸盐类似物的运输

SRB 能还原除硫酸盐以外的各种硫化物，其中最重要的是硫代硫酸盐和亚硫酸盐。到目前为止，只有硫代硫酸盐的运输经过了详细的研究。硫代硫酸盐是硫酸盐的一个结构类似物，它与硫酸盐的区别只是一个附加的硫原子代替了氧原子。在 19 个淡水和海生菌株中，硫酸盐和硫代硫酸盐的运输特征十分相似。硫酸盐受限能诱导硫代硫酸盐的高度积累能力。通过加入过量的（非标记的）硫酸盐可以去除（标记的）积累的硫酸盐，反之亦然，同样硫代硫酸盐的加入可以实现这一点，细胞可能无法区分硫酸盐与硫代硫酸盐。显然，在大多数实验的菌株中，硫代硫酸盐的积累是通过高浓度积累的硫酸盐运输系统实现的。到目前为止，据报道只有 *Desulfovibrio desulfuricans* 菌株 *Essex* 在这方面例外。它在硫酸盐和硫代硫酸盐吸收时质子的吸收动力不同，硫酸盐和硫代硫酸盐的吸收依赖于培养过程中提供的电子受体。

在几个其他的硫酸盐结构类似物以 25 倍过量的实验中，观测到钼酸盐（硫酸盐还原过程的典型抑制剂）和钨酸盐对硫酸盐的积累影响很小。铬酸盐可引起强烈的抑制，能被一些 SRB 还原的硒酸盐却能抑制大约 1/2 的硫酸盐的积累量。

（9）对硫酸盐运输中能量需求的评估

总的来说，硫酸盐在异化型硫酸盐还原菌中的吸收是通过与阳离子同向运送的二级运输系统完成的（图 3-11）。该运输系统是可逆的（图 3-11 中所有的跨膜箭头都应被看作是双向的）。在淡水种中利用质子同向运送，海生种则利用钠离子同向转运。产电的机制（3 个阳离子的同向转运）可实现高度积累，这种机制只有细胞生长在硫酸盐浓度受限条件下才出现开启，并在硫酸盐浓度升高后立即关闭。细胞生长在硫酸盐过量条件下不出现没有高度积累的能力。硫酸盐能被一个目前还不清楚其特性的电中性系统吸收。低积累系统在硫酸盐浓度很低（允许通过其他系统产生高积累）和很高（在驱动力达到平衡前停止积累）时必须被关闭，否则细胞将由于充满硫酸盐而被去能化。

与质子同向转运时，硫酸盐运输中所需的能量极易估算出来。如果在与膜结合的 ATP 酶的作用下每再生一个 ATP 需消耗 3 个质子，那么和 3 个质子产电同向运送的每一分子硫酸盐被吸收进细胞也将相应地消耗一分子 ATP。当硫酸盐分子与 2 个质子同向运送的这种电中性运输时将消耗 2/3 个 ATP。因而乍看，二级硫酸盐运输系统所需的能量似乎与同化型硫酸盐还原菌在硫酸盐吸收时水解 ATP 消耗的同样多。

但是，硫酸盐吸收所需的能量可由释放 H_2S 得到部分补偿。与同化型硫酸盐还原相反，异化型硫酸盐还原的终产物 H_2S 立即被释放。因此，对硫酸盐运输中能量的平衡进行估算

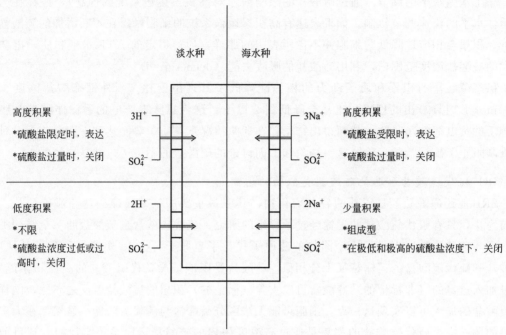

图 3-11　在淡水和海洋硫酸盐还原细菌中硫酸盐运输的机制与调节

时，必须要考虑到硫化物释放中的能量问题。H_2S 可以以气体的形式扩散透过细胞膜。对硫氢根（HS^-）的运输情况还不清楚，当细胞内的 pH 值大约为 7.5 时，其 HS^- 的浓度要高于 H_2S。假设 HS^- 不能透过细胞膜（或通过与 H^+ 的电中性同向运送来运输），那么硫化物的释放和 2 个质子的输出在能量上是相等的。在这些条件下，硫酸盐的电中性吸收及 H_2S 的释放都不耗能。硫酸盐和 3 个质子的产电吸收将最终消耗 1/3ATP。在恒化器中培养 *Desulfotomaculum orientis* 时发现在硫酸盐过量和受限时，生长产率存在相应的差别。这说明了该菌株只有在硫酸盐受限条件下生长后才具有高度的硫酸盐积累能力，这时生长产率比硫酸盐过量时低 20%。

依赖 Na^+ 的硫酸盐积累所需的能量更难估算，因为必须要知道产生所需钠梯度的机制。在淡水种和海生种中，发现了产电的钠/质子反向运输系统，其中每个 Na^+ 不只消耗一个 H^+。如果包括这一机制，那么硫酸盐运输将比与质子偶联的系统消耗更多的能量。

3.6.3　硫酸盐活化的能量学

虽然 SRB 称为硫酸盐还原菌，它并不还原硫酸盐，相反，硫酸盐必须在消耗 ATP 的情况下先被活化。在 ATP 硫酸化酶（或腺苷酰硫酸酯酶）的作用下，ATP 和硫酸盐变为 APS 和焦磷酸。

$$SO_4^{2-} + ATP + 2H^+ \longrightarrow APS + PPi \quad \Delta G^\ominus = 46 kJ/mol \tag{3-18}$$

尽管 ATP 被水解，但该反应是强烈吸能的，因此必须通过终产物的去除才能推动反应完成。焦磷酸酶能水解焦磷酸［见公式(3-19)］。

$$PPi + H_2O \longrightarrow 2Pi \quad \Delta G^\ominus = -22 kJ/mol \tag{3-19}$$

因此又有一个磷酸酯断裂了，硫酸盐活化能量相当于两分子 ATP 水解为 ADP 和磷酸所释放的能量。例如在腺苷酸激酶催化作用下，AMP 和 ATP 反应产生 2ADP，并且自由能不变。

$$AMP + ATP \longrightarrow 2ADP \quad \Delta G^{\ominus} = 0kJ/mol \tag{3-20}$$

ATP 硫酸化酶的第二产物 APS 的去除是第一个氧化还原反应。

$$APS + H_2 \longrightarrow HSO_3^- + AMP + H + \Delta G^{\ominus} = -69kJ/mol \tag{3-21}$$

APS 被 APS 还原酶还原为亚硫酸盐和 AMP 释放的能量比焦磷酸断裂还多。以 H_2 作为电子供体时，自由能的变化要高 3 倍。

式(3-18) 和式(3-21) 可以被概括为

$$SO_4^{2-} + H_2 + 2H^+ + 2ATP + H_2O \longrightarrow HSO_3^- + 2ADP + 2Pi \quad \Delta G^{\ominus} = -45kJ/mol \tag{3-22}$$

这个公式的自由能变化为负值，甚至在 H_2 浓度较低时也是如此。异化型硫酸盐还原菌能否提供如此多的能量消耗以及焦磷酸的水解或 APS 还原是否偶联着能量储存机制仍然是个疑问。

3.6.4　亚硫酸盐还原的能量学

亚硫酸盐到硫化物的还原弥补了硫酸盐活化所消耗的能量并能产生额外的 ATP 用于生长。以 H_2 作为电子供体的亚硫酸盐还原为硫化物的反应中，标准自由能变化为 $-174kJ/mol$。

$$0.5HSO_3^- + 0.5SO_3^{2-} + 3H_2 + H^+ \longrightarrow 0.5HS^- + 0.5H_2S + 3H_2O \quad \Delta G^{\ominus} = -174kJ/mol \tag{3-23}$$

从热力学角度来看，它可再生至少两个 ATP。虽然本文没有讨论亚硫酸盐还原和电子运输的生物化学细节，但可以比较亚硫酸盐到硫化物的一步还原和有争论的连三硫酸盐途径的能量学结论，其中连三硫酸盐途径能产生连三硫酸盐和硫代硫酸盐，它们是亚硫酸盐还原的中间产物。有 3 个酶参与了后一途径，即亚硫酸盐还原酶：在它的作用下，3 个亚硫酸盐分子形成连三硫酸盐 [公式(3-24)]；连三硫酸盐还原酶：在它的作用下，连三硫酸盐形成亚硫酸盐和硫代硫酸盐 [公式(3-25)]；以及硫代硫酸盐还原酶：在它的作用下能形成硫化物和亚硫酸盐 [式(3-26)]。

$$1.5HSO_3^{2-} + 1.5SO_3^{2-} + H_2 + 2.5H^+ \longrightarrow S_3O_6^{2-} + 3H_2O \quad \Delta G^{\ominus} = -48kJ/mol \tag{3-24}$$

$$S_3O_6^{2-} + H_2 \longrightarrow S_2O_3^{2-} + 0.5SO_3^{2-} + 0.5HSO_3^- + 1.5H^+ \quad \Delta G^{\ominus} = -122kJ/mol \tag{3-25}$$

$$S_2O_3^{2-} + H_2 \longrightarrow 0.5HS^- + 0.5H_2S + 0.5HSO_3^- + 0.5SO_3^{2-} \quad \Delta G^{\ominus} = -4kJ/mol \tag{3-26}$$

以上各步骤的氧化还原电势和相应的自由能变化差异很大。而一步还原的标准中点电势为 $-116mV$，连三硫酸盐途径中的氧化还原偶的中点电势为 $-173mV$，$+225mV$ 和 $-402mV$。在连三硫酸盐还原中自由能的变化最大，而最后一步和形成硫化物反应即使在 H_2 饱和的情况下也很难放能。

连三硫酸盐途径要求电子传递到依次排列的 3 个不同的电子受体。作为末端受体每一个电子受体都要消耗电子（与反向还原和再氧化的电子载体相反）。尚不了解是否各种酶将直接与能量储存偶联（充当质子泵的作用），或者是否只是通过电子传递链产生化学渗透梯度。虽然也曾讨论过亚硫酸盐还原酶与膜的相连，并已经在 *Desulfovibrio desulfuricans* 中得到了纯化的与膜结合的亚硫酸盐还原酶，但是迄今为止，它仍被定位在细胞质中。

为了实质性地阐明亚硫酸盐还原的机制，抛开该过程中所必需的酶的分析进行了几次全细胞研究，这项研究结果倾向于说明存在一个有中间产物的途径。在生长培养基和洗脱后的细胞中观测到了硫代硫酸盐和连三硫酸盐的形成。正如热力学所述的，电子供体受限是前提条件。相反，使用了很高浓度的电子供体，在利用标记的硫酸盐和硫代硫酸盐进行研究中没有发现中间产物形成的迹象。

两种化学渗透观测结果也赞同了连三硫酸盐途径。首先，亚硫酸盐还原为 H_2S 能被解偶联剂抑制并依赖一个完整的细胞结构。这表明存在依赖能量的步骤（如硫代硫酸盐还原需要反向电子运输）。在一步还原的情况下，需要解偶联剂对亚硫酸盐还原的激发作用。其次，当亚硫酸盐的还原不完全而且和硫化物的形成不相偶联时，可观测到在微摩尔 H_2 存在下出现最大的 H^+/e^- 比率。如人们所料在这些实验中，硫代硫酸盐的还原致使少量的质子运输。因此，在电子供体受限的条件下，细胞能利用电子进行最适宜的反应。亚硫酸盐反应在出现某些中间产物时停止，这些中间产物还原为硫化物时消耗电子且不与能量相偶联。问题是如果硫化物的形成消耗电子且不储存能量，那么为什么 SRB 并不总是在硫代硫酸盐水平上停止亚硫酸盐还原反应。可能这时硫化物的形成已经完成了，因为伴随它的完成相应地再生了作为电子受体的亚硫酸盐（它能进一步储存能量）。否则，下一个硫酸盐分子将不得不在消耗 ATP 的情况下被活化。

3.6.5 质子移动力的产生

很多 SRB 以分子氢作为电子供体。在几种 SRB 中，已发现了不止一种的氢化酶。氢化酶可能位于细胞内和周质空间中。如果一个周质氢化酶将电子传递给细胞色素并且在细胞质中消耗电子，这一过程会不可避免地产生膜电势和跨膜 pH 梯度，而不需泵质子穿过细胞膜。这一简单而精妙的机制称为矢量电子运输（badziong and thauer），在其他细菌和其他底物如甲酸酯等中也存在这一机制。产生的质子并不作为 H_2 氧化的标量产物存在于周质中，而在细胞内硫酸盐还原过程中最终被消耗掉了［式(3-11)］。

此外，SRB 可能将质子泵过膜来完成典型的矢量质子运输。因为这两种机制都产生外部相（outer bulk phase）的可逆酸化，所以两者很难区分。但还是可能将两者加以区分的，当知道了酶的定位和 H^+/H_2 比例大于 2 时就只能是典型的质子运输。

3.6.6 硫酸盐还原能量学的综合评价

通过多年的研究，人们对硫酸盐呼吸的认识取得了相当大的进展。在硫酸盐运输、硫酸盐活化、矢量的电子运输、质子运输和跨膜梯度方面进行了详细地研究，但是有些重要的问题像焦磷酸酶和 APS 还原酶的能量偶联，质子运输的位点和亚硫酸盐还原的途径仍不清楚（图 3-12）。

从能量学的角度和恒化器实验的生长产率角度考虑，以 H_2 作为电子供体，每分子硫酸盐还原为亚硫酸盐的净能量储存约是 1 分子 ATP。按照流行的化学渗透假说，1 分子 ATP

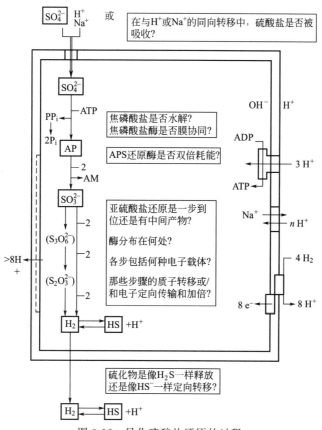

图 3-12   异化硫酸盐还原的过程

相当于能使 3 个质子跨膜运输，或者是伴随着它们被释放到周质的同时 3 个电子被运输到细胞质中。H_2S 形成时质子的标量结合影响与硫酸盐一起吸收的质子的输出，但两者不直接相关。

当硫酸盐的供应充足时，硫酸盐的吸收需要与两个质子同向运送，相当于 $2/3ATP$。在硫酸盐受限时，细胞将表达高积累运输机制，这时每运输一个硫酸盐会消耗 3 个质子或 1 分子 ATP。

不同 SRB 菌条件下有可能问题：

① 吸收的硫酸盐是否与 H^+ 或 Na^+ 同向转运？同向转运中有 2 个还是 3 个阳离子参与？

② 焦磷酸水解了吗？焦磷酸酶是否与膜相关？

③ APS 还原酶和能量偶联吗？

④ 亚硫酸盐的还原是一步还是通过中间产物完成的？

⑤ 参与的酶定位在哪里？

⑥ 哪一个电子载体与哪一个步骤有关？

⑦ 哪一步与质子运输和（或）矢量的电子运输相偶联？

⑧ 亚硫酸盐是以 H_2S 的形式释放还是以 HS^- 形式特异的运输？

只要不能确切地阐明焦磷酸酶和/或 APS 还原酶的能量偶联机制，就必须设定硫酸盐的再活化需要 2 个磷酸酯键的水解。硫酸盐活化消耗的能量在亚硫酸盐还原时得到了补偿。虽然对亚硫酸盐的逐步还原已有所了解，但对连三硫酸盐途径还不清楚。

已经发现产生质子移动力的两种机制：一是通过周质酶系将矢量的电子运输到细胞内来实现质子的释放以及典型的质子运输；二是在一个周质氢化酶的单独作用下，每个硫酸盐能释放 $2H^+/H_2$ 或 $8H^+$，并能补偿硫酸盐活化和细胞生长中所消耗的 2 个 ATP（相当于 $6H^+$）。然而，并非在所有的种中都存在周质底物的氧化，但质子运输的能力却一直存在（如在 H^+/H_2 值大于 2 时所示）。只有氧化还原电位很低的反应（如 CO 或丙酮酸）才发生氢循环（细胞内的 H_2 被周质氢化酶氧化）。硫酸盐吸收时消耗的能量会在亚硫酸盐以 H_2S 的形式离开细胞时重新获得。

还没有深入地研究过海生硫酸盐还原菌的能量学。如果钠梯度是通过产电的 Na^+/H^+ 反向运输（$>1H^+/Na^+$）产生的，那么硫酸盐运输对钠的需求增加了硫酸盐运输的消耗。从这方面考虑，海洋菌株中唯一研究过的能量代谢主要是以质子动力为基础的，而不是以钠离子的运输为基础的。

3.6.7　通过硫酸盐还原以外的其他过程实现的能量储存

SRB 不只限于通过硫酸盐还原储存能量，它们也能进行发酵生长或利用其他电子受体。亚硫酸盐和硫代硫酸盐的还原已经讨论过了。另外，元素硫也能被几种 SRB 还原。目前所讨论的这几个过程都是近期才被发现的。

（1）硫化物的歧化反应

很多硫酸盐还原菌能完成独特的无机硫化物发酵过程，无机硫化物能经过歧化反应生成硫酸盐和硫化物［式（3-27）和式（3-28）］。例如硫代硫酸盐被转化为等量的硫酸盐和硫化物。

$$S_2O_3^{2-}+H_2O \longrightarrow SO_4^{2-}+0.5H_2S+0.5HS^-+0.5H^+ \quad \Delta G^\ominus=-25kJ/mol \quad (3\text{-}27)$$

亚硫酸盐经歧化反应形成 3/4 硫酸盐和 1/4 硫化物。

$$2HSO_3^-+2SO_3^{2-} \longrightarrow 3SO_4^{2-}+0.5H_2S+0.5HS^-+0.5H^+ \quad \Delta G^\ominus=-235kJ/mol$$

$$(3\text{-}28)$$

实验的 19 个 SRB 中，大约 1/2 能进行这些转化中的一种，这种能力到目前为止在无色硫细菌和光养硫细菌中还没发现。硫代硫酸盐歧化反应的自由能变化小（25kJ/mol），始终不能用于生长。亚硫酸盐歧化并不普遍（在一些菌种中），但它能用于生长。如果形成的硫化物能与铁或锰发生化学反应得以去除，那么元素硫也可能发生歧化反应。

歧化反应的能力是组成型表达的，歧化反应所需要的酶和硫酸盐还原是一致的。细胞提取液和抑制剂的实验表明硫酸盐的形成是通过硫酸盐活化的逆反应实现的。在 ATP 硫酸化酶作用下，ATP 再生的机制与典型发酵中的底物水平磷酸化相似（图 3-13）。

但是，必须要克服两个吸能的步骤。首先，APS 还原酶在标准氧化还原电势 $-60mV$ 时释放电子。而硫代硫酸盐还原为硫化物和亚硫酸盐需要的氧化还原电势更低（$E_0'=-402mV$）。因此 APS 还原中释放的电子必须通过反向电子传递降低氧化还原电势。这意味着 APS 还原要和化学渗透的过程相偶联，因此可能在硫酸盐还原中储存能量。其次，焦磷酸向 ATP 硫酸化酶的供应是成问题的。在研究的 SRB 中，没有发现 ADP 硫酸化酶的活性，在该酶作用下 AMP 和磷酸能形成 ADP。如上文所述，焦磷酸的能量偶联能使反应逆转。

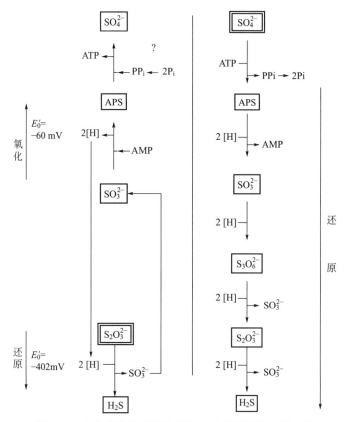

图 3-13　硫代硫酸盐歧化作用与硫酸盐还原的途径比较

（同样的酶对这两个过程均有催化作用。然而，硫代硫酸盐歧化作用需要硫酸盐活化作用
的逆转。关键步骤是硫代硫酸盐还原所需的焦磷酸盐的形成和逆转的电子传输）

在任何情况下，在 ATP 硫酸化酶作用下多数再生的 ATP 都要有用于吸能的反应步骤中。从热力学的角度来讲，每一分子硫代硫酸盐的歧化反应不能产生 1 个 ATP。

（2）硝酸盐还原中的能量储存

一些 *Desulfovibrio* 种和 *Desulfobulbus propionicus* 能利用硝酸盐作为电子受体，形成的终产物是氨而不是 N_2。

$$NO_3^- + 4H_2 + 2H^+ \longrightarrow NH_4^+ + 3H_2O \quad \Delta G^\ominus = -600kJ/mol \quad (3-29)$$

亚硝酸盐作为硝酸盐还原的中间产物，能被许多不能还原硝酸盐的 SRB 还原。

$$3H_2 + NO_2^- + 2H^+ \longrightarrow NH_4^+ + 2H_2O \quad \Delta G^\ominus = -437kJ/mol \quad (3-30)$$

而亚硝酸盐的还原能力是组成型表达的，硝酸盐还原酶只在硝酸盐作为电子受体时才表达。根据菌种的不同来选择硫酸盐或硝酸盐中的一种为还原过程中的电子受体，或者两种电子受体同时被还原。

已证实所有细胞在亚硫酸盐还原过程中存在矢量质子运输现象。在膜制品中已获得与亚硝酸盐还原相偶联产生的 ATP。由于发现氢化酶和亚硝酸盐还原酶位于周质空间，而且 H^+/H_2 比率大于 2，所以认为亚硝酸盐呼吸的能量偶联必定与质子运输有关。

还没有观测到亚硝酸盐还原过程中的质子运输现象。但是从恒化器实验中得到的生长产率看得到的结论是：硝酸盐还原为亚硝酸盐和亚硝酸盐还原为氨的过程都和能量的储存相偶联。硝酸盐和亚硝酸盐氨化作用的热力学效率远比硫酸盐还原过程中的低。在恒化器中的生长产率略高于硫酸盐，而每分子氢气被氧化产生的自由能变化比硫酸盐高 4 倍。显然，硫酸盐还原菌的能量储存比还原硝酸盐更有效。

在发现 SRB 的碳代谢有多条途径之后的一段时期内，硫和能量的代谢也被证明是多样的。但主要的生物能问题仍然没有解决。虽然 SRB 的多样性已越来越明了，但是大多数研究仍采用 *Desulfovibrio* 属的菌种，并局限于淡水种。人们越来越清楚地认识到：即使能量很少，它也要被利用。与无机硫的化合物的歧化反应偶联的生长表明了能量利用的极度高效性。另一方面，异化型硫酸盐还原菌十分善于进行硫的转化。显然，硝酸盐或分子氧的利用是可能的，但利用的较少。硫酸盐还原的完全可逆性表明了硫代谢的复杂性，鉴于知识的有限性，我们需要了解硫酸盐还原的生化和生物能方面的知识。

3.7 生物腐蚀

3.7.1 硫酸盐还原菌参与生物腐蚀

硫酸盐还原菌是目前广泛进行研究的一种微生物种群，这是因为它们的专性厌氧依赖于一些有氧呼吸的诱发变种。这一特性也决定了它们在厌氧微生物生态系统中的碳源、能源和硫转化过程中的一些重要作用。近期从分子水平进行分析的一些研究侧重于微生物的进化，但可能的促使人们对 SRB 具有浓厚兴趣的唯一一个最重要的原因是它们广泛的生态学和经济学影响（尽管大部分影响是负面的）。例如在海上石油天然气工业中，SRB 与工作环境中硫化物的累积以及富含有机物的钻探沉积物所引起的海底污染有关；它们是引起平台构造、传送带及常用设备发生生物腐蚀的主要原因，也可能是导致石油或天然气积蓄损失，包括石油和天然气酸化（硫化物含量过高）和阻碍地质形成的罪魁祸首。因而在应用微生物学中，这些不同的问题对于受到它们影响的工业来说显然十分重要。而包括细胞机理在内的研究同样可以为我们了解微生物过程、微生物生态系统间的相互作用和对周遭环境中生物化学成分的依赖性提供大量依据。

如图 3-14 所示，在研究 SRB 在生物腐蚀中所起的作用时有一个额外的挑战，这就是将研究腐蚀的工程师和研究材料的科学家所使用的实验方法和专业用语与微生物学家的此类研究相结合，这种结合不是微不足道的，相反，研究过程中所取得的主要进展都是来自于这种结合。也可以说，许多突出的矛盾和困惑（无论它们是确实存在的或只是表面现象），都可以在一个或其他原则上找到根源，都会通过自己的观点来解决问题。

SRB 既可以作为电子供体和电子受体，它们也可以在不同的环境条件下生长繁殖。它们是普遍存在的，可以在含有硫酸盐的自然和工程环境中发现。SRB 可以从海洋沉积物、热液、碳氢化合物和火山污泥中分离得到，而在超盐性环境甚至饱和氧浓度条件下含量丰富。它们可以在 pH 值低于 2 的酸矿水和 pH 值高于 10 的碱性湖泊中检测到，也可在油田检测到。它们也可以在淡水沉积物、植物根系、蓄水层和工程系统如艳阳废水处理厂中检测到。大部分的 SRB 是自由生长，也有一些是与其他微生物如嗜甲烷古生菌共生，甚至还有更亲近的关系，如与硫氧化丙型变形菌纲作为内共生体。

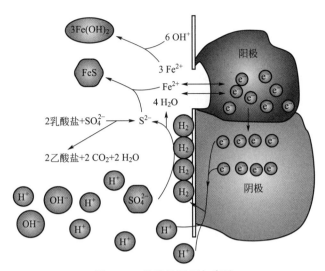

图 3-14　硫酸盐还原与腐蚀

金属表面为微生物和生物膜创造了良好的厌氧环境。厌氧发酵过程也在表面进行。发酵产物如乳酸盐作为硫酸盐还原菌的电子供体，在金属表面发生电化学腐蚀。铁的化学转化产生氢。

SRB 消耗氢并影响化学平衡。化学溶解和硫酸盐还原产生硫化铁。一些硫酸盐还原菌能够增强铁表面氢的形成。铁腐蚀在海水中更容易发生，因为海水中含有较高浓度的硫酸盐。由于硫循环作用，SRB 在淡水中也起到重要作用。

3.7.2　非生物腐蚀

腐蚀是一种电化学现象，在导体介质中的金属表面相邻两个区域之间电势相对不同，一个区域称为阳极，另一个称为阴极。当两种不同金属或者一种金属或合金的内含物或表面杂质相互接触时就会形成非生物电化学电池。在阳极发生金属的溶解：

$$M \longrightarrow M^{2+} + 2e$$

这个半反应需要相应的阴极电子受体的还原反应来配平。氧是典型的阴极电子受体：

$$2e + \frac{1}{2}O_2 + H_2O \longrightarrow 2OH^-$$

将阳极和阴极反应的产物合并就形成了典型的金属氢氧化物和氧化物。这些反应的产物在金属和电解液的界面上的积累可以降低因腐蚀而引起的金属损失的速率，这一过程称为极化作用。长时间大规模的腐蚀破坏与二次反应所引起的电化学电池的去极化作用以及因此而产生的金属持续溶解有关。

任一特定环境下发生的腐蚀现象，其特征都可以通过肉眼或显微镜的观察和对腐蚀产物的化学分析进行检测。若要定量的测量腐蚀的速率和程度则可以通过测定去除腐蚀产物后的总重，或采用一种或多种电化学测量方法进行更连续地测量。但是肉眼观察可以看出金属损失是大范围的还是局部点蚀，对腐蚀产物的分析和电化学测量的方法，比肉眼观察能更广泛地得到关于腐蚀现象可能机理的信息。电化学技术的实例包括直流极化作用，AC 阻抗及反极化作用。例如在直流极化技术中对开路或腐蚀可先使用稳压器测量电势并与标准指示电极进行比较，然后在活性方向（阳极）或惰性方向（阴极）将样品极化。这些极化现象也许很强（几百毫伏）或是很弱（10～20mV）。极化现象可以通过控制外加电势测量相应电流或者外加电流测得相应电势的方法来感应生成。极化作用可以以间歇形式（如：25mV/5min）或动态的恒定扫描速率进行应用，所得的一系列相应的数据点是以电势（E，mV）而不是以电流密度（I，A/cm^2）来表示，或更准确地说是以 E 而不是 $\lg I$ 表示。尽管在开路系统中腐蚀电势随时间的变化可以表示腐蚀现象开始发生，但通过分析电势与电流密度比可获得更多的信息。例如，可以推测腐蚀过程是否包括促进阳极或阴极的反应，通常这种促进作用称为去极化作用，这样，反过来就可推测引起腐蚀重量损失的机理。

从理论上讲，当以外加电势与电流密度的对数为对应点画图时，阴极和阳极曲线都是线性的。然而实际情况却是这两种曲线都偏离直线，尤其是在开路腐蚀电势区域中，但此时的曲线在通常情况下的确包括典型的线性部分，这段称为 Tafel 区域。将这些 Tafel 区域外推到阴、阳两极曲线的交点就可得到腐蚀电势和电流密度。将这些数据代入下式即可得到腐蚀速率：

$$R = 0.13i_{corr}K/\rho \tag{3-31}$$

式中　　R——腐蚀速率，mm/y；

$\quad\quad\ i_{corr}$——腐蚀电流密度，$\mu A/cm^2$；

$\quad\quad\ K$——金属当量；

$\quad\quad\ \rho$——金属密度，g/cm^3。

但需要强调的是，这种方法计算所得的腐蚀速率是假设金属表面的金属损失是以通常的腐蚀过程进行的。因此，这个关系式不能严格地适用于局部点蚀。

事实上，腐蚀通常是由一系列的反应步骤组成的，例如，最初的腐蚀阶段表现为总重减轻，随后是由腐蚀产物在金属表面最初形成的沉淀所引起的还原性腐蚀。此后，保护层的断裂或化学变化可引起二次活性腐蚀阶段，与第一阶段相比，本阶段的反应更迅速且持续时间更长，在多数情况下，本阶段反应都与局部点蚀有关。二次腐蚀多是由生物腐蚀引起的，个别是由硫化物产生的。利用动力电势吹扫技术可产生这种现象，当使用点蚀装置时腐蚀电流迅速升高，此时伴随着由被动保护阶段到第二活性阶段的转变。在微生物腐蚀中，比较典型的是初始阶段的总体腐蚀是直接由微生物作用引起的，而二次和主要阶段的活性和延期腐蚀则可能更多地与环境参数的变化有关，如游离铁浓度、系统的流体动力学性质和氧的存在与否。

在理论和实践中，非生物腐蚀过程更为深入重要的一个方面是电化学技术的应用，使金属表面和电解液直接接触，这使得金属和溶液的界面所发生的阳极和阴极反应不会受到扩散或竞争反应的影响。但是从无机钝化膜和腐蚀产物沉淀的方面来说，利用电化学技术来研究微生物对腐蚀的影响，可能在很大程度上忽略了微生物膜潜在而显著的影响，因此人们对原理论进行了修正，并对获得的实验数据给予了不同的解释说明。

3.7.3　微生物对腐蚀的影响

在我们试图阐述微生物的腐蚀机理时总会遇到一些与此相关的关键性问题，而关于腐蚀过程的基本性质和相关的分析技术的简要介绍可以对此类问题进行解答。

① 微生物是否参与电化学电池的产生或是在相当长的时间内持续作用？

② 它们是否从根本上影响阴、阳极的反应？

③ 作用机制是直接还是间接地影响细胞的代谢产物？

④ 阴极电子受体（尤其是在缺氧的条件下）是什么？

⑤ 影响生物膜生长的因素是微生物整体的联合代谢作用还是扩散浓度梯度和微环境的变化所产生的物理作用？

⑥ 点蚀是群落生长还是补缀生物膜生长的结果？

⑦ 腐蚀产物本身对其他深度腐蚀的性质及程度是否有影响？

在对这些问题进行更深入地考虑之前，需要对 SRB 和可锻钢的厌氧腐蚀的相关细节做大体介绍。腐蚀是包括一系列的电化学过程（如点蚀、普遍重量损失、石墨化、应力腐蚀裂纹、氢脆变等）的通用术语，它可影响铁、软钢、不锈钢和各种的铝、铜、镍、钴合金。微生物腐蚀包括多种微生物和作用机理，这种作用可能是特定的，如 *Gallionella* 将 Fe^{2+} 氧化为 Fe^{3+} 或在 *Cladosporium* 的作用下生成有机酸产物，也可能是普遍的，如由群落生长和生物补缀所产生的各种氧化电池。尽管腐蚀过程的性质总体上可以从冶金学角度狭义地进行定义，但微生物的成分很少或者说不容易确定为是唯一一种或是单一机理。

关于最后一点所要举的例子是氧浓差电池或由于好氧生物局部生长而产生的不同充氧电池。靠近微生物活跃生长区域的下部变成了缺氧区，因此与金属周围表面相关的阳极就暴露在空气中，这样就好像形成了一个金属扩散的区域。不论是对于不连续的生物膜或是分散群落的内部，这种方式都可能是构成与一般微生物生长相关联的最普通的、最广泛的微生物腐蚀机制。将 Fe^{2+} 进一步氧化到 Fe^{3+} 偶尔可以增加腐蚀的范围并形成结块，而且通过这种微生物活动所形成的厌氧区域是 SRB 生长的理想微生物环境，并可最终导致厌氧腐蚀的扩大。因而 3 种微生物和 3 个独立的腐蚀机制可同时作用，并且在一定程度上达到一致。

(1) 硫酸盐还原菌及生物膜

尽管 SRB 是专性厌氧菌，但它们很容易从好氧条件下分离出来，而且很多资料记载多数涉及 SRB 的最严重的腐蚀通常与氧的存在有关。产生这两种特性的原因是由于在自然环境中 SRB 通常以多种微生物共存体中的组成部分出现，在此系统中，好氧及兼性微生物都能利用自己的部分基质代谢产物为 SRB 提供营养，并且创造出混合体中 SRB 生长所必需的还原条件。在通常的条件下，混合体以生物膜的形式出现在金属或其他基质上，当生物膜的厚度超过 $20\mu m$ 时易在底部区域出现缺氧环境，但近来的研究表明这种情况是相对的，现在已经明确了氧在引起 SRB 型腐蚀中所起的作用并开始进行仔细的实验室研究。但早期研究往往是在特定的条件下利用 SRB 的纯培养或富集培养基，近期不论是以环境条件为基础的分析还是实验室条件下模拟自然腐蚀的发生，都是将实验的方法扩大到进行检测在有氧条件下所形成的混合微生物膜的作用。

由于时代和应用的科学学科不同，在进行微生物腐蚀的研究时就应该应用不同层次的方法和相应的基础理论：从没有物理干扰的生物膜的电化学分析到缺氧条件下的 SRB 均相悬浮液，再到表现出物理化学多样性的群落结构。但这一过程既不是绝对的也不是线性的，此过程只是表明我们对这一极其复杂系统认识的发展，从目前来看，此系统最重要的特征是在特定环境中生物和物理组分之间的相互依赖关系。

(2) 厌氧微生物腐蚀机理假说

① 关于 SRB 型生物腐蚀机理的模型被进行最广泛引用的可能要算是典型的阴极去极化

假说。该学说假设在无氧的酸性条件下，质子作为阴极电子受体，首先形成氢原子，然后形成氢分子。这一反应的顺序及随后的整个腐蚀过程会因为在金属表面氢分子膜的积累所产生的极化作用而受到抑制。这种由阳性 SRB 氢化酶所进行的氢氧化被认为导致了阴极的去极化作用以及由此而产生的在阳极明显的金属溶解。

② Costello 所提出的另一理论认为，在中性 pH 值条件下电子受体是 H_2S，氢气是主要的阴极产物。

$$2H_2S + 2e^- \longrightarrow 2HS^- + H_2$$

这两种学说的阴极反应催化物相同，并且腐蚀产物都是金属硫化物。

$$4H_2 + SO_4^{2-} \longrightarrow 4H_2O + S^{2-}$$

$$M^{2+} + S^{2-} \longrightarrow MS$$

最后一步反应的化学计量式严格受到硫化产物的范围和在不同有机底物上生长的 SRB 所具有的硫酸盐还原性的影响，而与阴极的去极化作用无关。在此方面，由铸铁或软钢腐蚀而产生的硫化铁所具有的多种存在形式是十分值得注意的，它们的铁及硫化物的化学计量式和物理、化学性质都不相同。例如，四方硫铁矿（四方晶格，FeS_{1-x}）、硫化亚铁（立方晶体，FeS）、硫铁矿（六方晶体，FeS）、雌黄铁矿（六角晶体，$Fe_{1-x}S$）、黄铁矿（立方晶体，FeS_2）。

③ 其他学者从相反的观点所得出的结论认为，SRB 是通过阳极去极化作用的机理引起腐蚀的，在根本上是依赖于硫化物的生成。在相关的大量文章中，Crolet 论述了阴极去极化作用的基本原理与我们目前所理解的腐蚀电化学反应的不可逆的特征是不相符的。他进一步指出，用来表述微生物腐蚀致蚀机理的方程式很少是精确平衡的，这是由于包括 H_2S 在内的弱酸的离解通常被忽略而导致的。从理论上计算，由 SRB 代谢乳酸产生 H^+ 得到的 pH 值和实验验证的 H^+/HS^- 的化学计量数值可以证明，当 H^+/HS^- 的数值为 0 时，SRB 有调节其相邻环境中的 pH 值的能力，这些是 SRB 型致腐蚀机理模型的理论和实验基础，它们结合了该过程所特有的两个主要特征：硫化产物的中心作用和定位点蚀。

该理论提出，由于 SRB 的集中代谢活动所生成的局部 H^+ 产物使阳极开始了最初的形成，并伴随有金属的溶解。腐蚀活动的最初阶段可概括为由于在阳极反应中的统计波动而引起的在暴露的金属表面上的游离核作用。但在动力条件适宜的时候会有一系列的反应发生，这就会形成与特定阳极有关的原电池电流和在此处的凹陷。形成必要的动力学条件的关键因素是由于硫化铁腐蚀产物的生成而引起的在阳极局部酸化作用的增强。

$$Fe^{2+} + HS^- \longrightarrow FeS + H^+$$

该反应的另外一个作用是去除 HS^-，由此可降低 H_2S/HS^- 缓冲体系的作用效果，因而可从其他方面降低酸化的程度。Crolet 也讨论了硫化物和游离铁对腐蚀产物性质的相对作用。当上述反应在高浓度的可溶性铁溶液中发生时，若局部的硫化物浓度较低，则最可能的产物是 FeS_{1-x}，该产物是没有保护作用的；当硫化物过量时，产物将是具有保护作用的 FeS_2。同样地，普遍承认的对氧的促进作用的预测首先是以硫代硫酸盐的生成为基础，此后伴随着由于进一步酸化而产生的硫化物和硫酸盐的歧化作用。

$$2HS^- + 2O_2 \longrightarrow S_2O_3^{2-} + H_2O \longrightarrow SO_4^{2-} + HS^- + H^+$$

据称通过连续供氧的这种方法可以构成"一个无限的酸性来源"，而且在分析不同电子受体条件下的 H^+/HS^- 的化学计量关系时，Croler 等预测参与腐蚀的严重程度的顺序为

$S^0 > S_2 O_3^{2-} \gg SO_4^{2-} > SO_3^{2-}$。

小的阳极被大其许多的阴极区域所包围是点蚀的主要特征，并且 Campaignolle 等已在实验中形成了这一现象。他们使用被聚四氟乙烯绝缘体分离的两个同轴电极（表面积比为150：1），在无菌的无氧海水中，通过预先设置的电流就会在阴阳极之间形成电流的耦合，这种耦合电流是不稳定的，在断电后几个小时内便会消失。但当 *Desubfovibio vulgaris* 存在时，耦合电流很稳定。这一作用需要在两极上形成的生物膜中都有 SRB 生长，如果 SRB 只在阴极出现，就不会有稳定的电流形成。这些数据构成了验证由于局部酸化引起阳极刺激的 Colet 模型的部分依据。

④ 尽管 S^0 本身不是 SRB 代谢的直接产物，但它可以从硫化物的氧化作用中生成，在许多由 SRB 所引起的微生物腐蚀的例子中，在腐蚀点的周围都发现有 S^0 存在。在许多研究中，人们已经直接论证了硫能完全腐蚀软钢，依据是浅位点蚀，计算所得的腐蚀速率可达 2mm/y。但至少有 3 种模型可描述元素硫的致蚀机理。Maldonado-zogal 和 Boden 认为固体硫颗粒与水反应所形成的局部高浓度酸度是导致腐蚀速率过高的原因。另一方面，Schasch 赞成浓度电池机理，他直接模拟了不同的充氧电池，通过让底层的金属（阳极）从周围介质中的高浓度溶解硫屏蔽出来以使细菌发挥重要的促进浓度电池的作用。元素硫与软钢的腐蚀反应，确定了以下 5 个反应步骤：

a. 硫在水中的歧化

$$4S^0 + 4H_2O \longrightarrow 3H_2S + H_2SO_4$$

b. 硫化铁膜在钢表面的形成

$$Fe + H_2S \longrightarrow FeS + H_2$$

c. 硫作为阴极电子受体

$$S^0 + H_2O + 2e \longrightarrow HS^- + OH^-$$

d. 阳极金属溶解

$$Fe \longrightarrow Fe^{2+} + 2e$$

e. 化学生成硫化铁

$$Fe^{2+} + HS^- + OH^- \longrightarrow FeS + H_2O$$

反应顺序分为两个阶段进行，开始时钢表面硫化铁可能是保护性的 mackinawiTe（FeS_{1-x}）膜，通过限制二价铁离子在硫化物膜内的扩散来控制阳极金属的溶解。然后，这层保护膜的裂解将会产生电化学原电池（未反应的金属作阳极，硫化铁作阴极），硫作为电子受体会促进阴极的去极化作用。

⑤ 无论是在主要的阳极反应还是阴极反应中，金属硫化物的腐蚀产物的出现都会对确定进一步腐蚀的程度和性质具有重要作用。上面所描述的反应方式在大量关于 SRB 微生物腐蚀的研究中都被反复提及，从广义上讲就是发现一层薄的、黏性的、连续的硫化物膜可起到保护性的作用。这与自然形成的氧化膜相类似，这种膜是不锈钢在有氧条件下抗腐蚀的基础。然而在硫化物膜大量松散附着或由于附着生物膜的破裂而露出下面没有反应的金属的地方将会发生不依赖于微生物活动，但范围更广、持续时间更长的腐蚀。因此，对微生物腐蚀的研究工作作为一项在工业和自然环境中具有实际意义的重要问题，需要阐明硫化物腐蚀产物的物理化学性质及影响它们形成和活动的各种因素。这其中的主要因素是可溶性铁和硫化物产物的相对浓度，以及氧的存在是连续的还是间歇的。

（3）可溶性铁的浓度和厌氧微生物腐蚀

在 20 世纪 60 年代曾经有一个阶段人们十分热衷于对微生物腐蚀机理的研究。当时研究的侧重点是采用极化和稳压技术，以期获得支持经典的阴极去极化假说的数据资料。最初的研究是在人为创造的厌氧条件下对单一菌种进行序批式培养。尽管结果显示腐蚀重量有所减少，但系统中大部分的负性氢化酶菌株却并不活跃。以后的研究采用连续流培养并延长了培养时间，但结果并不明显，腐蚀速率一般很低，在测试样品上形成了硫化亚铁的薄膜。几个月后薄膜破裂并且腐蚀速率明显增加，而且正性和负性氢化酶菌株之间的差别不大。当可溶性铁的浓度较高（5g/L）时，主要的腐蚀产物是大块的黑色沉淀而不是附着的膜，并且在两种氢化酶的作用下，与观察到的自然环境中的腐蚀例如黏土中的腐蚀相比，有高的腐蚀速率（1.1mm/a）。在低铁浓度的介质中由时间决定膜的裂解的原因是主要的腐蚀产物 FeS_{1-x} 通过硫化作用变成 Fe_3S_4。更进一步来说，尽管最初的低腐蚀速率与细菌生长速率有关，但当膜裂解后产生的高腐蚀速率却与微生物活动无关。在电化学电势中，FeS 是未参加反应的钢或铁的阴极，所以在腐蚀产物与暴露金属相接触的地方就形成电化学腐蚀原电池。

当腐蚀是以连续的、黏着的具有保护性的 FeS_{1-x} 形式存在时，就会开始有具有保护性的硫化物膜生成。当有高浓度的可溶性铁存在时，也会由于 FeS_{1-x} 向 Fe_3S_4 和 $Fe_{1-x}S$ 的转化而发生保护性的硫化物膜的减少。然而，随着时间的推移，该膜会出现一定程度的物化裂解，生成 Fe_3S_4，当有高浓度的可溶性铁存在时，同样会由于 FeS_{1-x} 向 Fe_3S_4 和 $Fe_{1-x}S$ 的转化而发生保护性的硫化物膜的减少。在每种情况下，FeS_{1-x} 均相保护膜的减少都会在未反应的、没有保护的钢和各种的硫化铁沉淀物之间形成活化的电化学反应电池，由此产生由阴极刺激引起的腐蚀作用。还原性的亚铁硫化物 FeS_{1-x}、Fe_3S_4 和 $Fe_{1-x}S$ 在水溶液中是热力学不稳定的，易与水或氧发生反应生成氧化铁或氢氧化铁，所以由 SRB 连续生成的硫化物产物就需要保持化学完整性和电化学活性。

在 20 世纪 70 年代中期，人们普遍认为 SRB 引起的生物腐蚀是通过电化学电池的阳极刺激作用在还原条件下进行的。其中未反应的钢做阳极，不同的硫化铁腐蚀产物做阴极。H^+ 作为阴极电子受体及由 SRB 引起的 H_2 氧化作用在多数的机理模型公式中都有所表述，但没有进行量化。SRB 代谢活动的主要作用首先是产生硫化物以促进电化学电池的形成，然后是确保长时间的反应活性。不同化学形式的硫化铁产物的关键作用与其物理结构有关，更与它们所形成的均相附着物进而生成保护层，或增强表面的不均匀性而引起阴阳极之间反应的能力有关。

近几年，许多研究更加进一步地证实并发展了这一总体模型。SRB 可氧化阴极产生的 H_2 并将其作为新陈代谢的能量来源。但值得注意的是在这些实验系统中发生的腐蚀现象都是暂时的。把量化氢化酶的活动与观察到的腐蚀联系起来时，研究者也注意到最大的腐蚀速率发生在微生物活动之后，这与以前的研究结论相同，而且他们还提出硫化铁腐蚀产物对腐蚀机制具有直接的超过任何氢化酶影响的重要作用。

SRB 引起的阴极 H_2 氧化作用提供了一个有趣的解释，即利用外加电流作为防止腐蚀减重的保护措施，同样会促进硫酸盐还原菌的生长，并且对增加阴极产 H_2 趋势有直接作用的活动有一定影响，在给定的环境或实验体系中 SRB 的数量及活性与在同一体系中测得的腐蚀速率并不存在直接的或数量上的联系。

在严格厌氧条件下硫化铁腐蚀产物对 SRB 腐蚀的速率、程度的影响已有很多深入的研究，利用 *Desulfolibrio dosulfuricans* 在无菌的连续流膜反应器中，以游离 Fe 为介质，用底物负荷速率控制生物膜的厚度和 SRB 的活性，发现即使在高底物负荷速率的条件下硫酸盐还原活性增加 10 倍，软钢底物也无明显的腐蚀重量损失，在生物膜中也没有发现铁的成分。但在高浓度底物负荷速率条件下，若钢表面在生物膜还未形成前就被涂上硫化铁膜，那么在内部及颗粒周围就会出现局部腐蚀。这种局部腐蚀与点电势有关，此电势是当阳极极化曲线变化到一个更具有活性的值（$-300 \sim -450 \mathrm{mV}$）而阴极极化曲线只有极小变化时形成的，细菌和硫化铁晶体的总量也对这种腐蚀的形成产生影响。当为进行更深入研究而设计的实验来测量增加介质中溶解铁含量时产生的影响，发现只有当铁离子浓度高于 $60 \mathrm{mg/L}$ 时才会出现明显的腐蚀现象。尽管在更低浓度的亚铁离子溶液中，生物膜内的硫化铁离子会增多，但只有亚铁离子浓度达到 $60 \mathrm{mg/L}$ 时，所有生物活动产生的硫化物才会形成沉淀，并且在生物膜内的硫化铁沉淀会与金属表面产生直接的物理接触，因而使阴极和阳极的电流骤然增加。作者从这些发现中得出结论：在厌氧生物腐蚀过程中，游离的硫化铁颗粒显然比细菌的作用更大。混有 SRB 的生物膜的作用是连续地提供 H_2S 以保持游离的硫化铁在阴极的活性。

由非生物因素 H_2S 所形成的硫化物膜（尤其是 FeS）的性质受到所研究系统的亚铁离子的浓度、温度和流体动力学性质的影响。低 H_2S 浓度时，形成的硫化铁膜具有相对的保护性，它主要由 FeS 和 FeS_2 构成。但高 H_2S 浓度所形成的膜保护性就会减少，这种膜的主要成分是 FeS_{1-x}，尽管 FeS_{1-x} 通常是一层薄的附着性保护膜，但当它变厚或不连续（薄膜脱落）时，电子和离子的导电性就会增加，因此保护性减弱。决定硫化物膜腐蚀性的因素有：良好的电子导电性，形成 H_2 所需的低电压，惰性电极电势和缺陷结构。但关于这几点仍有一些争论，例如，哪种硫化铁腐蚀产物最具有腐蚀性？事实上，关于这个问题所得到的特定结论在一定程度上会由于研究体系的不同而略有差异。关于这一点可以特别参考 Crolet 的研究内容：在高的铁与硫化物比例时形成的 FeS_{1-x} 没有保护性而具有较强保护性的 FeS_2 一般被认为是高浓度硫化物的特征。SRB 引起的微生物腐蚀的根本作用是促进阳极反应而非阴极反应。

根据目前我们所掌握的知识可确信做出的唯一明确的概括是：薄的附着性膜具有保护性，但松散的、大量的、破裂的表层可促进腐蚀过程。而且是主要的环境条件而非 SRB 的生长和活性决定了硫化铁腐蚀产物关键性的重要化学结构和物理形状，接着又决定了腐蚀的速率和程度。

（4）氧气在厌氧微生物腐蚀中的中心作用

大部分的 SRB 腐蚀实例一般都与氧的存在有关。当前许多研究的主要任务就是对这一看似矛盾的现象进行解释。在可控的缺氧条件下，将一片软钢暴露在生长水生 *Pesulforibrio sp* 的培养基上，发现在非均一的黑色凝胶膜上有结核生成。研究人员通过称量重量的损失和电阻探头的检测方法，检测到了较低的腐蚀速率。当生长阶段结束后，对容器短时充氧时腐蚀速率瞬间增加了 90 倍，达到 $650 \mu \mathrm{m/a}$。这种腐蚀从性质上说属于点蚀，与结核的形成直接相关。该实验设计显然排除了氧对 SRB 的生长、生物膜的初期形成和亚铁盐硫化物腐蚀产物的积累可能具有的影响。氧气的突然加入对硫化物产物的进一步转变具有关键性的作用。

把钢条暴露在采油平台产生的海底沉降物中，或是由实验室模拟的海底分层生态系统所产生的腐蚀实验将上述发现进行了深入和验证。人们注意到点蚀的最大腐蚀速率发生在好氧的大环境下，在这些情况下有三个因素尤为重要。首先，SRB 的数量或活性与腐蚀速率和程度无关。第二，肉眼观察到的腐蚀产物可分为三层：黑色的附着薄层，先是覆盖一层大量的松散物质，接着是黑色物质，最后覆盖一层褐色的氧化产物。最初的化学分析只是用来尝试合成复杂的硫化物、氧化物和碳酸盐的混合物。第三，人们发现在大多数与高腐蚀速率有关的氧化程度更强的区域，有高达 92% 的硫化物在与冷酸反应时不产生 H_2S，生成的非酸性挥发性硫化混合物经测定其形式主要是 FeS_2 及单质 S。尽管这些产物是在氧化条件下生成的，但也要明确非酸性挥发性硫化混合物的形成与高腐蚀速率之间的主要关系是相关的还是偶然的。

氧浓度的增加对在特定的混合培养生物膜中生长的 SRB 引起的腐蚀影响的试验，实验装置是敞口的流动反应槽，以序批式或连续流的方式运行，加或不加循环都可以。将 *Pseudomonas aeruginosa*、*klebsiella aerogenes* 和 *Desulfolibrio desulfuricans* 接种混合培养，但反应器没有在无菌条件下操作。培养基以人工配置的海水进行缓冲，加酵母抽提物和碳源（通常是乳酸盐），液相溶解氧浓度控制在 $0 \sim 230 \mu M$（饱和度）。在软钢层上生长的生物膜和腐蚀多发生在多聚碳酸盐反应器的底部。通过直流极化，AC 阻抗和极化电阻对腐蚀进行监测。反应器底部的嵌入式探针和微生物探针垂直穿透生物膜到达金属的表面，在线监测生物膜内的溶解氧、硫化物和 pH 值。在实验过程中选择的试样通常被放弃，生物膜中的微生物菌群在选择培养基生长后采用活体计数法计数。在实验最后，用显微镜和 Auger 光谱对腐蚀试样进行观察。

在低 DO（1.5mg/L）条件下，人们注意到在最初的 15d 内测量到腐蚀减少并伴有阴极电流密度（极化）的降低，同时 DO 在膨胀阶段也下降，在金属表面为 $0.6 \sim 1.0mg/L$。这些数据可解释为在膜形成过程中，微生物的活动使氧水平降低，所以使好氧腐蚀下降。而且可以注意到在此阶段 SRB 在膜内大量累积，由微电极对氧的记录数据可明显发现膜内有异质存在，这与主要的物化条件和微生物的存在有关。在余下的 3 个星期实验中，膨胀阶段的 DO 进一步降至 0.4mg/L，在膜底部为 0，腐蚀随阴极、阳极电流密度的升高而加快。这阶段的腐蚀是 SRB 活动的结果，具有高频率点蚀的特征。

用螺旋电子光谱配合氩离子溅射腐蚀技术检测去除腐蚀产物之后的金属表面，以提供有关表观形态学、基础分析和测绘形成凹陷的深度范围的信息。最初 2 周内在反应器内没有发生明显的点蚀，螺旋电子光谱检测表明在覆盖的膜内含有氧化铁。最后 3 周当点蚀变得明显时，可在钢表面检测到硫、铁、氧信号。在硫信号和氧信号之间存在紧密的物理关系，硫信号恰巧发生在点蚀达到 3600Å 处，而点蚀附近有氧信号。

将 DO 浓度增加到 $230 \mu m$（饱和）。对腐蚀试样的表面除了进行 SEM 和 EDAX 分析外，还利用化学方法测定了挥发性酸性硫化物、还原性硫化铬和单质硫。在金属表面完全溶解的硫化物浓度为 10mg/L，金属内部 $300 \mu m$ 处浓度为 0，生成的生物膜厚度在实验的最后阶段可达到 3mm，膜内的 pH 值稳定在 6.9。本实验出现了与 Moosaviie 实验中相似的层状腐蚀产物，在橘色沉淀物下面出现了点蚀现象。整个实验过程中都伴随有 FeS_2 生成，而只有在实验的最后阶段才明显地出现了单质硫。由此可得出结论：SRB 还原性点蚀的形成需要有相对大面积的导体硫化铁环境和在凹陷或裂缝底部以未反应的金属为阳极而形成的活性电流原电池。

经过 35d 的有氧和无氧条件的交替改变（12h），得到的最快腐蚀速率可达 4mm/a。利用 DC 极化法测定此时还伴随有阴极电流密度的显著增加，但阳极的电流密度没有明显变化。通过恒定饱和溶解氧但不加碳源的方法进行 1 个月的深化培养得到的腐蚀速率仍然较高，而阴极和阳极的电流密度没有明显的变化。

生物膜的厚度大约为 2mm，在 1mm 厚度处，所记录到的氧浓度在不到 $100\mu m$ 的距离里从饱和值降到 0，因而出现了非常倾斜的氧浓度梯度，并且在生物膜内部有明显的好氧/缺氧界面。由于在腐蚀过程中金属溶解而产生的化学物质被氧化，引起了高的耗氧速率，所以出现了有限的氧渗透。在生物膜的厌氧层内存在高的硫酸盐还原速率，膜内总的含硫量为 $157\mu mol/cm^3$，以酸性挥发性硫化物、还原性硫化铬和单质硫的形式存在。这些条件构成了稳定的生物膜结构，其中垂直区域的成分明显不同，但是在水平区域存在的基本上是同类物质。在这种条件下，有一点值得注意：尽管系统总的腐蚀速率很高，但这并不能代表在自然环境条件下的 SRB 的点蚀特征。

在这些研究的基础上提出了一个有趣的假说，SRB 与硫化物和硫腐蚀产物在生物膜内的金属表面和氧接触的界面之间作为电子载体促进了阴极腐蚀。这一假说认为：阴极电流的主要组分是由远距离的氧或阴极的单质硫提供的，而 H_2S 的作用是在厌氧的阳极促进局部的金属溶解。

现在在一定程度上可以确定 SRB 性腐蚀作用机理的某些方面。

① SRB 性腐蚀作用是电化学腐蚀。

② 主要特征是产生硫化物，其与释放的金属离子反应，生成一系列铁的硫化物，这些硫化物的物理、化学性质十分受环境参数的影响。

a. 游离的硫化物阴离子和可溶性铁的相对浓度决定了硫化物腐蚀产物（例如 FeS_{1-x} 或 FeS_2）的化学性质和物理形态（附着膜或松散的沉淀物）。然而发现无论是薄的附着膜还是锈化膜都具有保护性，松散的沉降物或破裂的膜可促进腐蚀的发生。

b. 与氧的接触既可显著地加快腐蚀作用，又可使主要的硫化产物转变为 FeS_2 及单质硫。

③ 局部的金属溶解和凹陷的形成必然是 SRB 生物腐蚀的特征。但在不同的实验室模拟腐蚀的过程中，并不经常是这种情况。同样，测量重量减少的方法及某些电化学技术并不能直接测量出凹陷的发生。

但仍然有相当一部分问题需要有明确的答案：

① 由 SRB 氧化生成的 H_2 的数量特征是什么？它能影响到阴极的去极化作用，还是仅仅作为进一步生成硫化物产物的外加能量底物？

② 已经知道腐蚀最初是由阳极的金属溶解开始的，那么 SRB 和它们的腐蚀产物是通过刺激阳极反应还是阴极反应来加速腐蚀？这种差别在理论或实际上是否具有有效性？

③ 群落或者补缀生物膜的生长能完全解释点蚀吗？或者凹陷的形成是由一些因素（例如保护膜的破裂）而引发的随机事件吗？

④ SRB 和金属腐蚀是具有种的特异性还是整个群落的特性？

⑤ 可以明确地指出某一特定的铁的硫化物具有保护/腐蚀特性吗？

⑥ 氧在促进 SRB 腐蚀过程中的确切作用是什么？氧与硫化铁和单质硫之间的关系，以及硫化铁和硫与加速腐蚀之间的关系是因果的还是偶然的？

毫无疑问，因为生物腐蚀过程所固有的复杂性，这些问题还不能解决。而一系列为简化生物腐蚀的复杂性和获得特定问题答案而设计的大量的实验模型，又加剧了问题的复杂性。多数情况下这些模型既不能反映自然的腐蚀系统，又不能提供明确的答案。希望以上所提出的 6 个问题可帮助人们进一步规范这些引起广泛注意的实验分析现象。

3.8 结论与展望

我们讨论了 SRB 在厌氧环境中是普遍存在的。它们利用硫酸盐作为最终电子受体降解有机物。但是它们的能量代谢并不受硫酸盐还原的限制。SRB 能够利用的电子受体范围广泛。此外，它们也能进行发酵代谢。SRB 一个重要的物理特征是，它们能够与产甲烷菌进行竞争也能与它们共同生长，这取决于硫酸盐的含量。这些微生物不仅在代谢中是多功能的，在它们所生长的环境中也是多功能的。不同的分子生物学方法证明了它们的多样性是丰富的，并且仍然有一些尚未培养出来的种类。SRB 除了在自然环境中很重要，它们与硫氧化细菌在工业废水的持续清洁中也起到重要作用。尽管在 SRB 多样性方面，我们掌握了大量的信息，但是对于 SRB 的生理生化特性了解的较少。目前对于 SRB 的生理生化特征的研究仅限于少数的生物模型的研究。因此未来的研究应该从描述性研究转向利用生物学概念和创新技术如转录组学，蛋白质组学的解释和预测研究中。

虽然很困难，但是分离菌种对于研究微生物的生理、行为以及与其他微生物的相互作用是很必要的。新型高通量技术可能会增加分离重要菌种的成功率。Ingham 介绍了一种培养和高通量筛选微生物的芯片技术。这种方法可能会筛选需新的 SRB。

微生物生态学最大的困难之一是研究微生物在自然环境中的功能。MAR-FISH 和 SIP 已经在这个领域成功应用。最近的研究发现一种新技术——SIMSISH，将探针和同位素运用 nanoSIMS 在细胞水平上结合起来。如果这种方法同样能与 mRNA 原地检测结合，便能够很详细地研究 SRB 的生态生理，尤其是那些尚未被分离出来的菌种。

对 SRB 进行基因组研究。对这些基因组的比较分析将会为能量和碳代谢提供详细信息。这些序列打开了功能基因的可能性。DNA 微阵列已经用于研究不同环境条件下如温度、pH 值等微生物的表达。蛋白质组学用于研究氧应激反应。运用这些手段，我们不仅可以获得不同的 SRB 信息，也可以预测它们在工程系统中的行为，从而提高它们在硫化合物去除过程中的作用。SRB 已经被研究了一个世纪，但基因组学的发展将会获得更为详细的微生物生态和生物技术的信息。

第4章 硫化物生态抑制调控机理及其调控策略研究

本章介绍了硫酸盐还原菌及其产生的硫化物对油田工业生产危害的控制技术。详细地介绍了生态调控的基础理论、现有的生态调控机理，并进行了验证，同时详细地介绍了作者新发现的"反硝化细菌底物选择作用"理论，提出了一种新型的硫化物生态调控技术策略。

4.1 硫酸盐还原菌及其硫化物对石油工业的危害

在石油和天然气生产工业中，人们主要关心的问题是如何防止在生产、运输和设备加工过程中发生碳钢腐蚀现象。我国每年都要花费上亿元的资金以减少腐蚀对经济和环境产生的影响，近一个世纪来，人们已经认识到微生物在腐蚀中的重要性。Von Wolzogen Kuhr 和 Van der Klugt 在 20 世纪 30 年代所做的开拓性工作中指出，SRB 是导致湿土壤中未加保护的管道外壁厌氧腐蚀加速的罪魁祸首。这个观点和随后进行的为确定上述关系所做的观察二者结合，构成了人们在石油天然气工业中对 SRB 的发现、统计和控制技术发展的基础。20世纪 40 年代在油田和水处理设施中发生了由于大规模微生物危害活动而产生的影响，国际腐蚀工程师协会将这些影响总结后编辑成册进行了出版。在工业中对不希望发生的微生物活动的控制延续至今。

4.1.1 原油中微生物的活动

20 世纪 40 年代在 Zobell 资助下进行的美国石油协会的研究工作中首次记录了微生物在原油岩化中的重要作用。进入 20 世纪 70 年代，人们发现微生物在成品油中具有持续的影响，而且蓄油池中的外来氧有促进空气或水中短链烷烃和芳香族化合物进行生物降解的作用。Kuznetsova 等指出加入含有硫酸盐和混合微生物的新鲜水可以促进硫酸盐的还原。为置换石油要向蓄油池中注水，因此产生的污水可通过酸化过程进行处理，生成的硫化氢还具有经济效益。Kuznetsova 等推断酸化是一个复杂的过程，需要利用有假单胞菌属和 SRB 共同参与的好氧烃类化合物的活动。Bailey 和 Jobson 等的实验证实了这个观点，并发展了该假说。蓄油池内的微生物通过种群间的相互作用进行活动，利用氧的介入来分解烃类化合物。显然，早期和近期的结论都认为硫酸盐还原菌可选择性地利用简单的烃类化合物直接进行厌氧降解，但在缺氧条件下对大量的石油所进行的代谢却很有限。蓄油池内的微生物活动要比酸化作用具有更实际的后果，堵塞、短链烃类化合物的损失和破坏注入的提高石油恢复能力的化学物质的现象都有可能发生。

4.1.2　设备表面的生物活动

生物膜和非浮游微生物对于在管道和水处理设备中发生的一些令人讨厌的现象具有不可推卸的责任。在前半个世纪，只有一些科学家意识到固着型生物群在自然界中的重要作用。到了 20 世纪 70 年代，出现了一系列关于这类微生物附着、生长速率和代谢机制的研究，还包括了表面自身对群落最初发展的影响。在生物膜环境里，细菌能依靠复杂的碳源生长，而不是通常的只利用单个的浮游细胞。细菌在膜内的活动近期已有回顾，Marshall 发表了一篇关于此类问题的综述。

4.2　石油工业中的防护措施

4.2.1　阴极保护与涂层防腐

对微生物腐蚀问题的处理需要采取预防和控制相结合的手段，微生物引起的腐蚀可通过选择合适的材料进行避免，但经济条件和方法的局限性通常成为限制因素。因此防止生物腐蚀的重点就放到了阴极保护和防腐涂料上。

在采取阴极保护的方法时，考虑到铁的溶解，通过施加外加电流或以 Mg、Zn 等更活跃金属做阳极来调节钢表面的电势稳定。尽管很多设备都可以采用此法进行保护，但在不规则的表面不可能有足够的电势分布而且在大多数热交换系统中由于自由流动的要求，无法安装阳极。$-950mV$（$Cu/CuSO_4$）电势就完全可以防止钢铁受到最严重的生物腐蚀。

不可透过膜是防止微生物在金属表面直接形成群落的有效办法。人们已经能够获得这种膜并且应用到钢组分或设备制造中。显然，要对其进行改造是很困难的，因为覆盖涂层后就无法到达表面，但是为了延长系统的寿命，可以购买一些塑料丝产品，将其嵌入发生点蚀的低压管道中。若膜是耐用、不可生物降解、非透过性并且紧紧黏附在钢的表面，就可有效防止细菌的腐蚀。

4.2.2　环境变化

微生物需要能源、营养、适宜的温度、pH 值及盐分进行生长。通过改变某一过程的 pH 值和盐度条件来防止微生物的生长是不现实的，但是确实有实例证明可以利用温度的变化来抑制微生物的活性。同样，通过昂贵的净化技术去除进水的营养物质在经济上是极不可行的，但是选择改变水源却是一个行之有效的方法。

去除烃类化合物处理设备中的水是一个有效的方法。若固定的水相出现，燃料系统会非常容易受到微生物的侵染。当用海水来直接置换平台储油器内的石油产品或军舰燃料箱中的烃类化合物时就会产生特殊的问题。早期的燃料过滤器堵塞和飞行器内翼箱的腐蚀都说明了喷气飞机燃料含水的危险性。如果天然气管道在建成后正确脱水，或者运输的气体中已经去除了水，内部腐蚀问题就不会发生。通常情况下处理微生物问题最经济的办法是正确的设计和良好的维护。

冷却塔内的藻类和水中残留的痕量烃类化合物是原位的碳源。同样的，冷却塔内主要的盐类物质或蓄油池内的海水是极好的微生物生长的无机营养物来源。对水源进行紫外辐射或强化臭氧等先进的氧化预处理手段可以减少有机物并产生氧化性的生物杀灭物质,它们具有足够的存在时间抑制细菌的生长。考虑到费用因素,在常规处理中不进行营养物质的去除。

要估计营养物质的局限性自然很难,当生物膜从水流中获得基本营养物质如硫酸盐或有机酸时,维持生长的足够营养量更依赖于水流速度而不是营养物浓度。例如,在大规模油田海水处理系统中,过量地限制了溶解性的硫酸盐,即使当硫酸盐浓度为 2mg/L 时,对固着型 SRB 的限制也不明显。这些体系内的水流每天都带来充足的硫酸盐来满足膜内微生物的需要。

4.2.3 生物杀伤剂控制

在流动处理系统中使用生物杀伤剂杀灭微生物已成为控制微生物的惯用方法。生物杀伤剂通常只是整个化学控制方法的一部分,化学控制方法包括腐蚀抑制剂、防腐添加剂、氧清除剂、分散剂、螯合剂和底材表面处理剂。显然,化学适应性是一个严肃的挑战,商业公司出售多种杀伤剂,但是在这个领域中还有许多问题有待研究,以提高处理的有效性。

生物杀伤剂产品依据活性成分的性质和使用的目的而有所差别。活性成分是一种化学物质,它对大量的 SRB 和其他微生物具有普遍的杀伤作用。生物杀伤剂可分为氧化产品和非氧化产品。强氧化物质如氯和臭氧,可通过剧烈的化学氧化来杀死微生物,这能导致细胞和生物膜聚合黏膜的水解和扩散。非氧化型生物杀伤剂通过交叉结合细胞组分(乙醛)或改变细胞膜的完整性来起作用。其他非氧化剂在生态系统中与官能团进行反应或者阻碍关键步骤的进行。

一些活性成分,例如氯或丙烯醛可以作为纯物质直接被使用。在其他情况下,活性物质以溶液状态作为生物杀伤剂的组分进行出售。水是最常用的溶剂,因为大多数生物杀伤剂是用来控制水相的腐蚀问题,在特殊的使用中还可使用烃类化合物或温和性的生物杀伤剂溶剂。由于溶解度的限制及低温条件下的防冻需要,通常要加入酒精,这可在含水产品中占到40%,而且在有些情况下可以不加水使用。例如在甲醇中加入戊二醛可以在单一处理中对管道系统进行消毒和干燥。

生物杀伤剂产品的配方通常比较复杂,要加入许多种助混剂进行混合以得到较强的杀伤、净化、储存、加工性能,减少腐蚀等特性。尽管市面上有数百种产品,但对于特定的需要却只有某几种适用。例如,氯在冷却塔中的使用效果可能很好,但却不适于需氯量大的油田水处理系统;存在于油田水中的硫化氢与许多生物杀伤剂在化学上相斥;在低温条件下用来作防冻剂的甲醇能损害封口和垫圈。考虑到职业健康方面的问题和对环境的不良影响,现已不再使用铬酸盐、汞制剂、锌衍生物、氯化产品和铜盐。

生物杀伤剂产品的需求量很大,油田水处理系统每年需要处理几百万立方米的水,在这一系统中,将生成的水进行分离并且通过蓄油池循环来置换更多的油。假定连续处理100mg/L,这种规模的油田每年需要 100000L 或者更多的生物杀伤剂,显然对于这样的处理量,即使是很小的价格差异也会带来总价上很大的变化。影响成本的更深一层因素是提供产品所需的劳力和运输费用。一个水运行系统可能要覆盖一大片区域,每年大约要采用和维护十几个甚至更多的注入点。

4.2.4 油田常用杀菌剂的种类

（1）油田常用杀菌剂类型

近年来，大庆油田部分联合站中，相继出现了含有黑色固体颗粒的污油在电脱水器油水界面区域、污水沉降罐上部、除油罐上部和污水回收池上部大量富集的现象，给采出液和含油污水处理造成了很大困难，使处理后含油污水的水质恶化，严重时，可导致含油污水过滤器及污水回注系统的污染。另外，将污水沉降罐和除油罐上部富集的污油回收到原油脱水系统中处理时，又常导致电脱水器垮电场，影响原油脱水系统的运行，导致电脱水器中形成高含水率的油包水型油水过渡层，致使电脱水器运行不稳，严重时还会导致电脱水器无法正常运行，油井采出液无法处理，造成停井事故，甚至还会导致含油污水处理效果变差，造成回注水水质超标和注水管网的大面积污染，这一现象在油井清蜡、投加原油乳化降黏剂、管道酸洗和油井作业的过程中表现得尤为突出。为保障联合站系统中采出液和含油污水处理的正常进行，在污水沉降罐和除油罐中富集的污油量过大，造成含油污水的处理效果恶化时，往往不得不采取将污油直接外排的方式，这样不仅损失了大量的原油，还造成了严重的环境污染。

① 烷基改性的季铵盐类杀菌剂 双杂环结构季铵盐杀菌剂，日本医务株式会社研制开发的带苯氧基季铵盐类杀菌剂等，都是烷基改性季铵盐类杀菌剂，可作 1227 杀菌剂的替代产品。这类杀菌剂由于其疏水基含有水溶性基团，可以提高季铵盐在油水中的分散度，增加表面活性剂的表面活性，加强药剂在细菌菌体的吸附作用，因而增强它的杀菌效果。

② 季膦盐类杀菌剂 季膦盐更是一种高效、广谱、低药量、低发泡、低毒、强污泥剥离作用的杀菌剂。

③ 双分子膜表面活性剂型杀菌剂 该表面活性剂使用范围很广，可以在温度为 $1\sim175℃$、$pH=4\sim1$ 的淡水、海水和废水等多种水系统中进行杀菌灭藻，特别是中间连接基团含有 $S-S$ 键时，容易改变含硫蛋白质的物化性能而使其具有优越的杀菌活性。由于该药剂配伍性能好，与普通 SAA 有良好的协同作用，因而可大大弥补该药剂价格相对较高的缺陷。

④ 双重作用杀菌剂 按照杀菌剂的杀菌机理可将杀菌剂分为氧化型杀菌剂和非氧化型杀菌剂。SAA 杀菌剂属非氧化型的杀菌剂，靠其在细菌表面吸附和渗透作用进行杀菌；氧化型的杀菌剂靠其氧化作用进行杀菌。双重作用杀菌剂是同时具有吸附渗透作用和氧化作用的杀菌剂。

⑤ 复合型油田杀菌剂 各种类型的杀菌剂，特别是有机类化合物，如 SAA，除了具有杀菌效果外还兼有缓蚀、除垢等作用，如将几种药剂复配使用，将会大大地提高杀菌效果。目前市场上销售的 SQ8 实际是二硫氰基甲烷与 1227 复配而成，其杀菌效果较 1227 杀菌剂更明显，特别适用于那些对 1227 杀菌剂已产生抗药性的细菌。

（2）油田杀菌剂的使用现状和杀菌和抑菌的机制

油田中生存着大量的微生物，可造成设备的腐蚀和损坏，管道和注水井的堵塞；使油层孔隙渗透率下降，妨碍注水采油；甚至可以降解其他油田化学品并且削弱其药剂的使用效率。因此，需要投放杀菌剂以保证油田建设的进行。

目前油田所使用的杀菌剂一般都是沿用民用水和工业循环水的药剂，按其杀菌机理可分为有氧型杀菌剂和非氧型杀菌剂。由于油田环境及对水质的要求与民用水和工业循环水的环境及对水质的要求不同，细菌的种类及其危害不同，所以对杀菌剂的性能要求也不同。对油田危害最大的细菌有硫酸盐还原菌、铁细菌和腐生菌，因此，选择杀菌剂要针对这些细菌入手。硫酸盐还原菌是厌氧菌，可氧化含碳有机化合物或氢、还原硫酸盐产生 H_2S。

细菌的生命力极强，任何一种杀菌剂使用时间长都会使细菌产生抗药性，引起杀菌剂的杀菌效率下降、药量增加等问题，因此，需要不断地开发研制新的油田杀菌剂。我国在油田杀菌剂的研发方面做了大量工作，目前仍以 SAA 类杀菌剂为主。

① 烷基改性的季铵盐类杀菌剂　在十二烷基二甲基苄基氯化铵的基础上进行烷基改性，如北京化工研究院精细化工研究所研发的［2-羟基-3-十二烷氧基］丙基三甲基氯化铵类杀菌剂、南京化工大学研制的缩醛基改性的季铵盐杀菌剂、北京石油化工科学研究院研制的双杂环结构季铵盐杀菌剂、日本医务株式会社研制开发的带苯氧基季铵盐类杀菌剂等，都是烷基改性季铵盐类杀菌剂，可作 1227 杀菌剂的替代产品。这类杀菌剂由于其疏水基含有水溶性基团，可以提高季铵盐在油水中的分散度，增加表面活性剂的表面活性，加强药剂在细菌菌体的吸附作用，因而增强它的杀菌效果。中原油田分公司采油工程技术研究院开发了新型改性季铵盐（MF-1）杀菌剂，其合成方法为：$C_1 \sim C_{14}$ 有机胺类化合物、$C_2 \sim C_3$ 环氧卤烷类化合物和 $C_1 \sim C_5$ 有机酸类化合物（物质的量配比 1：1：1），在常压、$40 \sim 110℃$ 下反应合成。在中原油田采油二厂应用表明，MF-1 用量大于 20mg/L 后，对硫酸盐还原菌（SRB）、腐生菌（TGB）以及铁细菌均有良好的杀灭效果，明显优于同剂量的 1227 季铵盐杀菌剂的杀菌效果。加剂量在 20mg/L 时，上述三类细菌的杀菌率分别为 99.0％、99.2％ 和 99％；加剂量在 30mg/L 时，杀菌率均达到 100％，而同剂量 1227 的杀菌率分别为 96％、99％ 和 99％。这是由于 MF-1 酯键和其他有机基团的引入对菌藻类生物细胞膜有更好的亲和性，增强了其对细胞膜的破坏性，提高了季铵盐的杀菌能力。另外，MF-1 的缓蚀和阻垢性能也较 1227 有很大提高，加剂量 20mg/L 时，MF-1 的缓蚀率和阻垢率分别为 52.5％ 和 38.6％，而 1227 分别为 29.4％ 和 10.2％。这是由于疏水性酯键和相关基团的引入，提高了其在金属表面吸附成膜的致密性和强度，从而增强其缓蚀效果，也改善了其对成垢物质的分散能力，使其阻垢率大幅度提高。

② 季膦盐类杀菌剂　季膦盐类杀菌剂的开发和研制被称为近十年来杀菌剂研究的最新进展之一。从季膦盐和季铵盐的结构看，磷原子比氮原子的离子半径大，极化作用强，使得季膦盐更容易吸附带负离子的菌体，同时由于季膦盐分子结构比较稳定，与一般氧化还原剂和酸碱都不发生反应。因此，季膦盐的使用范围很广，可在 pH=2～12 的水中使用，而季铵盐只有在 pH≥9 时效果才最佳。所以季膦盐更是一种高效、广谱、低药量、低发泡、低毒、强污泥剥离作用的杀菌剂。北京石油化工科学研究院研制的 RP-71 药剂就是季膦盐类杀菌剂。

③ 双分子膜表面活性剂型杀菌剂　该表面活性剂结构是长链烷基 SAA 的两个离子头各有一个连接基团连接，称之为 DimerisSAA 或 GerminiSAA，亦即二聚 SAA，由于该 SAA 的特殊结构，使它具有独特的表面活性：它的 CMC 值要比普通单分子的 SAA 低 2 个数量级，降低表面张力的能力 C20 值要低 3 个数量级。它用作杀菌剂时，抗菌波长范围比一般单链铵盐宽。

④ 双重作用的杀菌剂　由杀菌剂的杀菌机理可将杀菌剂分为氧化型和非氧化型杀菌剂，SAA 杀菌剂属非氧化型的杀菌剂，靠其在细菌表面吸附和渗透作用进行杀菌；氧化型的杀菌剂靠其氧化作用进行杀菌。北京化工研究院大禹水处理技术开发公司研制的二溴氮川丙酰

胺是通过在细菌表面的吸附和渗透，与细菌内部的有机溴及蛋白质反应进行杀菌，是双重作用的杀菌剂。该药剂最早用于造纸行业和工业循环水处理，目前该公司将其用于油田水的杀菌，也取得较好效果，是一种有发展潜力的油田杀菌剂品种。

⑤ 复配型油田杀菌剂的研究　随着近年对阴阳离子表面活性剂结合体的研究和开发，复配型杀菌剂将会扮演重要角色。另外，已有报道，将某些杀菌剂活性组分负载在一些高分子材料上，得到不溶性的杀菌剂，这种负载型杀菌剂具有高活性、快速、广谱和可再生的特性。由于该杀菌剂不污染处理过的水，符合绿色化学的发展方向，有着巨大的市场潜力。

另外，最近国外有关资料报道，一些专家学者将某些杀菌剂活性组分负载在一些高分子材料上，得到不溶性的杀菌剂，这种负载型杀菌剂具有高活性、快速、广谱和可再生的特性。由于该杀菌剂不污染处理过的水，符合绿色化学的发展方向，有着巨大的市场潜力。与传统的杀菌剂相比，该杀菌剂在费用上也是很经济的。目前，尚未见到该类型杀菌剂在油田建设上采用的示例，但将来有可能在油田水处理过程中使用。如果能够有效地杀灭硫酸盐还原菌，这样就能有效地控制硫化物的产生。

4.3 生物杀菌剂的应用

4.3.1 细菌检测系统

细菌数量，特别是 SRB 数量的减少，是用来检测应用在石油天然气工业中的生物杀伤剂有效性的方法。通常情况下，这包括了"最大可能检索数"技术，在利用这项技术获得有效数据之前需要 4 周的培育期。对工业系统中的细菌种群的鉴定和估算的分析实验都是在非常积极的调查和商业发展的基础上进行的。在过去的 10 年中，每年在市场上都至少会出现一种新方法。继 Costerton 等的工作之后，人们将注意力都集中到金属表面膜内的固着微生物上。

（1）商业试剂盒

人们用来直接分析从钢表面刮下的样品时使用的商业试剂盒的原理是传统的生长方法或者新的酶活性测试技术。生长测试能够提供处理前后选定的存在的微生物数量。最近几年，为天然气研究机构所使用的新介质已经应用到可使单糖发酵成酸的微生物中，这种微生物被定义为产酸细菌，它们比 SRB 的数量更多。酶测试要比生长测试的速度快，氢化酶和 APS-还原酶已有商业产品。氢化酶与特定的腐蚀机制——阴极反极化作用有关，在此过程中，腐蚀原电池的厌氧金属表面的氢被去除，此过程加速了腐蚀的发生。

在最近的几个测试中比较了其中的一些商业试剂盒，因为微生物的数量在 8～10 的数量级范围内是可变的，所以化学分析只需要有一个准确的数量级。适宜于目标系统使用的速度、方便性、费用、准确度及灵敏范围是选择商业试剂盒的主要考虑因素。在黑铁硫酸盐腐蚀产物中有大量 SRB 存在的地方，就能指示出生物杀伤剂的使用和其他的一些活动，在更新的工业指南中制定了另外一些标准。

（2）其他分析

其他的测试包括针对某一 SRB 种属或群的核苷酸探针测试法；使用同位素标记底物对代谢过程如硫酸盐的还原进行测定的方法；荧光染色技术利用荧光显微镜对细菌总数和个别

细菌进行计数；光电分析技术对瞬时的生化物质进行观测（例如，三磷酸腺苷与存活的细胞密度有关）。研究机构大量的使用这些技术，而且还采用了在一般运行机构中不常见到的特殊设备和专门技术。间接的检测方法如热交换效率的变化或金属表面产生的电化学噪声等都可采用，但这些技术需要专业的说明，以将细菌产生的影响与其他表面现象相区别。

4.3.2　筛选生物杀菌剂

在目标体系中证明产品的功效是很有必要的。即使对于适合系统使用的产品来说，对于特定的用途其性能表现也有很大变化。大多数推荐的产品不能发挥最低杀伤力的现象很常见。因此在进行生产性实验之前，很有必要对产品进行快速、可靠的筛选实验。这一实验还可以初步估计需要添加的剂量，这可实现在选择过程中的成本估计。

推荐的方法是在尽可能真实的条件下进行产品的筛选，例如下面的操作：把从目标设备中得到的碎填料上的浮游种群放到从系统中取得的流动液体里，然后在厌氧条件下迅速转移到实验室。在这些种群所要求的厌氧条件下的烧杯实验中，按照供应商提供的不同产品剂量，在与运行温度相同的条件下进行测试。对利用同位素标记底物法测定的硫酸盐还原速率和 SRB 在 Postgate 介质中生长的死亡率进行计量，并把得到的结果与没有进行条件控制所得到的结果进行比较，发现只有 3/8 的产品测试结果令人满意。接着将这些种群放到从目标设备的主流分支得到的侧流中继续进行测试，由此得到的烧杯实验的结论能为实际操作提供有效的指导。建立在硫酸盐还原基础上的实验室静态烧杯测试 3 天为一个循环，以进行 3 周的生长测试和 3 个月的侧流测试为基础得到的实验结果，在实际应用中还需要几个月的时间确定合理的剂量。

在包括容器、蓄水池、泵、流动管线和弯管接头的更为复杂的系统中，接触到生物杀伤剂的生物膜会有很大变化。在油田水处理系统中使用荧光染色追踪技术可表明，注入化学物质的混合时间实际上不到假设计算所得的充分混合时间的 1/4。显然，这样的系统具有处理化学药品剂量所达不到的表面。在死角和很少能露出表面的地方生长的生物膜若按预先的剂量进行投加，那么这些地方的生物膜就会得不到有效的剂量，并且还会与存活下来的微生物共同作用，使系统又复原。

4.3.3　生物杀菌剂投加量

注入生物杀菌剂和设定投加步骤的方法因目标的不同而不同，一个不够洁净的或充满沉淀物的系统在投加前应进行清理，生物杀菌剂不能取代良好的维护和运行操作。不能去除的沉淀物会影响生物杀菌剂的作用，消耗掉过多的化学药品，即使获得了有效杀伤力，也会出现下层沉淀物的腐蚀。在建立相对较低的日常剂量前，有时会用高浓度（例如上千毫克每升的戊二醛）来给系统杀菌。采取连续投加生物杀菌剂的方法会很昂贵，而用费用来决定使用浓度时，又不是很有效。连续注入非氧化作用的生物杀菌剂，特别是在低水平下，能产生抗性群落。在费用相同的条件下，高浓度间歇注入比长时间投加更有效。

4.3.4　影响生物杀菌剂活性的因素

（1）水的成分

水的成分是一个有积极影响的变量，这表明体系内水质成分的变化对生物膜的影响具有和投加生物杀伤剂相同重要的作用。对水质成分影响的研究表明膜内 SRB 受到 pH 微量变化（0.5 单位范围内）、硬度（特别是 Mg 浓度）、硝酸盐浓度及其他水质参数的影响。在侧流实验中，当乳酸盐浓度从小于 1mg/L 增加到 16mg/L 和乙酸盐浓度从小于 4mg/L 增加到 45mg/L 时，生物膜内的 SRB 有相应的增长，从这个实验得到的结论可支持这样一个观点：微生物在水中的生长受到可利用底物的影响。从油田水中分离出的其他微生物所产生的腐蚀作用也同样需要获得能量。

（2）处理用化学药剂

现在所使用的控制腐蚀的试剂，尽管从整体上来说，或多或少都是有些功效的，但并不十分有效，各组分之间经常相互影响。除氧剂（硫酸氢氨）在产生作用的同时也会促进系统内细菌的生长。在抑垢剂和腐蚀抑制剂中可观察到同样的现象。而且生物杀伤剂配方中被稀释的甲醇本身也有可能是系统内某种生物的食物来源。很明显，处置化学药剂的各组分，尽管从表面上看是很协调的，但实际上却可以产生相反的结果，这使得反应器中的成分平衡成为一个需要巧妙解决的问题。多组分体系的最优化，让组成物质不只是简单地提供辅助作用还有竞争作用，的确成为一个棘手的问题。

（3）微生物

固着型 SRB 在混合种群中的作用是不变的。其他微生物是固着群落中的动力组成，在整个膜的形成过程中起着重要作用。

（4）水流状态

液体在管内的流动状态取决于流速、管径、管壁及流体本身的特性。在高 Reynold 系数下，管内流体成涡流状态，这意味着流体在流动期间会不停地混合，因而包括必要的营养物质和生物杀伤剂在内的溶解性物质之间不存在浓度梯度。低 Reynold 时，管壁附近的水流状态仍然是涡流态，在管壁表面力的作用下，水流的总体流动速度减慢，尤其是生物膜，它能在很大程度上增加相关的摩擦系数。从管中央的水流主体到管壁的生物膜之间形成了浓度梯度（限制性扩散）。生物膜附近的水力停留时间比主体水流的平均停留时间要长，由此可以推测出，与涡流相比，层流对杀虫剂的反应要更复杂一些，绝大多数的油田处理系统都是涡流。

现在人们还没有了解流动状态对生物膜的影响，McCoy 认为膜的特性在层流和涡流两种状态下会有显著不同。油田侧流测试设备的实验结果显示，将涡流中的固着种群放到层流中，种群不会立即死亡，但活性会下降，并伴随着种群多样性的减少。主要目的是有效地控制发生腐蚀的可能性，而不是给系统消毒，所以尽管仍然存在绝对数量的微生物，但却可以成功地减少腐蚀的发生。在现场系统使用生物杀伤剂时所要面临的一个最大挑战仍然是建立发生腐蚀的可能性和细菌参数之间的相关性，目的是控制细菌产生腐蚀影响而非对系统灭菌。

4.3.5 提高生物杀菌剂性能的方法

（1）表面机械清洗

许多有效控制固着种群的方法都是通过使用生物杀菌剂和机械清洗的方法来实现的。大量资金投入到具有风险性的输油管道中，而管道的泄漏会产生严重的环境后果，通常采取的处理措施是使用机械清洗设备或者清管器。这些设备由水流推入到管内，将管壁的沉淀物刮掉，并置换掉所有可能在低位点处沉积的水，这些地方的水和残渣就可被去除掉。清管器通常随化学控制腐蚀的物质流动，或者在中间，或者跟随在后面。这一过程破坏了生物膜，使微生物接触到生物杀菌剂的有效成分，因此比单独应用生物杀菌剂的杀伤力要强。但遗憾的是，只有在设备允许的条件下才可以使用清管器。小管径、不规则形状和复杂的内部结构不允许使用此方法，一些特定的清管器必须永久性安装在设备里，所以使用这种方法要增加大量的资金。

（2）紫外辐射

对水蒸气进行紫外辐射杀菌是一种常规的改善水质的水处理方法，对工业系统使用的水进行紫外辐射预处理，几乎不会产生副作用。如果其他条件适宜微生物的生长，那么即使将进水中的微生物减少为原来的千分之一也不会阻碍存活的微生物继续生长，并最终在紫外辐射单元的下游表面进行繁殖。对于受到严重污染的体系来说，没有必要通过补充进水的浮游生物相来维持现存的生物膜或在生物膜取样塞的新金属表面上生成菌落。先进的氧化技术可能会对下游有益处，但本书不就此作进一步的阐述。

（3）生物电作用

一种新的发现——生物电作用，可能会提供另外一种改进生物杀伤剂功效的方式。Costerton 和他的同事已经发现，在有微量电场存在的条件下使用生物杀伤剂，其效果比单独使用化学药剂要好。如果将充足的电场应用于像热交换器那样的结构中，会提高系统的保护能力，这正是人们所期望的。阴极保护的方法依赖于产生类似的电场梯度，这需要形成一组统一穿过全部金属表面的有效电势。我们可以很容易地应用场梯度，即使我们得到的是不平稳电势，也有可能通过生物电化学作用来有效地提高生物杀伤剂的性能。

4.4　多种控制方法

4.4.1　热冲击

在海上生产设备的侧流实验中，持续几分钟的短期热冲击已被证明可以对表面种群进行控制。在 65℃ 条件下暴露 5min 可使存活的微生物减少 99％，现场实验所观察到的现象与该假设一致。在油田系统内，从 20℃ 到 60℃ 的温度变化足可以使一类微生物向另一类微生物进行转变。使用加热的液体药剂或定期加热管道，可以防止稳定生物膜的形成，并且给生物杀伤剂的使用提供了一个可变的或补充的处理系统。

4.4.2　冰的成核作用

将温度降低到冰点已经被认为是一种去除流体控制系统内金属表面生物膜的方法。结冰的管道内部是从金属表面开始形成冰晶，冰晶的生成可有效分离与管道紧密结合的生物膜沉淀，让它们随液体流走，留下清洁的金属表面。但这个方法还处在实验室阶段，在实际应用中还需进行尝试。

4.4.3　微生物生长模式的控制

除了使用生物杀伤剂来抑制生物膜的生长，还有一种可以采取的控制策略是操纵生物膜的生长。在工业设备中，单纯改变营养物质或者物理参数可能会促进不同的、更有潜力的良性微生物群落的生长。这种观点已经在处理油田含盐废水的侧流测试设备实验中得到证实。人们很早就知道在混合微生物群落中，低浓度硝酸盐的存在可控制硫化氢生成，在微生物强化石油恢复方案中，甚至可以通过添加硝酸盐来抑制硫化氢的形成。向油田实验设备中加入100mg/L的硝酸盐，会使生物膜和管道内表面沉淀物发生重大变化：SRB的数目在30d后增加了100倍，但是在一个流程结束后，在管道表面的沉淀物里没有检测到硫化铁。这与在没有添加硝酸盐的控制管段和以前测试管段自身的表面样品中所普遍观察到的富含硫化铁的现象形成鲜明对比。硫化物的消失与油田测试中心得到的观察相一致，微生物利用硝酸盐进行呼吸所引起的氧化作用被认为是引起硫化物消失的作用机制。

由扫描电镜的观察可以知道经过硝酸盐处理后的生物膜内长有高密度的微生物，通过利用SRB为指示性微生物的核酸探针技术进行的测试，我们可以看到这个种群包括选择性乳酸盐和乙酸盐数量的增加。正如Rajagopal在研究中所提出的，这个现象表明了一个有趣的可能性：少量的硫酸盐可以使部分转化的SRB在乳酸盐有限的条件下利用硝酸盐和阴极的氢。但是当生物膜内的种群和相关的腐蚀产物发生显著变化时，这种改变会导致更高而不是更低的腐蚀速率。通过电化学测定和重量损耗可以得出经硝酸盐处理的管道的腐蚀速率是控制值的4~6倍。

虽然这个实验没有提供更好的控制腐蚀的措施，但它确实形成了一个简易的、通过对营养物质的微妙控制使得生物膜发生重大变化的措施。而且这个实验强调了对腐蚀速率和细菌数量的检测具有同等的重要性。在工业系统中对生物膜群落的构成和活性的控制，与传统的使用生物杀伤剂的方法相比，费用和难度水平差不多，还有可能更低一些。更多地了解生物膜群落和它们的作用方式可以为我们创造新的以控制为基础的防腐策略，而非控制固有生长的微生物。

4.5　蓄油池酸化

油田运行中微生物种群的一个来源是蓄油池本身。SRB可能是在蓄油池或者临近水层中固有的，无论是哪种情况，在石油和天然气恢复运行中SRB都普遍存在于蓄油池中。在某些情况下，尤其是水冲刷过程中，这会产生人们所不希望出现的硫化氢气体。如果这种现象严重的话，由于微生物作用而形成的硫化氢产物会导致油田、运输及加工等设备因生成的酸性天然气而被迫改造。在空的油田中也会出现储油池酸化的现象，这种油田一般用来储存天然气和等待市场配售或深加工的脱水原油。

对蓄油池酸化的全面讨论不在本书的范围之内。随着全世界主要蓄油池的发展，人们对这个严重问题的早期认识使它成为一个颇有争议的研究领域。生物杀伤剂的功效可能取决于产生硫化物的微生物活性物质。在蓄油池内使生物杀伤剂溶解达到饱和，这在经济上是不现实的，而限量的注入生物杀伤剂，只能使其到达井筒附近的区域。回流井表明油井在蓄油池中被复杂的微生物群落所包围，这包括分解烃类化合物和产甲烷细菌。结果表明群落集中在井周围作为痕量氧和特殊营养物质的来源。如果群落中有 SRB 存在，那么即使在靠近钻井的区域内注入少量的化学处理剂，生物杀伤剂也可有效地抑制硫化氢产物的生成。在给油田注水的操作现场实验中，将漂白剂注入 15 口油井中，在相邻的产油井中，只有 6 个可以少量地减少硫化氢产量。很明显，引起酸化作用的 SRB 的活动范围遍布井筒上部的区域，而且不能用生物杀伤剂经济用量进行处理。

近油井区域的其他处理方法包括注入硝酸盐或是硝酸盐与脱氮硫杆菌（*Thiobacillus denitrificans*）的混合液，以此使硫化物氧化为硫酸盐。这是使用调控手段而非进行抑制的又一实例，因为营养物和微生物是通过加入到微生物群落中来改变整体的影响作用。使用耐戊二醛的 *Thiobacillus denitrificans* 体系可以将控制和抑制两种手段相结合。主要的油田注水操作可以使微生物的活动深入到蓄油池中。在北海，Ligthelm 等发现硫化氢产物集中在注入的海水与蓄油池深处的天然水相混合的区域，这是一个流动的区域，不可能接触到后期注入水洗运器中的生物杀伤剂。当储存脱水石油时，可以在存储区域使用高浓度盐水，以此来抑制硫化氢的形成。据报道，在盐室内储存烃类化合物可避免酸化问题的产生。集中在蓄油池酸化问题上的研究活动可为控制表面处理设备中的混合群落提供依据，实际上，这可能会包括许多相同的微生物。在给油田注水的一个循环周期中，当 SRB 在水流经蓄油池的过程中进行活动时，产生蓄油池的酸化现象，而与 SRB 有关的腐蚀问题在发生另一半周期的设备表面。

4.6　腐蚀与微生物群落的关系

4.6.1　发生腐蚀的可能性与微生物参数的关系

在某一给定系统内，人们最需要的是将微生物参数与发生腐蚀的速率（或可能性）的相关关系表达出来，如果没有这种关系，就不可能估计给定微生物控制体系的费用投入产出比和费用有效利用率，也不可能预测油田在各种情况下的运行情况，而只能进行总体的预测。目前的情况是在经济条件允许的范围内，对特点并不明确的系统进行灭菌，但这并不能达到运行参数满意的要求，至少从生物杀伤剂使用者的角度看是这样。若要使用来控制结垢、氧气、腐蚀的药剂在起作用的同时不会促进不需要的微生物生长，就应该使用更为有效的化学试剂盒。

4.6.2　相关的腐蚀机制与微生物种群

正如同了解生物膜内微生物群落生态学一样，人们需要更进一步地了解腐蚀机制及相互作用情况。这些种群是每一个设备所特有的，且在一定阶段内具有惊人的稳定性。一些初步事实已经证明，在油田注水操作中，从生产井通过表面设备到达注入井的过程中，种群以合理的方式进行变化。这些系统充当流动反应器，固定化细菌在营养物分解中起到连续催化的作用。如果不了解群落在目标系统内的进化过程，点测量所得到的生物学参数的应用将会受到限制。

（1）对生物膜内群落的理解

对加速腐蚀过程的微生物作用的理解，有待于我们对相关微生物群落构成进行了解。这不仅包括对现有微生物的鉴定，还要知道在生物膜内其他微生物之间的空间关系。目前面临的挑战包括需要一种能测定在石油中种群特性的方法和关键微生物的恢复，而利用目前的方法不易将这些微生物进行分离。

必须从不涉及样品生长的油田样品中才可以获得群落构成及其空间结构的信息，生物标记和核酸杂交技术为此类信息的获得提供了可能。利用生物标记物可以直接从土壤或水样中将特定的化合物分析出来，还可用其来分析生物量或某一特殊的生物群落。Parkes 由此得出结论，尽管目前对此项技术仍有异议，但它仍是目前获得群落组成信息的最好方法。例如，最近鉴定出来了 *Desulfovibrio* 的细胞脂肪酸成分，并发现其与 SRB 的种系关系相当一致。脂肪酸标记物还用来鉴定在海底研究中受到底物刺激的 SRB，核酸杂交技术已应用到SRB 种群中。通过比较 16S rRNA 和 23R rRNA 序列可以估计出来 SRB 和 *Desulfovibrio* 之间的种系关系。利用脂肪酸生物标记物确定的关系，与现行的建立在经典微生物特性基础上的分类标准基本一致。目前已经将确定 SRB 种系的 6 个核苷酸探针应用到环境检测中来，而且用建立在核酸杂交基础上的荧光 SRB 探针观察在形成阶段和已经建立起来的生物膜内的 SRB 种群。用相同的技术从多种类的厌氧生物反应器中，监测 SRB 的富集和分离情况。这些探针可以在不涉及生长的情况下鉴定特定种群，当与荧光显微镜技术相结合时，可以展现出膜内细菌的空间排列情况。

目前已经开始了核酸杂交技术在油田类群中的应用。Voordouw 等使用 DNA 基因探针技术以氢化酶的形式来鉴别油田流体物中的 *Desulfovibrio*。一种新兴的 DNA 杂交技术——逆转样品基因组探针的发展和使用，表明在 Alberta 油田流体物中至少有 20 种遗传基因不同的 SRB。通过 7 个地方的 56 个位点出水的细菌分析可以知道在淡水和海水运行中存在着明显不同的 SRB 群落。比较浮游和相关生物膜种群可以发现浮游种群内只有一些 SRB 遗传型控制着相关生物膜，这些固着种群很稳定，并且即使是在孤立油田的每一个反应器中都是独一无二的，需要对这些细菌群落的结构和腐蚀结果的特性做进一步的研究。

（2）生物膜工艺是处理速率的问题

腐蚀是一个动力学现象，情况位点和适宜位点间的差别归根结底是处理速率的问题，但关于生物膜工艺的研究和控制动力学因子的研究仍然太少。形成腐蚀生物膜时的营养物质的量可能是一个控制参数，过去十几年的研究资料表明 SRB 是一个多样性的种群，它们依靠相关的微生物活动来维持特殊的营养需求。SRB 在工业系统中的生长和活性可能与它们和提供合适碳源的细菌间的关系有关。这就需要进一步了解这些微生物和涉及的特殊关系的过程。

群落中无机物质的转换和还原能量的流动肯定是很重要的，它们是构成腐蚀过程的环节，而且细菌可以控制它们。例如，在微生物群落内能还原三价离子的兼性细菌，可加速钢表面的钝化氧化物的去除。在缓慢连续生长条件下由 SRB 生成的亚硫酸盐，可以促进硫化物反应系列中的其他微生物宿主生成腐蚀硫化物。人们长期以来都认为硫化铁在生物膜的腐蚀过程中具有以电子形式携带还原力的电势，但却大大忽略了它在群落构成中的作用。与生物膜相关的多糖微粒可结合离子甚至可以将水截流。在生物膜作用下的这一结果可作为腐蚀电池的电解液，但需要更多关于动力学、营养物流、还原能量和膜内构成的无机物种类的信息。

认识生物膜群落的构成和作用，是促进管理策略超过现有状态和工艺水平的先决条件，50 多年来，通过存活斑点总数来控制的应用生物杀伤剂建立起的杀伤力，是确定系统中微生物影响腐蚀的唯一办法，但这不是一个完全成功的方法，它缺少生物杀伤剂应用和腐蚀作用间联系的基础及合理管理和鉴定的工具。随着规章制度的增加和对环境与职业健康的考虑，这一方法在产品选择上受到更多的限制。先进的高新技术的出现，使得生物膜和群落构成有了更好的发展前景，这反过来又提供了更微妙更经济的方法去调控固有种群的腐蚀性。目前所面临的挑战是建立完整的工业学术体系来努力完成下一个重要的步骤。

4.7　新型生态调控抑菌抑制硫酸盐还原菌活性的技术

4.7.1　微生物控制 SRB 的机理基础

从环境的角度考虑，SRB 的防治有必要从微生物学自身去寻找新的方法。新型微生物控制方法，就是利用生物竞争淘汰的方法，通过微生物种群替代将有害的微生物问题变为有利因素。可替代微生物在生产天然气、聚合物、表面活性剂的同时除去硫化物。这样既可以提高油田中油层采收率，又可以防止油层酸化。

微生物防治 SRB 腐蚀的机理：一是应用生态位上相近，生活习性、生长环境等方面与 SRB 非常相似的替代细菌，只是它们不产生 H_2S，而生成其他对油田无害的产物或者将 H_2S 转化，降低 SRB 的腐蚀。与 SRB 争夺生活空间和营养底物，使 SRB 的生长繁殖受到抑制，即利用微生物之间的竞争关系来防止 SRB 腐蚀。这一类细菌主要包括脱氮硫杆菌（*Thiobacillus denitrficans*，）和硫化细菌（*Sulphide-Oxidizing Bacteria*）等，它们通过将 H_2S 转化来降低 SRB 的腐蚀；二是利用某些细菌可以产生类似抗生素类的物质直接杀死或降低 SRB 活性，也就是利用微生物之间的共生、竞争以及拮抗的关系来防止微生物对金属的腐蚀。如短芽孢杆菌（*Bacillus breris*）接种至 SRB 后，可以分泌短芽菌肽 S 来抑制不锈钢上 SRB 引起的腐蚀。

4.7.2　新型硝酸盐基处理技术

目前，研究和应用最为广泛的生物抑制技术就是硝酸盐基处理技术，也称为生物竞争排除技术（biocompetitive exclusion，简称 BCX）。该技术主要是向地层导入低浓度的硝酸盐/亚硝酸盐成分，它将更容易更积极地替代硫酸盐成为电子受体，这可以促使天然存在于油层中的硝酸盐还原菌群（NRB）迅速增生扩散，并在与 SRB 竞争生存空间和基质时，DNB 优先选择使用油层中的基质，因此可阻止 SRB 获得所需要的营养物，从而控制 SRB 的代谢活性。

BCX 试剂的成分是由硝酸盐/亚硝酸盐的混合物组成，这种混合物可依据不同的油藏特性、水组成以及硫化物的浓度进行调节和修改。实践证明，BCX 的这种特性更适合现场作业的特点，并且在调整 BCX 成分过程中只能改变硝酸盐浓度。BCX 体系的功能就是在油藏中不断地激励原地目标脱氮微生物产生驱油化学剂和物理剂，它就像是位于油藏内部的一个气体化学工厂，在油藏内部其功能得到优化。

与以前的生物杀菌剂相比 BCX 体系具有明显的硫化物抑制作用，见表 4-1。

表 4-1　BCX 体系与生物杀菌剂抑制硫化物效果比较

BCX 体系	生物杀菌剂
无危险无机盐	有毒、危险的化学剂
选择有益种群培养	试图完全抑制
成本较低	相对昂贵
原地细胞不断生产	稀释可降低生物杀菌作用
在孔隙基质内发生微生物作用	产生杀菌剂阻抗
穿透油藏	由于吸附有衰竭作用
防止硫化物的产生	能有效地控制部分硫化物
消除硫化物	不能消除硫化物
环保	对环境有危害

另外，使用通用的 BCX 体系还有其他好处，如增加了 BCX 本身的经济价值，包括：降低投资费用、作业及维护成本；降低腐蚀费用；具有显著提高原油采收率的作用。报道中原油产量增加了 20%，这源于油藏内原生 NRB 微生物群落的作用，这种微生物群落主要应用硝酸盐/亚硝酸盐同时产生诸如气体（CH_4、CO_2、N_2）、表面活性剂、溶剂及有机酸等，即众所周知的原油采收率特性。

表 4-2　提高原油采收率体系：BCX 技术与常规技术的比较

BCX 提高原油采收率体系	非生物提高原油采收率体系
自生产设备呈指数增加	EOR 剂不断稀释减少
产生多层原油流动剂	通常仅有一种作用
同时产生溶剂、有机酸、气体及表面活性剂	
流度：由其自身的作用细胞移至圈闭油	运移受到注水流动模型的限制
在孔隙内及孔隙基质中存在多层效应	反应主要发生在化学剂注入前沿
不断产生原生泄油剂	不产生原生泄油剂
在每一原生油藏结构中所有方向上都有泄油剂	油藏内部没有明显的反应
通过实施低成本补救方案获得更多的经济效益	门限值及不断的工程费用成为限制条件

另外必须强调的是泄油有机微生物的增长、所有发生的反应及最终形成的表面活性剂等产品发生在整个油藏内，产生像多层泄油机理及溶剂的增效作用。这些泄油、原油流动的多层效应在微观孔隙基质内通常不会遇到或不予考虑。表 4-2 就 BCX 技术作业处理与常规 CO_2、聚合物等做了比较。

4.7.3　反硝化控制 SRB 的研究现状

目前，国内外有关用硝酸盐或亚硝酸盐反硝化控制 SRB 的研究较多，并且取得了很好的效果。也有人对其作用的机理进行了探讨，提出了各种不同的假说。下面就根据其机理不同分别概述其研究现状。

（1）反硝化细菌 DNB 的研究进展

① 反硝化细菌的种属　反硝化作用实质是一个硝酸盐的生物还原过程，包括多步反应（$NO_3^- \rightarrow NO_2^- \rightarrow NO \rightarrow N_2O \rightarrow N_2$），涉及的气态氮化物有 NO、$N_2O$ 和 N_2。因为 NO 对生物剧毒，以 NO 为最终产物的细菌往往难以存活，所以通常把能够还原硝酸盐或亚硝酸盐、产生 N_2O 和 N_2 的细菌，称为反硝化细菌。反硝化细菌在分类学上没有专门的类群，它们分布于原核生物的众多属中。这些包含反硝化细菌的属绝大多数分布于细菌界，少数分布于古生菌界。与硝化细菌不同的是，反硝化细菌在分类学上并没有专门的类群，而是分散于原核

生物的属之中。根据反硝化细菌的定义来看，总结出包含反硝化细菌的种属见表 4-3。

表 4-3　目前已知反硝化细菌的种属

古生菌界		*Haloarcula*、*Halobacterium*、*Haloferax*、*Ferrogiobus*、*Pyrobaculum*	
细菌界	非 Proteobacter	革兰氏阳性细菌：*Bacillus*、*Corynebacterium*、*Prankia*、*Dactylosporangium*、*Dermatophilus*、*Gemella*、*Jonesia*（原 Listeria）、*Kineosporia*、*Micromonospora*、*Microtetraspora*、*Nocardia*、*Pilimelia*、*Propionibacterium*、*Saccharomonospora*、*Saccharothrix*、*Spirrilospora*、*Streptomyces*、*Streptosporangium*	
		革兰氏阴性细菌：*Aquifex*、*Flexibacter*（原 CytopHage）、*Empedobacter*、*Flawbacterum*、*SpHingobacterum*、*Synechocystis* sp. PCCC6803	
	Proteobacter	a-Proteobacter 纲：*Agrobacterium*、*Aquaspirillum*、*Azospirillum*、*Blastobacter*、*Bradyhizobium*、*Gluconobacter*、*HypHomicrobium*、*Magnetospirillum*、*Nitrobacter*、*Paracoccus*、*Pseudomonas*、*Rhizobium*、*Rhodobacter*、*Rhodoplanes*、*Rhodopseudomonas*、*Roseobacter*、*Sinarhizobium*、*Tiobacillus*	
		b-Proteobacter 纲：*Achromobacter*、*Acidovorax*、*Alcalienes*、*Azoarcus*、*Brychymonas*、*Burkholderia*、*Chromobacterium*、*Comabacter*、*Eikenela*、*HydrogenpHaga*、*Janthinobacterium*、*Kingella*、*Micravirgula*、*Neisseria*、*Nitrosomonas*、*Ochrobactrum*、*Oligella*、*Ralstonia*、*Rubrivivax*、*Thauera*、*Thermothrix*、*Thiobacillu*、*Vogesella*、*Zoogloea*	
		r-Proteobacter 纲 ε-Proteobacter 纲：*Wolinella*、*Campylobacter*、*Thiomicrospiro*	

② 反硝化细菌的生理特性　硝酸盐呼吸是反硝化细菌的标志性特征，也是废水生物脱氮的基础。反硝化细菌则是硝酸盐呼吸的载体，离开了反硝化细菌，硝酸盐也将不复存在。要维持反硝化细菌的功能，必须满足它们的生活条件（营养物质和环境条件）。

③ 反硝化细菌的营养物质　反硝化细菌的能源很广泛，可以是光能或是化学能；在化学能中，可以是无机物质，也可以是有机物质；在有机物质中，可以是简单的小分子，也可以是复杂的大分子。

Rhodopseudomonas sp. Haeroides 是唯一已被确认具有反硝化能力的光合细菌。通过对反硝化细菌的谱系分析，Beatlach 认为反硝化作用可能起源于一个类似 *Rhodopeseudomonas* 的原始反硝化细菌。有些反硝化细菌可以利用氢、氨、硫和硫化氢等无机物质作为能源。例如：*Thiobacillus denitrificans* 能够利用硫元素作为电子供体，进行自养反硝化作用。

$$5S + 6KNO_3 + 2H_2O \longrightarrow K_2SO_4 + 3N_2 + 4KHSO_4$$

大多数反硝化细菌可以利用有机物质作为能源。例如：*HypHomicrobium* 菌株可以利用甲醇作为电子供体（主要是氨或是亚硝酸盐）和电子受体（主要是氧分子）的种类较少且相对固定，反硝化细菌电子受体（主要是亚硝酸盐和硝酸盐）的种类也不多，但电子供体（即能源）的种类极其多样化。

$$6NO_3^- + 5CH_3OH \longrightarrow 5CO_2 + 3N_2 + 7H_2O + 6OH^-$$

如果把反硝化细菌与硝化细菌进行比较，可以发现硝化细菌电子供体（主要是氨或亚硝酸盐）和电子受体（主要是氧分子）的种类较少且相对固定，反硝化细菌电子受体（主要是亚硝酸盐和硝酸盐）的种类也不多，但电子供体（即能源）的种类多样化。

（2）反硝化细菌对硫酸盐还原菌的抑制

反硝化细菌（DNB）在基质利用和能量利用上优于 SRB，DNB 可作为抑制 SRB 的微生物。大多数 DNB 是兼性厌氧细菌，在无氧条件下将硝酸盐作为电子受体并还原为氮气。有些 DNB 可以利用无机物质（如硫化物）作为能源，大多数 DNB 可以利用有机物质（如 VFA）作为能源。利用硫化物进行自氧反硝化的反应为：

$$5HS^- + 8NO_3^- + 3CO_2 \longrightarrow 5SO_4^{2-} + 4N_2 \uparrow + 3HCO_3^- + H_2O$$

利用 VFA（此处以乙酸为例）进行异氧反硝化的反应为：

$$8NO_3^- + 5CH_3COOH \longrightarrow N_2 \uparrow + 6H_2O + 2CO_2 + 8HCO_3^-$$

反硝化过程产生氮气和部分碱度。在厌氧生物反应过程中，因为能量利用上的差异，SRB 对基质（有机物）的竞争不如 DNB，反硝化过程的发生要优于硫酸盐的还原过程，当系统中含有一定量的硝酸盐时，会影响 SRB 还原硫酸盐，从而达到抑制 SRB 的目的。反硝化细菌生物抑制方法的优势在于，从减少数量和降低活性两个方面同时对 SRB 进行控制，还可以防止和除去硫化物，而且绿色环保（加入的药剂低毒害）。所以，从微生物生态学角度，提高反硝化效果以抑制硫酸盐还原菌活性并减少硫化物危害的研究成为大庆油田系统非常迫切而有前景的课题。

用于防治 SRB 腐蚀的微生物为数不多，主要有以下几种。

① 脱氮硫杆菌（*Thiobacillus denitrificans*，*T. denitrificans*）　脱氮硫杆菌（*T. denitrificans*）是严格自养和兼性厌氧菌，菌细胞球杆状，菌体大小$(0.3 \sim 0.5)\mu m \times (1.0 \sim 1.5)\mu m$，单个、成对或短链状排列，具单根极生鞭毛，运动活泼，无芽孢，革兰氏染色阴性。存在于运河水、各种矿水、海洋、污泥和土壤中。它们不同于常见的利用有机物作为能源生长的异氧菌，而是能利用还原新型无机硫化物作为能源，将它们氧化成 SO_4^{2-}，在厌氧条件下 NO_3^- 作为电子受体被还原成 N_2，反应式为：

$$5HS^- + 8NO_3^- + 3H^+ \longrightarrow 5SO_4^{2-} + 4N_2 + 4H_2O$$

SRB 和脱氮硫杆菌之间有生长竞争的关系，据 Sandbeck 等报道，脱氮硫杆菌能将 SRB 产生的还原性硫化物氧化成 SO_4^{2-}，从而减少或抑制硫化物的形成。该技术主要通过操纵有油藏微生物生态来改变最终电子受体，将硫酸盐还原作用转变成硝酸盐还原作用，从而抑制硫化物的积累。将有活性的脱氮硫杆菌加到含有 SRB 的环境中，能将 SRB 产生的还原型硫化物氧化成 SO_4^{2-}，从而减少或抑制硫化物的形成。在加拿大 Saskatchewan 的 Coleville 油藏卤水中补加硝酸盐和磷酸盐后，卤水中脱氮硫杆菌量大大增加，而 SRB 则没有明显增加。Sand beck 和 Hitzman 等向油藏中加入硝酸盐和亚硝酸盐等电子受体，改变油藏微生物生态条件，使处理井中 SRB 水平下降，阻止了 FeS 和 H_2S 产生，解除了因 FeS 和结蜡造成的堵塞，油产量也有提高，生物竞争排斥技术不仅能控制油田 SRB 引起的腐蚀，而且在边缘井处理中有重大商业价值。

目前，已筛选出耐无机硫化物（$1000\mu mol/L$）和杀菌剂（$25 \sim 40mg/L$）的 F 菌株，它有许多优点：a. 在纯培养条件下能很好地穿透砂岩岩心，而 SRB 则较差；b. 不仅能够在严格厌氧条件下，而且在好气的井筒附近也能有效利用硫化物生长；c. SRB 在中性 pH 值下产生腐蚀，反硝化细菌的最佳生长 pH 值也近中性，因此在与 SRB 混合培养时能抑制 SRB 的生长；d. 能与杀菌剂配合使用；e. 为严格自养菌，仅靠氧化无机化合物就能获得维持其生存所需的能量，在加入 NO_3^-、PO_4^{3-} 时，不会刺激油藏中其他不必要的异养菌的生长。

② 硫化细菌（*sulfide-oxidizing bacteria*，SOB）　硫化细菌（sulfide-oxidizing bacteria，SOB）是好气性自养菌，以还原性硫化物如硫化氢、硫代硫酸钠等作为基质，其产生的代谢产物为硫酸盐。硫化细菌[318] 能将 SRB 产生的 H_2S 等还原性硫化物氧化成硫酸盐，

从而降低环境中 H_2S 的浓度。硫化细菌防治 SRB 的原理类似于脱氮硫杆菌，都是将 H_2S 转化，降低腐蚀。这种利用微生物从生态上抑制硫化物的积累不仅廉价有效，还可节省在油藏中累积了大量硫化物后再进行处理的昂贵费用，在环保上也是非常好的方式。

③ 短芽孢杆菌（*Bacillusbrevis*，*B.brevis*）　由于杀死生物膜中的 SRB 很困难，Miller 和 Ruwisch 等认为研究如何将 SRB 从生物膜中驱逐出来的方法比使用高剂量的杀菌剂要合理一些。尤其是好氧成膜菌可将 SRB 赶出生物膜，产生抗生素抑制 SRB 的生长，达到抑制其腐蚀的目的。De zham 等[319] 研究证实 ten-amineacidcyclicpep idegramicidin S（十氨基环缩氨酸短杆菌肽 S）可抑制 SRB。Jayaraman 等使用这种菌形成生物膜，分泌短杆菌肽 S，抑制不锈钢上 SRB。

④ 假单孢菌（*Pseudomonas fragik*，*P. fragik*）　　Millero 等[320] 测试了在有 *P. fragiK* 和 SRB 时，SAE1018 钢的腐蚀 14d 后是无菌溶液的 14 倍，21d 后是其 25 倍，当 SRB 在试片上形成菌落之前，加入 *Ampicillin* 和 *P. fragik*，腐蚀失重是在 SRB 形成菌落之后再加 *Ampicillin* 的 29%（10d）、13%（21d）；另外将 SRB 加入 *P. fragik* 中，不锈钢的极化电阻降低，而软钢的增加说明 *P. fragik* 可以抑制软钢上 SRB 腐蚀。*P. fragik* 是不产生抗生素的，其抑制 SRB 腐蚀的机理尚不明确。

（3）反硝化控制 SRB 的应用实例

有关硝酸盐控制 SRB 的实例在国外油田应用得较为广泛。Kuijvenhoven 等对尼日利亚一座用海水驱油的深海油田的酸化问题进行了分析，提出用硝酸盐加入到回注水中能有效地控制已经酸化油田中的硫化物，并在实际运行中取得了满意的效果。Sturman 等向油井和气井中注入 NO_2^- 来控制酸化的产生，结果表明，向气井中连续 36h 注入亚硝酸盐，可以控制采出气中硫化氢达 7 个月之久；而在油水分离器中加入 NO_2^-，可以使水相中 H_2S 的浓度从 $40\sim60mg/L$ 降到 1mg/L 以下；向油井中注入 NO_2^-，可以控制在随后的 60d 内使得伴生气中的 H_2S 从 140mg/L 降到 1mg/L 以下，同时还能提高原油的产量。Jenneman 等在 Coleville 油田对硝酸盐控制油层中硫化氢的可行性进行了现场试验，他们向相邻的两个油井中连续 50d 注入 400mg/L NH_4NO_3 和 12mg/L NaH_2PO_4，10d 内，两个注入井的硫化物减少 42%～100%，而相邻的两个采出井硫化物减少 50%～60%；注入期间，采出和注入井内的硫氧化细菌和反硝化菌得到生长，而 SRB 保持不变或减少。表 4-4 给出了几个国外油田成功应用硝酸盐控制 SRB 活性的实例，并取得了很好的效果。国内也曾有人在大庆油田和胜利油田进行过现场的试验，尽管取得了一定的效果，但是进行实际推广应用的尚未见报道。

表 4-4　已报道的硝酸盐处理实例

油田	处理结果
Maersk	
—Skjold 油田	来自一口生产井的监测表明硫化物降低值为 100kg/d。全油田有效阻止了硫化物的产出；
—Halfdan 油田	预防作业措施表明硝酸盐作业成功地阻止了油藏的酸化
Statoil	
—Gulfaks 油田	硝酸盐置换生物杀菌剂降低 SRB 并增加 NRB,将水中硫化物浓度降至 50%,并降低了腐蚀速率；
—Veslefrikk 油田	将注入水管线中的腐蚀速率从 0.7mm/a 降至 0.2mm/a;
BP	
—Foinaven 油田	1 年以后硝酸盐突破,暴露海水,硫化物降低 90%

硫酸盐还原菌的生态抑制研究中一个基本的前提是投加的刺激因子能够刺激本源的反硝化细菌大量的生长，第3章的研究表明，系统中电子流硫酸根含量在 $5\sim60\,mg/L$，硝酸根浓度多在 $2\,mg/L$ 以下，硝酸根含量远远低于硫酸根含量，硫酸盐还原和反硝化作用的电子流分量比为 $2.58\sim25.8$，以电子流分量判断，水处理站系统中反硝化能力与硫酸盐还原能力的相对水平仅为 $0.038\sim0.38$，其反硝化能力极弱，水处理站系统处于有利于硫酸盐还原的环境条件。系统中可以通过提高反硝化和硫酸盐还原能力的相对水平来有效地抑制硫酸盐还原菌的活性。在含有硝酸盐和硫酸盐的微环境中往往存在着 SRB 和 DNB 对基质的竞争，尽管已经有人从热力学和动力学上分析了 DNB 在竞争中占据优势，但是在不同的碳源、菌种及生长阶段、硝酸盐和硫酸盐的相对含量等条件下，可能存在不同的生长状况。因此对其反硝化能力的分析是非常重要的。生态抑制的关键生态因子的研究为今后的生态抑制调控提供一个理论的支持和参考。

研究主要从微生物反硝化和硫酸盐还原能力的分析，以及生态抑制硫酸盐还原菌活性的关键生态因子的解析，为生态调控奠定基础，同时对生态抑制存在的机理进行验证，其中反硝化和硫酸盐还原细菌的发现为生态抑制提供了新的理论基础。

4.8 关于生态调控抑制硫酸盐还原菌的理论基础研究

4.8.1 基质竞争性抑制作用

DNB 和 SRB 由于其生存环境极为相似，同属于专性厌氧菌，可共同存在于同一环境中。当基质和营养物质有限时，它们之间存在着对基质和生存空间的激烈竞争。许多研究表明，DNB 在与 SRB 的竞争中占据优势，优先利用基质。由于乙酸是厌氧分解的最主要的中间产物，通常降解 COD 的 70% 要经过乙酸而降解，所以本节以乙酸为例说明 DNB 在与 SRB 竞争中所占据的优势。在对基质的竞争中，DNB 比 SRB 有 3 个明显的优势：a. DNB 对乙酸的亲和力要比 SRB 高得多，即 K_m 值较低（见表4-5），因此在低基质浓度时，对基质的竞争方面，DNB 比 SRB 占有优势；b. 反应热力学有利于硝酸盐还原的进行，硝酸盐还原作用释放的能量比硫酸盐还原所释放的能量高，即硝酸盐还原反应比硫酸盐还原反应更容易进行；c. SRB 所要求的氧化还原电位比 DNB 低，因此，硝酸盐还原反应一般总是优先发生。

表 4-5　SRB 和 DNB 以乙酸为基质时的热力与动力学常数

细菌	反应式	$G^{\ominus}$ /(kJ/mol)	K_m(基质) /(m mol/L)	V_{max} /[m mol/(L·S)]
SRB	$CH_3COO^- + SO_4^{2-} \longrightarrow HS^- + 2HCO_3^-$	-47	0.51	5.7×10^{-4}
DNB	$5CH_3COO^- + 8NO_3^- + 3H^+ \longrightarrow 10HCO_3^- + 4N_2 + 4H_2O$	-495	0.09	1.2×10^{-4}

但是，SRB 的最大比基质降解速率 V_{max} 比 DNB 高。因此，在较高基质浓度环境中，由于 SRB 有较大的 V_{max}，它能有效地转换基质，保持物质代谢平衡，也能够生长。所以，在基质充足时，DNB 对 SRB 的竞争抑制作用不十分明显。另外，影响 DNB 和 SRB 优势竞争的环境因素很多，且各因素之间关系错综复杂，因此实际竞争结果可能与上述热力学、动力学等预测的相差甚远。

目前，有关硝酸盐用于控制硫酸盐还原的研究很多。Einarsen 等[321] 通过向 Lilleham-mer 污水处理厂污泥处理过程中加入适量的硝酸盐，控制了其间所产生的臭味，用很低的成本改善了污泥操作的环境条件。G. Bentzen 等用硝酸盐控制下水道管网中的腐败问题，结果表明硝酸盐的加入能有效地控制下水道中 H_2S 的含量，并且 NO_3^- 加入期间污水处理厂生物滤池内的硝化过程改善了。Rodriguez-Gomez 等[322] 进行了用硝酸盐消除废水传输过程中硫化物产生的试验，当在 61km 长的重力流管子中加入 2.5mg/L 的 NO_3^--N 时，进行了完全的反硝化，仍含有硫化物，但有了很大程度的减少；而当加入 5.0mg/L 的 NO_3^--N 时，反硝化没有进行完全，但是完全抑制了硫化物的产生。Babin Jay 等[323] 用硝酸钙对腐败发生臭味的排水沟沉积物进行了处理，结果表明，不仅控制住了臭味，硫化物去除了 99.5%，而且电位提高为正值，能长期地控制硫化物产生。Okabe 等研究了生物转盘内硝酸盐对硫酸盐还原的影响，当加入硝酸盐后，SRB 生长区域更加靠近生物膜内部，并且活性也降低，在生成的硫化物中有 65% 通过厌氧硝酸盐氧化为硫酸盐。Okabe、Satoshi 等运用微电极、FISH 和 DGGE 技术分析了 NO_2^- 和 NO_3^- 对活性污泥固定琼脂凝胶生物膜内原位产生硫化氢的影响。在加入 NO_2^- 和 NO_3^- 后，硫酸盐还原菌群受到抑制，而在 NO_2^- 和 NO_3^- 消耗完后，硫酸盐还原菌群重新恢复，由此他们认为 NO_2^- 和 NO_3^- 对硫酸盐还原的抑制是异化 DNB 和 SRB 对基质竞争的结果。

国内外多数研究者将重点集中在油田水反硝化抑制 SRB 的研究上。Hitzman 等因为向油层水中加入硝酸盐刺激了另外一种硝酸盐还原菌的生长，它与 SRB 竞争水中的挥发酸成分，从而抑制了硫化物的产生，由此在硝酸盐改良后的微生物群体中，异养反硝化菌群是主导生物群体，也是控制硫化物产生的主要原因。Henrik[324] 应用硝酸盐去除含油废水和设备中的硫化物，当投加量(S^{2-}：NO_3^-)为(1∶10)～(1∶40)、反应器内停留时间为 10～60min 时，出水硫化物的去除率达 90% 以上，反应器运行成功的关键是其中含有大量的硫氧化生物膜。Giangiacomo 等[83] 测试了几种油层本土细菌减少和去除硫化物的能力，通过向油层注入少量必要的营养，刺激反硝化菌的生长，与 SRB 竞争油藏中的挥发酸等基质，利用生物竞争排除技术控制了油藏内硫化物的产生。Telang 等[323,325] 用翻转基因探针（RSGP）对硝酸盐改良的 Coleville 油田采出水所进行的微生物群体分析表明，采出水中硫化物的减少伴随着 *Thiomicrospira* sp. 菌株 CVO、硝酸盐还原菌株、硫氧化菌株的明显增加。Hubert 等用油田采出水接种的升流填充床反应器进行 SRB 抑制试验，用 17.5m mol/L NO_3^- 或 20m mol/L NO_2^-，可以抑制含有 7.8m mol/L SO_4^{2-} 和 25m mol/L 乳酸的升流介质中 SRB 产生的硫化氢，并且控制酸化所需的硝酸盐或亚硝酸盐的量与电子供体乳酸的量呈比例，而与硫酸盐浓度无关。硝酸盐的加入对群体组成没有太大的改变，而高浓度亚硝酸盐的加入，改变了反应器内微生物的群体组成，这也使得它们抑制 SRB 产生硫化物的机理不同。

不同的研究者在试验室研究中应用不同的硝酸盐浓度来抑制硫酸盐还原。Davidova 等[326] 在室内试验中，分别向 Oklahoma 和 Alberta 油田采出水中加入 5m mol/L 和 10m mol/L 的硝酸盐，使硫化物含量降到可忽略的程度；Londry 和 Suflita[327] 报道了 16m mol/L 的硝酸盐能够阻止含有含油污泥废物的微环境中硫化物的积累。Gevertz 等[325,328] 报道，在 Saskatchewan 的 Coleville 油田采出水中加入 5m mol/L 的 NO_3^-，促进了采出水中所有硫化物的耗尽。在 Wright 等对西部德克萨斯州 4 个油田进行的研究中，他们应用 40mmol/L 的硝酸盐改良血清瓶环境来刺激硫化物的去除。各研究之间所用硝酸盐量的差异与研究系统中的 SRB 菌属组成、所处的代谢阶段、细菌的生长方式、污泥来源和接种量、环境条件以及 S^{2-} 浓度等因素有关。

另外，有人研究了反硝化可能存在的腐蚀危险。Nemati 等对硝酸盐控制硫化物后环境内的腐蚀状况进行了分析，结果表明，油田采出水中富集的 SRB Lac6 内的腐蚀率为 $0.2g/(m^2 \cdot d)$，而向 SRB Lac6 环境中加入 CVO 和硝酸盐或仅加入硝酸盐，平均腐蚀率分别增加到 $1.5g/(m^2 \cdot d)$ 和 $2.9g/(m^2 \cdot d)$，并且随硝酸盐浓度的增加腐蚀率增大。Casey 等的研究表明，尽管加入硝酸盐或亚硝酸盐能有效地控制硫化物的产生，但是硝酸盐和亚硝酸盐还原菌活性都促进了点蚀的产生，并将腐蚀危险从生物反应器出口提升到了入口处；而持续加入高浓度的亚硝酸盐对酸化处理是适宜的。

4.8.2 反硝化中间产物抑制理论

CuiX 等提出，NO_2^- 及反硝化中间产物（NO、N_2O）对细菌的抑制效果比硝酸盐更好一些。NO_2^- 对细菌的影响被认为与 NO（反硝化过程中所产生的）或亚硝酰基与 NO 复合物有关。它对 SRB 的抑制主要是 NO_2^- 抑制了亚硫酸盐向硫化物还原过程中酶的活性。而 NO 是对细菌最为有效的抑制剂，它含有一个活化态的未成对电子，处于高度活跃的状态，因此对许多细菌都有非专性的毒性抑制，即使由反硝化产生非常低浓度的 NO 也能够对某些细菌产生抑制作用。N_2O 对细菌的抑制作用是由于它与酶内的过渡金属形成了复合键，从而改变了酶的活性，抑制了细菌的代谢；另外，它也能使某些含有维生素 B_{12} 的酶失去活性。

Kluber 等报道了用 NO_2^- 来抑制 SRB；Percheron 等也发现氮氧化物可以完全地抑制硫酸盐还原菌。在用糖蜜废水进行的间歇试验中，NO_2^- 的反硝化立即开始，没有明显的停滞期，而硫酸盐还原被抑制了。Jacquez 等用硝酸钠和硝酸铁抑制 SRB 的活性来控制了硫化氢的产生，并且认为对 SRB 的抑制主要是反硝化中间产物的作用，并且由于铁与硫化物形成 FeS 阻止了基质向生物膜内的传递，硝酸铁的抑制效果更好一些。Philpott 所进行的抑制研究中，通过向一个用于处理合成废水的嗜热 UASB 中加入亚硝酸盐，合成废水的 COD/SO_4^{2-} 比为 $4:1$，导致立即抑制了硫酸盐还原，并且极大地改进了 COD 的去除率，使之达到 80% 以上。在 NO_2^- 浓度为 $50mg/L$ 时，可以明显地抑制 SRB 的活性，并且出水中乙酸的浓度降低，丙酸、丁酸的浓度减少到检测限以下。Caroline 等在间歇活性和毒性测试中发现，无论是在嗜温还是嗜热条件下，当亚硝酸盐浓度达到 $150mg/L$ 时，NO_2^- 可以作为一种有效的专性 SRB 抑制剂，同时也表明，NO_2^- 对嗜温和嗜热消化污泥样本中互养和 MPB 菌群的活性也有抑制作用。S. Myhr 等发现，在间歇试验中，$0.7mg/L$ 和 $0.98mg/L$ 的 NO_2^--N 可以部分和完全地抑制系统中优势菌株（S2552）；而在连续流柱子中，$1.68mg/L$ 的 NO_2^--N 完全抑制了 $14.4mg/L$ S^{2-} 的产生。在 Reinsel 等的研究中，原位从 NO_3^- 产生的 $7.98mg/L$ 或外部加入的 $12.04mg/L$ 的 NO_2^--N 可以抑制 H_2S 的产生。Gardner 等提出了记录经杀菌剂处理后硫化物从开始产生到恢复所需要的时间来量化杀菌剂的效率，并得出只要保持 NO_2^- 的浓度在 $15mg/L$ 以上，用 NO_2^- 处理就能抑制硫化物的产生，而与戊二醛相比，NO_2^- 处理恢复得要快一些。而 Detlef 等对 NO_3^- 及其反硝化产物对甲烷菌抑制的机理进行了探讨，加入 NO_3^- 和 N_2O 后明显地降低了系统内 H_2 分压，基质竞争是主要的抑制机理；而加入 NO_2^- 和 NO 后，毒性抑制占主导地位。Jean 等报道了 NO_2^- 对一株土壤分离出的 *Pseudoimonas* 菌在厌氧或好氧条件下生长状况的影响，有氧存在时提高了菌株对 NO_2^- 的耐受力，并且随着加入亚硝酸盐浓度的增加，菌株生长的 pH 值范围变小。

Hitzman 等报道了硝酸盐、亚硝酸盐和钼酸盐同时抑制 SRB 时的协同效应。处理效果和需要抑制剂的水平依赖于各个参数。Nemati 等比较了亚硝酸盐和钼酸盐对 SRB 的抑制作用，结果表明，在不同生长阶段所需的抑制剂的量也不同，并发现同时使用两种药剂对 SRB 有协同抑制作用。

有文献表明，与 SO_4^{2-} 结构相似的一些盐类，如 CrO_4^{2-}、MoO_4^{2-}、WO_4^{2-} 和 SeO_4^{2-}，对 SRB 有抑制作用，它们的抑制顺序为 $CrO_4^{2-} > MoO_4^{2-} = WO_4^{2-} > SeO_4^{2-}$ [108]。各相似体的抑制机理也各不相同，MoO_4^{2-} 经过硫酸盐传递系统进入细胞，阻碍了磷硫酸盐腺苷（APS）的形成，剥夺了细菌还原含硫化合物进行生长的能力。CrO_4^{2-} 是通过与硫酸盐竞争传递系统而抑制了 SRB 的活性，对大多数细菌都有毒性抑制。SeO_4^{2-} 是通过 SO_4^{2-} 传递系统进入细胞，形成磷硒酸盐腺苷，从而阻止硫酸盐还原。目前，应用 MoO_4^{2-} 对 SRB 进行抑制研究的较多。许多研究者已经证明了 MoO_4^{2-} 能够有效地抑制 SRB，但是所用的剂量各不相同，分别为 $0.2 \sim 200mmol/L$、$10mmol/L$ 和 $2mmol/L$。而 S. K. Patidar 等在 MoO_4^{2-} 抑制产甲烷和硫酸盐还原活性的试验中，用 $3mmol/L$ 的 MoO_4^{2-} 可以抑制 85% 的硫酸盐还原，而在另一组试验中，达到 93% 的硫酸盐还原的最小浓度为 $0.25mmol/L$，所用剂量的差别与硫酸盐浓度、COD/SO_4^{2-} 比值和生物膜所处的生长阶段等因素有关。

4.8.3　反应系统内部形成厌氧硫循环的观点

Voordouw 等给出了一个可能存在于油田中的厌氧硫循环的模型。它的驱动力是硝酸盐从表层向深层扩散或传输。硝酸盐为硝酸盐还原硫离子氧化细菌（NR-SOB）将硫化物氧化为硫酸盐提供一种电子受体。生成的硫酸盐又作为 SRB 的电子受体，用氢气、有机酸或烃类化合物作为电子供体将硫酸盐重新还原为硫化物，因此完成硫的循环。Eckford 等发现在硝酸盐改良的环境中出现的黄色是由于聚合硫化物的存在而产生的，而聚合硫化物的出现表明发生了无机硫之间的转变，同时硫酸盐和硫化物浓度基本上保持恒定，这充分说明了系统中有硫循环的存在。Telang 等从油田 *Coleville* 中分离出两株 NR-SOB，它们与 SRB 共同存在于含有硝酸盐的环境中时能够有效地控制硫化物的产生，并认为在反应系统内形成了硫循环，但这需要系统内不含有高浓度的电子供体（乳酸、乙酸等）。

Yamamoto-Ikemoto 等在用市政污水厂的厌氧好氧污泥在缺氧条件下进行试验时，同时发生了硫酸盐还原和硫离子氧化，SRB 在系统内与丝状硫细菌（FSB）通过共生关系形成了硫循环来维持各自能量的需求。他们还认为硫酸盐还原速率与硫离子氧化速率之间存在线性关系，随着硫酸盐还原速率的增大，硫离子氧化速率也增大，并发生丝状膨胀，由此，SRB 和 SOB 以及 FSB 共存于活性污泥中，形成了硫循环，并发现硫酸盐还原是丝状硫细菌生长的原因。刘宏芳等在试验中发现，厌氧条件下，脱氮硫杆菌能利用 NO_3^- 作为电子受体，将还原型的无机硫化物作为能源，将它们氧化为 SO_4^{2-}，而 SO_4^{2-} 又可被 SRB 所利用，从而抑制了硫化物的积累，两种细菌之间形成互生关系，而不是对基质的竞争。

4.8.4 电位控制观点

有研究表明，当系统电位高于 $-100mV$ 时，生物硫化氢不能够产生，因此，SRB 的生长可以通过增加氧化电位来抑制。Reinsel 等认为加入高浓度的硝酸盐可以导致 N_2O 的产生，它增加了电位，有利于长期控制硫化物的产生。Jenneman 等认为硝酸盐还原的中间产物，NO 和 N_2O，增加了环境的氧化电位，可以较长时间地抑制了硫化物的产生。

Devai 等应用电位来控制废水污泥中硫化物的产生，当电位控制在 $-220mV$ 时，硫化物的产生速率最大；而当电位提高为 $+370mV$ 时，几乎不能检测到有硫化物的存在。Arogo 等通过连续地向堆肥中加入硝酸盐，明显地减少了存储期内硫化氢的产生，认为明显不同的 ORP 代表不同浓度的硫化物，可以用 ORP 来监测硫化物的存在，并且通过控制加入硝酸盐的量改变系统电位，从而达到控制硫化物的目的。但是，不同的系统 ORP 可能变化加大。Nemati 等用分离的纯菌对硝酸盐抑制微生物产生硫化氢的机理进行了分析，提出了两个抑制机理：一是向纯 SRB 中加入 NR-SOB（CVO），可能由于提升了系统的电位而对 SRB 产生了抑制；二是当有大量硝酸盐存在时，CVO 氧化了硫化物，使得环境中硫化物完全去除，并认为，成功控制硫化物产生的关键是在环境中同时存在大量的 NR-SOB 和硝酸盐。

4.9　生态调控硫酸盐还原菌机理验证

关于生态调控的机理研究，研究者提出了 5 个比较经典的理论，对本试验而言，验证可能存在的机理，试验中我们发现不同的试验条件下，出现了截然不同的试验现象，而这又反映出了不同的反硝化抑制 SRB 机理。通过归纳总结，验证本试验中存在 3 种机理的作用，即 DNB 和 SRB 对基质的竞争、反硝化中间产物的抑制作用和自养硝酸盐还原菌的氧化作用。

4.9.1　DNB 和 SRB 对基质的竞争作用

在绪论中我们已经分析了 DNB 与 SRB 在对基质进行竞争的过程中，由于 DNB 在热力学和动力学上都占有优势，当它们共同处于同一环境中时，DNB 优先应用基质，这种效应在基质浓度不足时表现得十分明显。如图 4-1 所示，在 COD 为 120mg/L 时混合系统中硝酸盐氮有明显的消耗，亚硝酸盐氮有一定的积累，但是最终反硝化没有进行完全，它们分别稳定于 4mg/L 和 5mg/L 左右，这表明此时碳源是严重的不足。相反，硫酸盐还原状况基本上处于停滞状态，仅在初期时有很少量的硫化物生成，而后又消失，直至反应结束，没有再检测到硫化物的存在，硫酸根也一直处于稳定状态，这表明此时硫酸盐还原菌活性很低。而DNB 却有较好的活性，证明了在碳源受到限制时 DNB 对碳源更有竞争力。

另外，在基质较高时，DNB 对硫酸盐还原的效果不是很明显，表明低的基质浓度有利于反硝化对硫酸盐还原的抑制，此时基质浓度成为影响抑制效果的关键因素。所以，在用反硝化对硫酸盐还原进行抑制时，应尽量保持基质的相对量不足（是相对于混合系统内的硝酸盐和硫酸盐浓度而言的，如果它们浓度较高，可能在 COD 的绝对量较高时，基质也是不足的），这样才能保证 DNB 在基质竞争中占有绝对优势，取得较好的抑制效果。

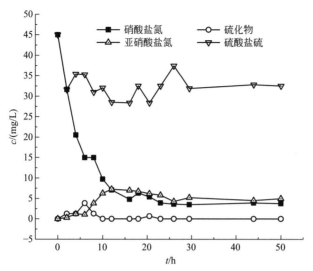

图 4-1　COD 为 120mg/L 时反硝化抑制硫酸盐还原系统中各指标变化

（初始 S/N 为 1∶1，SO_4^{2-} 为 135mg/L，碳源为葡萄糖，初始碱度设定为 500mg/L）

4.9.2　反硝化中间产物抑制作用

许多研究已经证明反硝化的中间产物对微生物的活性有明显的抑制作用。主要包括 NO_2^-、NO、N_2O 等中间物质对微生物的抑制作用，在绪论中有介绍，根据试验现象本节仅就亚硝酸盐对 SRB 活性的影响进行探讨。

如图 4-2 所示，无论何种碳源，培养瓶中的 S^{2-} 和 NO_2^- 之间存在着此消彼长的关系，即当 NO_2^- 浓度积累达到一定值时，S^{2-} 开始减少，SRB 活性受到抑制；当 NO_2^- 随着反硝化的进行而消耗时，S^{2-} 开始增加，重新恢复 SRB 的活性。这说明 NO_2^- 的存在抑制了 SRB 的活性，抑制作用随 NO_2^- 的去除而消失。

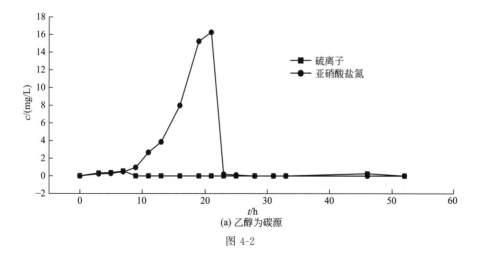

(a) 乙醇为碳源

图 4-2

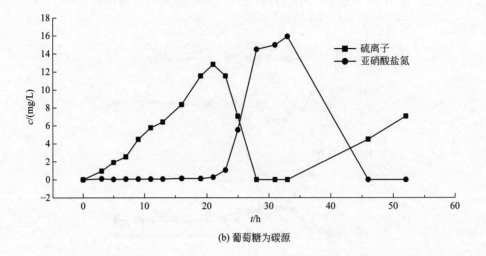

(b) 葡萄糖为碳源

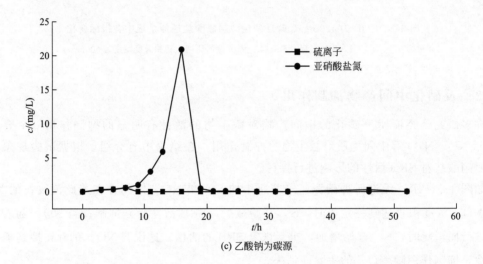

(c) 乙酸钠为碳源

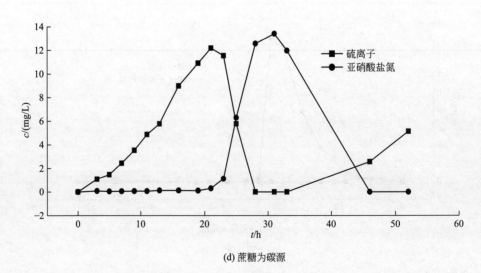

(d) 蔗糖为碳源

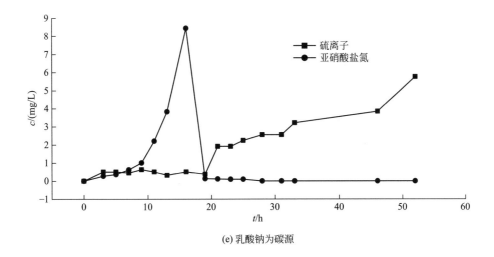

(e) 乳酸钠为碳源

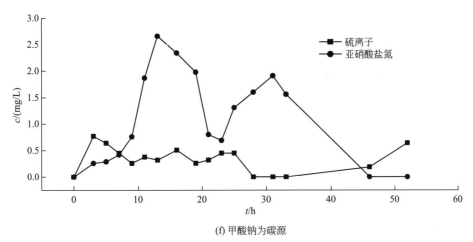

(f) 甲酸钠为碳源

图 4-2　不同碳源下反硝化抑制硫酸盐还原系统中 S^{2-} 与 NO_2^--N 的关系

如图 4-3 所示，不同 COD 条件下硫化物与亚硝酸盐氮的关系也得出同样的结论，并且当 NO_2^--N 浓度大于 2mg/L 时，S^{2-} 产生都呈下降趋势，即 SRB 活性受抑制。SRB 开始受抑制的浓度各研究之间有很大差别。S. Myhr 等发现，在间歇试验中，0.7mg/L 和 0.98mg/L 的 NO_2^--N 可以部分和完全的抑制系统中优势菌株[329]；而在连续流柱子中，1.68mg/L 的 NO_2^--N 完全抑制了 S^{2-} 的产生。在 Reinsel 等的研究中，原位从 NO_3^- 产生的 7.98～14.4mg/L 或外部加入的 12.04mg/L 的 NO_2^--N 可以抑制 H_2S 的产生[330]。这与反应系统的环境条件、硫化物浓度、菌种来源、污泥浓度和所处的生长阶段都有很大的关系，针对不同的系统应具体的分析之后才能确定出亚硝酸盐氮的抑制浓度。亚硝酸盐氮对微生物抑制的机理说法不一。有人认为 NO_2^- 对 SRB 的影响与 NO（反硝化过程中所产生的）或亚硝酰基与 NO^+ 复合物有关[331]。也有人认为它对 SRB 的抑制主要是 NO_2^- 抑制了亚硫酸盐向硫化物还原过程中酶的活性[332]。这需要进一步深入地研究。

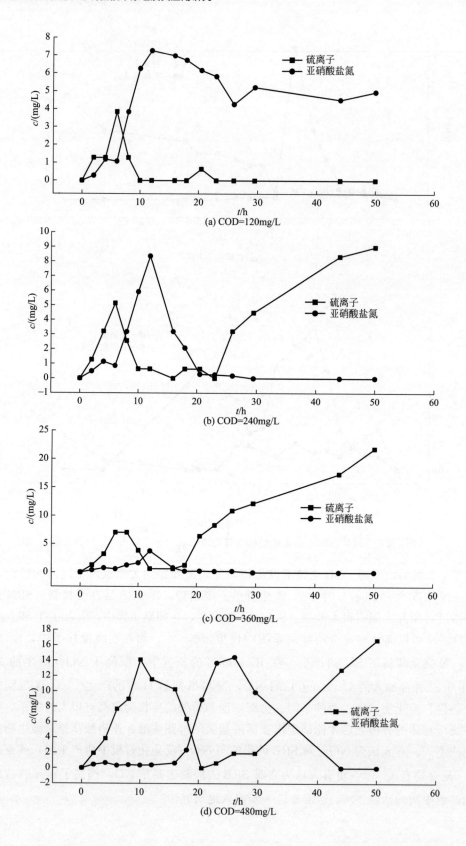

(a) COD=120mg/L

(b) COD=240mg/L

(c) COD=360mg/L

(d) COD=480mg/L

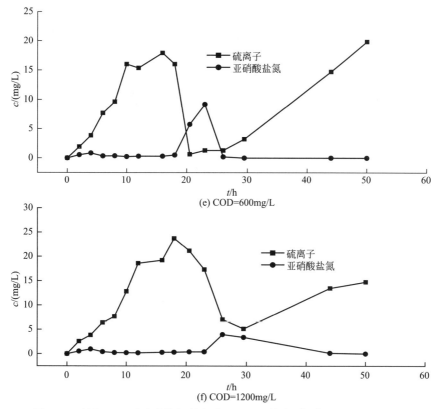

图 4-3　不同 COD 下反硝化抑制硫酸盐还原系统中 S^{2-} 与 $NO_2^- \text{-} N$ 的关系

4.9.3　自养硝酸盐还原菌的氧化作用

自养硝酸盐还原菌是一类能够利用无机物质作为电子供体将硝酸盐还原为氮气的反硝化菌的总称。研究较多的就是脱氮硫杆菌，它能以硫化物为电子供体，将硝酸盐还原，反应式如下：

$$1.25S^{2-} + 2NO_3^- + 2H^+ \longrightarrow 1.25SO_4^{2-} + N_2\uparrow + H_2O \qquad \Delta G^{\ominus} = -972.8\text{kJ}$$

$$2NO_3^- + 5S^{2-} + 6H_2O \longrightarrow 5S + N_2 + 12OH^- \qquad \Delta G^{\ominus} = -1168.4\text{kJ}$$

可见上述两式都是放能反应，能够自发进行。但这要求反应系统内有机物含量不能太高，而且含有无机碳源作为能源。

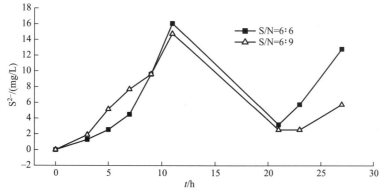

图 4-4　不同硫碳氮比下混合系统中硫化物随时间的变化

试验过程中出现了硫化物生成后又消失的现象，如图 4-4～图 4-6 所示，硫化物消耗的程度和速度受硫氮比、碳源和碱度等因素的影响。在 COD 一定时，硫氮比越高，异养反硝化所需要的碳源就越多，而 COD 的相对含量就不足，多余的硝酸盐可能刺激自养反硝化菌的生长，当然这需要有足够的无机碳源为反应提供能源，也需要有适宜的无机物提供电子供体。碳源的种类直接影响了 SRB 和异养 DNB 代谢的活性，如果已有的碳源不适于 DNB 生长，SRB 受异养 NRB 的竞争抑制作用较小，就可以正常代谢，产生硫化物；而大量硝酸盐的存在在适宜的无机碳源条件下可以刺激自养反硝化菌的生长，抑制硫化物的产生。碱度对自养反硝化菌的抑制作用也十分明显，这是因为提供碱度的碳酸氢钠可以作为自养 NRB 的碳源，它的含量直接影响自养反硝化菌的生长活性。

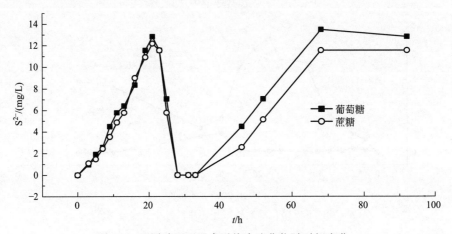

图 4-5　不同碳源下混合系统中硫化物随时间变化

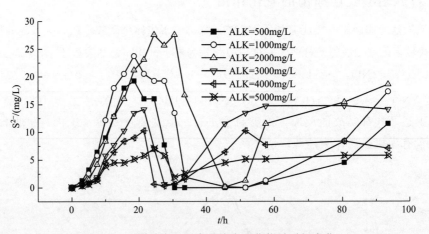

图 4-6　不同碱度下混合系统中硫化物随时间变化

由此，在有机碳源受限制的情况下，当硫酸盐还原和异养硝酸盐还原进行到一定程度后，系统内的硝酸盐就可以刺激自养反硝化菌的生长。这种方法不仅可以控制 SRB 的活性，阻止硫化物的继续产生，同时还可以消耗已产生的硫化物，是控制硫酸盐还原引起腐蚀的一种十分有效的方法。

4.10　反硝化细菌底物选择作用——新理论的提出

很多的研究者，对生态抑制的理论作了相关的研究，是否还有新的理论的发现，一直是我们期待的，在整个静态试验和连续流试验中，特别是在反应器不同的单元格的 PCR-DGGE 图谱的研究中发现，图谱在不同的反应器单元格变化不大，因此猜想是否具有这样的功能菌株，既能利用硫酸盐也能利用硝酸根，同时还能产生中间的代谢产物亚硝酸根。通过对 DGGE 条带的克隆测序发现，不同功能的单元格，始终存在着同一种菌群，同时查阅了相关的资料发现，目前，有关 SRB 应用硝酸盐或亚硝酸盐进行代谢的报道很多。但是关于同时具有硫酸盐还原功能和反硝化功能的细菌，国内未见报道，国外也鲜见报道。目前能够进行硝酸盐还原的 SRB 种属很少，但是已经发现 *Desulfovibrio*[332]、*Desulfobulbus*[333] 和 *Desulfomonas*[334] 能够代谢硝酸盐为自身的生长提供能量。S. M. Keith 等用纯的 *Desulfovibrio desulfuricans* 菌株成功进行了异化硝酸盐的还原，进一步证实了 SRB 同样有还原硝酸盐的能力[335]。Angeliki Marietou 等研究发现可同时进行硫酸盐和硝酸盐还原的 *D. desulfuricans* ATCC 27774 包含一种细胞色素 C，并通过在细胞色素分子的基础上推测一种新型的铁-硫中心的定位模型与结构[336]。Ming-Cheh Liu 等从 *Desulfovibrio desulfuricans*（ATCC 27774）菌株内分离出了亚硝酸盐还原酶[337]。Isabel Moura 等发现在硫酸盐还原菌 *D. desulfuricans* ATCC 27774 中存在硝酸盐及亚硝酸盐还原酶，并对其性能进行了研究，分离出的硝酸盐还原酶属于一类单体酶，是一种新型的硝酸盐还原酶。分析了硝酸盐和亚硝酸盐还原酶的结构，阐述了代谢的过程[338]。Koji Mori 等从温泉内分离出了一株嗜热自养 SRB，经鉴定是一个新种，命名为 *Thermodesulfobium narugense gen. nov.*，Na82T，它能够以 H_2/CO_2 为基质进行硫酸盐还原，同时也能用硝酸盐或亚硝酸盐取代硫酸盐进行代谢[339]。

因此，我们试图对反应器中这一类细菌进行分离，来证实我们的设想，期待能提出一种新的理论。如果该理论得到比较充分的证实，从生物本身而言，具有非常重要的意义；对整个理论的丰富、研究的本质具有重要的意义。

试验选取不同的有代表性的样本，进行后续的分离。包括反硝化细菌和同时具有硫酸盐还原和反硝化功能的细菌的分离、系统发育分析以及功能的验证。

4.10.1　同时反硝化和硫酸盐还原功能菌株的分离和功能验证

4.10.1.1　分离的介质和培养基的改良

分离的介质选择，采油四厂、采油一厂、厌氧 ABR 反应器的 $1^\#$ ~ $3^\#$ 单元格，分别代表完全进行硫酸盐还原，同时进行硫酸盐和反硝化以及完全反硝化的污泥样品。

采用 Hungate 厌氧操作技术、绝迹稀释法（MPN 法）以及"滚管"培养对样本进行分离，根据该菌株的特点自行研发出一种专用的液体培养基：Na_2SO_4 4g、KNO_3 2.0g、$NaNO_3$ 2.0g、$MgSO_4 \cdot 7H_2O$ 1g、K_2HPO_4 0.5g、酒石酸钾钠 5g、KH_2PO_4 1.0g、$CaCl_2 \cdot 2H_2O$ 0.2g，溶解于 1750mL 蒸馏水中，调节 pH=7.5。固体培养基：向上述培养基中加入 12g 琼脂粉。对于固体培养基的配置，需注意的是，在培养基煮沸之前需不断搅拌，防止琼脂凝固在锅底。将上述培养基配置完成之后，加入0.2%的刃天青溶液（指示剂），待培养基煮沸后，加入L-半胱氨酸0.5g，通入高纯氮气驱氧30min，121℃灭菌20min。采用液体培养基进行富集培养，固体培养基进行细菌的分离。通过多次（＞5次）的富集纯化，不断地镜检和革兰氏染色，剔出不纯的菌株和重复的菌株，最终获得20株纯菌。并对其中代表性的3株进行系统发育分析和功能验证。

4.10.1.2　SN9菌株的系统发育分析和功能验证

（1）SN9菌株形态和生理生化鉴定

如图4-7所示，SN9菌株为长杆菌，菌体大小为宽0.20～0.8μm，长2.0～5.0μm；革兰氏染色，G−；菌体形态，短杆，极生鞭毛；接触酶，＋；淀粉水解，−；油脂水解，＋；甲基红，＋；乙酰甲基醇，−；产吲哚，＋；柠檬酸盐利用，＋；石蕊牛奶，还原、凝固；硝酸盐还原，＋；明胶液化，−；产硫化氢，＋；产氨试验，＋；尿素水解，−；生长温度，20～40℃；初始生长pH值，7.5；需氧性，厌氧；葡萄糖氧化发酵，发酵产酸；葡萄糖发酵，−；果糖发酵，−；乳糖发酵，−；蔗糖发酵，−；乙醇发酵，−；平板菌落形态，大小：中；形状：圆形；表面隆起；白色。最适生长pH值为7.5，最适生长温度为36℃。

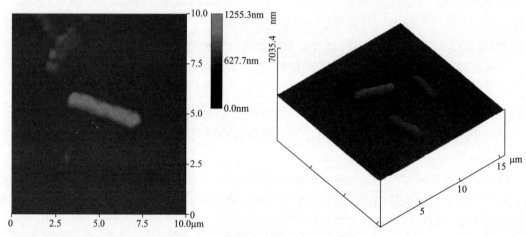

图4-7　SN9菌株的原子力扫描电镜

脂肪酸主要分布在$C_{12:0}$～$C_{19\text{-cyc-fame}}$，主要脂肪酸为$C_{14:0fame}$、$C_{16:0\text{-fame}}$、$C_{18:1c\text{-fame}}$、$C_{18:0\text{-fame}}$、$C_{19\text{-cyc-fame}}$，含量分别为8.68%、53.29%、8.51%、9.61%、7.54%，占到脂肪酸总数的87.63%。

经测序后获得1464bp的16S rDNA序列，GenBank登录号为DQ450463，采用邻接法（NJ）构建系统进化树。由图4-8可见，系统发育树16个菌株的平均遗传距离为0.043。系统进化表明，SN9菌株的16S rDNA序列与*Paenibacillus lautus*（EU236729）的相似性为99%，结合菌株的形态学和生理学特性，初步鉴定为*Paenibacillus lautus* SN9。

（2）SN9菌株的功能验证

室内配置改良的培养基，接种量为5%，每24h取样，离子色谱测量SO_4^{2-}、NO_3^-和NO_2^-的浓度，验证菌株是否具有此类功能，同时对菌株的去除率进行研究。如图4-9所示，

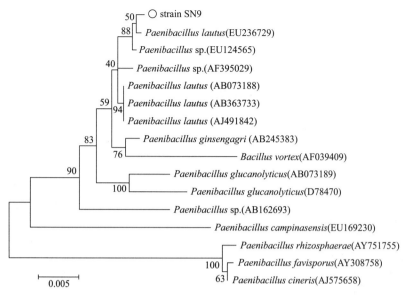

图 4-8　基于 SN9 菌株和相近的菌株 16S rDNA 序列构建的 NJ 系统发育树

SN9 菌株的 NO_3^- 浓度变化范围是从初始的 3812.59mg/L 降低到 85.53mg/L，该菌对于 NO_3^- 的去除率在第 4 天的时候即达到了 80.78%，而最高去除率更是达到了 97.76%。而 NO_2^- 浓度最高值出现在第 5 天，为 997.61mg/L。SN9 菌株具有很强的反硝化功能。如图 4-10 所示，SN9 菌株在反硝化过程中，培养基中 SO_4^{2-} 的浓度变化范围从 552.52mg/L 降低到 20.91mg/L，对于 SO_4^{2-} 的去除率在第 4 天的时候达到了 91.85%，最高达到 96.22%，可知 SN9 菌株具有较强的硫酸盐还原能力。表明 SN9 菌株具有同时硫酸盐还原和反硝化功能。

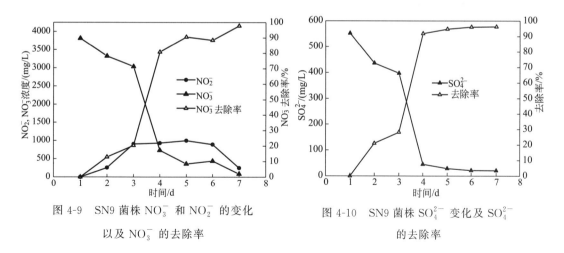

图 4-9　SN9 菌株 NO_3^- 和 NO_2^- 的变化　　图 4-10　SN9 菌株 SO_4^{2-} 变化及 SO_4^{2-}
以及 NO_3^- 的去除率　　　　　　　　　　　的去除率

4.10.1.3　SN10 菌株的系统发育分析和功能验证

（1）SN10 菌株形态和生理生化鉴定

如图 4-11 所示，SN10 菌株为短杆菌，菌体大小为宽 0.40~1.0μm，长 1.5~2.5μm；革兰氏染色，G－；菌体形态，短杆；接触酶，＋；淀粉水解，＋；油脂水解，＋；甲基红，一；乙酰甲基醇，一；产吲哚，＋；柠檬酸盐利用，＋；石蕊牛奶，还原、凝固；硝酸盐还原，＋；明胶液化，一；产硫化氢，＋；产氨试验，＋；尿素水解，＋；生长温度，20～40℃；初始生长 pH 值，7.5；需氧性，厌氧；葡萄糖氧化发酵，发酵产酸；葡萄糖发酵，一；果糖发酵，一；乳糖发酵，一；蔗糖发酵，一；乙醇发酵，一；平板菌落形态，大小为中；形状为圆形、表面隆起；颜色为白色。最适生长 pH 值为 7.5，最适生长温度为 36℃。

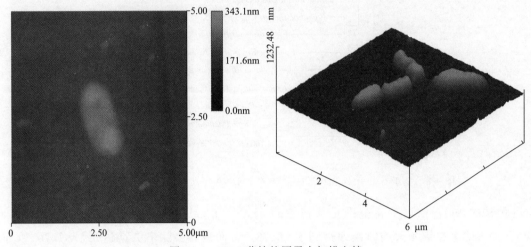

图 4-11　SN10 菌株的原子力扫描电镜

脂肪酸主要分布在 $C_{12:0}$～$C_{19\text{-cyc-fame}}$，主要脂肪酸为 $C_{14:0\text{-fame}}$、$C_{16:0\text{-fame}}$ 和 $C_{18:1c\text{-fame}}$、$C_{18:0\text{-fame}}$、$C_{19\text{-cyc-fame}}$，含量分别为 7.56％、48.23％、9.15％、8.67％、6.98％，占到脂肪酸总数的 80.59％。经测序后获得 16S rDNA 序列，GenBank 登录号为 DQ450463，序列在 GenBank 中进行 BLAST，挑选同源序列分值较高的有代表性菌株，采用邻接法（NJ）构建系统进化树。

由图 4-12 可见，系统发育树 16 个菌株的平均遗传距离为 0.045。系统进化表明，SN10 菌株的 16S rDNA 序列与 *Paenibacillus* sp.（EU124565）的相似性为 97％，结合菌株的形态学和生理学特性，初步鉴定为 *Paenibacillus* sp. SN10。

（2）SN10 菌株的功能验证

室内配置改良的培养基，接种量为 5％，每 24h 取样，离子色谱测量 SO_4^{2-}、NO_3^- 和 NO_2^- 的浓度，验证菌株是否具有此类功能，同时对菌株的降解率进行研究。如图 4-13 所示，SN10 菌株的 NO_3^- 浓度变化范围是从初始的 5830.92mg/L 降低到 86.41mg/L，去除率在第 7 天的时候达到了 98.52％。整个降解过程中有 NO_2^- 的产生，菌株的中间代谢产物有 NO_2^-，而期间 NO_2^- 浓度变化不大，整个过程中最高为 686.07mg/L。SN10 菌株具有很强的反硝化功能。如图 4-14 所示，SN10 菌株在反硝化过程中，培养基中 SO_4^{2-} 的浓度变化范围从 682.83mg/L 到 23.94mg/L，对于 SO_4^{2-} 的去除率最高达到 96.49％，SN10 菌株具有较强的硫酸盐还原能力，表明该菌株同时具有硫酸盐还原功能和反硝化功能，菌株可能先利用硫酸根而后利用硝酸根，该菌株是一株非常具有应用价值的菌株，特别是在地下水修复以及相应的厌氧环境中，具有较高的开发潜力。

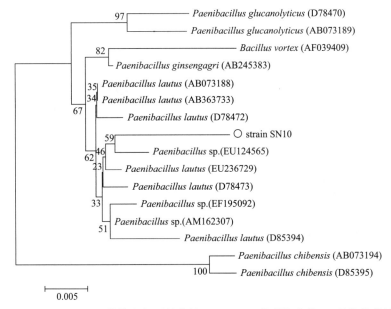

图 4-12　基于 SN10 菌株和相近的菌株 16S rDNA 序列构建的 NJ 系统发育树

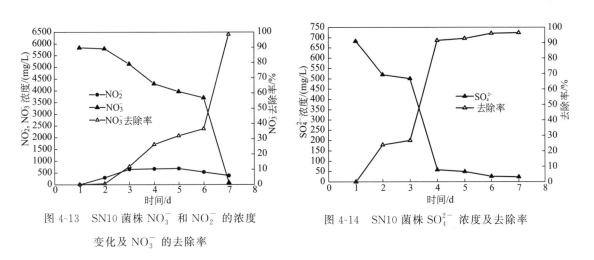

图 4-13　SN10 菌株 NO_3^- 和 NO_2^- 的浓度
变化及 NO_3^- 的去除率

图 4-14　SN10 菌株 SO_4^{2-} 浓度及去除率

4.10.1.4　SN22-2 菌株的系统发育分析和功能验证

（1）SN22-2 菌株形态和生理生化鉴定

如图 4-15 所示，SN22-2 菌株为长杆菌，菌体大小为宽 0.20～0.7μm，长 3.0～5.5μm；革兰氏染色，G−；菌体形态，短杆，极生鞭毛；接触酶，+；淀粉水解，−；油脂水解，+；甲基红，+；乙酰甲基醇，−；产吲哚，+；柠檬酸盐利用，+；石蕊牛奶，还原、凝固；硝酸盐还原，+；明胶液化，−；产硫化氢，+；产氨试验，+；尿素水解，−；生长温度，20～40℃；初始生长 pH 值，7.5；需氧性，厌氧；葡萄糖氧化发酵，发酵产酸；葡萄糖发酵，−；果糖发酵，−；乳糖发酵，−；蔗糖发酵，−；乙醇发酵，−；平板菌落形态，大小为中；形状为圆形；表面隆起；白色。最适生长 pH 值为 7.5，最适生长温度为 36℃。脂肪酸主要分布在 $C_{12:0}$ ～ $C_{19-cyc-9}$，主要脂肪酸为 $C_{16:1-cis-9-fame}$、$C_{16:0-fame}$ 和

$C_{18:0\text{-fame}}$、$C_{18:0\text{-dma}}$，含量分别为 6.35%、21.42%、28.95%、6.04%，占到脂肪酸总数的 62.76%。

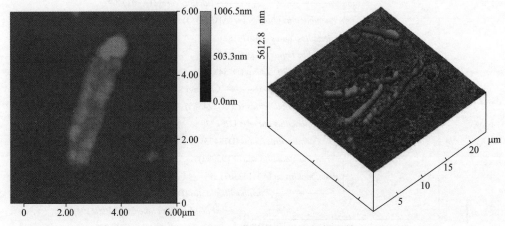

图 4-15　SN22-2 菌株的原子力扫描电镜

经测序后获得 1468bp 的 16S rDNA 序列，GenBank 登录号为 DQ450463，采用邻接法（NJ）构建系统进化树。由图 4-16 可见，系统发育树 16 个菌株的平均遗传距离为 0.043。系统进化表明，SN22-2 菌株的 16S rDNA 序列与 *Bacillus coagulans*（AB240205）的相似性为 99%，结合菌株的形态学和生理学特性，初步鉴定为 *Bacillus coagulans* SN22-2。

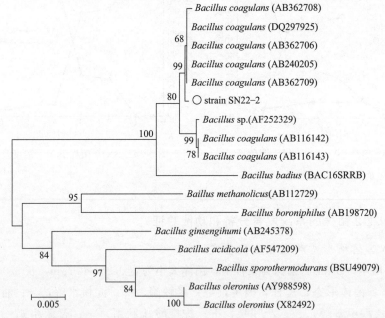

图 4-16　基于 SN22-2 菌株和相近的菌株 16S rDNA 序列构建的 NJ 系统发育树

（2）SN22-2 菌株的功能验证

室内配置改良的培养基，接种量为 5%，每 24h 取样，离子色谱测量 SO_4^{2-}、NO_3^- 和 NO_2^- 的浓度，验证菌株是否具有此类功能，同时对菌株的去除率进行研究。

如图 4-17 所示，SN22-2 菌株的 NO_3^- 浓度变化范围是从初始的 4368.45mg/L 降低到 88.12mg/L，该菌对于 NO_3^- 的去除率在第 4 天的时候即达到了 82.75％，而最高去除率达到了 97.98％。而 NO_2^- 浓度最高值出现在第 4 天，为 1493.60mg/L，这与第 4 天的 NO_3^- 的浓度大幅度降低有关，产生了大量的 NO_2^- 中间产物。SN9 菌株具有很强的反硝化功能。如图 4-18 所示，SN22-2 菌株在反硝化过程中，培养基中 SO_4^{2-} 的浓度变化范围从 586.71mg/L 降低到 20.63mg/L，对于 SO_4^{2-} 的去除率在第 4 天的时候达到了 90.84％，最高达到 96.48％，可知 SN22-2 菌株具有较强的硫酸盐还原能力。表明菌株同时具有硫酸盐还原和反硝化能力。

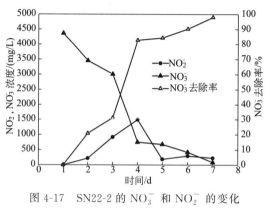

图 4-17　SN22-2 的 NO_3^- 和 NO_2^- 的变化及 NO_3^- 的去除率

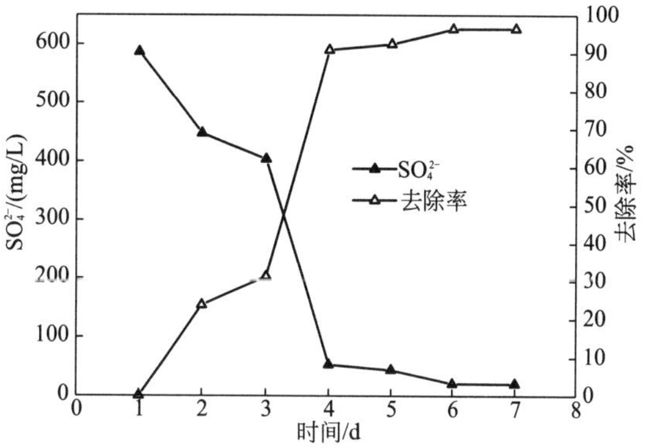

图 4-18　SN22-2 的 SO_4^{2-} 变化及 SO_4^{2-} 的去除率

4.10.2　反硝化细菌的系统发育分析及功能验证

4.10.2.1　分离的介质和培养基的改良

分离的介质选择同上，主要采用 Hungate 厌氧操作技术、绝迹稀释法（MPN 法）以及"滚管"培养对样本进行分离，根据该菌株的特点自行研发出一种专用的液体培养基：KNO_3 2.0g、$NaNO_3$ 2.0g、$MgSO_4 \cdot 7H_2O$ 0.03g、K_2HPO_4 0.5g、酒石酸钾钠 10g、KH_2PO_4 1.0g、$FeCl_2 \cdot 6H_2O$ 0.5g、$CaCl_2 \cdot 2H_2O$ 0.2g 溶解于 1750mL 蒸馏水中，调节 pH＝7.5。固体培养基：向上述培养基中加入 12g 琼脂粉。最终获得 24 株纯菌。并对其中代表性的 3 株进行系统发育分析和功能验证。

4.10.2.2　F1 菌株的系统发育分析和功能验证

（1）F1 菌株形态和生理生化鉴定

如图 4-19 所示，F1 菌株为长杆菌，菌体大小为宽 0.20~0.4μm，长 3.0~4.0μm；革兰氏染色，G－；菌体形态，短杆，极生鞭毛；菌体大小，接触酶，＋；淀粉水解，＋；油脂水解，＋；甲基红，－；乙酰甲基醇，－；产吲哚，＋；柠檬酸盐利用，＋；石蕊牛奶，还原、凝固；硝酸盐还原，＋；明胶液化，－；产硫化氢，－；产氨试验，＋；尿素水解，＋；生长温度，20~40℃；初始生长 pH 值，7.5；需氧性，厌氧；葡萄糖氧化发酵：发酵产酸；葡萄糖发酵，－；果糖发酵，－；乳糖发酵，－；蔗糖发酵，－；乙醇发酵，－；平板菌落形态为圆形、表面隆起；颜色为白色。最适生长 pH 值为 7.8，最适生长温度为 36℃。脂肪酸主要分布在 $C_{9:0}$～$C_{18:1}$，主要脂肪酸为 $C_{16:1-cis-9-fame}$、$C_{16:0-fame}$ 和 $C_{18:1-cis-9-fame}$、$C_{18:0-fame}$ 含量分别为 12.48%、45.02%、15.93%、11.32%，占到脂肪酸总数的 84.75%。

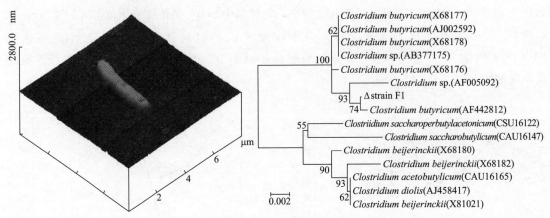

图 4-19　F1 菌株原子力扫描电镜和系统发育树

经测序后获得 1398bp 的 16S rDNA 序列，GenBank 登录号为 DQ450463，采用邻接法（NJ）构建系统进化树。由图 4-19 可见，系统发育树 15 个菌株的平均遗传距离为 0.085。系统进化表明，F1 菌株的 16S rDNA 序列与 *Clostridium butyricum*（AY442812）的相似性为 99%，结合菌株的形态学和生理学特性，初步鉴定 *Clostridium butyricum* F1。

（2）F1 菌株的功能验证

室内配置改良的培养基，接种量为 5%，每 24h 取样，离子色谱测量 NO_3^-、NO_2^- 和 SO_4^{2-} 的浓度，验证菌株是否具有此类功能，同时对菌株的去除率进行研究。

如图 4-20 所示，F1 菌株的对数生长期出现在第 1～2 天，在第 4 天时候进入稳定期，在第 9 天开始进入衰亡期。如图 4-21 所示，F1 菌株的 NO_3^- 浓度变化范围是从初始的 6220.87mg/L 降低到 3290.82mg/L，在第 3 天的时候，去除率有了大幅增加，为 39.17%，最高去除率达到了 47.1%。而 NO_2^- 浓度变化不大，整个过程中最高为 580.32mg/L。可知 F1 菌株具有反硝化功能。同时对培养基中的 SO_4^{2-} 浓度基本上不变化。F1 菌株在反硝化过程中，培养基中 SO_4^{2-} 的浓度变化范围从 25.73mg/L 到 31.38mg/L，可认为 F1 菌株不进行硫酸盐还原。可以确定该菌株应该是反硝化细菌。

4.10.2.3　F18 菌株的系统发育分析和功能验证

（1）F18 菌株形态和生理生化鉴定

如图 4-22 所示，F18 菌株为杆菌，菌体大小为宽 0.2～0.4μm，长 5.0～10.0μm；革兰氏染色，G−；菌体形态，短杆，极生鞭毛；菌体大小，接触酶，＋；淀粉水解，＋；油脂水解，＋；甲基红，−；乙酰甲基醇，−；产吲哚，＋；柠檬酸盐利用，＋；石蕊牛奶，还原、凝固；硝酸盐还原，＋；明胶液化，−；产硫化氢，−；产氨试验，＋；尿素水解，＋；生长温度，20～40℃；初始生长 pH 值，7.5；需氧性，厌氧；葡萄糖氧化发酵：发酵产酸；葡萄糖发酵，−；果糖发酵，−；乳糖发酵，−；蔗糖发酵，−；乙醇发酵，−；平板菌落形态为圆形、表面隆起；颜色为白色。最适生长 pH 值为 7.5，最适生长温度为 36℃。脂肪酸主要分布在 $C_{9:0} \sim C_{18:1}$，主要脂肪酸为 $C_{14:0}$、$C_{15:0}$、$C_{16:0}$、$C_{16:1}$、$C_{16:0\text{-fame}}$ 和 $C_{17:0}$、$C_{16:0\text{-dma}}$，$C_{18:1}$ 含量分别为 3.44%、14.24%、3.60%、36.23%、7.90%、8.74%、3.81%，占到脂肪酸总数的 77.96%。

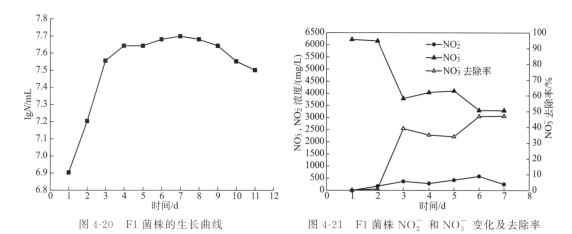

图 4-20　F1 菌株的生长曲线　　　图 4-21　F1 菌株 NO_2^- 和 NO_3^- 变化及去除率

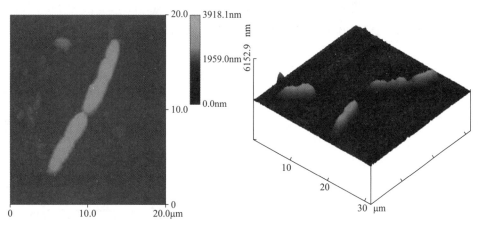

图 4-22　F18 菌株的扫描电镜

经测序后获得 1426bp 的 16S rDNA 序列，GenBank 登录号为 DQ450463，采用邻接法（NJ）构建系统进化树。由图 4-23 可见，系统发育树 15 个菌株的平均遗传距离为 0.065。系统进化表明，F18 菌株的 16S rDNA 序列与 *Clostridium* sp.（AF281142）的相似性为 98%，结合菌株的形态学和生理学特性，初步鉴定 *Clostridium* sp.F18。

（2）F18 菌株的功能验证

室内配置改良的培养基，接种量为 5%，每 24h 取样，离子色谱测量 NO_3^-、NO_2^- 和 SO_4^{2-} 的浓度，验证菌株是否具有此类功能，同时对菌株的降解率进行研究。

如图 4-24 所示，F18 菌株在第 3 天开始出现对数生长，在第 5 天到第 8 天为稳定期，在第 6 天开始进入衰亡期。如图 4-25 所示，F18 菌株的 NO_3^- 浓度变化范围是从初始的 5177.96mg/L，降低到 2145.70mg/L，最高去除率达到了 58.56%。而 NO_2^- 浓度变化不

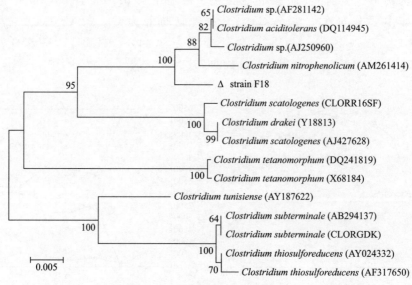

图 4-23　F18 菌株的系统发育树

大，整个过程中最高为 156.47mg/L。F18 菌株具有反硝化功能。F18 菌株在反硝化过程中，培养基中 SO_4^{2-} 的浓度在第 2 天的时候出现最高值为 22.63mg/L，最低为 14.57mg/L，可认为 F18 菌株不进行硫酸盐还原。证实该菌株具有反硝化功能的菌株。

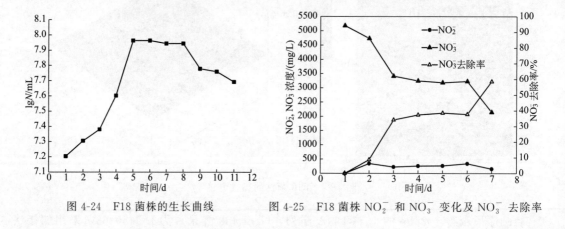

图 4-24　F18 菌株的生长曲线　　　图 4-25　F18 菌株 NO_2^- 和 NO_3^- 变化及 NO_3^- 去除率

4.10.2.4　F22-1 菌株的系统发育分析和功能验证

（1）F22-1 菌株形态和生理生化鉴定

如图 4-26 所示，F22-1 菌株为短杆菌，菌体大小为宽 $0.4 \sim 0.8\mu m$，长 $1.0 \sim 2.5\mu m$；革兰氏染色，G−；菌体形态，椭球；接触酶，＋；淀粉水解，＋；油脂水解，＋；甲基红，−；乙酰甲基醇，−；产吲哚，＋；柠檬酸盐利用，＋；石蕊牛奶，还原、凝固；硝酸盐还原，＋；明胶液化，−；产硫化氢，−；产氨试验，＋；尿素水解，＋；生长温度，$20 \sim 40℃$；初始生长 pH 值，7.5；需氧性，厌氧；葡萄糖氧化发酵：发酵产酸；葡萄糖发酵，−；果糖发酵，−；乳糖发酵，−；蔗糖发酵，−；乙醇发酵，−；平板菌落形态为圆形、表面隆起；颜色为白色。最适生长 pH 值为 7.5，最适生长温度为 36℃。脂肪酸主要分

布在 $C_{12:0}$～$C_{18:0}$，主要脂肪酸为 $C_{16:1-cis-9-fame}$、$C_{16:0-fame}$ 和 $C_{18:1-cis-11}$、$C_{18:0-fame}$，含量分别为 9.05％、35.65％、27.78％、6.00％，占到脂肪酸总数的 78.48％。

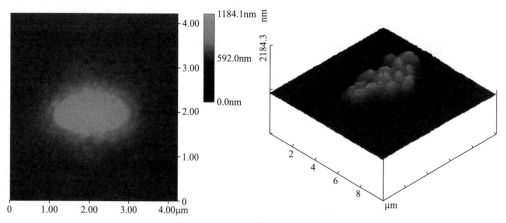

图 4-26　F22-1 菌株的扫描电镜

经测序后获得 1446bp 的 16S rDNA 序列，GenBank 登录号为 DQ450463，采用邻接法（NJ）构建系统进化树。由图 4-27 可见，系统发育树 15 个菌株的平均遗传距离为 0.065。系统进化表明，F18 菌株的 16S rDNA 序列与 $Thauera$ sp.（AM231040）的相似性为 99％，结合菌株的形态学和生理学特性，初步鉴定 $Thauera$ sp. F22-1。

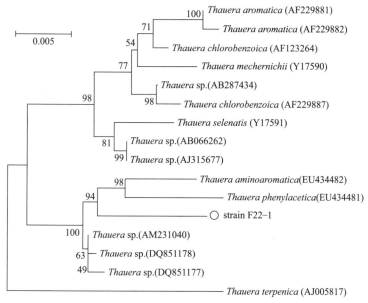

图 4-27　F22-1 菌株的系统发育树

（2）F22-1 菌株的功能验证

室内配置改良的培养基，接种量为 5％，每 24h 取样，离子色谱测量 NO_3^-、NO_2^- 和 SO_4^{2-} 的浓度，验证菌株是否具有此类功能，同时对菌株的去除率进行研究。

如图 4-28 所示，在对菌株 F22-1 检测的 11d 里，在第 3 天出现对数生长，第 5 天到第 8

天为其稳定期，第8天开始进入衰亡期。如图4-29所示，F22-1菌株的 NO_3^- 浓度变化范围是从初始的6731.52mg/L降低到3732.24mg/L，最高去除率达到了44.56％。而 NO_2^- 浓度变化不大，整个过程中最高为502.75mg/L。F22-1菌株具有反硝化功能。F22-1菌株在反硝化过程中，培养基中 SO_4^{2-} 的浓度变化范围从31.15mg/L到33.85mg/L，可认为F22-1菌株不进行硫酸盐还原。

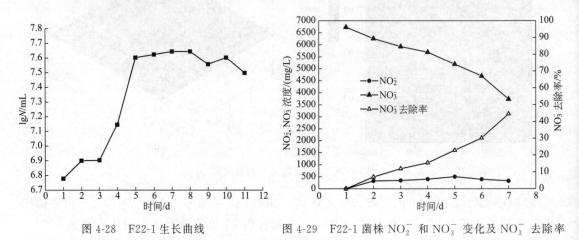

图4-28　F22-1生长曲线　　　　图4-29　F22-1菌株 NO_2^- 和 NO_3^- 变化及 NO_3^- 去除率

4.10.3　反硝化细菌底物选择作用理论的阐述

生态抑制硫酸盐还原菌的研究中，特别是反硝化对硫酸盐还原菌的抑制，提出了5个理论，都是基于物质代谢化学和生态因子以及工艺的角度对理论的一个表述。而我们的研究发现和证实了还存在另一个重要的理论——反硝化细菌底物选择作用理论，是指从生物本身而言，存在着同时进行硫酸盐还原和反硝化细菌，该类菌群能同时利用硫酸根和硝酸根，当底物为硫酸根时优先利用硫酸根，当硝酸根增加时利用硝酸根。在不同的工艺条件、不同的底物下，进行着不同的代谢，进行着底物的选择。该理论可以有效地对其他理论进行解释。分离到的同时反硝化和硫酸盐的菌株有着更加广的底物和生态幅，更能适应系统的变化。如PCR-DGGE技术等，有些条带始终存在着，通过回收测序证实该菌群始终存在着，以及纯培养技术及菌株的功能验证，一系列的研究，证实了该理论的存在。研究者认为该理论的发现，从生物本身找到了直接的证据，更能有效地解释所有存在的理论。

4.11　外加电子受体调控微生物群落功能理论的阐述

通过外加电子受体（如硝酸盐、亚硝酸盐等）、电子传递（电子的传递和运输），改变代谢底物的生态的调控手段，促使微生物群落的结构和功能发生改变，原来为硫循环代谢为主要功能的微生物种群，主要是利用水中的硫酸根通过硫酸盐还原酶等代谢功能基因和蛋白转化为硫化氢气体和硫化物的形成存在，通过外加电子受体实现群落和功能的转变，转化为以自养利用硝酸根和亚硝酸根的功能的微生物群落，可以直接利用硝酸根转化为亚硝酸根，可以同时利用水中的硫化物为中间受体，提供电子受体，将亚硝酸根转化为氮气。群落的微生物种类和功能也随之发生改变，待系统中的微生物群落稳定后，好处在于可以有效地减少外加电子受体的投加量。

4.12　大庆七厂葡萄花油田采出水中微生物反硝化和硫酸盐还原能力分析

4.12.1　微生物的反硝化作用机理及影响因素

反硝化作用是指硝酸盐氮和亚硝酸盐氮经异养反硝化菌的作用还原为气态氮（主要是 N_2）的过程。能够进行反硝化作用的细菌，称为反硝化菌（denitrifying bacteria）。从微生物学的角度看，反硝化作用是反硝化菌的厌氧呼吸过程，硝酸盐是电子受体，氮气是代谢产物，要完成这个厌氧呼吸过程，还必须不断地从外界获得电子供体（通常为有机物）。因此，反硝化作用发生的基本的条件是：a.存在具有代谢能力的细菌；b.合适的电子供体，如有机 C 化合物、还原态 S 化合物或分子态氢（H_2）；c.厌氧条件或限制 O_2 的有效性；d.N 的氧化物，如 NO_3^-、NO_3^- 或 N_2O 作为末端电子受件。

据报道，约有 23 个属的细菌具有反硝化作用的能力。参与反应的具有代表性的反硝化菌属有无色杆菌属（*Achromobacter*）、产碱菌属（*Alcaligenes*）、芽孢杆菌属（*Bacillus*）、牛丝微菌属（*HypHomicrobium*）、微球菌属（*Micrococus*）、副球菌属（*Paracoccus*）、假单胞菌属（*Pesudomonas*）、硫杆菌属（*Thiobacillus*）等。它们都是兼性厌氧的，既可在有氧条件下利用氧为电子受体进行好氧呼吸，又能在无氧条件下，以 NO_3^-、NO_2^- 为电子受体，以有机物为供氢体和营养源进行反硝化作用。在反硝化过程中，约有 96％的硝态氮被还原成 N_2 和 N_xO_y，只有 4％用于细胞合成，其生化过程如图 4-30 所示。

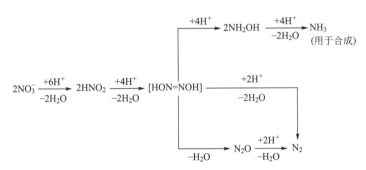

图 4-30　反硝化作用生化过程示意

目前，向反硝化系统中投加较多的有机碳源主要是甲醇，下式给出了以甲醇为碳源的反硝化化学计量关系式。

$$NO_3^- + \frac{5}{6}CH_3OH + \frac{1}{6}H_2CO_3 \longrightarrow \frac{1}{2}N_2 + \frac{4}{3}H_2O + HCO_3^-$$

可以看出，理论上还原 1g 硝酸盐需要的甲醇数量为 1.9g。但以有机物为基质时，反硝化细菌不仅将它作为电子供体进行厌氧呼吸，而且还将它用作碳源合成细胞物质。因此，还原 1g 硝酸盐所需的甲醇数量要比理论值多。用于反硝化反应和用于合成细胞物质的有机物之比，与基质种类、微生物类群及其所处的环境条件有关，需通过试验测定。另外，每还原 1g NO_3^--N 可产生约 3.57g 碱度（以 $CaCO_3$ 计）。

微生物反硝化作用的影响因素主要包括 pH 值、温度、溶解氧和有机碳源等。pH 值是反硝化反应的重要影响因素，反硝化最适宜的 pH 值范围是 6.5～7.5，不适宜的 pH 值会影响反硝化菌的生长速率和反硝化酶的活性。当 pH 值高于 8.0 或低于 6.0 时，反硝化反应会受到强烈地抑制。由于反硝化反应会产生碱度，这有助于将 pH 值保持在所需范围内，并可补充在硝化过程中消耗的一部分碱度。

温度对反硝化的影响十分显著。反硝化作用可以在 15～35℃ 进行，且当温度在此范围内变化时，反硝化速率（R_{DN}）的变化符合 Arrhenius 公式。研究表明，当温度低于 10℃ 时，反硝化速率明显下降，而当温度低于 3℃ 时，反硝化作用将停止。但当温度超过 30℃ 时，反硝化速率亦下降。Halmo 等研究表明，温度对反硝化的影响程度与反应器的类型（附着型和悬浮型生长系统）、是否有外加碳源、硝酸盐浓度等条件均有关系。

反硝化菌是兼性菌，既能进行有氧呼吸，也能进行无氧呼吸。含碳有机物好氧生物氧化时所产生的能量高于厌氧反硝化时所产生的能量，这表明，当同时存在分子态氧和硝酸盐时，优先进行有氧呼吸，反硝化菌降解含碳有机物而抑制了硝酸盐的还原。所以，为了保证反硝化过程的顺利进行，必须保持严格的缺氧状态。微生物从有氧呼吸转变为无氧呼吸的关键是合成无氧呼吸的酶，而分子态氧的存在会抑制这类酶的合成及活性。由于这两方面的原因，溶解氧对反硝化有很大的抑制作用。一般认为，系统中溶解氧保持在 0.5mg/L 以下时，反硝化反应才能正常进行。而对于生物膜来说，由于生物膜中氧的传递阻力较大，因而可允许较高的溶解氧浓度。Nakamima 等研究了 DO 浓度与氧化沟中活性污泥反硝化的关系，发现当 DO 浓度上升时反硝化速率下降，而且氧对反硝化的抑制呈简单的竞争性抑制。

充足的可生物降解的有机物对保证反硝化作用的顺利进行是非常必要的。能为反硝化菌利用的碳源种类很多，污水处理过程中主要分为 3 大类：废水中所含的有机碳、外加碳源和内源碳（细菌体内原生质及蓄积的有机物）。不同种类的有机物对反硝化作用影响不同。有资料表明，挥发酸是反硝化菌最适宜的碳源，其次是醇类。如果以一般污水中易降解有机物作为碳源，反硝化速率可达 $7～20g\ NO_3^--N/(kgVSS \cdot h)$；外加碳源中以甲醇和酸作为碳源时，反硝化速率与其接近；而利用内源碳时，反硝化速率仅为 $0.2～0.5gNO_3^--N/(kgVSS \cdot h)$。因此，在污水处理过程中，宜尽量利用水中所含的有机物。当 BOD_5/TKN 大于 3～5 时，有机碳源充分，可不必投加外碳源，直接进行生物脱氮。

4.12.2　油田采出水中微生物的硝酸盐还原与硫酸盐还原相对能力

在含有硝酸盐和硫酸盐的微环境中往往存在着 SRB 和 DNB 对基质的竞争，尽管已经有人从热力学和动力学上分析了 DNB 在竞争中占据优势，但是在不同的碳源、菌种及生长阶段，硝酸盐和硫酸盐的相对含量等条件下，可能存在不同的生长状况。为了分析大庆油田回注水系统微生物的硝酸盐还原和硫酸盐还原能力，对大庆油田采出水中微生物分别进行了单独的硝酸盐还原和硫酸盐还原试验，微生物是由葡三联来水，在厌氧条件下进行富集培养获得。试验选用葡萄糖为碳源，以间歇试验的方式，研究了不同碳源浓度对反硝化和硫酸盐还原的影响。

（1）硝酸盐还原能力分析

硝酸盐还原试验中，初始硝酸盐氮浓度为 45mg/L，碱度 500mg/L，分别对采出水中微生物在不同碳源浓度（以 COD 浓度表示，单位 mg/L）与固定硝酸盐浓度（以硝酸根浓度表示，单位 mg/L）的比例（以下简称 C/N 比）下的硝酸盐还原能力进行了试验，试验时控制 C/N 比分别为 1、2、3、4 和 5，取样分析时间间隔为 1h。其中图 4-31 和图 4-32 分别反映了不同碳氮比条件下硝酸盐氮和亚硝酸盐氮浓度随时间的变化状况。

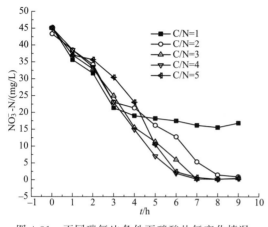

图 4-31　不同碳氮比条件下硝酸盐氮变化情况

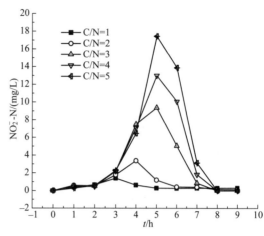

图 4-32　不同碳氮比条件下亚硝酸盐氮的状况

如图 4-31 所示，在 C/N＝1 时，在反应开始后的 0～5h 内，硝酸盐氮浓度迅速降低，而 5h 后硝酸盐氮浓度变化幅度很小，其浓度最终接近于 16mg/L 左右，说明在此条件下体系中 64.4％的硝酸盐被还原，还剩 35.6％的硝酸盐不能够被完全还原，体系氮源过剩而碳源不足；在 C/N＝2 时，在反应开始后的 0～8h 内，硝酸盐氮浓度迅速降低，在 9h 时，硝酸盐氮浓度降低到 0.99mg/L，说明此条件下在 9h 时 97.8％的硝酸盐被还原；在 C/N 比为 3、4、5 时，在反应开始后的 0～7h 内，硝酸盐氮浓度迅速降低，并且在 7h 硝酸盐氮浓度降低到 0.78mg/L 以下，说明此条件下超过 98.3％的硝酸盐在 7h 内被完全还原。表 4-6 给出了不同碳氮比下的硝酸盐氮随时间的线性变化关系。

表 4-6　不同碳氮比条件下硝酸盐盐氮随时间变化的线性关系

C/N 比	线性范围/h	线性方程式	反应速率/[mg/(L·h)]	相关系数 R^2
1	0～5	$y=-5.1286t+42.161$	5.12	0.904
2	0～8	$y=-5.2783t+42.953$	5.28	0.986
3	0～7	$y=-6.4624t+44.296$	6.46	0.992
4	0～7	$y=-6.9568t+48.245$	6.95	0.962
5	0～7	$y=-7.1329t+48.597$	7.13	0.942

注：k 为本试验条件下反硝化速率。

由表 4-6 可见，各碳氮比条件下，在反应初期数小时内，硝酸盐氮与时间呈良好的线性关系，其相关系数均在 0.9 以上。线性方程的斜率表示的是硝酸盐氮的反应速率，随着 C/N 比由 1 逐渐升高到 5，硝酸盐氮的反应速率呈增加趋势，由 C/N 比为 1 时的 5.12mg/(L·h) 增加到 C/N 比为 5 时的 7.13mg/(L·h)，在反应速率随 C/N 比提高的变化过程中，C/N 比为 3 时反应速率增长最快，这与反硝化进行时需要的碳源数量有关。

在不同 C/N 比条件下，亚硝酸盐氮随时间的变化曲线都出现了一个峰值，峰值大小和出现的位置与 C/N 比值有关，C/N 比增加，峰值逐渐增高，峰值位置向后推移。C/N 为 1 时的峰值为 1.40mg/L，出现在反应开始后第 3h；C/N 为 2 时峰值为 3.38mg/L，出现在反应开始后的第 4h；而 C/N 比 3、4、5 时的峰值分别为 9.38mg/L、13.00mg/L、17.45mg/L，出现的位置为反应开始后第 5h。亚硝酸盐降低程度也与碳氮比值有关，C/N 比为 1 和 2 时亚硝酸盐氮最终浓度分别为 0.3mg/L 和 0.14mg/L，此条件下反应后亚硝酸盐的积累同样说明电子供体（即碳源）不足；而 C/N 比为 3、4、5 时亚硝酸盐氮浓度在反应开始后的第 8 小时降低到零，说明此条件下电子供体充足。

反硝化进行过程中出现亚硝酸盐的积累原因在于，反硝化过程中会产生中间产物亚硝酸盐，随着反硝化过程中硝酸盐的不断消耗，中间产物亚硝酸盐逐渐积累，使亚硝酸盐浓度逐渐增加。另一方面，亚硝酸盐同时可以作为反硝化的反应物而逐渐被消耗，当亚硝酸盐产生速率和消耗速率相等时，出现硝酸盐浓度峰值。所以，在反硝化反应体系内存在着硝酸盐和亚硝酸盐竞争电子供体（碳源有机物）的问题，从亚硝酸盐、硝酸盐随时间变化趋势和最终浓度比较来看，本研究体系内亚硝酸盐的反应速率高于硝酸盐反应速率，亚硝酸盐更容易进行反硝化反应。

（2）硫酸盐还原能力分析

硫酸盐还原试验中，初始硫酸盐浓度为 135mg/L，碱度 500mg/L，分别对采出水中微生物在不同碳源浓度（以 COD 浓度表示，单位 mg/L）与固定硫酸根浓度（以硫酸根浓度表示，单位 mg/L）的比例（以下简称 C/S 比）下的硫酸盐还原能力进行了试验，试验时控制 C/S 比分别为 1、2、3、4、5 和 10，取样间隔为 3h。图 4-33 和图 4-34 分别给出了不同碳硫比条件下硫酸盐还原和硫化物产生随时间的变化状况。

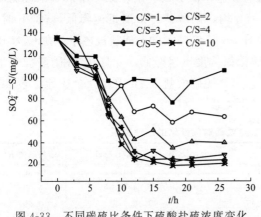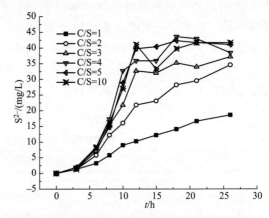

图 4-33　不同碳硫比条件下硫酸盐硫浓度变化　　　　图 4-34　不同碳硫比条件下硫化物浓度变化

如图 4-33 所示，在 C/S=1 时，在反应开始后的 0～10h 内，硫酸盐浓度（以硫酸盐中的硫表示，下同）迅速降低，而在 10h 后硫酸盐硫浓度变化幅度很小，其浓度最终接近于平均 31.34mg/L，表明在此条件下体系中 30.4% 的硫酸根被还原，还剩 69.6% 的硫酸根不能够被完全还原，体系处于硫酸根过剩而碳源不足状态；在 C/S=2 时，在反应开始后的 0～12h 内，硫酸根浓度迅速降低，在 12h 后硫酸根硫浓度降低到平均 22.03mg/L，说明近 51.0% 的硫酸根被还原，剩余硫酸根 49.0%，此条件下体系处于硫酸根过剩而碳源不足状态；在 C/S=3 时，在反应开始后的 0～12h 内，硫酸根浓度迅速降低，在 12h 后硫酸根浓度变化趋于平缓，硫酸根硫浓度趋于平均 14.03mg/L，表明近 68.8% 的硫酸根被还原，剩余硫酸根 31.2%；在 C/S=4、5、10 时，在反应开始的 0～12h（C/S=4）、0～15h（C/S=5、10）内，硫酸根浓度呈线性下降，之后变化趋于平缓，硫酸根中硫浓度分别稳定于平均 8.93mg/L、8.10mg/L 和 6.83mg/L，硫酸根还原率分别为 80.2%、82.0% 和 84.8%，仍剩余有部分硫酸根没有被还原。根据文献报道，硫酸盐还原菌完全还原硫酸根的 C/S 比最低为 3，而本试验中 C/S 比已超过 3，且达到了 C/S 比为 4、5 和 10，但仍有近 20% 硫酸根没有被还原，其原因除与微生物种类反应体系环境条件有关外，更重要的因素还在于随反应继续，体系中逐渐积累了浓度越来越高的硫化物，硫化物的毒性对 SRB 产生反馈为抑制作用，减缓了进一步对硫酸盐的还原作用。

如图 4-34 所示，在各碳硫比条件下，与硫酸盐还原过程相对应，随着反应的进行，硫化物的浓度逐渐增加，从反应开始至 12h 内硫化物浓度增加幅度较大。C/S 比为 1、2 的反应在 12h 后硫化物浓度仍呈缓慢增加趋势，而 C/S 比为 3、4、5、10 的反应在 12h 后硫化物浓度变化明显趋缓，最后基本稳定。

由表 4-7 可见，各碳硫比条件下，在反应初期，硫酸盐硫浓度与时间呈良好的线性关系，其相关系数均在 0.9 以上。线性方程的斜率表示的是硫酸盐中硫的反应速率，随着 C/S 比由 1 逐渐升高到 10，硫酸盐硫的反应速率呈增加趋势，由 C/S 比为 1 时的 1.43mg/(L·h) 增加到 C/S 比为 5 时的 3.02mg/(L·h)，在反应速率随 C/S 比提高的变化过程中，C/S 比为 3 时反应速率增长最快，这与硫酸盐还原需要的碳源数量有关。

表 4-7　不同碳硫比条件下硫酸盐-硫浓度随时间变化的线性关系

C/S 比	线性范围/h	线性方程式	反应速率/[mg/(L·h)]	相关系数/R^2
1	0~10	$y=-1.4344t+50.063$	1.43	0.911
2	0~12	$y=-1.7051t+44.114$	1.71	0.876
3	0~12	$y=-2.4522t+45.459$	2.45	0.978
4	0~12	$y=-2.5592t+43.868$	2.56	0.925
5	0~15	$y=-2.6759t+45.889$	2.68	0.951
10	0~15	$y=-3.0188t+48.447$	3.02	0.931

注：k 为本试验条件下硫酸盐还原速率。

对比图 4-33 和图 4-34、表 4-6 和表 4-7 可见，在微生物进行反硝化和硫酸盐还原的过程中，在碳源条件相同情况下，硝酸盐还原在 7~9h 内可基本完成，而硫酸盐还原在 12h 后才可完成。碳源充足时（C/N 比、C/S 比大于 3）反硝化率可超过 98%，而硫酸盐还原率仅达到 84%，在同样碳源条件下，微生物反硝化速率均高出硫酸盐还原速率 1 倍以上。所以，对于葡三联油田采出水中微生物而言，在相同条件下，微生物进行反硝化反应的能力强于进行硫酸盐还原反应的能力。对不同 C/S 比的种群演替研究发现，种群变化不大。

4.13　污水系统硫化物抑制方案及其工艺节点硫化物控制策略

4.13.1　油田细菌控制方法和技术评价

油田的硫酸盐还原菌控制存在着复杂性，而细菌的控制方法存在着多样性，且每种控制方法都存在着局限性，在对细菌控制技术进行了评价的基础上，并结合 SRB 生长特性的研究结果，以 SRB 为重点控制对象，制定出了油田回注水系统细菌控制方案，即根据采出液和污水处理系统中细菌分布的状况、危害程度及目前现场应用的控制方法，采取分类处理的措施。对硫酸盐生态抑菌剂进行技术经济效益分析，制定硫酸盐还原菌生态控制方案，投加抑菌剂的加药方法以及调控策略。

目前，油田细菌的控制技术有多种，大庆油田在用的进行现场试验的细菌控制技术就有五六种之多。只有充分了解油田在用细菌控制技术的效果，才能有效地避免使用上的盲目性，为此对油田在用的细菌控制技术进行了分析、评价。油田系统中常用的控制 SRB 的方法可归结为机械方法、调整注水流程方法、物理控制方法、化学处理方法等，具体控制 SRB 的方法特点如表 4-8 所列。

表 4-8　各种 SRB 控制方法特点比较

控制方法	控制原理	对 SRB 的作用	硫化物去除	运行方式	成本	环境和人体健康的影响	效果
机械法	采用刮管器或高压水清洗	机械清除	机械清除	间歇	高	影响小	效果好
调整注水流程法	清除水流速度慢或静止的死角	机械清除	机械清除	间歇	高	影响小	效果一般
物理杀菌法	利用光(辐射)、变频电磁、高频电流物理能量杀菌	杀灭	不去除	间歇或连续	低	影响小	效果波动较大，辐射法未推广，紫外、超声、变频法推广试验
化学杀菌法	化学杀菌剂药物杀菌	杀灭	不去除	间歇或连续	较高	产生危害	见效快，效果好，应用广泛
生态抑制法	加入生态抑制剂，生物竞争淘汰	抑制活性，不杀灭，长期运行数量减少	去除	间歇或连续	适中	影响小	抑制效果稳定，有推广应用潜力

大庆油田杀灭 SRB 主要采用物理和化学杀菌法，均取得了较好效果。物理杀菌法对游离的 SRB 杀灭效果显著，但由于作用域的限制，对远距离的 SRB 或附着型的 SRB 难以达到杀灭效果。化学杀菌法中，广泛使用的杀菌剂主要有季铵盐、醛类、杂环类以及它们的复配物，但由于 SRB 常与其他微生物共存于微生物产生的多糖胶中而被保护起来，杀菌剂不易穿透；对于一般的氧化型杀菌剂而言，还由于微生物处于硫化氢的还原性环境中，杀菌剂很难起到有效的杀菌效果；生物膜的存在，使杀菌效率降低、甚至失效，以至于产生耐药菌；并且杀菌剂的大量使用，也给环境带来新的污染负荷。防止 SRB 危害已是腐蚀科学和微生物学共同关注的课题。一些防腐专家认为从环境的角度考虑，SRB 的防治有必要从微生物学自身去寻找新的方法。

生态抑制的方法是利用微生物的生物竞争淘汰法，即通过微生物群的替代，将油田微生物问题变为有利因素，防止和除去硫化物。生态抑制的方法不是杀灭 SRB，而是抑制 SRB 的活性，长期抑制之后 SRB 菌群优势地位会逐渐下降，SRB 的相对数量也会逐渐减少。硫酸盐还原菌生态抑制技术与其他杀菌技术特点比较，有待于进一步的现场应用研究。从目前已有的技术现场应用来看效果比较好。

4.13.2　油田回注水系统细菌控制技术优化研究

油田的细菌控制存在着复杂性，而细菌的控制方法存在着多样性，且每种控制方法都存在着局限性，在对细菌控制技术进行评价的基础上，结合 SRB 生理生态学特性，附着型硫酸盐还原菌的研究结果，以 SRB 为重点控制对象，制定出了油田回注水系统细菌控制方案，即根据采出液和污水处理系统中细菌分布的状况、危害程度及目前现场应用的控制方法，采取分类处理的措施。

根据现场的实际情况，将系统分成两种类型进行研究：第一类是完全使用杀菌剂的系统；第二类是已安装物理杀菌装置的处理系统。

4.13.2.1　完全杀菌剂的处理系统

对于采用完全杀菌剂的地面处理系统，分两种情况进行处理：a.细菌危害严重的联合站系统；b.细菌尚未产生危害的联合站系统。

（1）细菌危害严重的联合站系统

首先进行全面监测，根据监测结果确定细菌和硫化物大量存在的部位，使用化学方法（硫化物去除剂）和机械方法（离心）清除系统内硫化物，通过大剂量连续投加杀菌剂进行有效的控制，采取的细菌控制方案如下。

1）全面监测　首先对其相关联的回注水系统进行全面监测，监测点包括部分油井到注水井整个回注水系统流程中的主要工艺流程取样点，检测项目包括流水中 SRB、TGB 和 IB 含量，水中硫化物和 Fe^{2+} 含量，水中或井口 H_2S 含量等，通过测试可判断细菌大量繁殖和硫化物大量富集的工艺段。

2）清除系统

① 清除硫化物。根据 SRB 在回注水系统分布规律研究的结果，硫化物通常易富集在游离水脱除器、电脱水器、沉降罐等处。因此，在全面监测数据的基础上，对系统内硫化物富集的部位，可使用化学方法（硫化物去除剂）、机械方法（离心）或两者结合将系统内影响生产的硫化物进行有效的去除。

② 处理系统内附着型 SRB 细菌：系统内大量富集的硫化物被去除了后，还需要对系统内的细菌进行彻底地清除，尤其是管壁或罐壁上附着的细菌，以控制系统内硫化物再次大量生成的来源。这时可使用杀菌剂溶液进行长时间、大剂量（100～200mg/L）连续加药。

3）有效控制　对于采用完全化学法杀菌的系统，在系统被彻底清洗的基础上，可继续投加抑菌剂，及时地进行调控，防止细菌再次大量繁殖。

综上所述，完全采用生态抑菌剂的系统，对于细菌危害严重的联合站系统细菌控制流程如图 4-35 所示。

（2）细菌尚未产生危害的联合站系统

细菌尚未产生危害，但流水中 SRB 含量超标的联合站系统，首先应对系统进行清洗，消除可能发生的隐患，然后再对系统内细菌进行有效控制，可采取的细菌控制方案如下。

1）全面监测　首先对其相关联的回注水系统进行全面监测，判断细菌大量繁殖的工艺段。

2）清除系统——处理系统内附着细菌　对系统内的细菌进行彻底的清除，尤其是管壁或罐壁上附着的细菌，以控制系统内硫化物大量生成的来源。可使用杀菌剂溶液进行长时间、大剂量（100～200mg/L）连续加药。

3）有效控制　系统被彻底清洗之后，继续投加抑菌剂以控制，防止细菌再次大量繁殖，具体操作可参考细菌危害严重的联合站系统进行处理，区别在于减少清除系统内硫化物富集的工艺段的处理工艺。

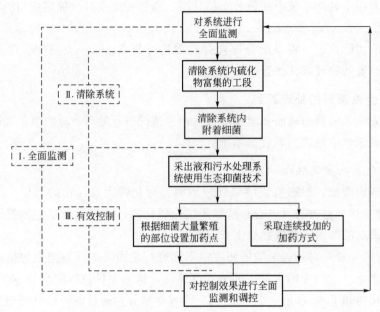

图 4-35 完全化学法杀菌的系统（细菌危害严重的联合站系统）细菌控制流程

4.13.2.2 现场已安装物理杀菌装置的处理系统

对于现场已安装物理杀菌装置的地面处理系统，同样分两种情况进行处理：a. 细菌危害严重的联合站系统；b. 细菌尚未产生危害的联合站系统。鉴于油田在用细菌控制技术评价研究的结果，目前油田在用的物理杀菌技术只能在杀菌装置覆盖的范围内起到一定的细菌控制效果，因此对于安装了物理杀菌的系统建议使用生态抑菌技术进行配合。

（1）细菌危害严重的联合站系统

细菌危害严重的联合站系统，首先应解决系统内细菌已产生的危害，然后再对系统内细菌进行有效控制，可采取的细菌控制方案如下。

1）全面监测 首先对其相关联的回注水系统进行全面监测，监测点包括部分油井到注水井整个回注水系统流程中的主要工艺流程取样点，检测项目包括流水中 SRB、TGB 和 IB 含量，水中硫化物和 Fe^{2+} 含量，水中或井口 H_2S 含量等，通过测试可判断细菌大量繁殖和硫化物大量富集的工艺段。

2）清除系统

① 除硫化物。根据 SRB 在回注水系统分布规律研究的结果，硫化物通常易富集在游离水脱除器、电脱水器、沉降罐等处。因此，在全面监测数据的基础上，对系统内硫化物富集的部位，可使用化学方法（硫化物去除剂）、机械方法（离心）或两者结合将系统内影响生产的硫化物进行有效的去除。

② 处理系统内附着细菌。系统内大量富集的硫化物被去除了后，还需要对系统内的细菌进行彻底地清除，尤其是管壁或罐壁上附着的细菌，以控制系统内硫化物再次大量生成的来源。这时可使用杀菌剂溶液进行长时间、大剂量（100～200mg/L）连续加药（见图 4-36）。

3）有效控制 在系统被彻底清洗的基础上，还需采取有效地控制手段加以控制，防止细菌再次大量繁殖，可采取物理和化学联合杀菌的方法，以达到满足控制效果和降低杀菌成

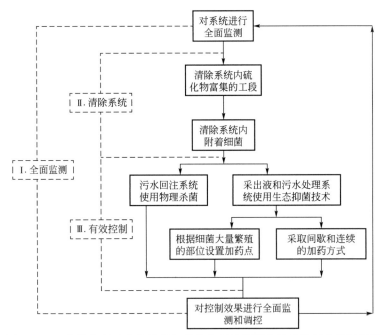

图 4-36　已安装物理杀菌装置且细菌危害严重的联合站系统细菌控制流程

本的目的。

① 物理杀菌：根据细菌控制技术效果评价的结果，物理杀菌选用紫外杀菌装置，将其安装在深度污水处理站的外输水上，重点控制回注污水中的细菌含量。

② 生态抑菌：生态抑菌重点控制原油脱水系统和常规污水处理系统中的细菌繁殖同时，可配合深度污水系统中的紫外杀菌装置，控制紫外杀菌后至注水井段中细菌再次繁殖。

（2）细菌尚未产生危害的联合站系统

细菌尚未产生危害，但流水中 SRB 含量超标的联合站系统，首先应对系统进行清洗，消除可能发生的隐患，然后再对系统内细菌进行有效控制，可采取的细菌控制方案如下。

1）全面监测　首先对其相关联的回注水系统进行全面监测，判断细菌大量繁殖的工艺段。

2）清除系统——处理系统内附着细菌　对系统内的细菌进行彻底地清除，尤其是管壁或罐壁上附着的细菌，以控制系统内硫化物大量生成的来源。可使用杀菌剂溶液进行长时间、大剂量（100～200mg/L）连续加药。

（3）有效控制

系统被彻底清洗之后，采取物理和化学联合杀菌的方法加以控制，以达到满足控制效果和降低杀菌成本的目的，具体操作可参考细菌危害严重的联合站系统进行处理。区别在于减少清除系统内硫化物富集的工艺段的处理工艺。

总之，在采出液处理系统中，采取投加生物抑菌技术控制 SRB 繁殖及危害；对系统中 SRB 繁殖、危害严重的管段、罐体及处理设备考虑采用大剂量杀菌剂连续投加等方法彻底清除附着的 SRB；在污水处理系统中，通过技术优化将物理杀菌技术和生态抑菌技术有机结合在一起，达到处理成本和处理效果的最优化。

4.13.3 硫酸盐还原菌活性生态抑制适应的投药点

大庆油田从油井采出液到污水回注工艺可分成油水分离处理部分、含油污水处理部分和污水回注部分3个阶段（或单元）。对于硫酸盐还原菌和硫化物危害而言，在油水分离处理部分，其主要危害是硫化物造成电脱水器跨电场而影响生产；在含油污水处理部分，主要是硫酸盐还原菌在沉降罐和滤罐中大量繁殖并产生硫化物引起危害；在油田污水回注部分，主要是回注水在缓冲罐中具有一定的停留时间引起硫酸盐还原菌繁殖，产生的硫化物对注水井网和井管造成腐蚀危害和金属硫化物注入地下可能引起低渗透油层堵塞。

在前期对系统全面监测的基础上，根据细菌在系统内大量繁殖的部位，来设置杀菌剂的投药点。硫酸盐还原菌大量繁殖存在的场所以及硫化物危害比较严重的位置，就是生态抑制的主要投药点，所以，管道、电脱水器中，沉降罐和滤罐内部和注水井套管中是回注水系统生态抑制硫酸盐还原菌活性的合理位置。

4.13.4 硫酸盐还原菌活性生态抑制剂加药方法和加药原则

（1）硫酸盐还原菌生态抑菌剂母液配置和加药方法

硫酸盐还原菌生态抑菌剂水溶性极好，抑制剂母液配制可使用油田地面处理系统中的污水进行稀释，生态抑制剂母液配制方法及加药方式如图4-37所示，抑制剂母液配制时，使油田地面处理系统管道中的水间歇进入并加满具有一定体积计量水箱，固体生态抑制剂自水箱上面加药口加入，同时用搅拌机进行搅拌，搅拌均匀后制成母液，抑制剂母液通过计量泵注入回管道中。

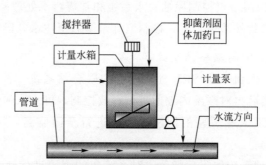

图 4-37 硫酸盐还原菌生态抑制剂母液配制方法及加药示意

（2）硫酸盐还原菌生态抑菌剂加药的原则

硫酸盐还原菌生态抑菌剂的加药原则基本上有以下5点：a.对加药工艺的水质的分析，特别是硫酸根的浓度、硝酸根的浓度以及硫酸盐还原菌和反硝化细菌的数量；b.水的流速；c.硫酸根、硝酸根的电子流的分析作为一个重要的指导参数；d.主要根据硝酸根确定投加生态抑制剂的浓度，原则上水中的硫酸根的浓度与抑菌剂的浓度为1:1即可；e.根据硫酸盐还原菌的生长规律，硫酸盐还原菌种群的群体生长速率在5～7d，可以在对数生长期加药，根据危害的程度选择连续加药和间歇式加药，抑制的有效水力停留时间为48h。

（3）硫酸盐还原菌生态抑菌剂对油田水性质影响分析

在油田水中加入生态抑菌剂后对油田水质是否造成显著影响，是其是否具有实际应用价值的前提。如果加入的药剂在一定程度上改变了油田水原有性质，例如改变了油田水的 pH 值、碱度、矿化度、使水浑浊等，则可能会影响油水分离效果、影响聚合物黏度等，从而影响油田生产。所以，有必要对反硝化抑制剂加入前后油田的水质进行比较分析。表 4-9 为七厂来水加入抑制剂前后水质的变化情况。

表 4-9　大庆油田地面七厂水中加入抑制剂前后水质变化情况

水样		pH 值	碱度/(mg/L)	矿化度/(mg/L)	吸光值(420nm)
葡一联	加入抑制剂前	7.85	2350.8	5428.9	0.021
葡三联	加入抑制剂后	7.86	2364.4	5468.7	0.021
葡四联	加入抑制剂前	7.97	2267.5	5412.6	0.018

注：抑制剂加入后水中的抑制剂浓度为 50.0mg/L。

由表 4-9 可见，抑菌剂加入到水处理站滤后水，pH 值、碱度、矿化度和吸光值没有明显改变，吸光值可以表征水浊度的变化情况，吸光值变化很小说明水的浊度变化也非常小。所以，生态抑菌剂加入到油田水中，在 pH 值、碱度、矿化度、含盐量、浊度方面不会使油田水的性质发生改变。生态抑菌剂的加入，不会对油田地面生产产生负面的影响。

4.13.5　采油七厂葡三联污水处理站硫化物控制方法和主要工艺段

根据采油七厂污水处理系统中硫酸盐还原菌和硫化物危害程度和危害区域范围，确定出全程抑制和局部抑制两种生态抑制方案，如图 4-38 所示。

方案一：全程抑制。抑菌陶粒的加入通常最好的部位为过滤段，具体的加入与否要根据生产实际来定。加药位置在油水分离部分的三相分离器后井口回掺水管道上，如图 4-38 中 A 位置，管道连续加药，加药量较大，成本较高，适合于整个系统 SRB 和硫化物危害较大的地面站。

方案二：局部抑制。加药位置选择在油水分离处理部分、含油污水处理站和污水回注部分，如图 4-38 中 B_1、B_2、B_3 所示，管道连续加药，加药量小，适于硫酸盐还原菌和硫化物产生局部危害的地面站。在局部抑制方案中，有 3 处适宜的加药抑制位置，可达到不同的抑制目的。

① 在油水分离处理部分抑制，其目的是减少或消除油水分离处理部分电脱水器中硫化物引起的跨电场现象和硫化物对后续工艺的危害，保障油田安全生产。合适抑制剂加药位置在游离水脱除器之前的管道上，如图 4-38 中的 B_0 位置。

② 在含油污水处理部分抑制，其主要目的是抑制沉降罐和滤罐中硫酸盐还原菌活性，减少或消除硫化物对后续工艺及管道的危害，合适的抑制剂加药位置如图 4-38 中的 B_1 所示。

③ 在油田污水回注部分抑制，其主要目的是抑制回注水缓冲罐中硫酸盐还原菌活性，防止或消除硫化物生成，减少或消除硫化物对注水井管的腐蚀和金属硫化物对低渗透油层的堵塞，适宜的加药位置如图 4-38 中的 B_2 所示，加药位置选择在缓冲罐进水口前端的管道上。七厂葡三联水质分析发现在二滤后，硫化物生长较快，因此要加强加药控制。局部抑制时，抑制剂浓度根据油田水中硫酸根离子含量按照 SO_4^{2-}/NO_3^- 为 1:1 的比例连续加入，此时，抑制的有效水力停留时间 48h。但如果含油污水处理流程较长，其水力停留时间过长

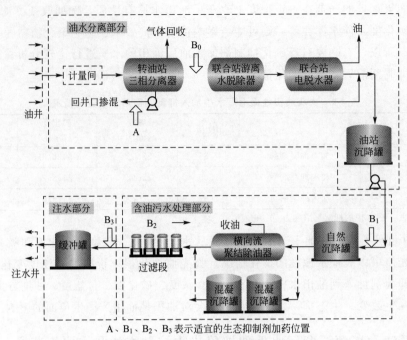

A、B₁、B₂、B₃表示适宜的生态抑制剂加药位置

图 4-38　油田地面部分油水处理工艺流程及生态抑制剂加药位置示意

时可进行多点加药抑制或适当提高单点加药抑制剂浓度。大庆油田采油七厂地面水处理站，各个处理站之间主要工艺相近，但具体流程各不相同，有的站流程长些、有的流程短些，有的站某单元流程长些、某单元流程短些，采用生态抑制硫酸盐还原菌活性时，可分别选择方案一和方案二，也可以选择两种方案进行组合，地面站可根据流程特点、抑制位置及硫化物危害程度选择适合的抑制方案。

第5章 葡萄花油田地面系统水质特性及对现有工艺的影响

5.1 葡三联污水系统各工艺节点硫化物化验分析

5.1.1 取样点和取样位置说明

研究从 2015 年 8 月到 2016 年 11 月，主要针对葡三联地面污水处理站进行了硫化物的跟踪监测，对整个地面污水处理工艺的关键的节点进行了取样分析。主要包括：硫化物、悬浮物以及含油量进行分析，典型的水质进行了物质组成分析，包括硫酸根以及硝酸根等的含量进行了分析。

5.1.2 葡三联地面污水处理系统工艺段的常规水质分析

（1）2015 年度的地面污水处理系统的水质分析

表 5-1　葡三联地面污水处理系统工艺段的常规水质分析表（2015 年 8 月）

时间	取样点	含油量 /(mg/L)	悬浮物 /(mg/L)	粒径中值 /μm	硫化物 /(mg/L)	SRB /(个/mL)	TGB /(个/mL)	FB /(个/mL)
2015 年 8 月 16 日	井口	4486.23	382.46	2.354	16.34	7.0×10^4	4.0×10^4	2.5×10^3
（葡三联）	油岗来水	120.26	35.84	1.746	13.35	6.0×10^3	3.0×10^4	1.5×10^1
	一沉出口	304.74	145.83	1.734	13.92	2.25×10^4	6.0×10^3	1.2×10^2
	二沉出口	276.24	98.14	1.673	12.02	2.20×10^4	6.0×10^3	2.5×10^2
	一滤出口	9.23	12.24	1.431	8.94	2.5×10^3	2.5×10^3	2.5×10^2
	二滤出口	10.15	15.96	1.223	9.29	1.25×10^3	2.5×10^3	1.5×10^2
	污水岗出口（去注）	5.28	45.03	1.201	8.23	1.6×10^3	2.5×10^3	1.0×10^2
（葡一联）	来水	147.68	48.92	2.239	14.32	4.5×10^3	6.0×10^3	1.0×10^2
	悬浮污泥出水	8.12	6.98	1.202	7.36	1.5×10^3	2.5×10^3	1.0×10^2

由表 5-1 可见，葡三联悬浮物在一滤得到很大的去除，然后在二滤有小程度的回升，从硫酸盐还原菌的数量上看，硫酸盐还原菌在井口的数量上很高，然后在一沉出口和二沉出口数量增加，然后在一滤出口和二滤出口数量有回升的趋势，腐生菌和铁细菌的变化不大。

195

表 5-2　葡三联地面污水处理工艺段的常规水质分析表（2015 年 8 月 20 日）

时间	取样点	含油量 /(mg/L)	悬浮物 /(mg/L)	粒径中值 /μm	硫化物 /(mg/L)	SRB /(个/mL)	TGB /(个/mL)	FB /(个/mL)
2015 年 8 月 20 日	井口	2748.95	265.34	2.123	13.65	6.0×10^4	4.0×10^4	2.5×10^3
（葡三联）	油岗来水	215.84	54.65	1.823	10.26	6.0×10^3	3.0×10^4	1.5×10^1
	一沉出口	285.83	65.88	1.638	9.56	2.5×10^4	6.0×10^3	1.8×10^2
	二沉出口	246.28	83.65	1.626	9.45	2.20×10^4	5.0×10^3	2.5×10^2
	一滤出口	8.45	14.36	1.437	8.23	2.5×10^3	2.5×10^3	2.5×10^2
	二滤出口	8.26	12.35	1.621	9.23	3.5×10^3	2.5×10^4	3.0×10^2
	污水岗出口（去注）	4.35	16.06	1.232	6.56	1.5×10^3	2.0×10^3	1.0×10^2
（葡一联）	来水	135.32	68.23	2.421	12.23	4.5×10^3	5.0×10^3	1.0×10^3
	悬浮污泥出水	5.64	7.28	1.023	6.46	1.8×10^3	3.0×10^2	1.0×10^2

由表 5-2 可见，葡三联悬浮物在一滤得到很大的去除，硫化物的去除效果不明显。

表 5-3　葡三联地面污水处理工艺段的常规水质分析表（2015 年 9 月 1 日）

时间	取样点	含油量 /(mg/L)	悬浮物 /(mg/L)	粒径中值 /μm	硫化物 /(mg/L)	SRB /(个/mL)	TGB /(个/mL)	FB /(个/mL)
2015 年 9 月 1 日	井口	—	—	—	—	—	—	—
（葡三联）	油岗来水	128.32	38.23	1.856	15.12	5.0×10^4	6.0×10^4	2.0×10^1
	一沉出口	287.22	265.21	1.434	12.54	2.5×10^4	5.0×10^3	1.2×10^2
	二沉出口	234.23	95.26	1.673	10.32	2.0×10^4	6.0×10^3	2.5×10^2
	一滤出口	12.14	14.28	1.213	8.35	1.5×10^3	2.5×10^3	2.5×10^2
	二滤出口	14.24	18.24	1.262	10.13	2.0×10^3	3.0×10^3	1.5×10^2
	污水岗出口（去注）	6.36	6.84	1.023	7.43	1.5×10^3	2.5×10^3	1.0×10^2
（葡一联）	来水	156.73	65.47	2.233	12.24	5.0×10^3	6.0×10^3	1.0×10^2
	悬浮污泥出水	8.23	6.34	1.163	6.85	1.8×10^3	2.0×10^3	1.0×10^2

注："—"没有数据。

由表 5-3 可见，二滤出口的悬浮物和硫化物有增加的趋势。

表 5-4　葡三联地面污水处理工艺段的常规水质分析表（2015 年 9 月 20 日）

时间	取样点	含油量 /(mg/L)	悬浮物 /(mg/L)	粒径中值 /μm	硫化物 /(mg/L)	SRB /(个/mL)	TGB /(个/mL)	FB /(个/mL)
2015 年 9 月 20 日	井口	—	—	—	—	—	—	—
（葡三联）	油岗来水	153.85	64.23	1.944	12.38	4.0×10^4	5.0×10^4	2.0×10^1
	一沉出口	247.23	206.64	1.532	11.23	2.5×10^4	4.0×10^3	1.8×10^2
	二沉出口	212.34	124.85	1.456	10.38	3.0×10^4	4.0×10^3	2.5×10^2
	一滤出口	15.83	16.27	1.233	8.56	2.0×10^3	3.0×10^3	2.5×10^2
	二滤出口	10.28	19.28	1.211	11.32	2.5×10^3	3.5×10^3	1.5×10^2
	污水岗出口（去注）	5.86	8.57	1.213	7.49	1.5×10^3	2.5×10^3	1.3×10^2
（葡一联）	来水	146.85	60.48	2.443	12.96	5.0×10^3	5.0×10^3	1.5×10^2
	悬浮污泥出水	6.85	8.28	1.132	6.32	1.5×10^3	2.5×10^3	1.0×10^2

注："—"没有数据。

由表 5-4 可见，铁细菌的数量在地面系统工艺中数量增加。

表 5-5　葡三联地面污水处理工艺段的常规水质分析表（2015 年 10 月 8 日）

时间	取样点	含油量 /(mg/L)	悬浮物 /(mg/L)	粒径中值 /μm	硫化物 /(mg/L)	SRB /(个/mL)	TGB /(个/mL)	FB /(个/mL)
2015 年 10 月 8 日	井口	2748.95	265.34	2.123	12.32	5.0×10^4	4.5×10^4	2.5×10^3
（葡三联）	油岗来水	153.85	68.58	2.843	11.24	5.0×10^4	4.0×10^4	2.0×10^1
	一沉出口	247.23	187.32	1.532	10.56	3.0×10^4	4.0×10^3	1.5×10^2
	二沉出口	212.34	124.85	1.456	10.34	3.0×10^4	5.0×10^3	2.5×10^2
	一滤出口	15.83	16.27	1.233	9.23	2.0×10^3	3.0×10^3	2.0×10^2
	二滤出口	10.28	19.28	1.211	10.12	2.0×10^3	3.8×10^3	1.5×10^2
	污水岗出口（去注）	5.86	8.57	1.213	7.68	1.5×10^2	2.4×10^3	1.0×10^2
（葡一联）	来水	146.85	60.48	2.443	12.56	5.0×10^3	4.0×10^3	2.0×10^2
	悬浮污泥出水	6.85	8.28	1.132	8.48	2.0×10^3	2.0×10^3	1.0×10^2

由表 5-5 可见，来水不是很稳定，含油量变化很大；含油量大，不意味着悬浮物就高，悬浮物的高低，取决于里面的固态颗粒物以及二氧化硅等物质的多少。硫酸盐还原菌的数量受工艺的影响很小，主要控制方法是现有的杀菌剂的作用。二滤后的出水中的硫化物有增加的趋势。

表 5-6　葡三联地面污水处理工艺段的常规水质分析表（2015 年 10 月 20 日）

时间	取样点	含油量 /(mg/L)	悬浮物 /(mg/L)	粒径中值 /μm	硫化物 /(mg/L)	SRB /(个/mL)	TGB /(个/mL)	FB /(个/mL)
2015 年 10 月 20 日	井口	—	—	—	—	—	—	—
（葡三联）	油岗来水	176.82	135.68	1.986	13.31	5.5×10^4	4.5×10^4	2.0×10^2
	一沉出口	157.54	139.65	1.724	12.12	3.5×10^4	4.0×10^3	1.5×10^2
	二沉出口	124.15	118.62	1.635	9.38	3.0×10^4	5.0×10^3	2.0×10^2
	一滤出口	12.38	18.32	1.283	9.03	2.0×10^3	3.0×10^3	1.5×10^2
	二滤出口	14.47	16.12	1.156	10.02	3.5×10^3	3.5×10^3	2.0×10^2
	污水岗出口（去注）	6.89	4.74	1.012	6.58	2.0×10^2	2.2×10^3	1.0×10^2
（葡三联）	来水	158.26	118.35	2.045	10.36	5.0×10^3	4.5×10^3	2.0×10^2
	悬浮污泥出水	8.24	7.36	1.252	5.47	2.5×10^2	1.5×10^3	1.2×10^2

注："—"没有数据。

表 5-7　葡三联地面污水处理工艺段的常规水质分析表（2015 年 11 月 2 日）

时间	取样点	含油量 /(mg/L)	悬浮物 /(mg/L)	粒径中值 /μm	硫化物 /(mg/L)	SRB /(个/mL)	TGB /(个/mL)	FB /(个/mL)
2015 年 11 月 2 日	井口	—	—	—	—	—	—	—
（葡三联）	油岗来水	193.85	145.65	1.726	16.43	5.0×10^4	4.5×10^3	2.25×10^2
	一沉出口	142.56	128.54	1.522	10.45	3.5×10^4	4.0×10^3	1.5×10^2
	二沉出口	136.83	105.21	1.493	9.65	3.0×10^4	5.0×10^3	2.0×10^2
	一滤出口	8.25	10.27	1.247	9.21	2.0×10^3	2.0×10^3	1.25×10^2

时间	取样点	含油量/(mg/L)	悬浮物/(mg/L)	粒径中值/μm	硫化物/(mg/L)	SRB/(个/mL)	TGB/(个/mL)	FB/(个/mL)
（葡三联）	二滤出口	6.46	6.22	1.430	9.75	3.0×10^3	3.5×10^3	2.0×10^2
	污水岗出口（去注）	4.28	5.12	1.103	6.36	2.0×10^2	2.0×10^3	1.0×10^2
（葡一联）	来水	174.25	132.75	2.463	12.86	4.5×10^4	4.0×10^3	2.0×10^2
	悬浮污泥出水	8.37	7.48	1.024	8.06	3.0×10^2	1.0×10^3	1.0×10^2

注："—"没有数据。

表 5-8　葡三联地面污水处理工艺段的常规水质分析表（2015 年 11 月 20 日）

时间	取样点	含油量/(mg/L)	悬浮物/(mg/L)	粒径中值/μm	硫化物/(mg/L)	SRB/(个/mL)	TGB/(个/mL)	FB/(个/mL)
2015 年11 月 20 日	井口	—	—	—	—	—	—	—
（葡三联）	油岗来水	158.43	125.36	1.964	6.48	4.5×10^4	5.5×10^3	3.0×10^2
	一沉出口	108.37	108.26	1.324	4.42	3.5×10^4	4.0×10^3	1.5×10^2
	二沉出口	94.23	98.46	1.283	4.62	3.0×10^4	5.0×10^3	2.0×10^2
	一滤出口	8.38	8.57	1.153	6.28	2.0×10^3	2.0×10^3	1.0×10^2
	二滤出口	6.41	6.05	1.254	5.75	3.0×10^3	3.0×10^3	2.0×10^2
	污水岗出口（去注）	7.35	5.00	1.052	3.93	2.0×10^2	2.0×10^2	1.5×10^1
（葡一联）	来水	124.73	103.76	2.236	10.03	4.25×10^4	4.0×10^3	2.0×10^2
	悬浮污泥出水	5.08	5.55	1.037	7.52	2.0×10^3	2.0×10^3	1.0×10^2

注："—"没有数据。

表 5-9　葡三联地面污水处理工艺段的常规水质分析表（2015 年 12 月 1 日）

时间	取样点	含油量/(mg/L)	悬浮物/(mg/L)	粒径中值/μm	硫化物/(mg/L)	SRB/(个/mL)	TGB/(个/mL)	FB/(个/mL)
2015 年12 月 1 日	井口	1894.35	186.74	2.361	10.25	5.0×10^4	4.0×10^4	2.5×10^3
（葡三联）	油岗来水	146.74	98.23	1.573	9.04	4.5×10^4	4.0×10^3	2.0×10^2
	一沉出口	136.63	78.27	1.264	8.36	3.5×10^4	4.0×10^3	1.5×10^2
	二沉出口	104.86	58.57	1.326	7.32	3.0×10^4	5.0×10^3	1.0×10^2
	一滤出口	8.57	8.07	1.163	5.27	2.0×10^3	2.0×10^3	1.0×10^2
	二滤出口	7.84	6.32	1.143	6.34	2.5×10^3	3.0×10^3	1.0×10^2
	污水岗出口（去注）	6.35	5.00	1.110	4.02	2.0×10^2	2.0×10^3	1.0×10^2
（葡一联）	来水	193.15	117.46	1.862	8.04	4.0×10^4	3.5×10^3	2.0×10^2
	悬浮污泥出水	7.69	6.26	1.362	5.13	3.0×10^2	1.0×10^3	1.0×10^2

表 5-10　葡三联地面污水处理工艺段的常规水质分析表（2015 年 12 月 10 日）

时间	取样点	含油量/(mg/L)	悬浮物/(mg/L)	粒径中值/μm	硫化物/(mg/L)	SRB/(个/mL)	TGB/(个/mL)	FB/(个/mL)
2015 年12 月 10 日	井口	—	—	—	—	—	—	—
（葡三联）	油岗来水	159.22	130.32	1.463	12.98	4.5×10^4	4.0×10^3	2.0×10^2
	一沉出口	127.93	98.04	1.335	9.38	3.0×10^4	3.5×10^3	1.5×10^2

续表

时间	取样点	含油量 /(mg/L)	悬浮物 /(mg/L)	粒径中值 /μm	硫化物 /(mg/L)	SRB /(个/mL)	TGB /(个/mL)	FB /(个/mL)
（葡三联）	二沉出口	128.32	173.34	1.253	10.62	3.5×10^4	5.0×10^3	1.0×10^2
	一滤出口	8.80	9.45	1.144	6.73	2.0×10^3	2.0×10^3	1.0×10^2
	二滤出口	6.87	53.43	1.636	10.83	4.5×10^4	3.5×10^3	1.8×10^2
	污水岗出口（去注）	5.09	8.20	1.183	6.32	2.0×10^2	2.0×10^3	1.0×10^2
（葡一联）	来水	187.25	123.26	1.573	9.52	3.5×10^4	3.5×10^3	2.0×10^2
	悬浮污泥出水	7.53	5.29	1.232	5.32	3.0×10^2	1.0×10^3	1.0×10^2

注："—"没有数据，压裂液入站。

表 5-11　葡三联地面污水处理工艺段的常规水质分析表（2015 年 12 月 25 日）

时间	取样点	含油量 /(mg/L)	悬浮物 /(mg/L)	粒径中值 /μm	硫化物 /(mg/L)	SRB /(个/mL)	TGB /(个/mL)	FB /(个/mL)
2015 年 12 月 25 日	井口	—	—	—	—	—	—	—
（葡三联）	油岗来水	123.42	100.45	1.534	9.04	4.5×10^4	4.0×10^3	2.0×10^2
	沉出口	102.65	75.24	1.294	8.36	3.0×10^4	4.0×10^3	1.5×10^2
	二沉出口	87.04	145.56	1.575	12.32	3.5×10^4	5.0×10^3	2.0×10^2
	一滤出口	8.42	8.23	1.230	5.29	2.0×10^3	2.0×10^3	1.0×10^2
	二滤出口	7.12	24.42	1.123	7.43	2.5×10^3	3.0×10^3	1.0×10^2
	污水岗出口（去注）	6.28	5.34	1.100	4.23	2.0×10^2	2.0×10^3	1.0×10^2
（葡一联）	来水	184.36	123.42	1.345	8.83	4.25×10^4	3.0×10^3	2.5×10^2
	悬浮污泥出水	5.43	6.05	1.104	5.34	3.0×10^2	1.0×10^3	1.0×10^2

注："—"没有数据，二沉维修。

由表 5-1～表 5-11 所示，粒径是污水回注的一个重要指标，从目前的水质分析看，基本上没有满足回注的标准，一沉出口和二沉出口的硫化物稳定，有增加的势头，尤其指出的是二滤的硫化物有增加的趋势，铁细菌和腐生菌数量上变化不大。

（2）2016 年度的地面污水处理系统的水质分析

2016 年度水质分析检测数据见表 5-12～表 5-14。

表 5-12　2016 年 2～4 月份的水质分析检测数据　　　单位：mg/L

时间	项目	来水	二沉	一滤	二滤	加药间取样口	阀组间	备注
2 月 26 日	SS	18.34	—	—	—	12.05	9.43	
	含油量	59.68	—	—	—	9.24	6.72	
	硫化物	4.32	—	—	—	3.56	2.85	
3 月 17 日	SS	13.89	12.53	6.06	—	10.22	8.50	
	含油量	84.62	75.74	10.35	—	8.52	5.28	
	硫化物	3.29	—	2.61	—	3.08	1.20	
4 月 6 日	SS	114.12	58.46	41.10	27.43	20.32	18.35	特殊
	含油量	351.70	222.15	28.54	20.63	7.95	2.67	特殊
	硫化物	2.50	2.91	4.13	3.92	3.65	2.08	特殊

时间	项目	来水	二沉	一滤	二滤	加药间取样口	阀组间	备注
	SS	28.58	25.74	15.23	—	10.36	8.62	
4月22日	含油量	70.25	68.46	8.74	—	9.62	7.25	
	硫化物	5.24	6.13	4.42	—	3.47	2.45	

注:"—"表示未取样。

表5-13 现场来水、加药间、阀组间的水质指标分析

时间	取样点	SS /(mg/L)	Oil /(mg/L)	硫化物 /(mg/L)	二价铁 /(mg/L)	总铁 /(mg/L)	硫酸盐还原菌 /(个/mL)	腐生菌 /(个/mL)	铁细菌 /(个/mL)
2月29日	来水	46.84	45.88	10.04	0.4540	0.5649	2.5×10^4	2.0×10^4	0.6×10^1
	加药间	8.82	8.14	4.32	0.3475	0.7438	1.3×10^3	$\geq 2.5 \times 10^4$	2.5×10^1
	阀组间	10.25	6.94	4.84	0.3284	0.7024	6.0×10^0	2.5×10^3	1.0×10^0
3月24日	来水	55.93	34.93	12.16	0.6146	0.8534	2.5×10^4	2.0×10^3	0.5×10^1
	加药间	7.75	5.62	4.23	0.5922	0.8142	1.25×10^2	2.0×10^4	2.5×10^1
	阀组间	8.36	5.04	3.64	0.5184	0.7985	5.0×10^0	2.5×10^3	1.0×10^0
4月6日	来水	62.98	28.75	11.81	0.4212	0.7284	2.25×10^3	2.0×10^4	0.6×10^1
	加药间	11.33	7.74	4.97	0.4826	0.8934	1.0×10^3	$\geq 2.5 \times 10^4$	2.5×10^1
	阀组间	9.82	7.35	4.39	0.4235	0.7632	6.0×10^0	2.25×10^3	1.0×10^0
6月23日	来水	54.28	31.51	8.94	0.6426	0.7549	2.5×10^3	2.0×10^4	0.6×10^1
	加药间	20.86	5.69	3.53	0.5432	0.9240	1.5×10^3	$\geq 2.5 \times 10^4$	2.0×10^1
	阀组间	21.52	4.26	3.44	0.5242	0.8644	6.0×10^1	2.5×10^3	0.0×10^0
7月10日	来水	70.24	25.93	9.18	0.8349	1.4235	2.5×10^4	2.5×10^4	6.0×10^1
	加药间	15.73	6.25	3.46	1.0468	1.3827	6.0×10^1	6.0×10^3	2.5×10^1
	阀组间	30.42	5.84	3.70	0.8180	1.0723	6.0×10^1	2.5×10^3	1.0×10^0
8月17日	来水	65.43	22.67	11.03	0.7293	0.9862	3.0×10^4	6.0×10^4	1.0×10^2
	加药间	16.64	23.86	3.28	0.5132	0.7831	1.25×10^3	$\geq 2.5 \times 10^4$	1.0×10^1
	阀组间	21.05	28.70	4.30	0.5234	0.8254	2.0×10^3	3.0×10^3	1.0×10^1

对现场水质检测数据的数据进行分析,确定出各项因子的日常波动。

表5-14 2016年5~8月份的水质分析检测数据 单位:mg/L

时间	项目	来水	二沉	一滤	二滤	加药间取样口	阀组间	备注
5月10日	SS	49.36	50.42	20.45	12.64	15.20	8.75	
	含油量	48.46	39.34	19.74	10.35	5.03	4.95	
	硫化物	6.23	7.73	6.85	6.63	4.72	4.87	
5月15日	SS	38.63	43.75	17.35	13.75	9.73	8.75	
	含油量	29.53	32.85	12.74	9.74	7.73	5.02	
	硫化物	5.73	5.29	7.73	6.85	4.23	3.87	
5月25日	SS	89.73	65.42	20.63	19.73	13.76	10.74	
	含油量	96.32	87.73	26.83	25.23	8.73	9.65	
	硫化物	9.63	8.64	10.45	8.62	5.87	6.78	

续表

时间	项目	来水	二沉	一滤	二滤	加药间取样口	阀组间	备注
6月10日	SS	58.35	49.72	20.73	—	9.87	8.64	
	含油量	20.76	18.65	12.68	—	5.84	5.96	
	硫化物	7.52	8.23	9.53	—	4.28	4.89	
6月15日	SS	68.72	49.85	18.73	—	9.76	7.82	
	含油量	98.23	87.11	25.76	—	10.13	6.24	
	硫化物	8.72	8.65	9.72	—	4.72	4.85	
6月21日	SS	49.87	45.72	15.28	14.25	7.89	7.23	
	含油量	40.13	42.45	9.77	8.23	8.04	8.15	
	硫化物	6.01	6.86	7.76	7.23	4.77	4.52	
	SRB	3.0×10^3	1.5×10^4	2.5×10^4	3.0×10^3	2.0×10^2	3.5×10^2	
	TGB	4.0×10^4	3.0×10^3	1.0×10^4	2.0×10^3	1.5×10^2	2.2×10^2	
	FB	2.0×10^1	3.0×10^1	2.0×10^1	1.2×10^1	2.0×10^1	2.0×10^1	
7月26日	SS	50.64	63.72	16.84	10.72	8.35	6.98	常规杀菌剂
	含油量	83.75	87.62	15.83	8.72	6.12	5.72	
	硫化物	6.73	7.74	5.24	5.02	5.82	4.67	
7月29日	SS	48.24	53.95	11.04	7.74	7.64	5.83	常规杀菌剂
	含油量	36.84	48.63	10.83	9.72	7.95	4.08	
	硫化物	4.87	6.83	5.78	5.23	4.87	4.23	
8月4日	SS	50.62	58.72	12.74	—	8.87	9.72	常规杀菌剂
	含油量	38.73	35.87	10.73	—	6.93	3.86	
	硫化物	5.82	6.13	5.53	—	4.25	4.12	

采用新型的德国进口的 WTW 在线监测设备，对整个配置工艺的水质进行深入地了解，了解配注工艺段的水质情况。

表 5-15　在线监测设备对整个工艺的监测数据

位置	Sal（盐度）/(mg/L)	M（电导率）/(μS/cm)	P（电阻率）/(Ω·m)	TDS（总溶解固体）/(mg/L)	pH 值	溶解氧/(mg/L)	ORP（氧化还原电位）/mV
来水	4.6	8.16	122.2	8.16	7.82	0.23	−290.5
一沉	4.6	8.15	122.7	8.15	7.72	0.8	−233.6
一滤	4.6	8.11	123.4	8.1	7.74	0.57	−340.9
二滤	4.6	8.12	123.2	8.12	7.93	2.33	−252.7
加药间取样口	4.6	8.07	124	8.07	7.85	0.52	−338.2
阀组间	4.6	8.1	123.5	8.09	7.88	0.12	−334.1

由表 5-15 可见，整体的盐度在 4.6‰，pH 值在 7.8～8.0，二滤的溶解氧属于好氧的范围，可能是工艺的事情，从 ORP（氧化还原电位）看，不同工艺段的厌氧程度不同，一滤、加药间取样口、阀组间的厌氧程度较高，水体具有很强的还原性物质，电导率和电阻率不

高，主要是盐分相对较小。

如图 5-1 所示，分析了葡三联的来水中的硫化物的情况，以平均值（去掉特殊点）计算，表现的规律为在夏季温度较高的时候，硫化物的含量表现较低，而在较为寒冷的季节，硫化物的含量有增加的趋势。

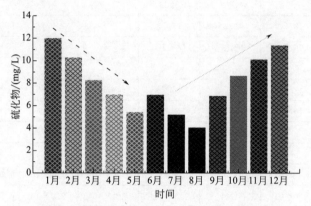

图 5-1 统计来水的硫化物季节变化的规律分析

如图 5-2 所示，虽然葡三联的来水不稳定，但是地面污水处理系统，先后通过一沉、一滤和二滤工艺，最终的一滤和二滤，以及过滤反冲洗的方法，可以将波动控制在较小的范围内，二滤后，硫化物的季节性的波动相差在 $3\sim4mg/L$，表现得较为稳定，从这个分析可见，过滤反冲洗工艺在油田采用的物理沉降处理方法中，是保证出水水质最为关键的工艺。在油田污水处理水质稳定中起到最为重要的作用。其工艺的价值被我们低估了，需要对其重新的认识，减轻过滤系统的压力，提高过滤反冲洗的工艺参数，减少滤料堵塞，加强前处理，对于提高水质具有重要的意义。

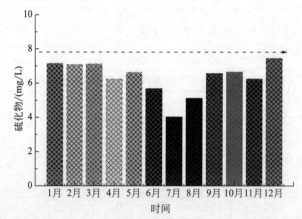

图 5-2 统计二滤后的硫化物季节变化的规律分析（以平均值计算）

来水的不稳定，其实相应地增加了过滤系统的不稳定，尤其在一滤；二滤是在一滤处理后的再次稳定处理，因此相对的冲击会小些，但是通过数据和现场也发现了有硫化物增加的趋势。

这个结论也充分地说明了我们以前提出的全流程的硫化物的控制，有重要的意义，对整个系统的调控是将来稳定水质的重要方法和手段。

5.1.3　葡三联地面污水处理系统工艺段矿化度的分析

（1）2015 年度地面污水处理系统的矿化度分析

表 5-16　七厂典型污水处理站的水质监测矿化度表（2015 年 8 月 17 日）

地点	取样点	pH 值	Cl^- /(mg/L)	CO_3^{2-} /(mg/L)	HCO_3^- /(mg/L)	NO_3^- /(mg/L)	Ca^{2+} /(mg/L)	Mg^{2+} /(mg/L)	SO_4^{2-} /(mg/L)	Na^++K^+ /(mg/L)	总矿化度 /(mg/L)
葡三联	井口	8.24	2079.56	0.00	2535.30	5.53	34.32	8.98	15.34	2563.34	7504.35
	油岗来水	7.53	1586.32	0.00	2574.38	4.68	37.86	7.45	9.85	2904.42	6568.64
	一沉出口	7.37	1485.90	0.00	2430.87	4.86	26.74	7.54	12.85	2047.64	6325.62
	二沉出口	7.28	1321.42	0.00	2356.55	3.53	24.64	7.34	9.53	1964.54	6280.80
	一滤出口	7.63	1402.54	0.20	2346.23	4.36	25.84	6.53	12.74	1975.84	6583.28
	二滤出口	7.64	1383.80	0.00	2626.23	4.23	25.63	6.64	11.96	1975.42	6743.85
	污水岗出口（去注）	7.53	1340.38	0.10	2435.54	4.96	25.35	5.86	9.45	1985.87	6028.84
葡一联	来水	7.96	1574.29	0.10	2542.52	4.95	22.85	8.21	8.23	1978.44	6583.48
	悬浮污泥出水	7.42	1405.35	0.00	2421.42	4.28	20.94	7.42	8.21	1955.36	6150.26

表 5-17　七厂典型污水处理站的水质监测矿化度表（2015 年 9 月 2 日）

地点	取样点	pH 值	Cl^- /(mg/L)	CO_3^{2-} /(mg/L)	HCO_3^- /(mg/L)	NO_3^- /(mg/L)	Ca^{2+} /(mg/L)	Mg^{2+} /(mg/L)	SO_4^{2-} /(mg/L)	Na^++K^+ /(mg/L)	总矿化度 /(mg/L)
葡三联	井口	—	—	—	—	—	—	—	—	—	—
	油岗来水	7.84	1535.36	0.00	2500.25	3.64	37.95	7.51	9.58	2308.35	6321.35
	一沉出口	7.84	1471.92	0.00	2532.54	5.06	21.96	8.48	12.40	2223.37	6625.34
	二沉出口	7.73	1521.42	0.00	2458.50	3.07	28.93	7.51	9.05	1946.68	6240.80
	一滤出口	7.75	1502.12	0.20	2546.24	5.32	23.96	6.05	12.60	1834.56	6538.00
	二滤出口	7.76	1501.86	0.10	2650.23	4.76	25.98	6.38	13.75	1823.45	6940.63
	污水岗出口（去注）	7.84	1570.24	0.00	2535.52	4.52	23.38	5.73	9.98	1944.58	6142.74
葡一联	来水	7.93	1527.03	0.00	2742.34	4.72	24.52	7.82	8.83	1734.43	6343.34
	悬浮污泥出水	7.85	1505.30	0.00	2524.25	4.35	23.95	7.21	8.05	1943.33	6929.23

注："—" 没有数据。

由表 5-16 和表 5-17 可见，pH 值变化不大，在过滤过程中，可能是加药的原因，pH 值有所变化，氯离子相对稳定，其中我们最关注的硝酸根的含量很低，硫酸根的含量不高，但是硫酸盐还原菌的数量较大，总矿化度不高。

（2）2016 年度地面污水处理系统的矿化度分析

2016 年不同的工艺段的矿化度分析见表 5-18、表 5-19。

表 5-18　不同的工艺段的矿化度分析（2016 年 6 月）

取样点	pH 值	Cl^- /(mg/L)	CO_3^{2-} /(mg/L)	HCO_3^- /(mg/L)	OH^- /(mg/L)	Ca^{2+} /(mg/L)	Mg^{2+} /(mg/L)	SO_4^{2-} /(mg/L)	Na^++K^+ /(mg/L)	矿化度 /(mg/L)
井口	7.86	1384	0	2783	0	28.87	8.53	9.23	1982	6195.63

取样点	pH 值	Cl^-/(mg/L)	CO_3^{2-}/(mg/L)	HCO_3^-/(mg/L)	OH^-/(mg/L)	Ca^{2+}/(mg/L)	Mg^{2+}/(mg/L)	SO_4^{2-}/(mg/L)	Na^++K^+/(mg/L)	矿化度/(mg/L)
油岗来水	7.84	1372	0	2852	0	29.34	9.23	9.29	1989	6260.86
一沉出口	7.64	1298	0	2625	0	27.25	7.33	8.43	1823	5789.01
二沉出口	7.23	1398	0	2764	0	27.54	8.62	8.52	1972	6178.68
一滤出口	7.36	1354	0	2682	0	25.52	8.25	7.14	1897	5973.91
二滤出口	7.45	1276	0	2584	0	27.42	7.54	7.12	1852	5754.08
污水岗出口(去注)	7.75	1389	0	2876	0	25.69	7.76	8.42	1896	6202.87

表 5-19　不同的工艺段的矿化度分析（2016 年 10 月）

取样点	pH 值	Cl^-/(mg/L)	CO_3^{2-}/(mg/L)	HCO_3^-/(mg/L)	OH^-/(mg/L)	Ca^{2+}/(mg/L)	Mg^{2+}/(mg/L)	SO_4^{2-}/(mg/L)	Na^++K^+/(mg/L)	矿化度/(mg/L)
井口	7.87	1287	0	2584	0	28.72	8.53	9.23	1982	5899.48
油岗来水	7.69	1323	0	2674	0	39.82	9.23	9.29	1989	6044.34
一沉出口	7.52	1301	0	2583	0	32.83	7.33	8.43	1823	5755.59
二沉出口	7.60	1322	0	2672	0	29.23	8.23	8.24	1857	5896.70
一滤出口	7.45	1287	0	2323	0	28.74	8.83	8.10	1863	5518.67
二滤出口	7.63	1287	0	2613	0	25.29	8.56	8.27	1869	5811.12
污水岗出口(去注)	7.46	1344	0	2287	0	29.24	8.35	7.43	1774	5450.02
井口	7.87	1328	0	2782	0	29.52	7.74	8.43	1885	6040.69

5.1.4　葡三联地面污水处理系统硫元素及其碳组成分析

表 5-20　七厂典型污水处理站的水质监测元素以及碳的组成（2016 年 8 月 17 日）

地点	取样点	TOC/(mg/L)	TC/(mg/L)	IC/(mg/L)	TN/(mg/L)	BOD/(mg/L)	COD/(mg/L)	C/%	H/%	N/%	O/%	S/%
葡三联	井口	28.42	634.5	593.3	4.24	68.45	384.48	40.9	4.11	8.2	40.82	8.56
	油岗来水	24.50	592.5	578	4.16	61.25	329.5	40.2	3.84	8.8	42.22	2.54
	一沉出口	24.00	587	558	3.516	60.67	264	40.6	3.93	8.4	43.43	4.53
	二沉出口	21.00	607.5	588	0.57	52.53	235	41.2	3.83	7.9	36.92	4.45
	一滤出口	22.50	562.5	517	3.73	55.23	244.5	42.1	4.12	8.2	38.43	4.37
	二滤出口	21.00	527.5	563	3.63	52.98	238.5	39.5	3.8	8.5	39.92	3.64
	污水岗出口(去注)	20.14	517.5	513	3.51	51.42	230.8	37.8	4.32	8.2	40.83	4.32
葡一联	来水	24.58	567.2	563	3.66	64.67	227.4	40.9	4.47	8.2	38.54	4.72
	悬浮污泥出水	24.59	555.4	563	3.64	68.39	246.4	40.9	4.05	8.2	41.94	4.63

注："—"没有数据。

表 5-21　七厂典型污水处理站的水质监测元素以及碳的组成（2016 年 9 月 2 日）

地点	取样点	TOC /(mg/L)	TC /(mg/L)	IC /(mg/L)	TN /(mg/L)	BOD /(mg/L)	COD /(mg/L)	C /%	H /%	N /%	O /%	S /%
葡三联	井口	—	—	—	—	—	—	—	—	—	—	—
	油岗来水	28.52	603.5	583	4.53	79.35	270.53	43.9	3.97	8.2	42.3	3.52
	一沉出口	27.00	595.7	562	3.76	66.28	274	41.5	3.99	8.2	39.8	4.83
	二沉出口	25.50	625.5	600	5.46	50.53	247	38.4	4.97	8.6	36.5	3.56
	一滤出口	28.50	580.5	526	3.83	58.24	268	43.8	4.12	7.8	38.3	4.83
	二滤出口	26.00	538.5	572	3.65	62.94	264	43.8	3.34	8.5	39.7	5.34
	污水岗出口	22.14	524.5	519	3.55	72.13	248	41.8	4.34	8.6	38.6	4.82
葡一联	来水	26.58	573.2	563	3.69	47.52	290.9	45.7	4.53	8.6	39.6	3.85
	悬浮污泥出水	25.60	558.4	584	3.70	45.35	253.2	39.6	4.34	8.3	41.2	5.33

注："—"没有数据。

由表 5-20 和表 5-21 可见，总有机碳（TOC）属于微生物可利用的，BOD/COD 比值小于 0.15，可见污水的可生化性差，总氮的含量不高，其中硫元素的含量在 3.0%～5.0%。

5.1.5　水质波动范围

① 从水质分析看，整个地面污水处理工艺的主要因子分布区间如表 5-22 所列。

表 5-22　地面系统中波动范围统计表

因子	pH 值	Cl^- /(mg/L)	CO_3^{2-} /(mg/L)	HCO_3^- /(mg/L)	OH^- /(mg/L)	Ca^{2+} /(mg/L)	Mg^{2+} /(mg/L)	SO_4^{2-} /(mg/L)	Na^++K^+ /(mg/L)
波动范围	7.0～8.5	1100～1800	0	2200～2900	0	20～40	2～13	0～10	1600～2000

因子	矿化度 /(mg/L)	SS /(mg/L)	Oil /(mg/L)	硫化物 /(mg/L)	TOC /(mg/L)	COD /(mg/L)	硫酸盐还原菌 /(个/mL)	腐生菌 /(个/mL)	铁细菌 /(个/mL)
波动范围	5000～6400	5～150	4～120	0.4～15	20～40	190～400	$10^1～10^7$	$10^1～10^7$	$10^1～10^4$

来水不是很稳定，含油量变化很大，含油量大不意味着悬浮物就高，悬浮物的高低，取决于里面的固态颗粒物以及二氧化硅等物质的多少。硫酸盐还原菌的数量受工艺的影响很小，主要控制方法是现有的杀菌剂的作用，二滤后的出水中的硫化物有增加的趋势。

② 粒径是污水回注的一个重要指标，从目前的水质分析看，基本上没有满足回注的标准，一沉出口和二沉出口的硫化物稳定，有增加的势头，铁细菌和腐生菌数量上变化不大。

③ pH 值变化不大，在过滤过程中，可能是加药的原因，pH 值有所变化，氯离子相对稳定，其中我们最关注的硝酸根的含量很低，硫酸根的含量不高，但是硫酸盐还原菌的数量较大，总矿化度不高。

④ 总有机碳（TOC）属于微生物可利用的，BOD/COD 值小于 0.15，可见污水的可生化性差，总氮的含量不高，其中硫元素的含量在 3.0%～5.0%。

⑤ 研究发现，水质随着季节发生较大的波动，两年的水质监测发现，夏季到秋季的硫化物相对低些，而进入冬季，尤其是在进入冬季的初期，水质的波动加大，硫化物体现的较为明显，主要的原因是地下来水中微生物、温度对硫酸盐还原菌的影响较为严重，硫酸盐还

原菌为了自身的化学反应的进行,将体内存储的硫单质释放出来,硫单质转化为硫化物,细菌获得能量,维持正常的代谢平衡,因此冬季温度低的时候硫化物会稍高一些。

5.2　典型地面污水处理系统水质组成以及污染物分析

5.2.1　从井口采出液到整个地面污水处理系统典型的工艺段到注入井的工艺段的水质分析

研究于 2014 年 6 月份进行取样,针对采油七厂两种类型的污水处理站,进行了比较全面的取样,取样的站点包括葡三联污水处理站、葡四联污水处理站以及管道水和洗井水(表 5-23~表 5-25)。

表 5-23　七厂典型污水处理站的水质监测数据表

地点	取样点	含油量/(mg/L)	悬浮物/(mg/L)	粒径中值/μm	硫化物/(mg/L)	SRB/(个/mL)	TGB/(个/mL)	FB/(个/mL)
葡三联	井口	3689.31	287.85	1.843	10.18	6.0×10^4	3.0×10^4	$\geq 2.5 \times 10^5$
	油岗来水	31.30	23.33	1.324	10.24	6.0×10^3	2.5×10^4	$\geq 2.5 \times 10^5$
	一沉出口	270.99	286.67	1.643	10.69	2.5×10^4	2.5×10^4	$\geq 2.5 \times 10^5$
	二沉出口	405.01	83.33	1.342	6.01	2.0×10^4	1.3×10^4	$\geq 2.5 \times 10^5$
	悬浮污泥出口	20.91	56.67	2.754	8.27	1.3×10^4	$\geq 2.5 \times 10^5$	$\geq 2.5 \times 10^5$
	一滤出口	8.33	16.67	1.043	9.85	2.5×10^3	2.0×10^3	$\geq 2.5 \times 10^5$
	二滤出口	9.54	20.00	1.003	9.25	1.5×10^3	1.3×10^3	2.5×10^5
	污水岗出口(去注)	14.24	40.00	0.984	8.28	0.6×10^3	2.5×10^2	2.5×10^5
葡四联	三联来水	88.41	20.00	1.984	8.02	4.0×10^4	2.5×10^4	$\geq 2.5 \times 10^5$
	横向流进口	94.19	33.33	1.846	6.22	2.5×10^4	2.5×10^4	$\geq 2.5 \times 10^5$
	横向流出口	68.84	20.00	1.653	6.80	6.0×10^3	2.5×10^4	$\geq 2.5 \times 10^5$
	一滤出	5.22	3.33	1.023	8.10	1.3×10^3	2.0×10^4	2.5×10^5
	二滤出	8.87	3.33	0.912	9.15	2.5×10^3	1.3×10^4	2.5×10^5
管道水	葡509管道反冲洗水	18.64	90.00	2.876	9.43	2.5×10^3	6.0×10^4	$\geq 2.5 \times 10^5$
	葡509管道水	43.30	1426.67	2.091	14.25	5.0×10^5	$\geq 2.5 \times 10^5$	$\geq 2.5 \times 10^5$
洗井水	葡三联	5835.16	1203.33	2.482	21.34	2.5×10^6	$\geq 2.5 \times 10^5$	$\geq 2.5 \times 10^5$

表 5-24　七厂典型污水处理站的水质监测矿化度表

地点	取样点	pH	Cl^-/(mg/L)	CO_3^{2-}/(mg/L)	HCO_3^-/(mg/L)	OH^-/(mg/L)	Ca^{2+}/(mg/L)	Mg^{2+}/(mg/L)	SO_4^{2-}/(mg/L)	$Na^+ + K^+$/(mg/L)	总矿化度/(mg/L)
葡三联	井口	7.80	1590.43	0.00	2689.35	0.00	25.38	8.12	10.5322	2013.23	6904.38
	油岗来水	7.79	1563.23	0.00	2529.28	0.00	20.96	7.27	9.5300	1934.33	6064.59
	一沉出口	7.77	1571.96	0.00	2554.57	0.00	21.96	8.11	11.4000	1947.68	6115.68
	二沉出口	7.75	1554.49	0.00	2554.57	0.00	22.96	7.39	9.6800	1935.75	6084.84
	悬浮污泥出口	7.79	1557.99	0.00	2541.93	0.00	24.56	6.90	9.7900	1932.39	6073.54
	一滤出口	7.94	1563.23	0.00	2529.28	0.00	23.96	6.66	10.6000	1932.55	6066.27

地点	取样点	pH	Cl^-/(mg/L)	CO_3^{2-}/(mg/L)	HCO_3^-/(mg/L)	OH^-/(mg/L)	Ca^{2+}/(mg/L)	Mg^{2+}/(mg/L)	SO_4^{2-}/(mg/L)	Na^++K^+/(mg/L)	总矿化度/(mg/L)
葡三联	二滤出口	7.74	1510.83	0.00	2655.74	0.00	24.95	6.05	10.9000	1946.37	6154.85
	污水岗出口（去注）	7.94	1577.20	0.00	2554.57	0.00	27.35	7.27	9.9500	1945.80	6122.14
葡四联	三联来水	7.91	1537.03	0.00	2605.16	0.00	20.96	6.90	8.3500	1946.06	6124.45
	横向流进口	7.84	1554.49	0.00	2529.28	0.00	21.96	7.39	9.6700	1927.36	6050.15
	横向流出口	7.96	1545.76	0.00	2529.28	0.00	22.16	7.99	10.7000	1920.81	6036.70
	一滤出	7.81	1545.76	0.00	2516.63	0.00	21.56	7.27	9.6700	1917.61	6018.50
	二滤出	7.80	1510.83	0.00	2579.86	0.00	21.56	8.48	13.7000	1918.42	6052.85
管道水	葡509管道反冲洗水	8.01	913.48	0.00	1618.74	0.00	35.34	8.84	21.0000	1155.59	3752.98
	葡509管道水	7.92	981.60	0.00	1732.56	0.00	31.14	10.66	12.9000	1240.18	4009.04
洗井水	葡三联	7.83	1864.53	0.00	2745.63	0.00	30.34	12.46	13.43	2583.56	7249.95

表 5-25　七厂典型污水处理站的水质监测元素以及碳的组成

地点	取样点	TOC/(mg/L)	TC/(mg/L)	IC/(mg/L)	TN/(mg/L)	BOD/(mg/L)	COD/(mg/L)	C/%	H/%	N/%	O/%	S/%
葡三联	井口	26.00	602.5	578.5	4.216	65	286	40.9	4.11	8.2	40.8	6.65
	油岗来水	24.50	592.5	578	4.1625	61.25	269.5	40.2	3.84	8.8	42.2	5.56
	一沉出口	24.00	587	558	3.516	60	264	40.6	3.93	8.4	40.2	6.63
	二沉出口	21.00	607.5	588	0.466	52.5	239	41.2	3.83	7.9	36.9	6.43
	悬浮污泥出口	22.50	577.5	566	3.606	50.46	249.5	40.5	4.52	7.6	40.4	5.53
	一滤出口	22.50	562.5	517	3.5555	55.23	244.5	42.1	4.12	8.2	38.43	5.34
	二滤出口	21.00	527.5	563	3.6065	52.9	238	39.6	3.8	8.5	40.9	6.65
	污水岗出口（去注）	20.14	517.5	513	3.5065	51.4	230	37.8	4.32	8.2	40.8	5.98
葡四联	三联来水	24.58	567.2	563	3.6065	61.38	267.5	40.9	4.47	8.2	40.8	5.86
	横向流进口	24.59	555.4	563	3.6065	61.12	263.5	40.9	4.05	8.2	40.8	5.93
	横向流出口	23.23	598.2	563	3.6065	61.63	269.5	40.9	4.32	8.1	39.34	5.74
	一滤出口	24.58	585.9	563	3.6065	61.25	259.5	40.9	3.89	8.1	40.8	5.98
	二滤出口	23.25	563.3	563	3.6065	60.29	243.6	41.2	4.02	8.3	38.4	5.83
管道水	葡509管道反冲洗水	29.50	637.5	613	4.5115	73.75	324.5	38.4	4.13	8.6	37.5	7.25
	葡509管道水	21.02	607.5	543	3.656	52.5	228	40.9	4.22	8.1	40.2	6.12
洗井水	葡三联	41.00	787.5	713	7.66	102.5	458	34.2	3.92	6.6	32.1	8.24

5.2.2 葡三联的污水组成成分分析

(1) 油岗来水

研究考虑到不同萃取剂对有机物的萃取的效率和偏好，分别采用甲基叔丁基醚（MT-BE）和正己烷（n-hexane）进行萃取，考察两种溶剂萃取的物质的差异，同时获得更多种类的有机物。

如图 5-3 和表 5-26 所示，甲基叔丁基醚萃取的物质有 99 种，其中主要是烃类以及烷烃类物质，表明甲基叔丁基醚对石油类物质萃取的效率高。

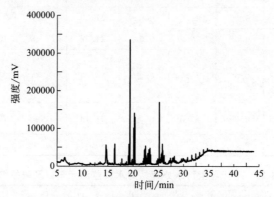

图 5-3　油岗来水的 MTBE 的气质联机物质组成

表 5-26　油岗来水甲基叔丁基醚（MTBE）萃取剂的 GC-MS 比对的物质

序号	RT/min	峰值（Ab）	物质名称（MTBE）	分子量
1	11.59	8137	oxime-,methoxy-phenyl-	151.063
2	13.213	8292	辛烷,2,3-dimethyl-	142.172
3	13.513	11316	[1,1′-Biphenyl]-4-acetonitrile	193.089
4	14.651	54998	环四聚二甲基硅氧烷,octamethyl-	296.075
5	14.761	44138	十一烷,4,6-dimethyl-	184.219
6	14.963	14958	2h-pyran,2-[(5-chloropentyl)oxy]tetrahydro-	206.107
7	15.287	9076	9-oxa-bicyclo[3.3.1]壬烷-2,6-dione	154.063
8	15.541	7907	壬烯	126.141
9	15.83	8389	二十烷	282.329
10	15.957	8208	癸烷,3,6-dimethyl-	170.203
11	16.303	46467	2-十一碳烯,4-methyl-	168.188
12	16.384	57989	3-十一碳烯,8-methyl-	168.188
13	17.106	6461	p-trimethylsilyloxyphenyl-(trimethylsilyloxy)trimethylsilylacrylate	398.176
14	17.788	19351	3-hydroxymandelic acid,ethyl ester,di-TMS	340.153
15	18.036	6527	2-thiopheneacetic acid,2-ethylcyclohexyl ester	252.118
16	18.233	5947	2-methyl-2-heptene	112.125
17	18.452	8120	十一烷,4,6-dimethyl-	184.219
18	18.492	6176	十九烷	268.313

序号	RT/min	峰值（Ab）	物质名称（MTBE）	分子量
19	18.556	8316	十三烷	184.219
20	18.724	12359	十一烷,4,8-dimethyl-	184.219
21	19.07	27610	癸烷,5-ethyl-5-methyl-	184.219
22	19.197	57755	未知癸烷,4,6-dimethyl-	184.219
23	19.307	35514	癸烷,5-ethyl-5-methyl-	184.219
24	19.376	335453	苯,1,3-bis(1,1-dimethylethyl)-	190.172
25	19.486	6372	十一烷,2,4-dimethyl-	184.219
26	19.55	9086	4-isopropylcyclohexanone	140.12
27	19.654	8770	D-campholic acid	170.131
28	19.694	8142	1-十一碳烯,7-methyl-	168.188
29	19.734	14922	十五烷	212.25
30	19.827	18300	1-十七碳烯	238.266
31	19.937	10992	十四烷,2,6,10-trimethyl-	240.282
32	20.052	12813	1-iodo-2-methylundecane	296.1
33	20.116	101490	2,3-dimethyl-3-heptene,(Z)-	126.141
34	20.237	141056	4-isopropyl-1,3-烯己二酮	154.099
35	20.358	130534	4-isopropyl-1,3-烯己二酮	154.099
36	20.404	16284	乙酰胺,N-(2-hydroxy-3-pentenyl)-	143.095
37	20.526	6642	二十烷	282.329
38	20.809	6868	threo-N-(beta-hydroxy-alpha-methylphenethyl)-N-(methyl)aminoacetonitrile	204.126
39	21.773	7562	十二烷,2-methyl-	184.219
40	21.958	13660	十九烷,9-methyl-	282.329
41	22.097	20898	十七烷	240.282
42	22.218	41898	十二烷	170.203
43	22.322	45257	十三烷,5-propyl-	226.266
44	22.449	53203	octa 癸烷,1-iodo-	380.194
45	22.565	27448	十六烷,2-methyl-	240.282
46	22.646	20463	十六烷	226.266
47	22.675	21285	2',6'-dihydroxyacetophenone,bis(trimethylsilyl)ether	296.126
48	22.755	10046	十八烷	254.297
49	22.865	32286	苯酚,2,4-bis(1,1-dimethylethyl)-	206.167
50	22.911	34131	丁羟甲苯	220.183
51	22.992	29994	环己烷,1,2,4-trimethyl-	126.141
52	23.062	10491	十八烷	254.297
53	23.108	43536	乙醇,2-(tetradecyloxy)-	258.256
54	23.189	39121	十六烷	226.266
55	23.327	47256	bacchotricuneatinc	342.147

序号	RT/min	峰值（Ab）	物质名称（MTBE）	分子量
56	23.449	30463	1-十六醇,2-methyl-	256.277
57	23.581	8084	十八烷	254.297
58	23.697	7586	十八烷	254.297
59	24.673	14533	3,6-dioxa-2,4,5,7-tetrasila 辛烷,2,2,4,4,5,5,7,7-octamethyl-	294.132
60	24.766	14717	十一烷,4,6-dimethyl-	184.219
61	24.864	19703	三十一烷	436.501
62	24.985	16692	十三烷,2-methyl-	198.235
63	25.072	16893	十一烷,2,9-dimethyl-	184.219
64	25.147	169550	m-Menthane,(1S,3R)-(+)-	140.157
65	25.233	18856	二十烷	282.329
66	25.332	14115	二十烷	282.329
67	25.47	22737	十四烷	198.235
68	25.569	31639	十四烷	198.235
69	25.626	24407	十四烷	296.344
70	25.661	35055	3-己烯,2,2,5,5-tetramethyl-,(Z)-	140.157
71	25.73	19565	二十烷	282.329
72	25.776	58181	环己烷,1-ethyl-1,4-dimethyl-,trans-	140.157
73	25.869	41343	环己烷,1,2,4-trimethyl-	126.141
74	26.008	24178	环戊烷,hexyl-	154.172
75	26.129	28398	2-pentene-1,4-dione,1-(1,2,2-trimethylcyclopentyl)	208.146
76	26.4	10693	2-ketoisovaleric acid oxime,bis(trimethylsilyl)-deriv	275.137
77	27.036	10895	二十烷,2-methyl-	296.344
78	27.111	13709	十四烷	296.344
79	27.197	15694	二十烷	282.329
80	27.307	14371	oxalic acid,butyl 6-ethyloct-3-yl ester	286.214
81	27.388	21625	1-iodo-2-methylundecane	296.1
82	27.527	14160	十三烷,2-methyl-	198.235
83	27.683	14590	十八烷	254.297
84	27.833	21728	十四烷	296.344
85	27.943	22597	4-hexen-2-one,3,3-diethyl-4,5-dimethyl-	182.167
86	28.023	18195	环己烷,1,2,4-trimethyl-	126.141
87	28.168	26229	肌氨酸,N-(cyclopentylcarbonyl)-,ethyl ester	213.136
88	28.255	15098	bicyclo[3.1.1]heptan-3-one,6,6-dimethyl-2-(2-methylpropyl)-	194.167
89	28.341	15239	thiophen-2-methylamine,N-(2-fluorophenyl)-	207.052
90	28.543	14079	庚烷,1,7-dibromo-	255.946
91	28.769	11452	苯磺酰胺,N-(4-chlorophenyl)-4-methyl-	281.028
92	29.595	19725	1,4-苯二酚,2,5-bis(1,1-dimethylethyl)-	222.162

序号	RT/min	峰值（Ab）	物质名称（MTBE）	分子量
93	29.883	20605	1h-indene,2,3-dihydro-1,3-dimethyl-	146.11
94	30.334	16846	环己烷,1-ethyl-2-propyl-	154.172
95	30.652	15980	methyltris(trimethylsiloxy)silane	310.127
96	30.709	18574	乙烯基环体,decamethyl-	310.127
97	30.813	22899	二十烷	282.329
98	31.639	29388	二十烷	282.329
99	32.442	32925	十八烷	254.297

如图 5-4 和表 5-27 所示，正己烷（n-hexane）萃取的物质有 100 种，其中主要是烃类以及烷烃类物质，两种萃取剂萃取的物质基本相同。

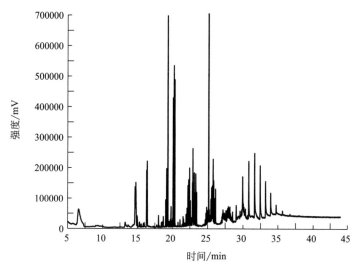

图 5-4　油岗来水的正己烷（n-hexane）的气质联机物质组成

表 5-27　油岗来水正己烷（n-hexane）萃取剂的 GC-MS 比对的物质

序号	RT/min	峰值（Ab）	物质名称（MTBE）	分子量
1	3.728	40582	己烷,3-ethyl-4-methyl-	128.157
2	6.547	63849	2,4-dimethyl-1-heptene	126.141
3	13.236	20979	壬烷,4-methyl-	142.172
4	13.64	11972	9,11-octadecadiynoic acid,8-hydroxy-,methyl ester	306.219
5	14.276	10388	1-ethyl-2,2,6-trimethyl 环己烷	154.172
6	14.426	13813	癸烷	142.172
7	14.657	136943	十二烷,4,6-dimethyl-	198.235
8	14.761	152140	庚烷,5-ethyl-2-methyl-	142.172
9	14.957	41935	2-十一碳烯,(E)-	154.172
10	15.292	21537	1-Ethyl-2,2,6-trimethyl 环己烷	154.172
11	15.529	15391	环戊烷,1,1,2-trimethyl-	112.125

序号	RT/min	峰值(Ab)	物质名称(MTBE)	分子量
12	15.83	16637	癸烷,3,6-dimethyl-	170.203
13	15.951	20331	二十八烷	394.454
14	16.297	192001	5-十二烯,(E)-	168.188
15	16.384	221597	3-Tridecene,(E)-	182.203
16	17.788	12178	benzaldehyde,2,4-bis(trimethylsiloxy)-	282.111
17	18.03	43565	2h-pyran-2-one,5,6-dihydro-6-pentyl-	168.115
18	18.452	20454	十五烷,2,6,10,14-tetramethyl-	268.313
19	18.487	14622	十二烷	170.203
20	18.556	22618	十一烷,3,6-dimethyl-	184.219
21	18.724	39795	十一烷,2,8-dimethyl-	184.219
22	19.07	95456	十二烷,2,6,11-trimethyl-	212.25
23	19.197	197833	十二烷,4,6-dimethyl-	198.235
24	19.307	116446	十二烷,4,6-dimethyl-	198.235
25	19.37	911183	苯,1,3-bis(1,1-dimethylethyl)-	190.172
26	19.544	24375	十八烷,1-(ethenyloxy)-	296.308
27	19.654	22738	环戊烷,1-butyl-2-pentyl-	196.219
28	19.694	21787	5-十四烯,(E)-	196.219
29	19.734	29741	磺酸,hexyl octyl ester	278.192
30	19.827	72830	2-bromopropionic acid,tetradecyl ester	348.166
31	19.942	25827	十八烷,3-ethyl-5-(2-ethylbutyl)-	366.423
32	20.052	33299	十四烷	198.235
33	20.116	429373	3-ethyl-6-heptafluorobutyryloxyoctane	354.143
34	20.237	535324	4-isopropyl-1,3-环己烷 dione	154.099
35	20.358	488933	环己烷,1,2-diethyl-1-methyl-	154.172
36	20.815	21233	propanoic acid,2-methyl-,3-hydroxy-2,4,4-trimethylpentyl ester	216.173
37	21.103	29424	丁酸,butyl ester	144.115
38	21.427	15113	dibutyl methanephosphonate	208.123
39	21.531	40039	3-cyclopent-1-enyl-3-hydroxy-2-methylpropionic acid	170.094
40	21.606	32172	cyclohexanol,1-ethyl-	128.12
41	21.646	18181	十九烷,9-methyl-	282.329
42	21.773	18917	二十六烷	366.423
43	21.958	46900	十八烷,2-methyl-	268.313
44	22.091	67413	十六烷,2,6,10,14-tetramethyl-	282.329
45	22.218	141948	十一烷,3,9-dimethyl-	184.219
46	22.322	161046	2,3-dimethyldodecane	198.235
47	22.449	199753	2,3-dimethyldodecane	198.235

序号	RT/min	峰值（Ab）	物质名称（MTBE）	分子量
48	22.565	92611	2,3-dimethyldodecane	198.235
49	22.64	36765	二十烷	282.329
50	22.755	19443	二十烷	282.329
51	22.859	152976	苯酚,2,4-bis(1,1-dimethylethyl)-	206.167
52	22.911	263536	butylated hydroxytoluene	220.183
53	22.992	123517	eicosyl pentafluoropropionate	444.303
54	23.108	183852	环己烷,1,2,4-trimethyl-	126.141
55	23.189	118689	癸烷,2-methyl-	156.188
56	23.327	180456	7-十四烯,(Z)-	196.219
57	23.449	120078	乙酰基,1-cyclopentyl-	112.089
58	24.667	30009	二十烷	282.329
59	24.766	51758	十六烷,2,6,10,14-tetramethyl-	282.329
60	24.864	71010	十四烷	198.235
61	24.956	50123	二十烷	282.329
62	24.979	58507	二十烷	282.329
63	25.072	61213	十五烷,2,6,10-trimethyl-	254.297
64	25.141	1278708	1,2,4-triazol-4-amine,N-(2-thienylmethyl)-	180.047
65	25.222	62517	二十烷	282.329
66	25.337	44742	十八烷,1-iodo-	380.194
67	25.47	97900	环己烷,1,1,3,5-tetramethyl-,cis-	140.157
68	25.569	135555	tetracosyl heptafluorobutyrate	550.362
69	25.661	140784	2-bromo dodecane	248.114
70	25.73	65888	1-十六醇,2-methyl-	256.277
71	25.776	228707	2,2-dimethyl-3-heptene trans	126.141
72	25.869	157924	五氟丙酸钠盐	584.459
73	26.008	99648	propane,3,3-dichloro-1,1,1,2,2-pentafluoro-	201.938
74	26.129	130536	3-己烯,2,2,5,5-tetramethyl-,(Z)-	140.157
75	26.845	20696	二十烷	282.329
76	26.943	27055	十六烷	226.266
77	27.036	39612	二十八烷	394.454
78	27.111	48977	十六烷,2,6,10,14-tetramethyl-	282.329
79	27.186	60256	十八烷	254.297
80	27.382	51992	十四烷,2,6,10-trimethyl-	240.282
81	27.527	45357	十一烷,3,9-dimethyl-	184.219
82	27.602	59866	1-azabicyclo[2.2.2]octan-3-one	125.084
83	27.683	54187	癸烷,3,7-dimethyl-	170.203

序号	RT/min	峰值(Ab)	物质名称(MTBE)	分子量
84	27.769	59154	磺酸,butyl heptadecyl ester	376.301
85	27.937	72244	二十烷	282.329
86	28.023	68291	(＋)-3-(2-carboxy-trans-propenyl)-2,2-dimethylcyclopropane-*trans*-1-carboxylic acid,[1alpha,3beta(*E*)]-	198.089
87	28.11	67432	二十烷	282.329
88	28.162	71538	ketone,2,2-dimethylcyclohexyl methyl	154.136
89	28.255	49250	2-isopropyl-4-methylhex-2-enal	154.136
90	28.543	55395	庚烷,1,7-dibromo-	255.946
91	29.046	76566	十四烷	296.344
92	29.589	58054	2-phenyl-2,3-dihydro-1,5-benzothiazepin-4(5*H*)-one,*S*-oxide	271.067
93	29.941	171450	十八烷	254.297
94	30.334	65312	bicyclo[3.1.1]heptan-3-one,6,6-dimethyl-2-(2-methylpropyl)-	194.167
95	30.808	221989	十八烷	254.297
96	31.639	248132	三十一烷	436.501
97	32.437	207578	四十四烷	618.704
98	33.211	156293	二十烷	282.329
99	33.962	118405	二十烷	282.329
100	34.741	78327	十八烷	254.297

（2）一沉出口

研究考虑到不同萃取剂对有机物的萃取的效率和偏好，分别采用甲基叔丁基醚（MTBE）和正己烷（*n*-hexane）进行萃取，考察两种溶剂萃取物质的差异，同时获得更多种类的有机物。

如图5-5和表5-28所示，甲基叔丁基醚萃取的物质有100种，其中主要是烃类以及烷烃类物质，表明甲基叔丁基醚对石油类物质萃取的效率高。

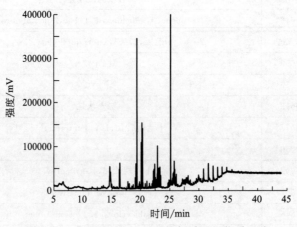

图5-5　一沉出口的MTBE的气质联机物质组成

表 5-28　一沉出口甲基叔丁基醚（MTBE）萃取剂的 GC-MS 比对的物质

序号	RT/min	峰值（Ab）	物质名称（MTBE）	分子量
1	11.607	7969	oxime -,methoxy-phenyl-	151.063
2	13.242	9211	壬烷,4-methyl-	142.172
3	13.525	11382	2-Anthracenamine	193.089
4	14.657	53494	环四聚二甲基硅氧烷,octamethyl-	296.075
5	14.767	42389	己烷,3,3-dimethyl-	114.141
6	14.963	14932	5-十一碳烯,(E)-	154.172
7	15.31	9355	octane,3,4-dimethyl-	142.172
8	15.541	7908	3-十一碳烯,(Z)-	154.172
9	15.835	8512	十七烷,2,6,10,15-tetramethyl-	296.344
10	15.957	8158	十一烷,4,7-dimethyl-	184.219
11	16.303	48692	5-十二烯,(E)-	168.188
12	16.384	62069	5-十二烯,(E)-	168.188
13	16.719	7194	十一烷,5-ethyl-	184.219
14	17.106	6992	苯甲腈,3-(2-hydroxy-5-nitrobenzylidenamino)-	267.064
15	17.788	20340	3-hydroxymandelic acid,ethyl ester,di-TMS	340.153
16	18.03	15972	1h-naphthalen-2-one,3,4,5,6,7,8-hexahydro-4a,8a-dimethyl-	180.151
17	18.238	6048	哌啶,3-methyl-1-nitroso-	128.095
18	18.452	8648	十六烷,7-methyl-	240.282
19	18.492	10443	十二烷	170.203
20	18.556	8811	癸烷,5-ethyl-5-methyl-	184.219
21	18.723	13550	1-iodoundecane	282.084
22	19.07	29418	十八烷,2,6-dimethyl-	282.329
23	19.197	60765	癸烷,5-ethyl-5-methyl-	184.219
24	19.307	37589	十二烷,4,6-dimethyl-	198.235
25	19.376	345214	苯,1,3-bis(1,1-dimethylethyl)-	190.172
26	19.549	9560	6-十四烯,(E)-	196.219
27	19.653	9717	7-十四烯	196.219
28	19.734	15361	十二烷	170.203
29	19.827	20031	7-hexadecene,(Z)-	224.25
30	19.942	12130	2-Bromo dodecane	248.114
31	20.017	8345	十五烷	212.25
32	20.052	14450	十四烷,4-ethyl-	226.266
33	20.116	109794	环己烷,1,1,3,5-tetramethyl-,cis-	140.157
34	20.237	153836	2-acetylcyclopentanone	126.068
35	20.358	141226	4-isopropyl-1,3-烯己二酮	154.099
36	20.404	18233	十七烷,2-methyl-	254.297
37	20.531	7425	二十烷,2-methyl-	296.344
38	20.659	7870	二十烷,2-methyl-	296.344
39	20.82	16046	propanoic acid,2-methyl-,2,2-dimethyl-1-(2-hydroxy-1-methylethyl)propyl ester	216.173

序号	RT/min	峰值（Ab）	物质名称（MTBE）	分子量
40	21.103	21570	丁酸，butyl ester	144.115
41	21.392	9311	二十烷	282.329
42	21.531	16551	3-Chloro-5,5-dimethyl-2-cyclohexen-1-one	158.05
43	21.6	11374	1-氟金刚烷	154.116
44	21.773	8902	十九烷	268.313
45	21.958	15589	十七烷，2,3-dimethyl-	268.313
46	22.097	22268	十六烷	226.266
47	22.218	44350	十四烷，2,6,10-trimethyl-	240.282
48	22.322	48502	十一烷，3,9-dimethyl-	184.219
49	22.449	59996	十四烷，2,6,10-trimethyl-	240.282
50	22.565	29701	2,3-dimethyl 十二烷	198.235
51	22.646	21100	十三烷，2-methyl-	198.235
52	22.675	25205	2′,6′-dihydroxyacetophenone,bis(trimethylsilyl)ether	296.126
53	22.755	11463	十八烷	254.297
54	22.865	38313	苯酚，2,4-bis(1,1-dimethylethyl)-	206.167
55	22.911	101435	丁羟甲苯	220.183
56	22.992	36228	十八烷	254.297
57	23.067	11082	十八烷	254.297
58	23.108	51033	环己烷，1,2,4-trimethyl-	126.141
59	23.189	44672	3-十四烯，(E)-	196.219
60	23.327	53233	bacchotricuneatin c	342.147
61	23.449	34527	2-hexyl-1-octanol	214.23
62	24.667	16896	tris(trimethylsilyl)borate	278.136
63	24.766	18812	十八烷	254.297
64	24.864	24221	二十烷	282.329
65	24.956	18272	二硫化物，di-tert-dodecyl	402.335
66	24.979	20282	二十烷	282.329
67	25.072	23306	十三烷，2-methyl-	198.235
68	25.141	470683	2-thiopheneacetic acid,2-methylphenyl ester	232.056
69	25.228	23547	二十烷	282.329
70	25.337	18092	三十一烷	436.501
71	25.476	28283	1-十七碳烯	238.266
72	25.568	38528	1-十六醇，2-methyl-	256.277
73	25.661	41894	2-sec-butyl-3-methyl-1-pentene	140.157
74	25.73	24562	2-sec-butyl-3-methyl-1-pentene	140.157
75	25.776	66631	2-propanone,1,1,3,3-tetrachloro-	193.886
76	25.869	48543	十四烷	198.235
77	26.007	30594	1-十七碳烯	238.266
78	26.129	36976	ketone,2,2-dimethylcyclohexyl methyl	154.136

续表

序号	RT/min	峰值(Ab)	物质名称(MTBE)	分子量
79	26.4	14412	丁二酸,bis(trimethylsilyl)ester	262.106
80	27.03	17067	octane,5-ethyl-2-methyl-	156.188
81	27.111	19011	十八烷	254.297
82	27.18	25822	nonahexacontanoic acid	999.07
83	27.388	24387	三十四烷	478.548
84	27.602	25243	2-dodecen-1-yl(—)succinic anhydride	266.188
85	27.683	21296	十四烷	296.344
86	27.764	23557	1,3-dimethyl-5-isobutylcyclohexane	168.188
87	27.943	29398	环己烷,1-ethyl-2-propyl-	154.172
88	28.023	25364	环己烷,1-ethyl-2-propyl-	154.172
89	28.168	33775	十六烷,1,16-dichloro-	294.188
90	28.335	21671	2,2,3,3-tetramethylcyclopropanecarboxylic acid,nonyl ester	268.24
91	28.543	24142	1,2,5-oxadiborolane,2,3,3,4,5-pentaethyl-	208.217
92	28.769	16216	cyclobarbital	236.116
93	29.052	19021	二十烷	282.329
94	29.589	27373	2-丁烯,3-chloro-1-phenyl-,(Z)-	166.055
95	29.883	29620	1-bromo-11-iodoundecane	359.995
96	30.813	48953	二十烷	282.329
97	31.639	61183	二十烷	282.329
98	32.442	55379	二十烷	282.329
99	33.216	52754	二十烷	282.329
100	33.967	53289	cyclotrisiloxane,hexamethyl-	222.056

如图 5-6 和表 5-29 所示，正己烷（n-hexane）萃取的物质有 100 种，其中主要是烃类以及烷烃类物质，两种萃取剂萃取的物质基本相同。

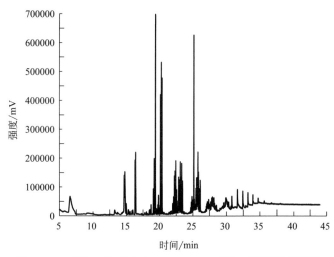

图 5-6　一沉出口的正己烷（n-hexane）的气质联机物质组成

表 5-29　一沉出口正己烷（n-hexane）萃取剂的 GC-MS 比对的物质

序号	RT/min	峰值（Ab）	物质名称（MTBE）	分子量
1	3.722	37366	hexane	86.11
2	6.581	67710	2,4-dimethyl-1-heptene	126.141
3	13.242	20652	壬烷,4-methyl-	142.172
4	14.287	10504	1-十一碳烯,7-methyl-	168.188
5	14.432	13703	2′,6′-dihydroxyacetophenone,bis(trimethylsilyl)ether	296.126
6	14.663	140256	庚烷,5-ethyl-2,2,3-trimethyl-	170.203
7	14.767	153676	庚烷,5-ethyl-2,2,3-trimethyl-	170.203
8	14.963	43095	1-octene,2,6-dimethyl-	140.157
9	15.292	21820	3-十一碳烯,(E)-	154.172
10	15.529	15971	1-ethyl-2,2,6-trimethylcyclohexane	154.172
11	15.841	18549	十四烷,2,6,10-trimethyl-	240.282
12	15.957	21005	hexane,3,3-dimethyl-	114.141
13	16.297	193751	乙酰基,1-cyclopentyl-	112.089
14	16.384	220538	3-十一碳烯,9-methyl-,(E)-	168.188
15	17.793	11884	3-hydroxymandelic acid,ethyl ester,di-TMS	340.153
16	18.03	14472	Tert-butylaminoacrylonitryl	124.1
17	18.452	20204	十一烷,4,6-dimethyl-	184.219
18	18.492	14648	十二烷	170.203
19	18.556	22677	十一烷,4,6-dimethyl-	184.219
20	18.723	39258	十一烷,4,8-dimethyl-	184.219
21	19.07	94161	十二烷,4,6-dimethyl-	198.235
22	19.197	199095	十二烷,4,6-dimethyl-	198.235
23	19.307	118166	十二烷,4,6-dimethyl-	198.235
24	19.376	982989	苯,1,3-bis(1,1-dimethylethyl)-	190.172
25	19.544	25373	3-十四烯,(Z)-	196.219
26	19.653	23398	十五基三氟乙酸盐	324.228
27	19.694	21707	1-十六醇,2-methyl-	256.277
28	19.734	38763	十五烷	212.25
29	19.827	71973	5-Eicosene,(E)-	280.313
30	19.936	27445	三十四烷	478.548
31	20.052	37075	十二烷	170.203
32	20.116	420049	环己烷,1,2,4-trimethyl-	126.141
33	20.237	531841	环己烷,1,2,3-trimethyl-,(1alpha,2beta,3alpha)-	126.141
34	20.358	477490	环己烷,1,2-diethyl-1-methyl-	154.172
35	20.526	12835	3,5-dimethyldodecane	198.235

序号	RT/min	峰值（Ab）	物质名称（MTBE）	分子量
36	21.45	12532	十九烷，9-methyl-	282.329
37	21.537	13445	3-chloro-5,5-dimethyl-2-cyclohexen-1-one	158.05
38	21.6	14805	2-十四烯，(E)-	196.219
39	21.646	16226	二十六烷	366.423
40	21.773	17557	十四烷	198.235
41	21.814	16169	十八烷	254.297
42	21.958	43147	十七烷，2,6,10,15-tetramethyl-	296.344
43	22.097	66490	十三烷，4-methyl-	198.235
44	22.218	139024	十二烷，4,6-dimethyl-	198.235
45	22.322	156083	十五烷，2,6,10-trimethyl-	254.297
46	22.449	191463	癸烷，2,3,5,8-tetramethyl-	198.235
47	22.565	90744	十二烷	170.203
48	22.64	51650	十七烷，2,6,10,15-tetramethyl-	296.344
49	22.755	21008	十八烷	254.297
50	22.859	135184	苯酚，2,4-bis(1,1-dimethylethyl)-	206.167
51	22.911	98736	丁羟甲苯	220.183
52	22.992	125394	bacchotricuneatin c	342.147
53	23.061	21834	十八烷	254.297
54	23.108	188007	环己烷，1-ethyl-2-propyl-	154.172
55	23.189	134811	3,5-dimethyldodecane	198.235
56	23.327	182672	环己烷，1-ethyl-2-propyl-	154.172
57	23.448	122113	环己烷，1,2,4-trimethyl-	126.141
58	24.667	29204	二十烷	282.329
59	24.765	48566	十六烷，2,6,10,14-tetramethyl-	282.329
60	24.864	67526	十四烷	198.235
61	24.956	48145	二十烷	282.329
62	24.979	54312	十五烷，2,6,10-trimethyl-	254.297
63	25.072	56765	十七烷	240.282
64	25.141	625608	环戊烷 propanoic acid,2-methyl-3-oxo-,methyl ester,trans-	184.11
65	25.228	58317	二十烷	282.329
66	25.337	40631	二十烷	282.329
67	25.47	95466	2-bromo dodecane	248.114
68	25.568	132319	十一烷，5-methyl-	170.203
69	25.661	133687	2-Bromo dodecane	248.114
70	25.73	65573	环己烷，1,2,4-trimethyl-	126.141

序号	RT/min	峰值(Ab)	物质名称(MTBE)	分子量
71	25.776	221564	octacosyl heptafluorobutyrate	606.425
72	25.869	152451	二十烷	282.329
73	26.007	94298	eicosyl heptafluorobutyrate	494.299
74	26.129	124352	3-己烯、2,2,5,5-tetramethyl-,(Z)-	140.157
75	26.943	23142	十三烷,2-methyl-	198.235
76	27.036	33763	十七烷,3-methyl-	254.297
77	27.111	42215	2-溴代十四烷	276.145
78	27.197	49255	癸烷,3,7-dimethyl-	170.203
79	27.301	44534	十七烷,9-octyl-	352.407
80	27.388	57319	十四烷	296.344
81	27.527	41155	二十八烷	394.454
82	27.683	48575	十三烷,2-methyl-	198.235
83	27.769	50201	十四烷	296.344
84	27.937	66069	二十烷	282.329
85	28.023	61556	2-sec-butyl-3-methyl-1-pentene	140.157
86	28.104	47223	二十烷	282.329
87	28.162	63213	十六烷,2-methyl-	240.282
88	28.254	44177	五氟丙酸钠盐	584.459
89	28.543	37417	1,2,5-oxadiborolane,2,3,3,4,5-pentaethyl-	208.217
90	29.046	26905	二十烷	282.329
91	29.589	45832	thioxan-3-one,oxime	131.04
92	29.808	48154	磺酸,butyl heptadecyl ester	376.301
93	29.912	63077	1-dodecanol,3,7,11-trimethyl-	228.245
94	30.334	48707	bicyclo[3.1.1]heptan-3-one,6,6-dimethyl-2-(2-methylpropyl)-	194.167
95	30.652	32273	乙酰胺,2-chloro-N-[(5-chloro-8-hydroxy-7-quinolinyl)methyl]-	284.012
96	30.808	68552	二十烷	282.329
97	31.639	91700	十四烷	296.344
98	32.437	86169	二十烷	282.329
99	33.211	81212	二十烷	282.329
100	33.961	73552	十八烷	254.297

（3）二沉出口

研究考虑到不同萃取剂对有机物的萃取的效率和偏好，分别采用甲基叔丁基醚（MT-BE）和正己烷（n-hexane）进行萃取，考察两种溶剂的萃取的物质的差异，同时获得更多种类的有机物。

如图 5-7 和表 5-30 所示，甲基叔丁基醚（MTBE）萃取的物质有 100 种，其中主要是烃类以及烷烃类物质，两种萃取剂萃取的物质基本相同。

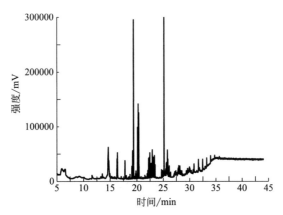

图 5-7　二沉出口的 MTBE 的气质联机物质组成

表 5-30　二沉出口甲基叔丁基醚（MTBE）萃取剂的 GC-MS 比对的物质

序号	RT/min	峰值（Ab）	物质名称（MTBE）	分子量
1	11.578	11320	oxime-,methoxy-phenyl-	151.063
2	13.213	8410	辛烷,2,5-dimethyl-	142.172
3	13.519	13911	trisiloxane,1,1,3,3,5,5-hexamethyl-	208.077
4	14.645	61887	benzoic acid,3-methyl-2-trimethylsilyloxy-,trimethylsilyl ester	296.126
5	14.761	38012	十二烷,4,6-dimethyl-	198.235
6	14.957	14601	4-decene,4-methyl-,(E)-	154.172
7	15.292	9281	乙烯基环体,decamethyl-	310.127
8	15.546	8107	1-propanone,1,3-diphenyl-3-(trimethylsilyl)-	282.144
9	15.835	8448	oxalic acid,6-ethyloct-3-yl isobutyl ester	286.214
10	15.951	8176	2-bromo dodecane	248.114
11	16.303	41149	乙酰基,1-cyclopentyl-	112.089
12	16.384	52482	5-十二烯,(E)-	168.188
13	17.1	8919	4-trimethylsilyl-9,9-dimethyl-9-silafluorene	282.126
14	17.788	37908	benzaldehyde,2,4-bis(trimethylsiloxy)-	282.111
15	18.036	10748	1,2-dipentylcyclopropene	180.188
16	18.452	8235	十一烷,2,5-dimethyl-	184.219
17	18.492	6915	二十烷	282.329
18	18.562	8366	十六烷,7,9-dimethyl-	254.297
19	18.723	12798	十一烷,4,8-dimethyl-	184.219
20	19.012	7441	环四聚二甲基硅氧烷,octamethyl-	296.075
21	19.064	27693	癸烷,5-ethyl-5-methyl-	184.219
22	19.197	56292	癸烷,3,7-dimethyl-	170.203
23	19.307	35117	十二烷,4,6-dimethyl-	198.235
24	19.376	312709	苯,1,3-bis(1,1-dimethylethyl)-	190.172

序号	RT/min	峰值（Ab）	物质名称（MTBE）	分子量
25	19.486	6663	二十烷	282.329
26	19.549	9246	cyclopropane,1,2-dimethyl-1-pentyl-	140.157
27	19.648	9342	6-十四烯,(Z)-	196.219
28	19.7	8697	3-十四烯,(E)-	196.219
29	19.734	13992	十九烷,3-methyl-	282.329
30	19.827	19105	1-heneicosyl formate	340.334
31	19.942	10946	十八烷,3-ethyl-5-(2-ethylbutyl)-	366.423
32	20.052	13521	三十一烷	436.501
33	20.116	99102	环己烷,1,2,4-trimethyl-	126.141
34	20.237	141711	4-isopropyl-1,3-烯己二酮	154.099
35	20.358	125638	4-isopropyl-1,3-烯己二酮	154.099
36	20.41	27257	benzenepropanoic acid, alpha-[(trimethylsilyl)oxy]-,trimethylsilyl ester	310.142
37	20.526	7668	二十烷	282.329
38	20.803	8804	2,4,4,6,6,8,8-heptamethyl-2-nonene	224.25
39	21.531	11213	thiophene-3-acetic acid hydrazide	156.036
40	21.6	9375	十三烷,2,5-dimethyl-	212.25
41	21.779	8297	十八烷	254.297
42	21.958	14161	十六烷	226.266
43	22.097	20272	二十烷	282.329
44	22.218	42086	2,3-dimethyldodecane	198.235
45	22.322	43672	2,3-dimethyldodecane	198.235
46	22.449	52346	hexane,3,3-dimethyl-	114.141
47	22.571	27990	十七烷	240.282
48	22.669	32914	2′,6′-dihydroxyacetophenone,bis(trimethylsilyl)ether	296.126
49	22.75	10405	十七烷	240.282
50	22.865	33911	苯酚,2,5-bis(1,1-dimethylethyl)-	206.167
51	22.911	58054	丁羟甲苯	220.183
52	22.992	31245	十八烷	254.297
53	23.062	9818	十八烷	254.297
54	23.108	44280	环己烷,1,2,4-trimethyl-	126.141
55	23.189	37980	1-decanol,2-hexyl-	242.261
56	23.327	47267	环己烷,1,2,4-trimethyl-	126.141
57	23.454	30489	3-己烯,2,2,5,5-tetramethyl-,(Z)-	140.157
58	24.667	21413	mercaptoacetic acid,bis(trimethylsilyl)-	236.072
59	24.766	15415	十四烷	198.235
60	24.864	20125	二十烷	282.329
61	24.979	17790	二十烷	282.329

续表

序号	RT/min	峰值（Ab）	物质名称（MTBE）	分子量
62	25.072	18734	1-iodoundecane	282.084
63	25.141	316587	spiro(tetrahydrofuryl)2.1′(decalin),5′,5′,8′a-trimethyl-	236.214
64	25.228	20159	二十烷	282.329
65	25.332	15477	十三烷,2-methyl-	198.235
66	25.47	23051	tert-Hexadecanethiol	258.238
67	25.568	33554	1-十六醇,2-methyl-	256.277
68	25.661	34929	3-decene,2,2-dimethyl-,(E)-	168.188
69	25.73	20347	1-十七碳烯	238.266
70	25.776	57821	环戊烷,hexyl-	154.172
71	25.869	40762	十五烷	212.25
72	26.007	25212	环己烷,1-ethyl-2-propyl-	154.172
73	26.129	28506	环己烷,1-ethyl-2-propyl-	154.172
74	26.4	17034	mercaptoacetic acid,bis(trimethylsilyl)-	236.072
75	26.943	10502	磺酸,octadecyl 2-propyl ester	376.301
76	27.03	13261	十五烷,6-methyl-	226.266
77	27.105	14861	十八烷	254.297
78	27.192	17246	nonahexacontanoic acid	999.07
79	27.388	19456	二十八烷	394.454
80	27.527	15723	十三烷,2-methyl-	198.235
81	27.602	15995	9,9-dihydroxybicyclo[3.3.1]壬烷-2,4-dione	184.074
82	27.683	16490	十八烷,1-chloro-	288.258
83	27.769	18437	磺酸,butyl heptadecyl ester	376.301
84	27.943	28789	7h-dibenzo[b,g]carbazole,7-methyl-	281.12
85	28.023	20477	7-oxabicyclo[2.2.1]庚烷,1-methyl-4-(1-methylethyl)-	154.136
86	28.168	28249	环己烷,1,1,2-trimethyl-	126.141
87	28.335	19857	thiophen-2-methylamine,N-(2-fluorophenyl)-	207.052
88	28.543	19336	thiophen-2-methylamine,N-(2-fluorophenyl)-	207.052
89	28.682	13542	1,2-bis(trimethylsilyl)benzene	222.126
90	28.763	13594	2-丁烯 nitrile,2-chloro-3-(4-methoxyphenyl)-	207.045
91	29.369	19672	1,2-dihydroanthra[1,2-d]thiazole-2,6,11-trione	281.015
92	29.595	23828	5-Methyl-2-phenylindolizine	207.105
93	29.912	24375	1,3-dioxolane,4-ethyl-5-octyl-2,2-bis(trifluoromethyl)-,trans-	350.168
94	30.652	21282	benzo[h]quinoline,2,4-dimethyl-	207.105
95	30.709	22035	1h-indole,5-methyl-2-phenyl-	207.105
96	30.813	32008	二十烷	282.329
97	31.639	40362	二十烷	282.329
98	32.442	40515	十八烷	254.297

序号	RT/min	峰值(Ab)	物质名称(MTBE)	分子量
99	33.216	42907	十九烷	268.313
100	33.967	46982	cyclotrisiloxane,hexamethyl-	222.056

如图 5-8 和表 5-31 所示，正己烷（n-hexane）萃取的物质有 100 种，其中主要是烃类以及烷烃类物质，两种萃取剂萃取的物质基本相同。

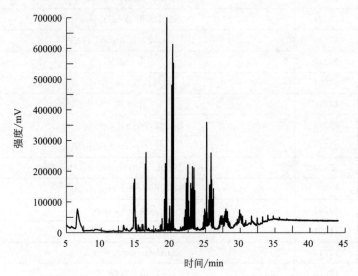

图 5-8　二沉出口的正己烷（n-hexane）的气质联机物质组成

表 5-31　二沉出口正己烷（n-hexane）萃取剂的 GC-MS 比对的物质

序号	RT/min	峰值(Ab)	物质名称(MTBE)	分子量
1	6.587	77124	2,4-dimethyl-1-heptene	126.141
2	13.242	24006	壬烷,4-methyl-	142.172
3	13.669	13806	十二烷,2,6,11-trimethyl-	212.25
4	14.276	11075	3-十一碳烯,(E)-	154.172
5	14.42	15477	hexane,2,3,4-trimethyl-	128.157
6	14.663	159614	十二烷,4,6-dimethyl-	198.235
7	14.761	173516	庚烷,5-ethyl-2,2,3-trimethyl-	170.203
8	14.969	50242	2-十一碳烯,(Z)-	154.172
9	15.298	25160	4-十一碳烯,(E)-	154.172
10	15.535	17875	5-十一碳烯,(E)-	154.172
11	15.835	26654	十一烷,4,7-dimethyl-	184.219
12	15.957	26455	己烷,3,3-dimethyl-	114.141
13	16.297	223927	5-十二烯,(E)-	168.188
14	16.384	260788	5-十二烯,(E)-	168.188
15	16.759	14628	十一烷,2,7-dimethyl-	184.219
16	17.793	12735	p-trimethylsilyloxyphenyl-(trimethylsilyloxy)trimethylsilylacrylate	398.176

续表

序号	RT/min	峰值（Ab）	物质名称（MTBE）	分子量
17	18.452	22551	hexadecane,2,6,10,14-tetramethyl-	282.329
18	18.492	18710	十二烷	170.203
19	18.556	26092	癸烷,2-methyl-	156.188
20	18.723	45968	十一烷,4,8-dimethyl-	184.219
21	19.07	108546	癸烷,5-ethyl-5-methyl-	184.219
22	19.197	225034	十二烷,4,6-dimethyl-	198.235
23	19.307	136157	十二烷,4,6-dimethyl-	198.235
24	19.376	1063271	苯,1,3-bis(1,1-dimethylethyl)-	190.172
25	19.549	29377	trifluoroacetic acid,n-tridecyl ester	296.196
26	19.653	27474	4-nonene,2-methyl-	140.157
27	19.694	24781	3-十四烯,(E)-	196.219
28	19.734	44783	十五烷	212.25
29	19.827	86647	2-bromopropionic acid,tetradecyl ester	348.166
30	19.942	31329	磺酸,hexyl octyl ester	278.192
31	20.052	41279	壬烷,5-butyl-	184.219
32	20.116	480470	环己烷,1,1,3,5-tetramethyl-,cis-	140.157
33	20.237	612760	2-acetylcyclopentanone	126.068
34	20.358	552055	环己烷,1,2-diethyl-1-methyl-	154.172
35	21.398	17935	十四烷	198.235
36	21.646	17808	十九烷,9-methyl-	282.329
37	21.773	19547	二十烷	282.329
38	21.958	50221	hexadecane	226.266
39	22.097	75080	十三烷,4-methyl-	198.235
40	22.218	160550	十一烷,3,5-dimethyl-	184.219
41	22.322	176500	2,3-dimethyldodecane	198.235
42	22.449	221034	癸烷,2,3,5,8-tetramethyl-	198.235
43	22.565	103032	十二烷	170.203
44	22.646	52041	pentacosane	352.407
45	22.674	50216	二十烷	282.329
46	22.755	22511	十六烷	226.266
47	22.859	160130	苯酚,2,4-bis(1,1-dimethylethyl)-	206.167
48	22.992	141868	eicosyl pentafluoropropionate	444.303
49	23.108	215166	eicosyl pentafluoropropionate	444.303
50	23.189	146052	十七烷,2-methyl-	254.297
51	23.327	211412	7-十四烯,(Z)-	196.219
52	23.448	136781	乙酰基,1-cyclopentyl-	112.089
53	23.876	17339	十六烷	226.266

序号	RT/min	峰值(Ab)	物质名称(MTBE)	分子量
54	24.667	33650	二十烷	282.329
55	24.76	56558	十六烷,2,6,10,14-tetramethyl-	282.329
56	24.864	77244	十四烷	296.344
57	24.956	53912	二十烷	282.329
58	25.072	68554	十五烷,2,6,10-trimethyl-	254.297
59	25.141	359316	磺酸,cyclohexylmethyl heptyl ester	276.176
60	25.228	65888	二十烷	282.329
61	25.337	45566	dodecane,4,6-dimethyl-	198.235
62	25.476	106084	2-sec-butyl-3-methyl-1-pentene	140.157
63	25.568	153759	hexacosyl heptafluorobutyrate	578.393
64	25.661	155375	3-decene,2,2-dimethyl-,(E)-	168.188
65	25.73	72752	2-sec-butyl-3-methyl-1-pentene	140.157
66	25.776	260191	tetracontane,3,5,24-trimethyl-	604.689
67	25.869	171792	2-pentene-1,4-dione,1-(1,2,2-trimethylcyclopentyl)	208.146
68	26.007	107633	bacchotricuneatin C	342.147
69	26.129	142603	2-bromo dodecane	248.114
70	26.949	24468	十八烷	254.297
71	27.03	37636	十六烷,2-methyl-	240.282
72	27.105	48000	十四烷	296.344
73	27.197	54489	2-溴代十四烷	276.145
74	27.319	49821	十八烷	254.297
75	27.388	55172	十三烷,2-methyl-	198.235
76	27.446	43147	十三烷,2-methyl-	198.235
77	27.527	45776	二十烷,2-methyl-	296.344
78	27.683	53697	辛烷,5-ethyl-2-methyl-	156.188
79	27.769	58455	do 五氟丙酸钠盐	612.49
80	27.839	68003	1-dodecanol,3,7,11-trimethyl-	228.245
81	27.942	76989	3-十四烯,(Z)-	196.219
82	28.023	70721	3-十四烯,(Z)-	196.219
83	28.104	51729	十九烷	268.313
84	28.162	69727	十六烷,2-methyl-	240.282
85	28.254	46652	磺酸,butyl octadecyl ester	390.317
86	28.393	36146	1-cyclohexyl-2-methyl-prop-2-en-1-one	152.12
87	28.514	31801	十九烷	268.313
88	29.589	44283	癸烷,3,8-dimethyl-	170.203
89	29.814	52757	二十烷	282.329
90	29.912	74363	(十)-3-(2-carboxy-trans-propenyl)-2,2-dimethylcyclopropane-trans-1-carboxylic acid,[1alpha,3beta(E)]-	198.089

序号	RT/min	峰值(Ab)	物质名称(MTBE)	分子量
91	30.137	58894	(＋-)-3-(2-carboxy-trans-propenyl)-2,2-dimethylcyclopropane-trans-1-carboxylic acid,[1alpha,3beta(E)]-	198.089
92	30.23	43173	环己烷,1,1,2-trimethyl-	126.141
93	30.34	53978	(＋)-3-(2-carboxy-trans-propenyl)-2,2-dimethylcyclopropane-trans-1-carboxylic acid,[1alpha,3beta(E)]-	198.089
94	30.657	31714	fumaric acid,pent-4-en-2-yl tridecyl ester	366.277
95	30.709	31602	isoquinoline,2-oxide	145.053
96	30.813	39980	二十烷	282.329
97	31.645	54274	二十烷	282.329
98	32.442	48285	二十烷	282.329
99	33.216	51865	十八烷	254.297
100	33.967	56794	1,4-phthalazinedione,2,3-dihydro-6-nitro-	207.028

（4）悬浮物出水

研究考虑到不同萃取剂对有机物的萃取的效率和偏好，分别采用甲基叔丁基醚（MT-BE）和正己烷（n-hexane）进行萃取，考察两种溶剂的萃取的物质的差异，同时获得更多种类的有机物。

如图 5-9 和表 5-32，甲基叔丁基醚萃取的物质有 100 种，其中主要是烃类以及烷烃类物质，表明甲基叔丁基醚对石油类物质萃取的效率高。

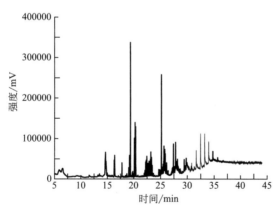

图 5-9   悬浮物出水的 MTBE 的气质联机物质组成

表 5-32   悬浮物出水甲基叔丁基醚（MTBE）萃取剂的 GC-MS 比对的物质

序号	RT/min	峰值(Ab)	物质名称(MTBE)	分子量
1	11.572	9172	4-ethylbenzoic acid,2-butyl ester	206.131
2	13.219	9537	壬烷,4-methyl-	142.172
3	13.409	9118	pyrrolidine,1-(1-oxo-9-octadecynyl)-	333.303
4	13.513	12695	trisiloxane,1,1,3,3,5,5-hexamethyl-	208.077
5	14.64	65699	环四聚二甲基硅氧烷,octamethyl-	296.075
6	14.749	44365	辛烷,3,3-dimethyl-	142.172

序号	RT/min	峰值(Ab)	物质名称(MTBE)	分子量
7	14.952	15126	acetic acid,octyl ester	172.146
8	15.298	9497	1-十二烯	168.188
9	15.535	8815	cis-2-Methyl-7-octadecene	266.297
10	15.824	9061	十七烷,2,6,10,15-tetramethyl-	296.344
11	16.297	47262	2-十一碳烯,4-methyl-	168.188
12	16.378	58568	5-十二烯,(E)-	168.188
13	17.788	40357	3-hydroxymandelic acid,ethyl ester,di-TMS	340.153
14	18.03	7004	2-thiopheneacetic acid,2-chlorophenyl ester	252.001
15	18.452	8385	decane,2-methyl-	156.188
16	18.556	8920	十五烷,2,6,10,14-tetramethyl-	268.313
17	18.724	12907	十一烷,4,8-dimethyl-	184.219
18	19.07	28038	癸烷,5-ethyl-5-methyl-	184.219
19	19.197	58756	磺酸,pentyl undecyl ester	306.223
20	19.307	35656	癸烷,5-ethyl-5-methyl-	184.219
21	19.376	337335	苯,1,3-bis(1,1-dimethylethyl)-	190.172
22	19.544	9073	1-十一碳烯,8-methyl-	168.188
23	19.734	15745	十六烷,2,6,10,14-tetramethyl-	282.329
24	19.827	18843	癸烷,4-cyclohexyl-	224.25
25	19.942	11867	十九烷,3-methyl-	282.329
26	20.052	13666	十二烷	170.203
27	20.116	101183	2-acetylcyclopentanone	126.068
28	20.237	139722	4-isopropyl-1,3-环己烷 dione	154.099
29	20.358	129242	环己烷,1,2-diethyl-1-methyl-	154.172
30	20.41	28344	silane,[bicyclo[4.2.0]octa-3,7-diene-7,8-diylbis(oxy)]bis(trimethyl)-	282.147
31	20.803	9361	thiophene,3-ethyl-	112.035
32	21.964	14371	二十烷	282.329
33	22.097	21432	十三烷,2-methyl-	198.235
34	22.218	42341	2,3-dimethyldodecane	198.235
35	22.322	46897	十四烷,2,6,10-trimethyl-	240.282
36	22.449	56703	decane,2,3,5,8-tetramethyl-	198.235
37	22.565	28512	十三烷,2-methyl-	198.235
38	22.64	39183	二十烷	282.329
39	22.669	37386	环四聚二甲基硅氧烷,octamethyl-	296.075
40	22.755	14646	二十烷	282.329
41	22.859	44469	苯酚,2,4-bis(1,1-dimethylethyl)-	206.167
42	22.911	25032	丁羟甲苯	220.183

序号	RT/min	峰值（Ab）	物质名称（MTBE）	分子量
43	22.992	36497	nonadecyl pentafluoropropionate	430.287
44	23.062	14038	十八烷	254.297
45	23.108	49078	1-decanol,2-hexyl-	242.261
46	23.189	67166	十八烷,1-chloro-	288.258
47	23.327	53780	bacchotricuneatin C	342.147
48	23.454	34090	十七烷,4-methyl-	254.297
49	23.541	11950	十八烷	254.297
50	23.576	14078	三十一烷	436.501
51	23.697	13845	二十烷	282.329
52	24.667	23371	ethanedioic acid,bis(trimethylsilyl)ester	234.074
53	24.766	17853	pentacosane	352.407
54	24.864	22942	二十烷	282.329
55	24.956	17911	二十烷	282.329
56	25.072	21652	二十烷	282.329
57	25.147	258135	磺酸,cyclohexylmethyl heptadecyl ester	416.332
58	25.239	29521	十八烷	254.297
59	25.291	21687	二十八烷	394.454
60	25.332	20664	二十烷	282.329
61	25.47	36625	环己烷、1,2,4,5-tetraethyl-,(1alpha,2alpha,4alpha,5alpha)-	196.219
62	25.569	44326	磺酸,butyl heptadecyl ester	376.301
63	25.621	80776	heptacosane	380.438
64	25.719	33584	十八烷	254.297
65	25.777	73594	乙酰基,1-cyclopentyl-	112.089
66	25.869	62778	二硫化物,di-tert-dodecyl	402.335
67	26.008	33474	1-dodecanol,3,7,11-trimethyl-	228.245
68	26.054	25076	壬烷,5-butyl-	184.219
69	26.129	40648	壬烷,5-butyl-	184.219
70	26.325	17415	二十烷	282.329
71	26.4	20674	mercaptoacetic acid,bis(trimethylsilyl)-	236.072
72	27.036	16427	十二烷,2-methyl-	184.219
73	27.105	18960	heptacosane	380.438
74	27.18	26351	2-thiopheneacetic acid,6-ethyl-3-octyl ester	282.165
75	27.267	28695	2,2,3,3-tetramethylcyclopropanecarboxylic acid,4-methylcyclohexyl ester	238.193
76	27.388	86938	heptacosane	380.438
77	27.602	30277	2-thiopheneethanol	128.03
78	27.689	31193	癸烷,3,6-dimethyl-	170.203

续表

序号	RT/min	峰值（Ab）	物质名称（MTBE）	分子量
79	27.764	31404	十三烷,2-methyl-	198.235
80	27.804	90003	三十四烷	478.548
81	27.943	43910	二十烷	282.329
82	28.128	34009	十六烷	226.266
83	28.162	49365	十六烷,2-methyl-	240.282
84	28.266	32181	十四烷	296.344
85	28.33	29535	dl-2-beta-thienyl-alpha-alanine	171.035
86	28.665	24911	十八烷,3-methyl-	268.313
87	28.751	19555	7-methyl-Z-tetradecen-1-ol acetate	268.24
88	29.046	19074	十九烷	268.313
89	29.421	48658	十七烷,3-methyl-	254.297
90	29.589	33131	2(3h)-thiazolethione,4-methyl-	130.986
91	29.791	51902	二十八烷	394.454
92	30.652	26429	tetrasiloxane,decamethyl-	310.127
93	30.698	31120	9,10-methanoanthracen-11-ol,9,10-dihydro-9,10,11-trimethyl-	250.136
94	30.808	40519	二十烷	282.329
95	31.264	29911	1h-indole,5-methyl-2-phenyl-	207.105
96	31.634	71638	二十烷	282.329
97	32.437	112583	二十烷	282.329
98	33.211	112557	二十烷	282.329
99	33.962	93096	二十烷	282.329
100	34.741	68685	cyclotrisiloxane,hexamethyl-	222.056

如图 5-10 和表 5-33 所示，正己烷（n-hexane）萃取的物质有 100 种，其中主要是烃类以及烷烃类物质，两种萃取剂萃取的物质基本相同。

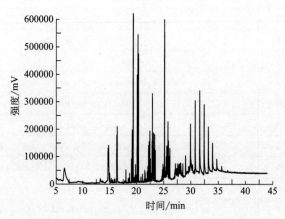

图 5-10　悬浮物出水的正己烷（n-hexane）的气质联机物质组成

表 5-33　悬浮物出水正己烷（n-hexane）萃取剂的 GC-MS 比对的物质

序号	RT/min	峰值（Ab）	物质名称（MTBE）	分子量
1	6.558	57240	2,4-dimethyl-1-heptene	126.141
2	13.242	20100	壬烷,4-methyl-	142.172
3	13.392	11621	10-methyl-dodecanoic acid,pyrrolidide	267.256
4	13.669	12119	磺酸,octyl 2-propyl ester	236.145
5	14.276	10056	1-十一碳烯,7-methyl-	168.188
6	14.657	129946	庚烷,5-ethyl-2,2,3-trimethyl-	170.203
7	14.755	142148	辛烷,2,3,6,7-tetramethyl-	170.203
8	14.957	40303	2-十一碳烯,(Z)-	154.172
9	15.292	20463	5-十一碳烯	154.172
10	15.535	15613	1-ethyl-2,2,6-trimethylcyclohexane	154.172
11	15.835	17577	十四烷	198.235
12	15.951	20046	十二烷,4-methyl-	184.219
13	16.297	177777	乙酰基,1-cyclopentyl-	112.089
14	16.384	209523	环己烷,3-ethyl-5-methyl-1-propyl-	168.188
15	17.788	13131	3-hydroxymandelic acid,ethyl ester,di-TMS	340.153
16	18.03	52776	cyclohexene,1,6,6-trimethyl-	124.125
17	18.452	20090	十八烷,2,6-dimethyl-	282.329
18	18.492	15383	十二烷	170.203
19	18.556	22519	十一烷,4,6-dimethyl-	184.219
20	18.723	40232	癸烷,2,3,8-trimethyl-	184.219
21	19.07	91192	十一烷,4,6-dimethyl-	184.219
22	19.197	198269	十二烷,4,6-dimethyl-	198.235
23	19.301	116073	十二烷,4,6-dimethyl-	198.235
24	19.37	932900	苯,1,3-bis(1,1-dimethylethyl)-	190.172
25	19.544	25113	1-十四烯	196.219
26	19.653	23557	cyclopropane,1,1,2-trimethyl-3-(2-methylpropyl)-	140.157
27	19.694	22040	7-十四烯	196.219
28	19.734	32006	十六烷,2,6,10,14-tetramethyl-	282.329
29	19.827	72032	2-bromopropionic acid,tetradecyl ester	348.166
30	19.942	26651	十三烷,1-iodo-	310.116
31	20.052	35215	十五烷	212.25
32	20.116	398139	环己烷,1,1,3,5-tetramethyl-,cis-	140.157
33	20.237	545338	4-isopropyl-1,3-烯己二酮	154.099
34	20.358	475351	3-己烯,2,2,5,5-tetramethyl-,(Z)-	140.157
35	20.815	26277	propanoic acid,2-methyl-,2-methylpropyl ester	144.115

序号	RT/min	峰值(Ab)	物质名称(MTBE)	分子量
36	21.103	36705	propanoic acid,2-methyl-,2-ethyl-3-hydroxyhexyl ester	216.173
37	21.421	17171	磺酸,cyclohexylmethyl octadecyl ester	430.348
38	21.531	50185	propane,1,2,2-trichloro-	145.946
39	21.606	40880	2-ethoxy-4-methyl-pent-2-enoic acid	158.094
40	21.646	20385	十九烷,9-methyl-	282.329
41	21.773	18859	十八烷	254.297
42	21.958	45213	十六烷,2,6,10,14-tetramethyl-	282.329
43	22.097	65105	十七烷,2,6-dimethyl-	268.313
44	22.218	141290	十三烷,2-methyl-	198.235
45	22.322	155090	2,3-dimethyldodecane	198.235
46	22.449	194244	癸烷,2,3,5,8-tetramethyl-	198.235
47	22.565	91869	十二烷	170.203
48	22.64	41125	pentacosane	352.407
49	22.755	19770	二十烷	282.329
50	22.859	157420	苯酚,2,4-bis(1,1-dimethylethyl)-	206.167
51	22.911	330190	丁羟甲苯	220.183
52	22.992	122686	eicosyl pentafluoropropionate	444.303
53	23.062	20448	十八烷	254.297
54	23.108	187548	环己烷,1-ethyl-2-propyl-	154.172
55	23.189	123155	三十四烷	478.548
56	23.327	182122	环己烷,1,2,4-trimethyl-	126.141
57	23.449	123259	十七烷,8-methyl-	254.297
58	24.667	30816	二十烷	282.329
59	24.76	52564	十四烷	198.235
60	24.864	72915	十二烷,4,9-dipropyl-	254.297
61	24.956	52103	十五烷,2,6,10-trimethyl-	254.297
62	24.979	59204	十三烷,2-methyl-	198.235
63	25.072	62024	二十烷	282.329
64	25.141	1674250	1,2,4-triazol-4-amine,N-(2-thienylmethyl)-	180.047
65	25.228	63041	癸烷,3,6-dimethyl-	170.203
66	25.337	45689	二十烷	282.329
67	25.47	99965	环己烷,1,2,4-trimethyl-	126.141
68	25.568	139924	乙醇,2-(tetradecyloxy)-	258.256
69	25.661	137206	octacosyl trifluoroacetate	506.431
70	25.73	67582	2-sec-butyl-3-methyl-1-pentene	140.157

序号	RT/min	峰值（Ab）	物质名称（MTBE）	分子量
71	25.776	228039	2-bromo dodecane	248.114
72	25.869	158417	五氟丙酸钠盐	584.459
73	26.007	101996	磺酸，butyl octadecyl ester	390.317
74	26.129	131132	2-pentene-1,4-dione,1-(1,2,2-trimethylcyclopentyl)	208.146
75	26.949	30031	十七烷，3-methyl-	254.297
76	27.03	42948	二十六烷	366.423
77	27.111	53899	十六烷,2,6,10,14-tetramethyl-	282.329
78	27.18	73703	三十四烷	478.548
79	27.301	53754	十四烷	296.344
80	27.382	57360	癸烷，3,6-dimethyl-	170.203
81	27.527	47724	十八烷	254.297
82	27.602	74380	triallylmethylsilane	166.118
83	27.683	55497	壬烷,5-methyl-5-propyl-	184.219
84	27.763	59506	环己烷，1-ethyl-2-propyl-	154.172
85	27.937	72842	二十烷	282.329
86	28.023	71136	4-氯苯磺酰胺，N-methyl-	204.996
87	28.104	77716	二十烷	282.329
88	28.162	75512	4-氯苯磺酰胺，N-methyl-	204.996
89	28.254	51843	2-isopropenyl-5-methylhex-4-enal	152.12
90	28.543	74230	庚烷，1,7-dibromo-	255.946
91	29.046	103557	十四烷	296.344
92	29.595	64397	1-bromo-11-iodoundecane	359.995
93	29.941	219367	十八烷	254.297
94	30.334	70585	bicyclo[3.1.1]heptan-3-one,6,6-dimethyl-2-(2-methylpropyl)-	194.167
95	30.808	304426	十九烷，9-methyl-	282.329
96	31.639	341030	十九烷，9-methyl-	282.329
97	32.437	290206	十八烷	254.297
98	33.211	209041	二十烷	282.329
99	33.962	150068	二十烷	282.329
100	34.736	91086	十八烷	254.297

（5）一滤出口

研究考虑到不同萃取剂对有机物的萃取的效率和偏好，分别采用甲基叔丁基醚（MT-BE）和正己烷（n-hexane）进行萃取，考察两种溶剂的萃取的物质的差异，同时获得更多种类的有机物。

如图 5-11 和表 5-34 所示，甲基叔丁基醚萃取的物质有 100 种，其中主要是烃类以及烷烃类物质，表明甲基叔丁基醚对石油类物质萃取的效率高。

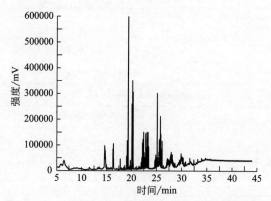

图 5-11　一滤出口的 MTBE 的气质联机物质组成

表 5-34　一滤出口甲基叔丁基醚（MTBE）萃取剂的 GC-MS 比对的物质

序号	RT/min	峰值（Ab）	物质名称（MTBE）	分子量
1	11.543	12997	oxime-,methoxy-phenyl-	151.063
2	13.213	11664	壬烷,4-methyl-	142.172
3	13.507	15185	acridine,9-methyl-	193.089
4	14.64	96856	磺酸,dodecyl 2-ethylhexyl ester	362.285
5	14.749	78686	十二烷,4,6-dimethyl-	198.235
6	14.957	23455	1-methylpentyl cyclopropane	126.141
7	15.287	13059	silane,trichlorodocosyl-	442.236
8	15.529	10799	cyclopropane,1-butyl-2-(2-methylpropyl)-	154.172
9	15.824	11968	辛烷,3,4,5,6-tetramethyl-	170.203
10	15.957	12749	2-bromo dodecane	248.114
11	16.297	85076	5-十二烯,(E)-	168.188
12	16.378	106009	5-十二烯,(E)-	168.188
13	17.788	46844	benzaldehyde,2,4-bis(trimethylsiloxy)-	282.111
14	18.03	11715	环戊烷,(1-methylbutyl)-	140.157
15	18.452	13033	十五烷,2,6,10,14-tetramethyl-	268.313
16	18.556	13929	十五烷,2,6,10,14-tetramethyl-	268.313
17	18.723	20763	十七烷,4-methyl-	254.297
18	19.07	57541	十八烷,2,6-dimethyl-	282.329
19	19.197	118000	十二烷,4,6-dimethyl-	198.235
20	19.307	70197	十二烷,4,6-dimethyl-	198.235
21	19.376	626137	苯,1,3-bis(1,1-dimethylethyl)-	190.172
22	19.544	15406	环戊烷,1-butyl-2-pentyl-	196.219
23	19.734	20619	十二烷	170.203
24	19.827	41153	5-eicosene,(E)-	280.313
25	19.942	17887	十二烷	170.203

序号	RT/min	峰值（Ab）	物质名称（MTBE）	分子量
26	20.052	22263	十二烷	170.203
27	20.116	260377	环己烷、1,2,3-trimethyl-、(1alpha,2beta,3alpha)-	126.141
28	20.237	351090	4-isopropyl-1,3-环己烷 dione	154.099
29	20.358	306431	1-heneicosanol	312.339
30	20.41	33530	2-phenyl-2-trimethylsilyloxypropanoic acid,trimethylsilyl ester	310.142
31	21.103	17471	propanoic acid,2-methyl-,3-hydroxy-2,4,4-trimethylpentyl ester	216.173
32	21.531	18357	naphthalene,1,4-dimethyl-	156.094
33	21.958	32591	十六烷,2,6,10,14-tetramethyl-	282.329
34	22.097	51795	十四烷	296.344
35	22.218	109909	十二烷	170.203
36	22.322	122194	2,3-dimethyldodecane	198.235
37	22.449	151344	十二烷	170.203
38	22.565	71525	2,3-dimethyldodecane	198.235
39	22.675	51559	benzoic acid,3-methyl-2-trimethylsilyloxy-,trimethylsilyl ester	296.126
40	22.755	15920	二十八烷	394.454
41	22.859	145743	苯酚,2,4-bis(1,1-dimethylethyl)-	206.167
42	22.911	77675	丁羟甲苯	220.183
43	22.992	90506	nonadecyl pentafluoropropionate	430.287
44	23.062	17380	十八烷	254.297
45	23.108	149934	2-acetylcyclopentanone	126.068
46	23.189	93781	十一烷,2-methyl-	170.203
47	23.327	150411	1-十六醇,2-methyl-	256.277
48	23.449	96190	乙酰基,1-cyclopentyl-	112.089
49	23.541	11778	十六烷,1-chloro-	260.227
50	24.673	39903	3,6-bis(N-dimethylamino)-9-ethylcarbazole	281.189
51	24.766	45630	methoxyacetic acid,4-hexadecyl ester	314.282
52	24.864	62395	十四烷,2-methyl-	212.25
53	24.956	44529	十九烷	268.313
54	24.979	52184	十三烷,4-methyl-	198.235
55	25.072	51332	十五烷,2,6,10-trimethyl-	254.297
56	25.141	301889	2h-tetrazole,5-(thiophen-2-yl)methyl-	166.031
57	25.222	52225	二十烷	282.329
58	25.337	36722	二十烷	282.329
59	25.47	73044	环己烷,1-ethyl-2-propyl-	154.172
60	25.568	119018	五氟丙酸钠盐	584.459
61	25.661	124573	2-bromo dodecane	248.114
62	25.73	57913	2-pentene-1,4-dione,1-(1,2,2-trimethylcyclopentyl)	208.146

序号	RT/min	峰值(Ab)	物质名称(MTBE)	分子量
63	25.776	212137	bacchotricuneatin C	342.147
64	25.869	142593	3-己烯,2,2,5,5-tetramethyl-,(Z)-	140.157
65	26.007	85361	bacchotricuneatin C	342.147
66	26.129	116681	octacosyl trifluoroacetate	506.431
67	26.4	21633	silane,{[5,5-dimethyl-4-methylene-2-(trimethylsilyl)-1-cyclopenten-1-yl]methoxy}trimethyl-	282.184
68	26.943	20389	三十四烷	478.548
69	27.036	32444	十四烷	296.344
70	27.105	43160	三十一烷	436.501
71	27.192	48446	二十八烷	394.454
72	27.301	45479	2-bromo dodecane	248.114
73	27.382	44310	二十八烷	394.454
74	27.527	39732	十四烷	296.344
75	27.683	45018	辛烷,5-ethyl-2-methyl-	156.188
76	27.769	54546	1-dodecanol,3,7,11-trimethyl-	228.245
77	27.839	62574	2-sec-butyl-3-methyl-1-pentene	140.157
78	27.937	72628	环己烷,1-ethyl-2-propyl-	154.172
79	28.023	64775	2-sec-Butyl-3-methyl-1-pentene	140.157
80	28.116	45234	环己烷,1,2,4-trimethyl-	126.141
81	28.168	62668	ketone,2,2-dimethylcyclohexyl methyl	154.136
82	28.255	42248	2-eicosanol,(.+/-.)-	298.324
83	28.33	26131	2,2,3,3-tetramethylcyclopropanecarboxilc acid,undecyl ester	296.272
84	28.393	33036	二十烷	282.329
85	28.509	27675	十七烷,8-methyl-	254.297
86	28.688	30347	cyclic octaatomic sulfur	255.777
87	29.213	24657	三十四烷	478.548
88	29.589	42176	4,5-diphenylocta-1,7-diene(dl)	262.172
89	29.808	47702	二十烷	282.329
90	29.907	67174	环己烷,1,2,4-trimethyl-	126.141
91	30.132	55304	环戊烷 carboxamide,N-(2-fluorophenyl)-	207.106
92	30.23	40861	环己烷,1-ethyl-2-propyl-	154.172
93	30.334	51070	pyridine-3-carboxamide,oxime,N-(2-trifluoromethylphenyl)-	281.078
94	30.409	29461	环己烷,1-ethyl-2-propyl-	154.172
95	30.652	32384	bicyclo[3.1.1]heptan-3-one,6,6-dimethyl-2-(2-methylpropyl)-	194.167
96	30.698	29993	1h-indole-2,3-dione,3-(O-ethyloxime)	190.074
97	30.808	35404	二十烷	282.329
98	31.639	49379	二十烷	282.329

序号	RT/min	峰值（Ab）	物质名称（MTBE）	分子量
99	32.437	43584	二十烷	282.329
100	33.216	46014	十八烷	254.297

如图 5-12 和表 5-35 所示，正己烷（*n*-hexane）萃取的物质有 100 种，其中主要是烃类以及烷烃类物质，两种萃取剂萃取的物质基本相同。

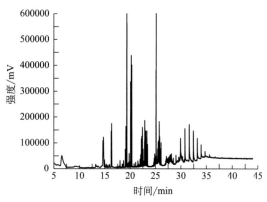

图 5-12　一滤出口的正己烷（*n*-hexane）的气质联机物质组成

表 5-35　一滤出口正己烷（*n*-hexane）萃取剂的 GC-MS 比对的物质

序号	RT/min	峰值（Ab）	物质名称（MTBE）	分子量
1	3.722	35578	hexane	86.11
2	6.53	50053	2,4-dimethyl-1-heptene	126.141
3	13.236	17433	壬烷,4-methyl-	142.172
4	13.386	10852	5h-1,4-dioxepin,2,3-dihydro-2,5-dimethyl-	128.084
5	14.276	9780	2-十一碳烯,4-methyl-	168.188
6	14.42	12294	2′,6′-dihydroxyacetophenone,bis(trimethylsilyl)ether	296.126
7	14.651	108477	十二烷,2,7,10-trimethyl-	212.25
8	14.755	122946	庚烷,5-ethyl-2,2,3-trimethyl-	170.203
9	14.963	34380	decane,4-methylene-	154.172
10	15.292	18287	4-十一碳烯,(*E*)-	154.172
11	15.535	13896	环己烷,1,1-dimethyl-2-propyl-	154.172
12	15.835	14832	十四烷,2,6,10-trimethyl-	240.282
13	15.951	17289	十一烷,5,7-dimethyl-	184.219
14	16.297	145413	nitric acid,nonyl ester	189.136
15	16.384	174874	5-十二烯,(*E*)-	168.188
16	17.788	11753	benzoic acid,2-[(trimethylsilyl)oxy]-,trimethylsilyl ester	282.111
17	18.03	32347	cyclohexene,1,6,6-trimethyl-	124.125
18	18.452	17234	十八烷,2,6-dimethyl-	282.329
19	18.492	12945	十二烷	170.203

序号	RT/min	峰值(Ab)	物质名称(MTBE)	分子量
20	18.556	18921	十五烷,2,6,10,14-tetramethyl-	268.313
21	18.724	32390	十二烷,2-methyl-	184.219
22	19.064	75870	十二烷,4,6-dimethyl-	198.235
23	19.197	164192	十二烷,4,6-dimethyl-	198.235
24	19.301	97866	十二烷,4,6-dimethyl-	198.235
25	19.371	822407	苯,1,3-bis(1,1-dimethylethyl)-	190.172
26	19.544	21019	环戊烷,1-butyl-2-pentyl-	196.219
27	19.654	19599	1-十六烷 sulfonyl chloride	324.189
28	19.694	18987	6-十四烯,(Z)-	196.219
29	19.734	26037	十五烷	212.25
30	19.827	59600	3-heptene,4-propyl-	140.157
31	19.942	22377	2-bromo dodecane	248.114
32	20.052	29081	十五烷	212.25
33	20.116	337512	环己烷,1,2,4-trimethyl-	126.141
34	20.237	438613	4-isopropyl-1,3-烯己二酮	154.099
35	20.358	401422	2-acetylcyclopentanone	126.068
36	20.815	19606	丁酸,1-methylpropyl ester	144.115
37	21.103	24988	丁酸,butyl ester	144.115
38	21.427	12915	磺酸,cyclohexylmethyl nonyl ester	304.207
39	21.531	30583	3-chloro-5,5-dimethyl-2-cyclohexen-1-one	158.05
40	21.6	21634	2,4,4-trimethyl-1-pentyl methylphosphonofluoridate	210.118
41	21.646	16888	十七烷,2-methyl-	254.297
42	21.773	15725	十七烷,8-methyl-	254.297
43	21.958	37032	十六烷,2,6,10,14-tetramethyl-	282.329
44	22.097	55354	十七烷	240.282
45	22.218	115815	十三烷,4-methyl-	198.235
46	22.322	126162	十三烷,5-propyl-	226.266
47	22.449	160390	癸烷,2,3,5,8-tetramethyl-	198.235
48	22.565	76239	十一烷,3,9-dimethyl-	184.219
49	22.646	30911	癸烷,3,6-dimethyl-	170.203
50	22.859	105606	苯酚,2,4-bis(1,1-dimethylethyl)-	206.167
51	22.911	187284	丁羟甲苯	220.183
52	22.992	100617	bacchotricuneatin C	342.147
53	23.108	146595	环己烷,1,4-dimethyl-2-(2-methylpropyl)-,(1alpha,2beta,5alpha)-	168.188
54	23.189	91761	十一烷,5-methyl-	170.203
55	23.327	146636	1-十六醇,2-methyl-	256.277
56	23.449	95021	磺酸,pentadecyl 2-propyl ester	334.254

序号	RT/min	峰值（Ab）	物质名称（MTBE）	分子量
57	24.667	25796	十三烷，2-methyl-	198.235
58	24.76	41102	十四烷	198.235
59	24.864	58049	2-bromo dodecane	248.114
60	24.956	40765	二十烷	282.329
61	24.985	47041	十五烷，2,6,10-trimethyl-	254.297
62	25.072	49551	二十烷	282.329
63	25.141	989292	5-(2-thienyl)pentanoic acid	184.056
64	25.228	49313	十四烷	198.235
65	25.337	35824	十八烷	254.297
66	25.47	77177	环己烷，1,2-diethyl-,cis-	140.157
67	25.569	103992	2-pentene-1,4-dione,1-(1,2,2-trimethylcyclopentyl)	208.146
68	25.661	109854	2-bromo dodecane	248.114
69	25.73	52704	十一烷，5-methyl-	170.203
70	25.776	182342	bacchotricuneatin c	342.147
71	25.869	124847	2-pentene-1,4-dione,1-(1,2,2-trimethylcyclopentyl)	208.146
72	26.008	78167	磺酸，octadecyl 2-propyl ester	376.301
73	26.129	101276	2-acetylcyclopentanone	126.068
74	26.949	21407	十八烷	254.297
75	27.03	30611	pentacosane	352.407
76	27.105	37474	二十烷	282.329
77	27.18	47398	propane,1,2,2-trichloro-	145.946
78	27.382	40322	十六烷，2,6,10,14-tetramethyl-	282.329
79	27.527	34984	十九烷	268.313
80	27.602	45792	carbonic acid,isobutyl tetradecyl ester	314.282
81	27.683	41584	十五烷，3-methyl-	226.266
82	27.769	41737	1-dodecanol,3,7,11-trimethyl-	228.245
83	27.937	54708	tert-Hexadecanethiol	258.238
84	28.023	50893	环己烷，1-ethyl-2-propyl-	154.172
85	28.116	50518	二十烷	282.329
86	28.168	58486	肌氨酸，N-(cyclopentylcarbonyl)-,ethyl ester	213.136
87	28.249	37596	二十烷	282.329
88	28.393	30383	环己烷，1,2,4-trimethyl-	126.141
89	28.543	41625	3,9-dimethyl-4,8-diaza-3,8-undecadiene-2,10-dione dioxime	240.159
90	29.046	53201	十四烷	296.344
91	29.595	45223	thioxan-3-one,oxime	131.04
92	29.814	45027	4-氯苯磺酰胺，N-methyl-	204.996
93	29.947	118722	二十烷	282.329

续表

序号	RT/min	峰值(Ab)	物质名称(MTBE)	分子量
94	30.34	47749	bicyclo[3.1.1]heptan-3-one,6,6-dimethyl-2-(2-methylpropyl)-	194.167
95	30.808	155703	三十一烷	436.501
96	31.64	171512	十八烷,3-methyl-	268.313
97	32.442	147025	二十烷	282.329
98	33.211	118601	二十烷	282.329
99	33.962	93547	二十烷	282.329
100	34.747	68116	乙烯基环体,decamethyl-	310.127

（6）二滤出口

研究考虑到不同萃取剂对有机物的萃取的效率和偏好，分别采用甲基叔丁基醚（MT-BE）和正己烷（n-hexane）进行萃取，考察两种溶剂的萃取的物质的差异，同时获得更多种类的有机物。

如图 5-13 和表 5-36 所示，甲基叔丁基醚萃取的物质有 100 种，其中主要是烃类以及烷烃类物质，表明甲基叔丁基醚对石油类物质萃取的效率高。

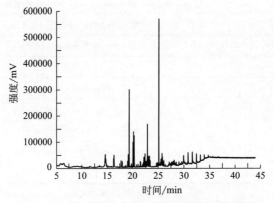

图 5-13　二滤出口的 MTBE 的气质联机物质组成

表 5-36　二滤出口甲基叔丁基醚（MTBE）萃取剂的 GC-MS 比对的物质

序号	RT/min	峰值(Ab)	物质名称(MTBE)	分子量
1	11.544	8972	oxime-,methoxy-phenyl-	151.063
2	13.196	7922	辛烷,2,5-dimethyl-	142.172
3	13.496	11317	trisiloxane,1,1,3,3,5,5-hexamethyl-	208.077
4	14.645	52235	7h-dibenzo[b,g]carbazole,7-methyl-	281.12
5	14.738	35944	丁酸,2-methyl-5-oxo-1-cyclopenten-1-yl ester	182.094
6	14.952	13868	4-decene,7-methyl-,(E)-	154.172
7	15.275	8922	4-十一碳烯,(Z)-	154.172
8	15.535	7820	3-十一碳烯,(E)-	154.172
9	15.818	8243	十一烷,5-methyl-	170.203
10	15.945	7657	癸烷,3,8-dimethyl-	170.203

序号	RT/min	峰值(Ab)	物质名称(MTBE)	分子量
11	16.292	38065	5-十二烯,(E)-	168.188
12	16.378	50436	3-己烯,2,2,5,5-tetramethyl-,(Z)-	140.157
13	17.1	7940	benzaldehyde,2,4-bis(trimethylsiloxy)-	282.111
14	17.788	29359	3-hydroxymandelic acid,ethyl ester,di-TMS	340.153
15	18.03	27087	cyclohexanol,3,3,5-trimethyl-,acetate,cis-	184.146
16	18.227	6091	N-(2-butyl)cyclopropanecarboxamide	141.115
17	18.452	7999	十六烷,2,6,10,14-tetramethyl-	282.329
18	18.556	7966	十一烷,4,6-dimethyl-	184.219
19	18.724	12284	1-iodoundecane	282.084
20	19.064	28006	十八烷,2,6-dimethyl-	282.329
21	19.197	53107	十四烷	198.235
22	19.307	33353	癸烷,2-methyl-	156.188
23	19.376	300706	苯,1,3-bis(1,1-dimethylethyl)-	190.172
24	19.486	6744	环氧乙烷,2-methyl-3-propyl-,cis-	100.089
25	19.544	8982	1-十一碳烯,8-methyl-	168.188
26	19.654	8365	2-undecanethiol,2-methyl-	202.176
27	19.7	8663	环己烷,1,2-dimethyl-3-pentyl-4-propyl-	224.25
28	19.734	11029	十八烷,1-iodo-	380.194
29	19.827	18331	3-十四烯,(Z)-	196.219
30	19.942	9639	十二烷,2,6,10-trimethyl-	212.25
31	20.052	11210	十八烷,1-iodo-	380.194
32	20.116	100065	4-isopropyl-1,3-烯己二酮	154.099
33	20.237	139560	环己烷,1,2-diethyl-1-methyl-	154.172
34	20.358	124700	环己烷,1,2-diethyl-1-methyl-	154.172
35	20.41	20199	trans-3-Hexenedioic acid,bis(trimethylsilyl)ester	288.121
36	20.815	13757	propanoic acid,2-methyl-,2-methylpropyl ester	144.115
37	21.046	7350	2-butyl-3-methyl-5-(2-methylprop-2-enyl)cyclohexanone	222.198
38	21.103	15707	propanoic acid,2-methyl-,3-hydroxy-2,4,4-trimethylpentyl ester	216.173
39	21.277	7002	2-pentanone,methyl(2-propynyl)hydrazone	152.131
40	21.421	9680	3-(but-3-enyl)-cyclohexanone	152.12
41	21.531	27258	propane-dioic acid,2-(n-butyrylamino)-,ethyl ester	217.095
42	21.606	23034	hexanoic acid,2-tetradecyl ester	312.303
43	21.958	14509	十八烷	254.297
44	22.097	21179	十五烷,2,6,10,14-tetramethyl-	268.313
45	22.218	41671	十八烷,2-methyl-	268.313
46	22.322	44327	十四烷,2,6,10-trimethyl-	240.282
47	22.449	55597	癸烷,2,3,5,8-tetramethyl-	198.235

序号	RT/min	峰值（Ab）	物质名称（MTBE）	分子量
48	22.565	27180	十七烷,9-octyl-	352.407
49	22.669	27145	2',6'-dihydroxyacetophenone,bis(trimethylsilyl)ether	296.126
50	22.865	35609	苯酚,2,4-bis(1,1-dimethylethyl)-	206.167
51	22.911	168440	丁羟甲苯	220.183
52	22.992	32378	环己烷,1,1,2-trimethyl-	126.141
53	23.108	46797	3-heptafluorobytyryloxy-6-ethyldecane	382.174
54	23.189	32660	环己烷,1,2,4-trimethyl-	126.141
55	23.327	46952	环己烷,1,2,4-trimethyl-	126.141
56	23.454	30025	十八烷,1-(ethenyloxy)-	296.308
57	24.673	19630	3,6-dioxa-2,4,5,7-tetrasilaoctane,2,2,4,4,5,5,7,7-octamethyl-	294.132
58	24.766	16517	十五烷,3-methyl-	226.266
59	24.864	22269	二十烷	282.329
60	24.956	16683	癸烷,3,6-dimethyl-	170.203
61	24.979	19170	十四烷,2,6,10-trimethyl-	240.282
62	25.066	18818	十九烷	268.313
63	25.141	570255	oxalic acid,cyclohexylmethyl tetradecyl ester	382.308
64	25.222	21204	二十烷	282.329
65	25.337	16682	二十烷	282.329
66	25.476	24221	环己烷,1-ethyl-2-propyl-	154.172
67	25.569	34250	2-sec-butyl-3-methyl-1-pentene	140.157
68	25.661	36417	eicosyl heptafluorobutyrate	494.299
69	25.73	20504	环己烷,1-ethyl-2-propyl-	154.172
70	25.776	57208	1-dodecanol,3,7,11-trimethyl-	228.245
71	25.869	41432	环己烷,1,2,4-trimethyl-	126.141
72	26.008	26302	oxalic acid,allyl hexadecyl ester	354.277
73	26.129	30009	tetratriacontyl heptafluorobutyrate	690.519
74	26.4	15087	N-benzyl-N-ethyl-p-isopropylbenzamide	281.178
75	27.036	13754	二十烷	282.329
76	27.111	15983	二十烷,7-hexyl-	366.423
77	27.18	23630	乙醇,2-(tetradecyloxy)-	258.256
78	27.394	18165	十八烷	254.297
79	27.608	24045	环戊烷,1,1'-[3-(2-cyclopentylethyl)-1,5-pentanediyl]bis-	304.313
80	27.683	17425	十八烷	254.297
81	27.764	19369	二十烷	282.329
82	27.827	23721	环戊烷,1-pentyl-2-propyl-	182.203
83	27.943	27349	3,12-dioxa-2,13-disilatetradecane,2,2,13,13-tetramethyl-	290.21
84	28.023	20584	2,2-dimethyl-3-heptene trans	126.141

续表

序号	RT/min	峰值(Ab)	物质名称(MTBE)	分子量
85	28.127	26037	癸烷,3,8-dimethyl-	170.203
86	28.162	31246	1-cyclohexyl-1-(4-methylcyclohexyl)ethane	208.219
87	28.335	20573	2,2,3,3-tetramethylcyclopropanecarboxilc acid,undecyl ester	296.272
88	28.543	23728	庚烷,1,7-dibromo-	255.946
89	28.676	14306	hexahydropyridine,1-methyl-4-(4,5-dihydroxyphenyl)-	207.126
90	29.052	24917	十四烷	296.344
91	29.595	25483	1,4-苯二酚,2,5-bis(1,1-dimethylethyl)-	222.162
92	29.878	26206	5,6,7-Trimethoxy-1-indanone	222.089
93	29.947	47935	二十烷	282.329
94	30.652	20623	乙烯基环体,decamethyl-	310.127
95	30.715	22922	4-quinolinecarboxylic acid,2-chloro-	207.009
96	30.808	59989	二十烷	282.329
97	31.64	61956	二十烷	282.329
98	32.437	55686	二十烷	282.329
99	33.216	51413	二十烷	282.329
100	33.967	51502	cyclotrisiloxane,hexamethyl-	222.056

如图 5-14 和表 5-37 所示，正己烷（n-hexane）萃取的物质有 100 种，其中主要是烃类以及烷烃类物质，两种萃取剂萃取的物质基本相同。

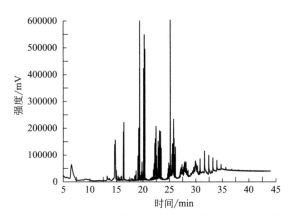

图 5-14　二滤出口的正己烷（n-hexane）的气质联机物质组成

表 5-37　二滤出口正己烷（n-hexane）萃取剂的 GC-MS 比对的物质

序号	RT/min	峰值(Ab)	物质名称(MTBE)	分子量
1	3.716	40385	hexane	86.11
2	6.53	63228	环己烷,1,2,3-trimethyl-	126.141
3	13.224	21343	壬烷,4-methyl-	142.172
4	13.38	12043	ethosuximide	141.079
5	13.652	13077	磺酸,octyl 2-propyl ester	236.145

序号	RT/min	峰值(Ab)	物质名称(MTBE)	分子量
6	14.281	10619	1-十一碳烯,7-methyl-	168.188
7	14.651	138433	十二烷,4,6-dimethyl-	198.235
8	14.755	156565	辛烷,2,3,6,7-tetramethyl-	170.203
9	14.957	43688	cyclopropane,1-methyl-2-(3-methylpentyl)-	140.157
10	15.292	21940	3-十一碳烯,(E)-	154.172
11	15.535	16121	环戊烷,1,1,2-trimethyl-	112.125
12	15.835	18920	2-bromo dodecane	248.114
13	15.951	21786	hexane,3,3-dimethyl-	114.141
14	16.292	187081	乙酰基,1-cyclopentyl-	112.089
15	16.384	221799	3-tridecene,(E)-	182.203
16	17.788	12885	isophthalic acid,di(2-isopropylphenyl)ester	402.183
17	18.03	12337	1-azabicyclo[2.2.2]octan-3-one	125.084
18	18.452	21252	十三烷	184.219
19	18.492	15460	十二烷	170.203
20	18.556	24299	十八烷,2,6-dimethyl-	282.329
21	18.723	41165	十一烷,4,8-dimethyl-	184.219
22	19.064	96999	癸烷,5-ethyl-5-methyl-	184.219
23	19.197	200732	十二烷,4,6-dimethyl-	198.235
24	19.301	124390	十二烷,4,6-dimethyl-	198.235
25	19.37	1003167	苯,1,3-bis(1,1-dimethylethyl)-	190.172
26	19.492	11920	庚烷,2,4-dimethyl-	128.157
27	19.544	24532	1alpha,2beta,3alpha,4beta-tetramethyl 环戊烷	126.141
28	19.648	23439	乙醇,2-(tetradecyloxy)-	258.256
29	19.694	22409	3-十四烯,(E)-	196.219
30	19.734	38341	十五烷	212.25
31	19.827	74622	2-bromopropionic acid,tetradecyl ester	348.166
32	19.942	29685	十二烷	170.203
33	20.052	37526	十五烷	212.25
34	20.116	423272	环己烷,1,1,3,5-tetramethyl-,cis-	140.157
35	20.237	549550	4-isopropyl-1,3-烯己二酮	154.099
36	20.358	494946	4-isopropyl-1,3-烯己二酮	154.099
37	20.526	12495	十二烷,2,6,10-trimethyl-	212.25
38	21.646	17490	十八烷	254.297
39	21.773	17514	二十六烷	366.423
40	21.958	45371	十六烷	226.266
41	22.097	68202	十三烷,2-methyl-	198.235
42	22.218	143471	十二烷	170.203
43	22.322	161750	2,3-dimethyldodecane	198.235

续表

序号	RT/min	峰值（Ab）	物质名称（MTBE）	分子量
44	22.449	207160	十二烷	170.203
45	22.565	97813	2,3-dimethyldodecane	198.235
46	22.64	52170	1-iodo-2-methylundecane	296.1
47	22.755	21537	十八烷	254.297
48	22.859	152015	苯酚,2,4-bis(1,1-dimethylethyl)-	206.167
49	22.911	86773	丁羟甲苯	220.183
50	22.992	128930	eicosyl pentafluoropropionate	444.303
51	23.062	22266	十八烷	254.297
52	23.108	191091	eicosyl heptafluorobutyrate	494.299
53	23.189	136988	cyclohexane,1,2,4,5-tetraethyl-	196.219
54	23.327	188657	乙酰基,1-cyclopentyl-	112.089
55	23.449	126751	7-十四烯,(Z)-	196.219
56	24.667	31024	十八烷	254.297
57	24.766	50503	十六烷,2,6,10,14-tetramethyl-	282.329
58	24.864	70843	十二烷,4,6-dimethyl-	198.235
59	24.956	50864	二十烷	282.329
60	24.979	60185	十五烷,2,6,10-trimethyl-	254.297
61	25.072	59775	十四烷,2,6,10-trimethyl-	240.282
62	25.141	657541	1,2,4-triazol-4-amine,N-(2-thienylmethyl)-	180.047
63	25.228	60317	二十烷	282.329
64	25.337	44315	二十烷	282.329
65	25.47	103240	环己烷,1-ethyl-1,4-dimethyl-,trans-	140.157
66	25.568	142038	octacosyl heptafluorobutyrate	606.425
67	25.661	142626	1-decanol,2-hexyl-	242.261
68	25.73	67368	环己烷,1,1,3,5-tetramethyl-,cis-	140.157
69	25.776	234149	十四烷	296.344
70	25.869	163435	octacosyl trifluoroacetate	506.431
71	26.007	102260	环己烷,1,4-dimethyl-2-(2-methylpropyl)-,(1alpha,2beta,5alpha)-	168.188
72	26.129	130515	propane,3,3-dichloro-1,1,1,2,2-pentafluoro-	201.938
73	26.943	26209	1-iodoundecane	282.084
74	27.036	37883	二十六烷	366.423
75	27.105	47363	2-溴代十四烷	276.145
76	27.197	53071	十六烷,2,6,10,14-tetramethyl-	282.329
77	27.296	49595	十四烷	296.344
78	27.394	64358	nonahexacontanoic acid	999.07
79	27.527	45576	二十烷	282.329
80	27.683	55543	二硫化物,di-tert-dodecyl	402.335
81	27.769	57654	1-dodecanol,3,7,11-trimethyl-	228.245

序号	RT/min	峰值(Ab)	物质名称(MTBE)	分子量
82	27.937	75458	环己烷,1-ethyl-2-propyl-	154.172
83	28.023	70776	(＋)-3-(2-carboxy-trans-propenyl)-2,2-dimethylcyclopropane-trans-1-carboxylic acid,[1alpha,3beta(E)]-	198.089
84	28.104	54781	4-氯苯磺酰胺,N-methyl-	204.996
85	28.168	73202	decane,3,6-dimethyl-	170.203
86	28.26	49921	6-tetradecanesulfonic acid,butyl ester	334.254
87	28.393	39149	5-十四烯,(E)-	196.219
88	28.543	43401	3,9-dimethyl-4,8-diaza-3,8-undecadiene-2,10-dione dioxime	240.159
89	29.052	31724	十四烷	296.344
90	29.595	54231	2-oxo-4,5-diphenyladipic acid,methyl ester	326.115
91	29.912	77658	pyridine-3-carboxamide,oxime,N-(2-trifluoromethylphenyl)-	281.078
92	30.132	63860	2-propylhept-3-enoic acid,phenylthio ester	262.139
93	30.334	58950	pyridine-3-carboxamide,oxime,N-(2-trifluoromethylphenyl)-	281.078
94	30.652	38628	1(2h)-naphthalenone,6-acetyloctahydro-8a-methyl-,(4a alpha,7beta,8a beta)-	208.146
95	30.808	85680	十四烷	296.344
96	31.639	115741	二十烷	282.329
97	32.437	99808	二十烷	282.329
98	33.211	89987	二十烷	282.329
99	33.962	80183	十八烷	254.297
100	34.741	65628	cyclotrisiloxane,hexamethyl-	222.056

（7）污水岗进口

研究考虑到不同萃取剂对有机物的萃取的效率和偏好，分别采用甲基叔丁基醚（MTBE）和正己烷（n-hexane）进行萃取，考察两种溶剂的萃取的物质的差异，同时获得更多种类的有机物。

如图5-15和表5-38所示，甲基叔丁基醚萃取的物质有100种，其中主要是烃类以及烷烃类物质，表明甲基叔丁基醚对石油类物质萃取的效率高。

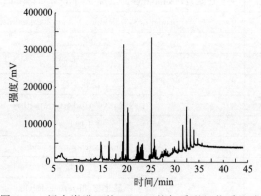

图 5-15 污水岗进口的 MTBE 的气质联机物质组成

表 5-38　污水岗进口甲基叔丁基醚（MTBE）萃取剂的 GC-MS 比对的物质

序号	RT/min	峰值（Ab）	物质名称（MTBE）	分子量
1	11.543	7890	2-amino-5-methylbenzoic acid	151.063
2	13.207	9150	壬烷,4-methyl-	142.172
3	13.496	11594	trisiloxane,1,1,3,3,5,5-hexamethyl-	208.077
4	13.658	8536	alpha-D-mannofuranoside,1-nonyl-	306.204
5	14.634	52914	benzoic acid,3-methyl-2-trimethylsilyloxy-,trimethylsilyl ester	296.126
6	14.744	45464	辛烷,2,3,6,7-tetramethyl-	170.203
7	14.946	15480	环戊烷,methyl-	84.094
8	15.275	9435	十八烷,1-(ethenyloxy)-	296.308
9	15.518	8248	3-十一碳烯,(E)-	154.172
10	15.812	9050	二十烷	282.329
11	16.292	44448	5-十二烯,(E)-	168.188
12	16.372	55136	5-十二烯,(E)-	168.188
13	17.1	6989	benzaldehyde,2,4-bis(trimethylsiloxy)-	282.111
14	17.782	21960	3-hydroxymandelic acid,ethyl ester,di-TMS	340.153
15	18.03	7018	4,4,8-Trimethyl-non-7-en-2-one	182.167
16	18.146	6239	(一)-cis-3,4-dimethyl-2-phenyltetrahydro-1,4-thiazine	207.108
17	18.232	6109	3-isothiazolecarboxamide	128.004
18	18.446	7961	十五烷,2,6,10,14-tetramethyl-	268.313
19	18.556	8789	十五烷,2,6,10,14-tetramethyl-	268.313
20	18.723	12604	十七烷,4-methyl-	254.297
21	19.07	27864	癸烷,5-ethyl-5-methyl-	184.219
22	19.197	55039	十二烷,4,6-dimethyl-	198.235
23	19.307	35257	十四烷	198.235
24	19.37	315014	苯,1,3-bis(1,1-dimethylethyl)-	190.172
25	19.486	6436	十八烷	254.297
26	19.544	9100	1-decene	140.157
27	19.653	8815	十八烷,1-(ethenyloxy)-	296.308
28	19.694	8453	环己烷,1,2,4,5-tetraethyl-,(1alpha,2alpha,4alpha,5alpha)-	196.219
29	19.734	14643	十五烷	212.25
30	19.827	19673	2-十四烯,(E)-	196.219
31	19.942	10751	十八烷	254.297
32	20.052	12755	十三烷,6-propyl-	226.266
33	20.116	104535	环己烷,1,2,4-trimethyl-	126.141
34	20.237	146052	2-acetylcyclopentanone	126.068
35	20.358	131431	4-isopropyl-1,3-烯己二酮	154.099
36	20.404	19445	malonic acid,bis(2-trimethylsilylethyl)ester	304.153
37	20.52	7577	二十烷	282.329
38	21.282	5951	formic acid,1-(4,7-dihydro-2-methyl-7-oxopyrazolo[1,5-a]pyrimidin-5-yl)-,methyl ester	207.064

续表

序号	RT/min	峰值（Ab）	物质名称（MTBE）	分子量
39	21.652	7690	decane, 2-methyl-	156.188
40	21.716	7206	（＋）-cis-3,4-dimethyl-2-phenyltetrahydro-1,4-thiazine	207.108
41	21.779	8477	癸烷,3,8-dimethyl-	170.203
42	21.958	14378	十五烷,2,6,10-trimethyl-	254.297
43	22.097	21230	十六烷,3-methyl-	240.282
44	22.218	42125	2,3-dimethyldodecane	198.235
45	22.322	44784	十六烷,2,6,11,15-tetramethyl-	282.329
46	22.449	52775	十八烷,1-iodo-	380.194
47	22.565	28091	十六烷	226.266
48	22.64	22847	十八烷	254.297
49	22.674	24020	benzoic acid,5-methyl-2-trimethylsilyloxy-,trimethylsilyl ester	296.126
50	22.755	10647	十八烷	254.297
51	22.859	40268	苯酚,2,4-bis(1,1-dimethylethyl)-	206.167
52	22.911	29147	丁羟甲苯	220.183
53	22.992	31919	octacosyl trifluoroacetate	506.431
54	23.061	10415	二十烷	282.329
55	23.108	45995	环己烷,1-ethyl-2-propyl-	154.172
56	23.189	44006	癸烷,3,8-dimethyl-	170.203
57	23.327	49104	环己烷,1,2,4-trimethyl-	126.141
58	23.449	31176	7-十四烯,(E)-	196.219
59	23.691	8731	十八烷	254.297
60	23.928	7600	十九烷	268.313
61	24.673	17035	3,6-dioxa-2,4,5,7-tetrasilaoctane,2,2,4,4,5,5,7,7-octamethyl-	294.132
62	24.766	16165	十七烷,3-methyl-	254.297
63	24.864	20939	十七烷	240.282
64	24.956	16161	十九烷	268.313
65	24.979	18268	十三烷,2-methyl-	198.235
66	25.072	19707	二十烷	282.329
67	25.147	334287	庚烷,1,7-dibromo-	255.946
68	25.228	21074	三十一烷	436.501
69	25.337	15711	二十烷	282.329
70	25.476	25987	环己烷,1,2,4-trimethyl-	126.141
71	25.568	34600	十六烷,1-iodo-	352.163
72	25.626	29901	十四烷	296.344
73	25.661	37034	cyclooctane, ethyl-	140.157
74	25.73	22012	磺酸,butyl heptadecyl ester	376.301
75	25.776	61312	triallylsilane	152.102
76	25.869	43458	1-iodo-2-methylundecane	296.1
77	26.007	26113	环己烷,1,1,2-trimethyl-	126.141

续表

序号	RT/min	峰值(Ab)	物质名称(MTBE)	分子量
78	26.129	33294	环己烷,1,2,4-trimethyl-	126.141
79	26.4	14010	N-benzyl-N-ethyl-p-isopropylbenzamide	281.178
80	27.036	14594	十七烷	240.282
81	27.111	17512	十八烷,2-methyl-	268.313
82	27.186	20945	二十烷	282.329
83	27.388	28210	二十六烷	366.423
84	27.602	21800	1-nonadecene	266.297
85	27.683	20684	十八烷,1-chloro-	288.258
86	27.769	23634	二十烷	282.329
87	27.81	31004	docosane,2,21-dimethyl-	338.391
88	27.943	29515	3-decene,2,2-dimethyl-,(E)-	168.188
89	28.127	29461	9-undecenoic acid,2,6,10-trimethyl-	226.193
90	28.162	34990	fumaric acid,hexadecyl 2-methylallyl ester	394.308
91	28.33	24764	3-cyclohexene-1-carboxylic acid,2-(dimethylamino)-1-phenyl-,ethyl ester,trans-	273.173
92	28.543	29716	1,2,5-oxadiborolane,2,3,3,4,5-pentaethyl-	208.217
93	29.052	23686	二十烷	282.329
94	29.595	36968	1,2-Bis(trimethylsilyl)苯	222.126
95	29.872	35497	5,6,7-trimethoxy-1-indanone	222.089
96	30.808	56543	二十烷	282.329
97	31.639	99069	十四烷	296.344
98	32.437	148027	二十烷	282.329
99	33.211	115885	二十烷	282.329
100	33.962	86249	二十烷	282.329

如图 5-16 和表 5-39 所示,正己烷（n-hexane）萃取的物质有 100 种,其中主要是烃类以及烷烃类物质,两种萃取剂萃取的物质基本相同。

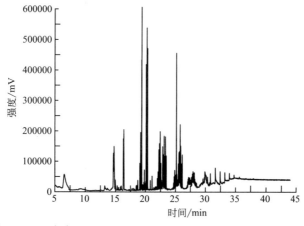

图 5-16 污水岗进口的正己烷（n-hexane）的气质联机物质组成

表 5-39 污水岗进口正己烷（*n*-hexane）萃取剂的 GC-MS 比对的物质

序号	RT/min	峰值(Ab)	物质名称(MTBE)	分子量
1	3.913	54794	delta nonalactone	156.115
2	6.46	52850	2,4-dimethyl-1-heptene	126.141
3	13.213	20123	壬烷,4-methyl-	142.172
4	13.634	12039	3-pentanol,2,2,4,4-tetramethyl-3-(tetrahydo-2-furyl)-	214.193
5	14.258	10063	1-十一碳烯,7-methyl-	168.188
6	14.408	13189	decane	142.172
7	14.651	126230	庚烷,5-ethyl-2,2,3-trimethyl-	170.203
8	14.755	149767	庚烷,5-ethyl-2,2,3-trimethyl-	170.203
9	14.957	39665	2-十一碳烯,(*Z*)-	154.172
10	15.286	20465	环己烷,1,1-dimethyl-2-propyl-	154.172
11	15.529	15091	4-十一碳烯,(*E*)-	154.172
12	15.824	16963	磺酸,2-propyl tetradecyl ester	320.239
13	15.951	19943	hexane,3,3-dimethyl-	114.141
14	16.292	174754	乙酰基,1-cyclopentyl-	112.089
15	16.378	204702	3-十一碳烯,9-methyl-,(*E*)-	168.188
16	17.788	11999	benzoic acid,2-[(trimethylsilyl)oxy],trimethylsilyl ester	282.111
17	18.03	13225	cyclohexanol,3,3,5-trimethyl-,acetate,*cis*-	184.146
18	18.452	20582	十三烷	184.219
19	18.492	15258	十二烷	170.203
20	18.556	22107	癸烷,2-methyl-	156.188
21	18.723	38419	十一烷,4,8-dimethyl-	184.219
22	19.064	94113	癸烷,5-ethyl-5-methyl-	184.219
23	19.197	195941	十二烷,4,6-dimethyl-	198.235
24	19.301	117711	十二烷,4,6-dimethyl-	198.235
25	19.37	1001566	苯,1,3-bis(1,1-dimethylethyl)-	190.172
26	19.544	24397	2-octene,4-ethyl-	140.157
27	19.653	22700	1-十一碳烯,8-methyl-	168.188
28	19.694	21498	cycloundecane,1,1,2-trimethyl-	196.219
29	19.734	32127	十四烷	198.235
30	19.827	72477	乙醇,2-(tetradecyloxy)-	258.256
31	19.942	27045	壬烷,3,7-dimethyl-	156.188
32	20.052	34267	十五烷	212.25
33	20.116	418737	环己烷,1,1,3,5-tetramethyl-,*cis*-	140.157
34	20.237	538372	4-isopropyl-1,3-烯己二酮	154.099
35	20.358	470835	环己烷,1,2-diethyl-1-methyl-	154.172
36	20.814	37687	丁酸,1-methylethyl ester	130.099
37	21.098	52152	丁酸,butyl ester	144.115

序号	RT/min	峰值(Ab)	物质名称(MTBE)	分子量
38	21.773	17578	十八烷	254.297
39	21.958	44435	十八烷,3-ethyl-5-(2-ethylbutyl)-	366.423
40	22.097	66499	十七烷,2,6-dimethyl-	268.313
41	22.218	138658	十六烷,2,6,10,14-tetramethyl-	282.329
42	22.322	158863	十三烷,5-propyl-	226.266
43	22.449	198603	癸烷,2,3,5,8-tetramethyl-	198.235
44	22.565	94449	十二烷	170.203
45	22.64	39343	十四烷	198.235
46	22.859	148996	苯酚,2,4-bis(1,1-dimethylethyl)-	206.167
47	22.911	81937	丁羟甲苯	220.183
48	22.992	122211	eicosyl pentafluoropropionate	444.303
49	23.061	19993	十八烷	254.297
50	23.108	184059	环己烷,1-ethyl-2-propyl-	154.172
51	23.189	117443	环己烷,1,2,4-trimethyl-	126.141
52	23.321	181526	环己烷,1,4-dimethyl-2-(2-methylpropyl)-,(1alpha,2beta,5alpha)-	168.188
53	23.448	118792	环己烷,1,2,4-trimethyl-	126.141
54	24.667	29344	二十烷	282.329
55	24.765	50862	十六烷,2,6,10,14-tetramethyl-	282.329
56	24.864	71292	1-iodoundecane	282.084
57	24.956	47876	二十烷	282.329
58	24.979	55274	2-bromo dodecane	248.114
59	25.072	56693	二十烷	282.329
60	25.141	455197	oxalic acid,cyclohexylmethyl decyl ester	326.246
61	25.222	57631	十五烷,8-hexyl-	296.344
62	25.337	40364	十七烷	240.282
63	25.47	92480	2-sec-Butyl-3-methyl-1-pentene	140.157
64	25.568	129365	heptacosyl pentafluoropropionate	542.412
65	25.661	133115	3-decene,2,2-dimethyl-,(E)-	168.188
66	25.73	62385	环己烷,1,2,4-trimethyl-	126.141
67	25.776	221554	tetracontane,3,5,24-trimethyl-	604.689
68	25.869	151769	环己烷,1,4-dimethyl-2-(2-methylpropyl)-,(1alpha,2beta,5alpha)-	168.188
69	26.007	92417	环己烷,1,4-dimethyl-2-(2-methylpropyl)-,(1alpha,2beta,5alpha)-	168.188
70	26.129	121870	3-己烯,2,2,5,5-tetramethyl-,(Z)-	140.157
71	26.949	21420	三十一烷	436.501
72	27.036	34105	十一烷,3,5-dimethyl-	184.219
73	27.111	42473	二十烷	282.329
74	27.192	48389	tridecanol,2-ethyl-2-methyl-	242.261

序号	RT/min	峰值(Ab)	物质名称(MTBE)	分子量
75	27.301	45099	十八烷	254.297
76	27.388	46744	十三烷,2-methyl-	198.235
77	27.446	38430	三十一烷	436.501
78	27.527	39438	十四烷	296.344
79	27.683	47511	nonahexacontanoic acid	999.07
80	27.769	50253	do 五氟丙酸钠盐	612.49
81	27.839	58099	1-十六醇,2-methyl-	256.277
82	27.942	67314	二十烷	282.329
83	28.023	62955	五氟丙酸钠盐	584.459
84	28.11	45967	十八烷	254.297
85	28.168	63595	ketone,2,2-dimethylcyclohexyl methyl	154.136
86	28.254	42066	2-sec-Butyl-3-methyl-1-pentene	140.157
87	28.393	32907	环己烷,1-ethyl-2-propyl-	154.172
88	28.509	28451	环己烷,1-ethyl-2-propyl-	154.172
89	29.595	43844	naphthalene-4a,8a-dicarboxylic acid,1,4,4a,5,8,8a-hexahydro-,dimethyl ester	250.121
90	29.814	47793	磺酸,butyl heptadecyl ester	376.301
91	29.912	67140	1-dodecanol,3,7,11-trimethyl-	228.245
92	30.132	53972	环己烷,1-ethyl-2-propyl-	154.172
93	30.23	40006	环己烷,1-ethyl-2-propyl-	154.172
94	30.334	49288	(＋)-3-(2-carboxy-trans-propenyl)-2,2-dimethylcyclopropane-trans-1-carboxylic acid,[1alpha,3beta(E)]-	198.089
95	30.652	29946	trifluoroacetoxy hexadecane	338.243
96	30.813	60626	二十烷	282.329
97	31.639	78873	二十烷	282.329
98	32.442	67159	二十烷	282.329
99	33.216	63977	二十烷	282.329
100	33.967	61613	十八烷	254.297

(8) 三维荧光光谱对不同工艺段的主要有机物的组成和分布

研究首先对不同工艺段,通过三维荧光光谱进行了污染物的一个动态变化分析。如书后彩图1所示,三维荧光光谱能够表示激发波长(λ_{ex})和发射波长(λ_{em})同时变化时的荧光强度信息,用于水质测定时能够揭示有机污染物的分类及其含量信息。共检测到4个三维荧光峰,其范围集中在λ_{ex}(220～280nm)/λ_{em}(350～400nm)区域。通过与常见溶解有机物质三维荧光峰对比发现,属于蛋白质、腐殖酸、植物油类等常见的有机物,体现该含油成分的复杂性,不同取样点的污水中的有机物的组成分布存在较大的差异。

5.2.3 葡四联污水工艺污水成分分析

（1）三联来水

如图 5-17 和表 5-40 所示，甲基叔丁基醚萃取的物质有 100 种，其中主要是烃类以及烷烃类物质，表明甲基叔丁基醚对石油类物质萃取的效率高。

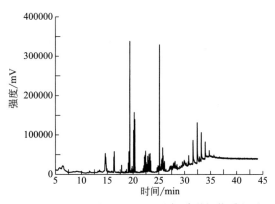

图 5-17 三联来水的 MTBE 的气质联机物质组成

表 5-40 三联来水甲基叔丁基醚（MTBE）萃取剂的 GC-MS 比对的物质

序号	RT/min	峰值（Ab）	物质名称（MTBE）	分子量
1	11.532	8636	2-amino-5-methylbenzoic acid	151.063
2	13.161	8139	壬烷,4-methyl-	142.172
3	13.403	8651	trimethyl(2-methyl-1-propenyl)silane	128.102
4	13.478	11261	4-methylmandelic acid,di-TMS	310.142
5	14.634	52735	环四聚二甲基硅氧烷,octamethyl-	296.075
6	14.738	43334	3-ethyl-3-methylheptane	142.172
7	14.934	14766	1-octene,2,6-dimethyl-	140.157
8	15.292	8995	3-十一碳烯,(Z)-	154.172
9	15.517	7709	acetic acid,nonyl ester	186.162
10	15.818	8687	十四烷	296.344
11	15.939	8329	十四烷,2,6,10-trimethyl-	240.282
12	16.286	43885	5-十二烯,(E)-	168.188
13	16.372	57714	环己烷,1,1,3,5-tetramethyl-,trans-	140.157
14	17.1	7508	N-(2-Methoxy-6-methylphenyl)phthalimide	267.09
15	17.788	23447	p-trimethylsilyloxyphenyl-bis(trimethylsilyloxy)ethane	370.182
16	18.03	7193	thiophen-2-methylamine,N-(2-fluorophenyl)-	207.052
17	18.227	5977	3-isothiazolecarboxamide	128.004
18	18.446	7893	decane,2-methyl-	156.188
19	18.556	8391	十三烷	184.219
20	18.723	12838	十一烷,4,8-dimethyl-	184.219

序号	RT/min	峰值(Ab)	物质名称(MTBE)	分子量
21	19.064	28948	十二烷,4,6-dimethyl-	198.235
22	19.191	57735	十二烷,4,6-dimethyl-	198.235
23	19.301	37258	十二烷,4,6-dimethyl-	198.235
24	19.37	338041	苯、1,3-bis(1,1-dimethylethyl)-	190.172
25	19.486	6697	十八烷,1-chloro-	288.258
26	19.544	9936	1-decanol,2-hexyl-	242.261
27	19.648	9168	3-methylpenta-1,3-diene-5-ol,(E)-	98.073
28	19.694	8885	2-十四烯,(E)-	196.219
29	19.734	14790	十五烷	212.25
30	19.827	20456	7-十四烯	196.219
31	19.936	11270	十七烷,8-methyl-	254.297
32	20.052	13309	三十一烷	436.501
33	20.115	111718	3-ethyl-6-heptafluorobutyryloxyoctane	354.143
34	20.237	157571	2-acetylcyclopentanone	126.068
35	20.358	139793	4-isopropyl-1,3-环己烷 dione	154.099
36	20.404	19674	2-pentenoic acid,2-[(trimethylsilyl)oxy]-,trimethylsilyl ester	260.126
37	20.526	7277	十七烷,2-methyl-	254.297
38	20.803	7245	2-thiopheneethanol	128.03
39	21.536	8512	naphthalene,1,8-dimethyl-	156.094
40	21.773	8562	磺酸,2-propyl undecyl ester	278.192
41	21.958	14711	十一烷,4,6-dimethyl-	184.219
42	22.097	22112	十二烷	170.203
43	22.218	44548	1-iodo-2-methylundecane	296.1
44	22.322	48718	2,3-dimethyldodecane	198.235
45	22.449	59345	十六烷	226.266
46	22.565	30262	2,3-dimethyldodecane	198.235
47	22.64	20410	环氧乙烷,2-methyl-3-propyl-,cis-	100.089
48	22.669	25429	benzoic acid,5-methyl-2-trimethylsilyloxy-,trimethylsilyl ester	296.126
49	22.755	10469	eicosane	282.329
50	22.859	46243	苯酚,2,5-bis(1,1-dimethylethyl)-	206.167
51	22.911	31817	丁羟甲苯	220.183
52	22.992	34987	heptafluorobutanoic acid,heptadecyl ester	452.253
53	23.061	10220	二十烷	282.329
54	23.108	51201	2-十六醇	242.261
55	23.188	41567	十七烷,8-methyl-	254.297
56	23.327	53105	bacchotricuneatin c	342.147
57	23.454	34296	环己烷,1,2,4-trimethyl-	126.141

续表

序号	RT/min	峰值(Ab)	物质名称(MTBE)	分子量
58	23.939	7186	磺酸,cyclohexylmethyl tetradecyl ester	374.285
59	24.673	17303	benzoic acid,5-methyl-2-trimethylsilyloxy-,trimethylsilyl ester	296.126
60	24.765	17040	十三烷,2-methyl-	198.235
61	24.869	22400	十三烷,4-methyl-	198.235
62	24.956	17197	十七烷,2,6,10,15-tetramethyl-	296.344
63	25.072	20567	十四烷	198.235
64	25.141	329359	2h-tetrazole,5-(thiophen-2-yl)methyl-	166.031
65	25.222	21122	十三烷,2-methyl-	198.235
66	25.337	16623	二十烷	282.329
67	25.476	26403	2-sec-butyl-3-methyl-1-pentene	140.157
68	25.568	37231	环己烷,1-ethyl-2,3-dimethyl-	140.157
69	25.661	40568	octacosyl heptafluorobutyrate	606.425
70	25.73	22242	环己烷,1,2,4-trimethyl-	126.141
71	25.776	67622	2-propanone,1,1,3,3-tetrachloro-	193.886
72	25.869	47344	dotriacontyl heptafluorobutyrate	662.487
73	26.007	28505	环戊烷,hexyl-	154.172
74	26.129	33564	3-decene,2,2-dimethyl-,(E)-	168.188
75	26.4	13592	N-benzyl-N-ethyl-p-isopropylbenzamide	281.178
76	27.036	14256	二十烷	282.329
77	27.105	17672	十八烷	254.297
78	27.192	20893	十四烷,2,6,10-trimethyl-	240.282
79	27.301	19071	十三烷,2-methyl-	198.235
80	27.394	22440	三十四烷	478.548
81	27.527	17820	癸烷,3,8-dimethyl-	170.203
82	27.602	20644	acetic acid,2-(2,2,6-trimethyl-7-oxa-bicyclo[4.1.0]hept-1-yl)-propenyl ester	238.157
83	27.683	19059	bicyclo[3.1.1]heptan-3-one,6,6-dimethyl-2-(2-methylpropyl)-	194.167
84	27.763	22850	十七烷,8-methyl-	254.297
85	27.942	29845	1,3-dioxolane,4-ethyl-5-octyl-2,2-bis(trifluoromethyl)-,trans-	350.168
86	28.023	24303	cyclopentanecarboxamide,N-(4-fluorophenyl)-	207.106
87	28.127	26845	butanamide,3-(methoxyacetylhydrazono)-N-(2-tetrahydrofurfuryl)-	271.153
88	28.162	33414	肌氨酸,N-(cyclopentylcarbonyl)-,ethyl ester	213.136
89	28.254	20668	bicyclo[3.1.1]heptan-3-one,6,6-dimethyl-2-(2-methylpropyl)-	194.167
90	28.335	22068	2,2,3,3-tetramethylcyclopropanecarboxilc acid,undecyl ester	296.272
91	28.543	25298	propane,1,1,2,2-tetrachloro-	179.907
92	29.052	20770	二十烷	282.329
93	29.594	32118	1,2-bis(trimethylsilyl)苯	222.126

序号	RT/min	峰值(Ab)	物质名称(MTBE)	分子量
94	29.883	32231	borane,2,3-dimethyl-2-butyl-(dimer)	196.253
95	30.698	32183	2,6-dichlorobenzenesulfonyl chloride	243.892
96	30.808	48053	二十烷	282.329
97	31.639	86691	二十烷	282.329
98	32.436	131718	二十烷	282.329
99	33.21	106104	二十烷	282.329
100	33.961	82410	十八烷	254.297

如图 5-18 和表 5-41 所示，正己烷（n-hexane）萃取剂萃取出主要的成分是由石油类物质和苯系物组成。

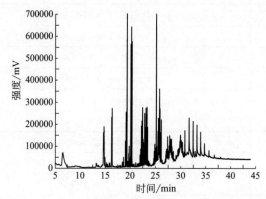

图 5-18 三联来水的正己烷（n-hexane）的气质联机物质组成

表 5-41 三联来水正己烷（n-hexane）萃取剂的 GC-MS 比对的物质

序号	RT/min	峰值(Ab)	物质名称(MTBE)	分子量
1	3.716	41902	环氧乙烷,2-ethyl-2-methyl-	86.073
2	6.535	70481	2,4-dimethyl-1-heptene	126.141
3	13.23	23587	壬烷,4-methyl-	142.172
4	13.64	14125	octane,3,6-dimethyl-	142.172
5	14.258	11559	1-十一碳烯,7-methyl-	168.188
6	14.403	15607	oxalic acid,6-ethyloct-3-yl propyl ester	272.199
7	14.651	161863	十二烷,4,6-dimethyl-	198.235
8	14.755	190025	十二烷,2,7,10-trimethyl-	212.25
9	14.957	49984	4-octene,(E)-	112.125
10	15.287	25449	5-十一碳烯	154.172
11	15.529	18715	1-ethyl-2,2,6-trimethylcyclohexane	154.172
12	15.83	22074	hexane,3,3-dimethyl-	114.141
13	15.945	25821	hexane,3,3-dimethyl-	114.141
14	16.292	232159	乙酰基,1-cyclopentyl-	112.089

序号	RT/min	峰值（Ab）	物质名称（MTBE）	分子量
15	16.378	272637	5-十二烯,(E)-	168.188
16	18.452	25717	十一烷,2,5-dimethyl-	184.219
17	18.556	29649	十一烷,4,6-dimethyl-	184.219
18	18.723	50746	十五烷,7-methyl-	226.266
19	19.064	124435	decane,5-ethyl-5-methyl-	184.219
20	19.197	256479	十二烷,4,6-dimethyl-	198.235
21	19.301	156294	磺酸,2-ethylhexyl undecyl ester	348.27
22	19.37	1271011	苯,1,3-bis(1,1-dimethylethyl)-	190.172
23	19.544	31662	环戊烷,1-butyl-2-pentyl-	196.219
24	19.648	31374	环戊烷,1-butyl-2-pentyl-	196.219
25	19.694	28469	cycloundecane,1,1,2-trimethyl-	196.219
26	19.734	66789	十二烷,1-iodo-	296.1
27	19.827	100274	2-bromopropionic acid,tetradecyl ester	348.166
28	19.937	40838	十七烷	240.282
29	20.052	51831	十八烷,3-ethyl-5-(2-ethylbutyl)-	366.423
30	20.116	564657	2-acetylcyclopentanone	126.068
31	20.237	703475	2-acetylcyclopentanone	126.068
32	20.358	637162	4-isopropyl-1,3-烯己二酮	154.099
33	20.52	19305	十七烷,2-methyl-	254.297
34	21.103	25779	propanoic acid,2-methyl-,hexyl ester	172.146
35	21.958	60676	十六烷,2,6,10,14-tetramethyl-	282.329
36	22.091	88583	十二烷,5,8-diethyl-	226.266
37	22.218	192363	十一烷,3,9-dimethyl-	184.219
38	22.322	216064	decane,2,3,5,8-tetramethyl-	198.235
39	22.449	277236	2,3-dimethyldodecane	198.235
40	22.565	132854	十二烷	170.203
41	22.64	118093	十四烷	198.235
42	22.755	40835	二十烷	282.329
43	22.859	250583	苯酚,2,4-bis(1,1-dimethylethyl)-	206.167
44	22.911	111654	丁羟甲苯	220.183
45	22.992	186896	nonadecyl pentafluoropropionate	430.287
46	23.062	38745	十八烷	254.297
47	23.108	274577	环己烷,1,2,4-trimethyl-	126.141
48	23.189	248434	十八烷,1-chloro-	288.258
49	23.321	278705	十七烷,4-methyl-	254.297
50	23.449	186517	乙酰基,1-cyclopentyl-	112.089
51	23.691	34110	十八烷	254.297

序号	RT/min	峰值(Ab)	物质名称(MTBE)	分子量
52	24.667	44894	二十烷	282.329
53	24.766	78076	十六烷,2,6,10,14-tetramethyl-	282.329
54	24.864	109991	十六烷,2,6,10,14-tetramethyl-	282.329
55	24.956	77722	silane,trichlorooctadecyl-	386.173
56	24.979	91293	二十烷	282.329
57	25.072	94909	十五烷,2,6,10-trimethyl-	254.297
58	25.141	1050308	环己烷,2,4-diisopropyl-1,1-dimethyl-	196.219
59	25.228	100955	二十烷	282.329
60	25.332	70263	十六烷	226.266
61	25.47	168921	2-bromo dodecane	248.114
62	25.568	228548	十七烷,2,6,10,15-tetramethyl-	296.344
63	25.62	161800	十四烷	296.344
64	25.661	225313	octacosyl trifluoroacetate	506.431
65	25.724	119895	十八烷	254.297
66	25.776	361195	环己烷,1,4-dimethyl-2-(2-methylpropyl)-,(1alpha,2beta,5alpha)-	168.188
67	25.869	272237	十七烷	240.282
68	26.007	163755	乙酰基,1-cyclopentyl-	112.089
69	26.129	220925	磺酸,butyl hexadecyl ester	362.285
70	26.949	41666	十六烷,2,6,10,14-tetramethyl-	282.329
71	27.03	61720	2-溴代十四烷	276.145
72	27.111	78190	十四烷	296.344
73	27.197	85852	2-溴代十四烷	276.145
74	27.388	144186	十八烷	254.297
75	27.527	79295	nonahexacontanoic acid	999.07
76	27.683	101653	十六烷,3-methyl-	240.282
77	27.769	105344	磺酸,butyl heptadecyl ester	376.301
78	27.804	148554	Hen 二十烷	296.344
79	27.937	133021	tetrapentacontane,1,54-dibromo-	914.682
80	28.023	126146	1-dodecanol,3,7,11-trimethyl-	228.245
81	28.104	101489	6-tetradecanesulfonic acid,butyl ester	334.254
82	28.168	132454	二硫化物,di-tert-dodecyl	402.335
83	28.26	99033	十五烷,3-methyl-	226.266
84	28.399	72146	十七烷,2-methyl-	254.297
85	28.538	78526	3,9-dimethyl-4,8-diaza-3,8-undecadiene-2,10-dione dioxime	240.159
86	29.046	59172	二十烷	282.329
87	29.416	84348	三十一烷	436.501
88	29.589	90850	十六烷,1-chloro-	260.227

续表

序号	RT/min	峰值（Ab）	物质名称（MTBE）	分子量
89	29.808	123619	十四烷	296.344
90	29.907	146448	十三烷，2-methyl-	198.235
91	30.334	118471	环己烷，1-ethyl-2-propyl-	154.172
92	30.657	73764	3-octadecene,(E)-	252.282
93	30.808	172454	十九烷，9-methyl-	282.329
94	31.639	229806	十四烷	296.344
95	32.437	214383	二十烷	282.329
96	32.876	77714	1,2-benzenedicarboxylic acid,diisooctyl ester	390.277
97	33.211	197946	二十烷	282.329
98	33.962	165349	二十烷	282.329
99	34.736	112211	二十烷	282.329
100	35.637	81124	十八烷	254.297

（2）横向流进口

如图 5-19 和表 5-42 所示，甲基叔丁基醚萃取的物质有 100 种，其中主要是烃类以及烷烃类物质，表明甲基叔丁基醚对石油类物质萃取的效率高。

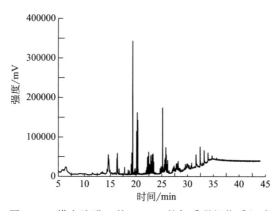

图 5-19　横向流进口的 MTBE 的气质联机物质组成

表 5-42　横向流进口甲基叔丁基醚（MTBE）萃取剂的 GC-MS 比对的物质

序号	RT/min	峰值（Ab）	物质名称（MTBE）	分子量
1	11.532	9013	oxime -,methoxy-phenyl-	151.063
2	13.502	12164	trisiloxane,1,1,3,3,5,5-hexamethyl-	208.077
3	14.385	18259	decane	142.172
4	14.634	54928	十二烷，4,6-dimethyl-	198.235
5	14.732	44359	辛烷，2,3,6,7-tetramethyl-	170.203
6	14.934	16311	pentafluoropropionic acid,octyl ester	276.115
7	15.269	9833	fumaric acid,3-hexyl tridecyl ester	382.308
8	15.523	8796	3-十一碳烯,(E)-	154.172

序号	RT/min	峰值(Ab)	物质名称(MTBE)	分子量
9	15.824	9151	oxalic acid,bis(6-ethyloct-3-yl)ester	370.308
10	15.957	9954	hexane,2,3,4-trimethyl-	128.157
11	16.286	45895	4-Isopropyl-1,3-烯己二酮	154.099
12	16.378	58547	cyclooctane,1-methyl-3-propyl-	168.188
13	16.708	19456	十一烷	156.188
14	17.788	23109	p-trimethylsilyloxyphenyl-bis(trimethylsilyloxy)ethane	370.182
15	18.227	6887	cis-1,3-diformamido-1,2,3,4-tetrahydronaphthalene	218.106
16	18.452	9180	decane,2-methyl-	156.188
17	18.487	16320	十二烷	170.203
18	18.556	9275	十一烷,4,6-dimethyl-	184.219
19	18.723	14442	十一烷,4,8-dimethyl-	184.219
20	19.064	30912	十二烷,4,6-dimethyl-	198.235
21	19.191	59698	十八烷,2,6-dimethyl-	282.329
22	19.301	37427	decane,5-ethyl-5-methyl-	184.219
23	19.37	342874	苯,1,3-bis(1,1-dimethylethyl)-	190.172
24	19.544	10524	3-十四烯,(Z)-	196.219
25	19.653	9710	3,4,4-trimethyl-cyclohex-2-en-1-ol	140.12
26	19.694	9069	3-十四烯,(E)-	196.219
27	19.734	16690	壬烷,3,7-dimethyl-	156.188
28	19.827	20337	3-十四烯,(E)-	196.219
29	19.936	12180	十三烷,1-iodo-	310.116
30	20.012	9049	十二烷,3-methyl-	184.219
31	20.052	14760	十五烷	212.25
32	20.116	114926	propane,3,3-dichloro-1,1,1,2,2-pentafluoro-	201.938
33	20.237	162026	4-isopropyl-1,3-烯己二酮	154.099
34	20.358	142206	2-acetylcyclopentanone	126.068
35	20.404	19546	乙酰胺,N-(2-hydroxy-3-pentenyl)-	143.095
36	20.531	8245	十九烷	268.313
37	21.398	8301	十四烷	198.235
38	21.531	8451	naphthalene,1,2-dimethyl-	156.094
39	21.958	15549	十九烷,9-methyl-	282.329
40	22.097	23073	十四烷	198.235
41	22.218	47812	2,3-dimethyldodecane	198.235
42	22.322	50762	十六烷,2,6,11,15-tetramethyl-	282.329
43	22.449	61973	2,3-dimethyldodecane	198.235
44	22.565	31457	十三烷,1-iodo-	310.116
45	22.64	25852	十八烷,1-iodo-	380.194

续表

序号	RT/min	峰值（Ab）	物质名称（MTBE）	分子量
46	22.674	30093	2′,6′-dihydroxyacetophenone, bis(trimethylsilyl)ether	296.126
47	22.755	12405	pentacosane	352.407
48	22.859	52871	苯酚,2,4-bis(1,1-dimethylethyl)-	206.167
49	22.911	23246	丁羟甲苯	220.183
50	22.992	37848	十六烷,2,6,10,14-tetramethyl-	282.329
51	23.108	54935	十七烷,8-methyl-	254.297
52	23.189	54205	辛烷,5-ethyl-2-methyl-	156.188
53	23.327	57202	环己烷,1,2,4-trimethyl-	126.141
54	23.454	36802	7-十四烯,(Z)-	196.219
55	23.697	10753	二十烷	282.329
56	24.673	19967	benzoic acid,5-methyl-2-trimethylsilyloxy-,trimethylsilyl ester	296.126
57	24.76	18820	十六烷,2,6,10,14-tetramethyl-	282.329
58	24.864	25380	十四烷	296.344
59	24.956	18916	十一烷,4,6-dimethyl-	184.219
60	25.072	24143	十一烷,4,6-dimethyl-	184.219
61	25.141	173736	allyldimethyl(prop-1-ynyl)silane	138.086
62	25.228	24313	二十烷	282.329
63	25.337	18147	pentacosane	352.407
64	25.47	30553	eicosyl heptafluorobutyrate	494.299
65	25.568	41998	2-sec-butyl-3-methyl-1-pentene	140.157
66	25.626	33980	pentacosane	352.407
67	25.661	46182	环己烷,1,2,4-trimethyl-	126.141
68	25.724	25494	6-tetradecanesulfonic acid,butyl ester	334.254
69	25.776	73297	2-bromo dodecane	248.114
70	25.869	54664	二十烷	282.329
71	26.007	31164	ketone,2,2-dimethylcyclohexyl methyl	154.136
72	26.129	40668	环己烷,1,2,4-trimethyl-	126.141
73	26.4	14470	silanol,trimethyl-,phosphite (3∶1)	298.101
74	27.03	15706	十七烷,2,6-dimethyl-	268.313
75	27.111	18695	二十八烷	394.454
76	27.192	22018	decane,1-iodo-	268.069
77	27.394	27181	eicosane	282.329
78	27.521	19074	三十四烷	478.548
79	27.683	20908	十三烷,2-methyl-	198.235
80	27.763	24442	hexacosyl heptafluorobutyrate	578.393
81	27.81	31804	十四烷	296.344
82	27.943	33031	3,7-nonadienoic acid,4,8-dimethyl-,methyl ester,(E)-	196.146

续表

序号	RT/min	峰值(Ab)	物质名称(MTBE)	分子量
83	28.023	26632	beta-D-gulofuranoside,2,3,5,6-di-O-(ethylboranediyl)-1-O-methyl-	270.145
84	28.127	29219	phenylacetic acid,3-methylphenyl ester	226.099
85	28.162	38026	环己烷,1,1,2-trimethyl-	126.141
86	28.254	22150	oxalic acid,cyclobutyl octadecyl ester	396.324
87	28.33	21482	2-thiopheneacetic acid,decyl ester	282.165
88	28.67	16400	1h-indole,5-methyl-2-phenyl-	207.105
89	28.763	17055	2-methyloctadecan-7,8-diol	300.303
90	29.046	17453	二硫化物,di-tert-dodecyl	402.335
91	29.595	31040	benzo[h]quinoline,2,4-dimethyl-	207.105
92	29.878	31282	silane,1,4-phenylenebis(trimethyl)-	222.126
93	30.334	27811	1,3-dioxolane,4-ethyl-5-octyl-2,2-bis(trifluoromethyl)-,cis-	350.168
94	30.652	24919	3,3,7,11-tetramethyltricyclo[5.4.0.0(4,11)]undecan-1-ol	222.198
95	30.704	28201	2-propenoic acid,3-(3-methylphenyl)-,ethyl ester	190.099
96	30.808	34544	十四烷	296.344
97	31.639	55138	二十烷	282.329
98	32.437	74858	二十烷	282.329
99	33.211	65697	二十烷	282.329
100	33.962	59694	十八烷	254.297

如图 5-20 和表 5-43 所示，正己烷（n-hexane）萃取剂主要的成分是石油类物质和苯系物组成。

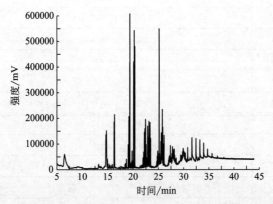

图 5-20　横向流进口的正己烷（n-hexane）的气质联机物质组成

表 5-43　横向流进口正己烷（n-hexane）萃取剂的 GC-MS 比对的物质

序号	RT/min	峰值(Ab)	物质名称(MTBE)	分子量
1	6.547	59478	2,4-dimethyl-1-heptene	126.141
2	13.236	20626	壬烷,4-methyl-	142.172
3	13.38	12578	thiazole,4,5-dimethyl-	113.03

续表

序号	RT/min	峰值（Ab）	物质名称（MTBE）	分子量
4	13.652	12872	辛烷,2-bromo-	192.051
5	14.258	10460	cyclopropane,1,2-dimethyl-1-pentyl-	140.157
6	14.651	134349	磺酸,2-ethylhexyl undecyl ester	348.27
7	14.755	151599	庚烷,5-ethyl-2-methyl-	142.172
8	14.957	41220	5-十一碳烯,(Z)-	154.172
9	15.287	21785	4-decene,5-methyl-,(E)-	154.172
10	15.529	16162	4-十一碳烯,(E)-	154.172
11	15.83	16820	十四烷,4-ethyl-	226.266
12	15.951	20164	2,5-heptanedione,3,3,6-trimethyl-	170.131
13	16.292	185960	cyclooctane,butyl-	168.188
14	16.378	213829	trichloroacetic acid,2-ethylhexyl ester	274.029
15	17.788	12711	3-hydroxymandelic acid,ethyl ester,di-TMS	340.153
16	18.452	21710	十一烷,4,6-dimethyl-	184.219
17	18.493	16960	十二烷	170.203
18	18.556	24048	十三烷	184.219
19	18.724	40951	十一烷,4,8-dimethyl-	184.219
20	19.064	97488	decane,5-ethyl-5-methyl-	184.219
21	19.197	206887	十四烷	198.235
22	19.301	121804	十二烷,4,6-dimethyl-	198.235
23	19.371	1014650	苯,1,3-bis(1,1-dimethylethyl)-	190.172
24	19.544	25562	7-十四烯,(E)-	196.219
25	19.648	23166	4-nonene,2-methyl-	140.157
26	19.694	23001	cyclooctane,methyl-	126.141
27	19.734	32499	1-iodo-2-methylundecane	296.1
28	19.827	73551	环戊烷,1,1,3-trimethyl-	112.125
29	19.937	28427	三十四烷	478.548
30	20.052	35747	十五烷	212.25
31	20.116	420868	环己烷,1,2,4-trimethyl-	126.141
32	20.237	558665	4-isopropyl-1,3-烯己二酮	154.099
33	20.358	480123	3-ethyl-6-heptafluorobutyryloxyoctane	354.143
34	21.398	15318	十四烷	198.235
35	21.646	16677	十八烷	254.297
36	21.773	18882	十九烷,9-methyl-	282.329
37	21.814	17494	十八烷	254.297
38	21.958	45780	十五烷,2,6,10-trimethyl-	254.297
39	22.097	69107	十二烷,5,8-diethyl-	226.266
40	22.218	145613	十六烷,2,6,10,14-tetramethyl-	282.329

序号	RT/min	峰值（Ab）	物质名称（MTBE）	分子量
41	22.322	159660	十三烷,5-propyl-	226.266
42	22.449	195939	2,3-dimethyldodecane	198.235
43	22.565	97651	2,3-dimethyldodecane	198.235
44	22.646	47413	1-iodo-2-methylundecane	296.1
45	22.755	20713	十三烷	184.219
46	22.859	169596	苯酚,2,4-bis(1,1-dimethylethyl)-	206.167
47	22.992	125557	1-十六醇,2-methyl-	256.277
48	23.108	188339	环己烷,1-ethyl-2,4-dimethyl-	140.157
49	23.189	132840	十七烷,8-methyl-	254.297
50	23.322	183373	环己烷,1-ethyl-2-propyl-	154.172
51	23.449	122480	环己烷,1,4-dimethyl-2-(2-methylpropyl)-,(1alpha,2beta,5alpha)-	168.188
52	24.667	31643	十三烷,2-methyl-	198.235
53	24.76	52511	十四烷	198.235
54	24.864	73142	十五烷,2,6,10-trimethyl-	254.297
55	24.956	49698	十三烷,2-methyl-	198.235
56	24.979	57853	十三烷,4-methyl-	198.235
57	25.066	61852	十四烷	198.235
58	25.141	564570	环己烷,1,5-diisopropyl-2,3-dimethyl-	196.219
59	25.222	63233	十六烷	226.266
60	25.337	45299	二十烷	282.329
61	25.47	109635	2-bromo dodecane	248.114
62	25.569	143133	octacosyl trifluoroacetate	506.431
63	25.626	86579	二硫化物,di-tert-dodecyl	402.335
64	25.655	143732	环己烷,1-ethyl-1,4-dimethyl-,trans-	140.157
65	25.73	71207	十八烷,2-methyl-	268.313
66	25.771	234417	octacosyl trifluoroacetate	506.431
67	25.869	165565	磺酸,butyl heptadecyl ester	376.301
68	26.008	99637	环戊烷,hexyl-	154.172
69	26.129	133654	2-acetylcyclopentanone	126.068
70	26.943	25739	十三烷,2-methyl-	198.235
71	27.036	37729	十六烷,1-iodo-	352.163
72	27.105	46927	2-bromo dodecane	248.114
73	27.192	54032	二十六烷	366.423
74	27.296	50510	三十一烷	436.501
75	27.388	93842	2-溴代十四烷	276.145
76	27.527	47967	十七烷,9-octyl-	352.407
77	27.683	62565	十三烷,2-methyl-	198.235

序号	RT/min	峰值(Ab)	物质名称(MTBE)	分子量
78	27.769	63010	decane,3,6-dimethyl-	170.203
79	27.804	89346	二十烷	282.329
80	27.937	78499	环己烷,1,2,4-trimethyl-	126.141
81	28.024	74120	环戊烷,hexyl-	154.172
82	28.11	58097	tert-hexadecanethiol	258.238
83	28.162	80299	壬烷,5-methyl-5-propyl-	184.219
84	28.255	55605	十七烷,3-methyl-	254.297
85	28.399	41444	1-dodecanol,3,7,11-trimethyl-	228.245
86	28.543	45418	3,9-dimethyl-4,8-diaza-3,8-undecadiene-2,10-dione dioxime	240.159
87	29.046	31370	二十烷	282.329
88	29.416	57334	十四烷	296.344
89	29.595	55079	naphthalene-4a,8a-dicarboxylic acid,1,4,4a,5,8,8a-hexahydro-,dimethyl ester	250.121
90	29.803	69904	十四烷	296.344
91	29.912	83030	1-dodecanol,3,7,11-trimethyl-	228.245
92	30.334	65252	bicyclo[3.1.1]heptan-3-one,6,6-dimethyl-2-(2-methylpropyl)-	194.167
93	30.652	41501	cyclooctane,ethyl-	140.157
94	30.808	86240	二十八烷	394.454
95	31.64	124316	三十一烷	436.501
96	32.437	121624	二十烷	282.329
97	32.876	48580	bis(2-ethylhexyl) phthalate	390.277
98	33.211	116267	二十烷	282.329
99	33.962	103541	二十烷	282.329
100	34.741	79747	十八烷	254.297

（3）横向流出口

如图 5-21 和表 5-44 所示，甲基叔丁基醚萃取的物质有 100 种，其中主要是烃类以及烷烃类物质，表明甲基叔丁基醚对石油类物质萃取的效率高。

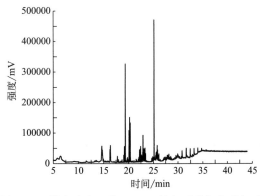

图 5-21　横向流出口的 MTBE 的气质联机物质组成

表 5-44　横向流出口甲基叔丁基醚（MTBE）萃取剂的 GC-MS 比对的物质

序号	RT/min	峰值（Ab）	物质名称（MTBE）	分子量
1	11.543	9258	oxime-,methoxy-phenyl-	151.063
2	13.178	8835	庚烷,1,1'-oxybis-	214.23
3	13.496	11426	trisiloxane,1,1,3,3,5,5-hexamethyl-	208.077
4	14.241	7965	1-propanone,1,3-diphenyl-3-(trimethylsilyl)-	282.144
5	14.634	56904	磺酸,2-ethylhexyl heptadecyl ester	432.364
6	14.738	44750	十二烷,4,6-dimethyl-	198.235
7	14.94	15210	2-十一碳烯,(E)-	154.172
8	15.292	9304	3-十一碳烯,(E)-	154.172
9	15.518	8237	1-octene,3,7-dimethyl-	140.157
10	15.818	8901	十四烷,2,6,10-trimethyl-	240.282
11	15.939	8192	十四烷,4-ethyl-	226.266
12	16.292	46295	5-十一碳烯,3-methyl-,(E)-	168.188
13	16.372	59069	3-十一碳烯,9-methyl-,(E)-	168.188
14	17.1	7611	benzaldehyde,2,5-bis[(trimethylsilyl)oxy]-	282.111
15	17.788	24120	p-trimethylsilyloxyphenyl-bis(trimethylsilyloxy)ethane	370.182
16	18.024	13084	3,4,4-trimethylcyclohexene	124.125
17	18.227	6122	3(2h)-furanone,dihydro-5-isopropyl-	128.084
18	18.452	8073	十一烷,4,6-dimethyl-	184.219
19	18.55	8449	decane,3,6-dimethyl-	170.203
20	18.723	12653	十一烷,4,8-dimethyl-	184.219
21	19.064	27448	十二烷,4,6-dimethyl-	198.235
22	19.197	56392	十二烷,4,6-dimethyl-	198.235
23	19.301	36039	十二烷,4,6-dimethyl-	198.235
24	19.37	326639	苯,1,3-bis(1,1-dimethylethyl)-	190.172
25	19.486	6543	cyclohexanol,1,3-dimethyl-,cis-	128.12
26	19.544	9458	9-eicosene,(E)-	280.313
27	19.648	8821	9-octadecene,(E)-	252.282
28	19.694	8381	1-dodecanol,3,7,11-trimethyl-	228.245
29	19.734	15719	pentacosane	352.407
30	19.827	20171	1-heneicosanol	312.339
31	19.936	11459	辛烷,5-ethyl-2-methyl-	156.188
32	20.052	13924	二十烷,10-methyl-	296.344
33	20.116	108682	2-acetylcyclopentanone	126.068
34	20.237	151093	3-ethyl-6-heptafluorobutyryloxyoctane	354.143
35	20.358	133311	环己烷,1,2-diethyl-1-methyl-	154.172
36	20.404	19996	磺酸,pentadecyl 2-propyl ester	334.254
37	20.526	8425	十六烷,2,6,10,14-tetramethyl-	282.329
38	20.82	8762	磺酸,pentyl tridecyl ester	334.254

序号	RT/min	峰值(Ab)	物质名称(MTBE)	分子量
39	21.103	10608	1,2,4-triazole,4-(4-dimethylamino-3-nitrobenzylidenamino)-	260.102
40	21.277	6306	磺酸,2-ethylhexyl tetradecyl ester	390.317
41	21.531	14407	3-chloro-5,5-dimethyl-2-cyclohexen-1-one	158.05
42	21.6	11793	1,3-烯己二酮,5-isopropyl-	154.099
43	21.958	15055	十七烷,2,6-dimethyl-	268.313
44	22.097	21110	十八烷	254.297
45	22.218	44355	2,3-dimethyldodecane	198.235
46	22.322	47098	十七烷,2-methyl-	254.297
47	22.449	56329	十三烷,1-iodo-	310.116
48	22.565	28877	十八烷,1-iodo-	380.194
49	22.64	23611	十六烷	226.266
50	22.669	26081	benzoic acid,5-methyl-2-trimethylsilyloxy-,trimethylsilyl ester	296.126
51	22.755	11517	十六烷	226.266
52	22.859	37269	苯酚,2,4-bis(1,1-dimethylethyl)-	206.167
53	22.911	92703	丁羟甲苯	220.183
54	22.992	34431	十六烷,4-methyl-	240.282
55	23.061	11841	二十烷	282.329
56	23.108	48854	环己烷,1,2,4-trimethyl-	126.141
57	23.189	46574	二十烷	282.329
58	23.327	51203	bacchotricuneatin c	342.147
59	23.454	33043	环己烷,1,1,3,5-tetramethyl-,cis-	140.157
60	24.673	18234	tris(trimethylsilyl)borate	278.136
61	24.76	16762	十四烷	296.344
62	24.864	22588	十三烷,2-methyl-	198.235
63	24.956	17262	二十烷	282.329
64	25.072	19939	十一烷,4,6-dimethyl-	184.219
65	25.141	471364	1,2,4-triazol-4-amine,N-(2-thienylmethyl)-	180.047
66	25.228	22432	二十烷	282.329
67	25.337	18068	十一烷,4,6-dimethyl-	184.219
68	25.47	26535	triallylsilane	152.102
69	25.568	36578	1-dodecanol,3,7,11-trimethyl-	228.245
70	25.626	27360	十五烷,3-methyl-	226.266
71	25.661	38743	五氟丙酸钠盐	584.459
72	25.73	22906	二十烷	282.329
73	25.776	59912	cyclopentanone,2,4-dimethyl-	112.089
74	25.869	44576	环己烷,1,2,4-trimethyl-	126.141
75	26.007	27384	2-isopropyl-4-methylhex-2-enal	154.136
76	26.129	32277	环己烷,1,2,4-trimethyl-	126.141

序号	RT/min	峰值(Ab)	物质名称(MTBE)	分子量
77	26.394	14051	mercaptoacetic acid,bis(trimethylsilyl)-	236.072
78	27.036	14857	三十一烷	436.501
79	27.105	16854	decane,3,8-dimethyl-	170.203
80	27.18	19484	2,2-dimethyl-3-octanone	156.151
81	27.388	22277	二十烷	282.329
82	27.602	20408	环己烷,2,4-diisopropyl-1,1-dimethyl-	196.219
83	27.688	18521	十八烷,1-chloro-	288.258
84	27.763	20837	环己烷,1,1'-(2-propyl-1,3-propanediyl)bis-	250.266
85	27.943	27912	二十烷	282.329
86	28.023	22131	bicyclo[3.1.1]heptan-3-one,6,6-dimethyl-2-(2-methylpropyl)-	194.167
87	28.168	31433	肌氨酸,N-(cyclopentylcarbonyl)-,ethyl ester	213.136
88	28.335	20525	hexadecanedinitrile	248.225
89	28.543	23652	spiro(tetrahydrofuryl)2.1'(decalin),5',5',8'a-trimethyl-	236.214
90	28.665	18502	isopropyl Palmitate	298.287
91	28.757	15742	E-8-methyl-9-tetradecen-1-ol acetate	268.24
92	29.595	27176	benzeneacetic acid,4-(1,1-dimethylethyl)-,methyl ester	206.131
93	29.883	27058	1h-indole,5-methyl-2-phenyl-	207.105
94	30.657	21247	9,10-methanoanthracen-11-ol,9,10-dihydro-9,10,11-trimethyl-	250.136
95	30.709	23930	9,10-methanoanthracen-11-ol,9,10-dihydro-9,10,11-trimethyl-	250.136
96	30.813	42091	十八烷	254.297
97	31.639	50317	二十烷	282.329
98	32.437	48938	二十烷	282.329
99	33.211	49712	十八烷	254.297
100	33.967	51191	cyclotrisiloxane,hexamethyl-	222.056

如图 5-22 和表 5-45 所示，正己烷（n-hexane）萃取剂主要的成分是石油类物质和苯系物组成。

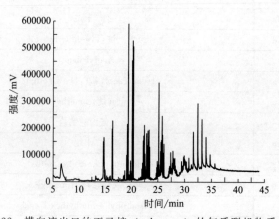

图 5-22　横向流出口的正己烷（n-hexane）的气质联机物质组成

表 5-45 横向流出口正己烷（*n*-hexane）萃取剂的 GC-MS 比对的物质

序号	RT/min	峰值（Ab）	物质名称（MTBE）	分子量
1	3.734	40105	辛烷,3,5-dimethyl-	142.172
2	6.582	66589	2,4-dimethyl-1-heptene	126.141
3	13.236	22268	壬烷,4-methyl-	142.172
4	13.392	12641	5H-1,4-dioxepin,2,3-dihydro-2,5-dimethyl-	128.084
5	13.658	13431	sec-butyl nitrite	103.063
6	14.276	10916	3-十一碳烯,(*E*)-	154.172
7	14.432	14279	环四聚二甲基硅氧烷,octamethyl-	296.075
8	14.657	148701	丁酸,2-methyl-5-oxo-1-cyclopenten-1-yl ester	182.094
9	14.761	165592	十二烷,4,6-dimethyl-	198.235
10	14.963	45115	1-十一碳烯	154.172
11	15.292	22734	5-十一碳烯	154.172
12	15.535	16387	4-decene,2-methyl-,(*Z*)-	154.172
13	15.835	19016	decane,2,4,6-trimethyl-	184.219
14	15.957	22788	hexane,3,3-dimethyl-	114.141
15	16.297	198503	乙酰基,1-cyclopentyl-	112.089
16	16.378	227609	乙酰基,1-cyclopentyl-	112.089
17	17.788	13803	benzaldehyde,2,5-bis[(trimethylsilyl)oxy]-	282.111
18	18.452	21828	十六烷,7-methyl-	240.282
19	18.492	16899	十六烷	226.266
20	18.556	25119	decane,2-methyl-	156.188
21	18.723	42222	十一烷,4,8-dimethyl-	184.219
22	19.07	99952	十二烷,4,6-dimethyl-	198.235
23	19.197	216049	十二烷,4,6-dimethyl-	198.235
24	19.272	51761	1-己烯,3,5,5-trimethyl-	126.141
25	19.307	126291	十二烷,4,6-dimethyl-	198.235
26	19.37	1068907	苯,1,3-bis(1,1-dimethylethyl)-	190.172
27	19.544	27219	1-十四烯	196.219
28	19.653	25442	fumaric acid,monochloride,6-ethyloct-3-yl ester	274.134
29	19.694	23154	3-十四烯,(*E*)-	196.219
30	19.734	40569	十五烷	212.25
31	19.827	78890	4-isopropylcyclohexanone	140.12
32	19.942	30922	二十烷	282.329
33	20.052	40621	十五烷	212.25
34	20.116	453732	环己烷,1,3,5-trimethyl-,(1alpha,3alpha,5alpha)-	126.141
35	20.237	552479	4-isopropyl-1,3-烯己二酮	154.099
36	20.358	505717	3-ethyl-6-heptafluorobutyryloxyoctane	354.143
37	21.45	13066	十三烷,4,8-dimethyl-	212.25
38	21.773	18531	十四烷	296.344

序号	RT/min	峰值(Ab)	物质名称(MTBE)	分子量
39	21.958	48668	十六烷，2,6,10,14-tetramethyl-	282.329
40	22.097	70780	十六烷，2,6,11,15-tetramethyl-	282.329
41	22.218	153652	十一烷，3,9-dimethyl-	184.219
42	22.322	171758	十三烷，4-methyl-	198.235
43	22.449	211992	2,3-dimethyldodecane	198.235
44	22.565	104267	二十烷	282.329
45	22.64	58478	二十八烷	394.454
46	22.755	23208	十八烷	254.297
47	22.859	180804	苯酚，2,4-bis(1,1-dimethylethyl)-	206.167
48	22.992	135646	2-sec-butyl-3-methyl-1-pentene	140.157
49	23.062	22853	十八烷	254.297
50	23.108	191251	环己烷，1,2,4-trimethyl-	126.141
51	23.189	149237	decane,3,8-dimethyl-	170.203
52	23.321	194707	环己烷，1-ethyl-2-propyl-	154.172
53	23.449	130666	7-十四烯，(Z)-	196.219
54	24.667	33107	二十烷	282.329
55	24.76	54055	十四烷	198.235
56	24.864	77425	1-iodoundecane	282.084
57	24.956	53778	二十烷	282.329
58	24.979	63021	2-bromo dodecane	248.114
59	25.072	64074	十四烷，2,6,10-trimethyl-	240.282
60	25.141	370096	oxalic acid,cyclohexylmethyl dodecyl ester	354.277
61	25.228	63882	十六烷	226.266
62	25.337	45748	二十烷	282.329
63	25.47	113620	cyclooctane,ethyl-	140.157
64	25.563	148187	dotriacontyl pentafluoropropionate	612.49
65	25.626	95953	decane,3,6-dimethyl-	170.203
66	25.661	155198	1-decanol,2-hexyl-	242.261
67	25.73	73476	二十烷	282.329
68	25.776	246114	十一烷，5-methyl-	170.203
69	25.869	175340	2-bromo dodecane	248.114
70	26.007	106873	磺酸，butyl heptadecyl ester	376.301
71	26.129	141396	3-己烯，2,2,5,5-tetramethyl-,(Z)-	140.157
72	26.851	21200	四十四烷	618.704
73	26.943	27994	三十一烷	436.501
74	27.036	41520	十三烷，2-methyl-	198.235
75	27.111	52420	十八烷	254.297
76	27.192	59267	二十八烷	394.454

续表

序号	RT/min	峰值（Ab）	物质名称（MTBE）	分子量
77	27.301	55656	十八烷	254.297
78	27.388	109961	壬烷,5-methyl-5-propyl-	184.219
79	27.521	51962	二十八烷	394.454
80	27.683	70376	二硫化物,di-tert-dodecyl	402.335
81	27.764	68671	二十烷	282.329
82	27.804	111066	三十四烷	478.548
83	27.937	88139	3-十四烯,(Z)-	196.219
84	28.023	83629	二十烷	282.329
85	28.11	69066	二十烷	282.329
86	28.168	88488	十八烷,1-iodo-	380.194
87	28.255	60883	6-tetradecanesulfonic acid,butyl ester	334.254
88	28.393	46837	1-dodecanol,3,7,11-trimethyl-	228.245
89	28.509	42940	carbonic acid,octadecyl 2,2,2-trichloroethyl ester	444.196
90	29.416	76978	三十四烷	478.548
91	29.589	60628	二硫化物,di-tert-dodecyl	402.335
92	29.797	93474	十四烷	296.344
93	30.334	75751	十四烷	296.344
94	30.652	51348	二十烷	282.329
95	30.802	89956	二十烷	282.329
96	31.634	186596	十八烷,3-methyl-	268.313
97	32.437	293256	十八烷	254.297
98	33.211	234222	二十烷	282.329
99	33.962	166942	二十烷	282.329
100	34.741	102485	二十烷	282.329

（4）一滤出口

如图 5-23 和表 5-46 所示，甲基叔丁基醚萃取的物质有 100 种，其中主要是烃类以及烷烃类物质，表明甲基叔丁基醚对石油类物质萃取的效率高。

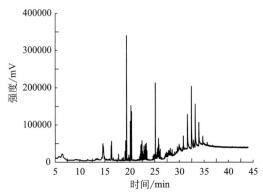

图 5-23　一滤出口的 MTBE 的气质联机物质组成

表 5-46　一滤出口甲基叔丁基醚（MTBE）萃取剂的 GC-MS 比对的物质

序号	RT/min	峰值（Ab）	物质名称（MTBE）	分子量
1	3.618	29351	3-pentanol,2,4-dimethyl-	116.12
2	11.549	7835	oxime -,methoxy-phenyl-	151.063
3	13.178	9057	壬烷,4-methyl-	142.172
4	13.38	9216	pyrrolidine,1-acetyl-	113.084
5	13.663	8898	辛烷,2,6-dimethyl-	142.172
6	14.212	8115	1-propanone,1,3-diphenyl-3-(trimethylsilyl)-	282.144
7	14.391	13386	decane	142.172
8	14.628	49394	磺酸,2-ethylhexyl undecyl ester	348.27
9	14.732	42978	辛烷,3,3-dimethyl-	142.172
10	14.946	14891	decane,4-methylene-	154.172
11	15.275	9452	4-十一碳烯,(E)-	154.172
12	15.523	7923	isooctanol	130.136
13	15.818	8567	十一烷,5-methyl-	170.203
14	15.962	9193	壬烷,4,5-dimethyl-	156.188
15	16.286	43869	5-十二烯,(E)-	168.188
16	16.372	56296	4-isopropyl-1,3-烯己二酮	154.099
17	16.707	11946	十一烷	156.188
18	17.782	21871	p-trimethylsilyloxyphenyl-(trimethylsilyloxy)trimethylsilylacrylate	398.176
19	18.14	6212	acetaldehyde,methyl(2-propenyl)hydrazone	112.1
20	18.227	6346	3-penten-2-one,3,4-dimethyl-	112.089
21	18.446	8854	十一烷,4,6-dimethyl-	184.219
22	18.487	10856	十二烷	170.203
23	18.55	8783	十五烷,2,6,10,14-tetramethyl-	268.313
24	18.723	13402	十四烷,4-methyl-	212.25
25	19.064	29199	十二烷	170.203
26	19.191	57647	磺酸,dodecyl 2-ethylhexyl ester	362.285
27	19.301	37635	十七烷,2,6-dimethyl-	268.313
28	19.37	340244	苯,1,3-bis(1,1-dimethylethyl)-	190.172
29	19.549	9130	2-undecanethiol,2-methyl-	202.176
30	19.648	8615	环己烷,1,1'-(2-methyl-1,3-propanediyl)bis-	222.235
31	19.694	8355	1-十一碳烯,7-methyl-	168.188
32	19.734	12046	hexane,3,3-dimethyl-	114.141
33	19.827	19383	acetic acid,chloro-,octadecyl ester	346.264
34	19.936	10514	十一烷,2-methyl-	170.203
35	20.052	12500	十五烷	212.25
36	20.115	109773	环己烷,1,3,5-trimethyl-,(1alpha,3alpha,5alpha)-	126.141
37	20.237	152269	4-isopropyl-1,3-烯己二酮	154.099
38	20.358	136268	环己烷,1,2-diethyl-1-methyl-	154.172

序号	RT/min	峰值（Ab）	物质名称（MTBE）	分子量
39	20.404	16230	3-oxa-6-thia-2,7-disilaoctane,2,2,7,7-tetramethyl-	222.093
40	21.271	6086	二十烷,2-methyl-	296.344
41	21.958	14621	decane,2-methyl-	156.188
42	22.097	21343	十六烷	226.266
43	22.218	43654	2,3-dimethyldodecane	198.235
44	22.322	47797	2-bromo dodecane	248.114
45	22.449	58071	1-iodo-2-methylundecane	296.1
46	22.565	28993	十七烷	240.282
47	22.64	18082	二十烷	282.329
48	22.669	22217	benzoic acid,5-methyl-2-trimethylsilyloxy-,trimethylsilyl ester	296.126
49	22.755	9589	三十四烷	478.548
50	22.859	43761	苯酚,2,4-bis(1,1-dimethylethyl)-	206.167
51	22.911	17967	丁羟甲苯	220.183
52	22.992	32938	环己烷,1,2,4-trimethyl-	126.141
53	23.056	9477	二十烷	282.329
54	23.108	48335	tricosyl trifluoroacetate	436.353
55	23.188	41099	二硫化物,di-tert-dodecyl	402.335
56	23.327	51010	1-十六醇,2-methyl-	256.277
57	23.448	31789	环戊烷,hexyl-	154.172
58	24.667	16919	十五烷,8-hexyl-	296.344
59	24.76	17062	二十烷	282.329
60	24.864	21883	十三烷,2-methyl-	198.235
61	24.956	17247	二十烷	282.329
62	25.072	20656	二十烷	282.329
63	25.141	213101	oxalic acid,cyclohexylmethyl tridecyl ester	368.293
64	25.228	21270	十一烷,4,6-dimethyl-	184.219
65	25.337	16583	二十八烷	394.454
66	25.47	26359	2-sec-butyl-3-methyl-1-pentene	140.157
67	25.568	36733	tetracosyl heptafluorobutyrate	550.362
68	25.626	29469	二十八烷	394.454
69	25.661	40052	十五烷	212.25
70	25.73	22909	环戊烷,hexyl-	154.172
71	25.776	64182	3-己烯,2,2,5,5-tetramethyl-,(Z)-	140.157
72	25.869	47236	pentacosane	352.407
73	26.007	28548	环己烷,1,2,4-trimethyl-	126.141
74	26.129	35408	环己烷,1,1,2-trimethyl-	126.141
75	26.4	13164	1,4-cyclohexadiene,1,3,6-tris(trimethylsilyl)-	296.181
76	26.862	10957	1,2-benzenedicarboxylic acid,decyl hexyl ester	390.277

序号	RT/min	峰值(Ab)	物质名称(MTBE)	分子量
77	27.036	15531	1-iodo-2-methylundecane	296.1
78	27.111	18768	十三烷,2-methyl-	198.235
79	27.18	23044	nonahexacontanoic acid	999.07
80	27.272	20638	propane,1,2,2-trichloro-	145.946
81	27.388	27274	十四烷	296.344
82	27.527	19580	十四烷	296.344
83	27.602	24541	7-(1-hydroxy-cyclohex-2-enyl)-2,2-dimethyl-hept-5-en-3-one	236.178
84	27.683	21733	二硫化物,di-tert-dodecyl	402.335
85	27.815	31558	十二烷,2,6,10-trimethyl-	212.25
86	27.937	31300	1,3-dioxolane,4-ethyl-5-octyl-2,2-bis(trifluoromethyl)-,cis-	350.168
87	28.023	26247	2-isopropyl-4-methylhex-2-enal	154.136
88	28.122	30731	十六烷,1,16-dichloro-	294.188
89	28.162	37257	1-naphthalenamine,N-methyl-	157.089
90	28.254	24316	十八烷,1-(ethenyloxy)-	296.308
91	28.537	34357	3,9-dimethyl-4,8-diaza-3,8-undecadiene-2,10-dione dioxime	240.159
92	29.052	27547	二十烷	282.329
93	29.589	41177	2-butenenitrile,2-chloro-3-(4-methoxyphenyl)-	207.045
94	30.808	70272	二十烷	282.329
95	31.639	128506	二十烷	282.329
96	32.436	203930	十九烷,2-methyl-	282.329
97	32.881	59553	1,2-benzenedicarboxylic acid,diisooctyl ester	390.277
98	33.21	156399	二十烷	282.329
99	33.961	107062	二十烷	282.329
100	34.735	70244	乙烯基环体,decamethyl-	310.127

如图 5-24 和表 5-47 所示，正己烷（n-hexane）萃取剂主要的成分是石油类物质和苯系物。

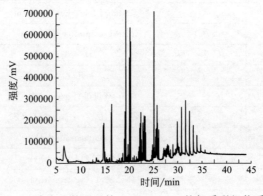

图 5-24　一滤出口的正己烷（n-hexane）的气质联机物质组成

表 5-47 一滤出口正己烷（n-hexane）萃取剂的 GC-MS 比对的物质

序号	RT/min	峰值（Ab）	物质名称（MTBE）	分子量
1	3.734	44153	庚烷,2,2-dimethyl-	128.157
2	6.616	81239	cyclopropanecarboxylic acid,2-ethylhexyl ester	198.162
3	9.146	12502	1H-1,2,3-triazol-1-amine,N-[(4-methylphenyl)methylene]-4-phenyl-	262.122
4	13.247	26206	壬烷,4-methyl-	142.172
5	13.669	14888	3-buten-2-ol,2-methyl-	86.073
6	14.281	12014	1-ethyl-2,2,6-trimethylcyclohexane	154.172
7	14.426	15774	decane	142.172
8	14.663	176490	辛烷,2,3,6,7-tetramethyl-	170.203
9	14.767	188770	十二烷,4,6-dimethyl-	198.235
10	14.969	53807	4-octene,(E)-	112.125
11	15.304	26947	环己烷,1,1-dimethyl-2-propyl-	154.172
12	15.541	19388	1-ethyl-2,2,6-trimethylcyclohexane	154.172
13	15.835	20938	decane,2,4,6-trimethyl-	184.219
14	15.957	26463	hexane,3,3-dimethyl-	114.141
15	16.303	238522	3-Tridecene,(E)-	182.203
16	16.39	276764	5-十二烯,(E)-	168.188
17	17.793	14968	3-hydroxymandelic acid,ethyl ester,di-TMS	340.153
18	18.036	22940	cyclohexanol,3,3,5-trimethyl-,acetate,cis-	184.146
19	18.452	24527	十一烷,4,6-dimethyl-	184.219
20	18.556	27199	十一烷,4,6-dimethyl-	184.219
21	18.723	47353	十一烷,4,8-dimethyl-	184.219
22	19.07	114069	decane,5-ethyl-5-methyl-	184.219
23	19.197	242324	十二烷,4,6-dimethyl-	198.235
24	19.307	141551	十二烷,4,6-dimethyl-	198.235
25	19.376	1124363	苯,1,3-bis(1,1-dimethylethyl)-	190.172
26	19.549	29821	trifluoroacetic acid,n-tridecyl ester	296.196
27	19.653	28068	1-十一碳烯,8-methyl-	168.188
28	19.694	26748	3-十四烯,(E)-	196.219
29	19.734	38272	十二烷	170.203
30	19.827	88612	2-bromopropionic acid,tetradecyl ester	348.166
31	19.942	31513	辛烷,5-ethyl-2-methyl-	156.188
32	20.052	41853	十六烷	226.266
33	20.116	493983	环己烷,1,2,4-trimethyl-	126.141
34	20.237	635591	4-isopropyl-1,3-烯己二酮	154.099
35	20.358	569910	3-己烯,2,2,5,5-tetramethyl-,(Z)-	140.157
36	20.815	26969	丁酸,1-methylpropyl ester	144.115
37	21.098	35038	丁酸,butyl ester	144.115
38	21.531	30847	1-[2-methyl-3-(methylthio)allyl]cyclohex-2-enol	198.108

续表

序号	RT/min	峰值（Ab）	物质名称（MTBE）	分子量
39	21.6	20940	17-pentatriacontene	490.548
40	21.773	20463	二十烷	282.329
41	21.958	55018	十六烷	226.266
42	22.097	77759	十六烷,2-methyl-	240.282
43	22.218	164663	十五烷,2,6,10-trimethyl-	254.297
44	22.322	187885	2,3-dimethyldodecane	198.235
45	22.449	238660	decane,2,3,5,8-tetramethyl-	198.235
46	22.565	110705	十六烷,2-methyl-	240.282
47	22.64	50244	二十烷	282.329
48	22.859	190149	苯酚,2,4-bis(1,1-dimethylethyl)-	206.167
49	22.911	141876	丁羟甲苯	220.183
50	22.992	149604	eicosyl pentafluoropropionate	444.303
51	23.108	223067	cyclohexane,1,4-dimethyl-2-(2-methylpropyl)-,(1alpha,2beta,5alpha)-	168.188
52	23.189	151618	环己烷,1,2,4-trimethyl-	126.141
53	23.321	220715	bacchotricuneatin c	342.147
54	23.449	144064	环己烷,1,2,4-trimethyl-	126.141
55	24.667	37864	十七烷,2,6,10,14-tetramethyl-	296.344
56	24.76	61755	十三烷,2-methyl-	198.235
57	24.864	87384	十四烷	198.235
58	24.956	59242	二十烷	282.329
59	24.979	71304	二十烷	282.329
60	25.072	72254	2-溴代十四烷	276.145
61	25.141	1253167	1,2,4-triazol-4-amine,N-(2-thienylmethyl)-	180.047
62	25.222	74520	二十烷	282.329
63	25.337	52011	二十烷	282.329
64	25.47	122819	cyclooctane,ethyl-	140.157
65	25.568	159627	dotriacontyl trifluoroacetate	562.494
66	25.661	163071	乙酰基,1-cyclopentyl-	112.089
67	25.73	78254	triallylsilane	152.102
68	25.776	272610	2-bromo dodecane	248.114
69	25.869	188566	triallylsilane	152.102
70	26.007	117354	2-pentene-1,4-dione,1-(1,2,2-trimethylcyclopentyl)	208.146
71	26.129	156780	triallylsilane	152.102
72	26.943	31232	2-bromo dodecane	248.114
73	27.03	45420	二十烷	282.329
74	27.111	58682	二十烷	282.329
75	27.186	69928	tetrapentacontane,1,5,4-dibromo-	914.682
76	27.301	60349	十八烷	254.297

续表

序号	RT/min	峰值（Ab）	物质名称（MTBE）	分子量
77	27.388	61701	十四烷,2,6,10-trimethyl-	240.282
78	27.527	54408	十三烷,2-methyl-	198.235
79	27.602	68667	triallylmethylsilane	166.118
80	27.683	62495	nonahexacontanoic acid	999.07
81	27.769	68040	十九烷	268.313
82	27.937	86789	cycloundecanone	168.151
83	28.023	83492	3-十四烯,(Z)-	196.219
84	28.11	77005	二十烷	282.329
85	28.162	81836	2-heptanone,3-propylidene-	154.136
86	28.254	57984	4-氯苯磺酰胺,N-methyl-	204.996
87	28.399	45519	1-Dodecanol,3,7,11-trimethyl-	228.245
88	28.538	63551	环戊烷、1,1′-[3-(2-cyclopentylethyl)-1,5-pentanediyl]bis-	304.313
89	29.046	87847	十四烷	296.344
90	29.589	66443	octyltrichlorosilane	246.017
91	29.814	70279	3,7-nonadienoic acid,4,8-dimethyl-,methyl ester,(E)-	196.146
92	29.941	195192	四十四烷	618.704
93	30.138	80346	bicyclo[3.1.1]heptan-3-one,6,6-dimethyl-2-(2-methylpropyl)-	194.167
94	30.334	75327	环己烷,1-ethyl-2-propyl-	154.172
95	30.808	262824	十八烷	254.297
96	31.639	294568	二十烷	282.329
97	32.437	244543	二十烷	282.329
98	33.211	178201	二十烷	282.329
99	33.962	130622	二十烷	282.329
100	34.741	85908	十八烷	254.297

（5）二滤出口

如图 5-25 和表 5-48 所示，甲基叔丁基醚萃取的物质有 100 种，其中主要是烃类以及烷烃类物质，表明甲基叔丁基醚对石油类物质萃取的效率高。

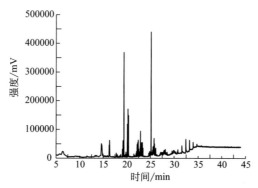

图 5-25　二滤出口的 MTBE 的气质联机物质组成

表 5-48　二滤出口甲基叔丁基醚（MTBE）萃取剂的 GC-MS 比对的物质

序号	RT/min	峰值（Ab）	物质名称（MTBE）	分子量
1	3.612	31567	deoxyspergualin	387.296
2	11.549	7923	oxime -,methoxy-phenyl-	151.063
3	13.19	8683	壬烷,4-methyl-	142.172
4	13.38	9608	cyclohexanol,1-(1,5-dimethylhexyl)-4-methyl-	226.23
5	13.473	10331	silane,(2-ethyl-3,3-dimethyl-4-methylene-1-cyclopenten-1-yl)trimethyl-	208.165
6	14.622	50498	2′,6′-dihydroxyacetophenone,bis(trimethylsilyl)ether	296.126
7	14.732	46541	十一烷,4,6-dimethyl-	184.219
8	14.946	14789	carbonochloridic acid,heptyl ester	178.076
9	15.269	9289	2-十一碳烯,(Z)-	154.172
10	15.518	8193	1-己烯	84.094
11	15.812	8353	decane,3,6-dimethyl-	170.203
12	15.962	9347	2-isopropyl-5-methyl-1-heptanol	172.183
13	16.286	45782	乙酰基,1-cyclopentyl-	112.089
14	16.372	62158	1-octene	112.125
15	17.788	17875	butanamide,2,2,3,3,4,4,4-heptafluoro-N-[2-[(trimethylsilyl)oxy]-2-[4-[(trimethylsilyl)oxy]phenyl]ethyl]-	493.134
16	18.024	12381	cyclohexanol,3,3,5-trimethyl-,acetate,cis-	184.146
17	18.14	6499	2-butenoic acid,4-nitrophenyl ester,(E)-	207.053
18	18.221	5927	2-ethyl-4,6-dimethyltetrahydropyran	142.136
19	18.452	8350	decane,2-methyl-	156.188
20	18.556	8646	十五烷,7-methyl-	226.266
21	18.723	13333	十三烷	184.219
22	19.064	31176	decane,5-ethyl-5-methyl-	184.219
23	19.191	60962	十二烷,4,6-dimethyl-	198.235
24	19.301	39353	decane,2-methyl-	156.188
25	19.37	368359	苯,1,3-bis(1,1-dimethylethyl)-	190.172
26	19.544	10358	6-十四烯,(E)-	196.219
27	19.648	9340	环戊烷,1-butyl-2-pentyl-	196.219
28	19.694	8810	3-octadecene,(E)-	252.282
29	19.734	13533	十八烷,1-iodo-	380.194
30	19.827	21807	1-十七碳烯	238.266
31	19.936	11526	二十八烷	394.454
32	20.052	13828	十六烷	226.266
33	20.115	118569	环己烷,1,2,4-trimethyl-	126.141
34	20.237	171059	环己烷,1,2,4-trimethyl-	126.141

序号	RT/min	峰值（Ab）	物质名称（MTBE）	分子量
35	20.358	148591	4-isopropyl-1,3-烯己二酮	154.099
36	20.404	15758	ethanedioic acid,bis(trimethylsilyl)ester	234.074
37	21.531	14787	thiophene-3-acetic acid hydrazide	156.036
38	21.6	10527	hexanoic acid,undec-2-enyl ester	268.24
39	21.958	15923	decane,2-methyl-	156.188
40	22.097	23343	1-iodo-2-methylundecane	296.1
41	22.218	47767	2,3-dimethyldodecane	198.235
42	22.322	53836	十六烷	226.266
43	22.449	62964	十三烷,5-propyl-	226.266
44	22.565	32439	1-iodo-2-methylundecane	296.1
45	22.646	18630	二十烷	282.329
46	22.669	22389	环四聚二甲基硅氧烷,octamethyl-	296.075
47	22.755	9965	十八烷	254.297
48	22.865	40267	苯酚,2,4-bis(1,1-dimethylethyl)-	206.167
49	22.911	94501	丁羟甲苯	220.183
50	22.992	38252	eicosyl heptafluorobutyrate	494.299
51	23.061	10498	十八烷	254.297
52	23.108	54345	bacchotricuneatin c	342.147
53	23.189	41727	环己烷,1,2,4-trimethyl-	126.141
54	23.327	55088	borane,2,3-dimethyl-2-butyl-（dimer）	196.253
55	23.454	35083	6-十四烯,(E)-	196.219
56	24.667	17665	tetrahydrofuran-2-carboxylic acid,dibenzofuran-3-ylamide	281.105
57	24.76	18488	十九烷,2-methyl-	282.329
58	24.864	24153	二十烷	282.329
59	24.956	18063	undecane,4,6-dimethyl-	184.219
60	25.072	21899	十三烷,2-methyl-	198.235
61	25.141	439807	1,2,4-triazol-4-amine,N-(2-thienylmethyl)-	180.047
62	25.228	23084	1-iodo-2-methylundecane	296.1
63	25.337	17884	二十八烷	394.454
64	25.47	28719	环己烷,1-ethyl-2-propyl-	154.172
65	25.568	39897	6-ethyl-2,3-dihydropyran-2,4-dione	140.047
66	25.661	41507	3-己烯,2,2,5,5-tetramethyl-,(Z)-	140.157
67	25.73	23514	3-eicosene,(E)-	280.313
68	25.776	69358	环己烷,1,4-dimethyl-2-(2-methylpropyl)-,(1alpha,2beta,5alpha)-	168.188

续表

序号	RT/min	峰值(Ab)	物质名称（MTBE）	分子量
69	25.869	49716	octacosyl heptafluorobutyrate	606.425
70	26.007	30444	triacontyl trifluoroacetate	534.462
71	26.129	35403	五氟丙酸钠盐	584.459
72	26.4	13091	mercaptoacetic acid,bis(trimethylsilyl)-	236.072
73	27.036	14941	十三烷,2-methyl-	198.235
74	27.111	17586	壬烷,3,7-dimethyl-	156.188
75	27.192	21388	十八烷	254.297
76	27.307	19703	二硫化物,di-tert-dodecyl	402.335
77	27.394	20645	6-tetradecanesulfonic acid,butyl ester	334.254
78	27.527	17681	undecane,3,9-dimethyl-	184.219
79	27.602	21074	2-dodecen-1-yl(－)succinic anhydride	266.188
80	27.677	18968	二十八烷	394.454
81	27.769	21320	dotriacontyl heptafluorobutyrate	662.487
82	27.942	28361	cyclopentanecarboxamide,N-(4-fluorophenyl)-	207.106
83	28.023	22865	环戊烷,1-butyl-2-ethyl-	154.172
84	28.127	23966	sulfone,2-chlorooctyl phenyl	288.095
85	28.162	30887	bicyclo[3.1.1]heptan-3-one,6,6-dimethyl-2-(2-methylpropyl)-	194.167
86	28.26	18410	2-propylhept-3-enoic acid,phenylthio ester	262.139
87	28.335	19290	2,2,3,3-tetramethylcyclopropanecarboxilc acid,undecyl ester	296.272
88	28.543	21451	E-9-methyl-8-tridecen-2-ol,acetate	254.225
89	28.757	13986	7a,9c -(Iminoethano)phenanthro[4,5-bcd]furan,4a alpha,5-dihydro-3-methoxy-12-methyl-	281.142
90	29.595	25613	2-phenyl-2,3-dihydro-1,5-benzothiazepin-4(5h)-one,S-oxide	271.067
91	29.814	22852	1h-indole,5-methyl-2-phenyl-	207.105
92	29.912	27997	环己烷,1-ethyl-2-propyl-	154.172
93	30.334	22704	fumaric acid,pent-4-en-2-yl tridecyl ester	366.277
94	30.652	20225	1,2-苯二酚,3,5-bis(1,1-dimethylethyl)-	222.162
95	30.709	23475	5-methyl-2-phenylindolizine	207.105
96	30.808	30103	二十烷	282.329
97	31.639	43831	二十烷	282.329
98	32.442	66326	二十烷	282.329
99	33.216	62960	二十烷	282.329
100	33.961	56022	十八烷	254.297

　　如图 5-26 和表 5-49 所示，正己烷（n-hexane）萃取剂主要的成分是石油类物质和苯系物。

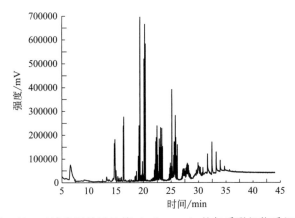

图 5-26　二滤出口的正己烷（*n*-hexane）的气质联机物质组成

表 5-49　二滤出口正己烷（*n*-hexane）萃取剂的 GC-MS 比对的物质

序号	RT/min	峰值（Ab）	物质名称（MTBE）	分子量
1	3.676	41990	hexane,3-methyl-	100.125
2	6.558	75737	2,4-dimethyl-1-heptene	126.141
3	13.247	24273	壬烷,4-methyl-	142.172
4	13.663	14004	butane,2,2′-[methylenebis(oxy)]bis(2-methyl)-	188.178
5	14.276	12077	6-十二烯,(*E*)-	168.188
6	14.426	19042	decane	142.172
7	14.657	163973	庚烷,5-ethyl-2,2,3-trimethyl-	170.203
8	14.767	182152	庚烷,5-ethyl-2,2,3-trimethyl-	170.203
9	14.963	51516	methyl undecyl ether	186.198
10	15.292	26260	5-十一碳烯	154.172
11	15.535	19826	1-ethyl-2,2,6-trimethylcyclohexane	154.172
12	15.829	19607	undecane,2,7-dimethyl-	184.219
13	15.951	23773	decane,2,3,5,8-tetramethyl-	198.235
14	16.297	238631	环己烷,1,2,4-trimethyl-,(1alpha,2beta,4beta)-	126.141
15	16.384	276082	3-十一碳烯,9-methyl-,(*E*)-	168.188
16	16.719	12282	十一烷	156.188
17	17.741	11409	十九烷	268.313
18	17.788	12718	3-hydroxymandelic acid,ethyl ester,di-TMS	340.153
19	18.452	25246	十一烷,4,6-dimethyl-	184.219
20	18.492	21663	十二烷	170.203
21	18.556	28653	decane,2-methyl-	156.188
22	18.723	47588	十九烷	268.313
23	19.07	112484	十二烷,4,6-dimethyl-	198.235
24	19.197	239731	十二烷,4,6-dimethyl-	198.235

序号	RT/min	峰值(Ab)	物质名称（MTBE）	分子量
25	19.272	60299	环戊烷,1,2,4-trimethyl-	112.125
26	19.307	144308	十二烷,4,6-dimethyl-	198.235
27	19.376	1040514	苯,1,3-bis(1,1-dimethylethyl)-	190.172
28	19.549	30596	5-十四烯,(E)-	196.219
29	19.653	29212	环戊烷,1-butyl-2-pentyl-	196.219
30	19.694	26611	3-十四烯,(E)-	196.219
31	19.734	36563	十二烷	170.203
32	19.827	89720	3-octadecene,(E)-	252.282
33	19.936	30409	十二烷	170.203
34	20.052	37883	十二烷	170.203
35	20.115	519958	3-ethyl-6-heptafluorobutyryloxyoctane	354.143
36	20.237	666227	4-isopropyl-1,3-烯己二酮	154.099
37	20.358	583026	3-ethyl-6-heptafluorobutyryloxyoctane	354.143
38	20.526	10923	十六烷,2,6,10,14-tetramethyl-	282.329
39	21.646	18996	十八烷	254.297
40	21.773	20661	十八烷	254.297
41	21.814	19841	十六烷	226.266
42	21.958	53393	十六烷	226.266
43	22.097	78789	十三烷,4-methyl-	198.235
44	22.218	172894	十一烷,3,9-dimethyl-	184.219
45	22.322	190099	2,3-dimethyldodecane	198.235
46	22.449	239384	decane,2,3,5,8-tetramethyl-	198.235
47	22.565	117173	十二烷	170.203
48	22.64	48189	二十烷	282.329
49	22.859	184390	苯酚,2,4-bis(1,1-dimethylethyl)-	206.167
50	22.992	149422	十七烷,4-methyl-	254.297
51	23.108	231738	环己烷,1-ethyl-2-propyl-	154.172
52	23.188	149595	磺酸,2-propyl tetradecyl ester	320.239
53	23.321	228864	环己烷,1-ethyl-2-propyl-	154.172
54	23.448	152509	3-己烯,2,2,5,5-tetramethyl-,(Z)-	140.157
55	24.667	34918	十八烷,1-iodo-	380.194
56	24.76	61269	十九烷	268.313
57	24.864	83099	十八烷,1-iodo-	380.194
58	24.956	58252	二十烷	282.329
59	24.979	66841	二十烷	282.329
60	25.072	69978	十五烷,2,6,10-trimethyl-	254.297

序号	RT/min	峰值(Ab)	物质名称(MTBE)	分子量
61	25.141	391369	环己烷,2,4-diisopropyl-1,1-dimethyl-	196.219
62	25.228	68048	十二烷	170.203
63	25.337	46242	十二烷,4,6-dimethyl-	198.235
64	25.47	115095	triallylsilane	152.102
65	25.568	172097	dotriacontyl heptafluorobutyrate	662.487
66	25.661	168278	cyclooctane,ethyl-	140.157
67	25.73	78173	十一烷,5-methyl-	170.203
68	25.776	282720	环己烷,1,2-diethyl-,*cis*-	140.157
69	25.869	190391	磺酸,butyl heptadecyl ester	376.301
70	26.007	113165	环己烷,1-ethyl-1,4-dimethyl-,*trans*-	140.157
71	26.129	160366	3-己烯,2,2,5,5-tetramethyl-,(*Z*)-	140.157
72	26.943	26229	十四烷,2,6,10-trimethyl-	240.282
73	27.036	39117	十三烷,2-methyl-	198.235
74	27.105	53108	十八烷,1-iodo-	380.194
75	27.197	57833	十四烷,2,6,10-trimethyl-	240.282
76	27.295	54440	二十八烷	394.454
77	27.388	58233	十八烷,1-iodo-	380.194
78	27.527	48544	二十八烷	394.454
79	27.683	60071	辛烷,5-ethyl-2-methyl-	156.188
80	27.763	64448	1-dodecanol,3,7,11-trimethyl-	228.245
81	27.838	73105	hen 二十烷	296.344
82	27.937	82350	octacosyl trifluoroacetate	506.431
83	28.023	78887	3-decene,2,2-dimethyl-,(*E*)-	168.188
84	28.104	54852	1-dodecanol,3,7,11-trimethyl-	228.245
85	28.162	73304	环己烷,1,1,2-trimethyl-	126.141
86	28.254	50347	3-十四烯,(*Z*)-	196.219
87	28.393	39408	二十烷	282.329
88	28.509	34496	环己烷,1,2,4-trimethyl-	126.141
89	29.594	52984	十六烷,7,9-dimethyl-	254.297
90	29.808	58306	十四烷	296.344
91	29.912	84401	cyclohexanone,4-ethyl-3,4-dimethyl-	154.136
92	30.132	68075	二十烷	282.329
93	30.236	51633	bicyclo[3.1.1]heptan-3-one,6,6-dimethyl-2-(2-methylpropyl)-	194.167
94	30.34	65425	borane,2,3-dimethyl-2-butyl-(dimer)	196.253
95	30.652	41922	环己烷,1-(cyclohexylmethyl)-4-ethyl-,*trans*-	208.219
96	30.808	64074	二十烷	282.329
97	31.639	120884	二十烷	282.329

序号	RT/min	峰值（Ab）	物质名称（MTBE）	分子量
98	32.436	171118	十八烷	254.297
99	33.21	129109	二十烷	282.329
100	33.961	94569	二十烷	282.329

（6）葡四联地面工艺段的主要有机物的组成和分布

研究首先对 4 个工艺段通过三维荧光光谱进行了污染物的一个动态变化分析。如书后彩图 2 所示，三维荧光光谱能够表示激发波长（λ_{ex}）和发射波长（λ_{em}）同时变化时的荧光强度信息，用于水质测定时能够揭示有机污染物的分类及其含量信息。污水中共检测到 4 个三维荧光峰，其范围集中在 λ_{ex}（220～280nm）/λ_{em}（350～400nm）区域。通过与常见溶解有机物质三维荧光峰对比发现，属于蛋白质、腐殖酸、植物油类等常见的有机物，体现该污水的成分的复杂性，不同取样点的污水中的有机物的组成分布存在较大的差异。

① 七厂的工艺中硫酸根的含量相对不是很高，大约为 10mg/L，硫化物以井口较高，沉降罐的出水较高，矿化度的差异不大。

② 不同工艺的污水的物质组成基本相似，主要是石油类物质以及苯系物以及烃类物质。只是在含量上有较大的差异，同时不同工艺段处理的效果也不尽相同。

5.3 典型的油田生产废水污染物组成分析和对现有污水处理系统的影响评价以及改进措施

5.3.1 洗井水的成分组成分析

如图 5-27 所示，三维荧光光谱能够表示激发波长（λ_{ex}）和发射波长（λ_{em}）同时变化时的荧光强度信息，用于水质测定时能够揭示有机污染物的分类及其含量信息。通过三维荧光光谱检测，在原水中共检测到 4 个三维荧光峰（A、B、C、D），其范围集中在 λ_{ex}（220～280nm）/λ_{em}（350～400nm）区域。通过与常见溶解有机物质三维荧光峰对比发现，这几个三维荧光峰不属于蛋白质、腐殖酸、植物油类、表面活性剂类等常见的有机物，体现该污水的成分的复杂性。

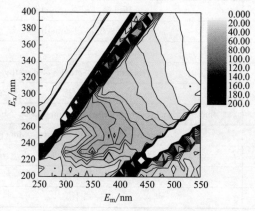

图 5-27　洗井水的三维荧光光谱分析

如图 5-28 和表 5-50 所示，甲基叔丁基醚（MTBE）萃取剂主要获得的有机物是石油烃类物质。

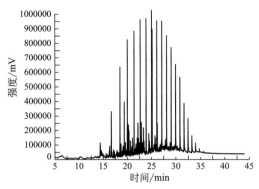

图 5-28　洗井水的 MTBE 的气质联机物质组成

表 5-50　洗井水甲基叔丁基醚（MTBE）萃取剂的 GC-MS 比对的物质

序号	RT/min	峰值（Ab）	物质名称（MTBE）	分子量
1	14.137	21875	苯,1,2,3-trimethyl-	120.094
2	14.397	115170	癸烷	142.172
3	14.645	61847	辛烷,3,3-dimethyl-	142.172
4	14.749	49349	十二烷,4,6-dimethyl-	198.235
5	15.142	29775	环己烷,butyl-	140.157
6	15.627	42226	萘,decahydro-,trans-	138.141
7	15.968	33551	癸烷,2-methyl-	156.188
8	16.101	29671	癸烷,3-methyl-	156.188
9	16.292	62147	环辛烷,1-methyl-3-propyl-	168.188
10	16.378	91929	5-十二烯,(E)-	168.188
11	16.708	330675	十一烷	156.188
12	16.84	50813	反式十氢萘,2-methyl-	152.157
13	17.17	67579	1-methyldecahydro 萘	152.157
14	17.343	55547	n-戊基环己烷	154.172
15	17.424	35631	十四烷	196.219
16	17.886	62193	十一烷,2-methyl-	170.203
17	18.019	51468	cis-1,4-dimethyl-2-亚甲基环己烷	124.125
18	18.163	36775	萘,decahydro-2,6-dimethyl-	166.172
19	18.256	48372	草酸,cyclohexylmethyl tetradecyl ester	382.308
20	18.331	42517	苯,(1-methyl-1-butenyl)-	146.11
21	18.487	636147	十二烷	170.203
22	18.718	107883	十五烷,2,6,10-trimethyl-	254.297
23	18.914	57432	cis,cis-3-ethylbicyclo[4.4.0]奎烷	166.172
24	19.07	60371	十二烷,4,6-dimethyl-	198.235
25	19.111	85285	环己烷,hexyl-	168.188

序号	RT/min	峰值（Ab）	物质名称（MTBE）	分子量
26	19.163	55017	环戊烷,1-pentyl-2-propyl-	182.203
27	19.191	93685	亚硫酸,戊烷基十一烷基酯	306.223
28	19.307	80099	癸烷,2-methyl-	156.188
29	19.37	396649	苯,1,3-bis(1,1-dimethylethyl)-	190.172
30	19.48	73161	十九烷,9-methyl-	282.329
31	19.55	68188	萘,1,2,3,4-tetrahydro-6-methyl-	146.11
32	19.584	64339	2,3-dimethyldodecane	198.235
33	19.619	116456	壬烷,4-methyl-5-propyl-	184.219
34	19.729	55690	1-十二烷醇,3,7,11-trimethyl-	228.245
35	19.873	66467	十四烷	196.219
36	20.012	825104	十三烷	184.219
37	20.116	181908	4-isopropyl-1,3-环己二酮	154.099
38	20.237	239690	4-isopropyl-1,3-环己二酮	154.099
39	20.358	198847	4-isopropyl-1,3-环己二酮	154.099
40	20.428	61494	萘,2-butyldecahydro-	194.203
41	20.647	128408	庚基环乙烷	182.203
42	20.901	87414	十三烷,2-methyl-	198.235
43	20.999	73090	三十四烷	478.548
44	21.08	147005	十二烷,2,6,10-trimethyl-	212.25
45	21.392	884094	十四烷	198.235
46	21.537	73006	萘,2,7-dimethyl-	156.094
47	21.75	81893	萘,2,7-dimethyl-	156.094
48	21.808	106328	decahydro-4,4,8,9,10-pentamethylnaphthalene	208.219
49	21.883	77505	萘,2-butyldecahydro-	194.203
50	22.045	148355	3-acetonylcyclopentanone	140.084
51	22.149	71076	十三烷,3-methyl-	198.235
52	22.201	252078	十六烷	226.266
53	22.299	144761	decahydro-4,4,8,9,10-pentamethylnaphthalene	208.219
54	22.415	89724	蒽,tetradecahydro-	192.188
55	22.449	113422	十二烷,2,6,11-trimethyl-	212.25
56	22.576	79020	蒽,tetradecahydro-	192.188
57	22.675	962447	十五烷	212.25
58	22.859	93752	苯酚,2,4-bis(1,1-dimethylethyl)-	206.167
59	22.911	256740	二叔丁基对甲酚	220.183
60	22.986	71941	4-氯苯磺酰胺,N-methyl-	204.996
61	23.108	117739	2,2,6-trimethyl-6-nitroheptan-3-one	201.136
62	23.183	90956	萘,1,4,5-trimethyl-	170.11
63	23.339	218236	环己烷,1,1'-(1,4-butanediyl)bis-	222.235

序号	RT/min	峰值（Ab）	物质名称（MTBE）	分子量
64	23.449	126912	十八烷, 1-chloro-	288.258
65	23.789	57969	十六烷	338.243
66	23.876	969959	十六烷	226.266
67	24.436	177907	2-bromo 十二烷	248.114
68	24.552	127882	环己烷, undecyl-	238.266
69	24.598	100394	十六烷, 2-methyl-	240.282
70	24.691	82058	十七烷	240.282
71	24.864	72846	癸烷, 3,6-dimethyl-	170.203
72	25.014	1026705	十七烷	240.282
73	25.078	313277	十五烷, 2,6,10,14-tetramethyl-	268.313
74	25.141	899017	1,2,4-triazol-4-amine, N-(2-thienylmethyl)-	180.047
75	25.228	85205	2-噻吩乙酸, 6-ethyl-3-octyl ester	282.165
76	25.499	97322	十二烷, 2-methyl-	184.219
77	25.574	105717	1-十八醇, 2-methyl-	256.277
78	25.655	100331	2-methyl-Z-4-十四烯	210.235
79	25.701	162874	nonahexacontanoic acid	999.07
80	25.782	144337	1-decanol, 2-hexyl-	242.261
81	25.869	106651	2-isopropyl-4-methylhex-2-enal	154.136
82	26.094	953824	十八烷	254.297
83	26.192	249937	十六烷, 2,6,10,14-tetramethyl-	282.329
84	26.533	85274	十五烷	212.25
85	26.753	99074	五十四烷, 1,54-dibromo-	914.682
86	26.799	104947	环己烷, undecyl-	238.266
87	26.839	96797	十八烷, 3-methyl-	268.313
88	27.047	131926	十七烷, 3-methyl-	254.297
89	27.122	952295	十九烷	268.313
90	27.833	138175	十八烷	254.297
91	28.104	853528	二十烷	282.329
92	28.826	117917	1-十六醇, 2-methyl-	256.277
93	29.04	771808	二十一烷	296.344
94	29.941	653552	十八烷	254.297
95	30.808	566103	十九烷, 9-methyl-	282.329
96	31.639	387703	二十一烷	296.344
97	32.437	283649	十九烷, 9-methyl-	282.329
98	33.211	163700	二十烷	282.329
99	33.962	114390	二十烷	282.329
100	34.741	75001	1,2-benzisothiazol-3-amine tbdms	264.112

如图 5-29 和表 5-51 所示，正己烷（n-hexane）萃取剂萃取的物质主要是石油烃类物质以及水中的部分污染物。

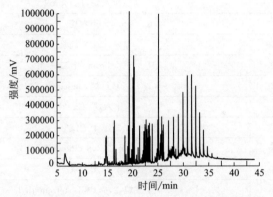

图 5-29　洗井水的正己烷（n-hexane）的气质联机物质组成

表 5-51　洗井水正己烷（n-hexane）萃取剂的 GC-MS 比对的物质

序号	RT/min	峰值（Ab）	物质名称（MTBE）	分子量
1	6.587	82668	2,4-dimethyl-1-heptene	126.141
2	13.247	29652	壬烷,4-methyl-	142.172
3	13.669	17256	2-pentene,2-allyldimethylsilyl-3-diethylboryl-	236.213
4	14.42	49499	癸烷	142.172
5	14.663	186706	十二烷,4,6-dimethyl-	198.235
6	14.767	197130	庚烷,5-ethyl-2,2,3-trimethyl-	170.203
7	14.963	62166	2-十一碳烯,（Z）-	154.172
8	15.298	31622	1-ethyl-2,2,6-trimethyl 环己烷	154.172
9	15.541	22303	1-ethyl-2,2,6-trimethyl 环己烷	154.172
10	15.835	26638	癸烷,2,4,6-trimethyl-	184.219
11	15.956	31123	十四烷	198.235
12	16.297	256500	环戊基乙酮	112.089
13	16.384	298896	环戊基乙酮	112.089
14	16.719	110538	十一烷	156.188
15	16.852	21677	*trans*-十氢化萘,2-methyl-	152.157
16	17.175	24307	1-methyldecahydronaphthalene	152.157
17	17.349	22334	环己烷,pentyl-	154.172
18	17.788	33954	p-trimethylsilyloxyphenyl-bis（trimethylsilyloxy）ethane	370.182
19	18.03	29221	（Z）-4-decen-1-ol,三氟乙酸盐	252.134
20	18.492	199124	十二烷	170.203
21	18.556	37126	十六烷,2,6,10,14-tetramethyl-	282.329
22	18.723	77735	十三烷	184.219
23	19.064	129370	十二烷,4,6-dimethyl-	198.235
24	19.197	265943	十二烷,4,6-dimethyl-	198.235
25	19.272	73052	2-十一碳烯,2,5-dimethyl-	182.203

序号	RT/min	峰值(Ab)	物质名称(MTBE)	分子量
26	19.307	167927	十二烷,4,6-dimethyl-	198.235
27	19.376	1170883	苯,1,3-bis(1,1-dimethylethyl)-	190.172
28	19.549	51440	萘,1,2,3,4-tetrahydro-5-methyl-	146.11
29	19.734	53598	三十一烷	436.501
30	19.827	108732	cyclopropane,1,1,2-trimethyl-3-(2-methylpropyl)-	140.157
31	19.936	43361	十六烷,2,6,10,14-tetramethyl-	282.329
32	20.011	246068	十三烷	184.219
33	20.115	579269	环己烷,1,1,3,5-tetramethyl-,cis-	140.157
34	20.237	724930	4-isopropyl-1,3-环己二酮	154.099
35	20.358	648397	4-isopropyl-1,3-环己二酮	154.099
36	20.647	46105	庚基环乙烷	182.203
37	20.814	72370	propanoic acid,2-methyl-,2,2-dimethyl-1-(2-hydroxy-1-methylethyl)propyl ester	216.173
38	20.907	34658	十三烷,2-methyl-	198.235
39	21.097	120568	propanoic acid,2-methyl-,3-hydroxy-2,4,4-trimethylpentyl ester	216.173
40	21.392	263129	十四烷	198.235
41	21.814	54261	萘,2,6-dimethyl-	156.094
42	21.958	75371	十六烷	226.266
43	22.091	102953	二十一烷	296.344
44	22.212	226644	十四烷,2,6,10-trimethyl-	240.282
45	22.322	225055	十三烷,4-methyl-	198.235
46	22.449	273692	十一烷,4,6-dimethyl-	184.219
47	22.565	133486	十二烷	170.203
48	22.674	304246	十五烷	212.25
49	22.859	240836	苯酚,2,4-bis(1,1-dimethylethyl)-	206.167
50	22.911	167293	二叔丁基对甲酚	220.183
51	22.992	184153	环己烷,1-ethyl-2-propyl-	154.172
52	23.108	266339	环戊烷,(2-methylbutyl)-	140.157
53	23.189	186851	十七烷,8-methyl-	254.297
54	23.327	281517	环己烷,1,2,4-trimethyl-	126.141
55	23.448	195762	环戊基乙酮	112.089
56	23.876	276109	十六烷	226.266
57	24.436	61523	二十烷,10-methyl-	296.344
58	24.558	50526	环己烷,(1-methylpropyl)-	140.157
59	24.667	55439	二十烷	282.329
60	24.76	84216	二十烷	282.329
61	24.864	112645	十五烷,2,6,10-trimethyl-	254.297
62	24.956	84128	十六烷	226.266

序号	RT/min	峰值(Ab)	物质名称(MTBE)	分子量
63	25.014	303208	十七烷	240.282
64	25.072	164000	十七烷,2,6-dimethyl-	268.313
65	25.141	1642266	oxalic acid,cyclohexylmethyl tridecyl ester	368.293
66	25.222	100381	癸烷,3,6-dimethyl-	170.203
67	25.337	73116	十二烷,4,6-dimethyl-	198.235
68	25.47	151001	三烯丙基硅烷	152.102
69	25.568	205080	eicosyl heptafluorobutyrate	494.299
70	25.661	210570	1-十二烷醇,3,7,11-trimethyl-	228.245
71	25.724	113354	3-十七碳烯,(Z)-	238.266
72	25.776	324192	三烯丙基硅烷	152.102
73	25.869	231648	1-十二烷醇,3,7,11-trimethyl-	228.245
74	26.007	151389	2-pentene-1,4-dione,1-(1,2,2-trimethylcyclopentyl)	208.146
75	26.094	271930	十八烷	254.297
76	26.129	223955	十八烷	254.297
77	26.192	92535	十二烷,2,6,10-trimethyl-	212.25
78	27.036	79190	二十八烷	394.454
79	27.122	298277	十九烷	268.313
80	27.186	111229	nonahexacontanoic acid	999.07
81	27.388	103342	十五烷,3-methyl-	226.266
82	27.527	84474	十八烷	254.297
83	27.607	112099	oxalic acid,cyclohexylmethyl isohexyl ester	270.183
84	27.683	93980	二十五烷	352.407
85	27.769	102043	三十二烷基	612.49
86	27.937	125620	1-十二烷醇,3,7,11-trimethyl-	228.245
87	28.023	117469	十二烷,1-(methoxymethoxy)-	230.225
88	28.104	321109	二十烷	282.329
89	28.254	92744	4-氯苯磺酰胺,N-methyl-	204.996
90	28.543	110677	3-decen-5-one,2-methyl-	168.151
91	29.04	337522	二十一烷	296.344
92	29.589	102323	二十一烷	296.344
93	29.941	483076	十九烷,9-methyl-	282.329
94	30.334	115362	bicyclo[3.1.1]heptan-3-one,6,6-dimethyl-2-(2-methylpropyl)-	194.167
95	30.808	591424	十九烷,9-methyl-	282.329
96	31.634	598865	十八烷	254.297
97	32.436	523897	十九烷,9-methyl-	282.329
98	33.211	350085	十八烷	254.297
99	33.961	234907	二十烷	282.329
100	34.735	127619	二十烷	282.329

5.3.2 不同掺混比例洗井水对现有污水站来水的油水分离、破乳能力以及石 油类、悬浮物去除的影响

5.3.2.1 不同掺混比例的洗井水掺混污水站来水静沉试验油水分离、悬浮物、除油效果分析

（1）洗井水掺混比例的确定

研究的主要目的是将洗井水掺混到七厂的来水中，考察不同比例的洗井水对污水处理的影响，研究首先进行了不同比例的掺混物理静沉试验，设置的掺混比例为：对照洗井水原水1∶10（洗井水 1 份，来水 9 份）、1∶20（洗井水 1 份，来水 19 份）、1∶30（洗井水 1 份，来水 29 份）。通过 24h 的不间断取样，分析静沉后的含油量和悬浮物的含量。

图 5-30 为室内物理静沉以及曝气实验装置。

图 5-30　室内物理静沉以及曝气实验装置

（2）洗井水混合比例水静沉（对照）

如图 5-31 所示，洗井水的原水的含油量为 5800mg/L 左右，在静沉 2h 后含油量为380mg/L 左右，含油量去除率在 90％左右，24h 的含油量在 95mg/L。静沉对含油量的去除效果明显。

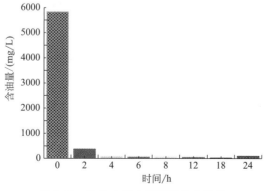

图 5-31　洗井水原水静沉后的含油量

如图 5-32 所示，洗井水的原水的悬浮物为 1200mg/L 左右，在静沉 2h 后悬浮物为73mg/L 左右，悬浮物的去除率在 90％左右，24h 的悬浮物在 70mg/L。静沉对悬浮物也同

样去除效果明显。

（3）洗井水混合比例水静沉（1∶10）

如图 5-33 所示，洗井水的混合比例水静沉（1∶10）初始的含油量为 3258mg/L 左右，在静沉 2h 后含油量为 58.39mg/L，含油量去除率在 90％左右，8h 的含油量在 25mg/L，24h 的含油量在 25mg/L。

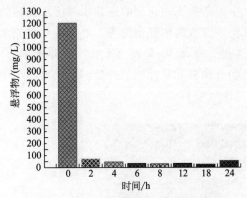

图 5-32　洗井水原水静沉后的悬浮物

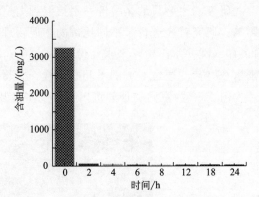

图 5-33　洗井水混合比例水静沉（1∶10）的含油量

如图 5-34 所示，洗井水的混合比例水静沉（1∶10）初始的悬浮物为 683.33mg/L 左右，在静沉 2h 后悬浮物为 33mg/L，悬浮物的去除率在 90％左右，8h 的悬浮物在 16mg/L，24h 的悬浮物在 6mg/L。通过静沉在短时间内也有很好的效果。

（4）洗井水混合比例水静沉（1∶20）

如图 5-35 所示，洗井水的混合比例水静沉（1∶20）初始的含油量为 2171mg/L 左右，在静沉 2h 后含油量为 35mg/L，含油量去除率在 95％左右，8h 的含油量在 10mg/L，24h 的含油量在 6mg/L。可以看出，如果洗井水能够掺混后静沉 2 个小时，就能小于来水的含油量。

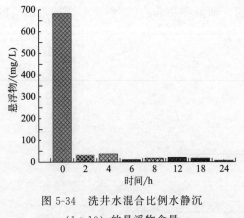

图 5-34　洗井水混合比例水静沉
（1∶10）的悬浮物含量

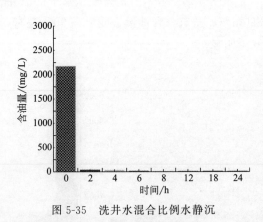

图 5-35　洗井水混合比例水静沉
（1∶20）的含油量

如图 5-36 所示，洗井水的混合比例水静沉（1∶20）初始的悬浮物为 133mg/L 左右，在静沉 2h 后悬浮物为 38mg/L，悬浮物的去除率在 90％左右，8h 的悬浮物在 16mg/L，24h 的悬浮物在 16mg/L。通过静沉在短时间内也有很好的效果。可以看出掺混 1∶10 与掺混

1：20 的效果很接近，给我们的提示是，如果在洗井水量多的情况下，可以选择静沉时间超过 6h，这样与掺混的比例关系不大。

（5）洗井水混合比例水静沉（1：30）

如图 5-37 所示，洗井水的混合比例水静沉（1：30）初始的含油量为 1034mg/L 左右，在静沉 2h 后含油量为 55mg/L，含油量去除率在 90% 左右，8h 的含油量在 15mg/L，24h 的含油量在 6mg/L。可以看出，如果洗井水能够掺混后静沉 4 个 h，就能小于来水的含油量。

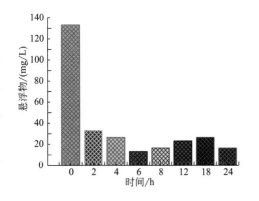

图 5-36　洗井水混合比例水静沉
（1：20）的悬浮物含量

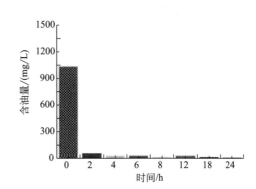

图 5-37　洗井水混合比例水静沉
（1：30）的含油量

如图 5-38 所示，洗井水的混合比例水静沉（1：30）初始的悬浮物为 153mg/L 左右，在静沉 2h 后悬浮物为 43mg/L，悬浮物的去除率在 90% 左右，8h 的悬浮物在 20mg/L，24h 的悬浮物在 10mg/L。通过静沉在短时间内也有很好的效果。可以看出掺混 1：20 与掺混 1：30 的效果很接近，给我们的提示是，如果在洗井水量多的情况下，可以选择掺混比例大于 1：10，可以增加静沉的时间来提高油水分离的效果以及悬浮物的去除效率。

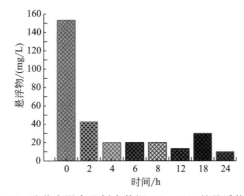

图 5-38　洗井水混合比例水静沉（1：30）的悬浮物含量

5.3.2.2　不同掺混比例的洗井水掺混污水站来水气浮试验油水分离、悬浮物、除油效果分析

（1）洗井水混合比例水曝气（对照）

如图 5-39 所示，洗井水的混合比例水气浮初始的含油量为 5835mg/L 左右，在曝气 2h

后含油量为 188mg/L，含油量去除率在 90% 左右，8h 的含油量在 171mg/L，24h 的含油量在 172mg/L。洗井原水的气浮效果看，如果洗井水到了之后，最好先曝气 2h，这样再去掺混会更好些。

如图 5-40 所示，洗井水的原水的悬浮物为 1200mg/L 左右，24h 的悬浮物在 124mg/L。曝气相对悬浮物去除效果不明显。

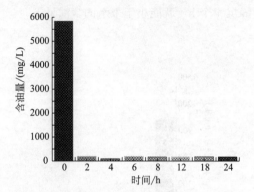

图 5-39　洗井水混合比例水原水气浮的含油量

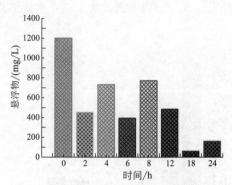

图 5-40　洗井水原水曝气后的悬浮物含量

（2）洗井水混合比例水曝气（1：10）

如图 5-41 所示，洗井水的混合比例水曝气（1：10）初始的含油量为 3258mg/L 左右，在静沉 2h 后含油量为 74.64mg/L，含油量去除率在 90% 左右，8h 的含油量在 12mg/L，24h 的含油量在 8mg/L。

如图 5-42 所示，洗井水的混合比例水曝气（1：10）初始的悬浮物为 683.33mg/L 左右，8h 的悬浮物在 83.33mg/L，24h 的悬浮物在 23mg/L。通过静沉在短时间内也有很好的效果。

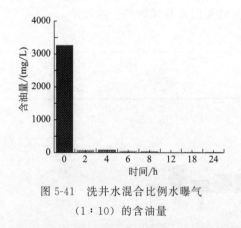

图 5-41　洗井水混合比例水曝气
（1：10）的含油量

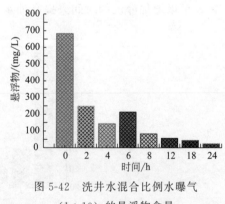

图 5-42　洗井水混合比例水曝气
（1：10）的悬浮物含量

（3）洗井水混合比例水曝气（1：20）

如图 5-43 所示，洗井水的混合比例水曝气（1：20）初始的含油量为 2171mg/L 左右，在曝气 2h 后含油量为 36mg/L，含油量去除率在 95% 左右，8h 的含油量在 14mg/L，24h 的含油量在 17mg/L。可以看出如果洗井水能够掺混后曝气 2h 就能小于来水的含油量。

如图 5-44 所示，洗井水的混合比例水曝气（1∶20）初始的悬浮物为 133mg/L 左右，在曝气 2h 后悬浮物为 36mg/L，悬浮物的去除率在 90% 左右，8h 的悬浮物在 42mg/L，24h 的悬浮物在 30mg/L。通过曝气在短时间内也有很好的效果。可以看出掺混 1∶10 与掺混 1∶20 的效果很接近，给我们的提示是如果在洗井水量多的情况下，可以选择曝气时间超过 6h，这样与掺混的比例关系不大。在研究过程中可以看到，长时间曝气会存在一个破乳的现象，会有含油量升高的现象产生。

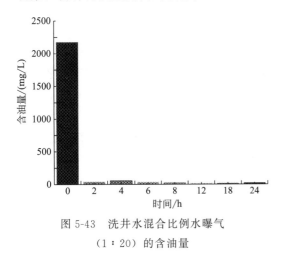

图 5-43　洗井水混合比例水曝气
（1∶20）的含油量

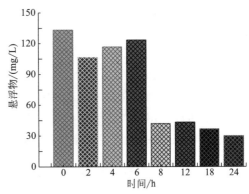

图 5-44　洗井水混合比例水曝气
（1∶20）的悬浮物含量

（4）洗井水混合比例水曝气（1∶30）

如图 5-45 所示，洗井水的混合比例水曝气（1∶30）初始的含油量为 1034mg/L 左右，在曝气 2h 后含油量为 71mg/L，含油量去除率在 90% 左右，8h 的含油量在 14mg/L，24h 的含油量在 6mg/L。可以看出，如果洗井水能够掺混后曝气 4 个小时，就能小于来水的含油量。

如图 5-46 所示，洗井水的混合比例水曝气（1∶30）初始的悬浮物为 153mg/L 左右，在曝气 8h 后悬浮物为 63.33mg/L，悬浮物的去除率在 90% 左右，24h 的悬浮物在 36mg/L。通过曝气在短时间内也有很好的效果。可以看出，掺混 1∶20 与掺混 1∶30 的效果很接近，给我们的提示是，如果在洗井水量多的情况下，可以选择掺混比例大于 1∶10，可以增加曝气的时间，来提高油水分离的效果以及悬浮物的去除效率。

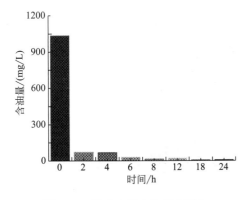

图 5-45　洗井水混合比例水曝气
（1∶30）的含油量

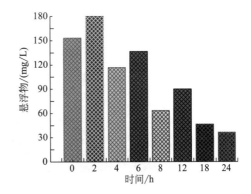

图 5-46　洗井水混合比例水曝气
（1∶30）的悬浮物含量

5.3.3 洗井水对现有污水处理系统的处理效果及方法和措施以及洗井水的处理工艺方法

5.3.3.1 洗井水对现有工艺的防护措施

洗井水最大的问题是含油量大，而且含油不稳定，同时悬浮物较高，但是通过室内静沉和气浮试验可见，通常在2h以后基本上含油率可以去除80%以上，悬浮物也大幅度下降。

（1）建议针对现有工艺的防止洗井水冲击的方法

① 由于洗井水的来液量不稳定，可以增加现有的洗井水的油回收装置的体积，或者增加储存池，提高静沉的时间，然后再进行现有除油工艺的油水的分离，再进入到污水处理系统，保证最低静沉2个小时。

② 可以适当地在静沉的过程中加入一些分散剂，提高油水分离的效果。

③ 可以采用多次多点进水的方法进入到现有的污水处理工艺中，可以开发在线控制系统，这样可以根据每天的来水量进行设置进水的周期和强度，由于工艺的来水量每天都不是非常的稳定，有一定的差异，可以根据员工的作息时间，以及工艺的来水的特点选择进水的时间和进水量。

④ 统一回收，统一处理。

（2）洗井水处理工艺的探讨

① 组合的工艺：静沉—油回收—曝气除油—油回收，然后进入到现有的污水处理工艺；

② 组合的工艺：气浮除油（加部分药剂）—油回收—曝气除油—油回收，然后进入到现有的污水处理工艺；

③ 直接处理的一体化设备：气浮＋曝气耦合除油＋生物深度处理＋直接排放到清水管线；

④ 直接处理的一体化设备：气浮除油＋生物深度处理＋直接排放到清水管线；

⑤ 直接处理的一体化设备：气浮＋曝气耦合除油＋生物深度处理＋两级过滤＋直接排放到清水管线。

5.3.3.2 注水管线冲洗水的组成成分分析

分析的主要内容如图5-47所示。

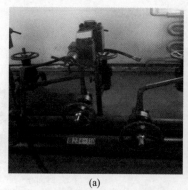

(a)   (b)

图5-47　注水管线冲洗水取样点

如图 5-48 所示，三维荧光光谱能够表示激发波长（λ_{ex}）和发射波长（λ_{em}）同时变化时的荧光强度信息，用于水质测定时能够揭示有机污染物的分类及其含量信息。通过三维荧光光谱检测，在原水中共检测到 4 个三维荧光峰（A、B、C、D），其范围集中在 λ_{ex}（220～280nm）/λ_{em}（350～400nm）区域。通过与常见溶解有机物质三维荧光峰对比发现，这几个三维荧光峰不属于蛋白质、腐殖酸、植物油类、表面活性剂类等常见的有机物，体现该污水成分的复杂性。

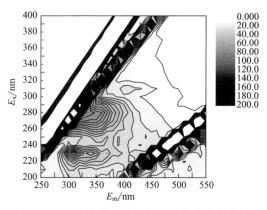

图 5-48　注水管线冲洗水的三维荧光光谱分析

如图 5-49 和表 5-52 所示，甲基叔丁基醚（MTBE）萃取剂获得物质大约为 100 种，其中多为石油烃类物质，以及水中的污染物。

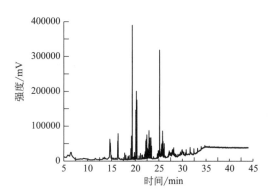

图 5-49　管道水的 MTBE 的气质联机物质组成

表 5-52　管道水甲基叔丁基醚（MTBE）萃取剂的 GC-MS 比对的物质

序号	RT/min	峰值(Ab)	物质名称(MTBE)	分子量
1	11.578	8398	4-ethylbenzoic acid,2-pentyl ester	220.146
2	13.201	9395	壬烷,4-methyl-	142.172
3	13.409	9467	2-butenedioic acid（Z）-,dimethyl ester	144.042
4	13.507	11603	glycine,N-[4-[(trimethylsilyl)oxy]benzoyl]-,methyl ester	281.108
5	14.645	62157	cyclotetrasiloxane,octamethyl-	296.075
6	14.749	51797	癸烷,4-methyl-	156.188
7	14.957	16928	1-methylpentyl cyclopropane	126.141

序号	RT/min	峰值（Ab）	物质名称（MTBE）	分子量
8	15.286	9905	2-十一碳烯,(Z)-	154.172
9	15.535	8936	1-ethyl-2,2,6-trimethylcyclohexane	154.172
10	15.829	8265	二十烷	282.329
11	16.292	57086	5-十二烯,(E)-	168.188
12	16.378	78686	3-heptene,4-methyl-	112.125
13	16.719	9130	十六烷,2,6,10,14-tetramethyl-	282.329
14	17.788	23641	苯乙胺,N-butyl-beta,4-bis[(trimethylsilyl)oxy]-	353.221
15	18.03	17341	环己烯,3,5,5-trimethyl-	124.125
16	18.232	6618	4-piperidinemethanol,1-methyl-	129.115
17	18.452	9533	十六烷,2,6,10,14-tetramethyl-	282.329
18	18.492	13787	十二烷	170.203
19	18.556	10421	十三烷	184.219
20	18.723	16445	十一烷,4,8-dimethyl-	184.219
21	19.07	36353	癸烷,5-ethyl-5-methyl-	184.219
22	19.197	71906	十二烷,4,6-dimethyl-	198.235
23	19.301	45725	十二烷,4,6-dimethyl-	198.235
24	19.37	390013	苯,1,3-bis(1,1-dimethylethyl)-	190.172
25	19.549	11641	3-十四烯,(E)-	196.219
26	19.648	10378	6-十四烯,(E)-	196.219
27	19.694	10263	1-十四烯	196.219
28	19.734	12731	十七烷,2-methyl-	254.297
29	19.827	25225	4-isopropylcyclohexanone	140.12
30	19.942	11625	十六烷,2,6,10,14-tetramethyl-	282.329
31	20.017	14724	十三烷	184.219
32	20.052	15294	十二烷	170.203
33	20.116	146184	3-ethyl-6-heptafluorobutyryloxyoctane	354.143
34	20.237	200818	2-乙酰基环戊酮	126.068
35	20.358	175583	环己烷,1,2-diethyl-1-methyl-	154.172
36	20.41	16321	trans-3-Hexenedioic acid,bis(trimethylsilyl)ester	288.121
37	20.814	15322	5-hydroxy-2-methyl-hex-3-enoic acid	144.079
38	21.103	22393	丁酸丁酯	144.115
39	21.392	17391	十四烷	198.235
40	21.531	17735	thiophene-3-acetic acid hydrazide	156.036
41	21.606	12912	3-butene-1,2-diol,1-(2-furyl)-2,3-dimethyl-	182.094
42	21.958	19167	十六烷,2,6,10,14-tetramethyl-	282.329
43	22.097	27429	十七烷,8-methyl-	254.297
44	22.218	58090	十二烷,2,6,11-trimethyl-	212.25

续表

序号	RT/min	峰值（Ab）	物质名称（MTBE）	分子量
45	22.322	62603	2,3-dimethyldodecane	198.235
46	22.449	75463	正己烷,3,3-dimethyl-	114.141
47	22.565	37383	十七烷	240.282
48	22.674	33732	十五烷	212.25
49	22.859	49969	苯酚,2,4-bis(1,1-dimethylethyl)-	206.167
50	22.911	87767	二叔丁基对甲酚	220.183
51	22.992	44941	eicosyl heptafluorobutyrate	494.299
52	23.108	66345	环己烷,1,2,4-trimethyl-	126.141
53	23.212	40878	7-十四烯,(Z)-	196.219
54	23.327	67220	环己烷,1,2,4-trimethyl-	126.141
55	23.448	43602	1-十六醇,2-methyl-	256.277
56	23.882	13166	十六烷	226.266
57	24.673	20517	二十烷	282.329
58	24.766	22554	三十一烷	436.501
59	24.864	30382	十三烷,2-methyl-	198.235
60	24.956	22358	二十烷	282.329
61	24.979	24992	十六烷	226.266
62	25.072	30836	hexacosane	366.423
63	25.141	318766	allyldimethyl(prop-1-ynyl)silane	138.086
64	25.222	27913	十一烷,3,9-dimethyl-	184.219
65	25.337	20860	二十烷	282.329
66	25.47	34832	nonadecyl pentafluoropropionate	430.287
67	25.568	47555	octacosyl heptafluorobutyrate	606.425
68	25.661	51324	三烯丙基硅烷	152.102
69	25.73	28383	triacontyl pentafluoropropionate	584.459
70	25.776	86388	2-bromo 十二烷	248.114
71	25.869	57171	环己烷,1,2,4-trimethyl-	126.141
72	26.007	35403	cycloundecanone	168.151
73	26.129	50448	十八烷	254.297
74	26.4	15056	2,4-di-tert-butyl-6-(tert-butylamino)苯酚	277.241
75	27.036	19988	二十一烷	296.344
76	27.111	24457	6-tetradecanesulfonic acid,butyl ester	334.254
77	27.192	29158	二十一烷	296.344
78	27.382	24338	十三烷,2-methyl-	198.235
79	27.527	22164	十三烷,2-methyl-	198.235
80	27.602	24218	2-dodecen-1-yl(一)succinic anhydride	266.188
81	27.683	23677	十八烷	254.297

续表

序号	RT/min	峰值（Ab）	物质名称（MTBE）	分子量
82	27.775	25990	二十烷	282.329
83	27.943	34464	bicyclo[3.1.1]heptan-3-one,6,6-dimethyl-2-(2-methylpropyl)-	194.167
84	28.023	29637	环己烷,1-ethyl-2-propyl-	154.172
85	28.139	31570	十六烷,7,9-dimethyl-	254.297
86	28.168	38905	1-十二烷醇,3,7,11-trimethyl-	228.245
87	28.254	23872	2-propylhept-3-enoic acid,phenylthio ester	262.139
88	28.335	21695	1,1-dimethyl-1-silacyclo-3-pentene	112.071
89	28.543	20721	1,2,5-oxadiborolane,2,3,3,4,5-pentaethyl-	208.217
90	28.665	18661	hexadecanoic acid,2-methylpropyl ester	312.303
91	29.057	20038	二十一烷	296.344
92	29.595	26650	1,4-苯 diol,2,5-bis(1,1-dimethylethyl)-	222.162
93	29.906	31868	环戊烷,1,2-dipropyl-	154.172
94	29.958	32665	二十烷	282.329
95	30.334	25842	2-propylhept-3-enoic acid,phenylthio ester	262.139
96	30.657	22206	methyltris(trimethylsiloxy)silane	310.127
97	30.813	33284	二十烷	282.329
98	31.645	39646	二十烷	282.329
99	32.442	36245	二十烷	282.329
100	33.216	37205	cyclotrisiloxane,hexamethyl-	222.056

如图 5-50 和表 5-53 所示，管道水的正己烷（n-hexane）萃取的物质主要是烷烃类物质以及水中可溶性污染物。

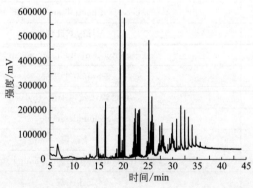

图 5-50　管道水的正己烷（n-hexane）的气质联机物质组成

表 5-53　管道水正己烷（n-hexane）萃取剂的 GC-MS 比对的物质

序号	RT/min	峰值（Ab）	物质名称（MTBE）	分子量
1	6.564	61132	2,4-dimethyl-1-heptene	126.141
2	13.253	21569	壬烷,4-methyl-	142.172
3	13.675	13087	oxirane,pentyl-	114.104

续表

序号	RT/min	峰值（Ab）	物质名称（MTBE）	分子量
4	14.27	11162	环己烷,1,1-dimethyl-2-propyl-	154.172
5	14.426	15103	decane	142.172
6	14.663	144433	octane,2,6-dimethyl-	142.172
7	14.761	154354	succinic acid,tetrahydrofurfuryl undecyl ester	356.256
8	14.963	44723	2-十一碳烯,(Z)-	154.172
9	15.298	23017	1-heptanol,6-methyl-	130.136
10	15.535	17088	1-ethyl-2,2,6-trimethyl 环己烷	154.172
11	15.841	18110	癸烷,3,6-dimethyl-	170.203
12	15.956	21682	正己烷,3,3-dimethyl-	114.141
13	16.297	201518	环戊基乙酮	112.089
14	16.384	233675	环己烷,3-ethyl-5-methyl-1-propyl-	168.188
15	17.788	14694	p-trimethylsilyloxyphenyl-bis(trimethylsilyloxy)ethane	370.182
16	18.452	23191	癸烷,2-methyl-	156.188
17	18.492	20719	十二烷	170.203
18	18.556	24786	十三烷	184.219
19	18.723	43875	十一烷,4,8-dimethyl-	184.219
20	19.07	101103	十二烷,4,6-dimethyl-	198.235
21	19.197	219004	十二烷,4,6-dimethyl-	198.235
22	19.307	127288	十二烷,4,6-dimethyl-	198.235
23	19.37	971686	苯,1,3-bis(1,1-dimethylethyl)-	190.172
24	19.544	27425	环戊烷,1-butyl-2-pentyl-	196.219
25	19.653	25993	dichloroacetic acid,heptadecyl ester	366.209
26	19.694	24718	3-十四烯,(E)-	196.219
27	19.734	37345	十五烷	212.25
28	19.827	78477	1-nonadecene	266.297
29	19.942	30092	十二烷	170.203
30	20.052	37378	十六烷,2,6,10,14-tetramethyl-	282.329
31	20.115	438958	3-ethyl-6-heptafluorobutyryloxyoctane	354.143
32	20.237	576461	4-isopropyl-1,3-环己二酮	154.099
33	20.358	522020	2-乙酰基环戊酮	126.068
34	20.531	13049	癸烷,3,8-dimethyl-	170.203
35	21.398	17661	十四烷	198.235
36	21.652	17819	hexacosane	366.423
37	21.773	20142	十六烷	226.266
38	21.958	46865	癸烷,2-methyl-	156.188
39	22.097	71784	十三烷,2-methyl-	198.235

序号	RT/min	峰值(Ab)	物质名称(MTBE)	分子量
40	22.218	151342	十二烷	170.203
41	22.322	167162	2,3-dimethyldodecane	198.235
42	22.449	206893	2,3-dimethyldodecane	198.235
43	22.565	101522	十三烷,2-methyl-	198.235
44	22.64	64718	十四烷	198.235
45	22.755	25715	二十烷	282.329
46	22.859	187613	苯酚,2,4-bis(1,1-dimethylethyl)-	206.167
47	22.992	137350	bacchotricuneatin c	342.147
48	23.061	23666	壬烷,1-iodo-	254.053
49	23.108	199854	环己烷,1,3,5-trimethyl-,(1alpha,3alpha,5beta)-	126.141
50	23.188	153491	十三烷,1-iodo-	310.116
51	23.321	204396	环己烷,1-ethyl-2-propyl-	154.172
52	23.448	131344	1-十六醇,2-methyl-	256.277
53	24.667	34292	二十烷	282.329
54	24.76	54982	十四烷	198.235
55	24.864	74390	十九烷	268.313
56	24.956	53782	十五烷,2,6,10-trimethyl-	254.297
57	24.979	62175	十三烷,2-methyl-	198.235
58	25.072	67324	十五烷,2,6,10-trimethyl-	254.297
59	25.141	485168	oxalic acid,cyclohexylmethyl tridecyl ester	368.293
60	25.228	68469	十五烷,2,6,10-trimethyl-	254.297
61	25.337	47427	二十烷	282.329
62	25.47	117843	2-bromo 十二烷	248.114
63	25.563	152597	octacosyl 三氟乙酸盐	506.431
64	25.62	111695	十八烷	254.297
65	25.655	155888	环己烷,1-ethyl-1,4-dimethyl-,trans-	140.157
66	25.724	81751	二十烷	282.329
67	25.776	255526	环己烷,1,1,2-trimethyl-	126.141
68	25.869	181937	十四烷	198.235
69	26.007	110986	十一烷,5-methyl-	170.203
70	26.129	149854	3-hexene,2,2,5,5-tetramethyl-,(Z)-	140.157
71	26.943	31112	二十八烷	394.454
72	27.036	44858	十四烷,2,6,10-trimethyl-	240.282
73	27.111	56909	十五烷,3-methyl-	226.266
74	27.191	65009	二十烷	282.329
75	27.272	56732	十五烷,3-methyl-	226.266

序号	RT/min	峰值(Ab)	物质名称（MTBE）	分子量
76	27.388	137044	十八烷	254.297
77	27.527	55534	十八烷，2-methyl-	268.313
78	27.602	58812	dotriacontyl pentafluoropropionate	612.49
79	27.688	78039	十六烷，2,6,10,14-tetramethyl-	282.329
80	27.804	148858	tetratetracontane	618.704
81	27.942	96722	decane,3,6-dimethyl-	170.203
82	28.023	89836	十七烷，2-methyl-	254.297
83	28.104	84265	二十烷	282.329
84	28.162	98363	十六烷，2-methyl-	240.282
85	28.26	68267	disulfide,di-tert-dodecyl	402.335
86	28.393	54129	4-氯苯磺酰胺，N-methyl-	204.996
87	28.509	46070	bicyclo[3.1.1]heptan-3-one,6,6-dimethyl-2-(2-methylpropyl)-	194.167
88	29.046	61718	hen 二十烷	296.344
89	29.415	86637	二十五烷	352.407
90	29.589	64330	二十烷	282.329
91	29.791	105418	二十八烷	394.454
92	29.941	149391	二十八烷	394.454
93	30.334	77233	methyl octyl ether	144.151
94	30.657	47594	二十烷	282.329
95	30.808	164948	三十一烷	436.501
96	31.639	219118	十九烷，9-methyl-	282.329
97	32.436	201287	十八烷	254.297
98	33.21	173560	二十烷	282.329
99	33.961	141036	二十烷	282.329
100	34.735	95855	十八烷	254.297

5.3.4 注水管线冲洗水对污水站来水油水分离、破乳能力以及石油类、悬浮物去除的影响

5.3.4.1 管线水混合比例水静沉试验

（1）管线水混合比例水静沉（对照）

如图 5-51 所示，管线水的原水的含油量为 43mg/L 左右，在静沉 2h 后含油量为 11mg/L 左右，含油量去除率在 80% 左右，24h 的含油量在 6.3mg/L。静沉对含油量的去除效果明显。

如图 5-52 所示，管线水的原水的悬浮物为 156.67mg/L 左右，在静沉 2h 后悬浮物为 130mg/L 左右，悬浮物的去除率在 20% 左右，24h 的悬浮物在 66mg/L。静沉对悬浮物也同样去除效果明显。

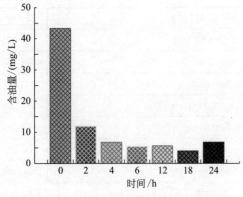

图 5-51　管线水原水静沉后的含油量

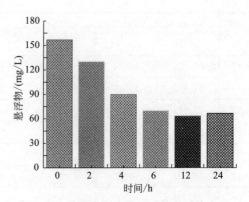

图 5-52　管线水原水静沉后的悬浮物含量

（2）管线水混合比例水静沉（1∶10）

如图 5-53 所示，管线水的掺混（1∶10）的含油量为 43mg/L 左右，在静沉 2h 后含油量为 20.30mg/L 左右，含油量去除率在 80％左右，24h 的含油量在 4.8mg/L。静沉对含油量的去除效果明显。

如图 5-54 所示，管线水的掺混水的悬浮物为 120mg/L 左右，24h 的悬浮物在 53.60mg/L。静沉对悬浮物也同样去除效果明显。

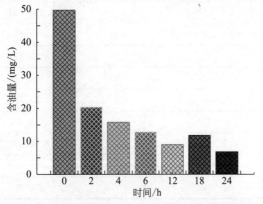

图 5-53　管线水掺混水静沉后（1∶10）的含油量

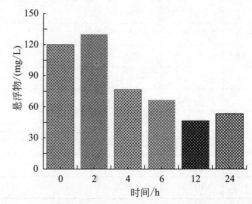

图 5-54　管线水掺混水（1∶10）静沉后的悬浮物含量

（3）管线水混合比例水静沉（1∶20）

如图 5-55 所示，管线水的掺混（1∶20）的含油量为 52mg/L 左右，在静沉 2h 后含油量为 28.41mg/L 左右，24h 的含油量在 6.82mg/L。静沉对含油量的去除效果明显。

如图 5-56 所示，管线水的掺混水的悬浮物为 118mg/L 左右，24h 的悬浮物在 46mg/L。静沉对悬浮物也同样去除效果明显。

（4）管线水混合比例水静沉（1∶30）

如图 5-57 所示，管线水的掺混（1∶30）的含油量为 64mg/L 左右，在静沉 2h 后含油量为 36mg/L 左右，含油量去除率在 80％左右，24h 的含油量在 9.73mg/L。静沉对含油量的去除效果明显。

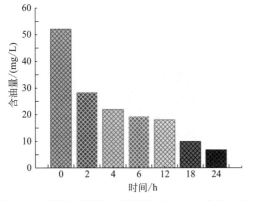

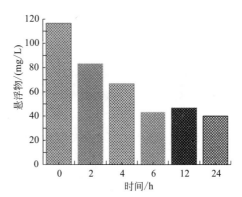

图 5-55　管线水掺混水静沉后（1∶20）的含油量　　图 5-56　管线水掺混水（1∶20）静沉后的悬浮物含量

如图 5-58 所示，管线水的掺混水的悬浮物为 130mg/L 左右，4h 的悬浮物为 81mg/L。静沉对悬浮物也同样去除效果明显。

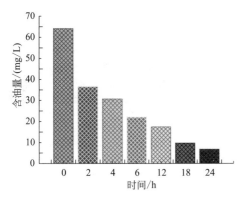

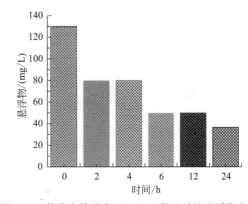

图 5-57　管线水掺混水静沉后（1∶30）的含油量　　图 5-58　管线水掺混水（1∶30）静沉后的悬浮物含量

5.3.4.2　管线水混合比例水气浮试验

（1）管线水曝气混合比例曝气（对照）

如图 5-59 所示，管线水原水的曝气的含油量为 43.29mg/L 左右，在静沉 2h 后含油量为 4.5mg/L 左右，含油量去除率在 90% 左右，24h 的含油量在 5.6mg/L。静沉对含油量的去除效果明显。

如图 5-60 所示，管线水掺混水的悬浮物为 156mg/L 左右，6h 的悬浮物在 58mg/L。静沉对悬浮物也同样去除效果明显。

（2）管线水曝气混合比例水曝气（1∶10）

如图 5-61 所示，管线水掺混水（1∶10）的曝气的含油量为 49.69mg/L 左右，在静沉 2h 后含油量为 35.64mg/L 左右，含油量去除率在 10% 左右，24h 的含油量在接近 0mg/L。静沉对含油量的去除效果明显。在此期间油水分离效果较好，但是需要较长的时间。

如图 5-62 所示，管线水的掺混水的悬浮物为 120mg/L 左右，6h 的悬浮物为 36mg/L。静沉对悬浮物也同样去除效果明显。

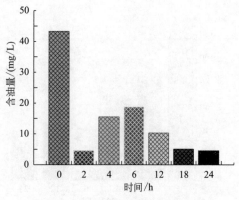

图 5-59　管线水原水曝气的含油量

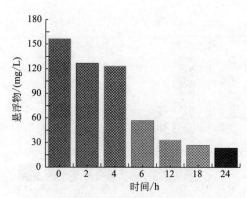

图 5-60　管线水原水曝气后的悬浮物含量

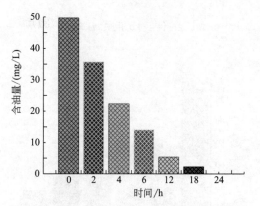

图 5-61　管线水掺混水（1∶10）曝气的含油量

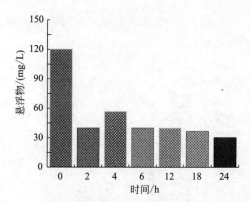

图 5-62　管线水掺混水（1∶10）曝气后的悬浮物含量

（3）管线水曝气混合比例水曝气（1∶20）

如图 5-63 所示，管线水掺混水（1∶20）的曝气的含油量为 52mg/L 左右，在曝气 2h 后含油量为 27mg/L 左右，含油量去除率在 30％ 左右，24h 的含油量接近 0mg/L。曝气对含油量的去除效果明显。在此期间油水分离效果较好，但是需要较长的时间。

如图 5-64 所示，管线水的掺混水的悬浮物为 116mg/L 左右，6h 的悬浮物在 50mg/L。曝气对悬浮物也同样去除效果明显。

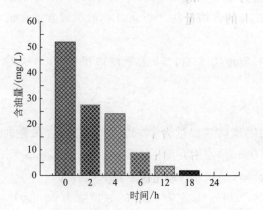

图 5-63　管线水掺混水（1∶20）曝气的含油量

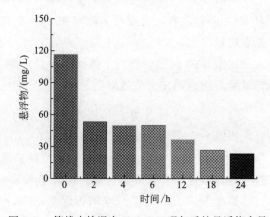

图 5-64　管线水掺混水（1∶20）曝气后的悬浮物含量

（4）管线水曝气混合比例水静沉（1∶30）

如图 5-65 所示，管线水掺混水（1∶30）的曝气的含油量为 64.10mg/L 左右，在曝气 2h 后含油量为 47mg/L 左右，含油量去除率在 30% 左右，24h 的含油量接近 3.94mg/L。曝气对含油量的去除效果明显。在此期间油水分离效果较好，但是需要较长的时间。

如图 5-66 所示，管线水的掺混水的悬浮物为 130mg/L 左右，6h 的悬浮物在 46.66mg/L，24h 后出水悬浮物为 10mg/L，曝气对悬浮物也同样去除效果明显。

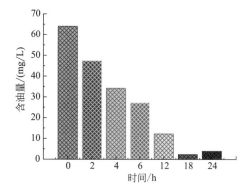

图 5-65　管线水掺混水（1∶30）曝气的含油量

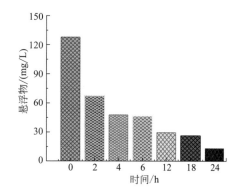

图 5-66　管线水掺混水（1∶30）曝气后的悬浮物

5.3.5　注水管线冲洗水对现有污水处理系统的处理效果及方法和措施

5.3.5.1　注水管线的冲洗水现有工艺的系统的降低影响的防护措施

注水管线的冲洗水最大的问题是含油量大，而且含油不稳定，同时悬浮物相对高，但是通过室内静沉和气浮试验可见，通常在 2h 以后基本上含油率可以去除 80% 以上，悬浮物也大幅度下降。可以开发就地处理的撬装的装置。

建议的针对现有工艺的防止冲洗水冲击的方法：

① 由于冲洗水的来液量不稳定，可以增加现有的冲洗水的油回收装置的体积，或者增加储存池，提高静沉的时间，然后再进行现有除油工艺的油水的分离，在进入到污水处理系统，保证最低静沉 2 个小时。

② 可以适当地在静沉的过程中加入一些分散剂，提高油水分离的效果。

③ 可以采用多次多点进水的方法进入到现有的污水处理工艺中，可以开发在线控制系统，这样可以根据每天的来水量进行设置进水的周期和强度，由于工艺的来水量每天都不是非常的稳定，有一定的差异，可以根据员工的作息时间，以及工艺来水的特点选择进水的时间和进水量。

④ 统一回收，统一处理。

5.3.5.2　冲洗水处理工艺的探讨

① 组合的工艺：静沉—油回收—曝气除油—油回收，然后进入到现有的污水处理工艺；

② 组合的工艺：气浮除油（加部分药剂）—油回收—曝气除油—油回收，然后进入到现有的污水处理工艺；

③ 直接处理的一体化设备：气浮＋曝气耦合除油＋生物深度处理＋直接排放到清水

管线；

 ④ 直接处理的一体化设备：气浮除油＋生物深度处理＋直接排放到清水管线；

 ⑤ 直接处理的一体化设备：气浮＋曝气耦合除油＋生物深度处理＋两级过滤＋直接排放到清水管线。

 总之，需要根据现场的情况以及投资成本进行具体地讨论，可以进行现有工艺的改造，或者进行工艺的调试以及新的工艺研发和应用。

第6章 葡萄花油田地面系统硫酸盐还原菌的种类及分布特征

本章通过微生物群落高通量测序技术，全面系统地解析了大庆油田采油七厂葡三联合站和葡四联合站污水处理系统以及井口等的微生物群落组成，分析微生物在整个地面系统中的动态演替规律，硫酸盐还原菌群的种类、分布特征以及动态变化规律。

6.1 高通量测序在油田环境微生物群落分析中的应用

在环境微生物生态学的发展过程中，有3个进展是至关重要的：a.分子技术在该领域的应用，克服了自然界微生物纯培养的局限，大大扩展了我们在整体上对自然环境微生物的认知范围；b.将宏观生态的思想和方法引入微生物生态研究，极大地提高了我们对微生物多样性的认知水平；c.第二代高通量测序技术（尤其是Roche 454高通量测序技术）的成熟和普及，使我们能够对环境微生物进行深度测序，灵敏地探测出环境微生物群落结构随外界环境的改变而发生的极其微弱的变化，对于我们研究微生物与环境的关系、环境治理和微生物资源的利用有着重要的理论和现实意义。油田的微生物这方面的研究才刚刚开始，对我们深刻理解油藏以及油田污水中的微生物组成以及功能具有重要的意义。

454-PCR高通量测序技术是一种新的依靠生物发光进行DNA序列分析的技术，在DNA聚合酶、ATP硫酸化酶、荧光素酶和双磷酸酶的协同作用下，将引物上每一个dNTP聚合与一次荧光信号释放偶联起来，通过检测荧光的释放和强度，达到实时测定DNA序列的目的，如图6-1所示。此技术不需要荧光标记的引物或核酸探针，也不需要进行电泳，具有分析结果快速、准确、灵敏度高和自动化的特点，在遗传多态性分析、重要微生物的鉴定与分型研究，克隆检测和等位基因频率分析等方面具有广泛的应用。

16S rRNA测序可以对特定环境下细菌和古菌的微生物种类和丰度进行有效的鉴定。与传统测序相比，新一代测序可以省去烦琐的构建文库的过程，使大量样本平行上机，对每个样本进行深度测序，从而更有效地分析不同样本间的微生物组成与成分差异，进而阐明物种丰度种群结构等生态学信息。

选择应用Roche 454平台，对各样本加不同的MID标签序列，进行混合样本的建库和测序，也可应用MiSeq平台数据量：对每个混合文库进行1/2R或1R的454测序；对于16S rRNA混合文库测序，需要构建amplicon文库。由于ghost well效应是Roche 454在amplicon文库测序中的固有技术问题，所以数据产量会低于正常值。

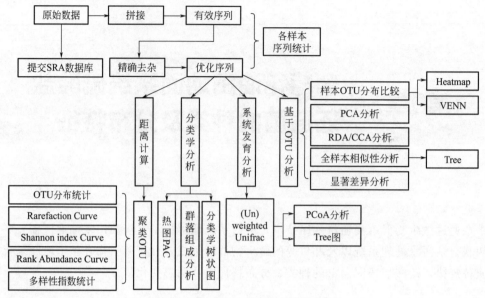

图 6-1　454 高通量微生物测序的原理

6.2　微生物高通量测序的试验材料与方法

6.2.1　主要仪器设备和实验材料

分子生物学和蛋白试剂：华舜细菌 DNA 小量抽提试剂盒、华舜 PCR 产物纯化试剂盒、*Tag* DNA 聚合酶（大连宝生物）、pGEM-T（Promega）载体、大肠杆菌 TOP10 感受态细胞（天为时代）、氨苄青霉素 Amp（5μg/mL）和 X-gal、热启动 Taq 酶、dNTPs、X-gal、IPTG 购自 TAKARA 公司，pGEM-T 载体连接系统购自 Promega 公司，华舜质粒提取试剂盒；检测标准蛋白：PHopHorylascb、Albumin、Ovalbumin、Carbonic anhydrasc、Trypsin inhibitor 和 α-Lactalbumin 均购自 Amersham Biosciences；电泳试剂：琼脂糖（西班牙）、丙烯酰胺、甲叉双丙烯酰胺、过硫酸铵、十二烷基磺酸钠（SDS）、Tris、甘氨酸购自 USB 公司，TEMED 购自 Amersham PHarmacia Biotech 公司；碘乙酰胺（iodoacetamide）购自 Acros 公司，考马斯亮蓝 R-350 购自 Sigma，其余均为国产分析纯。

6.2.2　主要仪器和设备

主要仪器和设备如表 6-1 所列，主要包括微生物分子生态学、材料学以及环境工程的仪器和设备。

表 6-1　微生物分子生态学主要的仪器与设备

仪器名称	型号	生产厂家
洁净工作台	SW-CJ 标准型	苏净集团苏州安泰空气技术公司
COD 速测仪	TL-1A	承德市华通环保仪器厂
GC/MS 色谱-质谱仪	MP5890	美国惠普公司生产
气相色谱仪	HP6890	美国安捷伦科技有限公司

仪器名称	型号	生产厂家
PCR 仪	MG48G	杭州朗基科学仪器有限公司
PCR 扩增仪	PE 2700,PE 9700	USA
凝胶成像分析系统	ULTRA-LÜM ΩMEGA 10	USA
超纯水系统	USF PURELAB PLUS,Gelman	Gelman

6.2.3　油田油藏样品和含油污水的 DNA 提取方法

近年来随着人们对石油微生物的重视,尤其是对微生物采油、微生物气化的研究的深入以及对石油废水生物处理的认识的提高。分析其中的微生物的组成分布以及规律,一个重要的前提是微生物样本的提取。然而,现在关于原油中微生物以及含油污水中的微生物的提取效率低下。现实是很多时候提取的效果不好,不能展现出油中微生物本来的组成和功能。用于环境样本中微生物 DNA 的提取难度较大,尤其是以高盐和污水中成分复杂的环境样本 DNA 提取更加困难。含油污水 DNA 制备的方法多数为人工配置药品,采用溶菌酶,反复冻融结合 CTAB 或 SDS 法提取样本中微生物的 DNA,或用试剂盒制备,费用较高而且 DNA 提取效果不好,多为弥散的条带,或者得率低,无法进行 PCR 反应;对于含有特殊的化学物质如油田污水更加不容易提取,需要的时间较长,最后的效果不一定好。更深层的重要意义是当环境样本用于微生物分子生态学和特定菌种的定量检测研究,DNA 的损失率较大,较为关心的微生物由于提取不当,被损失掉了,无法进行后续的研究,这样的 DNA 用于微生物分子生态学的研究就不能够全面地反映种群的结构和种群演替情况,用于环境样本中微生物的定量检测则更加不准确。石油组成成分复杂,除了含油石油的组成成分外,油田长期的开采中大量化学物质的进入对 DNA 的提取难度较大。如何有效地解决这一问题,关键是含油污水中微生物富集回收和其中杂质的有效去除。

采用含油污水样品采油七场典型的污水处理工艺,进行了 DNA 提取方法的优化,获得较好的 DNA 提取率。

由表 6-2 可见,由于含油污水组成非常复杂,含有大量的化学物质,导致提取困难,需要多次反复提取。提取的 DNA 的 A260/A280 值大于 1.1 左右,DNA 的浓度满足环境微生物群落分析的要求。

表 6-2　含油污水中 DNA 提取效率的比较分析表

序号	取样点	A260	A280	A260/A280	DNA 浓度/(μg/μL)
葡三联	葡 191-85 井口	0.445	0.342	1.30	0.236
	油岗来水	0.354	0.302	1.17	0.205
	一沉出口	0.401	0.324	1.65	0.226
	二沉出口	0.383	0.297	1.29	0.204
	悬浮污泥出口	0.321	0.312	1.03	0.196
	一滤出口	0.342	0.296	1.15	0.200
	二滤出口	0.286	0.214	1.33	0.254
	污水岗出口(去注)	0.295	0.232	1.27	0.254
葡四联	三联来	0.275	0.243	1.28	0.231

序号	取样点	A260	A280	A260/A280	DNA 浓度/(μg/μL)
葡四联	横向流进口	0.273	0.214	1.27	0.204
	横向流出口	0.254	0.223	1.14	0.197
	一滤出	0.326	0.321	1.02	0.132
	二滤出	0.328	0.303	1.08	0.173
管道水	葡509管道水	0.353	0.321	1.10	0.135
洗井水	葡三联	0.374	0.302	1.24	0.196

6.2.4 高通量测序生物信息学的分析方法

6.2.4.1 DNA 提取、PCR 扩增和测序

采用 PowerSoil DNA 提取试剂盒提取细菌基因组 DNA。使用纳米微滴®1000 分光光度法测定提取物的质量和数量并存储在 -20℃ 直到使用。针对 V_1 和 V_3 高变区，用编码细菌通用引物（正向引物 8F 和反向引物 533R）对 16S rRNA 基因片段进行扩增（8F：5′-AGAGTTTGATCCTGGCTCAG-3′；533R：5′-TTACCGCGGCTGCTGGCAC-3′）。通过添加 10 核苷酸条码（见表 6-3）改良引物。100μL 的 PCR 反应混合物中包含 5U 的 PFU Turbo DNA 聚合酶、1X 的 PFU 反应缓冲液、0.2mmol/L 的三磷酸脱氧核糖核苷酸、0.1μmol/L 的每个编码的引物和 20ng 基因组 DNA 模板。PCR 扩增的体系如下：94℃ 预热 5min，94℃ 变性 30s，53℃ 复性 30s，72℃ 延伸 90s，循环 30 次，最后 72℃ 延伸 10min。使用 TaKaRa 琼脂糖凝胶 DNA 纯化试剂盒来凝胶纯化扩增元，并通过纳米微滴使其量化。将每个样品中 200ng 纯化的 16S rDNA 的扩增产物合并，使用国家人类基因组研究中心的罗氏 454 FLX 钛平台进行焦磷酸测序。

表 6-3　样品添加 10 核苷酸条码

测序编号	实际样品	Barcode Sequence	引物（同一套引物）
W1	葡191-85井口	ACGTACTGTG	细菌 16S rRNA 引物序列：($V_1 \sim V_3$) 8F:5′-AGAGTTTGATCCTGGCTCAG-3′ 533R:5′-TTACCGCGGCTGCTGGCAC-3′
W2	油岗来水	AGTACTACTA	细菌 16S rRNA 引物序列：($V_1 \sim V_3$) 8F:5′-AGAGTTTGATCCTGGCTCAG-3′ 533R:5′-TTACCGCGGCTGCTGGCAC-3′
W3	一沉出口	GTAGTCACTG	细菌 16S rRNA 引物序列：($V_1 \sim V_3$) 8F:5′-AGAGTTTGATCCTGGCTCAG-3′ 533R:5′-TTACCGCGGCTGCTGGCAC-3′
W4	二沉出口	GACGTATGAC	细菌 16S rRNA 引物序列：($V_1 \sim V_3$) 8F:5′-AGAGTTTGATCCTGGCTCAG-3′ 533R:5′-TTACCGCGGCTGCTGGCAC-3′
W5	悬浮污泥出口	GAGACGTCGC	细菌 16S rRNA 引物序列：($V_1 \sim V_3$) 8F:5′-AGAGTTTGATCCTGGCTCAG-3′ 533R:5′-TTACCGCGGCTGCTGGCAC-3′
W6	一滤出口	ATCTCTCGTA	细菌 16S rRNA 引物序列：($V_1 \sim V_3$) 8F:5′-AGAGTTTGATCCTGGCTCAG-3′ 533R:5′-TTACCGCGGCTGCTGGCAC-3′

测序编号	实际样品	Barcode Sequence	引物(同一套引物)
W7	二滤出口	CTCGAGTCTC	细菌 16S rRNA 引物序列:($V_1 \sim V_3$) 8F:5'-AGAGTTTGATCCTGGCTCAG-3' 533R:5'-TTACCGCGGCTGCTGGCAC-3'
W8	污水岗出口(去注)	CTCGAGTCTC	细菌 16S rRNA 引物序列:($V_1 \sim V_3$) 8F:5'-AGAGTTTGATCCTGGCTCAG-3' 533R:5'-TTACCGCGGCTGCTGGCAC-3'
W9	三联来	AGACATATAG	细菌 16S rRNA 引物序列:($V_1 \sim V_3$) 8F:5'-AGAGTTTGATCCTGGCTCAG-3' 533R:5'-TTACCGCGGCTGCTGGCAC-3'
W10	横向流进口	AGAGTACAGA	细菌 16S rRNA 引物序列:($V_1 \sim V_3$) 8F:5'-AGAGTTTGATCCTGGCTCAG-3' 533R:5'-TTACCGCGGCTGCTGGCAC-3'
W11	横向流出口	GTATACATAG	细菌 16S rRNA 引物序列:($V_1 \sim V_3$) 8F:5'-AGAGTTTGATCCTGGCTCAG-3' 533R:5'-TTACCGCGGCTGCTGGCAC-3'
W12	一滤出	ACACAGTGAG	细菌 16S rRNA 引物序列:($V_1 \sim V_3$) 8F:5'-AGAGTTTGATCCTGGCTCAG-3' 533R:5'-TTACCGCGGCTGCTGGCAC-3'
W13	二滤出	AGACACTCAC	细菌 16S rRNA 引物序列:($V_1 \sim V_3$) 8F:5'-AGAGTTTGATCCTGGCTCAG-3' 533R:5'-TTACCGCGGCTGCTGGCAC-3'
W14	葡 509 管道水	GAGAGAGACG	细菌 16S rRNA 引物序列:($V_1 \sim V_3$) 8F:5'-AGAGTTTGATCCTGGCTCAG-3' 533R:5'-TTACCGCGGCTGCTGGCAC-3'
W15	葡三联	CGACGAGTAC	细菌 16S rRNA 引物序列:($V_1 \sim V_3$) 8F:5'-AGAGTTTGATCCTGGCTCAG-3' 533R:5'-TTACCGCGGCTGCTGGCAC-3'

6.2.4.2　序列分析

通过调整条码标签和引物序列,去除低质量的序列数据,对原始序列数据进行处理。按照独立样本的条码,由所得的序列生成 FASTA 文件。用软件 Mothur 1.17.0 版本将序列对齐并生成距离矩阵。操作分类单元是分别在 90%、95% 和 97% 的相似度下决定的。根据计算出的操作分类单元,使用相同的软件测定出稀释曲线和多样性指数。从聚类分析的角度,从每个操作分类单元的代表序列都要使用核糖体数据库项目、美国国家生物技术信息中心和 Greengenes 数据库的 RDP-Ⅱ 分类器进行分类。使用 R 软件,可以得到分配在样本中的相对丰度和热图。

6.3　葡三联井口和地面系统的微生物群落组成

6.3.1　葡 191-85 井口的微生物群落组成分析

(1) 样品测序情况分析和稀释曲线

通过 Mothur 1.1.70 版以及 RDP 网站 (http://rdp.cme.msu.edu/classifier/classifier.jsp) 序列比对分析。针对葡 191-85 井口原油进行 DNA 提取,测序后的样品共获得 42231 条序列,

整理修饰后获得 39874 条序列，修饰序列/有效序列比例为 94.42%，满足测序的要求。表明样品获得接近 4 万条序列，可以进行定量的分析。

由表 6-4 可见，葡 191-85 井口的微生物群落多样性丰富，种群结构组成复杂，样品的覆盖率达到 99% 以上，Shannon 指数表明遗传多样性较高。

表 6-4　葡 191-85 井口的样品丰富度指数

覆盖率	Ace	Ace lci	Ace hci	Chao	Chao lci	Chao hci
99.2074%	1214.213	1142.642	1223.534	1006.342	924.4521	1054.34

Shannon	Shannon lci	Shannon hci	Simpson	Simpson lci	Simpson hci	
4.212993	4.214124	4.234042	0.05125	0.045342	0.054351	

如图 6-2 所示，样品的覆盖率达到 99%，满足了试验的要求。相对的 OTU 数量达到 780 多，但是表明样品中含有的微生物种类相对来说比较稳定。葡 191-85 井口的微生物群落的组成、结构和功能相对而言较稳定。

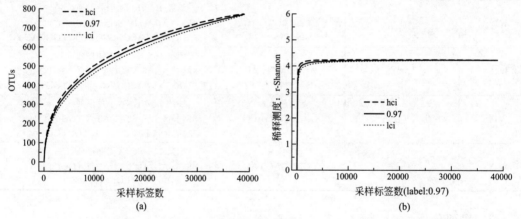

图 6-2　葡 191-85 井口的稀释曲线和 Shannon 指数曲线

（2）葡 191-85 井口的微生物群落门、纲和属的组成分析

书后彩图 3 为葡 191-85 井口的微生物群落门的组成，按照 100 个以上细菌计算，大约分别属于 37 个门，优势的主要分布在以下 12 个门中：Acidobacteria（酸杆菌门）为 0.316%，Actinobacteria（放线菌门）为 1.79%，BD1-5 为 0.89%，Bacteroidetes（拟杆菌门）为 5.40%，Candidate division JS1 为 1.53%，Chloroflexi（绿弯菌门）为 7.43%，Firmicutes（厚壁菌门）为 4.54%，Planctomycetes（浮霉菌门）为 2.13%，Proteobacteria（变形菌门）为 65.34%，Spirochaetae（螺旋菌门）为 0.68%，Synergistetes 为 1.01%，Tenericutes（柔膜菌门）为 0.57%，Thermotogae（热袍菌门）为 0.63%，Unclassified（未知菌种）为 3.45%。

书后彩图 4 为葡 191-85 井口的微生物群落纲的组成，分布在大约 59 个以上的纲中，主要分布在以下 21 个纲中：Acidobacteria 为 0.28%，Actinobacteria 为 1.52%，Alphaproteobacteria 为 12.63%，Anaerolineae 为 7.43%，Bacteroidia 为 0.73%，Betaproteobacteria 为 30.26%，Caldilineae 为 0.38%，Candidate division JS1 norank 为 1.53%，Clostridia 为 3.42%，Deltaproteobacteria 为 3.94%，Epsilonproteobacteria 为 4.78%，Erysipelotrichia

为 1.31%, Flavobacteria 为 3.73%, Gammaproteobacteria 为 12.56%, Mollicutes 为 0.59%, Phycisphaerae 为 0.62%, Planctomycetacia 为 1.65%, Sphingobacteriia 为 0.86%, Spirochaetes 为 0.68%, Synergistia 为 1.01%, Thermotogae 为 0.75%, Unclassified 为 3.53%。

书后彩图 5 为葡 191-85 井口的微生物群落属的组成，其中优势的属如下：*Acinetobacter* 为 2.32%, *Alishewanella* 为 0.228%, *Aquabacterium* 为 21.24%, *Arcobacter* 为 4.33%, *Bosea* 为 0.93%, *Brevundimonas* 为 2.33%, *Bryobacter* 为 0.324%, *Caedibacter* 为 0.347%, *Candidate division JS1 norank* 为 1.57%, *Candidatus Cloacamonas* 为 0.37%, *Cloacibacterium* 为 1.80%, *Desulfobacter* 为 1.42%, *Desulfovibrio* 为 0.312%, *Dietzia* 为 1.362%, *Erysipelothrix* 为 1.31%, *Flavobacterium* 为 1.35%, *Fusibacter* 为 0.43%, *Geobacter* 为 0.63%, *Isosphaera* 为 0.45%, *Longilinea* 为 2.25%, *Mesotoga* 为 0.42%, *Phenylobacterium* 为 1.35%, *Planctomyces* 为 0.57%, *Porphyrobacter* 为 0.58%, *Pseudomonas* 为 8.68%, *Roseomonas* 为 0.68%, *Soehngenia* 为 0.62%, *Sphingobium* 为 0.62%, *Thauera* 为 5.52%, *Thermovirga* 为 0.53%, Unclassified 为 12.01%, Uncultured 为 6.72%, vadinBC27 wastewater-sludge group 为 0.41%。在传统意义上的硫酸盐还原模式菌属主要有 *Dechloromonas*、*Delftia*、*Desulfarculus*、*Desulfitibacter*、*Desulfitobacterium*、*Desulfobacter*、*Desulfobotulus*、*Desulfobulbus*、*Desulfocurvus*、*Desulfococcus*、*Desulfofustis*、*Desulfomicrobium*、*Desulfomonile*、*Desulforhabdus*、*Desulfosarcina*、*Desulfosporosinus*、*Desulfotomaculum*、*Desulfovibrio*、*Desulfurivibrio*、*Desulfuromonas*、*Dethiosulfatibacter*、*Devosia*、*Dictyoglomus*、*Dietzia*、*Dysgonomonas*。其中，*Desulfobacter* 为 1.017%, Desulfovibrio 为 0.279%, Dietzia 为 1.293%, 硫酸盐还原菌的模式菌株较为丰富，占到的比例大约在 4%, 这个比例非常的高，表明井口中硫化物也高，表明在油藏系统中硫酸盐还原菌的模式菌株是存在的。同时发现大量的产氢细菌（*Hydrogenoanaerobacterium*、*Hydrogenobacter*、*Hydrogenophaga*、*Hydrogenophilus*、*Hyphomicrobium*、*Hyphomonas*），竟然占到了 0.6% 的比例，同时含有部分产甲烷菌（*Methyloversatilis*，丙酸杆菌属），这个发现对以后的微生物采油具有重要意义。

书后彩图 6 为葡 191-85 井口的微生物群落种的组成，其中优势的种如下：*Acinetobacter towneri* 为 0.48%, *Arcobacter* sp. L 为 4.69%, *Bacteroidetes bacterium oral taxon* F31 为 0.47%, *Brevundimonas aurantiaca* 为 0.32%, *Brevundimonas diminuta* 为 1.45%, *Candidatus Cloacamonas acidaminovorans* str. Evry 为 0.32%, *Dietzia maris* 为 1.28%, *Flavobacterium lindanitolerans* 为 0.213%, *Isosphaera* sp. Wa1-2 为 0.325%, *Pseudomonas stutzeri* 为 2.067%, *Sphingobium xenophagum* 为 0.67%, Unclassified 为 63.19%, Uncultured Anaerolineaceae bacterium 为 0.54%, Uncultured Clostridia bacterium 为 0.65%, Uncultured Clostridium sp. 为 0.73%, Uncultured Longilinea sp. 为 1.42%, Uncultured bacterium 为 14.58%。其中模式的硫酸盐还原菌为 *Desulfarculus baarsii*、*Desulfitibacter alkalitolerans*、*Desulfobacterium* sp. DS、*Desulfobotulus sapovorans*、*Desulfocurvus vexinensis*、*Desulfomicrobium baculatum*、*Desulfosporosinus meridiei*、*Desulfotomaculum luciae*、*Desulfotomaculum reducens* MI-1、*Desulfovibrio mexicanus*、*Desulfovibrio* sp. SA-6、*Desulfovibrio* sp. ds3、*Dictyoglomus thermophilum* H-6-12、*Dietzia maris*、*Dysgono-

monas mossii，其中 *Dietzia maris* 为 1.32%。具有硫酸盐还原的功能的微生物，在油田油藏中存在大量的硫酸盐还原菌。

6.3.2 油岗来水的微生物群落组成分析

（1）样品测序情况分析和稀释曲线

通过 Mothur 1.1.70 版以及 RDP 网站（http：//rdp.cme.msu.edu/classifier/classifier.jsp）序列比对分析。针对含油污水进行 DNA 提取，测序后的样品共获得 49456 条序列，整理修饰后获得 42697 条序列，修饰序列/有效序列比例为 86.33%，满足测序的要求。表明样品获得大于 4 万条序列，可以进行定量的分析。

由表 6-5 可见，油岗来水的微生物群落多样性丰富，种群结构组成负载，样品的覆盖率达到 99%以上，Shannon 指数表明遗传多样性较高。

表 6-5　油岗来水样品的丰富度指数

覆盖率	Ace	Ace lci	Ace hci	Chao	Chao lci	Chao hci
99.6288%	645.1358	594.1968	715.8526	654.9048	589.2838	754.6243

Shannon	Shannon lci	Shannon hci	Simpson	Simpson lci	Simpson hci
2.931055	2.912793	2.949316	0.135385	0.132953	0.137816

如图 6-3 所示，样品的覆盖率达到 99%，满足了试验的要求。相对的 OTU 数量达到 450 多，表明样品中含有的微生物种类相对来说比较稳定。来水中的微生物群落的组成、结构和功能相对而言较稳定。

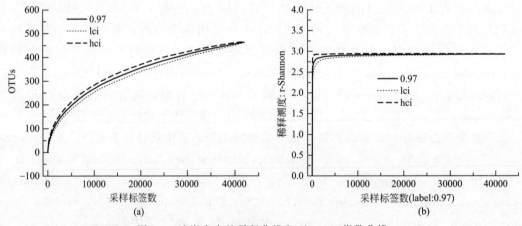

(a)　(b)

图 6-3　油岗来水的稀释曲线和 Shannon 指数曲线

（2）油岗来水的微生物群落门、纲和属的组成分析

书后彩图 7 为油岗来水的微生物群落门的组成，按照 400 个以上细菌计算，主要分布在以下 5 个门中：Bacteroidetes（拟杆菌门）为 1.3%；Firmicutes（厚壁菌门）为 3.31%；Proteobacteria（变形菌门）为 86.57%；Thermotogae（热袍菌纲）为 1.33%；Unclassified（未知菌种）为 3.19%。

书后彩图 8 为油岗来水的微生物群落纲的组成，细菌数量大于 200 个以上的，主要分布在以下 9 个纲中：Bacteroidia 为 0.94%，Betaproteobacteria 为 17.40%，Clostridia 为

3.22%，Deferribacteres 为 0.82%，Deltaproteobacteria 为 0.70%，Epsilonproteobacteria 为 3.43%，Gammaproteobacteria 为 64.77%，Spirochaetes 为 0.51%，Thermotogae 为 1.34%，Unclassified 为 3.25%。

书后彩图 9 为油岗来水的微生物群落属的组成，其中优势的属如下：*Acinetobacter* 为 12.26%，*Alishewanella* 为 3.09%，*Arcobacter* 为 3.41%，*Azospira* 为 7.46%，*Petrobacter* 为 3.25%，*Pseudomonas* 为 37.30%，*Thiofaba* 为 11.70%，Uncultured 为 1.40%。其中优势的属非常的明显，*Pseudomonas* 占到总量的 37.30%，在我们以前的研究中发现 *Pseudomonas* 具有硫酸盐还原功能，其中在传统意义上的硫酸盐还原模式菌属主要有：*Dechloromonas*、*Defluviicoccus*、*Dehalobacterium*、*Desulfitibacter*、*Desulfitobacterium*、*Desulfobacca*、*Desulfobacter*、*Desulfobulbus*、*Desulfomicrobium*、*Desulforhabdus*、*Desulfotomaculum*、*Desulfuromonas*。其中最多的是 *Desulforhabdus*，为 0.36%。表明在油田地面系统中硫酸盐还原菌的模式菌株是存在的，其作为专属的硫酸盐还原微生物，具有顶级微生物群落的功能。

书后彩图 10 为油岗来水的微生物群落种的组成，其中优势的属如下：*Acinetobacter towneri* 为 9.04%，*Arcobacter* sp. L 为 3.33%，*Pseudomonas stutzeri* 为 0.76%，*Thermolithobacter ferrireducens* 为 0.44%，Unclassified 为 51.26%，Uncultured Bacteroidetes bacterium 为 0.76%，*Firmicutes bacterium* 为 0.32%，*Tepidimonas* sp. 为 0.99%，Uncultured bacterium 为 29.40%。其中与硫酸盐还原模式菌株相关的菌株为 *Desulfotomaculum luciae*、*Dictyoglomus thermophilum*、*Dictyoglomus turgidum*。从油岗来水可见，具有硫酸盐还原的功能的微生物，在油田废水中占大多数，表明在油田地面系统中硫酸盐还原菌的模式菌株是存在的。

6.3.3　一沉出口的微生物群落组成分析

（1）样品测序情况分析和稀释曲线

通过 Mothur 1.1.70 版以及 RDP 网站（http：//rdp. cme. msu. edu/classifier/classifier. jsp）序列比对分析。针对一沉出口的污水进行 DNA 提取，测序后的样品共获得 29095 条序列，整理修饰后获得 23183 条序列，修饰序列/有效序列比例为 79.68%，满足测序的要求。表明样品获得大于 2 万条序列，可以进行定量的分析。

由表 6-6 可见，一沉出口的微生物群落多样性丰富，种群结构组成复杂，样品的覆盖率达到 99% 以上，Shannon 指数表明遗传多样性较高。

表 6-6　一沉出口的样品丰富度指数

覆盖率	Ace	Ace lci	Ace hci	Chao	Chao lci	Chao hci
99.2518%	792.7384	726.8558	874.8257	714	628.2627	843.1661

Shannon	Shannon lci	Shannon hci	Simpson	Simpson lci	Simpson hci	
2.852098	2.823013	2.881183	0.195938	0.191131	0.200746	

如图 6-4 所示，样品的覆盖率达到 99%，满足了试验的要求。相对的 OTU 数量达到 500 多，但是表明样品中含有的微生物种类相对来说比较稳定。一沉出口的微生物群落的组成、结构和功能相对而言较稳定。

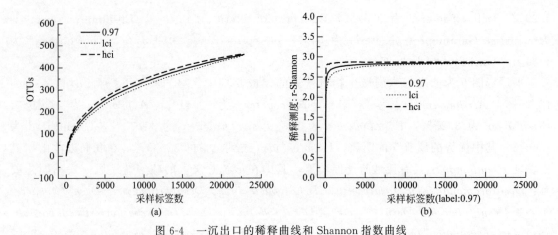

图 6-4　一沉出口的稀释曲线和 Shannon 指数曲线

（2）一沉出口的微生物群落门、纲和属的组成分析

书后彩图 11 为一沉出口的微生物群落门的组成，按照 200 个细菌计算，主要分布在以下 5 个门中：Bacteroidetes（拟杆菌门）为 1.51%，Chloroflexi（绿弯菌门）为 0.60%，Firmicutes（厚壁菌门）为 3.41%，Proteobacteria（变形菌门）为 85.01%，Thermotogae（热袍菌纲）为 1.21%，Unclassified（未知菌种）为 1.96%。

书后彩图 12 为一沉出口的微生物群落纲的组成，细菌数 100 个以上的，主要分布在以下几个纲中：Alphaproteobacteria 为 0.67%，Bacteroidia 为 0.74%，Betaproteobacteria 为 19.60%，Clostridia 为 3.25%，Deferribacteres 为 2.27%，Deltaproteobacteria 为 1.92%，Epsilonproteobacteria 为 12.22%，Gammaproteobacteria 为 50.58%，Sphingobacteriia 为 0.53%，Spirochaetes 为 0.87%，Thermotogae 为 1.21%，Unclassified 为 2.09%。

书后彩图 13 为一沉出口的微生物群落属的组成，其中优势的属如下：*Arcobacter* 为 12.20%，*Azoarcus* 为 1.23%，*Azospira* 为 6.06%，*Calditerrivibrio* 为 2.24%，*Hydrogenophilus* 为 2.54%，*Petrobacter* 为 3.34%，*Pseudomonas* 为 41.93%，*Tepidimonas* 为 1.04%，*Thauera* 为 1.53%，*Thiofaba* 为 7.55%，Unclassified 为 5.60%，Uncultured 为 1.74%。其中优势的属非常的明显，*Pseudomonas* 占到总量的 41.93%，在我们以前的研究中发现 *Pseudomonas* 具有硫酸盐还原功能，其中在传统意义上的硫酸盐还原模式菌属主要有：*Dechloromonas*、*Dehalobacterium*、*Desulfitibacter*、*Desulfobacca*、*Desulfobacter*、*Desulfobulbus*、*Desulfomicrobium*、*Desulforhabdus*、*Desulfosarcina*、*Desulfovibrio*、*Desulfuromonas*、*Dethiobacter*、*Dictyoglomus*、*Dietzia*。其中 *Desulforhabdus* 为 0.70%。表明在油田地面系统中硫酸盐还原菌的模式菌株是存在的。其作为专属的硫酸盐还原微生物，具有顶级微生物群落的功能。

书后彩图 14 为一沉出口的微生物群落种的组成，其中优势的属如下：*Aquaspirillum* sp. 411 为 0.78%，*Arcobacter* sp. L 为 10.61%，*Dictyoglomus thermophilum* H-6-12 为 0.18%，*Fervidobacterium pennivorans* 为 0.61%，*Thermolithobacter ferrireducens* 为 0.27%，Uncultured bacterium 为 29.41%，其中与硫酸盐还原模式菌株相关的菌株为 *Desulfotomaculum luciae*、*Dictyoglomus thermophilum*、*Dictyoglomus turgidum*。从来水可见，具有硫酸盐还原的功能的微生物，在油田废水中占大多数，表明在油田地面系统中硫酸

盐还原菌的模式菌株是存在的。*Desulfitibacter alkalitolerans*、*Desulfomicrobium baculatum*、*Desulfovibrio alkalitolerans*、*Desulfovibrio* sp.、*Desulfuromonas thiophila*、*Dictyoglomus thermophilum*、*Dietzia maris*，其中 *Dictyoglomus thermophilum* 为 0.18%，数量较多些，在多年的研究中发现，随着我们石油长期的开采，对整个地下的油藏有一定的破坏作用，导致模式硫酸盐还原菌逐渐地减少。

6.3.4 二沉出口的微生物群落组成分析

（1）样品测序情况分析和稀释曲线

通过 Mothur 1.1.70 版以及 RDP 网站（http：//rdp. cme. msu. edu/classifier/classifier. jsp）序列比对分析。针对二沉出口的污水进行 DNA 提取，测序后的样品共获得 38821 条序列，整理修饰后获得 36253 条序列，修饰序列/有效序列比例为 93.39%，满足测序的要求。表明样品获得大于 3 万条序列，可以进行定量的分析。

由表 6-7 可见，二沉出口的微生物群落多样性丰富，种群结构组成复杂，样品的覆盖率达到 99% 以上，Shannon 指数表明遗传多样性较高。

表 6-7 二沉出口的样品丰富度指数

覆盖率	Ace	Ace lci	Ace hci	Chao	Chao lci	Chao hci
99.4637%	924.9606	880.7262	984.2783	928.66	873.3937	1008.881

Shannon	Shannon lci	Shannon hci	Simpson	Simpson lci	Simpson hci	
4.330714	4.311002	4.350427	0.03925	0.038301	0.0402	

如图 6-5 所示，样品的覆盖度达到 99%，满足了试验的要求。相对的 OTU 数量达到 500 多，但是表明样品中含有的微生物种类相对来说比较稳定。二沉出口的微生物群落的组成、结构和功能相对而言较稳定。

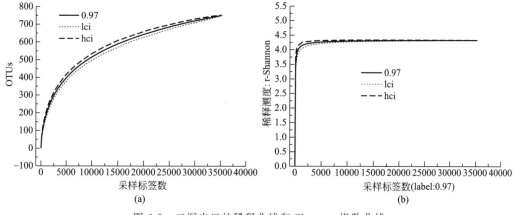

图 6-5 二沉出口的稀释曲线和 Shannon 指数曲线

（2）二沉出口的微生物群落门和纲的组成分析

书后彩图 15 为二沉出口的微生物群落门的组成，按照 300 个以上细菌计算，主要分布在以下 9 个门中：Actinobacteria（放线菌门）为 1.29%，Bacteroidetes（拟杆菌门）为 4.16%，Candidate division JS1 为 1.2%，Chloroflexi（绿弯菌门）为 5.48%，Deferribacteres（脱铁杆菌门）为 2.94%，Firmicutes（厚壁菌门）为 2.77%，Proteobacteria（变形菌门）为 63.73%，Spirochaetae（螺旋菌门）为 4.50%，Thermotogae（热袍菌纲）为 1.67%，Unclassified（未知菌种）为 7.02%。

书后彩图 16 为二沉出口的微生物群落纲的组成，细菌数 150 个以上的，主要分布在以下 13 个纲中：Alphaproteobacteria 为 1.04%，Anaerolineae 为 4.20%，Bacteroidia 为 1.80%，Betaproteobacteria 为 30.43%，Caldilineae 为 1.01%，Candidate division JS1 norank 为 1.20%，Clostridia 为 2.60%，Deferribacteres 为 2.94%，Deltaproteobacteria 为 3.82%，Epsilonproteobacteria 为 4.20%，Gammaproteobacteria 为 24.13%，Sphingobacteriia 为 1.48%，Thermotogae 为 1.67%，Unclassified 为 7.55%。

书后彩图 17 为二沉出口的微生物群落属的组成，其中优势的属如下：Acinetobacter 为 2.42%，Arcobacter 为 3.99%，Azoarcus 为 3.41%，Azonexus 为 1.01%，Azospira 为 2.26%，Calditerrivibrio 为 2.87%，Candidate division JS1 norank 为 1.20%，Desulfobulbus 为 0.70%，Desulforhabdus 为 1.14%，Geobacter 为 0.56%，Halothiobacillaceae norank 为 0.46%，Hydrogenophilus 为 1.10%，Leptonema 为 2.74%，Lysobacter 为 0.68%，Mesotoga 为 0.46%，Petrobacter 为 2.38%，Proteiniphilum 为 0.53%，Pseudomonas 为 13.52%，Syntrophobacter 为 0.40%，Tepidimonas 为 1.68%，Thauera 为 2.75%，Thermomonas 为 0.72%，Thiofaba 为 5.09%，Unclassified 为 24.96%，WCHB1-69 norank 为 1.46%，uncultured 为 7.94%。属的多样性非常丰富，分布相对均匀，其中 Pseudomonas 为 13.52%，在我们以前的研究中发现 Pseudomonas 具有硫酸盐还原功能，其中在传统意义上的硫酸盐还原模式菌属主要有：Dechloromonas、Desulfarculus、Desulfitibacter、Desulfitobacterium、Desulfobacca、Desulfobacter、Desulfobulbus、Desulfocurvus、Desulfofustis、Desulfomicrobium、Desulfomonile、Desulforhabdus、Desulfovibrio、Desulfuromonas、Dethiosulfatibacter、Dictyoglomus。其中 Dechloromonas 为 0.11%，Desulfobulbus 为 0.70%，Desulforhabdus 为 1.13%，Dictyoglomus 为 0.13%。该样品的硫酸盐还原菌的模式的菌株较为丰富，表明在油田地面系统中硫酸盐还原菌的模式菌株是存在的。其作为专属的硫酸盐还原微生物，具有顶级微生物群落的功能。

书后彩图 18 为二沉出口的微生物群落种的组成，其中优势的属如下：Aquaspirillum sp. 411 为 0.18%，Arcobacter sp. L 为 2.44%，Bacteroidetes bacterium PPf50E2 为 0.12%，Clostridiaceae bacterium 37-7-2Cl 为 0.15%，Dictyoglomus thermophilum H-6-12 为 0.13%，Fervidobacterium pennivorans 为 0.34%，Leptonema illini 为 2.74%，Thermolithobacter ferrireducens 为 0.13%，Unclassified 为 57.64%，Uncultured Anaerolineaceae bacterium 为 0.11%，Uncultured Bacteroidetes bacterium 为 0.54%，Uncultured Chloroflexi bacterium 为 0.15%，Uncultured Clostridia bacterium 为 0.28%，Uncultured Desulfuromonadales bacterium 为 0.12%，Uncultured Firmicutes bacterium 为 0.15%，Uncultured Tepidimonas sp. 为 1.68%，Uncultured bacterium 为 28.07%，Uncultured bacterium UASB TL94 为 0.70%，Uncultured delta proteobacterium 为 0.21%。其中与硫酸盐还原模式菌株相关的菌株为 Desulfarculus baarsii DSM 2075、Desulfitibacter alkalitolerans、Desulfocurvus vexinensis、Desulfomicrobium baculatum、Desulfovibrio aespoeensis Aspo-2、Desulfovibrio alkalitolerans、Desulfovibrio sp. SA-6、Dictyoglomus thermophilum H-6-12，其中 Dictyoglomus thermophilum H-6-12 为 0.12%。具有硫酸盐还原的功能的微生物，在

油田废水中占大多数，表明在油田地面系统中硫酸盐还原菌的模式菌株是存在的。特别值得指出的是在二沉工艺发现了产甲烷菌株的存在，toluene-degrading methanogenic consortium 细菌是具有产甲烷功能的微生物，其含量为 0.2% 左右，相对产甲烷菌来说已经很高了。

6.3.5　悬浮污泥出口的微生物群落组成分析

（1）样品测序情况分析和稀释曲线

通过 Mothur 1.1.70 版以及 RDP 网站（http：//rdp. cme. msu. edu/classifier/classifier. jsp）序列比对分析。针对悬浮污泥出口的污水进行 DNA 提取，测序后的样品共获得 33905 条序列，整理修饰后获得 31678 条序列，修饰序列/有效序列比例为 95.72%，满足测序的要求。表明样品获得大于 3 万条序列，可以进行定量的分析。

由表 6-8 可见，悬浮污泥出口的微生物群落多样性丰富，种群结构组成复杂，样品的覆盖率达到 99% 以上，Shannon 指数表明遗传多样性较高。

表 6-8　悬浮污泥出口的样品丰富度指数

覆盖率	Ace	Ace lci	Ace hci	Chao	Chao lci	Chao hci
99.5765%	588.0852	534.3516	657.1482	542.5	469.4597	658.7517

Shannon	Shannon lci	Shannon hci	Simpson	Simpson lci	Simpson hci
3.024363	3.00699	3.041736	0.087338	0.086006	0.08867

如图 6-6 所示，样品的覆盖率达到 99%，满足了试验的要求。相对的 OTU 数量达到 350 多，但是表明样品中含有的微生物种类相对来说比较稳定。悬浮污泥出口的微生物群落的组成、结构和功能相对而言较稳定。

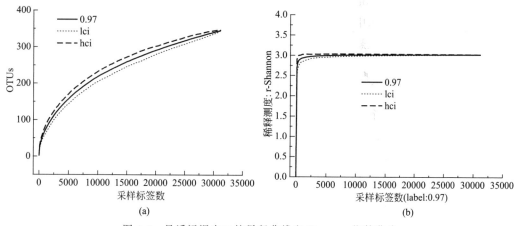

图 6-6　悬浮污泥出口的稀释曲线和 Shannon 指数曲线

（2）悬浮污泥出口的微生物群落门和纲的组成分析

书后彩图 19 为悬浮污泥出口的微生物群落门的组成，按照 300 个以上细菌计算，主要分布在以下 6 个门中：Actinobacteria（放线菌门）为 0.81%，Bacteroidetes（拟杆菌门）为 1.27%，Deferribacteres（脱铁杆菌门）为 1.44%，Firmicutes（厚壁菌门）为 0.87%，Proteobacteria（变形菌门）为 93.68%，Spirochaetae（螺旋菌门）为 0.51%，Unclassified（未知菌种）为 0.45%。

书后彩图 20 为悬浮污泥出口的微生物群落纲的组成，细菌数大于 150 个以上的，主要分布在以下几个纲中：Actinobacteria 为 0.78%，Alphaproteobacteria 为 1.15%，Betaproteobacteria 为 45.67%，Clostridia 为 0.62%，Deferribacteres 为 1.44%，Deltaproteobacteria 为 1.66%，Epsilonproteobacteria 为 9.43%，Gammaproteobacteria 为 35.765%，Sphingobacteriia 为 0.69%，Spirochaetes 为 0.51%，Unclassified 为 0.55%。

书后彩图 21 为悬浮污泥出口的微生物群落属的组成，其中优势的属如下：*Acinetobacter* 为 1.54%，*Alishewanella* 为 1.13%，*Aquabacterium* 为 0.37%，*Arcobacter* 为 9.43%，*Azoarcus* 为 8.67%，*Azonexus* 为 11.98%，*Azospira* 为 1.76%，*Calditerrivibrio* 为 1.43%，*Geobacter* 为 1.46%，*Hydrogenophaga* 为 0.71%，*Hydrogenophilus* 为 0.21%。*Pannonibacter* 0.15%，*Petrobacter* 为 0.93%，*Pseudomonas* 为 21.70%，*Rhodococcus* 0.63%，*Tepidicella* 为 0.79%，*Tepidimonas* 为 0.43%，*Thiofaba* 为 11.04%，Unclassified 为 4.74%。在我们的以前的研究中发现 *Pseudomonas* 具有硫酸盐还原功能，其中在传统意义上的硫酸盐还原模式菌属主要有：*Dechloromonas*、*Dehalobacter*、*Dehalobacterium*、*Desulfobulbus*、*Desulfomicrobium*、*Desulforhabdus*、*Desulfovibrio*、*Dethiobacter*、*Dictyoglomus*、*Dietzia*，其中 *Dechloromonas* 为 0.23%。该样品的硫酸盐还原菌的模式菌株较为丰富，表明在油田地面系统中硫酸盐还原菌的模式菌株是存在的，其作为专属的硫酸盐还原微生物，具有顶级微生物群落的功能。

书后彩图 22 为悬浮污泥出口的微生物群落种的组成，其中优势的种如下：*Arcobacter* sp. 为 7.07%，*Fervidobacterium pennivorans* 为 0.11%，*Pannonibacter phragmitetus* 为 0.15%，*Pseudomonas stutzeri* 为 1.45%，*Rhodococcus corynebacterioides* 为 0.30%，*Rhodococcus erythropolis* 为 0.33%，Unclassified 为 61.09%。*Bacteroidetes bacterium* 为 0.20%，*Tepidimonas* sp. 为 0.43%，Uncultured bacterium 为 27.58%。其中与硫酸盐还原模式菌株相关的菌株为 *Desulfovibrio* sp. SA-6、*Dictyoglomus thermophilum* H-6-12、*Dietzia maris*。具有硫酸盐还原的功能的微生物，在油田废水中占大多数，表明在油田地面系统中硫酸盐还原菌的模式菌株是存在的。特别值得指出的是在悬浮污泥出口发现了部分产氢细菌。

6.3.6　一滤出口的微生物群落组成分析

（1）样品测序情况分析和稀释曲线

通过 Mothur 1.1.70 版以及 RDP 网站（http：//rdp. cme. msu. edu/classifier/classifier. jsp）序列比对分析。针对一滤出口的污水进行 DNA 提取，测序后的样品共获得 32576 条序列，整理修饰后获得 29289 条序列，修饰序列/有效序列比例为 89.91%，满足测序的要求。表明样品获得接近 3 万条序列，可以进行定量的分析。

由表 6-9 可见，一滤出口的微生物群落多样性丰富，种群结构组成复杂，样品的覆盖率达到 99% 以上，Shannon 指数表明遗传多样性较高。

表 6-9　一滤出口的样品丰富度指数

覆盖率	Ace	Ace lci	Ace hci	Chao	Chao lci	Chao hci
99.5841%	450.1576	396.5116	529.3823	432.75	376.4191	523.4154

Shannon	Shannon lci	Shannon hci	Simpson	Simpson lci	Simpson hci	
1.993919	1.972305	2.015533	0.304459	0.299129	0.309788	

如图 6-7 所示，样品的覆盖率达到 99%，满足了试验的要求。相对的 OTU 数量达到 290 多，但是表明样品中含有的微生物种类相对来说比较稳定。一滤出口的微生物群落的组成、结构和功能相对而言较稳定。

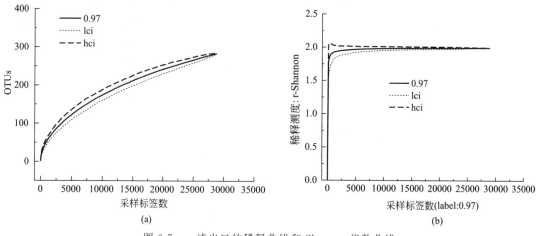

图 6-7　一滤出口的稀释曲线和 Shannon 指数曲线

（2）一滤出口的微生物群落门和纲的组成分析

书后彩图 23 为一滤出口的微生物群落门的组成，按照 200 个以上细菌计算，大约分别属于 21 个门，主要分布在以下 6 个门中：Bacteroidetes（拟杆菌门）为 0.65%，Deferribacteres（脱铁杆菌门）为 10.28%，Firmicutes（厚壁菌门）为 1.28%，Proteobacteria（变形菌门）为 85.86%，Spirochaetae（螺旋菌门）为 0.53%，Thermotogae（热袍菌门）为 0.23%，Unclassified（未知菌种）为 0.27%。

书后彩图 24 为一滤出口的微生物群落纲的组成，细菌数 150 个以上的，主要分布在以下几个纲中：Bacteroidia 为 0.20%，Betaproteobacteria 为 10.75%，Clostridia 为 1.21%，Deferribacteres 为 10.28%，Deltaproteobacteria 为 0.62%，Epsilonproteobacteria 为 11.69%，Gammaproteobacteria 为 62.66%，Sphingobacteriia 为 0.38%，Spirochaetes 为 0.53%，Thermotogae 为 0.23%，Unclassified 为 0.34%。

书后彩图 25 为一滤出口的微生物群落属的组成，其中优势的属如下：*Acinetobacter* 为 0.45%，*Alishewanella* 为 3.28%，*Arcobacter* 为 11.69%，*Azoarcus* 为 0.71%，*Azospira* 为 4.69%，*Calditerrivibrio* 为 10.22%，*Desulfomicrobium* 为 0.23%，*Fervidobacterium* 为 0.18%，*Geobacter* 为 0.25%，*Hydrogenophaga* 为 0.15%，*Hydrogenophilus* 为 0.13%，*Petrobacter* 为 0.91%，*Pseudomonas* 为 52.65%，*Rhodococcus* 为 0.13%，*Tepidicella* 为 0.29%，*Tepidimonas* 为 0.77%，*Thauera* 为 0.78%，*Thiofaba* 为 6.23%，Unclassified 为 2.25%，Uncultured 为 0.67%。在我们以前的研究中发现 *Pseudomonas* 具有硫酸盐还原功能，其中在传统意义上的硫酸盐还原模式菌属主要有 *Dechloromonas*、*Dehalobacterium*、*Desulfitibacter*、*Desulfobacca*、*Desulfobulbus*、*Desulfomicrobium*、*Desulfomonile*、*Desulforhabdus*、*Desulfovibrio*、*Desulfuromonas*、*Dethiobacter*、*Dictyoglomus*、*Dietzia*。其中 *Dechloromonas* 为 0.07%，*Desulfomicrobium* 为 0.23%。该样品的硫酸盐还原菌的模式的菌株较为丰富，表明在油田地面系统中硫酸盐还原菌的模式菌株是存在的。其作为专属

的硫酸盐还原微生物，具有顶级微生物群落的功能。同时发现大量产氢细菌以及产甲烷菌属。

书后彩图 26 为一滤出口的微生物群落种的组成，其中优势的属如下：*Acinetobacter towneri* 为 0.40%，*Arcobacter* sp. L 为 0.70%，*Fervidobacterium pennivorans* 为 0.14%，Unclassified 为 60.38%，Uncultured Tepidimonas sp. 为 0.77%，Uncultured bacterium 为 36.28%。其中与硫酸盐还原模式菌株相关的菌株为 *Desulfitibacter alkalitolerans*、*Desulfovibrio* sp.、*Desulfuromonas thiophila*、*Dictyoglomus thermophilum*、*Dietzia maris*。具有硫酸盐还原的功能的微生物，在油田废水中占大多数，表明在油田地面系统中硫酸盐还原菌的模式菌株是存在的。特别值得指出的是在一滤出口发现了部分产氢细菌。

6.3.7 二滤出口的微生物群落组成分析

（1）样品测序情况分析和稀释曲线

通过 Mothur 1.1.70 版以及 RDP 网站（http：//rdp. cme. msu. edu/classifier/classifier. jsp）序列比对分析。针对二滤出口的污水进行 DNA 提取，测序后的样品共获得 38039 条序列，整理修饰后获得 35509 条序列，修饰序列/有效序列比例为 93.35%，满足测序的要求。表明样品获得大于 3 万条序列，可以进行定量的分析。

由表 6-10 可见，二滤出口的微生物群落多样性丰富，种群结构组成复杂，样品的覆盖率达到 99% 以上，Shannon 指数表明遗传多样性较高。

表 6-10 二滤出口的样品丰富度指数

覆盖率	Ace	Ace lci	Ace hci	Chao	Chao lci	Chao hci
99.5314%	764.749	688.1018	859.6919	614.5185	529.7972	743.3297

Shannon	Shannon lci	Shannon hci	Simpson	Simpson lci	Simpson hci	
1.464185	1.442034	1.486335	0.530281	0.523813	0.536748	

如图 6-8 所示，样品的覆盖率达到 99%，满足了试验的要求。相对的 OTU 数量达到 360 多，但是表明样品中含有的微生物种类相对来说比较稳定。二滤出口的微生物群落的组成、结构和功能相对而言较稳定。

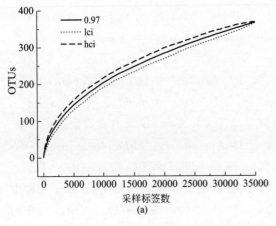
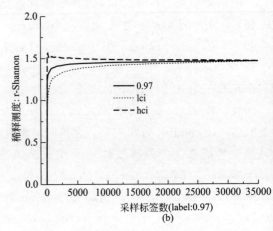

图 6-8 二滤出口的稀释曲线和 Shannon 指数曲线

（2）二滤出口的微生物群落门和纲的组成分析

书后彩图27为二滤出口的微生物群落门的组成，按照200个以上细菌计算，大约分别属于34个门，主要分布在以下8个门中：Actinobacteria（放线菌门）为0.25%，Bacteroidetes（拟杆菌门）为0.64%，Chloroflexi（绿弯菌门）为0.13%，Deferribacteres（脱铁杆菌门）为3.37%，Firmicutes（厚壁菌门）为0.87%，Proteobacteria（变形菌门）为92.95%，Tenericutes（柔膜菌门）为0.16%，Thermotogae（热袍菌门）为0.25%，Unclassified（未知菌种）为0.35%。

书后彩图28为二滤出口的微生物群落纲的组成，细菌数150个以上的，主要分布在以下几个纲中：Actinobacteria 为0.22%，Alphaproteobacteria 为0.15%，Bacteroidia 为0.25%，Betaproteobacteria 为5.67%，Clostridia 为0.64%，Deferribacteres 为3.37%，Deltaproteobacteria 为0.38%，Epsilonproteobacteria 为5.95%，Gammaproteobacteria 为80.68%，Sphingobacteriia 为0.28%，Spirochaetes 为0.44%，Thermotogae 为0.25%，Unclassified 为0.47%。

书后彩图29为二滤出口的微生物群落属的组成，其中优势的属如下：*Alishewanella* 为1.15%，*Arcobacter* 为5.96%，*Azospira* 为2.44%，*Calditerrivibrio* 为3.31%，*Fervidobacterium* 为0.17%，*Hydrogenophilus* 为0.69%，*Petrobacter* 为0.54%，*Pseudomonas* 为72.56%，*Tepidimonas* 为0.38%，*Thiofaba* 为6.76%，Unclassified 为1.41%，Uncultured 为0.52%。在我们以前的研究中发现 *Pseudomonas* 具有硫酸盐还原功能，其中在传统意义上的硫酸盐还原模式菌属主要有：*Dechloromonas*、*Dehalobacterium*、*Desulfitibacter*、*Desulfitobacterium*、*Desulfobulbus*、*Desulfomicrobium*、*Desulforhabdus*、*Desulfosporosinus*、*Desulfovibrio*、*Desulfuromonas*、*Dictyoglomus*、*Dietzia*。其中 *Desulforhabdus* 为0.05%，*Dechloromonas* 为0.03%。该样品的硫酸盐还原菌的模式菌株较为丰富，表明在油田地面系统中硫酸盐还原菌的模式菌株是存在的。其作为专属的硫酸盐还原微生物，具有顶级微生物群落的功能，同时发现大量产氢细菌。

书后彩图30为二滤出口的微生物群落种的组成，其中优势的属如下：*Arcobacter* sp. L 为2.07%，*Fervidobacterium pennivorans* 为0.17%，Unclassified 为76.68%，Uncultured bacterium 为19.30%。其中与硫酸盐还原模式菌株相关的菌株为 *Desulfitibacter alkalitolerans*、*Desulfosporosinus meridiei*、*Desulfovibrio alkalitolerans*、*Desulfovibrio* sp. SA-6、*Desulfuromonas thiophila*、*Dictyoglomus thermophilum* H-6-12。具有硫酸盐还原的功能的微生物，在油田废水中占大多数，表明在油田地面系统中硫酸盐还原菌的模式菌株是存在的，二滤出口发现了部分的产氢细菌。

6.3.8 污水岗出口（去注）的微生物群落组成分析

（1）样品测序情况分析和稀释曲线

通过 Mothur 1.1.70 版以及 RDP 网站（http://rdp.cme.msu.edu/classifier/classifier.jsp）序列比对分析。针对污水岗出口（去注）的污水进行 DNA 提取，测序后的样品共获得38415条序列，整理修饰后获得35989条序列，修饰序列/有效序列比例为93.68%，满足测序的要求。表明样品获得大于3万条序列，可以进行定量的分析。

由表 6-11 可见，污水岗出口（去注）的微生物群落多样性丰富，种群结构组成复杂，样品的覆盖率达到 99％以上，Shannon 指数表明遗传多样性较高。

表 6-11 污水岗出口（去注）的样品丰富度指数

覆盖率	Ace	Ace lci	Ace hci	Chao	Chao lci	Chao hci
99.3395%	1136.709636	1058.289393	1231.174504	977.142857	889.210732	1101.170554

Shannon	Shannon lci	Shannon hci	Simpson	Simpson lci	Simpson hci
3.611617	3.589302	3.633933	0.096021	0.093898	0.098144

如图 6-9 所示，样品的覆盖度达到 99％，满足了试验的要求。相对的 OTU 数量达到 680 多，但是表明样品中含有的微生物种类相对来说比较稳定。污水岗出口（去注）的微生物群落的组成、结构和功能相对而言较稳定。

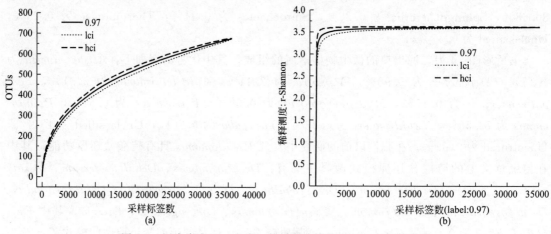

图 6-9 污水岗出口（去注）的稀释曲线和 Shannon 指数曲线

（2）污水岗出口（去注）的微生物群落门和纲的组成分析

书后彩图 31 为污水岗出口（去注）的微生物群落门的组成，按照 200 个以上细菌计算，大约分别属于 43 个门，主要分布在以下 8 个门中：Bacteroidetes（拟杆菌门）为 4.52％，Chloroflexi（绿弯菌门）为 1.1％，Deferribacteres（脱铁杆菌门）为 15.33％，Firmicutes（厚壁菌门）为 8.36％，Proteobacteria（变形菌门）为 55.52％，Spirochaetae（螺旋菌门）为 3.38％，Synergistetes 为 0.53％，Thermotogae（热袍菌门）为 1.81％，Unclassified（未知菌种）为 4.75％。

书后彩图 32 为污水岗出口（去注）的微生物群落纲的组成，细菌数大于 150 个以上的，主要分布在以下 18 个纲中：Actinobacteria 为 0.75％，Alphaproteobacteria 为 0.52％，Anaerolineae 为 0.65％，Bacteroidia 为 1.59％，Betaproteobacteria 为 14.22％，Caldilineae 为 0.36％，Candidate division JS1 norank 为 0.56％，Clostridia 为 7.72％，Deferribacteres 为 15.33％，Deltaproteobacteria 为 4.30％，Elusimicrobia 为 0.34％，Epsilonproteobacteria 为 25.55％，Gammaproteobacteria 为 10.91％，Nitrospira 为 0.40％，Sphingobacteriia 为 2.22％，Spirochaetes 为 3.38％，Synergistia 为 0.53％，Thermotogae 为 1.81％，Unclassified 为 5.4％。

书后彩图 33 为污水岗出口（去注）的微生物群落属的组成，其中优势的属如下：*Arcobacter* 为 25.47%，*Azoarcus* 为 2.38%，*Azospira* 为 3.31%，*Caldicoprobacter* 为 0.50%，*Calditerrivibrio* 为 14.97%，*Candidate division* JS1 norank 为 0.56%，*Desulforhabdus* 为 1.35%，EM3 为 0.29%，*Fervidobacterium* 为 1.18%，*Geobacter* 为 0.71%，*Hydrogenophilus* 为 2.49%，PL-11B10 norank 为 1.39%，*Petrobacter* 为 2.07%，*Proteiniphilum* 为 0.90%，*Pseudomonas* 为 4.14%，*Rhodococcus* 为 0.58%，*Ruminococcus* 为 0.30%，*Smithella* 为 0.44%，*Syntrophobacter* 为 0.46%，*Tepidicella* 为 0.33%，*Tepidimonas* 为 0.59%，*Thermodesulfovibrio* 为 0.39%，*Thermolithobacter* 为 0.52%，*Thiofaba* 为 6.61%，Unclassified 为 11.91%，WCHB1-69 norank 为 2.21%，Uncultured 为 4.72%。在我们以前的研究中发现 *Pseudomonas* 具有硫酸盐还原功能，其中在传统意义上的硫酸盐还原模式菌属主要有：*Dechloromonas*、*Dehalobacter*、*Dehalobacterium*、*Delftia*、*Desulfarculus*、*Desulfitibacter*、*Desulfitobacterium*、*Desulfobacca*、*Desulfobacter*、*Desulfobulbus*、*Desulfomicrobium*、*Desulfomonile*、*Desulfonatronum*、*Desulforhabdus*、*Desulfovibrio*、*Desulfuromonas*、*Dethiobacter*、*Dethiosulfatibacter*、*Devosia*、*Dictyoglomus*、*Dietzia*。其中 *Dehalobacterium* 为 0.12%，*Desulfobulbus* 为 0.27%，*Desulfomicrobium* 为 0.23%，*Desulforhabdus* 为 1.34%，*Desulfuromonas* 为 0.23%，*Dictyoglomus* 为 0.24%。该样品的硫酸盐还原菌的模式菌株较为丰富，占到的比例大约在 2%～3%，表明在油田地面系统中硫酸盐还原菌的模式菌株是存在的。其作为专属的硫酸盐还原微生物，具有顶级微生物群落的功能。同时发现大量产氢细菌，竟然占到了 2% 的比例。

书后彩图 34 为污水岗出口（去注）的微生物群落种的组成，其中优势的种如下：*Clostridiaceae bacterium* 37-7-2Cl 为 0.30%，*Fervidobacterium pennivorans* 为 0.99%，*Rhodococcus corynebacterioides* 为 0.30%，*Rhodococcus erythropolis* 为 0.28%，*Thermolithobacter ferrireducens* 为 0.54%，Unclassified 为 23.79%。Bacterium sp. OF1 为 0.64%，Uncultured Bacteroidetes bacterium 为 0.93%，Uncultured Clostridia bacterium 为 0.53%，Uncultured Firmicutes bacterium 为 0.43%。其中与硫酸盐还原模式菌株相关的菌株为 *Desulfarculus baarsii* DSM 2075、*Desulfitibacter alkalitolerans*、*Desulfomicrobium baculatum*、*Desulfovibrio alkalitolerans*、*Desulfovibrio* sp. SA-6、*Desulfovibrio* sp. ds3、*Desulfuromonas thiophila*、*Dictyoglomus thermophilum* H-6-12、*Dietzia maris*。具有硫酸盐还原的功能的微生物，在油田废水中占大多数，表明在油田地面系统中硫酸盐还原菌模式的菌株是存在的。特别值得指出的是在污水岗出口（去注）发现产氢细菌和产甲烷菌株。

6.3.9　葡三联地面污水处理系统硫酸盐还原菌的来源与组成分析

如书后彩图 35 所示，葡三联从井口到整个地面处理系统中的微生物的群落组成存在一定的差异，最明显的是井口与整个地面工艺的差异，其中硝化细菌在井口中有出现，同时在油岗来水中出现，但是在后续的污水处理过程中数量减少，甚至消失。模式的硫酸盐还原菌属在整个系统中基本都存在，只是数量上有一定的差异。表明硫酸盐还原菌来源于井口，在地面系统中滋生。

6.4 葡四联的污水处理系统的微生物群落解析

6.4.1 三联来水的微生物群落组成分析

（1）样品测序情况分析和稀释曲线

通过 Mothur 1.1.70 版以及 RDP 网站（http：//rdp.cme.msu.edu/classifier/classifier.jsp）序列比对分析。针对三联来水的污水进行 DNA 提取，测序后的样品共获得 26019 条序列，整理修饰后获得 21458 条序列，修饰序列/有效序列比例为 82.47%，满足测序的要求。表明样品获得大于 2 万条序列，可以进行定量的分析。

由表 6-12 可见，三联来水的微生物群落多样性丰富，种群结构组成复杂，样品的覆盖率达到 99% 以上，Shannon 指数表明遗传多样性较高。

表 6-12　三联来水的样品丰富度指数

覆盖率	Ace	Ace lci	Ace hci	Chao	Chao lci	Chao hci
99.1381%	900.5615	811.1334	1010.127	696.2542	603.503	834.4022

Shannon	Shannon lci	Shannon hci	Simpson	Simpson lci	Simpson hci	
3.188764	3.164614	3.212914	0.090479	0.088444	0.092514	

如图 6-10 所示，样品的覆盖率达到 99%，满足了试验的要求。相对的 OTU 数量达到 450 多，表明样品中含有的微生物种类相对来说比较稳定。三联来水的微生物群落的组成、结构和功能相对而言较稳定。

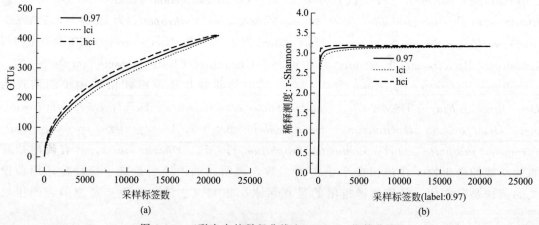

图 6-10　三联来水的稀释曲线和 Shannon 指数曲线

（2）三联来水的微生物群落门和纲的组成分析

书后彩图 36 为三联来水的微生物群落门的组成，按照 100 个以上细菌计算，大约分别属于 35 个门，主要分布在以下六个门中：Actinobacteria（放线菌门）为 0.81%；Bacteroidetes（拟杆菌门）为 0.78%；Firmicutes（厚壁菌门）为 3.8%；Proteobacteria（变形菌门）为 81.35%；Thermotogae（热袍菌门）为 0.92%；Unclassified（未知菌种为 9.68％。

书后彩图 37 为三联来水的微生物群落纲的组成，细菌数 100 个以上的，主要分布在以下几个纲中：Actinobacteria 为 0.67％，Alphaproteobacteria 为 0.69％，Bacteroidia 为 0.50％，Betaproteobacteria 为 32.75％，Clostridia 为 3.66％，Deltaproteobacteria 为 0.78％，Epsilonproteobacteria 为 2.04％，Gammaproteobacteria 为 45.05％，Thermotogae 为 0.93％，Unclassified 为 9.72％。

书后彩图 38 为三联来水的微生物群落属的组成，其中优势的属如下：Acinetobacter 为 1.17％，Alishewanella 为 21.60％，Arcobacter 为 2.02％，Azoarcus 为 1.05％，Azospira 为 10.41％，Fervidobacterium 为 0.75％，Hydrogenophaga 为 3.69％，Hydrogenophilus 为 3.60％，Petrobacter 为 4.97％，Pseudomonas 为 11.88％，Rhodococcus 为 0.49％，Tepidicella 为 2.61％，Tepidimonas 为 1.80％，Thauera 为 1.21％，Thermolithobacter 为 0.72％，Thiofaba 为 10.25％，Unclassified 为 13.92％，Uncultured 为 1.36％。我们在以前的研究中发现 Pseudornonas、Thauera 具有硫酸盐还原功能，其中在传统意义上的硫酸盐还原模式菌属主要有：Dechloromonas、Defluviicoccus、Dehalobacterium、Desulfitibacter、Desulfitobacterium、Desulfobulbus、Desulfomicrobium、Desulforhabdus、Dethiobacter、Dictyoglomus、Dietzia、Dorea，其中，Dechloromonas 为 0.175％，Desulforhabdus 为 0.364％。该样品的硫酸盐还原菌的模式菌株较为丰富，所占比例大约为 2％～3％，表明在油田地面系统中硫酸盐还原菌的模式菌株是存在的。其作为专属的硫酸盐还原微生物，具有顶级微生物群落的功能。同时发现大量产氢的细菌，竟然占到了 3％的比例，同时含有部分产甲烷菌。

书后彩图 39 为三联来水的微生物群落种的组成，其中优势的种如下：Arcobacter sp. L 为 2.0％，Fervidobacterium pennivorans 为 0.70％，Pseudomonas stutzeri 为 0.59％，Thermolithobacter ferrireducens 为 0.72％，Unclassified 为 57.18％，Uncultured Tepidimonas sp. 为 1.80％，Uncultured bacterium 为 32.97％。其中模式的硫酸盐还原菌 Dictyoglomus thermophilum H-6-12 为 0.15％，Dictyoglomus turgidum DSM 6724 为 0.004％。具有硫酸盐还原的功能的微生物，在油田废水中占大多数，表明在油田地面系统中硫酸盐还原菌的模式菌株是存在的。特别值得指出的是在三联来水发现了部分产氢细菌和产甲烷菌株（Mahella australiensis 50-1 BON、Meganema perideroedes、Methylobacterium oxalidis、Methylosinus sp. 24-21、Microbacterium oxydans）。

6.4.2 横向流进口的微生物群落组成分析

（1）样品测序情况分析和稀释曲线

通过 Mothur 1.1.70 版以及 RDP 网站（http：//rdp. cme. msu. edu/classifier/classifier. jsp）序列比对分析。针对横向流进口的污水进行 DNA 提取，测序后的样品共获得 35172 条序列，整理修饰后获得 32626 条序列，修饰序列/有效序列比例为 92.76％，满足测序的要求。表明样品获得大于 3 万条序列，可以进行定量的分析。

由表 6-13 可见，横向流进口的微生物群落多样性丰富，种群结构组成复杂，样品的覆盖率达到 99％以上，Shannon 指数表明遗传多样性较高。

表 6-13　横向流进口的样品丰富度指数

覆盖率	Ace	Ace lci	Ace hci	Chao	Chao lci	Chao hci
99.3912%	931.118889	859.644329	1018.575626	762.209302	693.313327	862.065766

Shannon	Shannon lci	Shannon hci	Simpson	Simpson lci	Simpson hci	
2.629231	2.60383	2.654632	0.22705	0.223254	0.230845	

如图 6-11 所示，样品的覆盖率达到 99%，满足了试验的要求。相对的 OTU 数量达到 570 多，表明样品中含有的微生物种类相对来说比较稳定。横向流进口的微生物群落的组成、结构和功能相对而言较稳定。

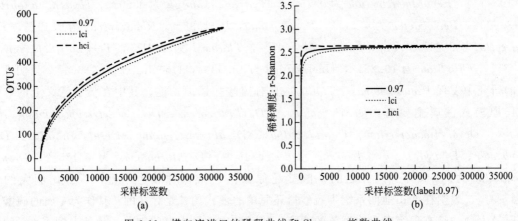

图 6-11　横向流进口的稀释曲线和 Shannon 指数曲线

（2）横向流进口的微生物群落门、纲和属的组成分析

书后彩图 40 为横向流进口的微生物群落门的组成，按照 200 个以上细菌计算，大约分别属于 37 个门，主要分布在以下 9 个门中：Actinobacteria（放线菌门）为 0.38%，Bacteroidetes（拟杆菌门）为 1.29%，Chloroflexi（绿弯菌门）为 1.15%，Deferribacteres（脱铁杆菌门）为 0.95%，Firmicutes（厚壁菌门）为 3.38%，Proteobacteria（变形菌门）为 85.67%，Spirochaetae（螺旋菌门）为 1.27%，Synergistetes 为 0.54%，Thermotogae（热袍菌门）为 0.92%；Unclassified（未知菌种）为 9.68%。

书后彩图 41 为横向流进口的微生物群落纲的组成，细菌数 100 个以上的，主要分布在以下几个纲中：Anaerolineae 为 0.86%，Bacteroidia 为 0.61%，Betaproteobacteria 为 10.67%，Candidate division JS1 norank 为 0.38%，Clostridia 为 3.09%，Deferribacteres 为 0.95%，Deltaproteobacteria 为 1.16%，Epsilonproteobacteria 为 23.66%，Flavobacteria 为 0.47%，Gammaproteobacteria 为 48.89%。

书后彩图 42 为横向流进口的微生物群落属的组成，其中优势的属如下：*Acinetobacter* 为 0.58%，*Alishewanella* 为 2.95%，*Arcobacter* 为 23.63%，*Azoarcus* 为 0.40%，*Azospira* 为 2.93%，*Calditerrivibrio* 为 0.47%，*Candidate division* JS1 norank 为 0.37%，*Cloacibacterium* 为 0.43%，*Fervidobacterium* 为 0.71%，*Hydrogenophilus* 为 1.57%，*Longilinea* 为 0.45%，*Petrobacter* 为 2.08%，*Proteiniphilum* 为 0.42%，*Pseudomonas* 为 44.45%，*Thauera* 为 1.19%，*Thiofaba* 为 1.59%，Unclassified 为 5.37%，Uncultured 为 2.68%。我们在以前的研究中发现 *Pseudomonas*、*Thauera* 具有硫酸盐还原功能，其中

在传统意义上的硫酸盐还原模式菌属主要有：*Dechloromonas*、*Dehalobacterium*、*Delftia*、*Desulfitibacter*、*Desulfitobacterium*、*Desulfobacca*、*Desulfobacter*、*Desulfobotulus*、*Desulfobulbus*、*Desulfocurvus*、*Desulfomicrobium*、*Desulfomonile*、*Desulforhabdus*、*Desulfovibrio*、*Desulfurivibrio*、*Desulfuromonas*、*Dethiobacter*、*Dictyoglomus*。其中，*Desulfomicrobium* 为 0.11%，*Dechloromonas* 为 0.05%。该样品的硫酸盐还原菌模式的菌株较为丰富，占到的比例在 2%～3%，表明在油田地面系统中硫酸盐还原菌模式的菌株是存在的，其作为专属的硫酸盐还原微生物，具有顶级微生物群落的功能。同时发现大量的产氢的细菌（*Hydrogenobacter*、*Hydrogenophaga*、*Hydrogenophilus*，其中 *Hydrogenophilus* 为 1.57%），竟然占到了 2% 的比例，同时含有部分产甲烷菌（*Magnetospirillum*、*Mahella*、*Marinobacterium*、*Mesotoga*、*Methylobacterium*）。

书后彩图 43 为横向流进口的微生物群落种的组成，其中优势的种如下：*Acinetobacter towneri* 为 0.39%，*Arcobacter* sp. L 为 23.25%，*Candidatus Cloacamonas acidaminovorans* 为 0.30%，*Fervidobacterium pennivorans* 为 0.608%，Unclassified 为 56.30%，Uncultured Bacteroidetes bacterium 为 0.42%，Uncultured Clostridia bacterium 为 0.56%，Uncultured bacterium 为 14.22%，其中模式的硫酸盐还原菌为 *Desulfobotulus sapovorans*、*Desulfocurvus vexinensis*、*Desulfomicrobium baculatum*、*Desulfovibrio* sp. SA-6、*Desulfovibrio* sp. ds3、*Dictyoglomus thermophilum* H-6-12、*Dictyoglomus turgidum* DSM 6724，其中 *Dictyoglomus thermophilum* H-6-12 为 0.145%。具有硫酸盐还原功能的微生物，在油田废水中占大多数，表明在油田地面系统中硫酸盐还原菌的模式菌株是存在的。特别值得指出的是在横向流进口发现了部分产氢细菌和产甲烷菌株（*Mahella australiensis* 50-1 BON、*Meganema perideroedes*、*Methylobacterium oxalidis*、*Methylosinus* sp. 24-21、*Microbacterium oxydans*）。

6.4.3　横向流出口的微生物群落组成分析

（1）样品测序情况分析和稀释曲线

通过 Mothur 1.1.70 版以及 RDP 网站（http://rdp.cme.msu.edu/classifier/classifier.jsp）序列比对分析。针对横向流出口的污水进行 DNA 提取，测序后的样品共获得 49623 条序列，整理修饰后获得 46336 条序列，修饰序列/有效序列比例为 93.37%，满足测序的要求。表明样品获得大于 4 万条序列，可以进行定量的分析。

由表 6-14 可见，横向流出口的微生物群落多样性丰富，种群结构组成复杂，样品的覆盖率达到 99% 以上，Shannon 指数表明遗传多样性较高。

表 6-14　横向流出口的样品丰富度指数

覆盖率	Ace	Ace lci	Ace hci	Chao	Chao lci	Chao hci
99.5517%	809.2531	748.7801	890.4127	850.8	764.5078	975.773

Shannon	Shannon lci	Shannon hci	Simpson	Simpson lci	Simpson hci	
2.284181	2.263255	2.305107	0.295453	0.291603	0.299303	

如图 6-12 所示，样品的覆盖率达到 99%，满足了试验的要求。相对的 OTU 数量达到 570 多，表明样品中含有的微生物种类相对来说比较稳定。横向流出口的微生物群落的组

成、结构和功能相对而言较稳定。

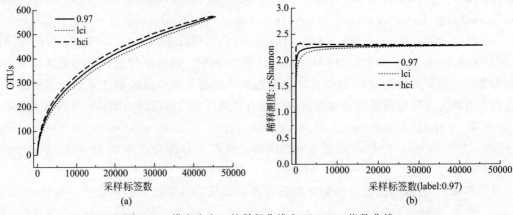

图 6-12　横向流出口的稀释曲线和 Shannon 指数曲线

（2）横向流出口的微生物群落门、纲和属的组成分析

书后彩图 44 为横向流出口的微生物群落门的组成，按照 200 个以上细菌计算，大约分别属于 39 个门，主要分布在以下 8 个门中：Bacteroidetes（拟杆菌门）为 1.86%，Chloroflexi（绿弯菌门）为 0.49%，Deferribacteres（脱铁杆菌门）为 0.89%，Firmicutes（厚壁菌门）为 2.58%，Proteobacteria（变形菌门）为 85.56%，Spirochaetae（螺旋菌门）为 1.16%，Synergistetes 为 0.54%，Thermotogae（热袍菌门）为 1.09%；Unclassified（未知菌种）为 3.85%。

书后彩图 45 为横向流出口的微生物群落纲的组成，细菌数 200 个以上的，主要分布在以下 13 个纲中：Actinobacteria 为 0.297%，Anaerolineae 为 0.30%，Bacteroidia 为 1.14%，Betaproteobacteria 为 4.77%，Candidate division OD1 norank 为 0.22%，Clostridia 为 2.44%，Deferribacteres 为 0.89%，Epsilonproteobacteria 为 21.80%，Flavobacteria 为 0.42%，Gammaproteobacteria 为 57.84%，Spirochaetes 为 1.165%，Synergistia 为 0.45%，Thermotogae 为 1.09%；Unclassified 为 3.89%。

书后彩图 46 为横向流出口的微生物群落属的组成，其中优势的属如下：*Acinetobacter* 为 0.44%，*Alishewanella* 为 1.80%，*Arcobacter* 为 21.87%，*Azospira* 为 1.36%，*Caldicoprobacter* 为 0.25%，*Calditerrivibrio* 为 0.59%，*Candidate division* OD1 norank 为 0.22%，*Candidatus Cloacamonas* 为 0.26%，*Cloacibacterium* 为 0.37%，*Fervidobacterium* 为 0.82%，*Hydrogenophilus* 为 0.90%，*Petrobacter* 为 0.86%，*Proteiniphilum* 为 0.84%，*Pseudomonas* 为 54.03%，*Rhodococcus* 为 0.23%，*Thauera* 为 0.46%，*Thermolithobacter* 为 0.23%，*Thiofaba* 为 1.38%，Unclassified 为 5.36%，Uncultured 为 1.93%，我们在以前的研究中发现 *Pseudomonas* 具有硫酸盐还原功能，其中在传统意义上的硫酸盐还原模式菌属主要有：*Dechloromonas*、*Dehalobacterium*、*Delftia*、*Desulfarculus*、*Desulfitibacter*、*Desulfobacca*、*Desulfobulbus*、*Desulfocapsa*、*Desulfomicrobium*、*Desulfomonile*、*Desulfonatronum*、*Desulforhabdus*、*Desulfosporosinus*、*Desulfotignum*、*Desulfotomaculum*、*Desulfovibrio*、*Desulfurivibrio*、*Desulfuromonas*、*Dethiobacter*、*Dictyoglomus*。其中，*Desulfomicrobium* 为 0.12%，*Desulforhabdus* 为 0.14%。该样品的硫酸盐还原菌的模式菌株较为丰富，占到的比例大约在 1%，

表明在油田地面系统中硫酸盐还原菌的模式菌株是存在的，其作为专属的硫酸盐还原微生物，具有顶级微生物群落的功能。同时发现大量的产氢细菌（*Hydrogenobacter*、*Hydrogenophaga*、*Hydrogenophilus*，其中 *Hydrogenophilus* 为 0.95%），竟然占到了 1% 的比例，同时含有部分产甲烷菌（*Macellibacteroides*、*Magnetospirillum*、*Mahella*、*Marinobacterium*、*Mesotoga*、*Methylobacterium*、*Methylophilaceae* norank、MgMjR-022 norank、*Micromonospora*、*Mycobacterium*）。

书后彩图 47 为横向流出口的微生物群落种的组成，其中优势的种如下：*Arcobacter* sp. L 为 21.56%，*Candidatus Cloacamonas acidaminovorans* 为 0.268%，*Fervidobacterium pennivorans* 为 0.74%，*Pseudomonas stutzeri* 为 0.21%，*Thermolithobacter ferrireducens* 为 0.23%，Unclassified 为 63.34%，Uncultured Bacteroidetes bacterium 为 0.83%，Uncultured Clostridia bacterium 为 0.45%。Uncultured bacterium 为 9.35%。其中模式的硫酸盐还原菌为：*Desulfarculus baarsii* DSM 2075、*Desulfomicrobium baculatum*、*Desulfosporosinus meridiei*、*Desulfotomaculum luciae*、*Desulfovibrio alkalitolerans*、*Desulfovibrio* sp. SA-6、*Desulfovibrio* sp. ds3、*Dictyoglomus thermophilum* H-6-12、*Dictyoglomus turgidum* DSM 6724，其中 *Dictyoglomus thermophilum* H-6-12 为 0.133%。具有硫酸盐还原功能的微生物，在油田废水中占大多数，表明在油田地面系统中硫酸盐还原菌的模式菌株是存在的。特别值得指出的是在三联来水发现了部分产氢细菌和产甲烷菌株（*Mahella australiensis* 50-1 BON、*Methylobacterium extorquens*、*Moraxella osloensis*）。

6.4.4　一滤出口的微生物群落组成分析

（1）样品测序情况分析和稀释曲线

通过 Mothur 1.1.70 版以及 RDP 网站（http：//rdp. cme. msu. edu/classifier/classifier. jsp）序列比对分析。针对一滤出口的污水进行 DNA 提取，测序后的样品共获得 46456 条序列，整理修饰后获得 43310 条序列，修饰序列/有效序列比例为 93.29%，满足测序的要求。表明样品获得大于 4 万条序列，可以进行定量的分析。

由表 6-15 可见，一滤出口的微生物群落多样性丰富，种群结构组成复杂，样品的覆盖率达到 99% 以上，Shannon 指数表明遗传多样性较高。

表 6-15　一滤出口的样品丰富度指数

覆盖率	Ace	Ace lci	Ace hci	Chao	Chao lci	Chao hci
99.6679%	788.374872	699.107692	898.016566	544.116279	457.953127	679.788827

Shannon	Shannon lci	Shannon hci	Simpson	Simpson lci	Simpson hci	
1.435592	1.418577	1.452608	0.432048	0.42746	0.436635	

如图 6-13 所示，样品的覆盖度达到 99%，满足了试验的要求。相对的 OTUs 数量达到 320 多，表明样品中含有的微生物种类相对来说比较稳定。一滤出口的微生物群落的组成、结构和功能相对而言较稳定。

（2）一滤出口的微生物群落门、纲和属的组成分析

书后彩图 48 为一滤出口的微生物群落门的组成，按照 100 个以上细菌计算，分别属于

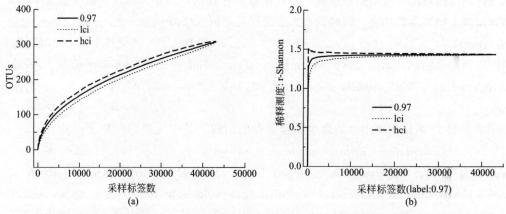

图 6-13　一滤出口的稀释曲线和 Shannon 指数曲线

35 个门，主要分布在以下 6 个门中：Bacteroidetes（拟杆菌门）为 0.27%，Deferribacteres（脱铁杆菌门）为 0.31%，Firmicutes（厚壁菌门）为 0.78%，Proteobacteria（变形菌门）为 96.93%，Spirochaetae（螺旋菌门）为 0.42%，Thermotogae（热袍菌门）为 0.25%；Unclassified（未知菌种）为 0.28%。

　　书后彩图 49 为一滤出口的微生物群落纲的组成，细菌数大于 100 个的主要分布在以下几个纲中：Betaproteobacteria 为 0.395%，Clostridia 为 0.66%，Deferribacteres 为 0.31%，Epsilonproteobacteria 为 20.07%，Gammaproteobacteria 为 72.01%，Spirochaetes 为 0.424%，Thermotogae 为 0.257%，Unclassified 为 0.39%。

　　书后彩图 50 为一滤出口的微生物群落属的组成，其中优势的属如下：*Acinetobacter* 为 0.53%，*Alishewanella* 为 0.89%，*Aquabacterium* 为 0.28%，*Arcobacter* 为 21.18%，*Azospira* 为 1.28%，*Calditerrivibrio* 为 0.225%，*Fervidobacterium* 为 0.20%，*Hydrogenophilus* 为 0.48%，*Petrobacter* 为 0.32%，*Pseudomonas* 为 71.51%，*Thauera* 为 0.82%，*Thiofaba* 为 0.66%，Unclassified 为 1.21%，Uncultured 为 0.46%。我们在以前的研究中发现 *Pseudomonas*、*Thauera* 具有硫酸盐还原功能，其中在传统意义上的硫酸盐还原模式菌属主要有：*Dechloromonas*、*Desulfobulbus*、*Desulfomicrobium*、*Desulfomonile*、*Desulfovibrio*、*Desulfuromonas*、*Dictyoglomus*。该样品的硫酸盐还原菌的模式菌株较为丰富，占到的比例大约在 0.5%，表明在油田地面系统中硫酸盐还原菌的模式菌株是存在的。其作为专属的硫酸盐还原微生物，具有顶级微生物群落的功能。同时发现大量产氢的细菌（*Hydrogenophaga*、*Hydrogenophilus*，其中 *Hydrogenophilus* 为 0.48%），竟然占到了 1% 的比例，同时含有部分产甲烷菌（*Macellibacteroides*、*Magnetospirillum*、*Mahella*、*Marinobacterium*、*Meganema*、*Mesotoga*、*Methylobacterium*、*Methyloversatilis*、MgMjR-022 norank、*Myroides*）。

　　书后彩图 51 为一滤出口的微生物群落种的组成，其中优势的种如下：*Acinetobacter towneri* 为 0.24%，*Aquaspirillum* sp. 411 为 0.11%，*Arcobacter* sp. L 为 20.64%，*Fervidobacterium pennivorans* 为 0.178%，*Pseudomonas stutzeri* 为 0.15%，Unclassified 为 73.52%，Uncultured bacterium 为 4.06%。其中模式的硫酸盐还原菌为：*Desulfomicrobium baculatum*、*Desulfovibrio* sp. ds3、*Dictyoglomus thermophilum* H-6-12。具有硫酸盐还原功能的微生物，在油田废水中占大多数，表明在油田地面系统中硫酸盐还原菌的模式菌株是存在的。特别值得指出的是

一滤出口发现了部分产甲烷菌株（*Methylobacterium oxalidis*）。

6.4.5　二滤出口的微生物群落组成分析

（1）样品测序情况分析和稀释曲线

通过 Mothur 1.1.70 版以及 RDP 网站（http：//rdp.cme.msu.edu/classifier/classifier.jsp）序列比对分析。针对二滤出口的污水进行 DNA 提取，测序后的样品共获得 32981 条序列，整理修饰后获得 31146 条序列，修饰序列/有效序列比例为 94.43％，满足测序的要求。表明样品获得大于 3 万条序列，可以进行定量的分析。

由表 6-16 可见，二滤出口的微生物群落多样性丰富，种群结构组成复杂，样品的覆盖率达到 99％以上，Shannon 指数表明遗传多样性较高。

表 6-16　二滤出口的样品丰富度指数

覆盖率	Ace	Ace lci	Ace hci	Chao	Chao lci	Chao hci
99.6029％	585.4172	522.9429	665.0143	482.575	410.7705	598.9148

Shannon	Shannon lci	Shannon hci	Simpson	Simpson lci	Simpson hci
1.688613	1.66834	1.708886	0.331116	0.327547	0.334684

如图 6-14 所示，样品的覆盖率达到 99％，满足了试验的要求。相对的 OTUs 数量达到 320 多，表明样品中含有的微生物种类相对来说比较稳定。二滤出口的微生物群落的组成、结构和功能相对而言较稳定。

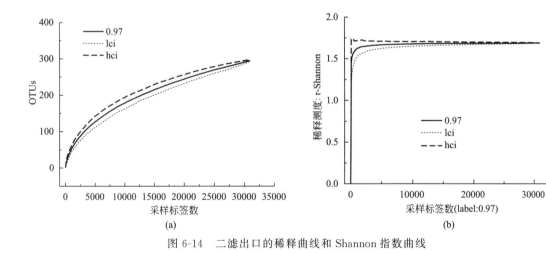

图 6-14　二滤出口的稀释曲线和 Shannon 指数曲线

（2）二滤出口的微生物群落门、纲和属的组成分析

书后彩图 52 为二滤出口的微生物群落门的组成，按照 100 个以上细菌计算，大约分别属于 35 个门，主要分布在以下 6 个门中：Bacteroidetes（拟杆菌门）为 0.38％，Deferribacteres（脱铁杆菌门）为 0.92％，Firmicutes（厚壁菌门）为 1.26％，Proteobacteria（变形菌门）为 95.08％，Spirochaetae（螺旋菌门）为 0.43％，Thermotogae（热袍菌门）为 0.45％；Unclassified（未知菌种）为 0.32％。

书后彩图 53 为二滤出口的微生物群落纲的组成，细菌数大于 100 个的主要分布在以下 9 个纲中：Bacteroidia 为 0.319%，Betaproteobacteria 为 6.88%，Clostridia 为 1.14%，Deferribacteres 为 0.93%，Deltaproteobacteria 为 0.29%，Epsilonproteobacteria 为 34.40%，Gammaproteobacteria 为 53.45%，Spirochaetes 为 0.43%，Thermotogae 为 0.45%；Unclassified 为 0.37%。

书后彩图 54 为二滤出口的微生物群落属的组成，其中优势的属如下：*Alishewanella* 为 0.33%，*Arcobacter* 为 34.38%，*Azospira* 为 2.34%，*Calditerrivibrio* 为 0.55%，*Fervidobacterium* 为 0.36%，*Hydrogenophilus* 为 0.86%，*Petrobacter* 为 0.64%，*Pseudomonas* 为 52.27%，*Thauera* 为 1.89%，*Thiofaba* 为 0.58%，Unclassified 为 1.03%，uncultured 为 1.11%。我们在以前的研究中发现 *Pseudomonas*、*Thauera* 具有硫酸盐还原功能，其中在传统意义上的硫酸盐还原模式菌属主要有：*Dechloromonas*、*Dehalobacterium*、*Delftia*、*Desulfitibacter*、*Desulfitobacterium*、*Desulfocurvus*、*Desulfomicrobium*、*Desulfomonile*、*Desulforhabdus*、*Desulfovibrio*。该样品的硫酸盐还原菌的模式菌株较为丰富，占到的比例大约在 0.5%，表明在油田地面系统中硫酸盐还原菌的模式菌株是存在的，其作为专属的硫酸盐还原微生物，具有顶级微生物群落的功能。同时发现大量产氢的细菌（*Hydrogenobacter*、*Hydrogenophaga*、*Hydrogenophilus*，其中 *Hydrogenophilus* 为 0.83%），竟然占到了 1% 的比例，同时含有部分产甲烷菌（*Macellibacteroides*、*Mahella*、*Marinobacterium*、*Mesotoga*、*Methylobacterium*、*Methyloversatilis*）。

书后彩图 55 为二滤出口的微生物群落种的组成，其中优势的种如下：*Aquaspirillum* sp. 411 为 0.16%，*Arcobacter* sp. L 为 34.3%，*Fervidobacterium pennivorans* 为 0.32%，*Pseudomonas stutzeri* 为 0.16%，*Thermolithobacter ferrireducens* 为 0.18%，Unclassified 为 56.56%，uncultured Clostridia bacterium 为 0.322%，uncultured bacterium 为 6.55%。其中模式的硫酸盐还原菌为：*Desulfocurvus vexinensis*、*Desulfomicrobium baculatum*、*Desulfovibrio* sp. SA-6、*Desulfovibrio* sp. ds3、*Dictyoglomus thermophilum* H-6-12。具有硫酸盐还原功能的微生物，在油田废水中占大多数，表明在油田地面系统中硫酸盐还原菌的模式菌株是存在的。

6.4.6 葡四联地面污水处理系统中的微生物群落组成分析

如书后彩图 56 所示，来水中的微生物群落相对丰度变化较大，其中发现了部分的产氢细菌，同时也在工艺段中出现了硫酸盐还原菌消失的问题，同时也有增加的现象，也就是说现场的工艺给硫酸盐还原菌提供了滋生的环境，其中含有假单孢杆菌属，这个属一直处于优势的地位，该属具有硫酸盐还原功能。表明从来水到地面系统中无论模式菌株还是非模式的硫酸盐功能菌株都是大量的存在的，给地面系统造成了严重的影响。

如图 6-15 所示，OTU 的丰度的分布主要是表明不同的属在样品中数量的变化规律，同时反映出微生物相对的优势菌属，横向流出口的微生物种类更为丰富。

如图 6-16 所示，文氏图表明不同样品之间公共的包含的属，不同的属以及两两样品以及多个样品之间的相互的包容关系，其中 5 个样品中公共包含 129 个相同的属，表明样品之间的相似性比较高。

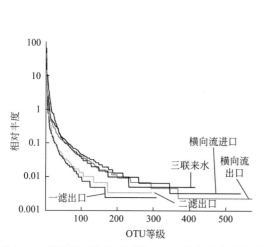

图 6-15　葡四联污水处理系统 OTU 的丰度分布曲线

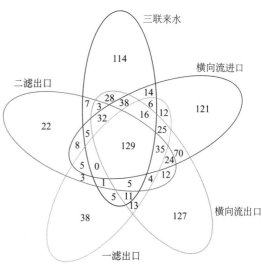

图 6-16　葡四联污水处理系统的文氏图

6.5　洗井水的微生物群落解析以及硫酸盐还原菌的组成

（1）样品测序情况分析和稀释曲线

通过 Mothur 1.1.70 版以及 RDP 网站（http：//rdp. cme. msu. edu/classifier/classifier. jsp）序列比对分析。针对洗井水的污水进行 DNA 提取，测序后的样品共获得 43374 条序列，整理修饰后获得 40632 条序列，修饰序列/有效序列比例为 93.79%，满足测序的要求。表明样品获得大于 4 万条序列，可以进行定量的分析。

由表 6-17 可见，洗井水的微生物群落多样性丰富，种群结构组成复杂，样品的覆盖率达到 99% 以上，Shannon 指数表明遗传多样性较高。

表 6-17　洗井水的样品丰富度指数

覆盖率	Ace	Ace lci	Ace hci	Chao	Chao lci	Chao hci
99.3723%	1227.016	1151.001	1318.318	1068.941	984.7783	1186.55

Shannon	Shannon lci	Shannon hci	Simpson	Simpson lci	Simpson hci	
4.235119	4.215075	4.255163	0.060259	0.058549	0.061968	

如图 6-17 所示，样品的覆盖率达到 99%，满足了试验的要求。相对的 OTUs 数量达到 790 多，表明样品中含有的微生物种类相对来说比较稳定。洗井水的微生物群落的组成、结构和功能相对而言较稳定。

（2）洗井水的微生物群落门、纲和属的组成分析

书后彩图 57 为洗井水的微生物群落门的组成，按照 100 个以上细菌计算，大约分别属于 41 个门，主要分布在以下 13 个门中：Acidobacteria（酸杆菌门）为 0.32%，Actinobacteria（放线菌门）为 1.83%，BD1-5 为 0.91%，Bacteroidetes（拟杆菌门）为 5.51%，Candidate division JS1 为 5.51%，Chloroflexi（绿弯菌门）为 7.50%，Firmicutes（厚壁菌门）为 4.91%，

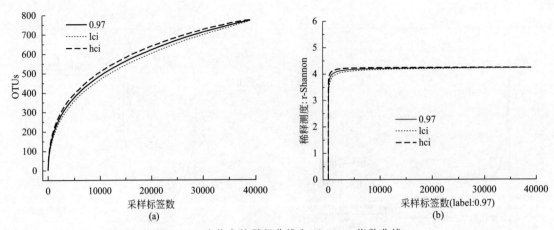

图 6-17　洗井水的稀释曲线和 Shannon 指数曲线

Planctomycetes（浮霉菌门）为 2.29%，Proteobacteria（变形菌门）为 66.95%，Spirochaetae（螺旋菌门）为 0.76%，Synergistetes 为 1.02%，Tenericutes（柔膜菌门）为 0.55%，Thermotogae（热袍菌门）为 0.72%；Unclassified（未知菌种）为 3.77%。

书后彩图 58 为洗井水的微生物群落纲的组成，细菌数大于 100 个的主要分布在以下 22 个纲中：Acidobacteria 为 0.30%，Actinobacteria 为 1.64%，Alphaproteobacteria 为 13.94%，Anaerolineae 为 7.17%，BD1-5 norank 为 0.91%，Bacteroidia 为 0.82%，Betaproteobacteria 为 31.72%，Caldilineae 为 0.28%，Candidate division JS1 norank 为 1.46%，Clostridia 为 3.61%，Deltaproteobacteria 为 3.72%，Epsilonproteobacteria 为 4.52%，Erysipelotrichia 为 1.01%，Flavobacteria 为 3.63%，Gammaproteobacteria 为 13.01%，Mollicutes 为 0.56%，Phycisphaerae 为 0.66%，Planctomycetacia 为 1.63%，Sphingobacteriia 为 0.80%，Spirochaetes 为 0.76%，Synergistia 为 1.02%，Thermotogae 为 0.73%；Unclassified 为 3.83%。

书后彩图 59 为洗井水的微生物群落属的组成，其中优势的属如下：*Acinetobacter* 为 2.08%，*Alishewanella* 为 0.368%，*Aquabacterium* 为 22.10%，*Arcobacter* 为 4.511%，BD1-5 norank 为 0.91%，*Bosea* 为 0.93%，*Brevundimonas* 为 2.03%，*Bryobacter* 为 0.294%，*Caedibacter* 为 0.335%，*Candidate division* JS1 norank 为 1.46%，*Candidatus Cloacamonas* 为 0.29%，*Cloacibacterium* 为 1.83%，*Desulfobacter* 为 1.017%，*Desulfovibrio* 为 0.279%，*Dietzia* 为 1.293%，*Erysipelothrix* 为 1.09%，*Flavobacterium* 为 1.76%，*Fusibacter* 为 0.39%，*Geobacter* 为 0.56%，*Isosphaera* 为 0.38%，*Longilinea* 为 2.47%，*Mesotoga* 为 0.49%，*Phenylobacterium* 为 1.06%，*Planctomyces* 为 0.40%，*Porphyrobacter* 为 0.52%，*Pseudomonas* 为 8.58%，*Roseomonas* 为 0.56%，*Soehngenia* 为 0.71%，*Sphingobium* 为 0.67%，*Thauera* 为 5.38%，*Thermovirga* 为 0.56%，Unclassified 为 11.84%，*Xanthobacter* 为 0.38%，Uncultured 为 6.74%，vadinBC27 wastewater-sludge group 为 0.44%。我们在以前的研究中发现 *Pseudomonas*、*Thanera* 具有硫酸盐还原功能，其中在传统意义上的硫酸盐还原模式菌属主要有 *Dechloromonas*、*Delftia*、*Desulfarculus*、*Desulfitibacter*、*Desulfitobacterium*、*Desulfobacter*、*Desulfobotulus*、*Desulfobulbus*、*Desulfocurvus*、*Desulfococcus*、*Desulfofustis*、*Desulfomicrobium*、*Desulfomonile*、*Desulforhabdus*、*Desulfosarcina*、*Desulfosporosinus*、*Desulfotomac-*

$ulum$、$Desulfovibrio$、$Desulfurivibrio$、$Desulfuromonas$、$Dethiosulfatibacter$、$Devosia$、$Dictyoglomus$、$Dietzia$、$Dysgonomonas$。其中，$Desulfobacter$ 为 1.017%，$Desulfovibrio$ 为 0.279%，$Dietzia$ 为 1.293%。该样品的硫酸盐还原菌的模式菌株较为丰富，占到的比例大约在 4%，这个比例非常的高，表明洗井水中硫化物含量也高，表明在油田地面系统中硫酸盐还原菌的模式菌株是存在的。其作为专属的硫酸盐还原微生物，具有顶级微生物群落的功能。同时发现大量的产氢的细菌（$Hydrogenoanaerobacterium$、$Hydrogenobacter$、$Hydrogenophaga$、$Hydrogenophilus$、$Hyphomicrobium$、$Hyphomonas$），竟然占到了 0.5% 的比例，同时含有部分产甲烷菌（$Methyloversatilis$）。

书后彩图 60 为洗井水的微生物群落种的组成，其中优势的种如下：$Acinetobacter\ towneri$ 为 0.40%，$Arcobacter$ sp. L 为 4.48%，$Bacteroidetes\ bacterium\ oral\ taxon$ F31 为 0.43%，$Brevundimonas\ aurantiaca$ 为 0.59%，$Brevundimonas\ diminuta$ 为 1.23%，$Candidatus\ Cloacamonas\ acidaminovorans$ str. Evry 为 0.29%，$Dietzia\ maris$ 为 1.26%，$Flavobacterium\ lindanitolerans$ 为 0.297%，$Isosphaera$ sp. Wa1-2 为 0.389%，$Pseudomonas\ stutzeri$ 为 2.067%，$Sphingobium\ xenophagum$ 为 0.67%，Unclassified 63.19%，Uncultured Anaerolineaceae bacterium 为 0.75%，Uncultured Clostridia bacterium 为 0.68%，Uncultured Clostridium sp. 为 0.50%，Uncultured Longilinea sp. 为 1.73%，Uncultured bacterium 为 14.54%。其中模式的硫酸盐还原菌为：$Desulfarculus\ baarsii$ DSM 2075、$Desulfitibacter\ alkalitolerans$、$Desulfobacterium$ sp. DS、$Desulfobotulus\ sapovorans$、$Desulfocurvus\ vexinensis$、$Desulfomicrobium\ baculatum$、$Desulfosporosinus\ meridiei$、$Desulfotomaculum\ luciae$、$Desulfotomaculum\ reducens$ MI-1、$Desulfovibrio\ mexicanus$、$Desulfovibrio$ sp. SA-6、$Desulfovibrio$ sp. ds3、$Dictyoglomus\ thermophilum$ H-6-12、$Dietzia\ maris$、$Dysgonomonas\ mossii$，其中 $Dietzia\ maris$ 为 1.26%。具有硫酸盐还原功能的微生物，在油田废水中占大多数，表明在油田地面系统中硫酸盐还原菌的模式菌株是存在的。

6.6　葡 509 管道水微生物群落以及硫酸盐还原菌的组成分析

（1）样品测序情况分析和稀释曲线

通过 Mothur 1.1.70 版以及 RDP 网站（http：//rdp. cme. msu. edu/classifier/classifier. jsp）序列比对分析。针对葡 509 管道水进行 DNA 提取，测序后的样品共获得 26445 条序列，整理修饰后获得 21601 条序列，修饰序列/有效序列比例为 81.68%，满足测序的要求。表明样品获得大于 2 万条序列，可以进行定量的分析。

由表 6-18 可见，葡 509 管道水的微生物群落多样性丰富，种群结构组成复杂，样品的覆盖率达到 99% 以上，Shannon 指数表明遗传多样性较高。

表 6-18　葡 509 管道水的样品丰富度指数

覆盖率	Ace	Ace lci	Ace hci	Chao	Chao lci	Chao hci
99.1617%	844.877839	778.307679	927.60353	732.304348	657.939863	842.592449

Shannon	Shannon lci	Shannon hci	Simpson	Simpson lci	Simpson hci
3.805981	3.78133	3.830633	0.055347	0.053978	0.056715

如图 6-18 所示，样品的覆盖率达到 99％，满足了试验的要求。相对的 OTUs 数量达到 790 多，表明样品中含有的微生物种类相对来说比较稳定。葡 509 管道水的微生物群落的组成结构和功能相对而言较稳定。

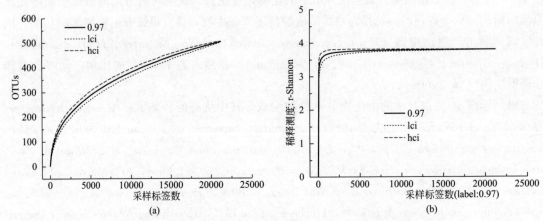

图 6-18　葡 509 管道水的稀释曲线和 Shannon 指数曲线

（2）葡 509 管道水的微生物群落门、纲和属的组成分析

书后彩图 61 为葡 509 管道水的微生物群落门的组成，按照 100 个以上细菌计算，大约分别属于 36 个门，主要分布在以下 11 个菌门中：Bacteroidetes（拟杆菌门）为 4.89％，Candidate division JS1 为 0.64％，Chloroflexi（绿弯菌门）为 0.93％，Chrysiogenetes（产金菌门）为 1.14％，Deferribacteres（脱铁杆菌门）为 4.59％，Firmicutes（厚壁菌门）为 15.94％，Proteobacteria（变形菌门）为 60.26％，Spirochaetae（螺旋菌门）为 2.26％，Synergistetes 为 1.74％，Tenericutes（柔膜菌门）为 0.64％，Thermotogae（热袍菌门）为 0.51％；Unclassified（未知种）为 3.79％。

书后彩图 62 为葡 509 管道水的微生物群落纲的组成，细菌数大于 100 个的主要分布在以下 16 个纲中：Anaerolineae 为 0.67％，Bacteroidia 为 2.65％，Betaproteobacteria 为 24.65％，Candidate division JS1 norank 为 0.64％，Chrysiogenetes 为 1.139％，Clostridia 为 13.76％，Deferribacteres 为 4.59％，Deltaproteobacteria 为 17.82％，Epsilonproteobacteria 为 6.27％，Erysipelotrichia 为 1.96％，Gammaproteobacteria 为 11.09％，Mollicutes 为 0.64％，Sphingobacteriia 为 2.04％，Spirochaetes 为 2.26％，Synergistia 为 1.74％，Thermotogae 为 1.09％；Unclassified 为 3.885％。

书后彩图 63 为葡 509 管道水的微生物群落属的组成，其中优势的属如下：*Arcobacter* 为 6.20％，*Azoarcus* 为 0.53％，*Azonexus* 为 2.04％，*Calditerrivibrio* 为 4.30％，*Candidate division* JS1 norank 为 0.65％，*Chrysiogenes* 为 1.14％，*Desulfobulbus* 为 2.86％，*Desulfovibrio* 为 1.2％，*Erysipelothrix* 为 1.95％，*Fusibacter* 为 1.06％，*Geobacter* 为 12.18％，*Hydrogenophilus* 为 1.12％，PL-11B10 norank 为 1.05％，*Petrobacter* 为 3.12％，*Proteiniphilum* 为 0.9％，*Pseudomonas* 为 6.0％，*Soehngenia* 为 9.07％，*Thauera* 为 14.26％，*Thiofaba* 为 4.59％，Unclassified 为 6.59％，WCHB1-69 norank 为 2.03％，Uncultured 为 4.91％，VadinBC27 wastewater-sludge group 为 1.46％。我们在以

前的研究中发现 *Pseudomonas*、*Thauera* 具有硫酸盐还原功能，其中在传统意义上的硫酸盐还原模式菌属主要有：*Dechloromonas*、*Dehalobacterium*、*Delftia*、*Desulfarculus*、*Desulfitibacter*、*Desulfitobacterium*、*Desulfobacter*、*Desulfobotulus*、*Desulfobulbus*、*Desulfocurvus*、*Desulfomicrobium*、*Desulfomonile*、*Desulforhabdus*、*Desulfosarcina*、*Desulfovibrio*、*Desulfurivibrio*、*Desulfuromonas*、*Dethiosulfatibacter*、*Dictyoglomus*。其中，*Desulfobulbus* 为 2.86%，*Desulfovibrio* 为 1.2%，该样品的硫酸盐还原菌的模式菌株较为丰富，占到的比例大约在 4%，这个比例非常高，表明洗井水中硫化物含量也高，表明在油田地面系统中硫酸盐还原菌的模式菌株是存在的。其作为专属的硫酸盐还原微生物，具有顶级微生物群落的功能。同时发现大量的产氢的细菌（*Hydrogenobacter*、*Hydrogenophaga*、*Hydrogenophilus*、*Hyphomicrobium*，其中 *Hydrogenophilus* 为 1.12%），大于 1% 的比例，同时含有部分产甲烷菌（*Methylocystis*）。

书后彩图 64 为葡 509 管道水的微生物群落种的组成，其中优势的种如下：*Arcobacter* sp. L 为 1.72%，*Chrysiogenes arsenatis* DSM 11915 为 1.13%，*Desulfovibrio* sp. SA-6 为 1.15%，Unclassified 为 52.01%，Uncultured Bacteroidetes bacterium 为 0.90%，Uncultured Clostridium sp. 为 52.74%，Uncultured anaerobic bacterium 为 1.87%，Uncultured bacterium 为 33.65%。其中模式的硫酸盐还原菌为：*Desulfarculus baarsii* DSM 2075、*Desulfitibacter alkalitolerans*、*Desulfitobacterium hafniense* Y51、*Desulfobotulus sapovorans*、*Desulfocurvus vexinensis*、*Desulfomicrobium baculatum*、*Desulfovibrio alkalitolerans*、*Desulfovibrio mexicanus*、*Desulfovibrio* sp. SA-6、*Desulfuromonas thiophila*、*Dictyoglomus thermophilum* H-6-12，其中，*Desulfomicrobium baculatum* 为 0.287%，*Desulfovibrio* sp. SA-6 为 1.15%。具有硫酸盐还原功能的微生物，在油田废水中占大多数，表明在油田地面系统中硫酸盐还原菌的模式菌株是存在的。

6.7　关于硫酸盐还原菌群落的变化、分布以及数量的讨论

通过我们对井口来水、洗井水、管道水以及葡三联和葡四联两个地面污水处理系统的研究，不难发现，虽然我们研究的是硫酸盐还原菌群，但是其他的功能菌群仍然是主要的，现在还无法确认其是否具有硫酸盐还原功能，但它们在数量上占有绝对的优势，具体见表 6-19。

表 6-19　葡三联地面系统模式硫酸盐还原菌属在油田系统中的分布规律

属	葡 191-85 井口/%	油岗来水/%	一沉出口/%	二沉出口/%	悬浮污泥出口/%	一滤出口/%	二滤出口/%	污水岗出口（去注）/%
Dechloromonas（无中文名）	0.410	0.136	0.114	0.114	0.231	0.069	0.031	0.022
Dehalobacterium（无中文名）	0.042	0.002	0.009	0.000	0.045	0.031	0.020	0.124
Delftia（代尔夫特菌属）	0.112	0.000	0.000	0.000	0.000	0.000	0.000	0.003
Defluviicoccus（固氮螺菌属）	0.000	0.002	0.000	0.000	0.000	0.000	0.000	0.000

属	葡191-85井口/%	油岗来水/%	一沉出口/%	二沉出口/%	悬浮污泥出口/%	一滤出口/%	二滤出口/%	污水岗出口（去注）/%
Desulfarculus（脱硫盒菌属）	0.019	0.000	0.000	0.011	0.000	0.000	0.000	0.003
Desulfitibacter（无中文名）	0.014	0.005	0.031	0.020	0.000	0.021	0.014	0.090
Dehalobacter（无中文名）	0.000	0.000	0.000	0.000	0.006	0.000	0.000	0.003
Desulfitobacterium（脱亚硫酸菌属）	0.014	0.007	0.000	0.014	0.000	0.000	0.003	0.022
Desulfobulbus（脱硫叶菌属）	2.970	0.017	0.101	0.704	0.006	0.010	0.014	0.275
Desulfobacca（互营菌属）	0.000	0.005	0.004	0.009	0.000	0.003	0.000	0.006
Desulfomicrobium（脱硫微菌）	0.603	0.074	0.158	0.074	0.003	0.232	0.009	0.233
Desulfobacter（脱硫杆菌属）	0.005	0.002	0.096	0.003	0.000	0.000	0.000	0.003
Desulforhabdus（互营杆菌属）	0.066	0.364	0.700	1.138	0.042	0.003	0.054	1.349
Desulfosporosinus（脱硫芽孢弯曲菌属）	0.000	0.000	0.000	0.000	0.000	0.000	0.011	0.000
Desulfovibrio（脱硫弧菌属）	1.223	0.000	0.026	0.270	0.074	0.007	0.006	0.051
Desulfomonile（无中文名）	0.099	0.000	0.000	0.014	0.000	0.003	0.000	0.008
Desulfobotulus（无中文名）	0.036	0.000	0.000	0.000	0.000	0.000	0.000	0.000
Desulfocurvus（无中文名）	0.033	0.000	0.000	0.003	0.000	0.000	0.000	0.000
Dethiobacter（无中文名）	0.000	0.012	0.009	0.000	0.000	0.003	0.007	0.006
Desulfuromonas（除硫单胞菌属）	0.203	0.010	0.022	0.054	0.000	0.045	0.020	0.230
Desulfosarcina（脱硫叠球菌属）	0.005	0.000	0.004	0.004	0.000	0.000	0.000	0.000
Desulfofustis（脱硫棒菌属）	0.000	0.000	0.000	0.014	0.000	0.000	0.000	0.000
Dictyoglomus（网络球杆菌属）	0.099	0.307	0.188	0.131	0.038	0.021	0.026	0.242
Dietzia（迪茨氏菌属）	0.000	0.002	0.004	0.000	0.019	0.003	0.003	0.006
Desulfotomaculum（脱硫肠状菌属）	0.000	0.007	0.000	0.000	0.000	0.000	0.000	0.000
Desulfonatronum（无中文名）	0.000	0.000	0.000	0.000	0.000	0.000	0.000	0.003
Desulfurivibrio（无中文名）	0.009	0.000	0.000	0.000	0.000	0.000	0.000	0.000

属	葡 191-85 井口/%	油岗来水 /%	一沉出口 /%	二沉出口 /%	悬浮污泥 出口/%	一滤出口 /%	二滤出口 /%	污水岗出口 （去注）/%
Dethiosulfatibacter （无中文名）	0.007	0.000	0.000	0.020	0.000	0.000	0.000	0.003
Devosia （德沃斯氏菌属）	0.000	0.000	0.000	0.000	0.000	0.000	0.000	0.006
合计百分比	5.968	0.952	1.466	2.591	0.468	0.457	0.212	2.687

6.7.1　葡三联的地面系统中硫酸盐还原菌属的数量和分布

如表 6-19 所示，油田井口和地面污水处理中，一共发现 29 种模式硫酸盐还原菌属，其中葡 191-85 井口发现了 19 种，油岗来水发现了 15 种，一沉出口发现了 14 种，二沉出口发现了 16 种，悬浮污泥出口发现了 10 种，一滤出口发现了 13 种，二滤出口发现了 12 种，污水岗出口（去注）发现了 21 种。不同优势的属在整个系统中变化很大，如 *Desulfobulbus*（脱硫叶菌属）在系统井口的数量是 2.970%，在二沉出口数量为 0.704%，注入地下时为 0.275%。

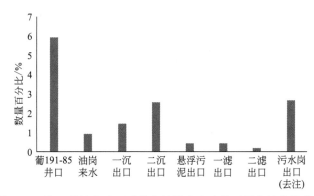

图 6-19　葡三联整个地面系统中的模式硫酸盐还原菌的数量分布

如图 6-19 所示，结合表 2-20 的统计结果会发现，模式硫酸盐还原菌属的数量在不同的工艺段数量差距很大，井口最高为 5.968%，地面系统中二沉出口和污水岗出口（去注）的数量为 2.0% 左右，数量最高，其他的工艺段数量较少，主要原因是模式的硫酸盐还原菌属于对氧气条件极为苛刻的一种大类微生物，这类微生物受环境影响大，从数量分布上也可以看到，井口属于油藏环境，厌氧程度高，相对的数量也较高。地面系统中的微生物受地面工艺的影响，厌氧的环境发生了改变，导致数量下降，同时还有营养物质以及其他菌群的生长数量的变化，导致数量减少。

如表 6-20 所示，*Pseudomonas*（假单胞菌属）具有硫酸盐还原功能，属于硫酸盐还原功能菌属，是系统中的优势菌属，其数量在地面系统中分布较多，*Thauera*（陶厄氏菌属）具有硫酸盐还原功能以及硝化功能，具体利用硫酸根是根据水中物质的数量和比例确定的，初步的统计结果表明，地面系统中具有硫酸盐还原功能的菌属加上模式菌属，能够进行硫酸盐还原的微生物总量的比例大约为 7%～75%，数量非常大，比例也非常高，控制微生物生长利用的底物是关键。

表 6-20　模式和非模式硫酸盐还原菌的数量百分比统计

工艺段	模式 SRB/%	*Pseudomonas*（假单胞菌属）/%	*Thauera*（陶厄氏菌属）/%	统计/%
葡 191-85 井口	5.968262786	8.68	5.52	20.16826
油岗来水	0.951882347	37.30426919	0.559230879	38.81538
一沉出口	1.465762415	41.92518049	1.553270619	44.94421
二沉出口	2.590805902	13.52440409	2.758229285	18.87344
悬浮污泥出口	0.468369049	21.70537662	16.29026049	38.46401
一滤出口	0.457491422	52.65310366	0.77634908	53.88694
二滤出口	0.211700758	72.5675869	0	72.77929
污水岗出口（去注）	2.686978274	4.14289328	0	6.829872

6.7.2　葡四联的地面系统中硫酸盐还原菌属的数量和分布

如表 6-21 所示，地面污水处理系统中，三联来水发现了 12 种，横向流进口发现了 18 种，横向流出口发现了 20 种，一滤出口发现了 6 种，二滤出口发现了 12 种。不同优势的属在整个系统中变化很大，如 *Desulforhabdus*（互营杆菌属）在来水的数量是 0.365%，在一滤出口数量为 0，二滤出口为 0.019%。

表 6-21　葡四联地面系统模式硫酸盐还原菌属在油田系统中的分布规律

属	三联来水/%	横向流进口/%	横向流出口/%	一滤出口/%	二滤出口/%
Dechloromonas（无中文名）	0.175	0.059	0.022	0.019	0.026
Defluviicoccus（固氮螺菌属）	0.005	0.000	0.000	0.000	0.000
Dehalobacterium（无中文名）	0.009	0.006	0.002	0.000	0.003
Desulfobulbus（脱硫叶菌属）	0.057	0.040	0.028	0.007	0.000
Delftia（代尔夫特菌属）	0.000	0.003	0.002	0.000	0.006
Desulfomicrobium（脱硫微菌）	0.028	0.118	0.122	0.048	0.029
Desulfitibacter（无中文名）	0.005	0.006	0.011	0.000	0.003
Desulfarculus（脱硫盒菌属）	0.000	0.000	0.011	0.000	0.000
Desulfomonile（无中文名）	0.000	0.003	0.013	0.002	0.006
Desulfitobacterium（无中文名）	0.005	0.012	0.000	0.000	0.003
Desulfovibrio（脱硫弧菌属）	0.000	0.043	0.037	0.010	0.019
Desulfobacca（互营菌属）	0.000	0.000	0.003	0.004	0.000
Desulfuromonas（除硫单胞菌属）	0.000	0.025	0.007	0.002	0.000
Desulfocurvus（无中文名）	0.000	0.000	0.000	0.000	0.003
Desulfobacter（脱硫杆菌属）	0.000	0.006	0.000	0.000	0.000
Desulforhabdus（互营杆菌属）	0.365	0.286	0.142	0.000	0.019
Desulfobotulus（无中文名）	0.000	0.006	0.000	0.000	0.000
Desulfocapsa（无中文名）	0.000	0.000	0.002	0.000	0.000
Dethiobacter（无中文名）	0.014	0.009	0.009	0.000	0.000
Dictyoglomus（网络球杆菌属）	0.175	0.158	0.155	0.000	0.061

属	三联来水/%	横向流进口/%	横向流出口/%	一滤出口/%	二滤出口/%
Dietzia（迪茨氏菌属）	0.005	0.000	0.000	0.000	0.000
Dorea（德里奥属）	0.005	0.000	0.000	0.000	0.000
Desulfurivibrio（无中文名）	0.000	0.006	0.004	0.000	0.003
Desulfonatronum（无中文名）	0.000	0.000	0.002	0.000	0.000
Desulfosporosinus（脱硫芽孢弯曲菌属）	0.000	0.000	0.002	0.000	0.000
Desulfotignum（无中文名）	0.000	0.000	0.002	0.000	0.000
Desulfotomaculum（脱硫肠状菌属）	0.000	0.000	0.004	0.000	0.000
总计	0.848	0.798	0.584	0.088	0.184

如图 6-20 所示，结合表 6-20 的统计结果会发现，模式的硫酸盐还原菌属的数量在不同的工艺段数量差距很大，三联来水中的数量为 0.848%，横向流进口和横向流出口数量依次减少，在一滤出口降低到 0.08%，二滤出口升高到 0.184%。主要原因是模式的硫酸盐还原菌属于对氧气条件极为苛刻的一种大类微生物，这类微生物受环境影响大，从数量分布上也可以看到，井口属于油藏环境，厌氧程度高，相对的数量也较高。地面系统中的微生物受地面工艺的影响，厌氧的环境发生了改变，

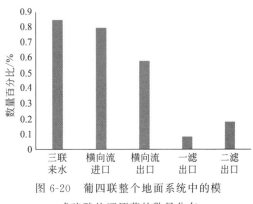

图 6-20 葡四联整个地面系统中的模式硫酸盐还原菌的数量分布

导致数量下降，同时还有营养物质以及其他菌群的生长数量的变化，导致数量减少。

如表 6-22 所示，如葡三联，系统中 *Pseudomonas*（假单胞菌属）数量较多，*Thauera*（陶厄氏菌属）数量相对稳定，具体利用硫酸根是根据水中物质的数量和比例确定的，初步的统计结果表明，地面系统中具有硫酸盐还原功能的菌属加上模式菌属，能够进行硫酸盐还原的占到系统微生物总量的比例大约在 14%～75%，数量非常大，比例也非常高，控制微生物生长利用的底物和生长环境是关键。

表 6-22 模式和非模式硫酸盐还原菌的数量百分比统计

工艺段	模式 SRB/%	*Pseudomonas*（假单胞菌属）/%	*Thauera*（陶厄氏菌属）/%	总和/%
三联来水	0.847939365	11.88	1.21	13.93794
横向流进口	0.798211013	44.45	1.19	46.43821
横向流出口	0.58384903	54.03	0.46	55.07385
一滤出口	0.087965384	71.51	0.82	72.41797
二滤出口	0.184031253	52.27	1.89	54.34403

6.8 葡萄花油田地面系统微生物群落组成及硫酸盐还原菌种类

① 通过对油田地面系统进行水质分析，同时对硫酸盐还原菌的数量进行监测，井口硫

化物的含量较高，在整个工艺过程中沉降罐中硫化物含量增加，硫酸盐还原菌的数量也较高。整个污水中有机物多以烷烃类物质为主。

② 油田地面系统中的微生物主要来源于地下油藏，也有部分微生物在地面系统中产生。硫酸盐还原菌来源于井口地下的油藏系统，部分的硫酸盐还原菌属在地面系统中滋生，同时有部分硫酸盐还原菌，由于地面系统生长环境适宜而产生。硫酸盐还原菌模式菌株变化不大，基本上在整个系统中都含有，虽然数量不是最多的，但是硫酸盐功能菌株为硫化物产生的根源，比如 *Pseudomonas*（假单包菌属）等。

③ 洗井水中的主要优势的微生物群落组成包括：*Acinetobacter*（不动杆菌属）为 2.08%，*Aquabacterium*（未定属）为 22.10%，*Arcobacter*（弓形杆菌属）为 4.511%，*Brevundimonas*（短波单胞菌属）为 2.03%，*Desulfobacter*（脱硫杆菌属）为 1.017%，*Desulfovibrio*（脱硫弧菌属）为 0.279%，*Dietzia*（迪茨氏菌属）为 1.293%，*Erysipelothrix*（丹毒丝菌属）为 1.09%，*Flavobacterium*（黄杆菌属）为 1.76%，*Longilinea*（长绳菌属）为 2.47%，*Phenylobacterium*（苯基杆菌属）为 1.06%，*Pseudomonas*（假单胞菌属）为 8.58%，*Thauera*（陶厄氏菌属）为 5.38%。

其中在传统意义上的硫酸盐还原模式菌属主要有：*Dechloromonas*（无中文名）、*Delftia*（代尔夫特菌属）、*Desulfarculus*（脱硫盒菌属）、*Desulfitibacter*（无中文名）、*Desulfitobacterium*（脱亚硫酸菌属）、*Desulfobacter*（脱硫杆菌属）、*Desulfobotulus*（无中文名）、*Desulfobulbus*（脱硫叶菌属）、*Desulfocurvus*（无中文名）、*Desulfococcus*（脱硫球菌属）、*Desulfofustis*（脱硫棒菌属）、*Desulfomicrobium*（脱硫微菌）、*Desulfomonile*（无中文名）、*Desulforhabdus*（无中文名）、*Desulfosarcina*（脱硫叠球菌属）、*Desulfosporosinus*（脱硫芽孢弯曲菌属）、*Desulfotomaculum*（脱硫肠状菌属）、*Desulfovibrio*（脱硫弧菌属）、*Desulfurivibrio*（无中文名）、*Desulfuromonas*（除硫单胞菌属）、*Dethiosulfatibacter*（无中文名）、*Devosia*（无中文名）、*Dictyoglomus*（网络球杆菌属）、*Dietzia*（迪茨氏菌属）、*Dysgonomonas*（无中文名）。其中，*Desulfobacter*（脱硫杆菌属）为 1.017%，*Desulfovibrio*（脱硫弧菌属）为 0.279%，*Dietzia*（迪茨氏菌属）为 1.293%，为优势硫酸盐还原菌。该样品的硫酸盐还原菌模式的菌株较为丰富，占到的比例大约在 4%，这个比例非常高，表明洗井水中硫化物含量也高，也表明在油田地面系统中硫酸盐还原菌的模式菌株是存在的。其作为专属的硫酸盐还原微生物，具有顶级微生物群落的功能。同时发现大量产氢的细菌（*Hydrogenoanaerobacterium*、*Hydrogenobacter*、*Hydrogenophaga*、*Hydrogenophilus*、*Hyphomicrobium*、*Hyphomonas*），占到了 0.5%的比例。

④ 葡 509 管道水的微生物群落优势属的组成包括：*Arcobacter*（弓形杆菌属）为 6.20%，*Azonexus*（固氮弓菌属）为 2.04%，*Calditerrivibrio*（无中文名）为 4.30%，*Chrysiogenes*（产金菌属）为 1.14%，*Desulfobulbus*（脱硫叶菌属）为 2.86%，*Desulfovibrio*（脱硫弧菌属）为 1.2%，*Erysipelothrix*（丹毒丝菌属）为 1.95%，*Fusibacter*（无中文名）1.06%，*Geobacter*（地杆菌属）为 12.18%，*Hydrogenophilus*（嗜氢菌属）为 1.12%，*Petrobacter*（无中文名）为 3.12%，*Pseudomonas*（假单胞菌属）为 6.0%，*Soehngenia*（八叠球菌属）为 9.07%，*Thauera*（陶厄氏菌属）为 14.26%，*Thiofaba*（无中文名）为 4.59%。在传统意义上的硫酸盐还原模式菌属主要有：*Dechloromonas*（无中文名）、*Dehalobacterium*（无中文名）、*Delftia*（代尔夫特菌属）、*Desulfarculus*（脱硫盒菌

属）、*Desulfitibacter*（热脱硫菌属）、*Desulfitobacterium*（脱亚硫酸菌属）、*Desulfobacter*（脱硫杆菌属）、*Desulfobotulus*（无中文名）、*Desulfobulbus*（脱硫叶菌属）、*Desulfocurvus*（无中文名）、*Desulfomicrobium*（脱硫微菌）、*Desulfomonile*（无中文名）、*Desulforhabdus*（无中文名）、*Desulfosarcina*（脱硫叠球菌属）、*Desulfovibrio*（脱硫弧菌属）、*Desulfurivibrio*（无中文名）、*Desulfuromonas*（除硫单胞菌属）、*Dethiosulfatibacter*（无中文名）、*Dictyoglomus*（网络球杆菌属）。其中，*Desulfobulbus*（脱硫叶菌属）为 2.86%，*Desulfovibrio*（脱硫弧菌属）为 1.2%，该样品的硫酸盐还原菌的模式的菌株较为丰富，占到的比例大约在 4%，这个比例非常高，表明洗井水中硫化物含量也高，也表明在油田地面系统中硫酸盐还原菌的模式菌株是存在的。其作为专属的硫酸盐还原微生物，具有顶级微生物群落的功能。同时发现大量产氢的细菌（*Hydrogenobacter*、*Hydrogenophaga*、*Hydrogenophilus*、*Hyphomicrobium*，其中 *Hydrogenophilus* 为 1.12%），大于 1% 的比例，同时含有部分产甲烷菌（*Methylocystis*）。

⑤ 葡 191-85 井口的微生物群落属的组成，其中优势的属：*Acinetobacter*（不动杆菌属）为 2.32%，*Aquabacterium*（无中文名）为 21.24%，*Arcobacter*（弓形杆菌属）为 4.33%，*Brevundimonas*（短波单胞菌）为 2.33%，*Desulfobacter*（脱硫杆菌属）为 1.42%，*Desulfovibrio*（脱硫弧菌属）为 0.312%，*Dietzia*（迪茨氏菌属）为 1.362%，*Pseudomonas*（假单胞菌属）为 8.68%，*Thauera*（陶厄氏菌属）为 5.52%。在传统意义上的硫酸盐还原模式菌属主要有：*Dechloromonas*（无中文名）、*Dehalobacterium*（无中文名）、*Delftia*（代尔夫特菌属）、*Desulfarculus*（脱硫盒菌属）、*Desulfitibacter*（热脱硫菌属）、*Desulfitobacterium*（脱亚硫酸菌属）、*Desulfobacter*（脱硫杆菌属）、*Desulfobotulus*（无中文名）、*Desulfobulbus*（脱硫叶菌属）、*Desulfocurvus*（无中文名）、*Desulfomicrobium*（脱硫微菌）、*Desulfomonile*（无中文名）、*Desulforhabdus*（无中文名）、*Desulfosarcina*（脱硫叠球菌属）、*Desulfovibrio*（脱硫弧菌属）、*Desulfurivibrio*（无中文名）、*Desulfuromonas*（除硫单胞菌属）、*Dethiosulfatibacter*（无中文名）、*Dictyoglomus*（网络球杆菌属）。其中 *Desulfobacter*（脱硫杆菌属）为 1.017%，*Desulfovibrio*（脱硫弧菌属）为 0.279%，*Dietzia*（迪茨氏菌属）为 1.293%，硫酸盐还原菌的模式的菌株较为丰富，占到的比例大约在 4%，井口中硫化物含量也高，表明在油藏系统中硫酸盐还原菌的模式菌株是存在的。同时发现大量的产氢的细菌（*Hydrogenoanaerobacterium*、*Hydrogenobacter*、*Hydrogenophaga*、*Hydrogenophilus*、*Hyphomicrobium*、*Hyphomonas*），占到了 0.6% 的比例，同时含有部分产甲烷菌［*Methyloversatilis*（丙酸杆菌属）］，这个发现对以后的微生物采油具有重要意义。

⑥ 葡三联污水处理站地面系统微生物群落动态演替分析。从井口到注水工艺的整个地面系统中优势的微生物属主要包括 *Acinetobacter*（不动杆菌属）、*Alishewanella*（希灭氏菌）、*Arcobacter*（弓形杆菌属）、*Azospira*（固氮螺菌属）、*Pseudomonas*（假单胞菌属）、*Thiofaba*（无中文名）、*Azospir*（巴西固氮螺菌属）、*Thauera*（陶厄氏菌属）、*Calditerrivibrio*（无中文名），其中 *Pseudomonas*（假单胞菌属）在整个系统中一直处于优势的地位，该属具有硫酸盐还原功能。

模式硫酸盐还原菌属优势属的不同工艺段的变化规律如下。

井口：*Desulfobacter*（脱硫杆菌属）为 1.017%，*Desulfovibrio*（脱硫弧菌属）为

0.279％，*Dietzia*（迪茨氏菌属）为 1.293％；油岗来水：*Desulforhabdus*（无中文名）为 0.36％；一沉出口：*Desulforhabdus*（无中文名）为 0.70％；二沉出口：*Dechloromonas*（无中文名）为 0.11％，*Desulfobulbus*（无中文名）为 0.70％，*Desulforhabdus*（无中文名）为 1.13％，*Dictyoglomus*（网络球杆菌属）为 0.13％；悬浮污泥出口：*Dechloromonas*（无中文名）为 0.23％；一滤出口：*Dechloromonas*（无中文名）为 0.07％，*Desulfomicrobium*（脱硫微菌）为 0.23％；二滤出口：*Desulforhabdus*（无中文名）为 0.05％，*Dechloromonas*（无中文名）为 0.03％；污水岗出口（去注）：*Dehalobacterium*（无中文名）为 0.12％，*Desulfobulbus*（脱硫叶菌属）为 0.27％，*Desulfomicrobium*（脱硫微菌）为 0.23％，*Desulforhabdus*（无中文名）为 1.34％，*Desulfuromonas*（无中文名）为 0.23％，*Dictyoglomus*（网络球杆菌属）为 0.24％。在整个工艺过程中细菌的属的数量发生着变化，但是总体上，硫酸盐还原菌的种类基本上变化不大。与井口的比较会发现，模式硫酸盐还原菌大部分来自油藏系统，部分菌属在地面系统中滋生。

⑦ 葡四联污水处理站地面系统微生物群落动态演替分析。从来水到注水工艺的整个地面系统中优势的微生物属主要包括 *Hydrogenophaga*（噬氢菌属）、*Acinetobacter*（不动杆菌属）、*Alishewanella*（希灭氏菌）、*Arcobacter*（弓形杆菌属）、*Azospira*（固氮螺菌属）、*Pseudomonas*（假单胞菌属）、*Thiofaba*（无中文名）、*Azospir*（巴西固氮螺菌属）、*Thauera*（陶厄氏菌属）、*Calditerrivibrio*（无中文名），其中 *Pseudomonas*（假单胞菌属）在整个系统中一直处于优势的地位，该属具有硫酸盐还原功能。

模式硫酸盐还原菌属优势属的不同工艺段的变化规律如下：

三联来水：*Dechloromonas*（无中文名）为 0.175％，*Desulforhabdus*（无中文名）为 0.364％。横向流进口：*Desulfomicrobium*（脱硫微菌）为 0.11％，*Dechloromonas*（无中文名）为 0.05％。横向流出口：*Desulfomicrobium*（脱硫微菌）为 0.12％，*Desulforhabdus*（无中文名）为 0.14％。一滤出口：*Dechloromonas*（无中文名）为 0.07％。二滤出口：*Dechloromonas*（无中文名）为 0.05％。规律同葡三联，只是优势的模式硫酸盐还原菌的数量不同。

⑧ 从井口到地面系统中的模式硫酸盐还原菌属的数量减少，但是地面系统中的非模式菌属如 *Pseudomonas*（假单胞菌属）数量较多，*Thauera*（陶厄氏菌属）数量相对稳定，初步的统计结果表明，地面系统中具有硫酸盐还原功能的菌属加上模式菌属，能够进行硫酸盐还原的微生物占到系统微生物总量的比例大约为 14％～75％，数量非常大，比例也非常高，如何控制底物以及生长环境是关键。

第7章 油田硫化物的提取方法及其组成分析

含油污水中的硫化物种类繁多，本章主要针对含油污水中硫化物提取方法的研究，开发了 3 种硫化物提取和固定的方法，同时采用材料学表征方法以及气质联机等对可能存在的硫化物进行表征分析。

7.1 含硫化物的水样的采集方法

研究目的是分析不同工艺段中硫化物的组成，然而一个现实的问题是，如何解决氧气对水样的干扰，氧气对硫化物有氧化的作用。课题组进行了多种尝试：a. 采用集气袋的方法，这种方法比较保险，但是取样量很少，在测定的过程中会发生一定溶解氧的进入；b. 采用取样瓶充氮气的方法，实际操作过程中难免会有气体的进入；c. 采用大桶取样的方法。

由表 7-1 可见，3 种取样方法，从现场带回到实验室，通过对硫化物的测定，基本上差异不大，存在的主要差异问题还是取样的速度和手法误差，考虑到现场硫化物的含量不是很大，测样需要更多的硫化物浓度，因此考虑用大桶进行取样。

表 7-1　3 种取样方法硫化物变化情况

取样点	硫化物/（mg/L）			
	取样前	取样后		
		集气袋	取样瓶	大桶
油岗来水	11.38	11.26	11.30	11.35
一沉出口	10.69	10.54	10.28	10.45
二沉出口	8.25	8.00	7.95	8.13
一滤出口	9.84	9.32	9.02	9.32
二滤出口	10.36	10.53	10.04	10.38

如图 7-1 所示，现场采用大桶去取样，同时对油岗来水、一沉出口、二沉出口、一滤出口、二滤出口以及污水岗出口（去注）进行取样。

  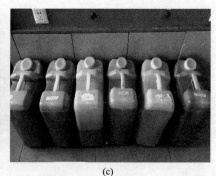
       (a)   (b)   (c)

图 7-1　现场大桶的取样的方法及取样位点

7.2　水中的硫化物提取方法

7.2.1　油水分离离心提取法硫化物提取

前文研究探讨了几种关于硫化物收集的方法，目的是做材料的表征分析，这需要一定质量的硫化物的浓缩物，这样才能进行后续的表征分析。

第一种方法是采用油水分离提取硫化物的方法，硫化物不仅存在于液态的水层，油层中也有，因此采用对汽油进行分层，分为油层和水层，然后再采用离心机的方法进行离心。

硫化物富集、分离提纯方法如下：

① 将 10～20L 的葡三联污水，取回后迅速加入到下口瓶中，加入一定量汽油，充分搅拌混匀后，静沉，萃取 24h。

② 容器中的液体分为 3 层：下层水、中层悬浮物、上层汽油。

③ 用离心机离心富集水层固态物，离心机的转速为 12000r/min，离心 10min，将离心管底部的固体转移到烧杯中。

④ 将萃取得到的油层转移到分液漏斗中（悬浮物容易沾到玻璃壁上，可用少量去离子水洗下），将离心得到的固态物也转移到分液漏斗中，然后加入 60℃的汽油萃取悬浮物中的原油多次，直到汽油层无色为止。

⑤ 分别将水层和油层中的固态物转移到烧杯中，加入适量去离子水，用 0.45μm 的膜过滤，收集悬浮物质至烧杯中，并放入 60℃干燥箱中干燥至恒重。

⑥ 将得到的悬浮物和硫化物放入干燥器中保存。

研究采用高速度的离心机，进行油层和水层中样品固态物的分离。

离心机和离心后的产物如图 7-2 所示。

7.2.2　油水分离膜过滤硫化物提取

第二种方法是采用 0.45μm 的进口膜进行过滤，将硫化物以及悬浮物截留在膜上，然后烘干进行材料学分析。采用悬浮物固体测定仪进行膜过滤，同时对膜过滤后水中的硫化物进行测定，考察硫化物的损失情况。膜过滤后的图片如图 7-3 所示。

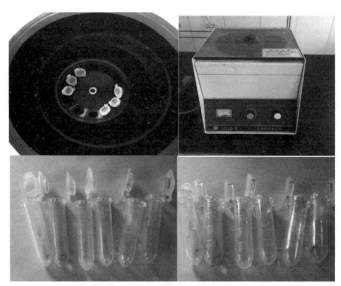

图 7-2　离心机和离心后的产物

图 7-3　膜过滤后的图片

表 7-2　膜过滤方法硫化物变化情况

取样点	硫化物/(mg/L)	
	取样前	过滤后
油岗来水	11.38	0.11
一沉出口	10.69	0.05
二沉出口	8.25	0.84
一滤出口	9.84	0.02

取样点	硫化物/(mg/L)	
	取样前	过滤后
二滤出口	10.36	0.01

通过对膜过滤后水中硫化物的分析（表 7-2）可见，过滤后水中含有部分硫化物，但是含量极少。其膜截留的量很大，满足试验的要求。

7.2.3 硫酸锌固定法

研究人员开发了第三种硫化物固定方法，采用硫酸锌溶液直接固定，在加药的瓶子中可见白色和褐色的沉淀。

如图 7-4 所示为污水取来后的原样，在加药后，形成了白色以及褐色的絮状沉淀物质（图 7-5）。

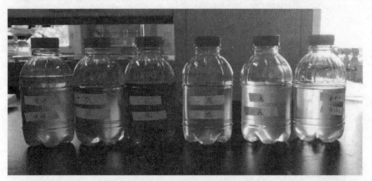

图 7-4　污水的原样

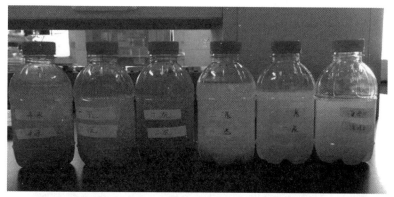

图 7-5　加药后形成了白色及褐色的絮状沉淀

对形成的滤饼（图 7-6）烘干，然后进行材料学的表征分析。本节总结如下：

图 7-6　过滤后形成的滤饼

① 研究探讨了现场集气袋、取样瓶、大桶三种取样方法，从现场带回到实验室，通过对硫化物的测定，基本上差异不大，主要差异是取样的速度和手法存在的误差，考虑到现场硫化物的含量不是很大，测样需要较高的硫化物浓度，因此考虑用大桶进行取样。

② 开发和比较了油水分离离心提取法进行硫化物提取、油水分离膜过滤硫化物提取、硫酸锌固定法进行硫化物的提取和固定，每种方法都有其优点，为了更好地收集硫化物，研究人员进行了 3 种方法的硫化物的收集和比较。

7.3　硫化物的组成成分分析

用离心机对来水进行了离心后获得固态物，分别对油中的悬浮物和水中的悬浮物包括硫化物进行分析，以及液态污水中的硫化物的组成进行分析。

7.3.1 离心后的悬浮物和硫化物（油中硫化物）

如图 7-7 所示，颗粒物基本上为纳米级。颗粒细小，而且均匀。同时对悬浮物进行总体的分析，如图 7-8 所示。

图 7-7 离心后的悬浮物和硫化物（油中硫化物）形态

图 7-8 离心后的悬浮物和硫化物（油中硫化物）成分 EDX 分析

如图 7-8 和表 7-3 所示，离心后的悬浮物和硫化物（油中硫化物）主要组成为 Si、C、O 以及 Ca 等。

表 7-3 离心后的悬浮物和硫化物（油中硫化物）成分分析

元素	质量分数/%	元素含量比（原子分数）/%
C	21.24	33.50
O	31.97	37.86

元素	质量分数/%	元素含量比(原子分数)/%
Fe	3.15	1.07
Na	0.20	0.17
Mg	0.10	0.08
Al	0.47	0.33
Si	36.18	24.40
Ca	5.01	2.37
S	0.12	0.02
Ba	1.69	0.23

由表 7-3 可见，硫元素在整个物质的组成中含量较少，只有 0.12% 左右。

对局部的颗粒物组成分析如下。

如图 7-9 和表 7-4 所示，细小颗粒物可能为聚合铝铁、氧化硅、硫化钙、硫化镁等，C 和 O 最有可能的是聚合物。

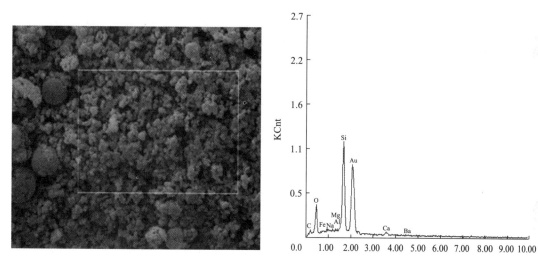

图 7-9　细小型颗粒物 EDX 分析

表 7-4　细小型颗粒物组成

元素	质量分数/%	元素含量比(原子分数)/%
C	18.89	32.18
O	25.34	32.41
Fe	11.12	4.07
Na	2.16	1.92
Mg	1.37	1.16
Al	1.24	0.94
Si	35.42	25.81
Ca	2.31	1.18
S	0.82	0.16
Ba	2.15	0.32

同时对典型的球型颗粒进行分析，如图 7-10 所示。

图 7-10　典型球型颗粒的 EDX 能谱

如图 7-10 和表 7-5 所示，颗粒物应该为纳米二氧化硅。其中的 C 可能是聚合物无法清洗下去，而非硫化物形成的颗粒，导致成分中含有 C。

表 7-5　典型球型颗粒的组成

元素	质量分数/%	元素含量比（原子分数）/%
C	20.90	35.65
O	23.50	30.09
Fe	14.58	5.35
Na	2.47	2.21
Mg	1.59	1.34
Al	1.15	0.87
Si	31.85	23.24
Ca	1.86	0.95
Ba	2.10	0.31

对离心后油中的悬浮物和硫化物进行 XRD 分析。研究采用日本理学 D/max-Ⅲ X 衍射仪进行悬浮固体样品的晶相结构测试，采用 Cu Kα1 辐射及石墨单色器，光源波长为 $\lambda = 0.15418nm$，X 光管电压为 45kV，电流为 150mA；采用步进扫描方式，步宽为 0.02°，扫描速度为 6°/min。得到谱图后，用图库中的标准物质谱图进行对比，判断悬浮物中具有晶体结构的物质。

如图 7-11 所示，从 XRD 图谱中比对发现，主要包括二氧化硅、氧化钙（CaO）、碳酸钙（$CaCO_3$）、磷酸铝（$AlPO_4$）、斜方铝矾［$Al(SO_4)F$］、硫化锌、硫化钙、硫酸钡等。

采用 X 射线荧光光谱（XRF），进行分析，采用日本岛津生产的 XRF-1700 型 X 荧光分析仪测定样品组成，用 Rh 靶作为激发源，电压为 40kV，电流为 70mA，样品装入铝盒中压实后进行测定。测定结果为样品中元素较为精确的质量分数。

主要元素分别为：O（50.955%）、Na（1.695%）、Mg（0.304%）、Al（0.922%）、Si（26.969%）、P（0.059%）、S（0.242%）、Ca（6.132%）、Fe（2.344%）、Ba（0.242%），将元素含量进行重新拟合运算，其中以 Na_2O（2.237%）、MgO（0.501%）、Al_2O_3（1.746%）、SiO_2（59.016%）、P_2O_5（0.149%）、K_2O（0.072%）、CaO（9.578%）、Fe_2O_3（3.905%），

BaO(0.317％)、SrO(0.334％)、Cl(0.111％) 等这些物质为主，其余为小的化合物。

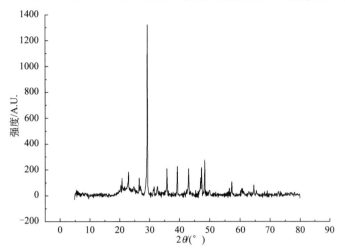

图 7-11　离心后的油中的悬浮物和硫化物进行 XRD 图谱

X-射线光电子能谱（XPS）硫的价态分析如下：

试验对比测试离心后的油中的悬浮物和硫化物样品的 XPS 能谱，如图 7-12 和表 7-6 所示，元素分析包含：Si2p 为 15.14％，Al2p 为 8.09％，Ca2p 为 2.80％，Fe2p 为 0.87％，Na1s 为 0.88％，S1s 为 0.23％，Mg1s 为 1.26％，等特征峰。

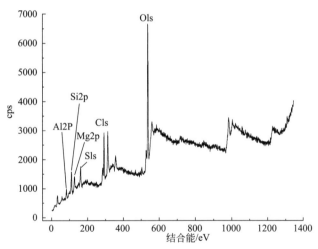

图 7-12　离心后的油中的悬浮物和硫化物的 XPS 能谱 （一）

表 7-6　离心后的油中的悬浮物和硫化物元素含量 （一）

元素	范围/(cts-eV/s)	敏感系数	含量/％
O1s	20885	17.428	70.73
Si2p	2004	7.838	15.14
Al2p	740	5.417	8.09
Ca2p	2065	43.608	2.80
Fe2p	1084	73.679	0.87
Na1s	452	30.478	0.88
S1s	834	4.135	0.23
Mg1s	637	29.991	1.26

如图 7-13 所示，两幅 XPS 表面能谱相差不大，几乎是一样的，出现了 S1s 特征峰值。

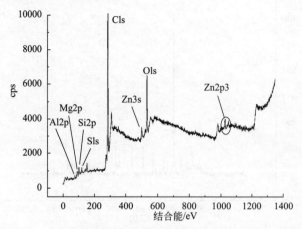

图 7-13　离心后的油中的悬浮物和硫化物的 XPS 能谱（二）

表 7-7 为离心后油中的悬浮物和硫化物表面元素含量。

表 7-7　离心后的油中的悬浮物和硫化物表面元素含量（二）

元素	范围/(cts·eV/s)	敏感系数	含量/%
O1s	9012	17.428	73.55
Si2p	771	7.838	13.99
Al2p	272	5.417	7.14
Ca2p	667	43.608	2.18
Fe2p	271	73.679	0.52
Mg1s	107	29.991	0.51
Zn2p3	1085	73.178	2.11
S1s	210	4.314	0.24

可能的物质成分主要有：单质硫（零价态）、硫化镁、硫化钙、硫化钡（二价硫）等。

7.3.2　离心后的悬浮物和硫化物（水中硫化物）

如图 7-14 所示，从离心后的悬浮物和硫化物（水中硫化物）微观结构来看，离心后的悬浮物和硫化物分布的比较均匀，多为雪花状小颗粒。

如图 7-15 和表 7-8 所示，C 占 21.41%，O 占 25.04%，Si 占 37.00% 以及 Fe 等。

表 7-8　离心后的悬浮物和硫化物（水中硫化物）组成分析

元素	质量分数/%	元素含量比(原子分数)/%
C	21.41	34.97
O	25.04	30.70
Na	2.76	2.35
Mg	1.42	1.14
Al	2.42	1.76
Si	37.00	25.85
Ca	2.71	1.33

元素	质量分数/%	元素含量比(原子分数)/%
S	0.12	0.23
Ba	3.07	0.44
Fe	4.17	1.47

图 7-14　离心后的悬浮物和硫化物（水中硫化物）形态

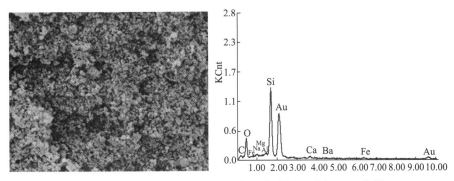

图 7-15　离心后的悬浮物和硫化物（水中泥）形态 EDX 分析

　　油中悬浮物和水中悬浮物的硫化物的组成上有一定的差异，基本的成分还是差不多。

　　如图 7-16 所示，离心后的悬浮物和硫化物主要包括二氧化硅、铝硅酸盐（Al_2Si_6）、碳酸钙（$CaCO_3$）、$Ba_6Ca_6MgCO_3$、硫化钙以及单子硫的无机态等物质。

　　采用 X 射线荧光光谱（XRF）进行分析，采用日本岛津生产的 XRF-1700 型 X 荧光分析仪测定样品组成，用 Rh 靶作为激发源，电压为 40kV，电流为 70mA，样品装入铝盒中压实后进行测定。测定结果为样品中元素较为精确的质量分数。

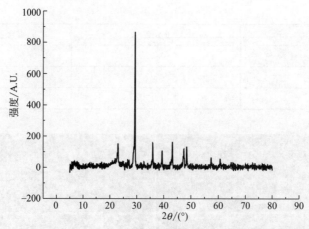

图 7-16　离心后的悬浮物（水中泥）和硫化物形态 XRD 图谱

主要元素分别为：O（52.13%）、Na（0.41%）、Mg（0.24%）、Al（0.63%）、Si（22.93%）、P（0.07%）、Ca（13.99%）、Fe（2.54%）、Ba（0.20%）。将元素含量进行重新拟合运算，其中以 Na_2O（0.549%）、MgO（0.402%）、Al_2O_3（1.214%）、SiO_2（50.319%）、K_2O（0.184%）、CaO（22.293%）、TiO_2（0.097%）、S（0.283%）、Fe_2O_3（4.411%）、BaO（0.211%）、Cl（1.457%）等这些物质为主，其余为小的化合物。

X-射线光电子能谱（XPS）硫的价态分析：探明 S 元素与其他元素的化学变化，进行了 XPS 能谱的测试。如图 7-17 所示，相对硫化物的络合产物基本上没有大的差别，出现了 S1s 的谱峰。

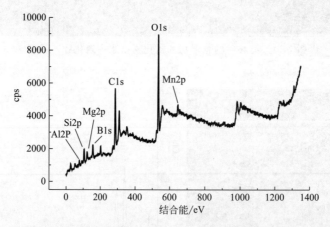

图 7-17　离心后的悬浮物（水中泥）和硫化物形态的 XPS 能谱

由表 7-9 可见，主要的成分包括 Si2p（15.04%）、Al2p（6.79%）、Mg1s（2.64%）、Cl2p（3.73%），其中 S1s 占总含量的 0.22%。

表 7-9　离心后的悬浮物（水中泥）和硫化物形态组成元素含量

元素	范围/(cts-eV/s)	敏感系数	含量/%
O1s	17905	17.428	65.83
Al2p	574	5.417	6.79
Ca2p	1796	43.608	2.64
Mn2p	3429	65.914	3.33

元素	范围/(cts·eV/s)	敏感系数	含量/%
Mg1s	1234	29.991	2.64
Si2p	1839	7.838	15.04
Cl2p	1211	20.797	3.73
S1s	983	15.7	0.22

同时对 S1s 的峰值进行绘图，结合能为 646.97eV。可能存在的价态多为 S（Ⅱ），解析出来的物质包括：硫化钙、硫化镁等物质，初步确定硫化钙和硫化镁为主要成分。

从上述无机物的材料学表征方法可以看出，水中的硫化物分为固态的、溶解态的，有机的和无机的。硫酸盐还原菌能够利用硫酸根进行转化形成单质硫、硫化氢气体以及二价硫，其中二价硫可以与金属元素相结合，形成金属络合物；有些金属络合物，条件改变会析出，形成无机的硫化物，主要包括硫化钠、硫化钙、硫化镁以及硫化锌等。同时它们也会跟一些复杂的络合物形成胶团和片状颗粒物。

7.3.3 液相中有机物硫的存在形式

（1）来水中的含硫化合物

如图 7-18 和表 7-10 所示，甲基叔丁基醚（MTBE）萃取剂主要获得的有机物是石油烃类物质，石油中本身含有的硫，是以硫的有机态存在着的二苯并噻吩类和萘并噻吩类硫化物，其中萘并噻吩类是主要的硫化物类型；甲硫醇和异丁烯，MTBE 中除硫醇、硫醚和二硫化物等常见的硫化物外还有甲基叔丁基硫醚和乙基叔丁基硫醚等新生硫化物，这些新生硫化物是 C₄ 组分中的硫醇与异丁烯反应生成的烷基环状硫醚、烷基苯并噻吩、烷基二苯并噻吩和烷基萘苯并噻吩等类硫化物。非噻吩硫、硫化氢、噻吩及烷基取代噻吩、苯并噻吩及其烷基取代类和二苯并噻吩及其烷基取代类为主的可挥发性硫化物（AVS）是液体中主要的一种存在形式，气体 H₂S 的含量逐渐增加，油相中的硫化物逐渐转变为更稳定的苯并噻吩，该过程使 MgSO₄ 中的无机硫转化为油相中的有机硫化物，使油相中的硫含量高于原油。

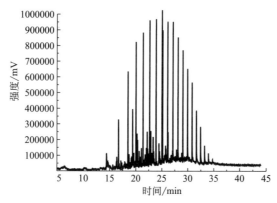

图 7-18 来水中硫化物的气质联机物质组成

表 7-10 来水中的硫化物的 GC-MS 比对的物质

序号	RT/min	峰值（Ab）	物质名称（MTBE）	分子量
1	14.137	21875	苯,1,2,3-trimethyl-	120.094

序号	RT/min	峰值（Ab）	物质名称（MTBE）	分子量
2	14.397	115170	癸烷	142.172
3	14.645	61847	辛烷,3,3-dimethyl-	142.172
4	14.749	49349	十二烷,4,6-dimethyl-	198.235
5	15.142	29775	烷基二苯并噻吩	140.157
6	15.627	42226	萘,decahydro-,trans-	138.141
7	15.968	33551	癸烷,2-methyl-	156.188
8	16.101	29671	癸烷,3-methyl-	156.188
9	16.292	62147	环辛烷,1-methyl-3-propyl-	168.188
10	16.84	50813	反式十氢萘,2-methyl-	152.157
11	17.17	67579	1-methyldecahydro萘	152.157
12	17.343	55547	n-戊基环己烷	154.172
13	18.019	51468	cis-1,4-dimethyl-2-亚甲基环己烷	124.125
14	18.163	36775	萘,decahydro-2,6-dimethyl-	166.172
15	18.914	57432	cis,cis-3-Ethylbicyclo[4.4.0]奎烷	166.172
16	18.331	42517	苯,(1-methyl-1-butenyl)-	146.11
17	19.111	85285	环己烷,hexyl-	168.188
18	19.163	55017	环戊烷,1-pentyl-2-propyl-	182.203
19	19.191	93685	亚硫酸,戊烷基十一烷基酯	306.223
20	19.307	80099	萘并噻吩	156.188
21	19.37	396649	苯,1,3-bis(1,1-dimethylethyl)-	190.172
22	19.48	73161	十九烷,9-methyl-	282.329
23	19.55	68188	萘,1,2,3,4-tetrahydro-6-methyl-	146.11
24	19.584	64339	2,3-dimethyldodecane	198.235
25	19.619	116456	壬烷,4-methyl-5-propyl-	184.219
26	19.729	55690	1-十二烷醇,3,7,11-trimethyl-	228.245
27	20.116	181908	4-isopropyl-1,3-环己二酮	154.099
28	20.237	239690	4-isopropyl-1,3-环己二酮	154.099
29	20.358	198847	4-isopropyl-1,3-环己二酮	154.099
30	20.428	61494	萘,2-butyldecahydro-	194.203
31	20.647	128408	庚基环己烷	182.203
32	21.537	73006	萘,2,7-dimethyl-	156.094
33	21.75	81893	萘,2,7-dimethyl-	156.094
34	21.808	106328	decahydro-4,4,8,9,10-pentamethylnaphthalene	208.219
35	21.883	77505	萘,2-butyldecahydro-	194.203
36	22.045	148355	3-acetonylcyclopentanone	140.084
37	22.299	144761	decahydro-4,4,8,9,10-pentamethylnaphthalene	208.219
38	22.415	89724	蒽,tetradecahydro-	192.188

序号	RT/min	峰值(Ab)	物质名称(MTBE)	分子量
39	22.449	113422	十二烷,2,6,11-trimethyl-	212.25
40	22.576	79020	蒽,tetradecahydro-	192.188
41	22.859	93752	苯酚,2,4-bis(1,1-dimethylethyl)-	206.167
42	22.911	256740	二叔丁基对甲酚	220.183
43	22.986	71941	4-氯苯磺酰胺,N-methyl-	204.996
44	23.108	117739	2,2,6-trimethyl-6-nitroheptan-3-one	201.136
45	23.183	90956	萘,1,4,5-trimethyl-	170.11
46	23.339	218236	环己烷,1,1'-(1,4-butanediyl)bis-	222.235
47	24.552	127882	环己烷,undecyl-	238.266
48	24.864	72846	癸烷,3,6-dimethyl-	170.203
49	25.078	313277	十五烷,2,6,10,14-tetramethyl-	268.313
50	25.141	899017	1,2,4-triazol-4-amine,N-(2-thienylmethyl)-	180.047
51	25.228	85205	2-噻吩乙酸,6-ethyl-3-octyl ester	282.165
52	25.499	97322	十二烷,2-methyl-	184.219
53	26.192	249937	十六烷,2,6,10,14-tetramethyl-	282.329
54	26.753	99074	五十四烷,1,54-dibromo-	914.682
55	26.799	104947	环己烷,undecyl-	238.266
56	28.826	117917	1-十六醇,2-methyl-	256.277
57	34.741	75001	1,2-benzisothiazol-3-amine tbdms	264.112

（2）一滤中的含硫化合物

如图 7-19 和表 7-11 所示，正己烷（n-hexane）萃取剂萃取的物质主要是石油烃类物质以及水中的部分污染物。以烷基环状硫醚、烷基苯并噻吩、烷基二苯并噻吩和烷基萘苯并噻吩等类硫化物，非噻吩硫、硫化氢、噻吩及烷基取代噻吩、苯并噻吩及其烷基取代类和二苯并噻吩及其烷基取代类为主。可挥发性硫化物（AVS）是液体中主要的一种存在形式，气体 H_2S 的含量逐渐增加，油相中的硫化物逐渐转变为更稳定的苯并噻吩，该过程使 $MgSO_4$ 中的无机硫转化为油相中的有机硫化物，使油相中的硫含量高于原油。

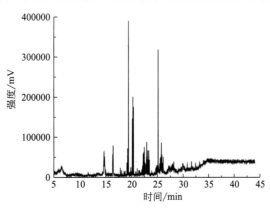

图 7-19　一滤中硫化物的气质联机物质组成

表 7-11 一滤中硫化物的 GC-MS 比对的物质

序号	RT/min	峰值（Ab）	物质名称（MTBE）	分子量
1	6.587	82668	2,4-dimethyl-1-heptene	126.141
2	13.247	29652	壬烷,4-methyl-	142.172
3	13.669	17256	2-pentene,2-allyldimethylsilyl-3-diethylboryl-	236.213
4	14.42	49499	癸烷	142.172
5	14.663	186706	庚烷,5-ethyl-2,2,3-trimethyl-	198.235
6	14.767	197130	2-十一碳烯,(Z)-	170.203
7	14.963	62166	1-ethyl-2,2,6-trimethyl 环己烷	154.172
8	15.298	31622	1-ethyl-2,2,6-trimethyl 环己烷	154.172
9	15.541	22303	癸烷,2,4,6-trimethyl-	154.172
10	15.835	26638	萘并噻吩	184.219
11	15.956	31123	环戊基乙酮	198.235
12	16.297	256500	trans-十氢化萘,2-methyl-	152.157
13	16.384	298896	1-methyldecahydronaphthalene	152.157
14	16.719	110538	环己烷,pentyl-	154.172
15	16.852	21677	p-trimethylsilyloxyphenyl-bis(trimethylsilyloxy)ethane	370.182
16	17.175	24307	(Z)-4-decen-1-ol,三氟醋酸盐	252.134
17	17.349	22334	2-十一碳烯,2,5-dimethyl-	182.203
18	17.788	33954	苯,1,3-bis(1,1-dimethylethyl)-	190.172
19	18.03	29221	萘,1,2,3,4-tetrahydro-5-methyl-	146.11
20	18.492	199124	cyclopropane,1,1,2-trimethyl-3-(2-methylpropyl)-	140.157
21	18.556	37126	环己烷,1,1,3,5-tetramethyl-,cis-	140.157
22	18.723	77735	4-isopropyl-1,3-环己二酮	154.099
23	19.064	129370	4-isopropyl-1,3-环己二酮	154.099
24	19.197	265943	propanoic acid,2-methyl-,2,2-dimethyl-1-(2-hydroxy-1-methylethyl)propyl ester	216.173
25	19.272	73052	propanoic acid,2-methyl-,3-hydroxy-2,4,4-trimethylpentyl ester	216.173
26	19.307	167927	萘,2,6-dimethyl-	156.094
27	19.376	1170883	苯酚,2,4-bis(1,1-dimethylethyl)-	206.167
28	19.549	51440	二叔丁基对甲酚	220.183
29	19.734	53598	环己烷,1-ethyl-2-propyl-	154.172
30	19.827	108732	环戊烷,(2-methylbutyl)-	140.157
31	19.936	43361	十七烷,8-methyl-	254.297
32	20.011	246068	萘并噻吩	126.141
33	20.115	579269	环戊基乙酮	112.089
34	20.237	724930	环己烷,(1-methylpropyl)-	140.157
35	20.358	648397	十五烷,2,6,10-trimethyl-	254.297
36	20.647	46105	十七烷,2,6-dimethyl-	268.313
37	20.814	72370	oxalic acid,cyclohexylmethyl tridecyl ester	368.293

续表

序号	RT/min	峰值(Ab)	物质名称(MTBE)	分子量
38	20.907	34658	癸烷,3,6-dimethyl-	170.203
39	21.097	120568	十二烷,4,6-dimethyl-	198.235
40	21.392	263129	三烯丙基硅烷	152.102
41	21.814	54261	eicosyl heptafluorobutyrate	494.299
42	21.958	75371	1-十二烷醇,3,7,11-trimethyl-	228.245
43	22.091	102953	3-十七碳烯,(Z)-	238.266
44	22.212	226644	三烯丙基硅烷	152.102
45	22.322	225055	1-十二烷醇,3,7,11-trimethyl-	228.245
46	22.449	273692	2-pentene-1,4-dione,1-(1,2,2-trimethylcyclopentyl)	208.146
47	22.565	133486	十二烷,2,6,10-trimethyl-	212.25
48	22.674	304246	nonahexacontanoic acid	999.07
49	22.859	240836	十五烷,3-methyl-	226.266
50	22.911	167293	oxalic acid,cyclohexylmethyl isohexyl ester	270.183
51	22.992	184153	1-十二烷醇,3,7,11-trimethyl-	228.245
52	23.108	266339	十二烷,1-(methoxymethoxy)-	230.225
53	23.189	186851	4-氯苯磺酰胺,N-methyl-	204.996
54	23.327	281517	3-decen-5-one,2-methyl-	168.151

（3）注水口的组成成分分析

研究人员对注水口进行了三维荧光光谱的测定和分析，如书后彩图 65 所示，在两条红线之间的除了蓝色的部分外，不同颜色的等高线均为有机物，其中类似糖葫芦状的为石油类，浅蓝色的为悬浮物和硫化物等。

如图 7-20 和表 7-12 所示，甲基叔丁基醚（MTBE）萃取剂获得的物质大约有 100 种，其中多为石油烃类物质以及水中的污染物。甲基叔丁基醚（MTBE）萃取剂主要获得的有机物是石油烃类物质，石油中本身含有的硫，是以硫的有机态存在着的二苯并噻吩类和萘并噻吩类硫化物，其中萘并噻吩类是主要的硫化物类型。

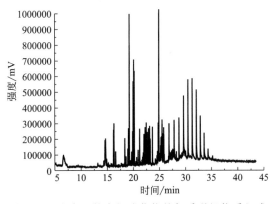

图 7-20　注水口的有机硫化物的气质联机物质组成

表 7-12　注水口的有机硫化物的 GC-MS 比对的物质

序号	RT/min	峰值（Ab）	物质名称（MTBE）	分子量
1	11.578	8398	4-ethylbenzoic acid,2-pentyl ester	220.146
2	13.201	9395	壬烷,4-methyl-	142.172
3	13.409	9467	2-butenedioic acid(Z)-,dimethyl ester	144.042
4	13.507	11603	glycine,N-[4-[(trimethylsilyl)oxy]benzoyl]-,methyl ester	281.108
5	14.645	62157	cyclotetrasiloxane,octamethyl-	296.075
6	14.749	51797	癸烷,4-methyl-	156.188
7	14.957	16928	1-methylpentyl cyclopropane	126.141
8	15.286	9905	萘并噻吩	154.172
9	15.535	8936	1-ethyl-2,2,6-trimethylcyclohexane	154.172
10	16.378	78686	3-heptene,4-methyl-	112.125
11	16.719	9130	十六烷,2,6,10,14-tetramethyl-	282.329
12	17.788	23641	苯乙胺,N-butyl-beta,4-bis[(trimethylsilyl)oxy]-	353.221
13	18.03	17341	环乙烯,3,5,5-trimethyl-	124.125
14	18.232	6618	4-piperidinemethanol,1-methyl-	129.115
15	19.07	36353	癸烷,5-ethyl-5-methyl-	184.219
16	19.37	390013	苯,1,3-bis(1,1-dimethylethyl)-	190.172
17	19.734	12731	十七烷,2-methyl-	254.297
18	19.827	25225	4-isopropylcyclohexanone	140.12
19	19.942	11625	十六烷,2,6,10,14-tetramethyl-	282.329
20	20.358	175583	环己烷,1,2-diethyl-1-methyl-	154.172
21	20.41	16321	trans-3-hexenedioic acid,bis(trimethylsilyl) ester	288.121
22	20.814	15322	5-hydroxy-2-methyl-hex-3-enoic acid	144.079
23	21.103	22393	丁酸丁酯	144.115
24	21.531	17735	thiophene-3-acetic acid hydrazide	156.036
25	21.606	12912	3-butene-1,2-diol,1-(2-furyl)-2,3-dimethyl-	182.094
26	21.958	19167	十六烷,2,6,10,14-tetramethyl-	282.329
27	22.859	49969	苯酚,2,4-bis(1,1-dimethylethyl)-	206.167
28	22.911	87767	二叔丁基对甲酚	220.183
29	22.992	44941	eicosyl heptafluorobutyrate	494.299
30	23.108	66345	环己烷,1,2,4-trimethyl-	126.141
31	23.212	40878	7-十四烯,(Z)-	196.219
32	23.327	67220	环己烷,1,2,4-trimethyl-	126.141
33	25.141	318766	allyldimethyl(prop-1-ynyl)silane	138.086
34	25.222	27913	十一烷,3,9-dimethyl-	184.219
35	25.47	34832	nonadecyl pentafluoropropionate	430.287
36	25.568	47555	octacosyl heptafluorobutyrate	606.425
37	25.661	51324	三烯丙基硅烷	152.102

续表

序号	RT/min	峰值（Ab）	物质名称（MTBE）	分子量
38	25.73	28383	triacontyl pentafluoropropionate	584.459
39	25.776	86388	2-bromo 十二烷	248.114
40	25.869	57171	环己烷,1,2,4-trimethyl-	126.141
41	26.007	35403	cycloundecanone	168.151

（4）井口的组成成分分析

对井口的污水进行了三维荧光光谱的分析，如书后彩图 66 所示，有机成分主要为石油类以及悬浮物，变化不大，硫化物含量有所增加。

如图 7-21 和表 7-13 所示，管道水的正己烷（n-hexane）的萃取的物质主要是烷烃类物质以及水中的可溶性污染物。萃取剂主要获得的有机物是石油烃类物质，石油中本身含有的硫，是以硫的有机态存在着的二苯并噻吩类和萘并噻吩类硫化物，其中萘并噻吩类是主要的硫化物类型；甲硫醇和异丁烯，MTBE 中除硫醇、硫醚和二硫化物等常见的硫化物外还有甲基叔丁基硫醚和乙基叔丁基硫醚等新生硫化物，这些新生硫化物是 C_4 组分中的硫醇与异丁烯反应生成的。

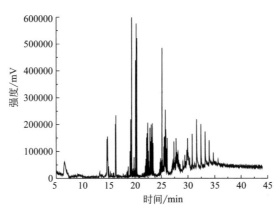

图 7-21　井口的硫化物的气质联机物质组成

表 7-13　井口的硫化物的 GC-MS 比对的物质

序号	RT/min	峰值（Ab）	物质名称（MTBE）	分子量
1	6.564	61132	2,4-dimethyl-1-heptene	126.141
2	13.253	21569	壬烷,4-methyl-	142.172
3	13.675	13087	oxirane,pentyl-	114.104
4	14.27	11162	环己烷,1,1-dimethyl-2-propyl-	154.172
5	14.663	144433	octane,2,6-dimethyl-	142.172
6	14.761	154354	succinic acid,tetrahydrofurfuryl undecyl ester	356.256
7	14.963	44723	萘并噻吩	154.172
8	15.298	23017	1-heptanol,6-methyl-	130.136
9	15.535	17088	1-ethyl-2,2,6-trimethyl 环己烷	154.172
10	15.841	18110	癸烷,3,6-dimethyl-	170.203

序号	RT/min	峰值(Ab)	物质名称(MTBE)	分子量
11	15.956	21682	正己烷,3,3-dimethyl-	114.141
12	16.297	201518	环戊基乙酮	112.089
13	16.384	233675	环己烷,3-ethyl-5-methyl-1-propyl-	168.188
14	17.788	14694	p-trimethylsilyloxyphenyl-bis(trimethylsilyloxy)ethane	370.182
15	18.452	23191	癸烷,2-methyl-	156.188
16	19.37	971686	苯,1,3-bis(1,1-dimethylethyl)-	190.172
17	19.544	27425	环戊烷,1-butyl-2-pentyl-	196.219
18	19.653	25993	dichloroacetic acid,heptadecyl ester	366.209
19	20.115	438958	3-ethyl-6-heptafluorobutyryloxyoctane	354.143
20	20.237	576461	4-isopropyl-1,3-环己二酮	154.099
21	20.358	522020	2-乙酰基环戊酮	126.068
22	20.531	13049	癸烷,3,8-dimethyl-	170.203
23	21.958	46865	癸烷,2-methyl-	156.188
24	22.322	167162	2,3-dimethyldodecane	198.235
25	22.449	206893	2,3-dimethyldodecane	198.235
26	22.859	187613	苯酚,2,4-bis(1,1-dimethylethyl)-	206.167
27	22.992	137350	bacchotricuneatin c	342.147
28	23.061	23666	壬烷,1-iodo-	254.053
29	23.108	199854	环己烷,1,3,5-trimethyl-,(1. alpha. ,3. alpha. ,5. beta.)-	126.141
30	23.321	204396	环己烷,1-ethyl-2-propyl-	154.172
31	25.141	485168	oxalic acid,cyclohexylmethyl tridecyl ester	368.293
32	25.47	117843	2-bromo 十二烷	248.114
33	25.563	152597	octacosyl 三氟乙酸盐	506.431
34	28.393	54129	4-氯苯磺酰胺,N-methyl-	204.996
35	28.509	46070	bicyclo[3.1.1]heptan-3-one,6,6-dimethyl-2-(2-methylpropyl)-	194.167
36	30.334	77233	methyl octyl ether	144.151

7.4 水中硫化物的组成分析

① 离心后的油中的悬浮物和硫化物,颗粒分布均匀,主要包含二氧化硅、氧化钙(CaO)、碳酸钙($CaCO_3$)、磷酸铝($AlPO_4$)、斜方铝矾[$Al(SO_4)F$]等。硫化物以无机的盐类为主,主要是硫化钙和硫化锌。

② 离心后的水中的悬浮物和硫化物为更为细小的纳米级颗粒,如二氧化硅、铝硅酸盐(Al_2Si_6)、碳酸钙($CaCO_3$)、硫化钙、硫酸钡等物质。

③ 污水中的硫化物分为固态、溶解态,有机和无机。硫酸盐还原菌能够利用硫酸根,进行转化形成单质硫、硫化氢气体以及二价硫,其中二价硫可以与金属元素相结合,形成金属络合物,有些金属络合物,条件改变会析出,形成无机的硫化物。硫化物主要包括硫化

钠、硫化钙、硫化镁以及硫化锌等。同时硫化物也会和复杂的络合物形成胶团和片状颗粒物。

④ 石油中本身含有的硫，是以硫的有机态存在着，二苯并噻吩类和萘并噻吩类硫化物，其中萘并噻吩类是主要的硫化物类型，甲硫醇和异丁烯，MTBE 中除硫醇、硫醚和二硫化物等常见的硫化物外还有甲基叔丁基硫醚和乙基叔丁基硫醚等新生硫化物，这些新生硫化物是 C_4 组分中的硫醇与异丁烯反应生成的。烷基环状硫醚、烷基苯并噻吩、烷基二苯并噻吩和烷基萘苯并噻吩等类硫化物。非噻吩硫、硫化氢、噻吩及烷基取代噻吩、苯并噻吩及其烷基取代类和二苯并噻吩及其烷基取代类为主。可挥发性硫化物（AVS）是液体中主要的一种存在形式，气体 H_2S 的含量逐渐增加，油相中的硫化物逐渐转变为更稳定的苯并噻吩，该过程使 $MgSO_4$ 中的无机硫转化为油相中的有机硫化物。

第8章 | 硫化物收集池中硫化物氧化剂及其应用效果研究

油田地面系统在污水处理过程中，沉降罐的底泥、过滤反冲洗高浊度的污油、生产中的含油污泥等都含有大量的硫化物，特别是油中的硫化物的含量通常在 $150\sim300\mathrm{mg/L}$，污水处理站统一将该部分含油污泥和污水临时堆放到硫化物收集池，硫化物收集池要进行定期的清理，高浓度的硫化物给污泥清理及操作工人带来了严重的身体伤害，为了快速地去除污水和污油中的硫化物，控制硫化氢气体的产生，研究人员研制开发了氧化型的硫化物去除剂，同时与新型的旋流气浮工艺结合，可以实现硫化物的去除、原油的回收以及污水的同步处理，并开展了现场的中试试验，处理效果非常明显。

8.1 硫化物去除剂的主要成分组成

通过前期的经验累积和多次的试验，室内配置不同的硫化物浓度，采用正交试验等方法，通过现场取水进行了最后的室内验证，最终确定了硫化物的氧化剂主要组成包括双氧水、次氯酸钠、微量催化剂，组成比例为 7 : 2 : 1，根据实际情况和水质可以适当地调整 pH 值。

8.2 室内试验的验证

8.2.1 硫化物收集池的取样点

取样的地点为大庆油田采油七厂葡三联的硫化物收集池。该收集池是沉降罐以及其他工艺的高硫化物收集和存储池。目前主要的处理方式是收集后再进行统一的处理，取样地点如图 8-1 所示。

如图 8-1 所示，现场取样的研究发现，每次取样的硫化物的含量不大相同，跟取样的深度和含油量都有一定的关系，本次取样的硫化物测定的浓度为 $16.85\mathrm{mg/L}$。采用大桶装取样品，并且密封，目的是为了保持硫化物含量的稳定，尽量减少外界的干扰，尤其是空气的干扰，防止硫化物被氧化，导致硫化物含量的减少。

图 8-1　现场硫化物收集池的取样点

8.2.2　室内氧化剂去除效果研究

首先室内先配置了硫化物氧化剂，同时准备了现场用的注水絮凝剂、注水杀菌剂等（见图 8-2）。

（1）硫化物氧化剂单独投加的处理效果

试验首先考察了不同浓度的硫化物氧化剂对收集池中硫化物的去除效果，选择的加药浓度为（体积浓度）：对照浓度、0.05mL/L、0.1mL/L、0.5mL/L、1mL/L、5mL/L、10mL/L。6 个不同浓度的梯度，先配好母液，然后稀释法加入。

如图 8-3 和图 8-4 所示，研究设置了对照浓度，对照浓度的样品不同时间下，硫化物变化很小，说明该方法可以保证硫化物不太受外界环境

图 8-2　室内试验所用的硫化物氧化剂

的干扰，研究的主要因素是硫化物去除剂的影响和干扰。在硫化物氧化剂作用的 10min 内 1mL/L 的去除剂，完全可以将硫化物氧化，在 30min 内，0.5mL/L 的氧化剂也可以实现相同的效果，考虑到试验的效果我们后续的试验选择 1mL/L 的加药浓度。

（2）硫化物氧化剂单独投加后再分别投加絮凝剂和杀菌剂的处理效果

研究探讨了后续的硫化物收集池的处理工艺问题，在硫化物去除后，如何快速地进行油水的分离，同时对油水分离后的污水如何快速地处理，已达到一个很好的工艺效果。因此首先考虑硫化物分离后加入助凝剂（也就是现场用的絮凝剂），看看实际的分离效果。

如图 8-5 所示，研究先加入了硫化物去除剂，等反应发生后，加入不同浓度的絮凝剂，浓度的梯度为：CK(0mg/L)、1mg/L、2mg/L、3mg/L、4mg/L、5mg/L。对其悬浮物的含量进行了监测。

图 8-3　单独加入硫化物氧化剂的试验图片

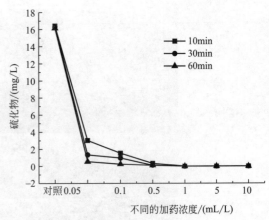

图 8-4　不同加药浓度下的硫化物去除情况

　　如图 8-6 所示，不同浓度絮凝剂对硫化物氧化剂处理后的悬浮物有一定的效果，但是起到水质分离和失稳的主要因素还是硫化物氧化剂的作用，絮凝剂的用量在 3mg/L 就会有一定的效果。

图 8-5　不同浓度絮凝剂下悬浮物的
去除效果试验图片

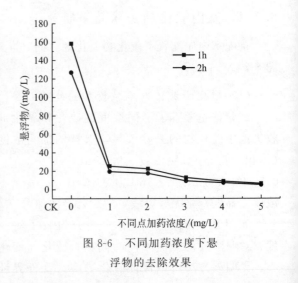

图 8-6　不同加药浓度下悬
浮物的去除效果

　　如果在实际的工艺中，在硫化物氧化剂充分反应完毕后，可以适当地加入一定量的絮凝剂，可以有效地去除一定的悬浮物，为后续的工艺减轻负担，减少处理负荷。

8.2.3　室内硫化物氧化剂结合工艺处理效果

　　研究为了对后续的硫化物收集池提供一个完整的处理工艺（作为参考），因此做了以下的一些试验，目的是通过简单的工艺，实现以下几个目标：a. 实现油水分离；b. 实现硫化物的快速去除；c. 出水的水质至少可以回注到二沉，目标是直接达到"551"；d. 运行工艺简单。

　　研究分别设置了对照、单独加硫化物氧化剂、单独曝气、硫化物氧化剂＋曝气四组对照试验。

　　如图 8-7 所示，反应最开始的 5min，就表现出了效果，10min 后油水已经开始分离，并发现硫化物氧化剂对原油有一定的消减作用,15min 后发现,油水分离的硫化物氧化剂烧杯,油层相对较薄,曝气加硫化物氧化剂的效果为最好,水质相对透明。但是这个时候也可以看到,单纯的曝气也是有效果的,油水也可以实现分离,但是效果较硫化物氧化剂差。

(a) 加药初期

(b) 加药后5min

(c) 加药后10min

(d) 加药15min后

(e) 加药后30min

图 8-7 室内硫化物氧化剂组合工艺去除硫化物以及实现油水分离

如图 8-8 所示,对照样品在空气中暴露,对硫化物的去除有些效果,但是很缓慢,硫化物氧化剂基本上在 10min 内检测不到硫化物的存在,曝气在 15min 内检测不到硫化物,曝气＋硫化物氧化剂效果最好，可以在最短的时间内去除硫化物。

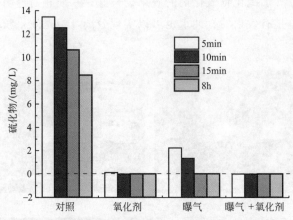

图 8-8　四种不同的处理方法对硫化物的去除情况

如图 8-9 所示，我们试验了硫化物氧化剂和曝气等试验，但是会有一个疑问，就是说曝气也会有相同的效果，不加硫化物氧化剂是不是会更好，答案是：如果短时间是可以的，长时间就有问题，一周后曝气的仍然会变回来，继续发黑，有硫化物的产生，硫化物的含量达到了 8.45mg/L，而硫化物氧化剂和硫化物氧化剂加曝气基本上为 0mg/L，但是两者还是有些区别，如果长时间放置下去，硫化物氧化剂的药效失去，硫化物还会有所升高，那就要看处理的时间问题，以及硫化物氧化剂对硫化物功能团的破坏和氧化程度；短时间内很难发生反复。

图 8-9　上述烧杯试验后样品放置一周后的情况

8.3　气浮除油以及收集池中硫化物去除试验（室内评价）

研究拟通过气浮工艺除油，然后油水中的硫化物通过硫化物氧化剂去除，从硫化物收集池取样，然后运回实验室，直接进行气浮室内试验，考察实际的除油和硫化物的去除效果。本次取样的硫化物含量为 28.46mg/L，样品中含有大量的原油，同时水质较黑。

如图 8-10 所示，气浮前加药量为 1mL/L，桶的有效体积为 40L，加入 40mL 的硫化物氧化剂，然后进行搅拌。通过蠕动泵直接打入，然后开动气浮装置，观察测定的实际处理效果。

图 8-10　气浮前加药到处理液

如图 8-11 所示，采用的溶气气浮，产生均匀的气泡，油水得到迅速的分离，黑色原油浮在水面，加入氧化剂的情况下，油水更加容易分离。实际上处理的效果更加稳定。

图 8-11　气浮装置实际处理效果图

如图 8-12 所示，原水中的含油量在 854mg/L 左右，加氧化剂后可以发现，加氧化剂后水的颜色变浅，由黑色变成了淡黄色，原油和水迅速地分离，气浮后的水呈现淡黄色，分离的油有被氧化迹象，相对产生的含油泥量少一些，同时本次取样中，不仅含有大量的原油同时也含有大量的污泥。也可以看到污泥的沉淀。气浮出水的含油量为 12.68mg/L，加氧化剂后分离的油泥，上面是油，下面是污泥，分层比较明显；而未加药剂的最后发现，油和泥还是混合在一起的。建议我们以后如果弄一套简单的混合搅拌加药装置外加气浮装置，出水就可以直接排放到二沉。可以经常性地对硫化物收集池进行清理，这样可以保证硫化物收集池高负荷的工作，发挥更大的储水和事故应急能力。

(a) 正面照片

(b) 顶部照片

图 8-12 气浮效果比较

8.4 硫化物氧化剂对硫化物收集池污水作用前后的物质变化

8.4.1 氧化剂处理前的 GC-MS 图谱分析

研究采用硫化物氧化剂对现场取回的样品进行加药，然后分别进行送样，进行 GC-MS 检测，检测前硫化物的含量为 15.43mg/L，氧化后硫化物未检出。

如图 8-13 和表 8-1 所示，正己烷（n-hexane）萃取的物质有 91 种，其中主要是烃类以及烷烃类物质。

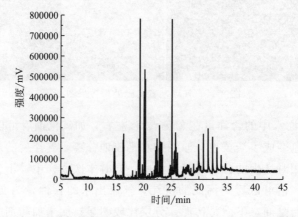

图 8-13 硫化物收集池的正己烷（n-hexane）的气质联机物质

表 8-1　硫化物收集池正己烷（n-hexane）萃取剂的 GC-MS 比对的物质

序号	RT/min	峰值（Ab）	物质名称（MTBE）	分子量
1	3.728	40582	己烷,3-ethyl-4-methyl-	128.157
2	6.547	63849	2,4-dimethyl-1-heptene	126.141
3	13.236	20979	壬烷,4-methyl-	142.172
4	13.64	11972	9,11-octadecadiynoic acid,8-hydroxy-,methyl ester	306.219
5	14.276	10388	1-Ethyl-2,2,6-trimethyl 环己烷	154.172
6	14.426	13813	癸烷	142.172
7	14.657	136943	十二烷,4,6-dimethyl-	198.235
8	14.761	152140	庚烷,5-ethyl-2-methyl-	142.172
9	14.957	41935	2-十一碳烯,(E)-	154.172
10	15.292	21537	1-ethyl-2,2,6-trimethyl 环己烷	154.172
11	15.529	15391	环戊烷,1,1,2-trimethyl-	112.125
12	15.83	16637	癸烷,3,6-dimethyl-	170.203
13	15.951	20331	二十八烷	394.454
14	16.297	192001	5-十二烯,(E)-	168.188
15	16.384	221597	3-Tridecene,(E)-	182.203
16	17.788	12178	benzaldehyde,2,4-bis(trimethylsiloxy)-	282.111
17	18.03	43565	2h-pyran-2-one,5,6-dihydro-6-pentyl-	168.115
18	18.452	20454	十五烷,2,6,10,14-tetramethyl-	268.313
19	18.487	14622	十二烷	170.203
20	18.556	22618	十一烷,3,6-dimethyl-	184.219
21	18.724	39795	十一烷,2,8-dimethyl-	184.219
22	19.07	95456	十二烷,2,6,11-trimethyl-	212.25
23	19.197	197833	十二烷,4,6-dimethyl-	198.235
24	19.307	116446	十二烷,4,6-dimethyl-	198.235
25	19.37	911183	苯,1,3-bis(1,1-dimethylethyl)-	190.172
26	19.544	24375	十八烷,1-(ethenyloxy)-	296.308
27	19.654	22738	环戊烷,1-butyl-2-pentyl-	196.219
28	19.694	21787	5-十四烯,(E)-	196.219
29	19.734	29741	磺酸,hexyl octyl ester	278.192
30	19.827	72830	2-bromopropionic acid,tetradecyl ester	348.166
31	19.942	25827	十八烷,3-ethyl-5-(2-ethylbutyl)-	366.423
32	20.052	33299	十四烷	198.235
33	20.116	429373	3-ethyl-6-heptafluorobutyryloxyoctane	354.143
34	20.237	535324	4-isopropyl-1,3-环己烷 dione	154.099
35	20.358	488933	环己烷,1,2-diethyl-1-methyl-	154.172
36	20.815	21233	propanoic acid,2-methyl-,3-hydroxy-2,4,4-trimethylpentyl ester	216.173
37	21.103	29424	丁酸,butyl ester	144.115

序号	RT/min	峰值(Ab)	物质名称(MTBE)	分子量
38	21.427	15113	dibutyl methanephosphonate	208.123
39	21.531	40039	3-cyclopent-1-enyl-3-hydroxy-2-methylpropionic acid	170.094
40	21.606	32172	cyclohexanol,1-ethyl-	128.12
41	21.646	18181	十九烷,9-methyl-	282.329
42	21.773	18917	二十六烷	366.423
43	21.958	46900	十八烷,2-methyl-	268.313
44	22.091	67413	十六烷,2,6,10,14-tetramethyl-	282.329
45	22.218	141948	十一烷,3,9-dimethyl-	184.219
46	22.322	161046	2,3-dimethyldodecane	198.235
47	22.449	199753	2,3-dimethyldodecane	198.235
48	22.565	92611	2,3-dimethyldodecane	198.235
49	22.64	36765	二十烷	282.329
50	22.755	19443	二十烷	282.329
51	22.859	152976	苯酚,2,4-bis(1,1-dimethylethyl)-	206.167
52	22.911	263536	butylated Hydroxytoluene	220.183
53	22.992	123517	eicosyl pentafluoropropionate	444.303
54	23.108	183852	环己烷,1,2,4-trimethyl-	126.141
55	23.189	118689	癸烷,2-methyl-	156.188
56	23.327	180456	7-十四烯,(Z)-	196.219
57	23.449	120078	乙酰基,1-cyclopentyl-	112.089
58	24.667	30009	二十烷	282.329
59	24.766	51758	十六烷,2,6,10,14-tetramethyl-	282.329
60	24.864	71010	十四烷	198.235
61	24.956	50123	二十烷	282.329
62	24.979	58507	二十烷	282.329
63	25.072	61213	十五烷,2,6,10-trimethyl-	254.297
64	25.141	1278708	1,2,4-triazol-4-amine,N-(2-thienylmethyl)-	180.047
65	25.222	62517	二十烷	282.329
66	25.337	44742	十八烷,1-iodo-	380.194
67	25.47	97900	环己烷,1,1,3,5-tetramethyl-,cis-	140.157
68	25.569	135555	tetracosyl heptafluorobutyrate	550.362
69	25.661	140784	2-bromo dodecane	248.114
70	25.73	65888	1-十六醇,2-methyl-	256.277
71	25.776	228707	2,2-dimethyl-3-heptene trans	126.141
72	25.869	157924	五氟丙酸钠盐	584.459
73	26.008	99648	propane,3,3-dichloro-1,1,1,2,2-pentafluoro-	201.938
74	26.129	130536	3-己烯,2,2,5,5-tetramethyl-,(Z)-	140.157

序号	RT/min	峰值(Ab)	物质名称(MTBE)	分子量
75	26.845	20696	二十烷	282.329
76	26.943	27055	十六烷	226.266
77	27.036	39612	二十八烷	394.454
78	27.111	48977	十六烷,2,6,10,14-tetramethyl-	282.329
79	27.186	60256	十八烷	254.297
80	27.382	51992	十四烷,2,6,10-trimethyl-	240.282
81	27.527	45357	十一烷,3,9-dimethyl-	184.219
82	27.602	59866	1-azabicyclo[2.2.2]octan-3-one	125.084
83	27.683	54187	癸烷,3,7-dimethyl-	170.203
84	27.769	59154	磺酸,butyl heptadecyl ester	376.301
85	27.937	72244	二十烷	282.329
86	28.023	68291	(十一)-3-(2-carboxy-trans-propenyl)-2,2-dimethylcyclopropane-trans-1-carboxylic acid,[1alpha,3beta(*E*)]	198.089
87	28.11	67432	二十烷	282.329
88	28.162	71538	ketone,2,2-dimethylcyclohexyl methyl	154.136
89	28.255	49250	2-isopropyl-4-methylhex-2-enal	154.136
90	28.543	55395	庚烷,1,7-dibromo-	255.946
91	29.046	76566	十四烷	296.344

8.4.2 硫化物含油污水通过氧化剂氧化后的 GC-MS 图谱

如图 8-14 和表 8-2 所示，硫化物的氧化剂，同样对含油有一定的氧化作用，其中很多的含油物质发生了改变，多以苯、正十四碳烷、十八醛、十四烷、二十烷等为主，但是含油类物质在氧化过程中存在氧化分解的构成，油的性质发生了一定的改变。这样使得油中的硫化物有一定的释放，从而比较彻底地控制硫化物的产生。

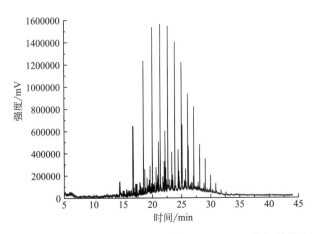

图 8-14 硫化物收集池污水氧化后的正己烷（*n*-hexane）的气质联机物质组成

表 8-2　硫化物收集池污水氧化后正己烷（*n*-hexane）萃取剂的 GC-MS 比对的物质

序号	RT/min	峰值（Ab）	物质名称（MTBE）	分子量
1	3.61	143	1,2,3-trimethyldiaziridine	86.084
2	9.213	134	pentane,2-isocyano-2,4,4-trimethyl-	139.136
3	14.451	148	decane 正癸烷	142.172
4	14.563	202	cyclotetrasiloxane,octamethyl-环四硅氧烷	296.075
5	14.883	129	1-methoxy-3-(2-hydroxyethyl)nonane 壬烷	202.193
6	16.368	115	4-trifluoroacetoxyhexadecane	338.243
7	17.749	887	decalin,syn-1-methyl-,cis-十氢化萘	152.157
8	17.816	215	naphthalene,1,2,3,4-tetrahydro-萘	132.094
9	18.219	130	oxalic acid,cyclohexylmethyl nonyl ester	312.23
10	18.457	146	decane,2,3,5-trimethyl-正癸烷	184.219
11	18.898	129	*cis*,*cis*-3-Ethylbicyclo[4.4.0]decane	166.172
12	19.345	162	benzene,1,3-bis(1,1-dimethylethyl)-苯	190.172
13	19.532	218	naphthalene,1,2,3,4-tetrahydro-5-methyl-萘	146.11
14	19.95	190	naphthalene,1,2,3,4-tetrahydro-5-methyl-萘	146.11
15	19.987	200	tridecane 十三烷	184.219
16	20.233	226	dodecane,1-fluoro-十二烷	188.194
17	20.375	1604	oxalic acid,hexadecyl propyl ester 草酸	356.293
18	20.793	183	propanoic acid,2-methyl-,decyl ester	228.209
19	21.076	722	propanoic acid,2-methyl-,3-hydroxy-2,4,4-trimethylpentyl ester	216.173
20	21.382	148	tetradecane 正十四碳烷	198.235
21	21.539	148	2-methyloctadecan-7,8-diol	300.303
22	21.733	238	naphthalene,1,3-dimethyl-	156.094
23	21.785	215	decahydro-4,4,8,9,10-pentamethylnaphthalene	208.219
24	22.039	148	cyclotetradecane 十四烷	196.219
25	22.635	922	tetradecane 正十四碳烷	198.235
26	22.837	337	1-cyclohexene,1,3,3-trimethyl-2-(1-methylbut-1-en-3-on-1-yl)-	206.167
27	22.882	202	butylated Hydroxytoluene 丁羟甲苯	220.183
28	23.091	140	17-Pentatriacontene	490.548
29	23.158	148	ethanol,2-(tetradecyloxy)-	258.256
30	24.628	389	cyclotetradecane,1,7,11-trimethyl-4-(1-methylethyl)-十四烷	280.313
31	26.359	274	octatriacontyl pentafluoropropionate	696.584
32	27.388	574	octatriacontyl pentafluoropropionate	696.584
33	27.91	210	octadecanal 十八醛	268.277
34	29.343	300	sulfurous acid,butyl octadecyl ester	390.317
35	30.671	145	octadecane,1-(ethenyloxy)-十八烷	296.308
36	31.947	129	eicosane 二十烷	282.329

8.5　硫化物收集池污水中硫化物氧化剂现场试验

针对"葡萄花油田硫化物组成以及生态抑制试验"项目的需要，开发出的硫化物氧化剂，需要进行现场试验，为期 30d，试验地点为采油七厂的葡三联合站的硫化物收集池。在室内试验的基础上，开展现场的硫化物氧化剂去除工艺优化研究；确定最佳的工艺参数和加药浓度，以及工艺组合方法。

8.5.1　现场装置需要的场地和电压等

现场运行的装置，需要的大约 $8m^2$ 的面积，进行摆放，白天运行晚上入库，需要的电压为 220V，设备运行功率 2.75kW，小于 3.0kW，工作压力 0.4MPa。工作温度 5～55℃，设备材料防腐处理，设备可以手动运行和自动运行。图 8-15 为现场装置的安装和调试。

图 8-15　现场装置的安装和调试

8.5.2　运行方式

如图 8-16 所示，设备晚上存放的位置为车库或者加药泵房，白天将设备拉出来，设备底部铺设五彩布，防止对现场的污染，直接硫化物收集池取样，然后运行，进水来自如图 8-16 (c) 所示的"试验位置"，出水分别排放到不同的取样口，同时分离的油停放到指定的位置。

运行周期为 5d，每天运行 4h，采用连续流运行，每小时处理量 $0.5m^3$，日处理量（4 个小时计算）$2m^3/d$。

现场加药：药剂包括硫化物氧化剂、助凝剂和絮凝剂。加药混凝时间为 10min，然后连

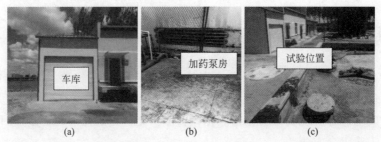

(a)   (b)   (c)

图 8-16　设备存放位置（车库和加药泵房）和试验位置

续流运行、出水和排油。

现场取样：监测指标包括硫化物的含量、含油量以及悬浮物等数据，并进行现场的加药以及试验记录，并请规划所领导及时现场考察和监督。

8.5.3　现场装置摆放

现场工艺摆放和工艺调试如图 8-17 所示。

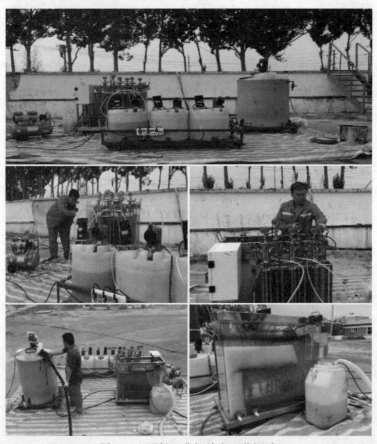

图 8-17　现场工艺摆放和工艺调试

8.5.4　现场反应器运行

现场 0min 加混合絮凝剂前后分层效果和油水分离效果如图 8-18、图 8-19 所示。

图 8-18　0min 加混合絮凝剂前后分层效果

图 8-19　0min 加混合絮凝剂后油水分离效果

8.6　现场试验去除效果分析

8.6.1　不加氧化剂的处理效果（连续流试验）

该试验直接从硫化物收集池中取样的时间为 0、10min、20min、30min、40min、50min 和 60min。原水中含油量 298.01mg/L，硫化物的含量 16.84mg/L，悬浮物的含量为 1456.41mg/L，气浮刮板出来的油 487.23mg/L，悬浮物的含量 1353.85mg/L。处理效果见表 8-3。

表 8-3　不加氧化剂时气水混合和气浮出水中的悬浮物、硫化物以及含油量的监测

取样时间/min	含油量/(mg/L)	硫化物/(mg/L)	悬浮物/(mg/L)	备注
0	10.34	5.64	260.87	气水混合（从气浮混合出水阀 1 出水）

取样时间/min	含油量/(mg/L)	硫化物/(mg/L)	悬浮物/(mg/L)	备注
10	3.93	4.83	87.42	气浮出水 1
20	2.08	3.87	75.72	气浮出水 2
30	3.72	4.24	83.23	气浮出水 3
40	2.74	4.08	70.74	气浮出水 4
50	3.72	3.23	67.37	气浮出水 5
60	2.97	3.87	69.73	气浮出水 6

8.6.2　来水加入氧化剂 10min 后，气浮出水和含油中的硫化物变化情况

硫化物氧化剂的加药量 2mL/L；先将来液储罐灌满，加入硫化物氧化剂，然后搅拌 10min，开始运行气浮反应器，取样的时间为 0、10min、20min、30min、40min、60min，试验方法如上，监测结果见表 8-4。

原水中含油量 250.42mg/L，硫化物的含量 14.26mg/L，悬浮物的含量为 1287.42mg/L，气浮刮板出来的油 307.87mg/L，悬浮物的含量 1234.02mg/L。

表 8-4　加入氧化剂 10min 后气水混合和气浮出水中的悬浮物、硫化物以及含油量的监测

取样时间/min	含油量/(mg/L)	硫化物/(mg/L)	悬浮物/(mg/L)	备注
0	8.26	1.21	123.74	气水混合（从气浮混合出水阀 1 出水）
10	3.84	0.51	34.84	气浮出水 1
20	1.02	0.11	26.22	气浮出水 2
30	0.87	0.25	23.44	气浮出水 3
40	1.02	0.74	29.05	气浮出水 4
60	0.68	0.10	20.12	气浮出水 5

8.6.3　来水加入氧化剂 20min 后，气浮出水和含油中的硫化物变化情况

硫化物氧化剂的加药量 2mL/L；先将来液储罐灌满，加入硫化物氧化剂，然后搅拌 20min，开始运行气浮反应器，取样的时间为 0、10min、20min、30min、40min、60min，试验方法如上，监测结果见表 8-5。

原水中含油量 283.54mg/L，硫化物的含量 16.42mg/L，悬浮物的含量为 1342.54mg/L，气浮刮板出来的油 267.33mg/L，悬浮物的含量 1123.45mg/L。

表 8-5　加入氧化剂 20min 后气水混合和气浮出水中的悬浮物、硫化物以及含油量的监测

取样时间/min	含油量/(mg/L)	硫化物/(mg/L)	悬浮物/(mg/L)	备注
0	6.82	1.04	118.23	气水混合（从气浮混合出水阀 1 出水）
10	1.54	0.32	24.84	气浮出水 1
20	1.12	0.22	18.43	气浮出水 2
30	0.23	0.12	17.55	气浮出水 3

取样时间/min	含油量/(mg/L)	硫化物/(mg/L)	悬浮物/(mg/L)	备注
40	0.43	0.14	19.42	气浮出水 4
60	0.23	0.08	15.84	气浮出水 5

8.6.4　来水加入氧化剂 30min 后，气浮出水和含油中的硫化物变化情况

硫化物氧化剂的加药量 2mL/L；先将来液储罐灌满，加入硫化物氧化剂，然后搅拌30min，开始运行气浮反应器，取样的时间为 0、10min、20min、30min、40min、60min，试验方法如上，监测结果见表 8-6。

原水中含油量 265.46mg/L，硫化物的含量 14.38mg/L，悬浮物的含量为 1238.13mg/L，气浮刮板出来的油 242.44mg/L，悬浮物的含量 1042.12mg/L。

表 8-6　加入氧化剂 30min 后气水混合和气浮出水中的悬浮物、硫化物以及含油量的监测

取样时间/min	含油量/(mg/L)	硫化物/(mg/L)	悬浮物/(mg/L)	备注
0	5.23	1.34	102.33	气水混合 （从气浮混合出水阀 1 出水）
10	1.07	0.12	17.74	气浮出水 1
20	1.23	0.20	15.82	气浮出水 2
30	0.34	未检出	16.23	气浮出水 3
40	未检出	0.05	14.28	气浮出水 4
60	0.13	0.06	12.52	气浮出水 5

8.6.5　长时间作用下的氧化效果（药剂提前加入），气浮出水和含油中的硫化物变化情况

硫化物氧化剂的加药量 2mL/L；先将来液储罐灌满，加入硫化物氧化剂，然后搅拌10min，放置 1～5 个小时，取样的时间为 0、10min、20min、30min、40min、60min，试验方法如上，监测结果见表 8-7。

原水中含油量 328.24mg/L，硫化物的含量 17.25mg/L，悬浮物的含量为 1346.43mg/L，气浮刮板出来的油 124.42mg/L，悬浮物的含量 898.24mg/L，硫化物收集池来液的硫酸盐还原菌 3.0×10^8 个/mL、腐生菌 2.0×10^7 个/mL、铁细菌为 1.2×10^5 个/mL。

表 8-7　氧化剂提前加入气水混合和气浮出水中的悬浮物、硫化物以及含油量的监测

取样时间/min	含油量/(mg/L)	硫化物/(mg/L)	悬浮物/(mg/L)	备注
0	5.05	1.23	78.45	气水混合 （从气浮混合出水阀 1 出水）
10	0.87	0.10	8.26	气浮出水 1
20	0.32	未检出	7.23	气浮出水 2
30	0.12	未检出	6.65	气浮出水 3
40	未检出	未检出	7.22	气浮出水 4
60	未检出	未检出	5.63	气浮出水 5

通过以上的试验可以看到投加硫化物氧化剂可以有效地控制硫化物的产生，能够有效地去除硫化物，污水通过气浮作用，也同样有较好的硫化物去除效果，主要是氧气氧化的比较均匀，氧气与污水充分地混合，对硫化物有好的去除效果。

表 8-8 气水混合和气浮出水中的细菌含量（2mL/L）

取样时间/min	硫酸盐还原菌/(个/mL)	腐生菌/(个/mL)	铁细菌/(个/mL)	备注
0	1.1×10^1	1.2×10^1	1.0×10^1	气水混合 （从气浮混合出水阀 1 出水）
10	未检出	1.0×10^1	未检出	气浮出水 1
20	未检出	1.5×10^0	未检出	气浮出水 2
30	未检出	未检出	未检出	气浮出水 3
40	未检出	未检出	未检出	气浮出水 4
60	未检出	未检出	未检出	气浮出水 5

但是也发现问题，由于气浮中加入了絮凝剂导致了出水悬浮物的含量增加，可以根据硫化物收集池的来水情况，如果含油量较高，在气浮过程中适当地加入一些，可以提高出水的效果。研究结果表明，已经完全满足了项目规定的硫化物去除的要求，基本上实现了硫化物去除在 95% 以上，满足合同规定的 80% 指标，气浮出水 3 种细菌的去除率在 99% 以上（表 8-8），氧化剂有效地去除了细菌。

8.7 固定作用时间下加药浓度的优化

8.7.1 试验的方案

在试验过程中发现，氧化剂在使用的过程中容易发生化学反应，导致水质的波动较大，影响气浮的效果，通常在 30min 内，可以完全反应，这样我们的工作是确定和优化合理的浓度。我们确定的优化浓度为 0.1mL/L、0.5mL/L、1mL/L、1.5mL/L 和 2mL/L。

试验的方法是先将来液储罐灌满，加入 0.1mL/L、0.5mL/L、1mL/L、1.5mL/L 和 2mL/L，分别做 5 个批次的试验。

然后搅拌 10min，放置 30min，取样的时间为 0、10min、20min、30min、40min 和 60min。

8.7.2 氧化剂（0.1mL/L）作用 30min 后气浮效果分析

原水中含油量 318.65mg/L，硫化物的含量 14.34mg/L，悬浮物的含量 824.42mg/L，气浮刮板出来的油 146.34mg/L，悬浮物的含量 6.24mg/L。

由表 8-9 可见，0.1mL/L 的氧化剂的加药，在作用 30min 后，开始气浮，然后开始取样，取样的时间分别为 0～60min，通过研究发现，60min 的时候出水中硫化物为 1.02mg/L，出水的含油量满足排放标准，悬浮物接近排放标准。

表 8-9　气水混合和气浮出水中的悬浮物、硫化物以及含油量的监测（0.1mL/L）

取样时间/min	含油量/(mg/L)	硫化物/(mg/L)	悬浮物/(mg/L)	备注
0	12.05	11.24	58.23	气水混合 （从气浮混合出水阀1出水）
10	8.34	8.32	8.24	气浮出水1
20	8.28	7.42	8.05	气浮出水2
30	7.54	6.26	8.32	气浮出水3
40	6.08	3.86	7.24	气浮出水4
60	4.82	1.02	5.23	气浮出水5

8.7.3　氧化剂（0.5mL/L）作用 30min 后气浮效果分析

试验的方法是先将来液储罐灌满，加入 0.5mL/L，然后搅拌 10min，放置 30min，取样的时间为 0、10min、20min、30min、40min、60min。

由表 8-10 可见，0.5mL/L 的氧化剂的加药，在作用 30min 后，开始气浮，然后开始取样，通过研究发现，60min 的时候出水中硫化物未检出，出水的含油量满足排放标准，悬浮物满足排放标准。40min 的检测结果含油量满足，但是悬浮物有些高。

表 8-10　气水混合和气浮出水中的悬浮物、硫化物以及含油量的监测（0.5mL/L）

取样时间/min	含油量/(mg/L)	硫化物/(mg/L)	悬浮物/(mg/L)	备注
0	9.24	9.26	48.24	气水混合（从气浮混合出水阀1出水）
10	7.16	8.04	8.20	气浮出水1
20	6.25	7.43	7.85	气浮出水2
30	6.03	6.63	7.34	气浮出水3
40	4.35	2.23	5.36	气浮出水4
60	4.24	未检出	4.32	气浮出水5

8.7.4　氧化剂（1mL/L）作用 30min 后气浮效果分析

试验的方法是先将来液储罐灌满，加入 1mL/L，然后搅拌 10min，放置 30min，取样的时间为 0、10min、20min、30min、40min 和 60min。

由表 8-11 可见，1mL/L 的氧化剂的加药，在作用 30min 后，开始气浮，然后开始取样，通过研究发现，60min 的时候出水中硫化物未检出，出水的含油量满足排放标准，悬浮物满足排放标准。40min 的检测结果含油量和悬浮物满足排放要求，出水的硫化物在 1.04mg/L。

表 8-11　气水混合和气浮出水中的悬浮物、硫化物以及含油量的监测（1mL/L）

取样时间/min	含油量/(mg/L)	硫化物/(mg/L)	悬浮物/(mg/L)	备注
0	8.84	8.04	45.13	气水混合（从气浮混合出水阀1出水）
10	7.10	7.56	8.20	气浮出水1

取样时间/min	含油量/(mg/L)	硫化物/(mg/L)	悬浮物/(mg/L)	备注
20	6.20	7.12	7.84	气浮出水 2
30	5.26	3.36	6.28	气浮出水 3
40	3.14	1.04	4.22	气浮出水 4
60	2.02	未检出	4.04	气浮出水 5

8.7.5 氧化剂（1.5mL/L）作用 30min 后气浮效果分析

试验的方法是先将来液储罐灌满，加入 1.5mL/L，然后搅拌 10min，放置 30min，取样的时间为 0、10min、20min、30min、40min 和 60min。

由表 8-12 可见，1.5mL/L 的氧化剂的加药，在作用 30min 后，开始气浮，然后开始取样，通过研究发现，60min 的时候出水中硫化物未检出，出水的含油量满足排放标准，悬浮物满足排放标准。40min 的检测结果含油量和悬浮物满足排放要求，出水的硫化物未检出。

表 8-12 气水混合和气浮出水中的悬浮物、硫化物以及含油量的监测（1.5mL/L）

取样时间/min	含油量/(mg/L)	硫化物/(mg/L)	悬浮物/(mg/L)	备注
0	8.23	7.32	40.12	气水混合（从气浮混合出水阀 1 出水）
10	6.23	5.32	8.02	气浮出水 1
20	5.65	4.54	7.62	气浮出水 2
30	2.23	1.25	4.32	气浮出水 3
40	1.15	未检出	4.13	气浮出水 4
60	0.52	未检出	4.04	气浮出水 5

8.7.6 氧化剂（2mL/L）作用 30min 后气浮效果分析

试验的方法先将来液储罐灌满，加入 2mL/L，然后搅拌 10min，放置 30min，取样的时间为 0、10min、20min、30min、40min、60min。

由表 8-13 可见，2mL/L 的氧化剂的加药，在作用 30min 后，开始气浮，然后开始取样，通过研究发现，60min 的时候出水中硫化物未检出，出水的含油量满足排放标准，悬浮物满足排放标准。

表 8-13 气水混合和气浮出水中的悬浮物、硫化物以及含油量的监测（2mL/L）

取样时间/min	含油量/(mg/L)	硫化物/(mg/L)	悬浮物/(mg/L)	备注
0	5.23	4.02	35.45	气水混合（从气浮混合出水阀 1 出水）
10	2.15	1.35	7.24	气浮出水 1
20	1.02	未检出	5.23	气浮出水 2
30	0.36	未检出	4.22	气浮出水 3
40	未检出	未检出	4.16	气浮出水 4
60	未检出	未检出	4.04	气浮出水 5

由表 8-14 可见，硫化物收集池来液的硫酸盐还原菌 3.2×10^8 个/mL、腐生菌 2.3×10^7 个/mL、铁细菌为 1.5×10^5 个/mL，在气浮出水 30min 的时候 3 种细菌的去除率在 95％以上，氧化剂有效地去除了细菌。10min 的检测结果含油量和悬浮物满足，出水的硫化物 1.35mg/L，在作用 20min 后满足排放的标准。从目前的研究看，已经完全满足了项目规定的硫化物的去除要求，基本上实现了硫化物去除 95％以上，满足合同规定的细菌去除 80％的指标。

表 8-14　气水混合和气浮出水中的细菌含量（2mL/L）

取样时间/min	硫酸盐还原菌/(个/mL)	腐生菌/(个/mL)	铁细菌/(个/mL)	备注
0	2.1×10^2	1.2×10^2	1.0×10^1	气水混合(从气浮混合 出水阀 1 出水)
10	2.0×10^2	1.0×10^2	1.2×10^1	气浮出水 1
20	2.5×10^1	1.5×10^1	1.2×10^0	气浮出水 2
30	1.0×10^1	1.0×10^1	1.0×10^0	气浮出水 3
40	未检出	未检出	未检出	气浮出水 4
60	未检出	未检出	未检出	气浮出水 5

通过以上研究得到了以下的结论。

① 确定了硫化物的氧化剂主要组成包括双氧水/次氯酸钠/微量催化剂，组成比例为 7∶2∶1，根据实际情况和水质可以适当地调整 pH 值。

② 硫化物氧化剂的使用量与硫化物以及含油量有一定的关系，通常在硫化物小于 20mg/L 的情况下，含油量小于 200mg/L 的情况下，加药量 1mL/L，作用 30min 可以有效地去除硫化物，如果含油量较高，可以适当地增加药剂量。

③ 室内氧化组合试验表明，硫化物氧化剂对长期快速地控制硫化物有一定的作用，有利于油水的分离。

④ 现场硫化物收集池含油量 200～400mg/L，硫化物的含量 10～20mg/L，悬浮物的含量为 1000～1500mg/L，现场试验研究表明，在加入氧化剂 2mL/L、作用 30min 后，通过气浮装置，可以有效地去除硫化物，而且出水效果较好，在处理 30min 后，含油量等指标达到出水的标准。

⑤ 气浮除油以及硫化物去除试验表明，添加硫化物氧化剂，通过气浮工艺，可以快速地实现油水以及污泥的分离，同时出水可以直接利用现有的站上工艺排放到二沉，如果再增加一段生物处理工艺，可以直接放在一滤前直接处理过滤。

第9章 硫化物生态抑制剂现场调控应用研究

硫酸盐还原菌的滋生对油田地面系统造成：垮电厂、硫化氢、硫化物、管道以及金属腐蚀、悬浮物增加；与油藏系统常规水驱油药剂、聚驱油药剂、二元驱油药剂、泡沫驱油药剂以及三元复合驱油药剂效率降低有直接关系，每年直接造成损失数十亿元人民币。硫化物的产生来源，相当的一部分是由硫酸盐还原菌通过环境的改变而产生的次生代谢产物。硫酸盐还原菌作为"催化剂"在油田污水、油藏以及全球的硫循环的代谢过程中起到举足轻重的作用。

我们创新性地提出了硫化物生态调控的策略，通过改变硫酸盐还原菌的代谢过程，改变其代谢底物，从而使其失去进行硫酸盐还原产生硫化物的"活性"，使硫酸盐还原菌由有害菌变成有益菌。生态调控的方式主要包括改变代谢底物的比例、调控系统中微生物菌群的比例以及微生物的种类。

9.1 硫化物生态抑制剂的主要成分组成

生态抑制剂的关键点是在分析 S/N 比，室内试验是在不同的 S/N 的条件下进行的，分别设定 S/N 为 6:0、6:3、6:6、6:9、6:12 和 0:6，初始硫酸盐为 135mg/L，碱度为 500mg/L，COD 为 500mg/L，置于培养瓶内，并加入适量的预培养后的污泥，定期取样分析。各指标随时间的变化状况如图 9-1 所示。在培养的初始 8h 内，硫化物和亚硝酸盐的浓度都很低，即使在不含有硝酸盐的培养瓶中也没有检测到硫化物的存在，表明这段时间内 SRB 和 DNB 活性都很低。

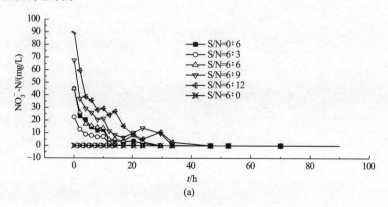

(a)

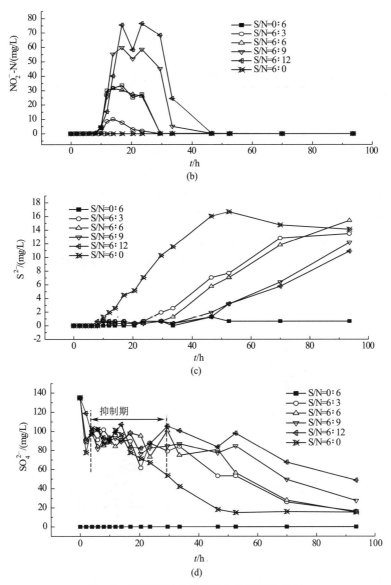

图 9-1　不同硫氮比条件下各指标变化状况

在随后的第 8～30 小时, 是反硝化抑制硫酸盐还原的阶段。此时出现了很高浓度的亚硝酸盐氮积累, 其浓度和持续时间与初始浓度有关, 基本上是初始浓度越大, 出现的峰值越高, 持续的时间越长。最长的持续时间为 38h, 最短的也有 22h; 最高达到 76.53mg/L, 最低也有 10mg/L。这充分说明此时的硝酸盐还原菌有很高的活性。相反, 期间硫化物浓度都很低, 其浓度小于 1mg/L 持续的时间从 16～26h 不等, 随着硝酸盐氮用量的增加持续作用的时间逐渐增加。而不含硝酸盐的培养瓶中从第 8 小时开始硫化物浓度就明显地呈线性增加, 抑制期内硫酸盐的浓度基本上在 80～100mg/L 波动, 表明硝酸盐的加入确实可以抑制硫酸盐的还原。在第 30 小时后, 是硫酸盐还原的恢复阶段 (当然, 硫酸盐还原当 S/N 较大时, 在此之前已经开始, 而 S/N 较小时 30h 后才开始)。随着反硝化的进行, 硝酸盐和积累的亚硝酸盐逐渐被消耗掉, 反硝化活性也逐渐减弱, 此时受抑制的 SRB 活性开始恢复, 硫化物的产生重新开始，硫酸盐浓度也明显的下降。

从硫化物随时间的变化曲线可知，硫化物的生长呈线性增加，由表 9-1 可见，随 S/N 比的减小，线性范围开始的时间也逐渐向后推移，表明抑制作用的时间越长。

表 9-1　各 S/N 比条件下抑制结束后硫化物随时间的线性关系

6：0	8～47	$y=0.4211t-2.9685$	0.4211	0.992
6：3	21～70	$y=0.2587t-5.4851$	0.2587	0.991
6：6	24～94	$y=0.2339t-5.6221$	0.2339	0.982
6：9	34～94	$y=0.2004t-7.0574$	0.2004	0.987
6：12	34～94	$y=0.1807t-6.3993$	0.1807	0.981

由表 9-1 可见，各硫氮比条件下的硫化物生成速率，其详细的变化趋势如图 9-2 所示，随着硫氮比的减小，硫化物的产生速率逐渐减小。当不含有硝酸盐氮时，硫化物产生速率为 0.42mg/h，而当 S/N 为 6：12 时，此值仅有 0.18mg/h，抑制率达到 57.2%。随着 S/N 比的进一步减小，硫化物的产生速率会进一步减小，而加入等量硝酸盐所产生的硫化物速率下降的幅度也逐渐减小。

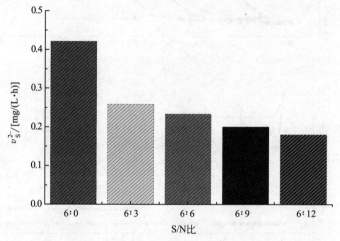

图 9-2　不同 S/N 比条件下抑制结束后硫化物产生速率

根据"油田采出水中微生物的硝酸盐还原与硫酸盐还原相对能力"和"S/N 比"的优化研究，确定了生态抑制剂的主要组成包括：硝酸盐/亚硝酸盐/底物生长促进剂/微量催化剂/反硝化细菌促进剂。组成比例：硝酸盐/亚硝酸盐/底物生长促进剂/微量催化剂为 3：6：0.6：0.4，反硝化细菌促进剂偶尔添加，根据控制情况添加，主要是激发油田系统中的本源微生物。

9.2　室内试验的配伍性试验

9.2.1　与杀菌剂母液的配伍性试验

如图 9-3 所示，取现场在用的杀菌剂的原样进行搅拌，研究生态抑菌剂和杀菌剂的母液是否可以进行互配，从而可以减少加药罐的数量，同时可以发挥两种药剂的协同作用。实际研究发现，如果掺混比例在1∶9的情况下，不产生白色的沉淀物，但是比例越高，两种药剂就会发生反应，导致原有的杀菌剂变性，变成乳白色，并有颗粒物产生。因此不建议进行与杀菌剂母液的混合加药。但是稀释的母液之间是可以进行混合的。

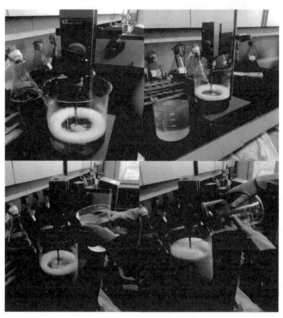

图9-3　杀菌剂母液和生态抑菌剂母液的混合试验

9.2.2　与现场用的杀菌剂稀释液的配伍性试验

采用葡三联的来水进行硫化物去除试验，研究首先固定杀菌剂的浓度，考察不同的生态抑制剂的浓度。

如图9-4所示，加药之前固定现有杀菌剂的浓度，生态抑制剂设定的浓度梯度为对照（0）、5mg/L、15mg/L、25mg/L、35mg/L和45mg/L 6个浓度梯度。

(a) 加药前　　　　　　　　　　　　　　　　　(b) 加药后

图9-4　固定杀菌剂量考察不同的生态抑制加药量

如图9-5所示，不同的生态抑制剂浓度下，1h内变化有一定的效果但是效果不明显，3h后，硫化物有一定的去除率，浓度在25mg/L的情况下，硫化物的去除率为80%以上。污水中的硫化物在3h后测定，硫化物的含量低于0.2mg/L（后续做了误差校正）。通过研

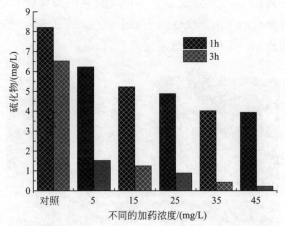

图 9-5 不同的生态抑制剂浓度下的硫化物控制情况

究发现，母液建议不要混合，这样做会很危险，有的时候浓度掌握不好，会形成沉淀，这样悬浮物会升高。如果实际做最好用两个罐进行加药，在含油污水的来液中混合，同时可以发挥两种药剂的作用。

9.3 与现有絮凝剂的配伍性试验

9.3.1 与絮凝剂母液的配伍性试验

如图 9-6 所示，现有的絮凝剂按照 1∶1、2∶1、3∶1、1∶5 几个浓度进行室内试验，发现两种母液可以混合，只是颜色发生过一些变化，黏度微有些变化。

图 9-6 生态抑制剂与现有的絮凝剂进行互配

如图 9-7 所示，母液混合液放置了 72h 没有沉淀产生，但是如果时间到 100 多个小时，就会有沉淀产生，发生块状沉淀。实际上混合还有一个加药时间的控制，从目前的加药情况看，72h 应该完全可以走完一罐的絮凝剂的药量。但是还是建议单独使用，因为在实际加药过程中，加药罐存在死角以及人工加药会存在很多的不确定性，现有的絮凝剂本身放置时间长了（2 个月左右）也会产生块状的沉淀，因此建议絮凝剂单独加药是一种比较稳妥的方法。

图 9-7 配置的母液混合液放置 72h 的情况

9.3.2 与絮凝剂稀释液的配伍性试验

研究考察了稀释后的絮凝剂溶液与生态抑菌剂混合对来水硫化物的控制效果，本次试验采用的是设定不同的絮凝剂的浓度（1mg/L、3mg/L、5mg/L、8mg/L、10mg/L、15mg/L）、生态抑菌剂的浓度（1mg/L、5mg/L、15mg/L、25mg/L、35mg/L、45mg/L），然后梯度混合，看看实际上比较好的浓度梯度。

加药前后的比较如图 9-8 所示，可以发现加药后产生了部分的絮凝沉淀，随着加药浓度的升高，絮凝的效果更好些。

(a) 加药前　　　　　　　　　　(b) 加药后

图 9-8 不同比例的絮凝剂和生态抑制剂加药前后的对比

如图 9-9 所示，浓度在 25mg/L 的情况下，硫化物的去除率为 80% 以上，悬浮物随着加

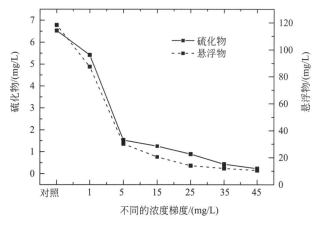

图 9-9 不同比例的絮凝剂和生态抑制加药前后的对比

药浓度的提高,有下降的趋势,25mg/L 的时候下降到 14.03mg/L,此时的絮凝剂的浓度为 8mg/L。建议以后可以进一步地开展这方面的研究工作,确定好一个适当的比例,实际上絮凝剂是加在滤前工艺,可以针对絮凝剂这部分在开展一下工作,比如可以添加一些多功能的絮凝剂和助凝剂,提高对滤前水的絮凝效果,以及进一步减少悬浮物的含量,有助于减轻后续工艺的压力。

9.4 现场杀菌剂和生态抑制剂的配伍性试验

考虑到有可能将生态抑制剂和杀菌剂进行互配,一边是控制硫酸盐还原菌的活性,一边是有效地杀灭一些细菌,这样有可能会更有效地控制硫化物,我们通过直接将两种药剂(母液进行混合)互配,发现问题很多,这个浓度是很难掌控的,容易产生悬浮物。试验从 11 月 6 日开始到 11 月 12 日结束。本次加药直接控制硫化物的是加药间注水口和阀组间的储水罐中的硫化物。

如图 9-10 所示,研究进行了现场配伍性验证,加药浓度为 5mg/L(该浓度是指处理中污水的药品浓度)。开始的时候由于没有经验,第一次加药就出现了大量的悬浮物。从现场工作人员监测的数据,我们做了调整,悬浮物有所下降。

图 9-10　现场配伍性试验与杀菌剂

如图 9-11 所示,加药间取样口的悬浮物和硫化物变化较大,开始的时候悬浮物变动较大,后来调整了加药的方法,有所改善,硫化物在 4.0～5.0mg/L。但是从目前的试验看,

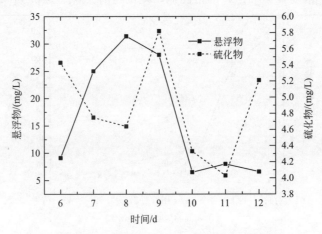

图 9-11　加药间取样口的悬浮物和硫化物

建议是两种药剂分开加效果更加明显。

9.5 生态抑制剂现场试验（单独投加）＋絮凝剂（单独）（2015年的试验）

9.5.1 现场加药和加药方式

生态抑制剂试验加药点为一沉和加药间取样口，生态抑菌剂母液加在加药罐中，与絮凝剂母液加药罐各自同时加药。絮凝剂药剂量按照污水处理站上固定的加药浓度加药，目的是对一沉工艺以后的流程进行控制。

现场的加药从 11 月 13 日开始至 11 月 28 日停止，现场试验用自己的生态抑菌剂药进行加药（图 9-12 和图 9-13），首先对原有的加杀菌剂的加药罐进行清洗，尽量地清洗干净，防止杀菌剂和我们的药剂混合，产生絮体。第一天尝试加药看看实际的反应情况，加药量 1 桶（25kg），第二天以后药剂量调整到 4 桶每天，每天对主要的工艺段：来水、一沉、二沉、一滤、二滤、加药间取样口、阀组间（大罐）进行取样。主要监测的是硫化物、悬浮物以及部分含油量。

图 9-12　现场生态药剂的运输

图 9-13　现场生态抑制剂的加药

9.5.2 现场加药试验效果分析

研究从 11 月 13 日开始取样一直取样到 11 月 28 日，目前现场单独加药共进行了 16d。

（1）硫化物的处理效果

监测的数据由表 9-2 可见，来水的硫化物在 6～9mg/L，在二沉有增加的趋势，通过一滤和二滤硫化物有所减少，其中在加药间取样口硫化物下降明显，但是取样口使药剂快速地经过，而真正发挥作用的是在阀组间（大罐），这个时候药剂开始发挥一定的作用，我们的数据有的指标测到 0.2mg/L，有的监测不出来，满足硫化物去除率 80％ 以上的标准。

表 9-2　生态抑制剂加药后的硫化物的处理效果　　　　　　　　单位：mg/L

日期	来水	一沉	二沉	一滤	二滤	加药间取样口	阀组间（大罐）
13	8.45	7.65	8.48	6.32	5.53	4.03	2.25
14	7.38	6.32	7.84	5.38	4.37	3.06	1.89
15	8.26	8.82	5.34	7.27	5.83	3.65	2.14
16	8.74	5.36	4.21	5.54	5.31	3.49	1.76
17	6.45	5.65	4.48	5.94	6.12	3.66	1.82
18	7.56	9.6	5.55	7.28	5.78	4.24	2.07
19	7.39	8.09	4.15	8.64	7.74	4.72	1.02
20	6.49	4.42	4.42	6.64	5.72	3.81	1.93
21	8.62	9.13	6.21	7.25	5.28	4.72	0.98
22	6.63	5.64	4.32	5.83	5.04	4.26	1.25
23	7.26	6.36	4.84	5.52	5.14	3.43	1.07
24	8.48	8.53	4.58	6.24	4.68	4.03	1.36
25	8.43	9.68	5.24	6.78	5.27	4.32	1.24
26	9.32	7.67	4.26	6.05	5.23	4.20	1.36
27	7.86	8.67	5.15	7.03	5.85	3.67	1.89
28	8.82	9.65	4.65	6.97	5.18	4.02	1.23

如图 9-14 所示，生态抑制剂加药后，可以明显看出，在加药间注水口和阀组间（大罐）硫化物明显地降低，阀组间硫化物的浓度低于 2.5mg/L，个别点的浓度低于 1mg/L。这段时间还是短，还不能完全说明问题，但是可以看出是有一定效果的。

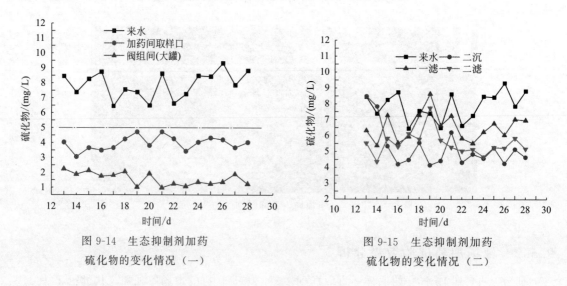

图 9-14　生态抑制剂加药　　　　　　　图 9-15　生态抑制剂加药
　硫化物的变化情况（一）　　　　　　　　硫化物的变化情况（二）

如图 9-15 所示，生态抑制剂加药后，一滤和二滤的变化规律不是很明显。由于水质的波动，硫化物存在一定的波动，总体上，硫化物是有所下降的，参照以前的水质监测指标。我们现场调研发现，通常来水的沉降罐的水利停留时间为 6h 左右，一沉和二沉每段时间在

4～6h 左右，一滤和二滤在 40min 左右，阀组间的清水罐在 40min 到 6h 作用。本次加药虽然打开了两个点的加药，但是药剂量上存在不足，对于阀组间而言，药量相对充足，硫化物控制得很好，但是对一沉到二滤工艺段，药剂量相对而言较少，真正过去的药剂量更少，因此对系统其他的工艺段抑制的效果一般，但是出水满足合同规定的 80% 的标准。

（2）悬浮物的处理效果

由表 9-3 可见，加药间和阀组间的悬浮物下降明显，这些数据是根据站上大姐测定的数据综合我们测定的数据得出的。一滤和二滤的悬浮物相对先前的水质监测有所变化，但是不是很明显。

表 9-3　生态抑制剂加药后的悬浮物的处理效果　　　　单位：mg/L

日期	来水	一沉	二沉	一滤	二滤	加药间取样口	阀组间（大罐）
13	68.54	124.63	94.83	12.26	9.57	8.7	5.3
14	87.32	98.24	87.76	10.56	9.13	5.6	4.6
15	84.36	79.43	65.37	9.6	7.5	6.9	5.2
16	41.74	48.12	25	8.23	5.8	4.4	4.2
17	105.32	87.84	94.63	9.56	6.98	6.3	5
18	53.19	59.23	46.92	6	3.9	3.2	3.3
19	76.59	65.53	68.68	9.24	8.58	5	4.8
20	120.32	108.25	98.48	8.58	6.05	4.6	4.5
21	89.32	65.43	74.36	8.34	7.5	3.8	3.7
22	106.23	128.54	105.21	10.27	6.22	4.9	4.8
23	86.35	73.72	76.93	9.74	8.37	3.5	3.3
24	68.26	78.28	58.57	8.07	6.32	3.9	3.6
25	112.57	103.23	96.46	11.64	6.87	4.6	4.3
26	89.57	75.26	69.63	10.28	6.9	4.3	4.2
27	65.37	69.53	76.12	8.34	6.32	4.7	3.8
28	72.58	98.46	76.45	9.54	7.37	3.5	3.5

如图 9-16 所示，加药间和阀组间的悬浮物基本控制在 5mg/L 左右。

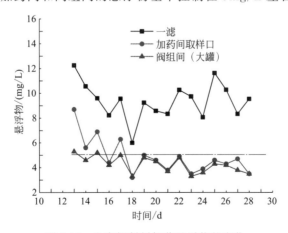

图 9-16　生态抑制剂加药悬浮物的变化

（3）硫酸盐还原菌、腐生菌、铁细菌数量的变化

研究监测了 11 月 13 日、11 月 14 日、11 月 15 日、11 月 16 日、11 月 17 日、11 月 18 日细菌的数据。

由表 9-4 可见，来水的 SRB 的数量都在 10^4 个/mL 以上，各别点在一沉和二沉有所增加，一滤和二滤数量有所减少，但是不明显，在阀组间 SRB 的数量明显降低，平均在 100 个/mL，有个别的点低于 25 个/mL。

表 9-4　生态抑制剂加药后的硫酸盐还原菌 SRB 变化情况　　　单位：个/mL

取样点	油岗来水	一沉出口	二沉出口	一滤出口	二滤出口	加药间取样口	阀组间（大罐）
13 日	$6.0×10^4$	$6.0×10^3$	$2.25×10^4$	$2.2×10^4$	$2.5×10^3$	$1.25×10^2$	$1.0×10^2$
14 日	$5.0×10^4$	$2.5×10^4$	$2.2×10^4$	$1.5×10^3$	$2.0×10^3$	$1.5×10^2$	$1.25×10^2$
15 日	$4.0×10^4$	$2.5×10^4$	$3.0×10^4$	$2.0×10^3$	$2.5×10^3$	$1.5×10^3$	$1.8×10^2$
16 日	$5.0×10^4$	$3.0×10^4$	$3.0×10^4$	$2.25×10^3$	$3.0×10^3$	$1.5×10^2$	$0.5×10^2$
17 日	$5.5×10^4$	$3.5×10^4$	$2.5×10^4$	$2.0×10^3$	$2.5×10^3$	$2.0×10^2$	$1.25×10^1$
18 日	$5.0×10^4$	$3.5×10^4$	$3.0×10^4$	$2.0×10^3$	$3.2×10^3$	$2.0×10^2$	$1.0×10^2$

由表 9-5 可见，腐生菌是一类底物复杂的菌群，如果环境适合、底物丰富就会疯涨，从得到的数据看，没有出现我们担心的事情，腐生菌会大量地生长，参考之前水质监测的细菌数量，在一沉到二滤出口的腐生菌的数量相对变化不大，但是有降低的趋势，在阀组间 TGB 的数量下降了 1 个数量级。

表 9-5　生态抑制剂加药后的腐生菌 TGB 变化情况　　　单位：个/mL

取样点	油岗来水	一沉出口	二沉出口	一滤出口	二滤出口	加药间取样口	阀组间（大罐）
13 日	$4.0×10^4$	$4.25×10^3$	$5.0×10^3$	$2.5×10^3$	$2.5×10^3$	$2.0×10^3$	$1.25×10^3$
14 日	$5.0×10^4$	$3.5×10^3$	$6.0×10^3$	$2.5×10^3$	$3.0×10^3$	$2.5×10^3$	$2.5×10^3$
15 日	$4.5×10^4$	$4.0×10^3$	$4.5×10^3$	$3.0×10^3$	$3.5×10^3$	$2.5×10^3$	$1.25×10^3$
16 日	$4.0×10^4$	$4.2×10^3$	$5.0×10^3$	$3.0×10^3$	$3.0×10^3$	$2.4×10^3$	$2.25×10^3$
17 日	$4.5×10^4$	$4.0×10^3$	$4.5×10^3$	$3.0×10^3$	$3.25×10^3$	$2.2×10^3$	$1.0×10^3$
18 日	$3.5×10^3$	$4.35×10^3$	$3.0×10^3$	$2.0×10^3$	$3.0×10^3$	$2.0×10^3$	$2.0×10^3$

由表 9-6 可见，铁细菌是一种以铁为电子受体、利用和转化铁的功能菌群，从来水到二滤可以看出，铁细菌维持在 10^2 个/mL 的数量级左右，在阀组间数量上有降低的趋势，但是不明显。通过上述细菌数量的检测表明，硫酸盐还原菌在阀组间 FB 的数量下降明显，腐生菌和铁细菌数量变化不大，药剂对细菌的数量组成影响不大。

表 9-6　生态抑制剂加药后的铁细菌 FB 变化情况　　　单位：个/mL

取样点	油岗来水	一沉出口	二沉出口	一滤出口	二滤出口	加药间取样口	阀组间（大罐）
13 日	$2.5×10^1$	$1.5×10^2$	$2.5×10^2$	$2.5×10^2$	$2.0×10^2$	$1.0×10^2$	$1.0×10^2$
14 日	$2.0×10^1$	$1.2×10^2$	$1.5×10^2$	$2.5×10^2$	$1.5×10^2$	$1.0×10^2$	$1.0×10^2$
15 日	$2.5×10^1$	$1.5×10^2$	$2.5×10^2$	$1.5×10^2$	$1.5×10^2$	$1.3×10^2$	$1.2×10^2$
16 日	$2.5×10^3$	$2.0×10^1$	$1.5×10^2$	$2.5×10^2$	$2.0×10^2$	$1.0×10^2$	$1.0×10^2$
17 日	$2.25×10^2$	$1.5×10^2$	$2.5×10^2$	$1.5×10^2$	$2.0×10^2$	$1.0×10^2$	$1.0×10^2$

取样点	油岗来水	一沉出口	二沉出口	一滤出口	二滤出口	加药间取样口	阀组间（大罐）
18 日	2.5×10^2	1.5×10^2	1.5×10^2	1.0×10^2	1.0×10^2	1.0×10^2	1.0×10^2

9.6　生态抑制剂现场试验（单独投加）＋絮凝剂（单独）（2016年的试验）

9.6.1　硫酸盐还原菌生态抑制现场试验药剂的方案

室内配置药剂，运输到现场（采油七厂葡三联污水处理站）加药间。提前准备工作，清理加药罐，测定现场水质；经过测定，目前的硫酸根的含量在 5～10mg/L。确定了加药量，然后每天加药，取样点为来水、加药间取样口和阀组间。加药时间从 6 月 22 日开始到 7 月 19 日结束。

同时对加药间取样口、阀组间在未加入任何药剂、加药厂家生产的杀菌剂以及生态抑制剂前后的微生物群落进行了解析。

9.6.2　现场试验数据监测

（1）现场加药工艺过程的常规水质监测分析

通过前期的准备以及预试验，于 6 月份开展了现场的加药试验，到 7 月 21 日截止，累计加药 1 个月的时间。

由表 9-7 可见，通过现场试验，表明硫化物得到明显的控制，其中硫化物的去除率达到 80％以上，由于今年的来水量较大，悬浮物开始有一定的波动，后期逐渐变好，而且越来越稳定。

表 9-7　现场污水处理联合站硫化物生态抑制试验数据总结

加药时间	取样点	SRB /(个/mL)	TGB /(个/mL)	FB /(个/mL)	含油 /(mg/L)	硫化物 /(mg/L)	悬浮物 /(mg/L)	备注说明
6.22	来水	3.0×10^4	4.0×10^4	2.5×10^2	31.11	6.59	54.73	开始加药
6.22	加药间取样口	1.25×10^2	2.0×10^3	1.0×10^1	1.70	5.11	7.84	
6.22	阀组间	1.0×10^2	1.25×10^2	1.0×10^1	2.03	2.04	5.3	
6.23	来水	4.2×10^4	5.0×10^4	2.0×10^1	19.53	8.04	38.78	
6.23	加药间取样口	1.5×10^2	2.5×10^3	1.0×10^1	1.29	5.55	5.82	
6.23	阀组间	1.25×10^2	3.0×10^2	1.0×10^1	2.15	2.07	4.64	
6.24	来水	4.0×10^4	4.5×10^4	2.1×10^1	222.15	8.75	104.25	
6.24	加药间取样口	1.5×10^3	2.5×10^3	1.3×10^1	4.86	4.19	6.92	
6.24	阀组间	1.3×10^2	1.25×10^2	1.2×10^1	3.29	2.43	5.26	
6.25	来水	—	—	—	—	—	—	没取样
6.25	加药间取样口	—	—	—	—	—	—	
6.25	阀组间	—	—	—	—	—	—	
6.26	来水	5.0×10^4	4.0×10^4	1.3×10^2	41.32	7.89	58.36	

加药时间	取样点	SRB /(个/mL)	TGB /(个/mL)	FB /(个/mL)	含油 /(mg/L)	硫化物 /(mg/L)	悬浮物 /(mg/L)	备注说明
6.26	加药间取样口	1.5×10^2	2.4×10^3	1.0×10^1	2.65	4.53	4.84	
6.26	阀组间	1.0×10^2	2.2×10^2	1.0×10^1	2.46	2.34	4.35	
6.27	来水	5.5×10^4	4.5×10^4	2.0×10^2	25.57	7.24	48.86	
6.27	加药间取样口	2.0×10^2	2.2×10^3	3.0×10^1	3.02	4.67	4.73	
6.27	阀组间	1.3×10^1	1.5×10^2	1.0×10^1	2.23	2.07	4.23	
6.28	来水	3.0×10^4	3.5×10^3	3.1×10^2	29.63	6.35	47.73	因停水没有加药，取样正常
6.28	加药间取样口	2.0×10^2	2.0×10^2	1.0×10^1	1.89	3.04	5.98	
6.28	阀组间	1.0×10^2	3.2×10^1	1.0×10^1	3.24	1.53	5.64	
6.29	来水	4.2×10^4	4.0×10^3	1.5×10^2	23.83	5.92	46.25	
6.29	加药间取样口	2.0×10^2	2.0×10^3	1.5×10^1	1.98	3.25	4.64	
6.29	阀组间	1.0×10^2	1.2×10^2	1.0×10^1	3.11	1.66	5.02	
6.30	来水	3.5×10^4	4.5×10^3	2.0×10^2	47.45	7.64	64.82	
6.30	加药间取样口	2.0×10^2	2.2×10^2	1.2×10^1	3.17	3.60	6.65	
6.30	阀组间	1.0×10^2	1.5×10^2	1.0×10^1	3.09	1.93	5.54	
7.1	来水	4.2×10^3	4.5×10^3	1.5×10^2	39.10	6.52	58.63	
7.1	加药间取样口	2.0×10^2	2.0×10^3	1.0×10^1	1.22	4.54	4.82	
7.1	阀组间	1.0×10^2	1.2×10^2	3.0×10^0	2.20	1.33	4.47	
7.2	来水	3.2×10^4	4.0×10^2	2.2×10^1	31.86	7.57	66.12	
7.2	加药间取样口	2.0×10^2	2.0×10^2	1.2×10^1	1.79	4.50	4.65	
7.2	阀组间	1.0×10^2	1.5×10^2	1.0×10^0	1.77	1.67	4.56	
7.3	来水	—	—	—	—	—	—	没取样品
7.3	加药间取样口	—	—	—	—	—	—	
7.3	阀组间	—	—	—	—	—	—	
7.4	来水	4.0×10^4	4.2×10^3	2.5×10^2	15.44	6.98	46.78	
7.4	加药间取样口	3.4×10^2	2.0×10^3	1.5×10^1	4.044	3.48	5.21	
7.4	阀组间	1.0×10^2	2.0×10^2	1.0×10^1	3.041	1.82	4.24	
7.5	来水	5.3×10^3	4.0×10^3	2.5×10^2	32.17	7.20	64.43	
7.5	加药间取样口	2.2×10^2	2.0×10^3	1.2×10^1	3.97	3.89	4.92	
7.5	阀组间	1.2×10^2	1.5×10^2	1.0×10^1	2.47	1.23	4.63	
7.6	来水	3.5×10^4	5.0×10^3	2.5×10^2	23.19	7.31	72.34	
7.6	加药间取样口	1.3×10^2	2.2×10^2	1.0×10^1	1.06	4.14	4.65	
7.6	阀组间	1.0×10^2	1.25×10^2	1.0×10^1	6.51	1.31	4.36	
7.7	来水	2.0×10^4	3.5×10^3	2.5×10^2	44.74	6.92	73.24	
7.7	加药间取样口	2.3×10^2	2.4×10^3	1.0×10^1	3.48	5.34	4.35	
7.7	阀组间	1.2×10^2	2.0×10^2	2.0×10^0	3.83	1.95	4.28	
7.8	来水	4.5×10^3	4.35×10^3	2.4×10^1	16.70	6.06	68.72	加药6桶，前天晚上停水

加药时间	取样点	SRB /(个/mL)	TGB /(个/mL)	FB /(个/mL)	含油 /(mg/L)	硫化物 /(mg/L)	悬浮物 /(mg/L)	备注说明
7.8	加药间取样口	2.2×10^2	3.0×10^2	1.2×10^1	12.37	4.15	4.82	
7.8	阀组间	1.5×10^2	1.2×10^2	1.0×10^0	2.42	1.77	3.82	
7.9	来水	—	—	—	—	—	—	没加药没取样
7.9	加药间取样口	—	—	—	—	—	—	
7.9	阀组间	—	—	—	—	—	—	
7.10	来水	4.0×10^4	4.5×10^3	2.0×10^2	51.69	8.24	72.58	
7.10	加药间取样口	2.0×10^2	2.0×10^3	1.3×10^1	2.15	3.82	4.83	
7.10	阀组间	1.0×10^2	1.5×10^2	1.0×10^1	2.04	2.35	4.25	
7.11	来水	3.2×10^4	4.5×10^3	2.5×10^1	36.92	6.88	43.73	
7.11	加药间取样口	1.4×10^2	2.0×10^3	1.2×10^1	3.33	4.85	5.26	
7.11	阀组间	1.2×10^2	1.2×10^2	2.0×10^0	2.50	1.56	4.23	
7.12	来水	5.2×10^3	2.5×10^3	1.5×10^1	50.10	8.82	79.57	
7.12	加药间取样口	1.5×10^2	1.25×10^3	1.0×10^1	1.83	5.46	4.85	
7.12	阀组间	1.3×10^2	1.0×10^2	1.0×10^0	2.03	1.11	5.04	
7.13	来水	3.0×10^4	3.0×10^3	1.2×10^1	28.07	7.48	48.32	
7.13	加药间取样口	2.0×10^2	1.2×10^3	1.0×10^1	1.37	4.31	5.25	
7.13	阀组间	1.5×10^2	1.0×10^2	1.0×10^0	3.10	1.90	5.12	
7.14	来水	2.5×10^4	2.5×10^3	1.2×10^1	25.01	6.68	40.35	
7.14	加药间取样口	1.3×10^2	1.0×10^3	1.1×10^1	1.60	4.23	4.24	
7.14	阀组间	1.2×10^2	1.0×10^2	1.0×10^1	5.60	1.49	5.24	
7.15	来水	2.3×10^4	2.2×10^3	1.5×10^1	47.51	7.05	68.64	
7.15	加药间取样口	2.0×10^2	1.2×10^3	1.2×10^1	1.37	4.69	4.43	
7.15	阀组间	1.25×10^2	1.0×10^2	1.0×10^0	1.67	1.82	4.83	
7.16	来水	2.0×10^4	2.4×10^3	3.0×10^1	34.73	7.25	53.74	
7.16	加药间取样口	1.5×10^2	1.2×10^3	1.3×10^1	1.46	4.33	4.24	
7.16	阀组间	1.2×10^2	1.0×10^2	1.0×10^0	2.11	1.32	4.56	
7.17	来水	3.0×10^4	2.2×10^3	2.0×10^1	40.18	6.92	78.35	
7.17	加药间取样口	1.2×10^2	1.3×10^3	1.2×10^1	1.91	3.93	4.85	
7.17	阀组间	1.0×10^2	1.1×10^2	1.0×10^0	1.32	1.28	3.49	
7.18	来水	5.0×10^4	2.5×10^3	2.5×10^1	65.66	9.26	86.41	
7.18	加药间取样口	2.0×10^2	1.5×10^3	1.5×10^1	2.77	2.57	4.38	
7.18	阀组间	1.5×10^2	1.0×10^2	1.0×10^0	1.49	1.56	3.36	
7.19	来水	4.0×10^4	3.0×10^3	3.0×10^1	32.66	7.71	95.32	
7.19	加药间取样口	1.4×10^2	1.2×10^3	1.2×10^1	3.99	3.17	4.28	
7.19	阀组间	1.2×10^2	1.0×10^2	1.0×10^0	2.82	1.47	3.07	

如图 9-17 所示，通过投加生态抑制剂，对含油量的稳定去除有一定的促进作用。

如图 9-18 所示，通过投加生态抑制剂，不同时间段下，相对于来水，在加药间取样口

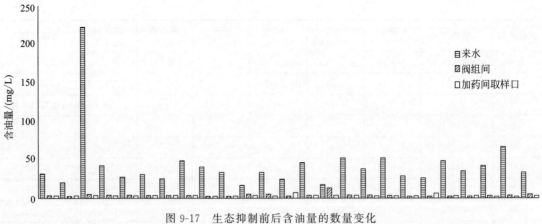

图 9-17　生态抑制前后含油量的数量变化

和阀组间硫化物明显具有减少的趋势，硫化物平均去除率在 80％，同时生态抑制剂能够对后续的注水管道中的硫化物的增加具有很好的延时控制效果，可以在一定的时段内控制硫酸盐还原菌和硫化物的产生。

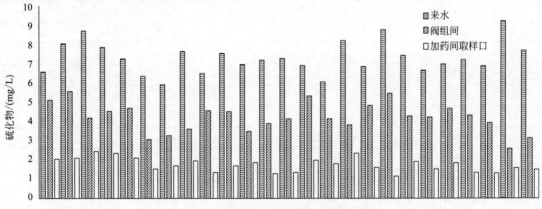

图 9-18　生态抑制前后硫化物的数量变化

　　如图 9-19 所示，通过投加生态抑制剂，对悬浮物的处理有促进作用，通过现场数据和试验中的观察，有助于降低水中悬浮物的含量。

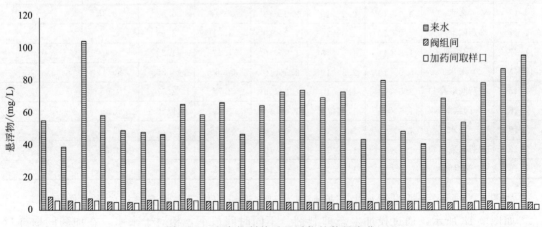

图 9-19　生态抑制前后悬浮物的数量变化

如图 9-20 所示，来水的硫酸盐还原菌数量波动较大，生态抑制剂加入后，数量显著降低，去除率在 95％以上。

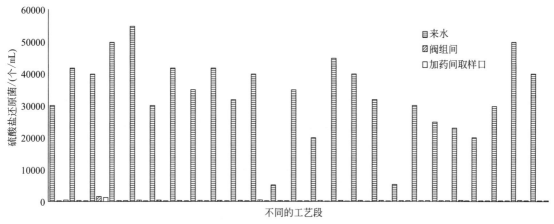

图 9-20　生态抑制前后硫酸盐还原菌的数量变化

如图 9-21 所示，加入生态抑制剂后，腐生菌的数量也有所减少，去除率在 80％以上。

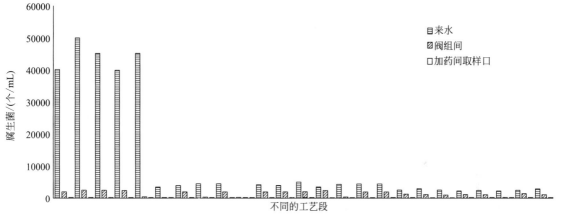

图 9-21　生态抑制前后的腐生菌的数量变化

如图 9-17～图 9-22 所示，生态抑制后，硫酸盐还原菌的数量去除 90％以上，腐生菌在

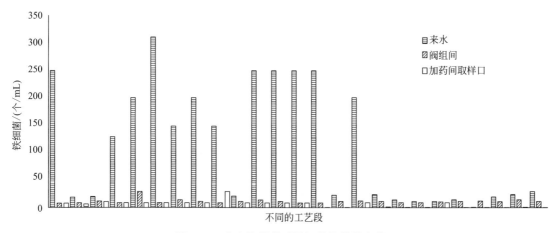

图 9-22　生态抑制前后铁细菌的数量变化

80%以上，铁细菌的数量在 1000 个/mL 以内，生态抑制剂对铁细菌的去除效果一般，但是能够去除 50%以上。

（2）现场生态抑制剂加药前后的成分变化分析

通常对药剂的评价，一个重要指标是，加入的药剂有没有对水质产生重要的影响，在七厂葡三联污水处理站的加药间加入生态抑菌剂，是考察监测分析对油田水质是否造成显著影响、能否具有实际应用价值的前提。如果加入的药剂在一定程度上改变了油田水原有性质，比如，改变了油田水的 pH 值、碱度、矿化度、使水浑浊等，则可能会影响油水分离效果等，从而影响油田生产。所以，对生态抑制剂加入前后油田的水质进行比较分析。表 9-8 为七厂葡三联加药间和阀组间加入生态抑制剂前后水质的变化情况。

表 9-8　葡三联联合站污水中加入生态抑制剂前后水质变化情况

水样		pH 值	碱度/(mg/L)	矿化度/(mg/L)	硝酸根	电导率
6.29	加入抑制剂前	7.85	2350.8	5428.9	2.06	8.16
	加入抑制剂后	7.86	2364.4	5468.7	8.15	8.15
7.4	加入抑制剂前	7.87	2267.5	5412.6	2.12	8.14
	加入抑制剂后	7.84	2285.7	5458.1	8.18	8.17
7.16	加入抑制剂前	7.86	2276.5	5504.2	1.98	8.15
	加入抑制剂后	7.85	2286.5	5514.6	8.62	8.16

由表 9-8 可见，生态抑菌剂加入到水处理站滤水后，pH 值、碱度、矿化度和电导率没有明显改变，水浊度没有发生变化，电导率基本上也没有变化。所以，生态抑菌剂加入到油田水中，在 pH 值、碱度、矿化度、含盐量、浊度方面不会使油田水的性质发生改变，同时对水中的悬浮物以及含油的去除具有促进作用。生态抑菌剂的加入，不会对油田地面生产产生负面的影响。

（3）针对季节性硫化物变化及加药方法和加药浓度的调整

末端的硫化物控制，针对全流程的控制是今后重要的研究内容，全流程的控制，有利于提高处理的水质，减轻对一滤和二滤的压力，同时对后续末端的加药量的减少具有重要的意义。

① 全流程的控制方法和策略　如果针对季节性硫化物变化的全流程控制，建议：a.测定来水中硫酸根的含量（10mg/L 左右）；b.计算来水，加药的浓度控制在 1∶1 的比例，生态抑制剂∶硫酸根的浓度比，实际加药中最好控制在 1.5∶1 的比例；c.采用连续流加药；d.采用多点加药的方法。

② 末端控制方法和策略　a.测定来水中的硫酸根的含量（10mg/L 左右）；b.计算来水，加药的浓度控制在 1∶1 的比例，生态抑制剂∶硫酸根的浓度比，实际加药中最好控制在 1.5∶1 的比例；c.采用连续流加药；d.采用单点加药的方法。

由于现场工艺中的来水不是均衡的，始终处于波动的状态，因此在实际的加药过程中我们会为了保证水质稳定将浓度提高到 25mg/L 的浓度，这样基本上水质在波动 1 倍的情况下，硫化物可以得到控制。这是一种加药策略，建议以后可以安装在线监测的设备，可以随时根据水量变化以及硫化物和硫酸根的变化，调控加药浓度，这样会大量节约加药量，控制生产成本。

（4）吨水处理药剂的成本计算

以 25mg/L 的药剂浓度计算，生态抑制剂的固体成本为 5000 元/吨；$1m^3$ 污水使用的药剂量为 25g，每吨水的处理成本按照纯药剂在 0.025 元/吨，每吨水的成本在人民币 2.5 分左右，外加人工费和运输以及产品加价等费用，每吨水成本可以控制在 0.08 元以内，远远低于合同规定的 0.25 元/吨。

9.7　生态抑制剂加入前后微生物群落的解析

9.7.1　高通量测序生物信息学的分析方法

（1）DNA 提取，PCR 扩增和测序

采用 PowerSoil DNA 提取试剂盒提取细菌基因组 DNA。使用纳米微滴®1000 分光光度法测定提取物的质量和数量并存储在 $-20℃$ 环境中直到使用。针对 V_1 和 V_3 高变区，用编码细菌通用引物（正向引物 8F 和反向引物 533R）对 16S rRNA 基因片段进行扩增（8F：5′-AGAGTTTGATCCTGGCTCAG-3′；533R：5′-TTACCGCGGCTGCTGGCAC-3′）。通过添加 10 核苷酸条码（如表 9-9 所示）改良引物。$100\mu L$ 的 PCR 反应混合物中包含 5U 的 PFU Turbo DNA 聚合酶，1X 的 PFU 反应缓冲液，0.2mmol/L 的三磷酸脱氧核糖核苷酸，$0.1\mu mol/L$ 的每个编码的引物和 20ng 基因组 DNA 模板。PCR 扩增的体系如下：94℃预热 5min，94℃变性 30s，53℃复性 30s，72℃延伸 90s，循环 30 次，最后 72℃延伸 10min。使用 TaKaRa 琼脂糖凝胶 DNA 纯化试剂盒来凝胶纯化扩增元，并通过纳米微滴使其量化。将每个样品中 200ng 纯化的 16S rDNA 的扩增产物合并，使用国家人类基因组研究中心的罗氏 454 FLX 钛平台进行焦磷酸测序。

表 9-9　样品添加 10 核苷酸条码

测序编号	实际样品	条形码序列	引物(同一套引物)
21-LS1	七厂来水 1	ACGTACTGTG	细菌 16S rRNA 引物序列:($V_1 \sim V_3$) 8F:5′-AGAGTTTGATCCTGGCTCAG-3′ 533R:5′-TTACCGCGGCTGCTGGCAC-3′
24-WJY1	加药间 5.15-没加药	AGTACTACTA	细菌 16S rRNA 引物序列:($V_1 \sim V_3$) 8F:5′-AGAGTTTGATCCTGGCTCAG-3′ 533R:5′-TTACCGCGGCTGCTGGCAC-3′
26-STY1	加药间 6.16-生态药剂	GTAGTCACTG	细菌 16S rRNA 引物序列:($V_1 \sim V_3$) 8F:5′-AGAGTTTGATCCTGGCTCAG-3′ 533R:5′-TTACCGCGGCTGCTGGCAC-3′
22-CJY1	加药间 5.20-加药	GACGTATGAC	细菌 16S rRNA 引物序列:($V_1 \sim V_3$) 8F:5′-AGAGTTTGATCCTGGCTCAG-3′ 533R:5′-TTACCGCGGCTGCTGGCAC-3′
25-WJY2	阀组间 5.20-没加药	GAGACGTCGC	细菌 16S rRNA 引物序列:($V_1 \sim V_3$) 8F:5′-AGAGTTTGATCCTGGCTCAG-3′ 533R:5′-TTACCGCGGCTGCTGGCAC-3′
27-STY2	阀组间 7.2-生态药剂	ATCTCTCGTA	细菌 16S rRNA 引物序列:($V_1 \sim V_3$) 8F:5′-AGAGTTTGATCCTGGCTCAG-3′ 533R:5′-TTACCGCGGCTGCTGGCAC-3′

测序编号	实际样品	条形码序列	引物（同一套引物）
23-CJY2	阀组间 5.20-加药	CTCGAGTCTC	细菌 16S rRNA 引物序列：($V_1 \sim V_3$) 8F：5′-AGAGTTTGATCCTGGCTCAG-3′ 533R：5′-TTACCGCGGCTGCTGGCAC-3′
21-LS2	七厂来水 2	CTCGAGTCTC	细菌 16S rRNA 引物序列：($V_1 \sim V_3$) 8F：5′-AGAGTTTGATCCTGGCTCAG-3′ 533R：5′-TTACCGCGGCTGCTGGCAC-3′
24-WJY3	加药间 5.16-没加药	AGACATATAG	细菌 16S rRNA 引物序列：($V_1 \sim V_3$) 8F：5′-AGAGTTTGATCCTGGCTCAG-3′ 533R：5′-TTACCGCGGCTGCTGGCAC-3′
26-STY3	加药间 7.10-生态药剂	AGAGTACAGA	细菌 16S rRNA 引物序列：($V_1 \sim V_3$) 8F：5′-AGAGTTTGATCCTGGCTCAG-3′ 533R：5′-TTACCGCGGCTGCTGGCAC-3′
25-WJY4	阀组间 5.18-没加药	GTATACATAG	细菌 16S rRNA 引物序列：($V_1 \sim V_3$) 8F：5′-AGAGTTTGATCCTGGCTCAG-3′ 533R：5′-TTACCGCGGCTGCTGGCAC-3′
27-STY4	阀组间 7.15-生态药剂	ACACAGTGAG	细菌 16S rRNA 引物序列：($V_1 \sim V_3$) 8F：5′-AGAGTTTGATCCTGGCTCAG-3′ 533R：5′-TTACCGCGGCTGCTGGCAC-3′

（2）序列分析

通过调整条码标签和引物序列，去除低质量的序列数据，对原始序列数据进行处理。按照独立样本的条码，由所得的序列生成 FASTA 文件。用软件 Mothur 1.17.0 版本将序列对齐并生成距离矩阵。操作分类单元分别是在 90%、95% 和 97% 的相似度下决定的。根据计算出的操作分类单元，使用相同的软件测定出稀疏曲线和多样性指数。从聚类分析的角度，每个操作分类单元的代表序列都要使用核糖体数据库项目、美国国家生物技术信息中心和 Greengenes 数据库的 RDP-Ⅱ分类器进行分类。使用 R 软件，可以得到分配在这样本中的相对丰度和热图。

9.7.2　未加药、加厂家杀菌剂和生态抑制剂下对微生物群落变化的影响

（1）现场试验的微生物群落组成的指数分析

通过 Mothur 1.1.70 版以及 RDP 网站（http：//rdp. cme. msu. edu/classifier/classifier. jsp）序列比对分析。针对葡三联的来水、加药间、阀组间 3 个点，在不进行加药、加厂家杀菌剂和生态抑制剂情况下进行多次取样，共计 12 批次，进行 DNA 提取，测序后的单个样品平均序列数为 3.0 万条序列，整理修饰后获得 2.8 万条序列，修饰序列/有效序列比例为 93.33%，满足测序的要求。这表明样品获得接近 2 万～3 万条序列，可以进行定量的分析。

由表 9-10 可见，所分析的样品测序覆盖率达到 99% 以上。Ace：用来估计群落中 OTU 数目的指数，Ace 指数值越大，表明油田中 OTU 数量越丰富，种群结构组成越复杂，样品的覆盖度达到 99% 以上。Simpson：用来估算样品中微生物多样性指数之一，Simpson 指数值越大，说明群落多样性越低；油田样品中数量较低表明其群落多样性较高。Shannon：用来估算样品中微生物多样性指数之一。它与 Simpson 多样性指数常用于反映 alpha 多样性指

数。Shannon 值越大，说明群落多样性越高。虽然油田水质复杂，污染物难以降解和利用，目前看相对于市政污水的微生物群落而言多样性小一些，但是所包含的种群还是比较丰富的。

表 9-10 现场试验的样品丰富度指数

样品 ID		读数	0.97					
			OTU	Ace	Chao	Coverage	Shannon	Simpson
21-LS1	七厂来水 1	28200	534	687 (646,743)	684 (635,758)	0.994113	2.31 (2.29,2.34)	0.339 (0.3327,0.3453)
24-WJY1	加药间 5.15-没加药	28200	622	775 (735,829)	761 (716,827)	0.993865	3.19 (3.16,3.22)	0.1309 (0.1279,0.1339)
26-STY1	加药间 6.16-生态药剂	28200	529	662 (624,715)	668 (620,742)	0.994858	3.31 (3.29,3.34)	0.1134 (0.1109,0.1159)
22-CJY1	加药间 5.20-加药	28200	566	784 (730,857)	745 (690,823)	0.993014	1.85 (1.82,1.88)	0.5178 (0.5104,0.5252)
25-WJY2	阀组间 5.20-没加药	28200	543	660 (626,707)	672 (627,740)	0.994894	3.25 (3.23,3.27)	0.1131 (0.1107,0.1155)
27-STY2	阀组间 7.2-生态药剂	28200	543	592 (575,619)	590 (571,624)	0.996809	2.55 (2.52,2.58)	0.305 (0.2993,0.3107)
23-CJY2	阀组间 5.20-加药	28200	562	604 (588,628)	614 (592,654)	0.997199	3.82 (3.79,3.84)	0.0727 (0.071,0.0744)
21-LS2	七厂来水 2	28200	518	646 (609,698)	641 (598,707)	0.995035	3.62 (3.59,3.64)	0.0665 (0.0652,0.0678)
24-WJY3	加药间 5.16-没加药	28200	542	718 (671,783)	717 (660,801)	0.993865	3.27 (3.24,3.29)	0.0893 (0.0876,0.091)
26-STY3	加药间 7.10-生态药剂	28200	496	525 (513,545)	542 (520,582)	0.997730	3.21 (3.18,3.24)	0.1889 (0.1843,0.1935)
25-WJY4	阀组间 5.18-没加药	28200	588	678 (651,718)	700 (658,765)	0.995709	4.23 (4.2,4.25)	0.0417 (0.0406,0.0428)
27-STY4	阀组间 7.15-生态药剂	28200	484	540 (521,569)	551 (524,598)	0.996773	3.37 (3.35,3.39)	0.0939 (0.0919,0.0959)

（2）三种情况下的微生物群落组成以及动态演替

如书后彩图 67 所示，厂家的药剂实际上并没有有效地杀灭污水中的细菌，尤其是硫酸盐还原菌，生态抑制剂可以提高污水中原有的反硝化细菌的数量。

如书后彩图 68 所示，通过加药，反硝化细菌大量地进行生长。

如书后彩图 69 所示，生态抑制剂加入后 *Nitrospira* 的数量增加，该菌具有反硝化的功能。

如书后彩图 70 所示，通过现场加药，对照（没有加生态抑制剂）的微生物群落里面硫酸盐还原菌的数量较高，而加入生态抑制剂（包含主要的电子受体）后，硫酸盐还原菌的数量减少，同时反硝化功能的微生物增加，从微生物群落的角度可以看出，生态抑菌剂的加入可以促进反硝化细菌的生长，同时抑制硫酸盐还原菌的数量。该研究至少证明了两个客观存在的理论体系，一个是反硝化细菌底物选择作用理论和外加电子受体的调控微生物群落理论的存在。通过外加电子受体实现群落和功能的转变，转化为以自养利用硝酸根和亚硝酸根功能的微生物群落，可以直接利用硝酸根转化为亚硝酸根，可以同时利用水中的硫化物为中间受体，提供电子受体，将亚硝酸根转化为氮气。群落的微生物种类变成了以利用硝酸根和亚硝酸根的微生物群落，也从微观的角度证实了我们的生态抑制剂确实启动了抑制硫酸盐还原菌活性的作用。

9.8 现场生态抑制的总结

① 硫化物生态抑制剂的主要组成包括：硝酸盐、亚硝酸盐、底物生长促进剂、微量催化剂、反硝化细菌促进剂。组成比例：药剂组成比例硝酸盐：亚硝酸盐：底物生长促进剂：微量催化剂为 $3:6:0.6:0.4$，反硝化细菌促进剂偶尔添加，根据控制情况添加，主要是激发油田系统中的本源微生物。

② 生态抑制剂母液与杀菌剂母液互配，容易发生两种药剂的反应，建议单独加药，在含油污水的来液中混合，可以同时发挥两种药剂的作用。

生态抑制剂稀释液与杀菌剂稀释液、生态抑制剂浓度在 25mg/L 的情况下，硫化物的去除率为 80% 以上。稀释液之间相互配合使用，效果很好。

③ 生态抑制剂母液与絮凝剂母液互配，两种药剂在 72h 内不发生沉淀，可以用一个加药罐，生态抑制剂浓度在 25mg/L 的情况下，絮凝剂的浓度为 8mg/L，硫化物的去除率为 80% 以上，悬浮物降低到 14.03mg/L，实际上絮凝剂是加在滤前工艺，可以针对絮凝剂这部分再开展一下工作，比如可以添加一些多功能的絮凝剂和助凝剂，提高对滤前水的絮凝效果以及进一步减少悬浮物的含量，有助于减轻后续工艺的压力。但是仍不建议两种药剂混合使用。

④ 现场生态抑制剂和杀菌剂的配伍性试验研究表明，两者的浓度比例为 1:9 最合适，过高的浓度会发生沉淀，现场实际加药很难控制好加药比例，处理的过程中发生悬浮物升高的情况，硫化物控制在 $4.0 \sim 5.0$ mg/L。现有的加药控制装置很难实现这个比例的优化，建议分开加药会更好。

⑤ 单独使用生态抑制剂的现场试验，一共运行了 16d，平均的加药浓度为 25mg/L，每天加药取样，来水的硫化物在 $6 \sim 9$ mg/L，在二沉有增加的趋势，通过一滤和二滤硫化物有所减少，生态抑制剂加药后，可以明显地看出来在加药间注水口和阀组间（大罐）硫化物明显降低，阀组间硫化物的浓度低于 2.5mg/L，个别点的浓度低于 1mg/L。这段时间比较短，还不能完全说明问题，但是可以看出是有一定的效果的，硫化物相对去除率达到 80%。

⑥ 2015 年开展生态抑制剂加药，一滤和二滤的变化规律不是很明显。通常来水沉降罐的水力停留时间为 6h 左右，一沉和二沉每段时间在 $4 \sim 6$h 左右，一滤和二滤在 40min 左右，阀组间的清水罐在 40min 到 6h 作用。试验虽然有意实现两点加药，但是由于现场设备原因，其实是单点加药（合同无要求多点加药），从最终的出水看，悬浮物、含油量都好于平时加厂家的杀菌剂，而且最终出水的硫化物满足去除 80% 的标准，满足合同的规定。

⑦ 2016 年开展了单点加药的方法，出水水质较好，最终的硫化物满足合同规定的去除 80% 的指标，效果较好，希望进一步推广应用。

⑧ 开展了现场的生态抑制试验，取得了显著效果，生态抑菌剂可以有效去除硫化物，控制硫酸盐还原菌的生长；对生态抑菌剂加入污水系统前后的分析可见，生态抑菌剂对系统中的污水影响不大；通过对微生物群落的解析，证明了生态抑菌剂的加入，可以有效地促进本源微生物的生长，尤其是反硝化细菌的生长，同时减少了硫酸盐还原菌的数量。

9.9　地面污水处理工艺生态抑制总结

9.9.1　对生态抑制机理研究的总结

① 总结了常规化学杀菌剂的种类和杀菌机制；

② 研究发现了一个新的机理——反硝化细菌底物选择作用理论，填补了机理研究的不足；

③ 对葡三联的生态抑制可能性进行了分析，理论上证实具有硝酸盐还原能力和硫酸盐还原能力，可以采用生态调控方法抑制硫酸盐还原菌的活性，为进一步开展试验打下基础。

9.9.2　现场生态抑制的总结

① 硫化物生态抑制剂的主要组成包括：硝酸盐、亚硝酸盐、底物生长促进剂、微量催化剂、反硝化细菌促进剂。组成比例：药剂组成比例硝酸盐∶亚硝酸盐∶底物生长促进剂∶微量催化剂为：3∶6∶0.6∶0.4，反硝化细菌促进剂偶尔添加，根据控制情况添加，主要是激发油田系统中的本源微生物。

② 现场生态抑制剂确定的加药浓度为 25mg/L，加药量跟来水量相应地增加，在水质波动较大的时候可以相应地增加药剂量；生态抑制剂随着加药时间的延长，效果会更加明显，尤其在降低阀组间悬浮物方面效果显著；另外也可以减少腐蚀。

③ 生态抑制剂处理后的含油污水、悬浮物、含油量都好于平时加厂家的杀菌剂，而且最终出水的硫化物满足去除率 80% 以上的要求。

④ 以 25mg/L 的药剂浓度计算，处理吨水的成本在 0.08 元以内。远远低于 0.25 元/吨。

⑤ 开展了现场的生态抑制试验，取得了显著效果，生态抑菌剂可以有效去除硫化物，控制硫酸盐还原菌的生长；对生态抑菌剂加入污水系统前后的分析可见，生态抑菌剂对系统中的污水影响不大；通过对微生物群落的解析，证明了生态抑菌剂的加入，可以有效地促进本源微生物的生长，尤其是反硝化细菌的生长，同时减少了硫酸盐还原菌的数量。

[1] 党争光，马楠，杨磊.石油化工企业含硫污水处理技术 [J].环境保护与循环经济，2014，34（7）：40-43.

[2] 欧阳涛，张海芹，常定明，等.城市河湖沉积物——水体系中硫化物的研究进展 [J].环境科学与技术，2013（S2）：179-186.

[3] 林初夏.国际酸性硫酸盐土研究及其进展 [J].土壤学进展，1995，23（3）：1-12.

[4] 李淑芬.炭纤维复合生物滤池处理混合恶臭及微生物特性研究 [D].青岛：青岛理工大学，2007：1-3.

[5] 李蕊.生物滴滤塔处理混合模拟制革恶臭气体的研究 [D].西安：陕西科技大学资源与环境学院，2012：1-4.

[6] 朱斌波.水中硫化物测定过程中的质量控制 [J].环境保护与循环经济，2008，32（7）：32-33.

[7] 岳长涛，李术元，徐明，等.水介质对有机硫化物形成影响的模拟实验 [J].应用化学，2011（05）：542-548.

[8] 吴小春.环境样品中可溶性无机硫化物的分析进展 [J].四川理工学院学报，2003（01）：49-55.

[9] 袁芳.填埋场水气调节过程中 H_2S 的生物转化行为 [D].杭州：浙江工商大学，2015：1-11.

[10] 魏世林.制革废水中的硫化物对环境的污染及其治理方法 [J].中国皮革，2003（01）：3-5.

[11] 孟启，孙小强，席海涛，等.汽油中有机硫化物的酸富集和结构分析 [J].燃料化学学报，2006（06）：753-756.

[12] 丁康乐，李术元，岳长涛，等.原油中有机硫化物成因的硫酸盐热化学还原反应模拟研究 [J].燃料化学学报，2008（01）：48-54.

[13] 王艳君.大气和水体中的挥发性有机硫化物检测方法及系统设计 [D].青岛：国家海洋局第一海洋研究所，2012：1-3.

[14] 王艳君，郑晓玲，何鹰，等.环境水中总挥发性有机硫化物的检测方法 [J].中国环境科学，2012，32（6）：1040-1045.

[15] 项玉芝，夏道宏，段永锋.固体碱对油品中有机硫化物的脱除性能及分析 [J].燃料化学学报，2006（05）：633-636.

[16] 秦凤祥，李凭力，黄益平，等.甲基叔丁基醚中有机硫化物定性和定量研究 [J].化学工程，2016，44（7）：11-14.

[17] 姚丽群，高利平，托罗别克，等.活性炭的表面化学改性及其对有机硫化物的吸附性能的研究 [J].燃料化学学报，2006（06）：749-752.

[18] Zhu M，Huang X，Yang G，et al. Speciation and stable isotopic compositions of humic sulfur in mud sediment of the East China Sea：Constraints on origins and pathways of organic sulfur formation [J]. Organic Geochemistry，2013，63：64-72.

[19] Gill B C，Lyons T W，Jenkyns H C. A global perturbation to the sulfur cycle during the Toarcian Oceanic Anoxic Event [J]. Earth and Planetary Science Letters，2011，312（3-4）：484-496.

[20] 高启宝，张花，张宇，等.大港南部油田回注水硫化物来源研究分析与治理 [J].天津化工，2014（01）：60-62.

[21] 鲁凤芹，李丛丛，陈睿.厌氧条件下硫酸盐废水中硫化物生成的影响因素 [J].青岛科技大学学报（自然科学版），2014（04）：374-377.

[22] Weng H，Dai Z，Ji Z，et al. Release and control of hydrogen sulfide during sludge thermal drying [J]. Journal of Hazardous Materials，2015，296：61-67.

[23] 李倩.城市污水处理厂生物除臭滴滤池微生物多样性分析和高效脱硫菌株筛选 [D].上海：华东师范大学，2013：1-4.

[24] 张颖.城市污水处理厂中恶臭气体生物处理方法浅析 [J].科技创新导报，2011（09）：132.

[25] 祁铭华，马绍赛，曲克明，等.沉积环境中硫化物的形成及其与贝类养殖的关系 [J].海洋水产研究，2004（01）：

85-89.

[26] 李丛丛.废水中硫化物的生成、硫化物对生化系统的影响及其处理技术的研究 [D].青岛:青岛科技大学,2014:1-5.

[27] 宫俊峰,王秋霞,刘岩.不同形态硫化物对稠油热采硫化氢产生的贡献分析 [J].油气地质与采收率,2015 (04):93-96.

[28] 刘阳,岳长涛,李术元,等.原油与硫酸盐热化学还原反应中有机硫化物的形成和分布 [J].化学工程师,2014 (06):31-35.

[29] 丁康乐,李术元,岳长涛,等.原油中有机硫化物成因的硫酸盐热化学还原反应模拟研究 [J].燃料化学学报,2008 (01):48-54.

[30] 任世林,张翠兰,蓝辉,等.元坝气田高含硫污水处理及回注方案优选 [J].重庆科技学院学报(自然科学版),2016 (03):40-42.

[31] Cees J N,Buisman B G G P. Optimization of Sulphur Production in a Biotechnological Sulphide-Removing Reactor [J]. Biotechnology and Bioengineering,1990,35:50-56.

[32] Gutierrez O,Park D,Sharma K R,et al. Effects of long-term pH elevation on the sulfate-reducing and methanogenic activities of anaerobic sewer biofilms [J]. Water Research,2009,43 (9):2549-2557.

[33] Gutierrez O,Sudarjanto G,Ren G,et al. Assessment of pH shock as a method for controlling sulfide and methane formation in pressure main sewer systems [J]. Water Research,2014,48:569-578.

[34] 赵凯,杨平铎.管道防腐技术在油气储运中的全程控制与应用 [J].使用科技,2015:237.

[35] 何仁祥,唐鑫,赵雄,等.管道石油天然气腐蚀防护的相关技术研究进展 [J].2013,50 (1):53-55.

[36] 李莹.浅谈石油管道腐蚀防护措施与研究 [J].科技创业家,2013:123.

[37] 崔迎,黄敏.浅议城市给水管道腐蚀控制技术策略 [J].天津化工,2011,25 (5):57-58.

[38] 张莉,徐翠竹,林竹,等.腐蚀监测技术在油气管道上的应用与发展:2007 全国埋地管线腐蚀控制和监测评估工程技术交流会,吉林延吉 [C].天津:中国石油集团工程技术研究院,2007,4 (20):32-34.

[39] 黄清定,周大刚.腐蚀检测与评价技术在航油长输管道安全管理中的应用 [J].全面腐蚀控制,2006 (04):32-34.

[40] Joseph A P,Keller J,Bustamante H,et al. Surface neutralization and H_2S oxidation at early stages of sewer corrosion:Influence of temperature,relative humidity and H_2S concentration [J]. Water Research,2012,46 (13):4235-4245.

[41] 肖炜,邝月芳.埋地钢质天然气管道腐蚀控制检测与对策 [J].煤气与热力,2010,30 (8):34-36,40.

[42] 鞠虹,王君,唐晓,等.油气集输管道在海洋环境中的腐蚀与防护 [J].石油化工设备,2010,39 (5):41-47.

[43] 王刚,李会颖,刘振兴.油气管道的腐蚀与防护 [J].科技论坛:47-48.

[44] 杨雪梅.油气管道腐蚀与防护新技术研究 [D].天津:天津大学,2007:1-3.

[45] 杨娜,吴明,齐浩,等.污水管道腐蚀机理及防护措施 [J].当代化工,2013 (04):496-498.

[46] 杜聪聪,李石,赵东风,等.全面防腐技术在管道蚀中的应用:第二届 CCPS 中国过程安全会议 [C].北京:中国石油大学,2015:280-283.

[47] 徐胜愿,陈卫.天然气管道腐蚀控制技术研究 [J].技术研究,2015 (8):161.

[48] 蒋玲燕,周振,王英俊,等.硫化物对污水处理厂硝化菌活性的抑制作用 [J].环境工程学报,2012 (11):4065-4068.

[49] Ganigue R,Gutierrez O,Rootsey R,et al. Chemical dosing for sulfide control in Australia:An industry survey [J]. Water Research,2011,45 (19):6564-6574.

[50] Ganigué R,Chen J,Vuong L,et al. On-line control of magnesium hydroxide dosing for sulfide mitigation in sewers [J]. Ozwater 12:Australias National Water Conferenc,2012.

[51] Sun X,Jiang G,Bond P L,et al. A rapid,non-destructive methodology to monitor activity of sulfide-induced corrosion of concrete based on H_2S uptake rate [J]. Water Research,2014,59:229 238.

[52] Jiang G,Keating A,Corrie S,et al. Dosing free nitrous acid for sulfide control in sewers:Results of field trials in Australia [J]. Water Research,2013,47 (13):4331-4339.

[53] 马娟,李璐,俞小军,等.FNA 对好氧吸磷的长期抑制及污泥吸磷方式转化 [J].环境科学,2015 (10):

3786-3793.

[54] Gutierrez O，Park D，Sharma K R，et al. Iron salts dosage for sulfide control in sewers induces chemical phosphorus removal during wastewater treatment [J]. Water Research，2010，44 (11)：3467-3475.

[55] 蔡靖，郑平，吴东雷.自然界硫化物的生物氧化 [J].科技通报，2010 (01)：77-80.

[56] 向婉丽，陆现彩，陆昀乔，等.含方解石铜矿石微生物氧化作用的实验研究 [J].矿物岩石地球化学通报，2014 (06)：764-771.

[57] 朱桂艳，李占臣，王靖飞，等.高硫酸盐废水厌氧生化处理中硫化物生物控制技术研究进展 [J].河北化工，2008 (12)：74-75.

[58] 杨超，丁丧岚，刘敏.硫化物生物氧化的研究进展及应用 [J].四川化工，2007 (03)：46-49.

[59] 任南琪，王爱杰，李建政，等.硫化物氧化及新工艺 [J].哈尔滨工业大学学报，2003，35 (3)：265-268，275.

[60] Wei C，Wei L，Li C，et al. Effects of salinity，C/S ratio，S/N ratio on the BESI process，and treatment of nanofiltration concentrate. Enviromental Science and Pollution Research，2017，15：1-11.

[61] 万海清.城市垃圾渗沥液——烟气脱硫体系中高浓度 SO_4^{2-} 的生物转化 [D].成都：四川大学，2004：7-11.

[62] Kantachote D，Charernjiratrakul W，Noparatnaraporn N，et al. Selection of sulfur oxidizing bacterium for sulfide removal in sulfate rich wastewater to enhance biogas production [J]. Electronic Journal of Biotechnology，2008，11 (2)：1-5.

[63] 魏利，王艳君，马放，等.反硝化抑制硫酸盐还原菌活性机理及应用 [J].哈尔滨工业大学学报，2009 (04)：85-88.

[64] 别风雷，李胜荣，侯增谦，等.现代海底多金属硫化物矿床 [J].成都理工学院学报 (自然科学版)，2000，27 (4)：335-342.

[65] 吴远明，王平.块状硫化物矿床研究最新进展 [J].内江科技，2010 (6)：47.

[66] 孙治雷，窦振亚，黄威，等.现代海底热液硫化物矿体微生物风化的几个重要研究方向 [J].海洋地质与第四纪地质，2014 (01)：65-74.

[67] 王淑芳.深海热液口硫化物及沉积物微生物多样性及其与环境相互关系研究 [D].青岛：中国海洋大学，2008：1-9.

[68] 杨茜.可渗透固定化硫酸盐还原菌反应墙的碳源缓释规律与可利用性研究 [D].芜湖：安徽工程大学，2014：1-3.

[69] 杨世平，阮德雄，陈兆明，等.不同盐度条件下硫化物对斑节对虾的毒性试验 [J].安徽农业科学，2014 (15)：4673-4675.

[70] 冯奇飞.淡水养虾塘底质硫化物含量及与其它因子关系的研究 [D].上海：上海海洋大学，2014：1-4.

[71] 刘永刚，姚会强，于淼，等.国际海底矿产资源勘查与研究进展 [J].海洋信息，2014：10-16.

[72] 武倩倩，马启敏，王继纲，等.黄河口近岸海域沉积物酸可挥发性硫化物 (AVS) 的研究 [J].海洋环境科学，2007 (02)：126-129.

[73] 欧阳涛，张海芹，常定明，等.城市河湖沉积物——水体系中硫化物的研究进展 [J].环境科学与技术，2013 (S2)：179-186.

[74] 李金城，宋进喜，王晓蓉.太湖五里湖区表层沉积物中酸挥发性硫化物和同步提取金属 [J].湖泊科学，2004 (01)：77-80.

[75] 王永杰，郑祥民，周立旻，等.长江河口盐沼湿地酸挥发性硫化物的时空分布特征及影响因素 [J].地球化学，2012 (02)：158-165.

[76] 方涛.水体沉积物中酸挥发性硫化物的研究进展 [J].水生生物学报，2001，25 (5)：509-514.

[77] 赵铮，姜霞，吴永贵，等.太湖沉积物酸可挥发性硫化物分布特征及重金属生物有效性评价 [J].环境科学学报，2011 (12)：2714-2722.

[78] 焦涛.城市河道沉积物——水体系硫化物赋存特征及反硫化过程研究 [D].南京：河海大学，2007：5-12.

[79] 胡蕾，刘素美，任景玲，等.东海近岸沉积物中酸可挥发性硫化物的分布研究 [J].海洋环境科学，2009 (05)：482-486.

[80] 吴金浩，李楠，胡超魁，等.夏季辽东湾表层沉积物中的硫化物含量分布与区域性差异 [J].水产科学，2014 (08)：503-507.

[81] 李江萍，张洪海，杨桂朋.夏季中国东海生源有机硫化物的分布及其影响因素研究 [J].环境科学，2015（01）：49-55.

[82] 古丽.渤黄东海沉积物中硫化物的研究 [D].青岛：中国海洋大学，2011：1-8.

[83] 甘居利，林钦，黄洪辉，等.大鹏澳网箱养殖区底质硫化物分布、变化和污染分析 [J].水产学报，2003（06）：570-574.

[84] 张际标，刘加飞，姚兼辉，等.湛江东海岛潮间带沉积物硫化物（AVS）和重金属（SEM）及其生物毒效性评估 [J].海洋通报，2014，33（4）：405-412.

[85] 吴明清，常春桃，李涛，等.MTBE中硫化物组成的研究 [J].石油炼制与化工，2015（01）：6-9.

[86] 王庭，阮文权，严群，等.ORP控制在硫化物生物氧化成单质硫过程中的应用 [J].环境工程学报，2008（03）：366-369.

[87] 赵杰，王寒非，赵丽萍，等.MTBE中硫化物形态分布及工艺条件对硫醚化反应的影响 [J].石油商技，2014（04）：28-36.

[88] 马托，马宏瑞，杜占鹏，等.硫化物在厌氧污泥中的分布和对产甲烷活性的抑制作用 [J].环境化学，2005，24（5）：550-553.

[89] 杨淑清，柯明，史权，等.俄罗斯直馏汽油中硫化物的组成分析 [J].质谱学报，2008（05）：306-310.

[90] 鄢小琳，史权，徐春明，等.俄罗斯减压馏油中硫化物的分离富集及结构鉴定 [J].石油大学学报（自然科学版），2004（05）：108-112.

[91] 凌凤香，姚银堂，马波，等.气相色谱 原子发射光谱联用技术测定柴油中硫化物 [J].燃料化学学报，2002（06）：535-539.

[92] 刘玉新，许志明，赵锁奇，等.哈萨克斯坦及俄罗斯渣油馏分中的硫化物裂解色谱分析 [J].燃料化学学报，2008（06）：712-719.

[93] 朱根权，夏道宏，阙国和.催化裂化过程中硫化物的分布及转化规律 [J].石油化工高等学校学报，2000（02）：40-44.

[94] 魏慧峰，王芳，秦鹏.液态烃中硫化物的定性分析 [J].石化技术与应用，2009，27（2）：166-171.

[95] 赵锁奇.渣油中硫化物类型分布与化学转化性能 [J].石油学报（石油加工），2002（01）：18-23.

[96] 刘力.水和废水中硫化物测定方法的探讨 [D].天津：天津大学环境工程，2007：7-46.

[97] 王莉红，汤福隆，胡岭.近十年水中硫化物测定方法的进展 [J].上海环境科学，1997（03）：41-45.

[98] 刘璞，张垒，王丽娜，等.碘量法测定废水中硫化物的影响因素探讨 [J].广州化工，2014（14）：132-133.

[99] 曹杰山.碘量法测定水和废水中硫化物 [J].中国环境监测，2001，4（17）：31-33.

[100] 吴小春.环境样品中可溶性无机硫化物的分析进展 [J].四川理工学院学报，2003（01）：49-55.

[101] 陈向群.快速测定水中硫化物方法的研究 [J].2013：19，23.

[102] 徐金英.关于测定水中硫化物亚甲蓝法的实验讨论 [J].他山之石，2011（8）：100.

[103] Keller-Lehmann B，Corrie S K，Ravn R，et al. Preservation and Simultaneous Analysis of Relevant Soluble Sulfur Species in Sewage Samples [J]. Sewer Operation & Maintenance Som，2006（01）：339-346.

[104] 温胜敏.污水处理有机硫化物排放特征与控制策略研究 [D].北京：北京林业大学，2016：1-2.

[105] 何俊辉，贾广信，黎爱群，等.催化裂化油浆中硫化物气相色谱分析 [J].当代化工，2014（01）：80-81.

[106] 张凤菊，金玲仁，李红莉，等.气质联用法测定环境空气中有机硫化物 [J].环境监测管理与技术，2014（03）：44-47.

[107] 孟启，孙小强，席海涛，等.选择性反应结合气相色谱进行汽油硫化物分析 [J].分析实验室，2007（03）：51-54.

[108] 高建兵，詹亚力，朱建华.液化石油气中硫化物的测定方法 [J].分析仪器，2001（01）：32-36.

[109] 杨永坛，王征.焦化汽油中硫化物类型分布的气相色谱——硫化学发光检测方法 [J].色谱，2007（03）：384-388.

[110] 杨永坛，王征，宗保宁，等.催化裂化汽油中硫化物类型分布的气相色谱硫化学发光检测的方法研究 [J].色谱，2004（03）：216-219.

[111] 花瑞香，李艳艳，郑锦诚，等.汽油馏分的硫化物形态分布研究 [J].色谱，2004（05）：515-520.

[112] 李艳艳，刘宁，郑锦诚，等.液化气中硫化物形态分布的研究 [J].石油炼制与化工，2005（02）：57-62.

[113] 魏新明，朱建华，刘红研，等.液化气中微量硫化物的形态鉴定 [J].石油与天然气化工，2003（05）：318-320.

［114］ 林麒，李俊荣，林坚，等.稳定性同位素内标-吹扫捕集-气相色谱-质谱联用分析水中硫化物［J］.分析化学，2014（05）：678-682.

［115］ 金贵善，刘汉彬，张建锋，等.硫化物中硫同位素组成的 EA-IRMS 分析方法［J］.铀矿地质，2014（03）：187-192.

［116］ 孙海燕，曾勇平，居沈贵.FPD 分析汽油中硫化物的研究［J］.化工科技，2007（01）：5-8.

［117］ 殷长龙，赵会吉，徐永强，等.柴油深度加氢脱硫过程中硫化物转化规律的研究［J］.中国石油大学学报（自然科学版），2007，31（4）.

［118］ 陈小霞.气相分子吸收光谱法对水体中硫化物的测定应用［J］.海峡科学，2014（04）：33-34.

［119］ 刘永健.油田采出水中可溶性硫化物测定方法研究［D］.哈尔滨：哈尔滨工程大学环境工程，2009：5-14.

［120］ 冯晓敏.可溶性硫化物的快速测定 _ 冯晓敏［J］.试验研究，2014，33（6）：36-37.

［121］ 王旭，任南琪，刘广民，等.硫离子选择电极测定产酸脱硫反应器中硫化物［J］.哈尔滨工业大学学报，2004（06）：729-731.

［122］ 程思海，陈道华，雷知生.使用元素分析仪测定海洋沉积物中的硫化物［J］.岩矿测试，2011（01）：63-66.

［123］ 王晓辉，白志辉，孙裕生，等.硫化物微生物传感器的研制与应用［J］.分析试验室，2000（03）：84-86.

［124］ 朱金安，陈云祥.水中硫化物测定方法的研究［J］.2000，20（1）：39-43.

［125］ 张克强.含硫化物（H_2S、S^{2-}、HS）废水电凝聚与生物处理的技术研究［D］.天津：天津大学，2004.

［126］ 黎莉，黄晶，黄立静，等.间隔流动注射法在线蒸馏测定水中硫化物［J］.污染防治技术，2013（01）：39-42.

［127］ Wang A，Liu C，Han H，et al. Modeling denitrifying sulfide removal process using artificial neural networks［J］. Journal of Hazardous Materials，2009，168（2-3）：1274-1279.

［128］ CHEN C，WANG A，REN N，et al. High-rate denitrifying sulfide removal process in expanded granular sludge bed reactor［J］. Bioresource Technology，2009，100（7）：2316-2319.

［129］ Chen C，Wang A，Ren N，et al. Biological breakdown of denitrifying sulfide removal process in high-rate expanded granular bed reactor［J］. Applied Microbiology and Biotechnology，2008，81（4）：765-770.

［130］ Villa-Gomez D K，Cassidy J，Keesman K J，et al. Sulfide response analysis for sulfide control using a PS electrode in sulfate reducing bioreactors［J］. Water Research，2014，50：48-58.

［131］ Mora M，Fernández M，Gómez J M，et al. Kinetic and stoichiometric characterization of anoxic sulfide oxidation by SO-NR mixed cultures from anoxic biotrickling filters［J］. Applied Microbiology and Biotechnology，2015，99（1）：77-87.

［132］ Kida Y，Class C A，Concepcion A J，et al. Combining experiment and theory to elucidate the role of supercritical water in sulfide decomposition［J］. Physical Chemistry Chemical Physics Pccp，2014，16（20）：9220-8.

［133］ 何品晶，邵立明.硫化物恶臭气体的生物处理机理与应用［J］.上海环境科学，1998（06）：12-16.

［134］ 董慧明.油田硫酸盐还原菌的生物控制技术研究［D］.大连：辽宁师范大学，2007：7-14.

［135］ 乔丽艳，叶坚，刘万丰，等.反硝化技术在油田的应用［J］.石油规划设计，2014，25（1）：21-22.

［136］ Wang Q，Ye L，Jiang G，et al. A free nitrous acid（FNA）-based technology for reducing sludge production［J］. Water Research，2013，47（11）：3663-3672.

［137］ Jiang G，Sharma K R，Guisasola A，et al. Sulfur transformation in rising main sewers receiving nitrate dosage［J］. Water Research，2009，43（17）：4430-4440.

［138］ Jiang G，Sharma K R，Yuan Z. Effects of nitrate dosing on methanogenic activity in a sulfide-producing sewer biofilm reactor［J］. Water Research，2013，47（5）：1783-1792.

［139］ Cortese-Krott M M，Fernandez B O，Kelm M，et al. On the chemical biology of the nitrite/sulfide interaction［J］. Nitric Oxide，2015，46：14-24.

［140］ Jiang G，Gutierrez O，Sharma K R，et al. Optimization of intermittent，simultaneous dosage of nitrite and hydrochloric acid to control sulfide and methane productions in sewers［J］. Water Research，2011，45（18）：6163-6172.

［141］ Mohanakrishnan J，Gutierrez O，Meyer R L，et al. Nitrite effectively inhibits sulfide and methane production in a laboratory scale sewer reactor［J］. Water Research，2008，42（14）：3961-3971.

[142] 柯建明，王凯军.采用好氧气提反应器处理含硫化物废水 [J].环境科学，1998（04）：64-66.

[143] Altas L，Büyükgüngör H. Sulfide removal in petroleum refinery wastewater by chemical precipitation [J]. Journal of Hazardous Materials，2008，153（1-2）：462-469.

[144] Kazuhiro Shinabe S O T O. Characteristics of hydrogen sulfide removal in a carrier-packed biological deodorization system [J]. Biochemical Engineering Journal，2000：209-217.

[145] 苏静.硫化物生物氧化脱硫技术研究现状 [J].环境技术，2006（01）：26-28.

[146] 周贤友，徐瑛，孙永明，等.两段式生物脱硫工艺对沼气中 H_2S 去除效果的实验研究木 [J].新能源进展，2015，3（2）：105-109.

[147] 潘永强.微生物水处理技术在胜利油田污水资源化利用中的应用 [J].化工管理，2015（32）：108-110.

[148] Chihpin Huang Y C B H. Hydrogen Sulfide Removal by Immobilized Autotrophic Heterotrophic Bacteria in the Bioreactors [J]. Bioresource Technology，10（8）：595-600.

[149] 盛彦清.广州市典型污染河道与城市污水处理厂中恶臭有机硫化物的初步研究 [D].广州：中国科学院研究生院（广州地球化学研究所），2007：1-7.

[150] 刘景华，吕晓丽，魏丽丹，等.硅藻土微波改性及对污水中硫化物吸附的研究 [J].非金属矿，2006（03）：36-37.

[151] 党志，卢桂宁，杨琛，等.金属硫化物矿区环境污染的源头控制与修复技术 [J].华南理工大学学报（自然科学版），2012（10）：83-89.

[152] 袁盈波，潘志崇，张德民.一株光合细菌的分离及其硫化物的处理效果 [J].宁波大学学报（理工版），2010，23（02）：1-5.

[153] 李秀珠.一种紫色非硫光合细菌对硫化物的抑制及其在对虾养殖中的应用 [J].福建水产，1997（01）：9-13.

[154] 王帆，李淑芹，许景钢.脱硫菌的培养驯化与降解硫化物性能的研究 [J].东北农业大学学报，2004（01）：21-24.

[155] 曹媛，王娟，钟秦.微生物烟气脱硫工艺中硫化物生物氧化与回收单质硫的研究 [J].中国电机工程学报，2011（29）：48-54.

[156] 韩金枝，付腾飞，王燕.无色硫细菌处理含硫废水的试验研究 [J].环境科技，2010（05）：4-7.

[157] 黄兵.固定化微生物净化低浓度 SO_2 烟气研究 [D].昆明：昆明理工大学，2009：5-24.

[158] 张克强，季民，姚传忠，等.含硫化物废水在升流式填料塔中的处理及数学模拟 [J].天津大学学报，2005（02）：174-180.

[159] 左剑恶，袁琳，胡纪萃，等.利用无色硫细菌氧化废水中硫化物的研究 [J].环境科学，1995（06）：7-10.

[160] Vaiopoulou E，Melidis P，Aivasidis A. Sulfide removal in wastewater from petrochemical industries by autotrophic denitrification [J]. Water Research，2005，39（17）：4101-4109.

[161] Li W，Zhao Q，Liu H. Sulfide removal by simultaneous autotrophic and heterotrophic desulfurization-denitrification process [J]. Journal of Hazardous Materials，2009，162（2-3）：848-853.

[162] Logan B E，Rabaey K. Conversion of Wastes into Bioelectricity and Chemicals by Using Microbial Electrochemical Technologies [J]. Science，2012，337（6095）：686-690.

[163] Rabaey K，Van de Sompel K，Maignien L，et al. Microbial Fuel Cells for Sulfide Removal [J]. Environmental Science & Technology，2006，40（17）：5218-5224.

[164] Lee D，Liu X，Weng H. Sulfate and organic carbon removal by microbial fuel cell with sulfate-reducing bacteria and sulfide-oxidising bacteria anodic biofilm [J]. Bioresource Technology，2014，156：14-19.

[165] Dutta P K，Keller J，Yuan Z，et al. Role of Sulfur during Acetate Oxidation in Biological Anodes [J]. Environmental Science & Technology，2009，43（10）：3839-3845.

[166] Dutta P，Rabaey K，Yuan Z，et al. Spontaneous electrochemical removal of aqueous sulfide [J]. Water Research，2008，42（20）：4965-4975.

[167] Xu X，Chen C，Wang A，et al. Simultaneous removal of sulfide，nitrate and acetate under denitrifying sulfide removal condition：Modeling and experimental validation [J]. Journal of Hazardous Materials，2014，264：16-24.

[168] Potivichayanon S，Pokethitiyook P，Kruatrachue M. Hydrogen sulfide removal by a novel fixed-film bioscrubber system [J]. Process Biochemistry，2006，41（3）：708-715.

[169] 张清，李全安，文九巴，等.温度和压力对 N80 钢 CO_2/H_2S 腐蚀速率的影响 [J].石油矿场机械，2004，33（3）：

42-44.

[170] 张清，李全安，文九巴，等.CO$_2$ 分压对油管钢 CO$_2$/H$_2$S 腐蚀的影响［J］.钢铁研究学报，2004，16（4）：72-74.

[171] 陈墨，宋晓琴，许玉磊，等.CO$_2$ 对金属管道腐蚀的研究现状及发展趋势［J］.内蒙古石油化工，2006（7）：9-10.

[172] Zafar M N，Rihan R，Al-Hadhrami L. Evaluation of the corrosion resistance of SA-543 and X65 steels in emulsions containing H$_2$S and CO$_2$ using a novel emulsion flow loop［J］.Corrosion Science，2015，94：275-287.

[173] Zhao J，Duan H，Jiang R. Synergistic corrosion inhibition effect of quinoline quaternary ammonium salt and Gemini surfactant in H$_2$S and CO$_2$ saturated brine solution［J］.Corrosion Science，2015，91：108-119.

[174] Poormohammadian S J，Lashanizadegan A，Salooki M K. Modelling VLE data of CO$_2$ and H$_2$S in aqueous solutions of N-methyldiethanolamine based on non-random mixing rules［J］.International Journal of Greenhouse Gas Control，2015，42：87-97.

[175] Voordouw G. Production-related petroleum microbiology：progress and prospects Gerrit Voordouw［J］.Current Opinion in Biotechnology，2010，22：401-405.

[176] 雍兴跃，张雅琴，李栋梁，等.近壁处流体力学参数对流动腐蚀的影响［J］.腐蚀科学与防护技术，2011，23（3）：245-250.

[177] 来广利，胡静.污水管道系统的生物腐蚀及利用氧化还原电位的控制技术［J］.化工文摘，2009（06）：48-50.

[178] Jensen H S，Lens P N L，Nielsen J L，et al. Growth kinetics of hydrogen sulfide oxidizing bacteria in corroded concrete from sewers［J］.Journal of Hazardous Materials，2011，189（3）：685-691.

[179] 董明，孙灵念，万世清.管道腐蚀控制技术在油田生产中的应用［J］.油气储运，2005，24（z1）：167-170.

[180] Pikaar I，Rozendal R A，Yuan Z，et al. Electrochemical sulfide oxidation from domestic wastewater using mixed metal-coated titanium electrodes［J］.Water Research，2011，45（17）：5381-5388.

[181] 罗锋，韩景宽.管道腐蚀控制和材料选择的基本规律［J］.石油规划设计，2001（04）：41-44.

[182] 张团结，武晨，刘艳臣，等.曝气充氧对排水管网液相硫化物累积影响研究［J］.中国环境科学，2013（11）：1953-1957.

[183] Sharma K R，Yuan Z，de Haas D，et al. Dynamics and dynamic modelling of H$_2$S production in sewer systems［J］.Water Research，2008，42（10-11）：2527-2538.

[184] Vander Zee F P，Villaverde S，García P A，et al. Sulfide removal by moderate oxygenation of anaerobic sludge environments［J］.Bioresource Technology，2007，98（3）：518-524.

[185] Gutierrez O，Mohanakrishnan J，Sharma K R，et al. Evaluation of oxygen injection as a means of controlling sulfide production in a sewer system［J］.Water Research，2008，42（17）：4549-4561.

[186] Utgikar V P，Harmon S M，Chaudhary N，et al. Inhibition of sulfate-reducing bacteria by metal sulfide formation in bioremediation of acid mine drainage［J］.Environmental Toxicology，2002，17（1）：40-48.

[187] 王玲玲.生物法脱除硫化氢恶臭气体的实验研究［D］.大连：大连理工大学环境工程，2007：1-8.

[188] 郝晓地，吉戴，魏丽.生物除硫理论与技术研究进展［J］.生态环境（改名为：生态环境学报），2006，15（4）：844-853.

[189] 高文亮.生物滴滤塔对硫化氢臭气的处理效果研究［D］.天津：天津大学环境科学与工程学院，2012：5-7.

[190] 吕溪.生物滴滤塔净化含硫恶臭的菌种筛选及最终产物调控［D］.石家庄：河北科技大学环境科学与工程学院，2015：2-8.

[191] 葛洁.生物滴滤塔净化 H$_2$S 气体的菌种筛选、填料改性及反应动力学分析［D］.西安：西安建筑科技大学，2011：2-17.

[192] 李晓敏，曲克明，孙耀，等.海水养殖沉积环境硫化物污染及修复［J］.海洋水产研究，2005（06）：88-93.

[193] 聂晓雪，蒋进元，王勇，等.生物循环流化床工艺自养反硝化研究［J］.环境科学研究，2008，21（4）：10-13.

[194] 杨永哲，王磊，王蔚蔚，等.厌氧/好氧工艺中硫循环对聚磷菌除磷功能影响的试验研究［J］.西安建筑科技大学学报（自然科学版），2003（04）：321-324.

[195] 张静.硫化物废水底物的微生物燃料电池性能及机理研究［D］.北京：中国地质大学，2014：2-10.

[196] 白志辉，王晓辉，罗湘南，等.硫化物微生物传感器的研究 [J].河北科技大学学报，1999 (1)：10-13.

[197] 崔旸，苏文涛，高平，等.还原性硫化物微生物燃料电池偶联偶氮染料降解 [J].应用与环境生物学报，2012 (06)：978-982.

[198] 王庭.硫化物生物氧化为单质硫的研究 [D].无锡：江南大学，2008：1-6.

[199] 闫旭.硫化物生物转化为单质硫的研究 [D].无锡：江南大学，2009：1-6.

[200] 冯守帅，计云鹤，杨海麟.硫氧化菌种脱除硫化物生成单质硫限制性因素优化 [J].微生物学通报，2016，43 (1)：36-43.

[201] 欧阳冰洁，陆现彩，陆建军，等.嗜酸性氧化亚铁硫杆菌与硫化物矿石相互作用的实验研究 [J].岩石矿物学杂志，2011 (06)：1021-1030.

[202] 杨扬.铜陵铜尾矿废弃地中参与金属硫化物氧化的微生物主要类群与分布 [D].合肥：安徽大学生态学，2014：1-5.

[203] Jiang G, Wightman E, Donose B C, et al. The role of iron in sulfide induced corrosion of sewer concrete [J]. Water Research, 2014, 49: 166-174.

[204] 于英姿，米秋占，段贵华.输气管道的硫化物应力腐蚀分析 [J].油气储运，2000 (08)：37-40.

[205] 刘娜娜.高酸高硫原油的腐蚀性能研究 [D].北京：中国石油大学，2011：4-5.

[206] 方涛，刘剑彤，张晓华，等.河湖沉积物中酸挥发性硫化物对重金属吸附及释放的影响 [J].环境科学学报，2002 (03)：324-328.

[207] 刘景春，严重玲，胡俊.水体沉积物中酸可挥发性硫化物 (AVS) 研究进展 [J].生态学报，2004 (04)：812-818.

[208] 王慧.土壤硫循环对重金属有效性及微生物群落结构的影响 [D].杭州：浙江大学，2006：2-25.

[209] 吴长淋.人工湿地处理含重金属废水的研究现状及展望 [J].化学工程师，2009 (03)：38-41.

[210] 刘峰，秦樊鑫，胡继伟，等.红枫湖沉积物中酸可挥发硫化物及重金属生物有效性 [J].环境科学学报，2009，10 (29)：2215-2221.

[211] 彭素霞，陈隽璐，程建新，等.Cu型块状硫化物矿床形成环境探讨 [J].地质学报，2013，87 (7)：1003-1012.

[212] 崔志华，许英霞，于淑艳.块状硫化物矿床的形成环境、类型与成矿机制 [J].河北理工大学学报 (自然科学版)，2010 (04)：123-126.

[213] 徐国锋，毛伟宏，廖友根，等.洋山海洋倾倒区倾倒前后沉积物中酸可挥发性硫化物与重金属的比较分析 [J].海洋学研究，2013，31 (4)：56-62.

[214] 杨永强，陈繁荣，张德荣，等.珠江口沉积物酸挥发性硫化物与重金属生物毒性的研究 [J].热带海洋学报，2006 (03)：72-78.

[215] 尹希杰，杨群慧，王虎，等.珠江口海岸带沉积物中酸可挥发性硫化物与重金属生物毒效性研究 [J].海洋科学进展，2007 (03)：302-310.

[216] 孙颖，许冉，钱光人.利用膨润土及硫化物对污泥中重金属的稳定化研究 (英文) [J].中山大学学报 (自然科学版)，2007 (S1)：41-43.

[217] 文湘华，HerbertE Allen.乐安江沉积物酸可挥发硫化物含量及溶解氧对重金属释放特性的影响 [J].环境科学，1997 (04)：33-35.

[218] 王思粉.珠江口及近海沉积物中酸可挥发性硫化物及重金属污染评价 [D].青岛：中国海洋大学，2012：1-12.

[219] 方涛，刘剑彤，张晓华，等.河湖沉积物中酸挥发性硫化物对重金属吸附及释放的影响 [J].环境科学学报，2002 (03)：324-328.

[220] 魏燕芳.地质样品中硫化物形式铁的分离及测定分析 [J].化工管理，2015 (18)：103.

[221] 郑习健.珠江广州河段底泥中汞铜铅的污染及其与有机质硫化物积累的关系 [J].热带亚热带土壤科学，1994，3 (3)：132-137.

[222] 蒲晓强，钟少军，刘飞，等.胶州湾李村河口沉积物中硫化物形成的控制因素 [J].地球化学，2009 (04)：323-333.

[223] 蒲晓强，钟少军，刘飞，等.胶州湾李村河口沉积物中酸可溶硫化物与活性金属分布特征 [J].海洋通报，2009 (03)：37-44.

[224] 王永纪.滇中砂岩铜矿浅、紫交互带赋矿及其金属硫化物分带之成因与成矿作用演化 [J].工程与材料科学，2014 (1)：66.

[225] 孟祥春.地面系统中硫化物控制技术研究 [D].长春：吉林大学，2006：23-27.

[226] 贾建业，谢先德，吴大清，等.常见硫化物表面的 XPS 研究 [J].高校地质学报，2000 (02)：255-259.

[227] 陈天虎，冯军会，徐晓春，等.尾矿中硫化物风化氧化模拟实验研究 [J].岩石矿物学杂志，2002，21 (3)：298-302.

[228] 许恒超，彭晓彤.地球系统中生物成因硫化物矿物：类型、形成机制及其与生命起源的关系 [J].地球科学进展，2013 (02)：262-268.

[229] 贾春云.微生物在硫化物矿物表面的选择性吸附 [D].沈阳：东北大学，2008：5-14.

[230] 苏贵珍，陆建军，陆现彩，等.铁硫杆菌参与黄铜矿溶解的初步研究 [J].地学前缘，2008，15 (6)：100-105.

[231] 何绪文，胡建龙，李静文，等.硫化物沉淀法处理含铅废水 [J].环境工程学报，2013 (04)：1394-1398.

[232] 苏冰琴，李亚新.硫酸盐生物还原和重金属的去除 [J].工业水处理，2005，25 (9)：1-3.

[233] 程为，辛宝平，霍详明，等.生物还原-化学沉淀去除烟气 SO_2 中 Na_2SO_3 和硫化物的研究 [J].环境化学，2005，24 (5)：506-509.

[234] 柳迪.硫酸盐废水生物处理产生的硫化物 [J].环境化学，2012，31 (5)：687-691.

[235] 陈洁，鲁安怀，姚志健.天然铁的硫化物处理含 Pb（Ⅱ）废水的实验研究 [J].岩石矿物学杂志，1999 (04)：323-328.

[236] 雷鸣，田中干也，廖柏寒，等.硫化物沉淀法处理含 EDTA 的重金属废水 [J].环境科学研究，2008 (01)：150-154.

[237] 郑广宁，刘亦菲，朱晓燕，等.中性硫化物沉淀法处理含镍、铬废水试验研究：上海市化学化工学会 2007 年度学术年会 [C].化学世界，2007：258-260.

[238] 张翔.新型硫化物重金属捕集剂的制备及应用 [D].南京：南京理工大学，2006：1-3.

[239] 贾建业，潘兆橹，谢先德，等.用硫化物矿物处理电镀厂废水技术研究 [J].岩石矿物学杂志，1999 (04)：316-322.

[240] 杨俊香，兰叶青.硫化物还原 Cr（Ⅵ）的反应动力学研究 [J].环境科学学报，2005 (03)：356-360.

[241] 杨俊香.硫化物还原六价铬反应动力学及其影响因素研究 [D].南京：南京农业大学，2005：1-7.

[242] 栾蕊，韩恩山.金属硫化物的研究及应用 [J].化学世界，2002 (2)：105-108.

[243] 于凤昌.原油中不同硫化物的腐蚀研究 [J].石油化工腐蚀与防护，2011 (02)：4-6.

[244] 殷书岩，李少龙，傅建国，等.红土镍矿浸出液硫化物沉淀试验研究 [J].世界有色金属，2014 (10)：23-24.

[245] Cherosky P，Li Y. Hydrogen sulfide removal from biogas by bio-based iron sponge [J]. Biosystems Engineering，2013，114 (1)：55-59.

[246] Zhang L，Keller J，Yuan Z. Inhibition of sulfate-reducing and methanogenic activities of anaerobic sewer biofilms by ferric iron dosing [J]. Water Research，2009，43 (17)：4123-4132.

[247] 陈勃伟，温建康.生物冶金中混合菌的作用 [J].金属矿山，2008 (04)：13-17.

[248] 张祥南.生物淋滤法去除污泥中重金属 [D].沈阳：沈阳建筑大学，2012：7-14.

[249] 胡明成，龙腾锐.沼气生物脱硫新技术 [J].中国沼气，2007 (02)：15-19.

[250] 张宝贵，韩梅，翟惟东，等.次氯酸钠法处理硫化物恶臭污水 [J].城市环境与城市生态，1995 (02)：8-9.

[251] 张红星.模型油中噻吩类硫化物的氧化和吸附脱硫方法研究 [D].北京：北京化工大学，2012：5-23.

[252] 张金昌，王艳辉，陈标华，等.负载活性炭催化脱除油品中硫化物的研究：Ⅰ.脱硫实验研究 [J].石化技术与应用，2002，20 (3)：149-151.

[253] 孙波，赵岩涛.杂多酸催化氧化脱除柴油中硫化物的研究 [J].吉林化工学院学报，2010，27 (1)：4-6，11.

[254] 汤效平，周广林，孔海燕，等.液相吸附法脱除液化石油气中有机硫化物 [J].炼油技术与工程，2004，34 (10)：52-54.

[255] 张燕.石脑油中的硫化物对裂解过程的影响研究 [J].乙烯工业，2015 (2)：11-14.

[256] 郑宇凡，汪沣，杨利敏，等.石脑油萃取碱液中的二硫化物 [J].石油化工，2014 (10)：1161-1164.

[257] 刘华明，张新申，蒋小萍.硫化物的吸附处理方法研究 [C].中国皮革特辑，2012，256-257.

[258] 李欣，李进.长输天然气气质对管道内腐蚀的影响研究 [J].石油化工高等学校学报，2015（02）：69-72.

[259] Tomio A，Sagara M，Doi T，et al. Role of alloyed molybdenum on corrosion resistance of austenitic Ni-Cr-Mo-Fe alloys in H_2S-Cl-environments [J]. Corrosion Science，2015，98：391-398.

[260] 陈利琼，李卫，马剑林，等.油气管道的 H_2S 应力腐蚀破裂及防护 [J].管道技术与设备，2004（01）：39-40.

[261] 范兆廷，袁宗明，刘佳，等. H_2S 及 CO_2 对管道腐蚀机理与防护研究 [J].油气田地面工程，2008（10）：39-40.

[262] 韩玉刚.闭式冷却水系统腐蚀防护研究 [D].上海：上海交通大学，2007，2-3.

[263] 杨永.城市埋地燃气管道腐蚀防护综合评价系统研究 [D].北京：北京化工大学，2004：1-11.

[264] 周新云，黄建洪，宁平，等.城市污水排水系统中 H_2S 控制措施的研究现状 [J].环境科学与技术，2013（01）：74-78.

[265] 聂臻，姚占力，牛自得.我国油田注水用杀菌剂的应用现状及发展趋势 [J].油气田地面工程，1999，18（3）：1-4.

[266] 梁泽生.油田杀菌剂的研制和开发 [J].精细与专用化学品，2000，21：3-4.

[267] Rozendal R A，Yuan Z，et al. Electrochemical caustic generation from sewage [J]. Electrochemistry Communications，2011，13（11）：1202-1204.

[268] Ilje Pikaar E M L S，Yuan R Z. Electrochemical Abatement of Hydrogen Sulfide from Waste Streams [J]. 2014：1555-1577.

[269] 王玉婷.电化学技术去除石油废水中硫化物的研究 [D].北京：中国地质大学，2011：3-6.

[270] Dutta P K，Rozendal R A，Yuan Z，et al. Electrochemical regeneration of sulfur loaded electrodes [J]. Electrochemistry Communications，2009，11（7）：1437-1440.

[271] Dutta P K，Rabaey K，Yuan Z，et al. Electrochemical sulfide removal and recovery from paper mill anaerobic treatment effluent [J]. Water Research，2010，44（8）：2563-2571.

[272] 刘秀玲.硫化物电化学氧化过程的研究 [D].青岛：中国科学院海洋研究所海洋化学，2000：1-6.

[273] 孙连阁.乙烯废碱液中硫化物和有机物处理及相关机理研究 [D].大庆：大庆石油学院，2003：1-4.

[274] 王云，李钢，王祥生，等. Ti-HMS 催化氧化脱除模拟燃料中的硫化物 [J].催化学报，2005（07）：567-570.

[275] 张铜祥.油田含硫污水处理技术研究 [D].西安：西安石油大学，2012：1-10.

[276] 冯琳，甘莉，王化杰，等.人工湿地设计及运行参数对挥发性烷基硫化物去除的影响 [J].环境科学，2010（02）：345-351.

[277] 梁平，黎龙轩，唐柯，等.油田污水中硫及硫化物的危害与处理方法比较 [J].钻采工艺，2001（03）：83-84.

[278] 李德明，邱中建.浅谈埋地管道腐蚀控制与防护 [J].中国石油和化工标准与质量，2013（08）：49.

[279] 潘一，孙林，杨双春，等.国内外管道腐蚀与防护研究进展 [J].腐蚀科学与防护技术，2014，26（1）：77-79.

[280] 马斌，委燕，王淑莹，等.基于 FNA 处理污泥实现城市污水部分短程硝化 [J].化工学报，2015（12）：5054-5059.

[281] 委燕，王淑莹，马斌，等.缺氧 FNA 对氨氧化菌和亚硝酸盐氧化菌的选择性抑菌效应 [J].化工学报，2014（10）：4145-4149.

[282] 梁文豹.化工污水厌氧处理的沼气综合利用分析 [J].环境与生活，2014（10）：33.

[283] 王凯军，胡超.生物硫循环及脱硫技术的新进展 [J].环境保护，2006（02）：69-72.

[284] Fdz-Polanco F. New process for simultaneous removal of nitrogen and sulfur under anaerobic conditions [J]. water Seience & Technology，2001，35（4）：1111-1114.

[285] 傅利，周振，王新华，等.污水管道中硫循环三阶段模型研究综述 [J].环境科学与管理，2009（02）：96-100.

[286] Zhang L，De Schryver P，De Gusseme B，et al. Chemical and biological technologies for hydrogen sulfide emission control in sewer systems：A review [J]. Water Research，2008，42（1-2）：1-12.

[287] 张跃林，王俊红.城市污水深度处理回用于电厂循环水 [J].城市建设，2011（14）：104-105.

[288] 杨春平，刘少玲，曾光明，等.燃煤锅炉除尘脱硫废水处理与循环利用技术 [J].重庆环境科学，1995（05）：15-16.

[289] 秦天悦，邢宝山，张钰，等.人工湿地污水处理系统中硫的转化过程 [J].杭州师范大学学报（自然科学版），2015，14（1）：66-71.

［290］ Lens P N L，Visser A，Jessen A J H，et al. Biotechnological Treatment of Sulfate-Rich Wastewaters ［J］. Taylor & Francis，1998，28（1）：41-88.

［291］ Holmer M，Storkholm P. Sulphate reduction and sulphur cycling in lake sediments：a review ［J］. 2001，46（4）：431-451.

［292］ Lamers L，Falla S，Samborska E，et al. Factors controlling the extent of eutrophication and toxicity in sulfate-polluted freshwater wetlands ［J］. Limnology and Oceanography，2002，47（2）：585-593.

［293］ Vander Welle M E W，Roelofs J G M，Lamers L P M. Multi-level effects of sulphur-iron interactions in freshwater wetlands in The Netherlands ［J］. Science of The Total Environment，2008，406（3）：426-429.

［294］ Wiessner A，Rahman K Z，Kuschk P，et al. Dynamics of sulphur compounds in horizontal sub-surface flow laboratory-scale constructed wetlands treating artificial sewage ［J］. Water Research，2010，44（20）：6175-6185.

［295］ 朱桂艳，李占臣，王靖飞，等.高硫酸盐废水厌氧生化处理中硫化物生物控制技术研究进展 ［J］.河北化工，2008，31（12）：74-75.

［296］ 刘鸿元.THIOPAQ 生物脱硫技术 ［J］.中氮肥，2002（05）：55-59.

［297］ 杨超，丁丧岚，刘敏.硫化物生物氧化的研究进展及应用 ［J］.四川化工，2007（03）：46-49.

［298］ 柯建明，王凯军.采用好氧气提反应器处理含硫化物废水 ［J］.环境科学，1998（04）：64-66.

［299］ 王艳峰，蔡琦，袁秀丽.脱硫除尘设备及方法，中国发明专利，CN103877846A，2014-06-25.

［300］ 朱桂艳，张焕坤.厌氧反应中硫化物生物控制技术研究展望 ［J］.环境与健康：251-253.

［301］ Schonheit P，Krisjansson J K，Thauer R K. Kinetic mechanism for the ability of sulfate reducers to out-compete methanogens for acetate ［J］. Arch Microbiol，1982（132）：285-288.

［302］ Henshaw P F. Biological removal of hydrogen sulfide from refinery wastewater and conversion to elemental sulfur ［J］. Water Science & Technology，1990，25（3）：265-270.

［303］ 李巍，赵庆良，刘颖，等.兼养同步脱硫反硝化工艺及影响因素 ［J］.中国环境科学，2008（04）：345-349.

［304］ 王爱杰，杜大仲，任南琪，等.一种同步脱氮脱硫并回收单质硫的新工艺初探 ［J］.科技论坛，2005（9）：56-71.

［305］ 马艳玲，赵景联，杨伯伦.固定化脱氮硫杆菌净化硫化氢气体的研究 ［J］.现代化工，2004（02）：30-32.

［306］ Yin Z F，Zhao W Z，Bai Z Q，et al. Corrosion behavior of SM 80SS tube steel in stimulant solution containing H_2S and CO_2 ［J］. Electrochimica Acta，2008，53（10）：3690-3700.

［307］ He W，Knudsen O Ø，Diplas S. Corrosion of stainless steel 316L in simulated formation water environment with CO_2-H_2S-Cl^- ［J］. Corrosion Science，2009，51（12）：2811-2819.

［308］ 张光华，王腾飞，孙卫玲，等.硫脲基烷基咪唑啉类缓蚀剂的制备、缓蚀性能及其机理 ［J］.材料保护，2011（02）：21-23.

［309］ Stams A J M，Lens P，Lettinga G，et al. " *Desulfotomaculum carboxydivorans* " as biocatalyst for synthesis gas purification ［Z］. Universidade da Corua：Serviciode Publicaciones，2005：249-256.

［310］ Nauhaus K，Boetius A，Kruger M，et al. In vitro demonstration of anaerobic oxidation of methane coupled to sulphate reduction in sediment from a marine gas hydrate area ［J］. Environ Microbiol，2002，4（5）：296-305.

［311］ Hoehler T M，Alperin M J，Albert D B，et al. Field and laboratory studies of methane oxidation in an anoxic marine sediment Evidence for a methanogen-sulfate ［J］. Global Biogeochemical Cycles，1994，8（4）：451-463.

［312］ Wu D，Ekama G A，Lu H，et al. A new biological phosphorus removal process in association with sulfur cycle ［J］. Water Research，2013，47（9）：3057-3069.

［313］ Liu S，Yang F，Gong Z，et al. Application of anaerobic ammonium-oxidizing consortium to achieve completely autotrophic ammonium and sulfate removal ［J］. Bioresource Technology，2008，99（15）：6817-6825.

［314］ Cai J，Jiang J，Zheng P. Isolation and identification of bacteria responsible for simultaneous anaerobic ammonium and sulfate removal ［J］. Science China Chemistry，2010，53（3）：645-650.

［315］ Omil F，Lens P，Pol L H，et al. Effect of Upward Velocity and Sulphide Concentration on Volatile Fatty Acid Degradation in a Sulphidogenic Granular Sludge Reactor ［J］. Process Biochemistry，1996，31（7）：699-710.

［316］ Larry L. Barton. Sulfate-Reducing Bacteria ［M］：New York and London，1995：33-45.

［317］ Gerard Muyzer and Alfons J. M. Stams. The ecology and biotechnology of sulphate-reducing bacteria ［J］. Nature Microbiology，2008，6：441-454.

[318] Sandbeck K A，Hitzman D O. Proceeding of the Fifth International Conference on MEOR and Related Biotechnology for Solving Enviromental Problem [J]. Bryant：US Dept of Energy，1995：311.

[319] Dezham P. Digester Gas H_2S Control Using Iron Salts [J]. JWPCF，1998，60（4）：514-517.

[320] Millero F J，Oxidation O，Bentzen G. Controlled Dosing of Nitrate for Prevention of H_2S in a Sewer Network and the Effects on the Subsequent TreatmentProcesses [J]. Water Science and Technology，1995，31（7）：293-302.

[321] Einarsen A M，Newman R C. Biological Prevention and Removal of Hydrogen SulpHide in Sludge at Lillehammer Wastewater Treatment Plant. Water Science and Technology，2000，41（6）：175-182.

[322] Rodriguez-Gomez，Voordouw J K，Jack T R，et al. Inhibition of Sulfide Generation in a Reclaimed Wastewater Pipe By Nitrate Dosage and Denitrification Kinetics [J]. Water Environment Research，2005，77（2）：193-198.

[323] Babin J，Harrington C S，Telang A J. Full-scale in Situ Sediment Treatment to Control Sulphide Odors. Remediation of Contaminated Sediments-2003 [J]. Proceedings of the Second International Conference on Remediation of Contaminated Sediments，2004，N4：917-923.

[324] Henrik H. Method for Removing Hydrogen Sulphide from Oil-containing Water and Equipment Therefor [J]. Biotechnology Advances，1997，15（34）：806-807.

[325] Gevertz. D Isolation and Characterization of Strains CVO and FWKO B，Two Novel Nitrate-Reducing，Sulfide-Oxidizing Bacteria Isolated from Oil Field Brine. Appl [J]. Environ. Microbiol，2000，66：2491-2501.

[326] Davidova I，Nemati M，Mazutinec T. The in Fluence of Nitrate on Microbial Processes in Oil Industry Production Waters [J]. Journal of Industrial Microbiology & Biotechnology，2001，27：80-86.

[327] Kuenen J G. Colorless Sulfur Bacteria. In：Holt JG（Ed），Bergey's Manual of Systematic Bacteriology [M]. Vol. 3，Williams and Wilkins，Baltimore，MD，1989：1834-1842.

[328] Myhr S，Kotay，Shireen Meher. Inhibition of Microbial H_2S Production in an Oil Reservoir Model Column By Nitrate Injection [J]. Appl Microbiol Biotechnol，2002（58）：400-408.

[329] Reinsel M A，Sears J T，Stewart P S. Control of Microbial Souring By Nitrate，Nitrite or Glutaraldehyde Injection in a Sandstone Column [J]. J Ind Microbiolol，1996（17）：128-136.

[330] Cui X，Keith S M. The Bacteriocidal Effects of Transition Metal Complexes Containing the NO'group on the Fooding-Spoiling Bacterium Clostridium Sporogenes [J]. FEMS Microbiol. lett. ，1992，98：67-70.

[331] Zumft W G. The Biological Role of Nitric Oxide in Bacteria. Arch [J]. Microbiology，1993，160：253-264.

[332] Senez J C，Pichinoty F. Reduction of Nitrite By Molecular Hydrogen By Desulfovibrio desulfovicans and Other Bacteria [J]. Bull. Soc. Chim. Bio. Paris，1988，40：2099-2117.

[333] Widdel F，fenning N P. Studies of Dissimilatory Sulfate-Reducing Bacteria that Decompose Fatty Acids. II. Incomplete Oxidation of Propionate By Desulfobulbus Propionicus [J]. Arch. Microbiol. ，1982，131：360-365.

[334] Widdel F. Bergy's Manual of Systematic Bacteriology [M]. The Firmicutes，1984，663-679.

[335] Keith S M，Herbert R A. Dissimilatory Nitrate Reduction By a Strain of Desulfovibrio desulfuricans [J]. FEMS Microbiology Letters，1983，18（12）：55-59.

[336] Marietou A，Richardson D，Cole J. Nitrate Reduction By Desulfovibrio Desulfuricans：A Periplasmic Nitrate Reductase System that Lacks NapB，but Includes a Unique Tetraheme C-Type Cytochrome，Nap M [J]. FEMS Microbiology Letters，2005，248（2）：217-225.

[337] Ming-Cheh L，Costa C，Isabel Moura. Hexaheme Nitrite Reductase from Desulfovibrio desulfuricans（ATCC27774）[J]. Methods in Enzymology，1994，243：303-319.

[338] Moura I，Jesus R. Nitrate and Nitrite Utilization in Sulfate-Reducing Bacteria [J]. Anaerobe，1997，3：279-290.

[339] Mori K. A Novel Lineage of Sulfate-Reducing Microorganisms：Thermodesulfo Biaceaefam. nov. ，Thermodesulfobium narugense. sp. nov. ，a New Thermophilic Isolate from a Hotspring [J]. Extremophiles，2003，7：283-290.

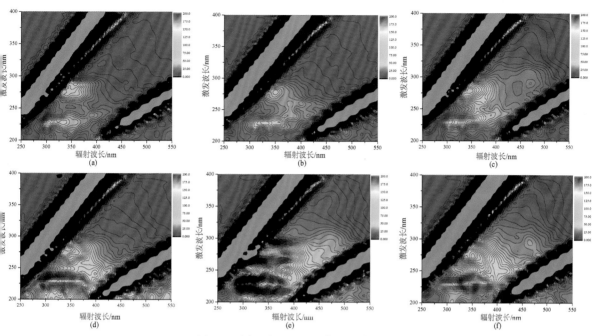

图 1　不同工艺段的三维荧光光谱分析

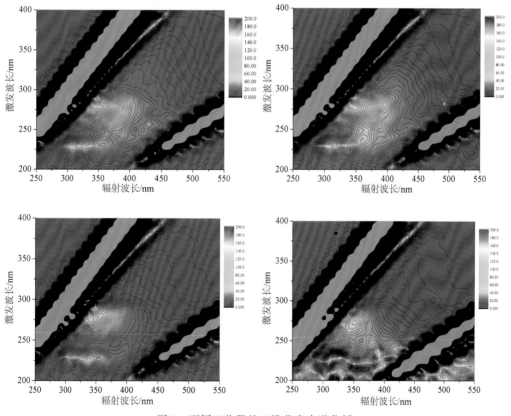

图 2　不同工艺段的三维荧光光谱分析

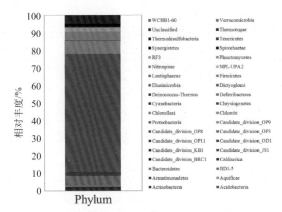

图 3   葡 191-85 井口的微生物群落门的组成

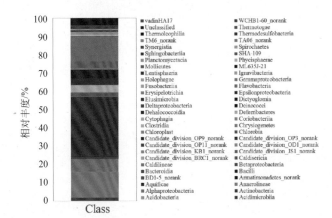

图 4   葡 191-85 井口的微生物群落纲的组成

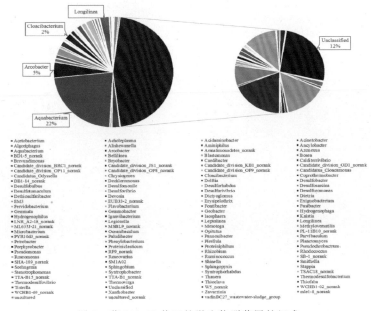

图 5   葡 191-85 井口的微生物群落属的组成

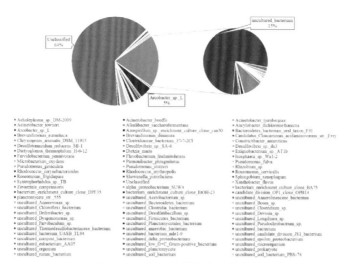

图 6　葡 191-85 井口的微生物群落种的组成

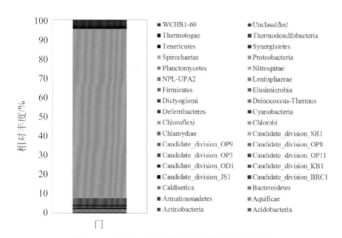

图 7　油岗来水的微生物群落门的组成

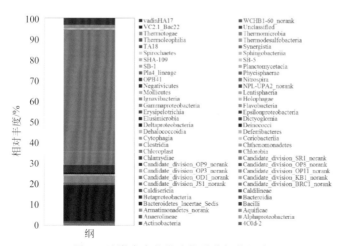

图 8　油岗来水的微生物群落纲的组成

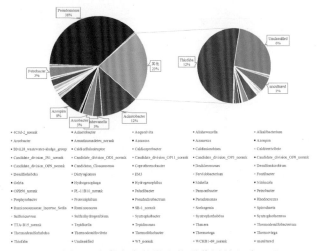

图 9　油岗来水的微生物群落属的组成

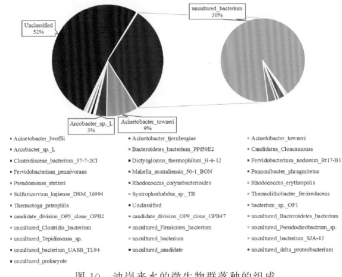

图 10　油岗来水的微生物群落种的组成

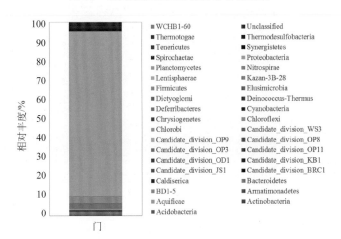

图 11　一沉出口的微生物群落门的组成

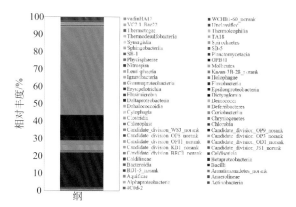

图 12　一沉出口的微生物群落纲的组成

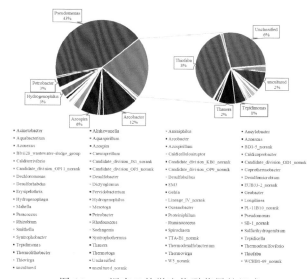

图 13　一沉出口的微生物群落属的组成

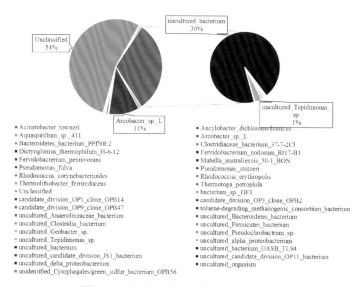

图 14　一沉出口的微生物群落种的组成

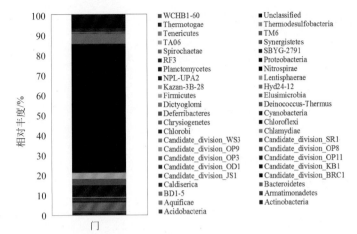

图 15 二沉出口的微生物群落门的组成

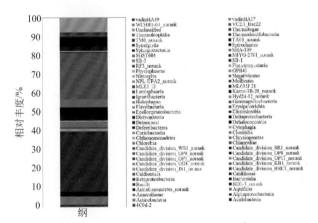

图 16 二沉出口的微生物群落纲的组成

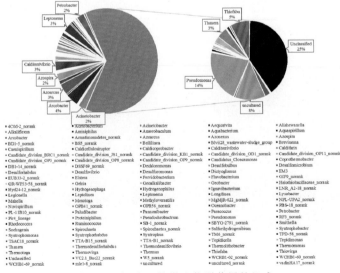

图 17 二沉出口的微生物群落属的组成

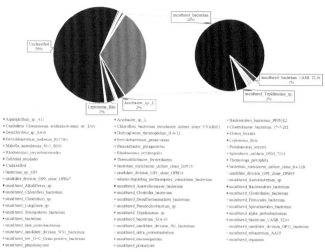

图 18　二沉出口的微生物群落种的组成

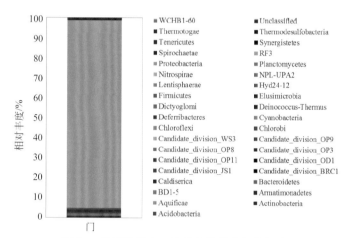

图 19　悬浮污泥出口的微生物群落门的组成

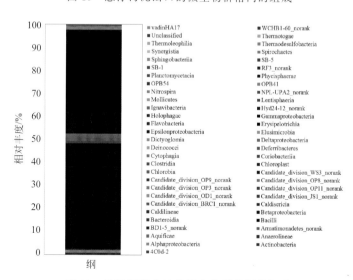

图 20　悬浮污泥出口的微生物群落纲的组成

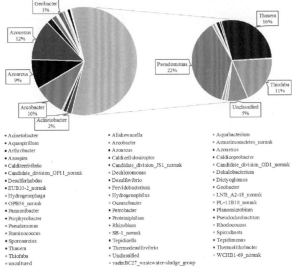

图 21　悬浮污泥出口的微生物群落属的组成

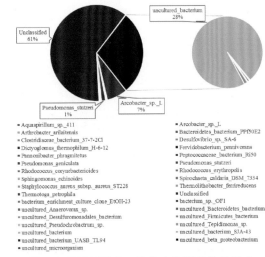

图 22　悬浮污泥出口的微生物群落种的组成

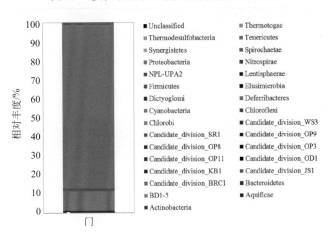

图 23　一滤出口的微生物群落门的组成

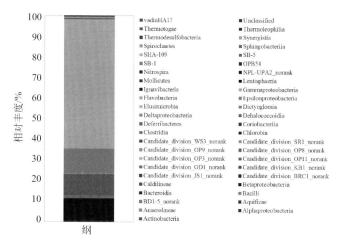

图 24　一滤出口的微生物群落纲的组成

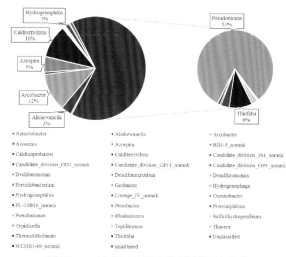

图 25　一滤出口的微生物群落属的组成

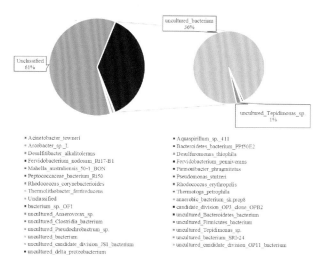

图 26　一滤出口的微生物群落种的组成

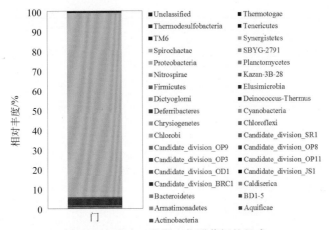

图 27 二滤出口的微生物群落门的组成

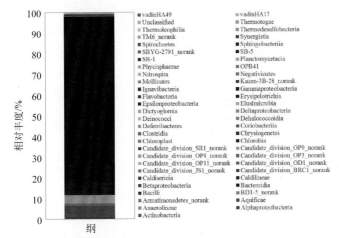

图 28 二滤出口的微生物群落纲的组成

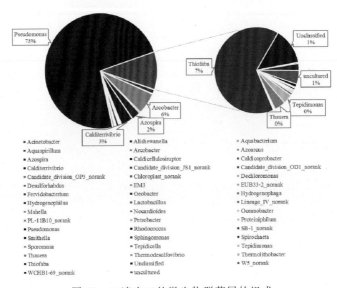

图 29 二滤出口的微生物群落属的组成

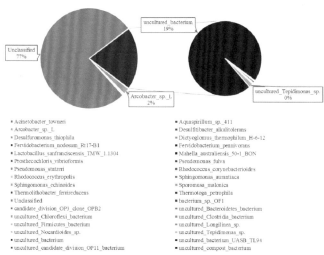

图 30　二滤出口的微生物群落种的组成

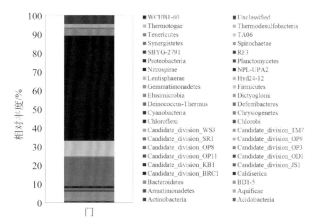

图 31　污水岗出口（去注）的微生物群落门的组成

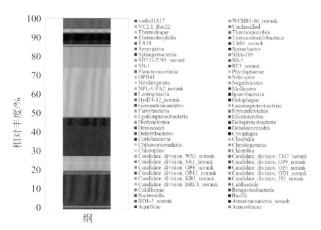

图 32　污水岗出口（去注）的微生物群落纲的组成

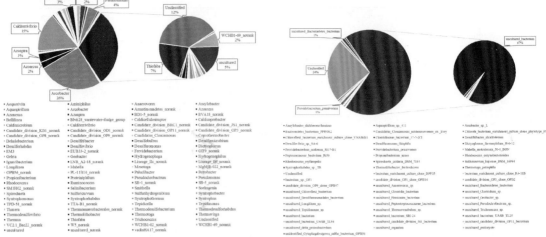

图 33 污水岗出口（去注）的微生物群落属的组成　　图 34 污水岗出口（去注）的微生物群落种的组成

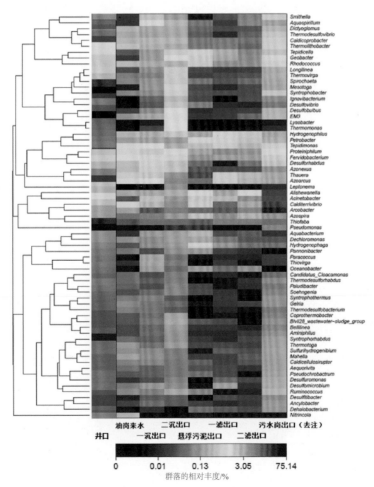

图 35 葡三联地面系统微生物群落动态演替分析热图

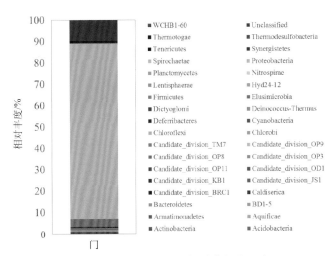

图 36　三联来水的微生物群落门的组成

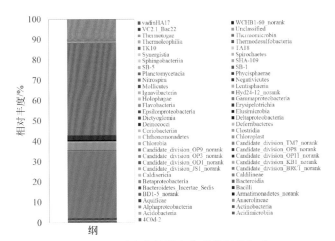

图 37　三联来水的微生物群落纲的组成

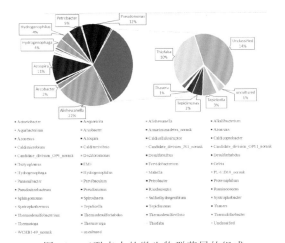

图 38　三联来水的微生物群落属的组成

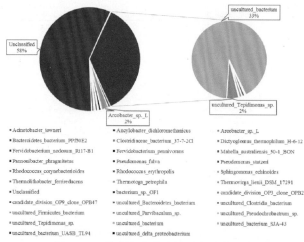

图 39   三联来水的微生物群落种的组成

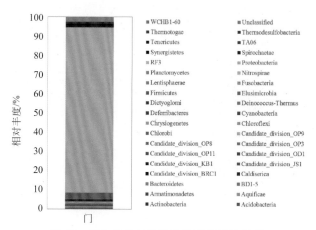

图 40   横向流进口的微生物群落门的组成

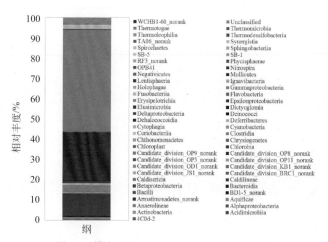

图 41   横向流进口的微生物群落纲的组成

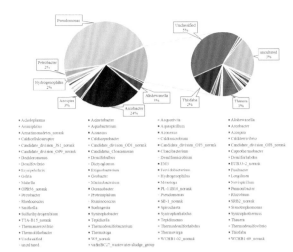

图 42　横向流进口的微生物群落属的组成

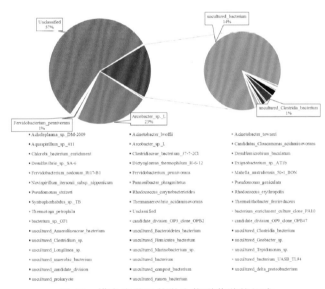

图 43　横向流进口的微生物群落种的组成

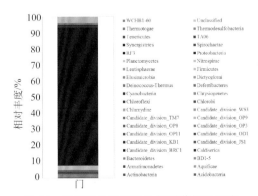

图 44　横向流出口的微生物群落门的组成

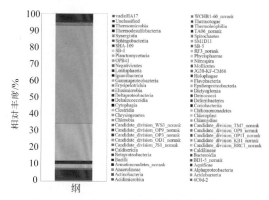

图 45　横向流出口的微生物群落纲的组成

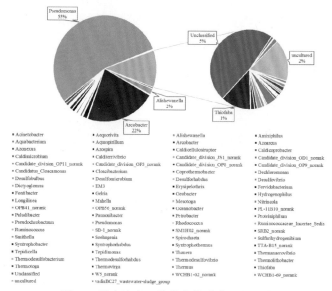

图 46　横向流出口的微生物群落属的组成

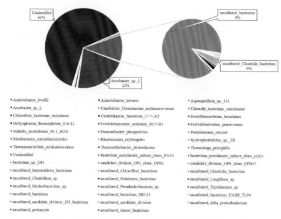

图 47　横向流出口的微生物群落种的组成

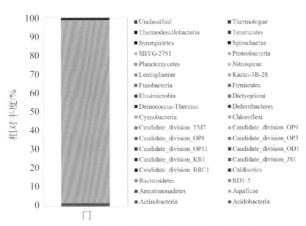

图 48　一滤出口的微生物群落门的组成

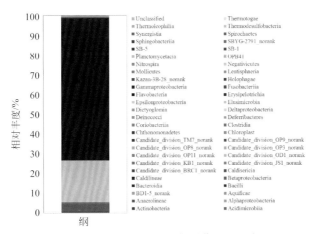

图 49　一滤出口的微生物群落纲的组成

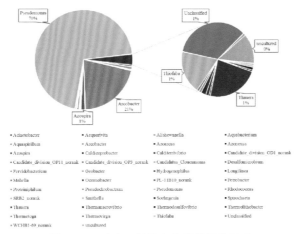

图 50　一滤出口的微生物群落属的组成

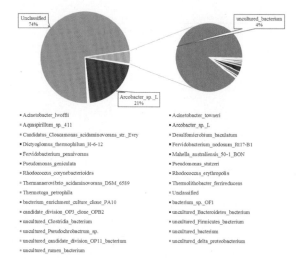

- ■ Acinetobacter_lwoffii
- ■ Aquaspirillum_sp._411
- ■ Candidatus_Cloacamonas_acidaminovorans_str._Evry
- ■ Dictyoglomus_thermophilum_H-6-12
- ■ Fervidobacterium_pennivorans
- ■ Pseudomonas_geniculata
- ■ Rhodococcus_corynebacterioides
- ■ Thermanaerovibrio_acidaminovorans_DSM_6589
- ■ Thermotoga_petrophila
- ■ bacterium_enrichment_culture_clone_PA10
- ■ candidate_division_OP3_clone_OPB2
- ■ uncultured_Clostridia_bacterium
- ■ uncultured_Pseudochrobactrum_sp.
- ■ uncultured_candidate_division_OP11_bacterium
- ■ uncultured_rumen_bacterium

- ■ Acinetobacter_towneri
- ■ Arcobacter_sp._L
- ■ Desulfomicrobium_baculatum
- ■ Fervidobacterium_nodosum_Rt17-B1
- ■ Mahella_australiensis_50-1_BON
- ■ Pseudomonas_stutzeri
- ■ Rhodococcus_erythropolis
- ■ Thermolithobacter_ferrireducens
- ■ Unclassified
- ■ bacterium_sp._OF1
- ■ uncultured_Bacteroidetes_bacterium
- ■ uncultured_Firmicutes_bacterium
- ■ uncultured_bacterium
- ■ uncultured_delta_proteobacterium

图 51　一滤出口的微生物群落种的组成

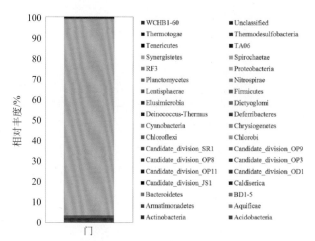

图 52　二滤出口的微生物群落门的组成

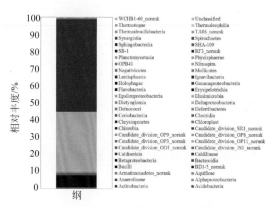

图 53　二滤出口的微生物群落纲的组成

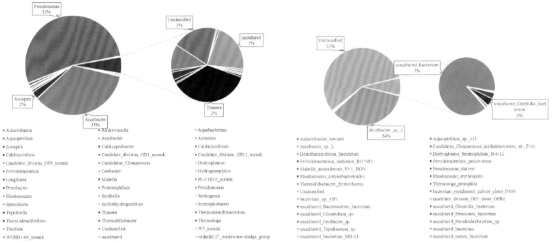

图 54　二滤出口的微生物群落属的组成　　　　　　　　图 55　二滤出口的微生物群落种的组成

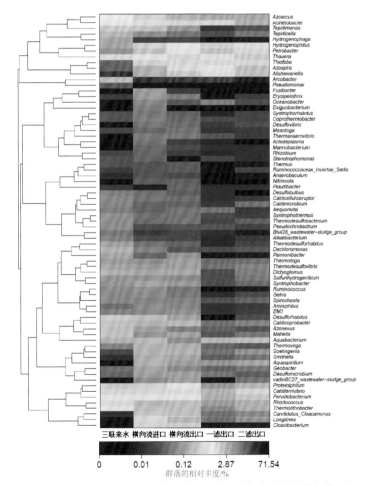

图 56　葡四联地面系统污水系统中的微生物动态演替分析热图

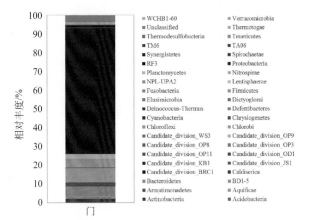

图 57　洗井水的微生物群落门的组成

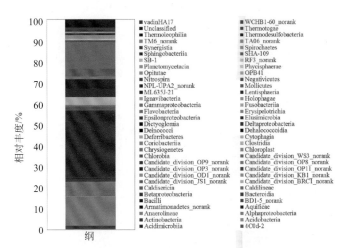

图 58　洗井水的微生物群落纲的组成

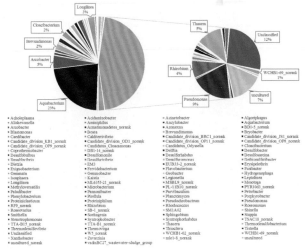

图 59　洗井水的微生物群落属的组成

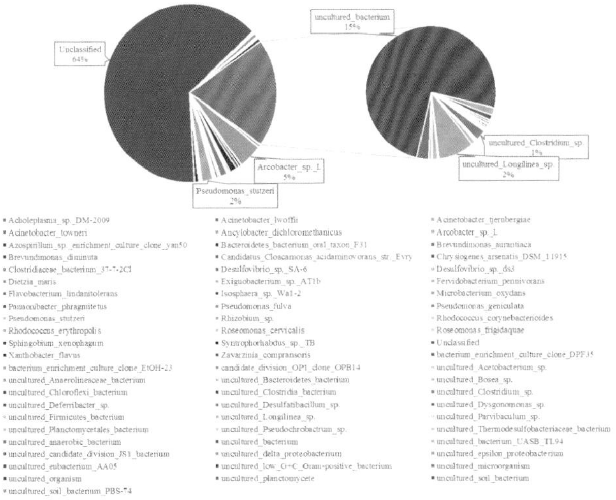

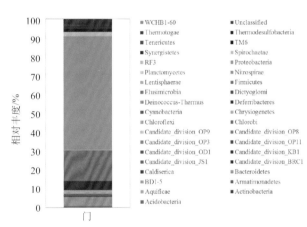

图 60　洗井水的微生物群落种的组成

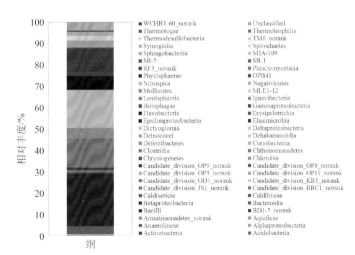

图 61　葡 509 管道水的微生物群落门的组成

图 62　葡 509 管道水的微生物群落纲的组成

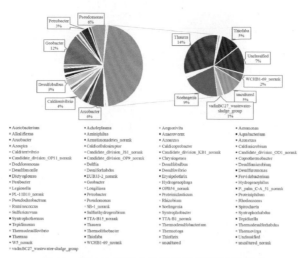

图 63　葡 509 管道水的微生物群落属的组成

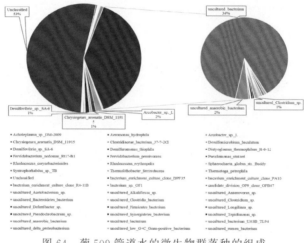

图 64　葡 509 管道水的微生物群落种的组成

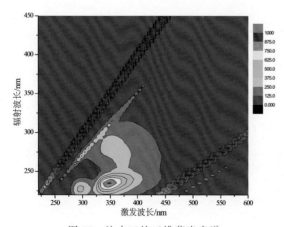

图 65　注水口的三维荧光光谱

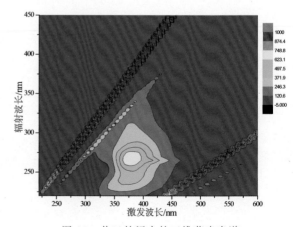

图 66　井口的污水的三维荧光光谱

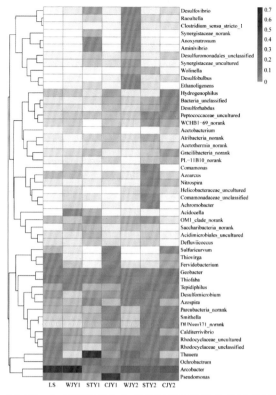

图 67　未加药、加厂家药剂和生态抑制剂下的微生物群落解析（属）

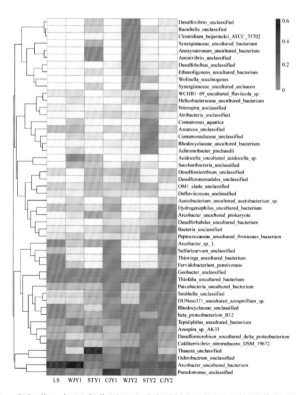

图 68　未加药、加厂家药剂和生态抑制剂下的微生物群落解析（种）

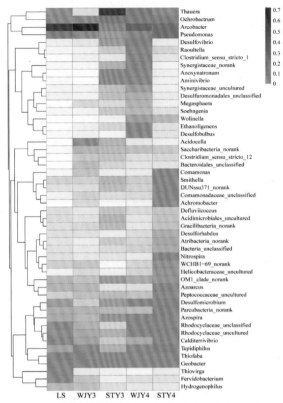

图 69 现场加药前后的微生物群落的解析（属）

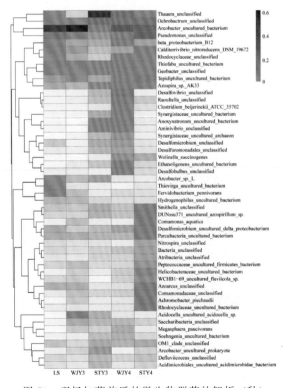

图 70 现场加药前后的微生物群落的解析（种）